# 物理化学

王昆　吴振玉　编

化学工业出版社

·北京·

## 内容简介

本书共分 9 章，深入浅出地介绍了热力学第一定律，热力学第二定律和第三定律，多组分系统热力学，溶液，相平衡，化学平衡与电化学系统，化学动力学基础，表面与胶体，统计热力学。重点阐述了物理化学的基本概念和基本理论，对于基本公式，细化了相关的推导步骤，对于重要的概念和知识点都单独列出，同时添加了大量的例题解析和习题，方便读者及时掌握各章节重点和难点，巩固所学知识。

本书可作为理工科化学专业的本科物理化学教材，也可作为理工科研究生的相关参考书。

**电子课件的获取方式**

请扫描右侧二维码，关注化学工业出版社“化工帮 CIP”微信公众号，在对话框页面输入“43016 物理化学电子课件”发送至公众号，获取电子课件下载链接。

**图书在版编目（CIP）数据**

物理化学 / 王昆，吴振玉编. —北京：化学工业出版社，2023.5（2024.5 重印）
ISBN 978-7-122-43016-8

Ⅰ.①物… Ⅱ.①王… ②吴… Ⅲ.①物理化学 Ⅳ.①O64

中国国家版本馆 CIP 数据核字（2023）第 036871 号

责任编辑：李晓红　　文字编辑：陈小滔　王文莉
责任校对：宋　夏　　装帧设计：王晓宇

出版发行：化学工业出版社（北京市东城区青年湖南街 13 号　邮政编码 100011）
印　　装：北京科印技术咨询服务有限公司数码印刷分部
787mm×1092mm　1/16　印张 29¼　字数 810 千字　2024 年 5 月北京第 1 版第 2 次印刷

购书咨询：010-64518888　　售后服务：010-64518899
网　　址：http://www.cip.com.cn
凡购买本书，如有缺损质量问题，本社销售中心负责调换。

**定　　价：98.00 元**

# 前言
PREFACE

物理化学是化学的一个重要分支学科，其主要任务是研究物质的化学运动内在的基本规律，并运用这些规律去解决化学生产和科学实验中的核心问题，更好地为生产实践服务。物理化学学科内容包含大量抽象的定理、苛刻的公式使用条件以及变幻万千的函数方程，从而使得读者初学时难以掌握其学习规律。本书的特色是让读者初学物理化学时可以衔接上前期的数学、物理和化学基础。因此，书中的各公式和定理，编者均对其进行了“零基础”的推导，将推导的“草稿”搬进了教科书，非常适合数理基础和学科基础衔接不充分的读者，确保了学习过程中的思维连贯性。在编写本书时，编者以详细的文字尽可能使得读者建立起物理化学各种复杂理论的逻辑框架，每章后都通过公式与概念的索引对各章节内容进行了总结和编排（可以扫描相应的二维码获取），使读者在阅读完每一章节后能够自觉地了解各章节的学习目的以及前后联系。

在章节设置中，全书共分为9章，第1章和第2章介绍了热力学第一定律、热力学第二定律和第三定律，从而构建了整个经典热力学知识的框架；再以热力学定理的应用模式，分别介绍了多组分、溶液、多相、化学平衡和电化学系统的热力学，分别对应本书的第3章至第6章。其中对于气体动理论模型的部分内容介绍，以物化中数学方法形式，安排在第1章热力学第一定律中；系综和玻耳兹曼分布嵌入了熵的统计意义中，置于本书第2章，并在统计热力学理论中拓展完善。动力学部分内容作为相关基础知识介绍，包含大量的经典热力学研究方法，因此在基本完成了经典热力学部分的学习后，第7章系统介绍了动力学速率方程以及经典动力学理论，力求给读者一个比较系统的动力学基础知识框架。表面与胶体部分内容涉及面广，包含了经典热力学、基元反应动力学理论以及大量物理基础知识，因此将本部分内容置于第8章。统计热力学部分，力求能在经典热力学和量子化学之间找到一个平衡点，将两者有机地结合起来，因此该部分内容在第9章介绍。

对读者而言，在有限的时间中顺利地掌握物理化学的基础知识是最重要的目标，即在阅读完相应的章节后能了解各章节的核心问题和基本处理方法，从而保证自己能够有效地解决书本习题，并能够在相关学科实验中有意识地使用物理化学基本原理讨论问题。因此，本书在确保描述正确且完整的情况下，删去了部分拓展性阅读和部分复杂公式推导，例如略去了大部分非平衡态热力学简介、强电解质溶液理论、电化学中的防腐介绍以及表面活性剂等内容。为了提高读者的学习效率，后期我们会陆续推出碎片化的物理化学知识点讲解的视频。

本书第1章～第6章及第8章由安徽大学王昆编写；第7章和第9章由安徽大学吴振玉和王昆共同编写；习题、索引和目录由王昆审核编写完成。北京理工大学李前树先生和张建国教授对本书的编写提出了指导性意见；安徽大学程龙玖教授带领的物理化学教学团队在编写过程中持续地提出改进意见；安徽大学化学化工学院在本书的编写中提供了良好的平台；安徽大学化学专业和高分子材料与工程专业的国家级一流建设项目为本书出版提供了经费支持；安徽大学化学化工学院古丽娜、袁勤勤、李丹、徐畅、史丽丽、汪莉等教师，化学系吴盼盼、黄鑫、卜舒、刘郑武、章佩佩、喻欣蕾、韦韬等学生在本书内容审校工作中都提出了宝贵意见并参加了部分数据录入工作；化学工业出版社相关编辑对本书的出版工作提出了很多建议，在此一并表示感谢。

本书可作为高等院校化学、化工和材料类的教材，也可供相应科研与工程技术人员参考。限于编者的水平，书中不完善之处在所难免，希望读者给予指正，以便再版时得以更正。

编者

2023 年 2 月于安徽大学磬苑

# 1. 基本常数

| 常数 | 符号 | 数值 |
|---|---|---|
| 光速 | $c$ | $2.99792458\times10^{8}\,m\cdot s^{-1}$ |
| 基本电荷 | $e$ | $1.60217656\times10^{-19}\,C$ |
| 普朗克常量 | $h$<br>$\hbar=\dfrac{h}{2\pi}$ | $6.62606957\times10^{-34}\,J\cdot s$<br>$1.0545717\times10^{-34}\,J\cdot s$ |
| 玻耳兹曼常数 | $k$ | $1.3806488\times10^{-23}\,J\cdot K^{-1}$ |
| 阿伏伽德罗常数 | $N_A$ | $6.02214129\times10^{23}\,mol^{-1}$ |
| 摩尔气体常数 | $R=N_Ak$ | $8.3144621\,J\cdot K^{-1}\cdot mol^{-1}$ |
| 法拉第常数 | $F=N_Ae$ | $9.64853365\times10^{4}\,C\cdot mol^{-1}$ |
| 电子质量 | $m_e$ | $9.10938291\times10^{-31}\,kg$ |
| 质子质量 | $m_p$ | $1.6726217\times10^{-27}\,kg$ |
| 中子质量 | $m_n$ | $1.67492735\times10^{-27}\,kg$ |
| 原子质量常数 | $m_u$ | $1.66053892\times10^{-27}\,kg$ |
| 真空介电常数 | $\varepsilon_0=\dfrac{1}{\mu_0c^2}$<br>$4\pi\varepsilon_0$ | $8.8541878\times10^{-12}\,J^{-1}\cdot C^{-2}\cdot m^{-1}$<br>$1.11265006\times10^{-10}\,J^{-1}\cdot C^{-2}\cdot m^{-1}$ |
| 玻尔半径 | $a_0=\dfrac{4\pi h^2\varepsilon_0}{4\pi^2e^2m_e}$ | $5.2917721\times10^{-11}\,m$ |
| 里德伯常量 | $\hat{R}_\infty=\dfrac{m_ee^4}{8h^3c\varepsilon_0^2}$<br>$=\dfrac{hc\hat{R}_\infty}{e}$ | $1.097373157\times10^{5}\,cm^{-1}$<br>$13.60569253\,eV$ |
| 标准自由落体加速度 | $g_n$ | $9.80665\,m\cdot s^{-2}$ |
| 引力常量 | $G$ | $6.67384\times10^{-11}\,N\cdot m^2\cdot kg^{-2}$ |

# 2. 298.15K 时常用常数组合计算值

| 常数组合 | 计算值 | 常数组合 | 计算值 |
|---|---|---|---|
| $RT$ | $2.4790\,kJ\cdot mol^{-1}$ | $\dfrac{RT}{F}$ | $25.693\,mV$ |
| $(RT/F)\ln10$ | $59.160\,mV$ | $\dfrac{kT}{hc}$ | $207.225\,cm^{-1}$ |
| $\dfrac{kT}{e}$ | $25.693\,meV$ | $V_m^{\ominus}$ | $2.479\times10^{-2}\,m^3\cdot mol^{-1}$<br>$24.79\,dm^3\cdot mol^{-1}$ |

## 3. 本书常用物理量单位与 SI 基本单位间的换算关系

| 常用物理量单位 | SI 基本单位 | 常用物理量单位 | SI 基本单位 |
|---|---|---|---|
| 1N | $1\mathrm{kg\cdot m\cdot s^{-2}}$ | 1J | $1\mathrm{kg\cdot m^2\cdot s^{-2}}$ |
| 1Pa | $1\mathrm{kg\cdot m^{-1}\cdot s^{-2}}$ | 1W | $1\mathrm{kg\cdot m^2\cdot s^{-3}}$ |
| 1V | $1\mathrm{kg\cdot m^2\cdot A^{-1}\cdot s^{-3}}$ | 1P | $0.1\mathrm{kg\cdot m^{-1}\cdot s^{-1}}$ |
| 1T | $1\mathrm{kg\cdot s^{-2}\cdot A^{-1}}$ | 1S | $1\Omega^{-1}$，$1\mathrm{A^2\cdot s^3\cdot kg^{-1}\cdot m^{-2}}$ |

## 4. 希腊字母表

| 名称 | | 字母符号 | |
|---|---|---|---|
| 英文 | 中文 | 大写 | 小写 |
| alpha | 阿尔法 | Α | α |
| beta | 贝塔 | Β | β |
| gamma | 伽马 | Γ | γ |
| delta | 德耳塔 | Δ | δ |
| epsilon | 艾普西隆 | Ε | ε |
| zeta | 截塔 | Ζ | ζ |
| eta | 艾塔 | Η | η |
| theta | 西塔 | Θ | θ |
| iota | 约塔 | Ι | ι |
| kappa | 卡帕 | Κ | κ |
| lambda | 兰姆达 | Λ | λ |
| mu | 米尤 | Μ | μ |
| nu | 纽 | Ν | ν |
| xi | 克西 | Ξ | ξ |
| omicron | 奥密克戎 | Ο | ο |
| pi | 派 | Π | π |
| rho | 洛 | Ρ | ρ |
| sigma | 西格马 | Σ | σ |
| tau | 陶 | Τ | τ |
| upsilon | 宇普西隆 | Υ | υ |
| phi | 斐 | Φ | φ |
| chi | 喜 | Χ | χ |
| psi | 普西 | Ψ | ψ |
| omega | 奥米伽 | Ω | ω |

# 目录
CONTENTS

# 绪 论

## 0.1 物理化学学科发展概述

物理化学发展于有机化学之后，人们试图使用热力学和气体动理论理解并解释化学实验现象。因此，物理化学主要是为了解决生产实际和科学实验中化学家提出的理论问题，揭示化学变化的本质，更好地驾驭实验，使之为生产实际服务。该学科从研究化学现象和物理现象之间的相互联系入手，借助数学和物理学的理论，从而探求化学变化中具有普遍性的包含宏观到微观的基本规律（平衡规律和速率规律）。在实验方法上主要采用物理学中的方法。

自 1887 年德国科学家奥斯特瓦尔德（W. Ostwald，1853—1932）和荷兰科学家范托夫（J. H. van't Hoff，1852—1911）合办了第一本“物理化学杂志”——《物理化学杂志·化学计量学与相关原理》，使物理化学成为一门独立的化学分支学科。经过一个多世纪的发展，物理化学学科包含以下门类：

① 化学热力学　研究各类化学变化过程的能量转换及化学变化的方向和限度问题，包括热力学第一定律到热力学第四定律、多组分系统中的热力学、多相系统中的热力学、化学反应中的热力学、电化学系统中的反应热力学、表面与胶体等亚稳态系统中的热力学。

② 统计热力学　以统计力学原理和玻耳兹曼分布为基础建立起来的热力学理论系统。

③ 化学动力学　研究化学反应的速率以及速率方程，探索反应的机理问题及影响速率的因素，包括唯象动力学方程、基元反应动力学理论、光化学反应基础理论以及催化反应动力学。

④ 结构化学　通过结构与性质的关系，既可以分析已知反应的性质，又可以预判未知反应的性质。包括量子力学基本假设、原子与分子、晶体结构、金属、群论在化学中的应用等。

上述门类涵盖了化学、化工、材料、生物以及环境等多个方面，其中任意一个方向的深入探索都离不开物理化学，譬如生物探针的选择性、有机反应中间体的结构与稳定性、无机材料的性质产生机制等。物理化学的重要性不言而喻。

## 0.2 物理化学学习方法

在物理化学的学习中，尽可能遵循 “实践—理论—实践”的认识过程，采用归纳法和演绎法——从众多实验事实概括的理想建模到引入一般非理想参数，最后再从一般推理到个别（实验的论证）的思维过程。如从理想气体状态方程的提出到范德华气体方程的建立就是遵循上述方法的。

除了要有学习兴趣和克服困难的勇气之外，要想学好物理化学课程没有正确的学习方法是不行的。物理化学和其它三大化学科目相比：

其一，公式多，而且公式应用的条件苛刻，不同的条件会有完全不同的结论。因此，需要注意不同条件下各物理量间的联系，要理解各物理量的物理意义及特征，灵活掌握一些主要公式的使用条件。

其二，概念多，而且很多概念不易理解。因此，在学习中，首先需要站在理论提出者的立场上思考问题，了解各理论定理的提出目的和解决方案，不要只通过课堂教学接受学习，要注重培养自己的逻辑性，注意学习前人提出问题、解决问题的逻辑思维方法，反复体会感性认识和理性认识的相互关系。密切联系实际，善于思考，敢于质疑，勇于创新。

其三，理解问题的方法多，不同的研究者会站在不同的角度解释同一个问题，譬如对阿伦尼乌斯方程的理解等。学生在学习的过程中不仅要掌握知识性的东西，而且要掌握它研究问题和解决问题的方法，这是学好物理化学的关键。例如，经典热力学研究使用宏观的研究方法，其研究对象是由众多质点组成的宏观系统，它以热力学第一定律和热力学第二定律为基础，用一系列系统的宏观性质（热力学函数）及其变量描述系统从始态到终态的宏观变化，而不涉及变化的细节和速率。经典热力学方法只适用于平衡系统。而统计热力学则主要是运用微观研究手段，把统计描述与量子力学原理结合起来，用概率规律计算出系统内部大量质点微观运动的平均结果，从而解释宏观现象并能计算一些热力学性质。在基础知识的巩固中，需要通过大量的独立解题，加深对课程内容的理解，检查对课程的掌握程度，培养自己独立思考问题和解决问题的能力。在应用中，重视实验，在思索实验结果中融入物理化学的知识，譬如对主副反应的竞争分析或者表面催化的机制分析等。

# 第 1 章
# 热力学第一定律

【学习意义】

热力学第一定律主要讨论“能量核心思想”——能量是各类化学作用的基础。无论物理变化还是化学变化，能量的产生与转化都是核心问题，这个核心问题的基础就是热力学第一定律。

【核心概念】

内能与焓。

【重点问题】

1. 系统与环境之间的能量交换方式有哪些？
2. 如何理解平衡态的假设和可逆过程？
3. 内能的本质是什么？内能变化的本质是什么？
4. 如何理解模型思想：通过建立分子行为模型来探索物理化学现象——理想气体模型和范德华气体模型？
5. 如何理解“最概然速率”和“局域态”：一种不同于“平均”的差异化统计方式？
6. 焓是什么？量化描述过程量与状态函数之间的“桥梁公式”有哪些？
7. 如何基于状态函数的性质，建立系统不同性质之间的定量关系，将复杂的热力学关系转化为简单的测量问题？常用的基本数学关系式有哪些？
8. 如何理解几类典型的热力学过程：等温可逆与不可逆过程，绝热可逆与不可逆过程，节流膨胀过程？

热力学第一定律是以生活实践经验为基础而建立的，因此具有很强的热机特征。本章作为唯象热力学的入门，首先介绍建立热力学的基本概念以及基本研究方法；其次，介绍理想气体状态方程和范德华气体状态方程，建立由简单到复杂的热力学模型，通过介绍气体分子的方均根速率，建立热力学中局域态的概念；最后，系统介绍热力学第一定律及其常见的应用。本章将建立物理化学研究问题的基本逻辑，包括在复杂的化学过程中抽象出化学模型，使用基本的数学手段表示不同化学物理量之间的关系，将复杂的问题简单化。

热力学的使用源自人们对冷热程度的表达。进一步而言，人们在表达冷热时，实际上涉及的是物体之间的相互关系。而对物体间相互关系的理解，始于 20 世纪之前，那时“力”

的概念就已深入人心，比如焦耳通过实验提出了重力可以转变为热。直到20世纪初，人们才逐渐意识到，能量才是世界上最广泛、最经得起检验的物质之间相互作用的标度，比如听觉是空气振动能的传播、视觉是光子的传递、蒸汽机在工作时将热能转变为机械能。热机理论，即唯象热力学的基本框架。在热机理论中，能量形式只有功和热，其中功的类型有两种分类——体积功和非体积功，即引起研究对象体积变化的功和不引起体积变化的功。经典热力学理论框架有很明显的非化学特性，但其本质是多分子系统的宏观理论，所以其基本理论对化学具有不可或缺的价值。

## 1.1 热力学基础知识导引

在深入地讨论唯象热力学之前，首先需要明确一系列物理化学的基本概念，搭建起描述热力学的通用平台。本节既包括一些常用的基本概念，也包含一些特殊含义的专业术语。

### 1.1.1 热力学研究方法概述

研究数据的统计意义：研究对象是大量分子的集合体，粒子数量级为 $10^{23}$，体积量级为 $cm^3$～$m^3$，研究平衡系统的宏观性质，所得结论具有统计意义，即大概率事件。

研究对象为平衡态系统：研究对象可以是各种相态（每一个均匀的物质组成部分在热力学上称为一相）或者是各相平衡共存的系统——平衡态。

研究对象的分布均匀性：在物体本身线度不大时，一般忽略重力场（及可能的其它场）的影响，不考虑重力场中高度对粒子分布数量的影响——均匀性。

研究只考虑始终态的净变化：在研究对象发生变化时，比如一个化学反应，只考虑变化前后的净结果，即反应物态和产物态，不考虑物质的微观结构和反应机理。

研究只表达热力学变化的方向与限度：热力学的结果只能判断变化能否发生以及进行到什么程度，不能判定变化所需时间。

### 1.1.2 系统与环境

系统和环境是彼此相对而言的，它们的概念如下：

① 系统（system）　热力学研究中的直接对象，也称为体系。

② 环境（surroundings）　与系统直接发生相互作用的周围的一切。

选择系统和环境是任意的，但以方便研究为基本原则。比如图1.1中包含A容器和B容器，且均盛有气体，欲研究A容器中气体的规律，则以A容器及其中的气体为研究系统，B容器及其中的气体则为所选系统的环境。实际上，B的选择可大至整个宇宙，亦可小至紧挨着A的有限空间。在初学物理化学时，这两种环境的定义都有涉及，并在能量传递时进行一些理想化的假设。本章将在相应条件讨论中逐渐介绍。

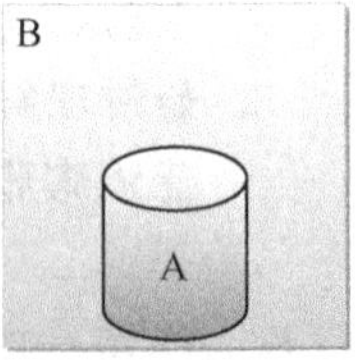


图1.1　系统与环境

### 1.1.3 系统的分类

按照常用的热力学条件，系统有如下三种分类方式。

① 根据系统与环境之间的物质与能量交换与否分类。可以将系统分为：a. 孤立系统——系统与环境之间既没有物质交换又没有能量交换；b. 封闭系统——系统与环境之间没

有物质交换，但有能量交换；c. 开放系统——系统与环境之间既有物质交换又有能量交换。

以图 1.1 为例，若 A 容器封闭，且器壁绝热，则 A 容器中的气体为孤立系统；若 A 容器封闭，但器壁导热，则 A 容器气体为封闭系统；若 A 容器并未封闭，且器壁导热，则 A 容器中的气体为开放系统。上述 3 种系统中 B 均为 A 系统的环境。

另一种情况，若 B 容器封闭，且 B 的器壁绝热，无论 A 是上述哪种系统，以 A 和 B 一起作为研究系统时，该系统都为孤立系统，B 容器外的无穷大区域为环境。很多时候，问题研究需要考虑以 A 为系统 B 为环境的情况，但同时也要考虑以 A 和 B 作为系统的情况。其实在构建热力学模型时，除了选择狭义的研究系统，譬如反应器及其中的反应物，研究其热力学性质；同时还需要以该狭义系统及其对应的无穷大环境一起考虑为系统，构建起一个孤立的模型系统，从而解决一个反应的方向与限度问题。

② 根据系统中相的数目分类。可以将系统分为：a. 单相系统——只有一相的系统；b. 多相系统——多于一相的系统。所谓相是指系统中物理和化学性质均一的部分。按照热力学的规定，每一种固体为一相，液相系统在稳定时按照液体界面的数量定义相的数目，相数=界面数+1，完全互溶的溶液没有界面，为一相，所有气体无论化学性质如何，均视为一相。

③ 根据系统中组分（独立物种数）的数目分类。可以将系统分为：a. 单组分系统——只包含一个组分的系统；b. 多组分系统——包含多于一个组分的系统。所谓组分是指相互间没有任何影响，可以独立变化的物种数。比如 $H_2$ 和 $N_2$ 组成的系统，在不考虑任何前提条件时，为二组分系统。

上述三种系统的分类方式彼此之间相互独立，在建立热力学系统时缺一不可，是建立热力学模型的重要前提。例如“在绝热封闭的容器中，由理想气体 $H_2$ 和 $N_2$ 组成的系统”，可以归类为“孤立的单相多组分（二组分）系统”。而“在 373.15K，封闭的容器中，由理想气体水蒸气和液态 $H_2O$ 组成的热平衡系统”，可归类为“封闭的多相（二相）单组分系统”。但如果以“在 373.15K，封闭的容器中，与液态 $H_2O$ 达到热平衡的理想气体水蒸气”为研究对象，那么液态水就成为环境的一部分，此时选定的系统——水蒸气就归类为“封闭的单相单组分系统”。

综上所述，系统与环境的划分总是以研究对象为依据，有目的地进行划分，原则上对于同一问题，无论如何选择系统都应能解决问题，只是繁简不同，但选择合适的系统是热力学解决问题的第一步。

### 1.1.4 状态函数

（1）状态函数的概念

在热力学中，用来描述系统的某一瞬间性质的函数称为状态函数。

（2）状态函数的特征

在给定状态下，不管环境如何，也不论系统如何到达该状态，系统所有的状态函数都有确定值。

即所有的热力学系统的状态一旦确定，所有的状态函数也就为一个确定值。所谓状态的确定，就是不考虑时间因素，将系统“拍照定格”，此时描述系统性质的函数，比如压强、温度、体积为恒定值。因此按照唯象热力学的研究方法，若干个过程都具有相同的始态和终态，则状态函数的变化值为终态的状态函数减去始态的状态函数，也都是恒定不变的。所以状态函数的特征可以总结为：异途同归，值变相等；周而复始，数值还原。

【例 1.1】关于状态与状态函数的几个基本概念的辨析。

（1）系统的同一状态能否具有不同的体积？

体积为描述系统物理性质的函数，是状态函数。状态确定，状态函数即确定。所以系统的同一状态不可以具有不同的体积。

（2）系统的不同状态能否具有相同的体积？

状态确定，状态函数体积确定，但状态对应唯一的状态函数，状态函数并不对应唯一的状态。比如理想气体系统中，体积不变时，温度和压强可以按照气体定律进行变化。即体积相同，状态可以不同。

（3）系统的状态改变了，是否其所有的状态函数都要改变？

同例 1.1 中（2），状态对应唯一的状态函数，状态函数并不对应唯一的状态。比如理想气体系统中，体积可以保持不变，温度和压强按照气体定律进行变化。

（4）系统的某一状态函数改变了，其状态是否一定变化？

同例 1.1 中（2），由于状态对应唯一的一套状态函数，任何一个状态函数的改变都会导致系统状态的改变。

（3）状态函数的数学性质及证明

状态函数在数学上具有全微分的性质。

① 状态函数的全微分　假设状态函数 $A$ 可以用状态函数 $x$ 和 $y$ 描述，且 $A$ 是状态函数 $x$ 和 $y$ 的因变量，$x$ 和 $y$ 是 $A$ 的自变量。$A$、$x$、$y$ 之间满足函数关系 $A=f(x, y)$，且 $x$、$y$ 是 $A$ 的独立变量，那么 $A$ 函数的全微分表达式为两个偏微分量之和：

$$\mathrm{d}A=\left(\frac{\partial A}{\partial x}\right)_y \mathrm{d}x+\left(\frac{\partial A}{\partial y}\right)_x \mathrm{d}y \tag{1.1}$$

【例 1.2】封闭系统中，一定量的理想气体的体积 $V$ 可以用压强 $p$ 和温度 $T$ 描述，$p$、$T$ 是 $V$ 的独立变量，用 $V=f(p,T)$表示 $V$、$p$、$T$ 之间的函数关系，则有：

$$\mathrm{d}V=\left(\frac{\partial V}{\partial p}\right)_T \mathrm{d}p+\left(\frac{\partial V}{\partial T}\right)_p \mathrm{d}T$$

② 偏微分量　在物理化学的学习中，状态函数的偏微分量表示的是两个状态函数在某种条件下的相互关系。例如$\left(\frac{\partial V}{\partial p}\right)_T$表示在温度 $T$ 一定的条件下，由于压强 $p$ 的变化所引起的体积 $V$ 的变化，又称为 $V$ 对 $p$ 的响应关系量。偏微分量在整个物理化学以及后续专业学习中，是一种非常常见的表达方式，读者一定要适应并能够熟练应用这种表达方式。

③ 状态函数的尤拉关系式　若存在 $\mathrm{d}A=\left(\frac{\partial A}{\partial x}\right)_y \mathrm{d}x+\left(\frac{\partial A}{\partial y}\right)_x \mathrm{d}y$，则

$$\frac{\partial^2 A}{\partial x\partial y}=\frac{\partial^2 A}{\partial y\partial x} \tag{1.2}$$

上式称为 $A$ 函数尤拉关系式，即对 $A$ 而言，二阶微分的顺序不影响二阶微分的结果。关于式（1.2）的简要证明如下。

【证明】若函数 $A$ 满足全微分 $\mathrm{d}A=\left(\frac{\partial A}{\partial x}\right)_y \mathrm{d}x+\left(\frac{\partial A}{\partial y}\right)_x \mathrm{d}y$，令 $M(x,y)=\left(\frac{\partial A}{\partial x}\right)_y$；$N(x,y)=$

$\left(\frac{\partial A}{\partial y}\right)_x$，则：

$$\mathrm{d}A = M\mathrm{d}x + N\mathrm{d}y$$

$$\left(\frac{\partial M}{\partial y}\right)_x = \frac{\partial^2 A}{\partial x \partial y}$$

$$\left(\frac{\partial N}{\partial x}\right)_y = \frac{\partial^2 A}{\partial y \partial x}$$

若 $A$ 可以全微分，则必满足 $A$ 函数的尤拉关系式：

$$\left(\frac{\partial M}{\partial y}\right)_x = \left(\frac{\partial N}{\partial x}\right)_y$$

**注意**：该方法可以用来证明函数 $A$ 是否为状态函数。

**【例 1.3】** 封闭系统的理想气体，状态函数体积 $V$ 是独立状态函数 $p$、$T$ 的函数，即 $V=f(p,T)$，则：

$$\mathrm{d}V = \left(\frac{\partial V}{\partial p}\right)_T \mathrm{d}p + \left(\frac{\partial V}{\partial T}\right)_p \mathrm{d}T$$

令 $M(p,T) = \left(\frac{\partial V}{\partial p}\right)_T$， $N(p,T) = \left(\frac{\partial V}{\partial T}\right)_p$，则：

$$\mathrm{d}V = M\mathrm{d}p + N\mathrm{d}T$$

则体积 $V$ 的尤拉关系式为：

$$\frac{\partial^2 V}{\partial p \partial T} = \frac{\partial^2 V}{\partial T \partial p} \quad \text{或} \quad \left(\frac{\partial M}{\partial T}\right)_p = \left(\frac{\partial N}{\partial p}\right)_T$$

④ 状态函数偏微分的循环关系式（归一化关系） 若 3 个状态函数 $x$、$y$ 和 $z$ 满足函数关系 $z=f(x,y)$。则 $x$、$y$ 和 $z$ 必满足：

$$\left(\frac{\partial z}{\partial x}\right)_y \left(\frac{\partial x}{\partial y}\right)_z \left(\frac{\partial y}{\partial z}\right)_x = -1 \tag{1.3}$$

简要证明如下：

因为 $z=f(x,y)$，令 $F(x,y,z)=f(x,y)-z$，故

$$F(x,y,z) = F[x,y,f(x,y)] = 0$$

两侧同时对 $x$ 求导：

$$F'_x + F'_z \left(\frac{\partial z}{\partial x}\right)_y = 0$$

$$\left(\frac{\partial z}{\partial x}\right)_y = -\frac{F'_x}{F'_z}$$

同理，两侧对 $y$ 求导，则：

$$\left(\frac{\partial z}{\partial y}\right)_x = -\frac{F'_y}{F'_z}$$

再令 $x = f(z,y)$，则：

$$F(x,y,z) = F[f(y,z),y,z] = f(y,z) - x = 0$$

两侧对 $z$ 同时求导，可得：

$$\left(\frac{\partial x}{\partial y}\right)_z = -\frac{F'_y}{F'_x}$$

所以

$$\left(\frac{\partial z}{\partial x}\right)_y \left(\frac{\partial x}{\partial y}\right)_z \left(\frac{\partial y}{\partial z}\right)_x = -1$$

【例 1.4】封闭系统的理想气体，状态函数体积 $V$ 是独立状态函数 $p$、$T$ 的函数，即 $V = f(p,T)$，则按照状态函数的连乘关系式，$p$、$V$、$T$ 应满足：

$$\left(\frac{\partial p}{\partial V}\right)_T \left(\frac{\partial V}{\partial T}\right)_p \left(\frac{\partial T}{\partial p}\right)_V = -1$$

或

$$\left(\frac{\partial p}{\partial V}\right)_T = -\frac{1}{\left(\frac{\partial V}{\partial T}\right)_p \left(\frac{\partial T}{\partial p}\right)_V} = -\frac{\left(\frac{\partial p}{\partial T}\right)_V}{\left(\frac{\partial V}{\partial T}\right)_p} = -\frac{\left(\frac{\partial T}{\partial V}\right)_p}{\left(\frac{\partial T}{\partial p}\right)_V}$$

（4）给定系统独立状态函数个数的确定

对于一个给定的系统，在使用全微分充要条件时，需要确定独立变化的状态函数，即一个系统的自变量，利用自变量即可确定系统所有的因变量。比如例 1.2 中，封闭系统中理想气体的体积 $V$ 可以用压强 $p$ 和温度 $T$ 描述，$p$、$T$ 是 $V$ 的独立变量，用 $V = f(p,T)$ 表示 $V$、$p$、$T$ 之间满足函数关系。因此，该系统中 $p$ 和 $T$ 是两个独立的变量。但如何确定其它任意系统的独立状态函数的个数呢？

对于单相系统：

独立的状态函数数量（$F$）= 独立的能量交换方式数（$N$）+ 独立可变的物种数（$S$）

其中，独立可变的物种数是指在指定系统中能够自由变化的，且与其它物种无任何关联的可变量的数量，比如没有任何限制条件的混合理想气体系统，气体的种类就是独立的组分数；

独立的能量交换方式只有功和热。功随着不同的外在条件（广义位移；场源——电、磁场强度等）的不同，种类不唯一，场的数量决定了功的种类。常见的功的种类：重力场中的重力做功，电场中的静电力做功，磁场中的洛伦兹力做功，表面力场中的表面功，半透膜中的渗透压。

对于热而言，其能量交换方式（种类）只有一种。所以有：

独立的能量交换方式数（$N$）= 功的种类（场的数量）+ 热的种类（1）

因此，可总结定理如下：

$$F = S + N_W + 1 \tag{1.4}$$

式中，$F$ 表示独立变量的数量；$S$ 表示系统独立可变的物种数；$N_W$ 表示场的数量；1 表示热传递的方式只有一种。

对于多相系统，上述计算方法需要逐相讨论。

**【例 1.5】**理想气体的单相单组分封闭系统中，独立状态函数的个数是多少？

单组分意味着独立可变物种数 $S=1$；功的种类等于场的数量，在只考虑重力场（默认条件）时 $N_W=1$。代入式（1.4）:

$$F = 1+1+1 = 3$$

即该系统中独立状态函数的个数为 3 个。

根据理想气体状态方程，描述任意理想气体需满足 $pV=nRT$，其中 $R$ 为摩尔气体常数，四个变量 $p$、$V$、$T$、$n$ 中任意一个量都需要另外三个自变量确定，例如 $V=f(p,T,n)$。其实除了体积 $V$ 以外，系统中的其它状态函数 $L$ 都可以按照该规则写成 $L=L(p,T,n)$。

若进一步规定系统为“一定量的理想气体构成的单相单组分封闭系统”，则此时独立可变物种数 $S=0$，此时该系统的独立变量个数:

$$F = 0+1+1 = 2$$

**【例 1.6】**单相多组分均相系统中（设存在 $S$ 种化学物质），独立状态函数的个数是多少？

根据式（1.4）:

$$F = S\text{（可变物种数）} + 1\text{（位置条件下的功）} + 1\text{（热）} = S+2$$

因此需要 $S+2$ 个状态函数就能完全确定系统的状态，其它状态函数 $L = L(T,p,n_1,n_2,\cdots,n_S)$。

若 $S$ 种物质全部固定，则系统的状态仍需要两个状态函数才能完全确定。

**【思考题】**1mol $N_2$ 理想气体构成的封闭系统中，温度 $T$ 作应变量时，其独立变量的个数是多少？试选择任意的状态函数写出全微分关系式，并写出该全微分关系式的充要条件以及状态函数偏微分的循环关系式。

### 1.1.5 热力学平衡态

热力学平衡态的含义：热平衡（温度平衡）、力学平衡、相平衡和化学平衡。即任何一个热力学平衡系统一定包含上述四重平衡。

热力学平衡态的定义：系统内各部分宏观性质不随时间改变，且不存在外界或内部的某些作用使系统内以及系统与环境之间存在任何宏观流（物质流与能量流）与化学反应发生的状态。

所以，平衡态本质是系统的宏观性质的恒定，并不考虑系统中的微观变化，这也是唯象热力学（热机理论）的特征。事实上，平衡态只是系统中每个粒子的微小涨落，是统计的热动平衡。

平衡态公理：任何一个孤立系统在足够长的时间内必将趋近于唯一的平衡态，而且永不能自动地离开它。因此平衡态是非平衡状态的完美极限。

平衡态热力学的规律是非平衡态热力学规律的极限，因此非平衡态热力学的基础就是平衡态热力学，也是本课程讨论的重要基础。平衡态能近似概括多数现象，有广泛的实际价值。如无特殊说明，本教材定义的状态均是各部分均匀的平衡态。

### 1.1.6 广度性质与强度性质

平衡态热力学系统存在多种宏观物理量，包括热现象规律的描述参量——热力学宏观量。热力学宏观量均具有统计特点，是在微观基础上的平均。因此均需要假设热力学宏观量存在确定的数值，可以使用确定的连续函数表示，并假设系统中的每一相都是连续体。

假定一个均相热力学系统在不被扰动的情况下被任意化成若干份，若每个细分的系统的热力学宏观量划分后各部分的总和等于系统划分前的值，那么这个宏观量则是广度性质；如果在划分后，该宏观量在任意部分的值与划分前的值没有区别，则该状态函数是强度性质。

广度性质与强度性质的判据：在不被扰动的条件下，一个均相热力学系统的广度性质正比于系统的物质的量；强度性质是系统某性质的特征量，与系统物质的量无关。

例如，100kPa 条件下，1mol $N_2$ 理想气体构成的封闭系统，该热力学系统的体积和物质的量为广度性质，但压强和温度为强度性质。

广度性质和强度性质的划分均是在均相热力学系统不被扰动的平衡态中进行的。例如，读者要注意辨析压强和分压、体积和分体积在广度性质和强度性质中的判断。分压是指同一温度下，混合气体中各部分气体单独存在并占有与混合气体相同体积时所具有的压力；分体积是指在混合气体中某组分在某温度和总压一定时所占据的体积。可见，分压和分体积均不满足“一个均相热力学系统不被扰动”的条件。因此，“平衡系统的分压是广度（强度）性质”的判断是错误的。

广度性质与强度性质的乘除：以满足物理意义为前提，两个广度量相乘除得到的结果为强度量，而广度量乘以强度量则仍为广度量；两个强度性质的乘除结果仍为强度性质。

### 1.1.7 热力学过程

按照平衡态公理，平衡态是一种终极状态，其改变一定需要外界的扰动。因此，改变系统的宏观平衡态需要系统与环境之间的相互作用，改变时系统和环境的状态都会改变。

系统与环境之间的作用形式称为热力学相互作用，共有以下三种方式：力学相互作用、热相互作用和化学相互作用。力学相互作用指广义力的作用下，外在条件改变时系统与环境以做功的方式交换能量；热相互作用指由于温差引起的能量交换——传热；化学相互作用指系统与环境的同种物质存在化学势差而发生的物质结构的改变和能量的交换。

热力学作用导致热力学平衡态系统发生改变，其变化即对应热力学过程和热力学途径。

过程的概念：系统的宏观状态随时间的变化过程被称为热力学过程，包括相态和热力学宏观量的改变。事实上，过程指的是初始平衡态（始态）向目标平衡态（终态）的变化。

途径的概念：系统完成由始态到终态变化的具体路线，是过程的一部分或者全部。过程和途径的概念是相对而言的，热力学过程的设计需要确定始态和终态，并由此产生相应的途径，其示意图如图 1.2 所示。

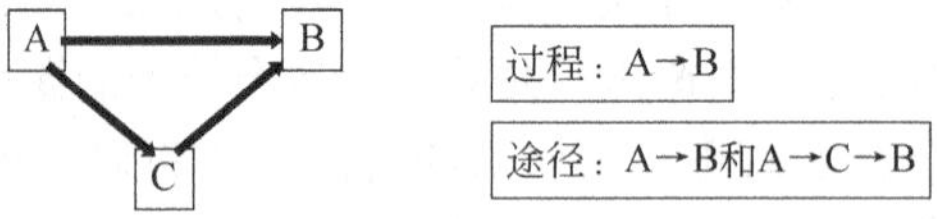


图 1.2　过程与途径示意图

（1）*pVT*系统常见热力学过程

由于压力[1]（$p$）、体积（$V$）和温度（$T$）都是唯象热力学中常用且易测得的物理量，因此对于用这些状态函数描述的系统一般也简称为 $pVT$ 系统。由于 $pVT$ 的概念具体，对于各类热力学模型，热力学研究的目标之一也是通过状态函数之间的关系和数学变化，最终能够将复杂问题等价地使用 $pVT$ 函数描述，这也是绝大多数物理化学证明中的目标和难点。

[1] 热力学表述中，压力即指压强，其国际单位为 Pa。

对于常见的热力学过程，按照 $pVT$ 函数的不同，可以分为等温过程、等容过程和等压过程；除此之外，常见的过程中还有一类被称为绝热过程。

① 等温过程　始态及终态温度相等并等于环境温度的过程称为等温过程。若变化过程中的系统温度始终保持不变，并等于环境温度，则该过程称为恒温过程。因此等温过程不一定是恒温过程，但恒温过程一定是等温过程。

等温过程的数学表达式为：

$$\Delta T = T_B - T_A = 0$$

式中，A 和 B 分别表示始态和终态。

② 等容过程　始态与终态系统体积相等的过程称为等容过程。若变化过程中系统的体积始终保持不变，则该过程称为恒容过程。

等容过程的数学表达式为：

$$\Delta V = V_B - V_A = 0$$

③ 等压过程　始态与终态系统压力（内压力）相等，且等于环境压力（外压力）的过程，称为等压过程。若变化过程中系统的压力始终保持不变，并等于环境压力，则称为恒压过程。

等压过程的数学表达式为：

$$\Delta p = p_B - p_A = 0$$

此外，还需要注意恒外压过程。该过程中，终态的内压力和外压一定相等，但始态的内压力不一定和外压相等，因此恒外压过程不一定是等压过程。外压常用符号 $p_e$ 表述，国际单位为 Pa。

在概念辨析方面，等压过程不一定是恒压和恒外压过程，比如等压的合成氨化学反应，反应始态和终态的压强可以与大气压保持一致，但反应过程中，压强是变化的。而恒压过程一定是等压过程，并且也一定是恒外压过程。

④ 绝热过程　系统与环境没有热交换的过程，一般是指在绝热箱（例如氧弹）中的化学反应或是快速化学反应（爆炸）。这类热力学过程涉及的具体问题本书后续再逐一介绍。

（2）热力学过程中的 $pVT$ 分析

① 等温膨胀过程　模型：假设理想气体物质的量为 $n$，始态为 298K、$2p^{\ominus}$ [1]、$V$，使它与 298K 的大热源接触，可以通过以下三种方式改变系统的状态，变成终态的 298K、$p^{\ominus}$、$2V$。

a. 等温真空自由膨胀。体积为 $V$ 的气体向真空膨胀到终态体积为 $2V$。该过程中外压 $p_e = 0$，这是真空自由膨胀的重要特征。真空自由膨胀中的 $pVT$ 分析如下：$\Delta p = p^{\ominus} - 2p^{\ominus} = -p^{\ominus}$；$\Delta V = 2V - V = V$；$\Delta T = 0$。

b. 等温抗恒外压膨胀。气体对抗外压力 $p^{\ominus}$ 膨胀到终态体积为 $2V$。该过程中外压为常数，$p_e = p^{\ominus}$，这也是过程的终态压力。$pVT$ 分析如下：$\Delta p = p^{\ominus} - 2p^{\ominus} = -p^{\ominus}$；$\Delta V = 2V - V = V$；$\Delta T = 0$。

c. 等温准静态膨胀。气体对抗外压 $p_e = p_{内} - dp$ 从压力为 $2p^{\ominus}$ 的状态，经过若干次膨胀至 $p^{\ominus}$ 的状态，每次膨胀的压力均比之前的压力小一个无穷小量 $dp$，每一次变化的时间远小

---

[1] $p^{\ominus}$ 指的是标准压强，其值规定为 100kPa。

于系统内部平衡的时间，因此每一次变化都可以近似为平衡态，准静态过程是理想过程，这是建立平衡态模型的重要概念。

准静态过程是在热力学过程中进行的任何时刻都处于无限接近平衡态的过程，其中涉及的状态函数的变化都是一个无限缓慢的变化，数学上都可以将这些变化表示成一个积分过程。当准静态过程中没有热损耗时，该过程可视为热力学可逆过程。$pVT$ 分析如下：

$\Delta p=\int_{p^{\ominus}}^{2p^{\ominus}}\mathrm{d}p=p^{\ominus}-2p^{\ominus}=-p^{\ominus}$；$\Delta V=2V-V=V$；$\Delta T=0$。

由此可见，上述三种等温膨胀过程对应的 $pVT$ 变化完全一致，即上述三种过程可以具有完全相同的始态和终态，对应的状态函数变化也完全一致。因此，在实际应用中，可以设计理想的等温准静态过程，计算分析具有相同始终态的等温自由膨胀和等温抗恒外压过程中各状态函数的变化，这样的思路一般也称为“热力学过程代换”，能够简化非常复杂的热力学过程。

② 变温过程　模型：1mol 的 $N_2$，始态为 298K、$p^{\ominus}$ 和 $V_1$，将其置于压力恒定为 $p^{\ominus}$ 的环境中，通过两种方法加热系统达到终态 323K、$p^{\ominus}$ 和 $V_2$。

a．等压变温过程。直接将 298 K、$p^{\ominus}$ 的 $N_2$ 置于 323K 的热源上加热。$pVT$ 分析如下：$\Delta p=p^{\ominus}-p^{\ominus}=0$；$\Delta V=V_2-V_1$；$\Delta T=323\text{K}-298\text{K}=25\text{ K}$。

b．等压准静态变温过程。使用一连串由 298K 至 323K 且相邻无限小的热源，系统从 298K 的热源无限缓慢地移至 323K 热源上逐渐升温加热，每一次升温之后的系统的温度都比之前升高一个无穷小量 $\mathrm{d}T$。$pVT$ 分析如下：$\Delta p=p^{\ominus}-p^{\ominus}=0$；$\Delta V=V_2-V_1$；$\Delta T=\int_{298\text{K}}^{323\text{K}}\mathrm{d}T=323\text{K}-298\text{K}=25\text{K}$。

同理，等压变温过程的热力学状态函数的计算也可以通过“过程代换”，设计具有相同始终态的等压准静态过程进行计算。

③ 气体混合过程　模型：始态为 298K、$p^{\ominus}$ 条件下，1mol 的 $N_2$ 和 1mol 的 $O_2$ 理想气体，体积均为 $V_1$，中间使用隔板隔开，终态为 298K、$p^{\ominus}$ 条件下 1mol 的 $N_2$ 和 1mol 的 $O_2$ 的混合气体，体积为 $2V_1$，如图 1.3 所示。

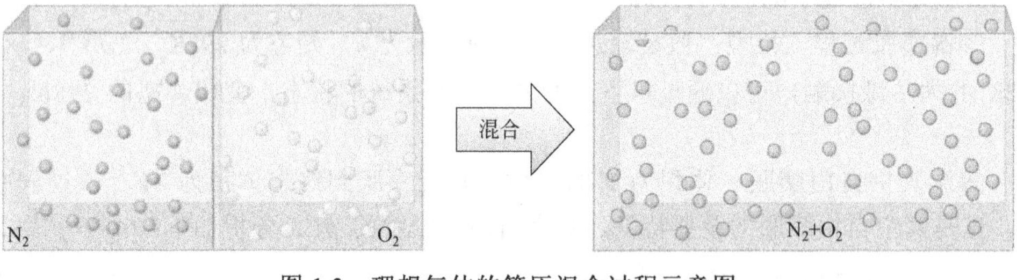


图 1.3　理想气体的等压混合过程示意图

a．等温等压混合。对该模型分析 $pVT$ 变化需要注意系统的选择，若以 $N_2$ 或 $O_2$ 为研究系统，则始态均为 $T=298\text{ K}$，$p=p^{\ominus}$，$V=V_1$，终态为 $T=298\text{ K}$，$p=0.5p^{\ominus}$，$V=2V_1$，注意此时终态的压强为各气体的分压，此时 $\Delta p=0.5p^{\ominus}-p^{\ominus}=-0.5p^{\ominus}$；$\Delta V=2V_1-V_1=V_1$；$\Delta T=0$；若以 $N_2$ 和 $O_2$ 为研究系统，则始态和终态均为 $T=298\text{K}$，$p=p^{\ominus}$，$V=2V_1$，$\Delta p=0$；$\Delta V=0$；$\Delta T=0$。

b．恒温恒压准静态混合。假设中间的隔板分成两片，分别只允许 $N_2$ 和 $O_2$ 的通过，气体混合时，每次两片隔板分别以无穷小的位移向两侧移动，最终达到终态。与等温等压混合过程描述类似，以 $N_2$ 或 $O_2$ 为研究系统，$\Delta p=\int_{p^\ominus}^{0.5p^\ominus}\mathrm{d}p=-0.5p^\ominus$；$\Delta V=\int_{V_1}^{2V_1}\mathrm{d}V=V_1$；$\Delta T=0$；若以 $N_2$ 和 $O_2$ 为研究系统，$\Delta p=0$；$\Delta V=0$；$\Delta T=0$。

非准静态的等温等压混合过程与准静态的恒温恒压准静态混合过程显然也可以“过程代换”。气体的混合过程中，要注意分压和压强的区别。如 1mol A 气体和 1mol B 气体进行等温等压（$p^\ominus$）混合，视 A 气体和 B 气体为两个系统，则变化前后压强变化为 0，但 A 气体或 B 气体在终态中分压为 $0.5p^\ominus$。在气体变化过程的计算中注意分压的使用，避免混淆。

④ 相变过程　模型：已知 373K、$p^\ominus$ 条件是水的沸点，系统的始态为 373 K、$p^\ominus$ 和 $V_1$ 条件下的液态水，终态为 373K、$p^\ominus$ 和 $V_2$ 条件下的气态水。

a．等温真空相变过程。始态的液态水接触 373K 恒温热源向真空蒸发相变过程的 $pVT$ 分析需要逐相讨论，对于液相水，始态为 373K、$p^\ominus$ 和 $V_1$ 条件下的液态水，终态为 373K、零压强和零体积的液态水。$\Delta p=-p^\ominus$；$\Delta V=-V_1$；$\Delta T=0$。对于气态水，始态为 373K、零压强和零体积的气态水（真空环境，外压为 0），终态为 373K、$p^\ominus$ 和 $V_2$ 的气态水，$\Delta p=-p^\ominus$；$\Delta V=V_2$；$\Delta T=0$。注意真空相变中，外压 $p_e=0$。

b．恒温抗恒外压准静态相变过程。始态的液态水接触 373K 恒温热源，对抗恒外压 $p^\ominus$ 准静态向外膨胀。对于液相水，始态为 373K、$p^\ominus$ 和 $V_1$ 条件下的液态水，终态为 373K、零压强和零体积的液态水。$\Delta p=-p^\ominus$；$\Delta V=-V_1$；$\Delta T=0$。对于气态水，始态为 373K、零压强和零体积的气态水（外压为 $p^\ominus$），终态为 373K、$p^\ominus$ 和 $V_2$ 的气态水，$\Delta p=-p^\ominus$；$\Delta V=V_2$；$\Delta T=0$。

相变过程中任何热力学规律务必逐相讨论 $pVT$ 的关系，等温真空相变过程可以通过设计为相同始终态的恒温抗恒外压的准静态相变，进而使用平衡态下的热力学规律。

⑤ 化学反应过程　模型：$T$、$p^\ominus$ 条件下，$a$mol 的气态 A 与 $b$mol 的气态 B 反应生成 $c$mol 的气态 C。

a．等温等压化学反应。该过程的分析如下：（i）$T$、$p^\ominus$ 条件下等温等压混合 $a$mol 的气态 A 与 $b$mol 的气态 B；（ii）保持反应系统的总压不变，等温等压下进行化学反应，不断分离产生的 C 物质，使得 A 和 B 持续反应，直至反应完全，生成 $c$mol 的 C；（iii）将 $c$mol 的 C 压缩为 $p^\ominus$ 条件，并维持系统温度为 $T$。由于存在混合过程，参考上述气体的等温等压过程，选择整个反应系统为研究对象，$pVT$ 分析如下：$\Delta p=0$；$\Delta V=V_C-V_{A+B}$；$\Delta T=0$。

b．恒温恒压准静态反应。化学反应的准静态讨论，需要借助范托夫平衡箱，如图 1.4 所示，范托夫平衡箱为理想的模型，每种物质，包括反应物和生成物均在气缸中，活塞与气缸之间无摩擦和热损耗，气缸与下面的反应室之间用选择性膜隔开，只允许气缸中的气体进出，以保证进入反应室的反应物和产物之间的摩尔比或分压比严格满足化学计量数。

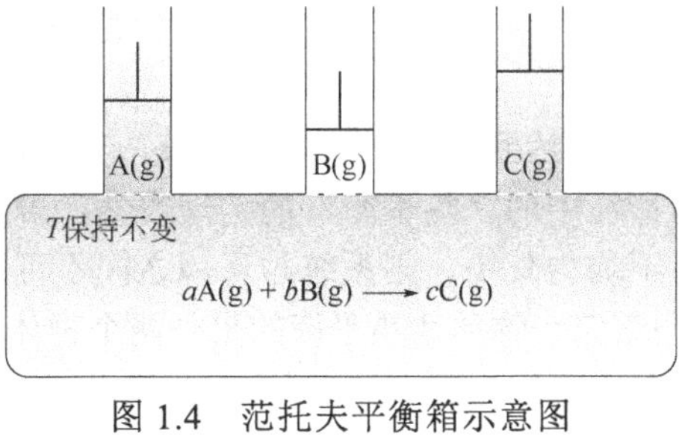


图 1.4　范托夫平衡箱示意图

此时，对于该反应的进行，每一个基元步骤都是准静态的平衡态。过程如下：i. 在 $T$、$p^{\ominus}$ 条件下，将 A 与 B 以准静态的方式通过活塞推动进入反应室，混合比例为 $a:b$；ii. 在温度为 $T$ 的条件下，将生成的 C 不断地抽出进入 C 气缸，进入 C 气缸的气体的终态压强为 $p^{\ominus}$；iii. A 和 B 不断地压入反应室，始终保持 A、B、C 的摩尔比为 $a:b:c$，并维持对应平衡分压。选择整个反应系统为研究对象，$pVT$ 分析如下：$\Delta p = 0$；$\Delta V = V_C - V_{A+B}$；$\Delta T = 0$。

**【思考】**请读者自行思考，若上述反应箱中分别以 A、B 和 C 为研究对象，其 $pVT$ 的变化规律如何？

（3）可逆过程

热力学过程具有多样性，例如上述五类具体的过程，根据过程进行中系统是否处于平衡态，将过程分为准静态与非准静态过程，其中准静态过程中如果不涉及摩擦，该热力学过程即为可逆过程。对于可逆过程，可总结如下：系统由某一状态Ⅰ出发，经过某一过程到达另一状态Ⅱ后，如果存在另一过程，使得该系统及环境完全复原为状态Ⅰ，即系统恢复的同时又完全消除原过程对外界所产生的一切影响，则原来的过程称为可逆过程。

平衡态热力学建立的基础就是可逆过程。

## 1.1.8 内能、热与热能

内能是指系统内部所有粒子能量的总和，是系统的状态函数，用字母 $U$ 表示，国际单位是焦［耳］(J)。内能是广度性质的量。

系统内部所有粒子能量的总和，包括分子运动的平动能、分子内的转动能、振动能、电子能、核能以及各种粒子之间的相互作用位能等。因此对于大分子系统而言，系统内能的绝对值是无法求得的。

热能是系统内能的一部分，通过温度体现，与系统的冷热程度有关，是系统的状态函数。

热能是一个系统在某个状态下的自有性质，也是一种能量形式，只以传热的方式进行传递。对于给定系统，其温度越高（低），所含的热能越多（少）。因此给定系统的热能是温度的单调增函数。系统的温度越低，意味着系统对外传热的本领越小。需要注意的是，虽然热能是内能中的一部分，但系统的冷热程度只与热能有关，与系统的内能多少无关。比如当系统接近温度边界绝对零度时，系统的热能接近于零，但系统的内能却不为零。

热是系统与环境能量交换的一种形式，不是状态函数，称为过程量，只能通过系统与环境之间的相互作用来完成，用字母 $Q$ 表示，国际单位是焦［耳］(J)。过程量是不满足状态函数的数学运算规则的。

## 1.1.9 温度

人们想表达冷热的概念时，实际上使用的就是温度平衡原理。因此温度就是表征物质冷热程度的物理量，早在 16 世纪，伽利略就利用热胀冷缩的原理，通过空气温度计来定量化冷热程度。

温度（温度定理）：对于一切达到热平衡的均相系统，其各部分的温度之间彼此相等。

该定理也是热力学平衡特征中的“热平衡”的定理表达，若两个系统温度相等，表示其处于热平衡状态。如果没有不均匀外场，则系统与环境之间不可能有净热 $Q$ 的流动。

热力学第零定律：分别与第三个物体达热平衡的另外两个物体，彼此也一定是互成热平衡。

热力学温标：热力学温度的单位为开［尔文］(K)，定义 1K 的大小等于水的三相点热力学温度的 1/273.16。热力学温标不依赖于任何具体物质的特性，故亦称为绝对温标。

摄氏温标中的 0°C（$T = 273.15\text{K}$）与水的三相点（$T = 273.1600\text{K}\pm0.0001\text{K}$），差别不大，一般情况下可认为相同。因此摄氏温标与开尔文温标之间的换算为：$T/\text{K} = 273.15+t/\,°\text{C}$

温度的边界（热力学第三定律）：绝对零度（0K）时系统的热能为零，绝对零度只能逼近，不可到达。

热力学第三定律的含义其实很丰富，此处只是表达了热力学温度的边界，即在绝对零度时，系统的热能为 0，系统不再能对外传热。具体内容在第 2 章中再具体讨论。

## 1.2 气体模型简介

上节内容系统地介绍了研究唯象热力学的一些基本概念和方法，唯象热力学研究的主要对象就是“热机”，而热机中的主要工作物质就是气体，所以本节将主要介绍两个气体模型，即理想气体模型和范德华气体模型。为了构建后续的局域态和局域平衡态，本节还将补充介绍气体动理论中的方均根速率。除此之外，在本节中，通过介绍临界状态和压缩因子，读者们将一起体会如何使用一些数学手段，将复杂抽象的问题转化为可测物理量之间的关系，即唯象热力学系统中的 $pVT$ 关系。这也是物理化学初学者将面临的最大难题。从本节起，在各热力学量的学习中，均要以该物理量与该条件下系统中的 $pVT$ 关系作为其衡量标准，并需要以 $pVT$ 关系作为各物理量之间的联系桥梁。这样的表达方式，将在本节介绍的三个力学响应关系量中得以体现，具体需读者自行体会。

### 1.2.1 理想气体

（1）理想气体模型

理想气体作为假想的完美气体，对其状态的描述存在下列三条假设：①气体是大量分子的集合体，气体分子之间无作用力，彼此的碰撞是完全弹性的；②单个气体分子本身不占体积，分子可近似被看作是没有体积的质点；③气体永不停息地做无规则运动，在任意容器中均匀分布。

按照理想气体模型的定义，实际气体在高温低压的条件下，可以接近理想气体。对于理想气体，必然满足分压定律和分体积定律。

分压定律：是指同一温度下，对于任何理想气体混合物，混合气体的总压等于各部分气体的分压之和。其中分压是指同一温度下，理想混合气体中各部分气体单独存在并占有与混合气体相同总体积时所具有的压力。

分体积定律：是指在某温度和总压一定时，对于理想气体混合物，混合气体的体积等于组成该混合气体的各组分的分体积之和。其中分体积是指在某温度和总压一定时某气体组分单独占据的体积。

（2）理想气体状态方程

根据有关理想气体的早期三个实验定律，即玻意耳-马里奥特定律、盖·吕萨克定律和查理定律[1]，可总结获得理想气体状态方程：

---

[1] 玻意耳-马里奥特定律：在等温过程中，一定质量的气体的压强跟其体积成反比。即在温度不变时任一状态下压强与体积的乘积是一常数。即 $p_1V_1 = p_2V_2$。

盖·吕萨克定律：一定质量的气体，在压强不变的条件下，温度每升高（或降低）1℃，它的体积增加（或减少）的量等于 0℃时体积的 1/273。

查理定律：一定质量的气体，当其体积一定时，它的压强与热力学温度成正比。

$$pV = nRT \tag{1.5a}$$

将 $V_m = \frac{V}{n}$ 代入上式，则有：

$$pV_m = RT \tag{1.5b}$$

式中，$V_m$ 为气体的摩尔体积。

式（1.5a）描述理想气体中的压强 $p$、体积 $V$、温度 $T$ 以及物质的量 $n$ 之间的关系，其中 $R$ 称为摩尔气体常数，又名通用气体常数，是一个在物态方程中联系 $p$、$V$、$T$ 以及 $n$ 的物理常数，其值为 $8.314\text{J·mol}^{-1}\text{·K}^{-1}$。该常数的测定通常使用低压条件下的真实气体进行实验测定。然而真实气体只有在压力趋于零时才严格服从理想气体状态方程，所以 $R$ 值的确定实际是根据方程式（1.5b），即在温度一定时，采用外推法测量 $pV_m/T$ 的值来确定的，如图 1.5 及方程式（1.6）所示。

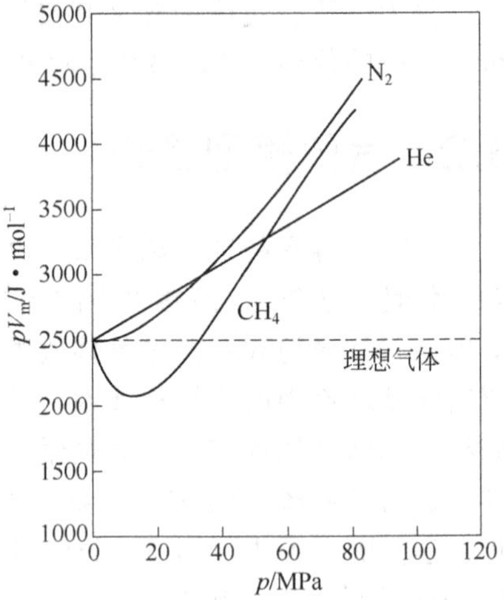


图 1.5　外推法测定摩尔气体常数

$$R = \lim_{p \to 0} \frac{(pV_m)_T}{T} \tag{1.6}$$

（3）玻耳兹曼（Boltzmann）常数 $k_B$

定义玻耳兹曼常数 $k_B$ 与摩尔气体常数 $R$ 之间的关系为式（1.7），即

$$k_B = \frac{R}{N_A} \tag{1.7}$$

式中，$N_A$ 为阿伏伽德罗常数，$6.022\times10^{23}\text{mol}^{-1}$。因此根据式（1.7）可知，$k_B = 1.380649\times10^{-23}\text{J·K}^{-1}$，一般取小数点后两位，即 $1.38\times10^{-23}\text{J·K}^{-1}$。

## 1.2.2　方均根速率

（1）研究意义

① 对于大量气体分子的集合体，在宏观性质的研究中，对其每个分子的速度和动量分别进行描述是困难且没有意义的。

例如，气体的压强是单位面积单位时间内气体分子动量的变化量：

$$p_s = \frac{F}{S} = \frac{ma}{S} = \frac{m\Delta v}{S\Delta t} \tag{1.8}$$

因此，压强是一个分子集合体运动的共同结果，而不是某一个分子造成的后果。

② 对于大分子集合体，可以考虑将大的集合体按速率差异，划分为若干个局域部分，即局域态，然后分别考虑各局域态的速率；局域态中粒子的数量对于宏观系统而言足够小，足够体现个体差异；而对于微观系统中的独立分子而言足够大，足够体现系统的统计性质。

③ 方均根速率描述的是各局域态的速率分布特性，在考虑局域态差异的条件下，方均根速率比较科学地代表了系统中大量气体的运动速率。

（2）研究模型

① 将一个系统中的气体分子分割成若干个局域态，每个局域态分子运动方向一致；

② 系统中总共有 $N$ 个分子，任意单位体积内有 $n_i$ 个分子，则 $\sum_i n_i = N$，速率为 $u_i$，每个分子的质量为 $m$；

③ 则三个维度上的运动速率必然满足：

$$u_i^2 = u_{i,x}^2 + u_{i,y}^2 + u_{i,z}^2 \tag{1.9}$$

每个分子的动量都为 $mu_i$，假设在 $x$ 维度上的速度为 $u_{i,x}$；

④ 设在 $x$ 方向上存在一个面积为 $S$ 的正交面，碰撞时假设粒子简化处理为完全非弹性碰撞（只考虑单次碰撞，确保碰撞次数和粒子数目唯一），则在 $\Delta t$ 时间内存在 $n_i S(u_{i,x}\Delta t)$个粒子。

那么该正交面上每个粒子碰撞产生的分压强为：

$$\frac{m(u_{i,x}-0)}{S\Delta t} = \frac{mu_{i,x}}{S\Delta t}$$

则在 $\Delta t$ 时间内，在 $i$ 方向上 $n_i S(u_{i,x}\Delta t)$ 个粒子产生的压强为：

$$p_{i,x} = \frac{n_i(u_{i,x}\Delta t)Smu_{i,x}}{S\Delta t} \tag{1.10}$$

该正交面上总压强为分压之和：

$$p_x = \sum_i p_{i,x} = \sum_i \frac{n_i(u_{i,x}\Delta t)Smu_{i,x}}{S\Delta t} = m\sum_i n_i u_{i,x}^2 \tag{1.11}$$

（3）方均根速率公式推导

以局域态为基本单元，在整个系统中，令 $x$ 方向上粒子运动速率的平方 $u_{i,x}^2$ 的均值为 $\overline{u_x^2}$，则：

$$\overline{u_x^2} = \frac{\sum_i n_i u_{i,x}^2}{N} \tag{1.12}$$

则系统中，$x$ 方向收到的压强 $p_x$ 可根据式（1.11）和式（1.12）获得：

$$p_x = mN\overline{u_x^2} \tag{1.13}$$

同理，在 $y$ 方向和 $z$ 方向上，该系统所产生的压强 $p_y$ 和 $p_z$ 分别为：

$$p_y = mN\overline{u_y^2} \tag{1.14}$$

$$p_z - mN\overline{u_z^2} \tag{1.15}$$

而当系统达到平衡态时，系统中的压强处处相等，满足 $p = p_x = p_y = p_z$，所以有：

$$mN\overline{u_x^2} = mN\overline{u_y^2} = mN\overline{u_z^2} \tag{1.16}$$

再联立式（1.12），则：

$$\sum_i n_i u_{i,x}^2 = \sum_i n_i u_{i,y}^2 = \sum_i n_i u_{i,z}^2$$

对于系统中任意一个局域态速率 $u_i$，空间上一定满足式（1.9），式（1.9）两侧同时对各局域态进行叠加，则：

$$\sum_i n_i u_i^2 = \sum_i n_i u_{i,x}^2 + \sum_i n_i u_{i,y}^2 + \sum_i n_i u_{i,z}^2 \tag{1.17}$$

联立式（1.12）得：

$$\frac{\sum_i n_i u_i^2}{N} = \overline{u_x^2} + \overline{u_y^2} + \overline{u_z^2} \tag{1.18}$$

定义

$$u^2 = \frac{\sum_i n_i u_i^2}{N} \tag{1.19}$$

则方均根速率为：

$$u = \sqrt{\frac{\sum_i n_i u_i^2}{N}} \tag{1.20}$$

且 $u^2 = u_x^2 + u_y^2 + u_z^2$，其中 $u_{x/y/z}^2 = \dfrac{\sum_i n_i u_{i,x/y/z}^2}{N}$

（4）方均根速率的理论应用

① 根据式（1.9）和式（1.16），局域态中任意方向的压强为：

$$p = \frac{1}{3} mNu^2 \tag{1.21}$$

② 局域态中分子的平均动量 $P$ 为：

$$P = mu \tag{1.22}$$

③ 局域态中分子的平均动能 $E_T$ 为：

$$E_T = \frac{1}{2} mu^2 \tag{1.23}$$

④ 方均根速率和玻耳兹曼常数的关系为：

$$u = \sqrt{\frac{3k_B T}{m}} \tag{1.24}$$

推导如下：根据 $k_B$ 与摩尔气体常数 $R$ 之间的关系，即式（1.7），理想气体状态方程可得

$$pV = nRT = n(N_A k_B)T \tag{1.25}$$

上式联立式（1.21）。令 $nN_A = N'$，单位体积中（$V = 1\text{m}^3$），对于粒子数为 $N'$的系统而言，必然有：

$$\frac{1}{3} mN'u^2 V = N'k_B T \tag{1.26}$$

则方均根速率和玻耳兹曼常数的关系为式（1.24）。

**【思考题】**求证：单位体积中，理想气体分子的平均动能 $E_T$ 和玻耳兹曼常数的关系为：

$$E_T = \frac{3}{2} k_B T$$

## 1.2.3 范德华气体状态方程

（1）研究思路

以理想气体状态方程式（1.5b）为基础，分析范德华气体和理想气体的差别，在保持理想气体状态方程基本形式的前提下，引入不理想校正因子。在理想气体中，$V_m$是分子能够自由运动可及的空间体积；$p$是分子做自由运动与器壁碰撞所表现出的总压力（动压力）。

（2）范德华气体状态方程的推导

对于范德华气体，则需要考虑以下两个不理想因素：

① 不理想性 1——引入动压力　分子本身具有一定体积，且分子间存在较强的排斥力，该特点导致 $V_m$减小，$p$ 增大。假设 1mol 气体分子本身大小及排斥所引起的空间减小量为 $b$，则气体自由运动可及的体积为 $V_m-b$。

所以，引入体积不理想因素 $b$，将理想气体中的 $p_1=\dfrac{RT}{V_m}$ 变换，得到气体的动压力 $p_1$ 为：

$$p_1=\frac{RT}{V_m-b} \tag{1.27}$$

② 不理想性 2——引入内聚压力　分子间存在相互引力，因此处在气体内部的任一分子所受的各个方向的力相互抵消，但靠近器壁的分子则不同，平行于器壁的各力可以互相抵消，而垂直方向上，分子受到气体内部本体向内的拉力，使得在器壁上的作用力减小，称为内聚压力，与动压力方向相反，内聚压力与牵引分子与被牵引分子的密度成正比，假设气体分子在器壁表面与体相内部的密度一致，则内聚压力与 $\dfrac{1}{V_m^2}$ 成正比，设比例常数为 $a$。

所以，引入压力不理想因素，得到气体的内聚压力为：

$$p_2=\frac{a}{V_m^2} \tag{1.28}$$

由于动压力和内聚压力方向相反，对系统的总压强是上述两种压强之和，可以得到：

$$p=\frac{RT}{V_m-b}-\frac{a}{V_m^2} \tag{1.29}$$

该方程即为范德华气体状态方程。方程中的常数 $a$、$b$ 为不依赖于气体 $pVT$ 热力学量的经验常数，称为范德华气体常数。

式（1.29）通过移项可等价转换为：

$$\left(p+\frac{a}{V_m^2}\right)(V_m-b)=RT \tag{1.30}$$

范德华气体状态方程的研究对象更接近于真实气体，因此使用广泛。它适用于气体和液体，并能有效解释部分气液相变；缺点是对于高密度气体的状态描述，其准确性较差。

## 1.2.4 临界状态和压缩因子

（1）临界状态

临界状态是气体的极限状态，该状态的气体和液体性质完全相同。临界温度以上无论多大的压力等温压缩均不能液化气体。

临界状态的定义为：气液两相能平衡共存的最高温度和最高压力的状态。

临界常数是指临界状态下的温度、压力和摩尔体积，分别称为临界温度（$T_c$）、临界压力（$p_c$）和临界摩尔体积（$V_{c,m}$）。

范德华气体的临界条件：若气体满足范德华气体状态方程，则临界温度 $T_c$ 条件下，临界压力 $p_c$ 是 $p$-$V$ 图上的驻点：$p$ 对 $V_m$ 的一阶导数和二阶导数均为 0。

即
$$\left(\frac{\partial p}{\partial V_m}\right)_{T_c}=0;\ \left(\frac{\partial^2 p}{\partial V_m^2}\right)_{T_c}=0 \tag{1.31}$$

推导如下：

已知范德华气体状态方程式（1.29）：$p=\dfrac{RT}{V_m-b}-\dfrac{a}{V_m^2}$

在临界温度 $T_c$ 条件下，$p$ 对 $V_m$ 之间的一阶导数为 0：

$$\left(\frac{\partial p}{\partial V_m}\right)_{T_c}=-\frac{RT_c}{(V_m-b)^2}+\frac{2a}{V_{c,m}^3}=0 \tag{1.32}$$

二阶导数为 0：
$$\left(\frac{\partial^2 p}{\partial V_m^2}\right)_{T_c}=\frac{2RT_c}{(V_m-b)^3}-\frac{6a}{V_{c,m}^4}=0 \tag{1.33}$$

使用范德华气体常数 $a$ 和 $b$ 表示 $T_c$、$p_c$ 和 $V_{c,m}$，得：

$$p_c=\frac{a}{27b^2};\ T_c=\frac{8a}{27Rb};\ V_{c,m}=3b \tag{1.34}$$

即通过范德华气体的临界条件可以获得范德华气体常数。

在实验中，往往通过测定临界压力 $p_c$ 和临界温度 $T_c$ 来确定范德华方程。回想本节开篇时提到的问题，本节读者将会开始体会如何使用一些数学手段，将复杂抽象的问题转化为可测物理量之间的关系，即唯象热力学系统中的 $pVT$ 关系。即使用 $T_c$、$p_c$ 和 $V_{c,m}$ 表示范德华气体常数 $a$、$b$ 以及摩尔气体常数 $R$，根据式（1.34）可推导获得式（1.35）：

$$a=3p_cV_{c,m}^2,\ b=\frac{1}{3}V_{c,m},\ R=\frac{8}{3}\times\frac{p_cV_{c,m}}{T_c} \tag{1.35}$$

（2）对比态和对比态定律

对于任意范德华气体，其对应的三个临界参数均为物理常数，因此任意时刻的温度 $T$、压强 $p$ 以及摩尔体积 $V_m$，分别与对应的临界温度（$T_c$）、临界压力（$p_c$）和临界摩尔体积（$V_{c,m}$）的比值可以用来评价此时的气体状态与临界状态的差别，从而避免在工业应用中出现气体和液体性质完全相同的临界状态。

定义三个对比态参数：

对比压力
$$p_r=\frac{p}{p_c} \tag{1.36}$$

对比体积
$$V_r=\frac{V_m}{V_{c,m}} \tag{1.37}$$

对比温度
$$T_r = \frac{T}{T_c} \tag{1.38}$$

根据范德华气体的临界条件式(1.34)和式(1.35),并联立范德华气体状态方程式(1.30),很容易导出范德华对比态方程,推导如下:

因为 $a = \frac{27}{64} \times \frac{(RT_c)^2}{p_c}$,$b = \frac{RT_c}{8p_c}$

且 $p_c = \frac{a}{27b^2}$;$T_c = \frac{8a}{27Rb}$;$V_{c,m} = 3b$

所以 $a = 27p_c b^2 = 3p_c V_{c,m}^2$,$b = \frac{1}{3}V_{c,m}$,$R = \frac{8}{3} \times \frac{p_c V_{c,m}}{T_c}$,代入式(1.30),得:

$$\left(p + \frac{3p_c V_{c,m}^2}{V_m^2}\right)\left(V_m - \frac{1}{3}V_{c,m}\right) = \frac{8}{3} \times \frac{p_c V_{c,m}}{T_c} T \tag{1.39}$$

则:
$$\left(\frac{p}{p_c} + \frac{3}{V_m^2 / V_{c,m}^2}\right)\left(3\frac{V_m}{V_{c,m}} - 1\right) = 8\frac{T}{T_c} \tag{1.40}$$

将三个对比态参数代入上式,可得范德华对比态方程:

$$\left(p_r + \frac{3}{V_r^2}\right)(3V_r - 1) = 8T_r \tag{1.41}$$

由上式,可得范德华对比态定律:在相同对比温度和对比压力下,不同物质的范德华气体具有相同的对比体积。

范德华对比态定律可以进一步推广为对比态定律。

(3)压缩因子与对比态定律

在理想气体状态方程 $pV_m = RT$ 的基础上,提出 1mol 任意气体的状态方程用 $pV_m = ZRT$,其中 $Z$ 为与理想气体的偏差,定义为压缩因子。

因此,压缩因子的数学表达式为:

$$Z = \frac{pV_m}{RT} \tag{1.42}$$

根据理想气体状态方程,理想气体的压缩因子为 1,因此 $Z$ 值与 1 的偏差越大,气体与理想气体的偏离程度就越大。

将 $p_r = \frac{p}{p_c}$,$V_r = \frac{V_m}{V_{c,m}}$,$T_r = \frac{T}{T_c}$ 代入式(1.42),有:

$$Z = \frac{p_c V_{c,m}}{RT_c} \times \frac{p_r V_r}{T_r} \tag{1.43}$$

定义式(1.43)中的常数项 $\frac{p_c V_{c,m}}{RT_c}$ 为临界压缩因子,用 $Z_c$ 表示:

$$Z_c = \frac{p_c V_{c,m}}{RT_c} \tag{1.44}$$

则压缩因子 $Z$ 和临界压缩因子 $Z_c$ 之间的关系满足方程式（1.45）：

$$Z = Z_c \frac{p_r V_r}{T_r} \tag{1.45}$$

【例 1.7】范德华气体状态方程中的临界压缩因子值为多少？（已知范德华气体常数 $a$ 和 $b$）

【解答】根据临界压缩因子的定义式（1.42）：$Z_c = \dfrac{p_c V_{c,m}}{RT_c}$

代入方程式（1.35）中，范德华气体常数与临界常数的关系为：

$$a = 3p_c V_{c,m}^2,\ b = \frac{1}{3}V_{c,m},\ R = \frac{8}{3} \times \frac{p_c V_{c,m}}{T_c}$$

范德华气体的临界压缩因子为：$Z_c = \dfrac{p_c V_{c,m}}{RT_c} = \dfrac{3}{8}$

由方程式（1.45），假设临界压缩因子 $Z_c$ 可视为常数（0.25～0.31），且由范德华对比态定律可知，$V_r$ 是 $T_r$ 和 $p_r$ 的函数，因此压缩因子 $Z$ 只是 $T_r$ 和 $p_r$ 的函数。综上所述，可总结对比态定律：只要各气体所处状态的对比状态参数中有两个分别相同，则第三个对比状态参数一定相同。

即：

$$Z = f(p_r, T_r) \tag{1.46}$$

（4）玻意耳（Boyle）温度

对于理想气体，在一定温度下，$pV_m = RT$（常数），而实际气体 $pV_m$ 值却随压力 $p$ 的改变而改变。而对于实际气体在压力趋近于零时，若 $pV_m$ 值不随压力 $p$ 改变，此时对应的温度定义为玻意耳温度，用符号 $T_B$ 表示，国际单位为 K。

因此，在 $T_B$ 条件下，当压力 $p \to 0$ 时，气体压缩因子 $Z = \dfrac{pV_m}{RT}$ 不随 $p$ 变化。以范德华气体为例，可得压缩因子 $Z$ 与压强 $p$ 的关系为：

$$\lim_{p \to 0}\left(\frac{\partial Z}{\partial p}\right)_T = \frac{1}{RT} \geqslant \left(b - \frac{a}{RT}\right) \tag{1.47}$$

证明如下：

将式（1.29）代入式（1.42）可得：

$$Z = \frac{\left(\dfrac{RT}{V_m - b} - \dfrac{a}{V_m^2}\right)V_m}{RT} = \frac{V_m}{V_m - b} - \frac{a}{RTV_m} \tag{1.48}$$

$$\left(\frac{\partial Z}{\partial p}\right)_T = \frac{\left(\dfrac{\partial Z}{\partial V_m}\right)_T}{\left(\dfrac{\partial p}{\partial V_m}\right)_T} = \frac{\left[\dfrac{\partial}{\partial V_m}\left(\dfrac{V_m}{V_m - b} - \dfrac{a}{RTV_m}\right)\right]_T}{\left[\dfrac{\partial}{\partial V_m}\left(\dfrac{RT}{V_m - b} - \dfrac{a}{V_m^2}\right)\right]_T} = \frac{\dfrac{1}{V_m - b} - \dfrac{V_m}{(V_m - b)^2} + \dfrac{a}{RTV_m^2}}{-\dfrac{RT}{(V_m - b)^2} + \dfrac{2a}{V_m^3}} \tag{1.49}$$

当压力 $p \to 0$ 时，$V_m \to \infty$，此时方程式（1.49）等价于：

$$\lim_{p\to 0}\left(\frac{\partial Z}{\partial p}\right)_T=\lim_{V_m\to\infty}\left(\frac{\partial Z}{\partial p}\right)_T=\frac{\dfrac{-b}{V_m^2}+\dfrac{a}{RTV_m^2}}{-\dfrac{RT}{V_m^2}}=\frac{1}{RT}\left(b-\frac{a}{RT}\right) \tag{1.50}$$

当 $T=T_B$ 时，$\lim_{p\to 0}\left(\frac{\partial Z}{\partial p}\right)_T=0$，即 $\frac{1}{RT}\left(b-\frac{a}{RT}\right)=0$，此时范德华气体的玻意耳温度为：

$$T_B=\frac{a}{Rb} \tag{1.51}$$

显然，实际气体在 $T_B$ 条件下的 $pV_m$ 值不随压力 $p$ 改变，玻意耳温度是实际气体转变为理想气体的温度。

（5）压缩因子图

作为对比态定律的理论应用，荷根（Hougen）和华特生（Watson）测定了许多气态有机物质和无机物质压缩因子 $Z$ 随对比温度 $T_r$ 和对比压力 $p_r$ 变化的关系，并绘制曲线描述在一定的 $T_r$ 条件下，压缩因子 $Z$ 与对比压力 $p_r$ 之间的函数关系，所得关系图称为“普遍化压缩因子图”，简称压缩因子图，如图 1.6 所示。

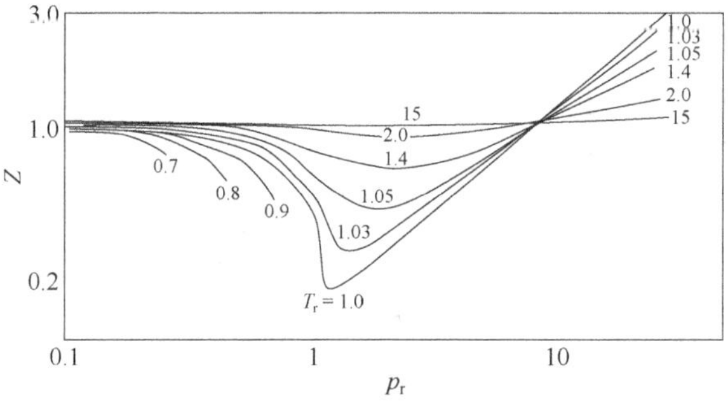


图 1.6　双参数普遍化压缩因子图

## 1.2.5　力学响应函数

热力学响应函数：系统的某一热力学量在实验可控条件下随另一宏观参量的变化率，分为力学响应函数和热响应函数。其中力学响应函数又包括体积响应函数［即膨胀系数（$\alpha$）和压缩系数（$\kappa$）］和压强响应函数［即压力系数（$\beta$）］。

膨胀系数（$\alpha$）：定压条件下，升高单位温度所引起的物体体积改变的相对量，单位为 $K^{-1}$。数学表达式为：

$$\alpha=\frac{1}{V}\left(\frac{\partial V}{\partial T}\right)_p \tag{1.52}$$

压缩系数（$\kappa$）：定温条件下，增加单位压力所引起的物体体积改变的相对量的负值，单位为 $Pa^{-1}$。数学表达式为：

$$\kappa=-\frac{1}{V}\left(\frac{\partial V}{\partial p}\right)_T \tag{1.53}$$

压力系数（$\beta$）：定容下升高单位温度所引起的物体压力改变的相对量，单位为 $K^{-1}$。

$$\beta=\frac{1}{p}\left(\frac{\partial p}{\partial T}\right)_V \tag{1.54}$$

【例 1.8】求证：对于纯物质或组成不变的均相封闭系统而言，三个热力学响应函数间应满足 $\alpha=\kappa\beta p$。

【证明】由式（1.47）~式（1.49）得

$$\alpha=\frac{1}{V}\left(\frac{\partial V}{\partial T}\right)_p;\quad \kappa=-\frac{1}{V}\left(\frac{\partial V}{\partial p}\right)_T;\quad \beta=\frac{1}{p}\left(\frac{\partial p}{\partial T}\right)_V$$

联立状态函数偏微分的循环关系式：

$$\left(\frac{\partial V}{\partial T}\right)_p\left(\frac{\partial T}{\partial p}\right)_V\left(\frac{\partial p}{\partial V}\right)_T=-1$$

所以 $\alpha=\kappa\beta p$。

【例 1.9】求证：对于纯物质或组成不变的均相封闭系统而言，膨胀系数（$\alpha$）和压力系数（$\beta$）必定满足方程 $\left(\frac{\partial \alpha}{\partial p}\right)_T=-\left(\frac{\partial \kappa}{\partial T}\right)_p$。

【证明】设体积 $V$ 作为 $p$、$T$ 的函数，且 $V$ 作为状态函数满足全微分的条件，根据全微分的定义式：$\mathrm{d}V=\left(\frac{\partial V}{\partial T}\right)_p\mathrm{d}T+\left(\frac{\partial V}{\partial p}\right)_T\mathrm{d}p$，得：

$$\alpha=\frac{1}{V}\left(\frac{\partial V}{\partial T}\right)_p;\ \kappa=-\frac{1}{V}\left(\frac{\partial V}{\partial p}\right)_T$$

则：

$$\mathrm{d}V=V\alpha\mathrm{d}T-V\kappa\mathrm{d}p$$

移项可得：

$$\mathrm{d}V/V=\alpha\mathrm{d}T-\kappa\mathrm{d}p$$

所以

$$\mathrm{d}\ln V=\alpha\mathrm{d}T-\kappa\mathrm{d}p$$

再根据状态函数的尤拉关系式得：

$$\left(\frac{\partial \alpha}{\partial p}\right)_T=-\left(\frac{\partial \kappa}{\partial T}\right)_p$$

## 1.3 热力学第一定律简介

能量传递有两种方式，分别为做功和热传递。作为两种过程量，它们并不同于状态函数的特征，也不满足状态函数的数学性质。本节将分别讨论这两种伴随热力学过程的能量传递方式。

### 1.3.1 功

（1）功的基本概念

功是指力与位移的矢量积。因此，做功需要具备两个要素，即外力和沿外力方向的位移。外力造成系统体积变化的为体积功；外力不造成系统体积变化但有分子水平定向净位移的为非体积功，例如电功、表面功等。

功的符号表示：功用 $W$ 表示，$W$ 不是状态函数，不能以全微分表示，微小变化过程的功，用 $\delta W$ 表示，而不使用 $dW$。功的国际单位是焦［耳］，符号是 J。

功的正负号规定：始终通过系统得失能量的角度去界定功的正负。$W>0$，环境对系统做正功（系统以功的形式得到能量）；$W<0$，系统以功的形式失去能量。

（2）体积功

体积功是指在外压力作用下，系统体积发生改变时，环境对系统所做的功。

如图 1.7 所示，钢筒截面积 $A$，活塞内气体对活塞的压强为 $p$，此过程中假设活塞与筒之间零摩擦，气体对活塞的力为 $f$，此时活塞对缸内气体的力 $f_{外}$比 $f$ 永远小一个无穷小量，因此考虑环境做功，使用 $f_{外}=-f=-pA$。

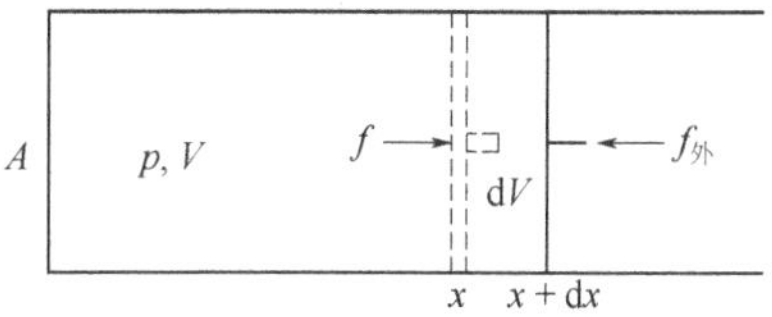

图 1.7　气体膨胀做功

此时活塞在假定的对抗恒外压的无穷小的热力学过程中（$p_e=p_{内}-dp$），无限缓慢移动了 $dx$ 的位移，一般使用 $p_e$ 表示外压强，则按照体积功的定义，环境对系统做的无穷小功为 $\delta W$，可得体积功：

$$\delta W=-f_e dx=-p_e A dx=-p_e dV \tag{1.55}$$

但在图 1.7 的模型中，气缸内每一次气体的体积改变，对应的 $p$ 和 $p_e$ 都会经历一个无穷小的变化。因此，对于整个热力学过程的体积功，应为若干个式（1.55）中 $\delta W$ 的加和。考虑无摩擦的准静态过程，气缸内气体的体积由 $V_1$ 变至 $V_2$ 时，环境对系统所做的体积功为：

$$W=-\int_{V_1}^{V_2} p_e dV \tag{1.56}$$

上式为体积功的数学定义式。

系统对环境做的体积功为：

$$W'=-W=\int_{V_1}^{V_2} p_e dV \tag{1.57}$$

系统的体积增大时，环境对系统做负功，系统的能量减小；反之，环境对系统做正功，系统的能量增大。

注意，在体积功的计算过程中，只考虑体积改变时的外压力。在每一个元变化，即按照式（1.55）考虑体积功时，均为抗恒外压过程。

（3）几种典型过程的体积功

① 抗恒外压过程：

恒外压 $p_e$，气体的体积由 $V_1$ 变至 $V_2$ 时，该过程体积功为：

$$W=-p_e(V_2-V_1) \tag{1.58}$$

② 真空自由膨胀过程：

$$p_e=0;\ W=0 \tag{1.59}$$

③ 恒容过程：

$$dV=0;\ W=0 \tag{1.60}$$

（4）可逆过程

① 理想气体的 $p$-$V$ 图的应用及举例

理想气体的 $pVT$ 变化关系可以通过 $p$-$V$ 图来进行描述，如图 1.8 所示。根据方程式(1.56)，体积功可以表示为 $p$-$V$ 曲线下的面积。

图 1.8 中描述了等温条件下，理想气体通过三种不同模式的体积功（阴影面积），均是从始态 $p_1$、$V_1$ 膨胀至终态 $p_2$、$V_2$（$V_1<V_2$）。作为热力学过程量，其体积功各不相同，分析如下。

a．一次性等温膨胀和等温压缩

等温膨胀：对抗恒定外压 $p_2$，一次性从 $V_1$ 膨胀到 $V_2$，此时的体积功根据定义式（1.56）可得：

$$W_{\mathrm{I}} = -\int_{V_1}^{V_2} p_{\mathrm{e}}\mathrm{d}V = -p_2(V_2 - V_1) \tag{1.61}$$

对应图 1.8（Ⅰ）中的阴影面积。

等温压缩：若再让气体在等温的、恒定外压 $p_1$ 的条件下，一次性由 $p_1V_2$ 态压缩至 $p_1V_1$ 态，则

$$W_{\mathrm{I}}' = -\int_{V_1}^{V_2} p_{\mathrm{e}}\mathrm{d}V = -p_1(V_1 - V_2) = p_1(V_2 - V_1) \tag{1.62}$$

对应图 1.8（Ⅰ′）中的阴影面积。

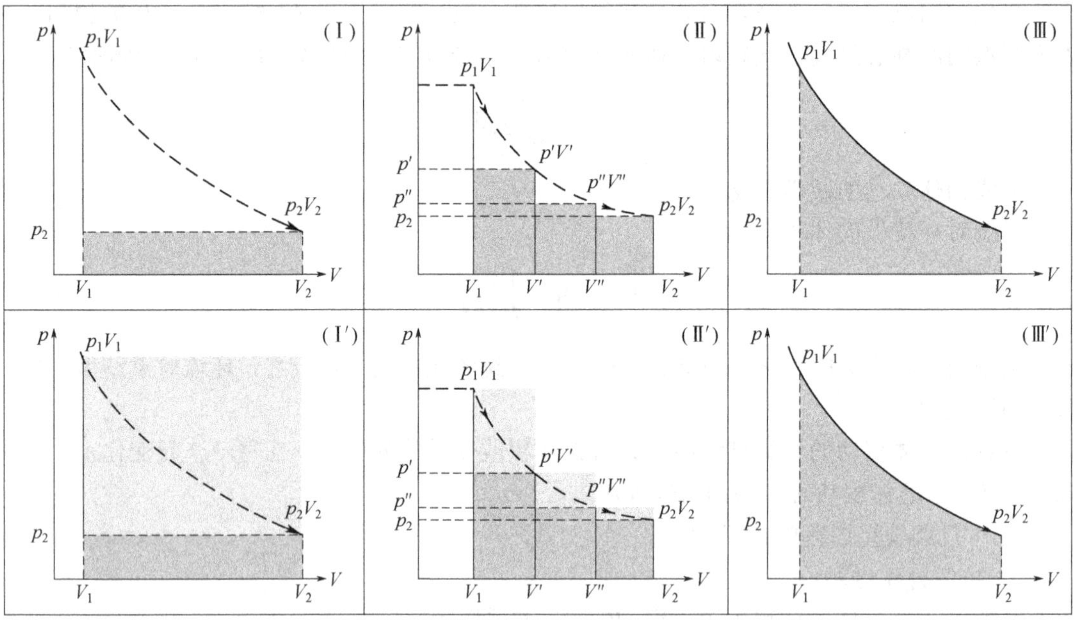


图 1.8　等温条件下三种模式的体积功

（Ⅰ）～（Ⅲ）为等温膨胀；（Ⅰ′）～（Ⅲ′）为等温压缩

b．三次等温膨胀和压缩

等温膨胀：对抗恒定外压 $p'$，第一次从 $V_1$ 膨胀到 $V'$；第二次对抗外压 $p''$，从 $V'$膨胀到 $V''$；第三次恒定外压 $p_2$，从 $V''$膨胀到 $V_2$。以上三个途径的体积功根据定义式（1.56）可得：

$$W_{\mathrm{II}} = -\int_{V_1}^{V'} p'\mathrm{d}V - \int_{V'}^{V''} p''\mathrm{d}V - \int_{V''}^{V_2} p_2\mathrm{d}V = -p'(V' - V_1) - p''(V'' - V') - p_2(V_2 - V') \tag{1.63}$$

对应图 1.8（Ⅱ）中的阴影面积。

等温压缩：此时若再让气体恢复到 $p_1$、$V_1$ 态，则也需要经过三个压缩步骤，体积功为：

$$W_{\text{Ⅱ}}'=-\int_{V_2}^{V''}p''\mathrm{d}V-\int_{V''}^{V'}p'\mathrm{d}V-\int_{V'}^{V_1}p_1\mathrm{d}V=-p''(V''-V_2)-p'(V'-V'')-p_1(V_1-V')$$

$$W_{\text{Ⅱ}}'=p''(V_2-V'')+p'(V''-V')+p_1(V'-V_1) \tag{1.64}$$

$W_{\text{Ⅱ}}'$对应图 1.8（Ⅱ′）中的阴影面积。

c．可逆等温膨胀和压缩

等温膨胀：在（Ⅱ）的基础上，通过无数次等温膨胀，从 $V_1$ 膨胀到 $V_2$，每次膨胀的外压 $p_e$ 都缩小一个压力无穷小量 $\mathrm{d}p$，每次膨胀的体积都增大一个体积无穷小量 $\mathrm{d}V$，根据定义式（1.56）可得：

$$W_{\text{Ⅲ}}=-\int_{V_1}^{V_2}p_e\mathrm{d}V \tag{1.65}$$

对应图 1.8（Ⅲ）中的阴影面积。

由于外压在每一个变化元中都不相同，作为变量处理。在可逆过程中，外压作为体积的函数需要一起被积分。对于理想气体，外压 $p_e$ 满足理想气体状态方程式（1.5a）：$p_e=\dfrac{nRT}{V}$。因此理想气体的等温可逆过程中，从始态 $p_1$、$V_1$ 膨胀至终态 $p_2$、$V_2$（$V_1<V_2$）的体积功为：

$$W_{\text{Ⅲ}}=-\int_{V_1}^{V_2}p_e\mathrm{d}V=-\int_{V_1}^{V_2}\frac{nRT}{V}\mathrm{d}V=-nRT\ln\frac{V_2}{V_1}=-nRT\ln\frac{p_1}{p_2} \tag{1.66}$$

等温压缩：若再让气体从 $p_2$、$V_2$ 可逆压缩至 $p_1$、$V_1$ 态，则每次压缩的外压 $p_e$ 都增大一个压力无穷小量 $\mathrm{d}p$，每次压缩的体积都缩小一个体积无穷小量 $\mathrm{d}V$，理想气体的等温可逆压缩过程中体积功为：

$$W_{\text{Ⅲ}}'=-\int_{V_2}^{V_1}p_e\mathrm{d}V=-\int_{V_2}^{V_1}\frac{nRT}{V}\mathrm{d}V=-nRT\ln\frac{V_1}{V_2}=-nRT\ln\frac{p_2}{p_1} \tag{1.67}$$

即 $W_{\text{Ⅲ}}'=W_{\text{Ⅲ}}$。对应图 1.8（Ⅲ′）中的阴影面积。

② 可逆过程的体积功

上述三种不同方式的气体膨胀和压缩均表明，体积功与过程密切相关。系统在准静态或者外压保持恒定时，功的无穷小量表达式为：$\delta W=-p_e\mathrm{d}V$。准静态时，每一个“变化元”都视为恒外压 $p_e$ 过程。在计算过程中，只考虑外压力，即通过环境对系统做正功还是负功来表达系统这部分能量的得失。

比较图 1.8 体积功的计算，可以得到如下结论：

a．可逆过程中的每一步都接近平衡态；

b．可逆过程中，系统和环境都按照原来的途径［图 1.8（Ⅲ）和（Ⅲ′）中的 $p$-$V$ 曲线］回到终态和始态；

c．可逆过程的膨胀功为给定路径下的系统对环境做的最大功，压缩功为给定路径下的环境对系统做的最小功。注意，在讨论可逆过程时，并不涉及功率问题，因为可逆过程无限接近于平衡态的过程；

d．不可逆过程中，相对可逆过程多出的能量以热的形式耗散到系统与环境中。

### 1.3.2 热

回顾 1.1.8 节，热是一种不同于功的过程量，是能量传递的另一种形式。因此，热不是系统储存的能量，也不是通过做功的方式传递的能流；热是由温差引起的能流，是分子水平上的能量转移。

热的定义：系统与环境之间因温差而传递的能量称为热。

热用 $Q$ 表示，$Q$ 不是状态函数，不能以全微分表示，微小变化过程的热，用 $\delta Q$ 表示，而不使用 $\mathrm{d}Q$。功的国际单位是焦［耳］，符号是 J。热不属于机械运动，没有力学量定义。

热的正负号规定：始终通过系统得失能量的角度去界定热的正负。$Q>0$，系统吸热；$Q<0$，系统放热。

需要注意的是，热和功虽都是能量传递和转化的方式，但本质上并不等价。功可以无条件地完全转化成热（两个物体间）；而热不可以无条件地完全转化成功（需要三个物体间相互作用）。

根据过程性质的不同，通常将热效应定义为等压热效应和等容热效应。等压热是系统在等压的过程中系统与环境交换的热，用 $Q_p$ 表示。等容热是系统在等体积且非体积功为零的过程中系统与环境交换的热，用 $Q_V$ 表示。

总而言之，做功要求外力和沿外力方向的位移都不等于零，非体积功可能是分子水平上的净位移，而宏观体积可能不变；传热要求系统温度和环境温度不等，且环境和系统之间的接触不是绝热边界。

### 1.3.3 热力学第一定律的内容

大量生产经验表明：对于任何封闭系统，从平衡态 A 到平衡态 B 的过程可以经过无穷个途径，过程中伴随的功和热的值均各不相同，但所有功与热之和始终为常数。因此，功与热之和只由系统的始态与终态决定，与途径无关。系统存在一个状态函数，其在一个过程中的始态与终态的差值可以通过功与热之和衡量。这个状态函数为系统的内能，也称为系统的内能。

热力学第一定律的文字表达：

任何一个封闭系统，在平衡态存在一个单值的状态函数称为内能，定义符号为 $U$。$U$ 在任意两个平衡态之间的变化量 $\Delta U$，即 $U(\mathrm{B})-U(\mathrm{A})$的值恰好等于在该过程中系统从环境吸的热量 $Q$ 与环境对系统所做的功 $W$ 之和。注意，此处的功既包括体积功，也包括非体积功，是热力学过程中所有功的总和。

热力学第一定律的文字表达也总结为“第一类永动机永不可制成”。热力学第一定律使用时的唯一限制条件为：系统是封闭系统，不存在物质交换。

热力学第一定律的数学表达：

$$\Delta U = Q+W \tag{1.68}$$

$$\mathrm{d}U = \delta Q+\delta W \tag{1.69}$$

因此，内能的绝对值不可测，但系统变化前后的内能变化值可通过式（1.68）和式（1.69）求得。内能作为系统的状态函数，是一个广度量，国际单位为焦［耳］（J）。

在使用热力学第一定律时，尽管封闭系统的能量交换只有功与热两种方式，它们在本质上表现出不同的方式，但能量一旦进入系统之后不可分辨。内能变化不能区分做功的内能与传热的内能。关于功和热的本质问题，将在第 2 章中进行讨论。

## 1.4 焓与热容

### 1.4.1 过程量与内能之间的定量关系

基于 1.3 节内容的介绍，过程量往往与过程变化密切相关，通常难以直接测定。而状态函数只与系统的始态和终态有关，在热力学过程中，非常容易量化表达。热力学第一定律就是将状态函数与过程量形成定量关系。本节将根据热力学第一定律式（1.68）和式（1.69），进一步导出关于体积功 $W_{体}$、非体积功 $W_{非体}$、热 $Q$ 和状态函数之间的等值关系，更系统地建立过程量与状态函数之间的定量关系。本节的学习，需要读者注意各种方程的使用条件。

首先，根据热力学第一定律式（1.68）和式（1.69）有：

$$\Delta U = Q+W = Q+W_{体}+W_{非体}$$

$$dU = \delta Q+\delta W = \delta Q+\delta W_{体}+\delta W_{非体}$$

存在以下定理：

① 封闭系统，没有非体积功的均相系统的绝热过程，内能变化等于系统所做的体积功，即：

$$\Delta U = W_{体}，\ dU = \delta W_{体} \tag{1.70}$$

② 封闭系统，没有非体积功的均相系统的等容过程，其等容热效应为过程中的内能变化，使用 $Q_V$ 表示等容热效应，即：

$$\Delta U = Q_V，\ dU = \delta Q_V \tag{1.71}$$

③ 封闭系统，没有非体积功的均相系统的等压过程，其等压热效应等于内能与体积压强乘积的加和，使用 $Q_p$ 表示等压热效应，即：

$$\Delta U = Q_p-p\Delta V，\ d(U+pV) = \delta Q_p \tag{1.72}$$

状态函数只与过程量功与热相关联，因此可以通过状态函数的性质直接推断功与热的规律性。在使用上述定理时，切记状态函数始终只与始终态有关，过程量与状态函数之间的“桥梁公式”，只有在式（1.70）～式（1.72）对应的条件下才能成立。

比如式（1.72），任何热力学过程的发生，一定会存在 $\Delta U+p\Delta V$ 的值，同时任何热力学过程也一定伴随对应的热效应，或吸热或放热，两者相互独立。但若热力学过程细化为：封闭系统，没有非体积功的均相系统的等压过程，则热效应和 $\Delta U+p\Delta V$ 的值相等，满足式（1.72）的含义。

### 1.4.2 焓

根据“桥梁公式”（1.72），将 $d(U+pV) = \delta Q_p$ 写成宏观量时，则

$$\Delta(U+pV) = (U_2+pV_2)-(U_1+pV_1) = Q_p$$

表明：在上述条件下，系统状态函数的组合$(U+pV)$的变化值等于系统在等压过程中所吸收的热量 $Q_p$，将 $U+pV$ 的组合视为一个整体，定义为焓。

焓的定义：任何平衡态的均匀体系，状态函数 $U+pV$ 称为体系的焓，规定其符号为 $H$，即：

$$H = U+pV \tag{1.73}$$

焓是状态函数，只与过程的始终态有关，具有广度性质，国际单位为焦耳（J）。

尽管焓的定义式来自上述等压热效应的描述，但并非只有在等压过程中才有焓。焓是状态函数，在系统状态确定时是唯一的定值，在一个平衡态向另一个平衡态的转变中$\Delta H = H_2 - H_1 = (U_2 + pV_2) - (U_1 + pV_1)$，其中没有任何一个状态函数存在限制条件。但如果需要与过程量 $Q$ 相关联时（即用焓变来描述热效应时），焓变只与封闭系统在没有非体积功条件下的等压过程的热效应相等。

焓的物理意义：焓的绝对值意义不明显。其两个平衡态中焓的差值的物理意义为：一个只做体积功的封闭系统，在等压过程中的焓变等于该过程吸收的热量。

将焓的定义式（1.73）代入式（1.72），可等价获得：

$$\mathrm{d}H = \delta Q_p；\ \Delta H = Q_p \tag{1.74}$$

1.4.1 节导出的三个“桥梁公式”（1.70）～式（1.72），代表着特定过程的体积功和内能变化的等值性、等容热效应和内能变化的等值性［比如方程式（1.71）］，以及等压热效应和焓变的等值性［比如方程式（1.74）］。在对应的条件下，过程量有着确定的值。但必须明确这些过程量仍然是由过程决定的，并非状态函数。

比如“对于封闭系统，没有非体积功的均相系统的等压过程，这个过程量产生的热效应称为等压热效应，与该过程的焓变相等”，并不代表等压热效应是状态函数。当始态和终态确定以后，无论任何过程，焓变值都是确定的。而始态到终态的过程只有按照“封闭系统，没有非体积功的均相系统的等压过程”进行的热效应才是上述焓变的值。因此在使用“桥梁公式”时，必须明确各物理量的物理意义。

### 1.4.3 热容

（1）热容

热容的定义：对于没有相变和化学变化，无非体积功的均相封闭系统，系统温度升高 1K 时所吸收的热量称为该系统的热容。用符号 $C$ 表示。

热容作为热响应函数，与状态有关，同时与升温的过程有关。必须明确状态变量以及指定过程以后，系统热容才有确定数值。热容是过程量，非状态函数，单位是 $\mathrm{J \cdot K^{-1}}$。按照 1.4.1 小节中关于热效应的定性，热容可以分为等压热容和等容热容。

（2）等压热容与等容热容

等压热容（$C_p$）：在某压力 $p$ 条件下，$T_0$ 变化为 $T$ 的过程中，系统的温度趋近于 $T_0$ 时的热容。数学表达式：

$$C_p = \lim_{T \to T_0} \frac{Q_p}{T - T_0} = \frac{\delta Q_p}{\mathrm{d}T} \tag{1.75}$$

若系统的物质的量为 1mol，则上述等压热容为摩尔等压热容 $C_{p,\mathrm{m}}$，单位是 $\mathrm{J \cdot K^{-1} \cdot mol^{-1}}$。数学表达式：

$$C_{p,\mathrm{m}} = \frac{C_p}{n} \tag{1.76}$$

平均等压热容则是在 $T_0$ 变化为 $T$ 的过程中，系统吸收的热量，数学表达式为：

$$\overline{C_p} = \frac{Q_p}{T - T_0} \tag{1.77}$$

类似地，可以定义等容热容、摩尔等容热容与平均等容热容：

等容热容（$C_V$） $$C_V = \lim_{T\to T_0}\frac{Q_V}{T-T_0} = \frac{\delta Q_V}{\mathrm{d}T} \tag{1.78}$$

摩尔等容热容（$C_{V,\mathrm{m}}$） $$C_{V,\mathrm{m}} = \frac{C_V}{n} \tag{1.79}$$

平均等容热容 $$\overline{C_V} = \frac{Q_V}{T-T_0} \tag{1.80}$$

一般情况下，等压热容和等容热容并非为常数，而是随温度的变化而变化，通常用级数形式表示热容对温度的依赖关系，例如 $C_p = a+bT+cT^2+\cdots$。当系统为理想混合气体或理想溶液时，各物质的等压热容或等容热容为常数，系统的 $C_p$ 或 $C_V$ 等于各纯物质的 $C_p$ 或 $C_V$ 之和；若系统并非理想状态，则 $C_p$ 不具备加和性。

根据热效应和状态函数的关系式（1.71）和式（1.74），在均相、没有非体积功、等容、封闭系统的条件下：$\mathrm{d}U = \delta Q_V$；在均相、没有非体积功、等压、封闭系统的条件下：$\mathrm{d}H = \delta Q_p$。

联立式（1.71）和式（1.78），可得等压热容和等容热容分别与焓变及内能变化的关系：

$$C_p = \frac{\delta Q_p}{dT} = \left(\frac{\partial H}{\partial T}\right)_p \tag{1.81}$$

$$C_V = \frac{\delta Q_V}{dT} = \left(\frac{\partial U}{\partial T}\right)_V \tag{1.82}$$

上式两个方程中，第一个等号代表等压热容和等容热容的定义，第二个等号则是“桥梁公式”（1.74）和式（1.77）的直接应用，分别表示的是均相无非体积功的封闭系统，在相应条件下焓或者内能随温度的响应关系。

该变化率与具体热力学途径无关，只表示 $C_p$ 和 $C_V$ 是两个状态函数之间的响应关系，是系统的宏观性质，是具有广度性质的状态函数，单位是 $\mathrm{J\cdot K^{-1}}$。因此，对应的摩尔等压热容和摩尔等容热容为强度性质的状态函数。

根据方程式（1.81）和式（1.82），对于组成一定且不存在非体积功和相变的理想气体系统，在任何变温过程中，$\Delta H$、$\Delta U$、$C_p$ 和 $C_V$ 四个状态函数之间首先一定存在如下关系：

$$\mathrm{d}H = C_p\mathrm{d}T;\ \Delta H = \int_{T_1}^{T_2} C_p\mathrm{d}T = n\int_{T_1}^{T_2} C_{p,\mathrm{m}}\mathrm{d}T \tag{1.83}$$

$$\mathrm{d}U = C_V\mathrm{d}T;\ \Delta U = \int_{T_1}^{T_2} C_V\mathrm{d}T = n\int_{T_1}^{T_2} C_{V,\mathrm{m}}\mathrm{d}T \tag{1.84}$$

注意，对于无非体积功的理想气体系统，由于其理想特性，式（1.83）以及式（1.84）不受等压或者等容过程的条件限制，任意条件下两式恒成立。但若对于非理想气体，式（1.83）或者式（1.84）则必须要满足式（1.71）和式（1.74）“桥梁公式”的条件：对于组成一定且不存在非体积功和相变的封闭系统，等压过程中 $\mathrm{d}H = C_p\mathrm{d}T$ 或者等容过程中 $\mathrm{d}U = C_V\mathrm{d}T$ 。

但 $\Delta H$ 和 $\Delta U$ 若与具体热效应 $Q_p$ 和 $Q_V$ 相联系，则无论系统是否理想，必须要满足式（1.71）和式（1.74）“桥梁公式”的条件，即组成一定且不存在非体积功和相变的封闭系统：

在等压变温过程中吸热量为：

$$\mathrm{d}H = Q_p = \int_{T_1}^{T_2} C_p\mathrm{d}T \tag{1.85}$$

在等容变温过程中吸热量为：

$$dU = Q_V = \int_{T_1}^{T_2} C_V dT \quad (1.86)$$

**【逻辑联系说明】**

在学习中需要据此建立起一个 $U$、$H$、$C_V$、$C_p$、$Q_p$、$Q_V$之间的逻辑联系，即：热力学焓相对应的是特定条件下的等压热效应（$Q_p$-$\Delta H$），与 $C_p$ 和 $Q_p$ 有关；内能对应的是特定条件下的等容热效应（$Q_V$–$\Delta U$），与 $C_V$ 和 $Q_V$ 有关。

（3）数学处理技巧：不同条件下的相同响应关系——$\left(\frac{\partial U}{\partial T}\right)_V$ 与 $\left(\frac{\partial U}{\partial T}\right)_p$ 之间的关系

举例：讨论等容和等压条件下，内能对温度的响应关系满足式（1.87）：

$$\left(\frac{\partial U}{\partial T}\right)_p = \left(\frac{\partial U}{\partial T}\right)_V + \left(\frac{\partial U}{\partial V}\right)_T \left(\frac{\partial V}{\partial T}\right)_p \quad (1.87)$$

首先，此处不符合逻辑的关系式为$\left(\frac{\partial U}{\partial T}\right)_p$，因为 $U$ 对 $T$ 的响应需要在等容条件下才有明确的物理意义，因此需要对$\left(\frac{\partial U}{\partial T}\right)_p$进行数学变换，换成等容条件的 $U$-$T$ 关系：$\left(\frac{\partial U}{\partial T}\right)_V$。此处的数学变换过程如下：

首先，根据目标关系式$\left(\frac{\partial U}{\partial T}\right)_V$，令 $U = U(T,V)$。

其次，对条件量 $p$ 进行代换，即用 $V$ 表示 $p$，则 $V = V(T,p)$。

最后，对 $U = U(T,V)$ 以及 $V = V(T,p)$ 进行全微分，可得：

$$dU = \left(\frac{\partial U}{\partial T}\right)_V dT + \left(\frac{\partial U}{\partial V}\right)_T dV$$

$$dV = \left(\frac{\partial V}{\partial T}\right)_p dT + \left(\frac{\partial V}{\partial p}\right)_V dp$$

将 $dV$ 代入 $dU$，可得：

$$dU = \left(\frac{\partial U}{\partial T}\right)_V dT + \left(\frac{\partial U}{\partial V}\right)_T \left(\frac{\partial V}{\partial T}\right)_p dT + \left(\frac{\partial U}{\partial V}\right)_T \left(\frac{\partial V}{\partial p}\right)_V dp$$

由于目标关系式$\left(\frac{\partial U}{\partial T}\right)_p$为等压条件，因此在 $p$ 一定时，方程两侧除以 $dT$，即得式（1.87）：

$$\left(\frac{\partial U}{\partial T}\right)_p = \left(\frac{\partial U}{\partial T}\right)_V + \left(\frac{\partial U}{\partial V}\right)_T \left(\frac{\partial V}{\partial T}\right)_p$$

（4）$C_{p,m}$和 $C_{V,m}$的关系

根据式（1.81）和式（1.82）

$$C_p - C_V = \left(\frac{\partial H}{\partial T}\right)_p - \left(\frac{\partial U}{\partial T}\right)_V = \left[\left(\frac{\partial U}{\partial T}\right)_p + p\left(\frac{\partial V}{\partial T}\right)_p\right] - \left(\frac{\partial U}{\partial T}\right)_V$$

代入式（1.87）则：

$$\left[\left(\frac{\partial U}{\partial T}\right)_p + p\left(\frac{\partial V}{\partial T}\right)_p\right] - \left(\frac{\partial U}{\partial T}\right)_V = \left[\left(\frac{\partial U}{\partial T}\right)_V + \left(\frac{\partial U}{\partial V}\right)_T\left(\frac{\partial V}{\partial T}\right)_p + p\left(\frac{\partial V}{\partial T}\right)_p\right] - \left(\frac{\partial U}{\partial T}\right)_V$$

$$C_p - C_V = \left[\left(\frac{\partial U}{\partial V}\right)_T + p\right]\left(\frac{\partial V}{\partial T}\right)_p \tag{1.88}$$

对于理想气体，首先，理想气体内能仅是温度的函数：$\left(\frac{\partial U}{\partial V}\right)_T = 0$，本定理将在下一节中详细阐述。

其次，联立式（1.88）及式（1.5b），可得理想气体的摩尔等压热容和摩尔等容热容之间的关系：

$$C_{p,\mathrm{m}} - C_{V,\mathrm{m}} = p\left(\frac{\partial V_\mathrm{m}}{\partial T}\right)_p = R \tag{1.89}$$

（5）热容比（$\gamma$）

定义：物体的等压热容与等容热容之比称为热容比，用 $\gamma$ 表示。

数学表达式为：

$$\gamma = \frac{C_p}{C_V} = \frac{C_{p,\mathrm{m}}}{C_{V,\mathrm{m}}} \tag{1.90}$$

对于单原子理想气体：

$$C_{p,\mathrm{m}} = \frac{5}{2}R \tag{1.91}$$

对于双原子理想气体：

$$C_{p,\mathrm{m}} = \frac{7}{2}R \tag{1.92}$$

联立式（1.89）、式（1.91）和式（1.92）可得

对于单原子理想气体：

$$C_{V,\mathrm{m}} = \frac{3}{2}R,\quad \gamma = \frac{5}{3} \tag{1.93}$$

对于双原子理想气体：

$$C_{V,\mathrm{m}} = \frac{5}{2}R,\quad \gamma = \frac{7}{5} \tag{1.94}$$

因此，理想气体的等压热容与等容热容之差

对于纯物质：

$$C_p - C_V = nR \text{ 或者 } C_{p,\mathrm{m}} - C_{V,\mathrm{m}} = R \tag{1.95}$$

对于混合物气体：

$$C_p - C_V = \sum_i n_i R \tag{1.96}$$

理想气体的等容热容或等压热容均为常数，因此在使用式（1.83）～式（1.86）中的变温公式时，$C_{p,\mathrm{m}}$和$C_{V,\mathrm{m}}$可以放在积分号外面积分。而对于非常数形式的热容，在变温过程的计算中，$C_{p,\mathrm{m}}$和$C_{V,\mathrm{m}}$需要放在积分号内一同积分。

## 1.5 热力学第一定律在理想气体系统中的应用

### 1.5.1 焦耳实验

为了探索气体系统的内能与温度之间的关系，1843年，焦耳进行了一项关于低压气体自由膨胀的实验，如图1.9所示。将两个容量相等的容器，放在恒温水浴中，左球充满气体，右球为真空。打开活塞，气体由左球冲入右球，最终达到平衡，此时两个容器中气体的温度与水的温度都未发生改变。焦耳实验的结论为：气体的内能仅是温度的函数。但本实验中焦耳实验结论是不完善的。

事实上，焦耳实验的真正意义是对于理想气体而言的：**只有理想气体的内能仅是温度的函数**。

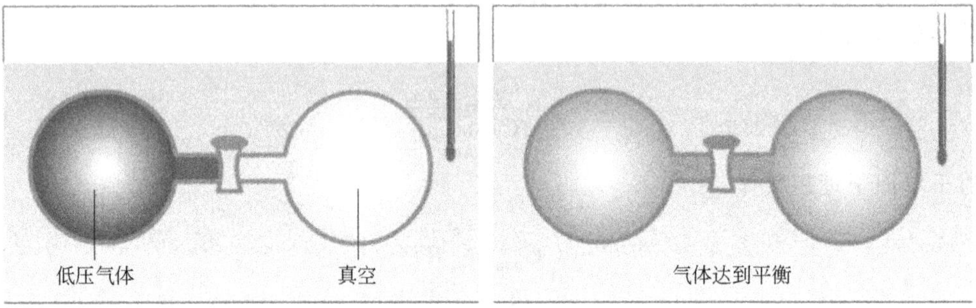


图1.9 焦耳实验的装置模型

**定理**：无非体积功封闭系统中的理想气体，在不做非体积功的条件下，内能仅是温度的函数，且温度上升，内能增加，内能增加同时意味着温度上升；反之亦然。

数学表达式：$U=U(T)$，存在如下三条推论：

**推论1**：

因为 $$U=U(T)$$

所以 $$\left(\frac{\partial U}{\partial V}\right)_T=0 \text{ 且 } \left(\frac{\partial U}{\partial p}\right)_T=0$$

**推论2**：

凡是满足①$pV=nRT$或②$U=U(T)$且$\left(\frac{\partial U}{\partial V}\right)_T=0$以及$\left(\frac{\partial U}{\partial p}\right)_T=0$的气体是理想气体；

**推论3**：无非体积功封闭系统中的理想气体的焓也仅是温度的函数：

$$H=H(T),\ \left(\frac{\partial H}{\partial V}\right)_T=0 \text{ 且 } \left(\frac{\partial H}{\partial p}\right)_T=0 \tag{1.97}$$

## 1.5.2 理想气体的变温过程

对于封闭系统中，理想气体的任意变温过程而言，根据方程式（1.83）和式（1.84），对于任意无限小变温过程：

$$dH = nC_{p,\mathrm{m}}dT \tag{1.98}$$

$$dU = nC_{V,\mathrm{m}}dT \tag{1.99}$$

任意宏观变温过程：

$$\Delta H = \int_{T_1}^{T_2} C_p dT = C_p(T_2 - T_1) \tag{1.100}$$

$$\Delta U = \int_{T_1}^{T_2} C_V dT = C_V(T_2 - T_1) \tag{1.101}$$

**【例 1.10】** 假设无非体积功的封闭系统中，1mol 理想气体由初始状态（$p_1,V_1,T_1$）经等压过程，体积膨胀一倍，最终等容变化至终态（$p_2,V_2,T_2$），试推导该过程中的 $Q$、$W$、$\Delta U$ 和 $\Delta H$。已知系统的摩尔等压热容为 $C_{p,\mathrm{m}}$。

**【解答】** 根据题意，该热力学过程可总结如下：

$$(p_1,V_1,T_1) \xrightarrow{(\mathrm{I})} \left(p_1,V_2 = 2V_1,\frac{T_1}{2}\right) \xrightarrow{(\mathrm{II})} (p_2,V_2,T_2)$$

对于理想气体的变温过程，状态函数 $\Delta U$ 和 $\Delta H$ 只与始态与终态有关，根据理想气体的变温过程计算公式（1.100）和式（1.101），以及 $C_{p,\mathrm{m}}$ 和 $C_{V,\mathrm{m}}$ 的关系，可得：

$$\Delta H = C_{p,\mathrm{m}}(T_2 - T_1)$$

$$\Delta U = (C_{p,\mathrm{m}} - R)(T_2 - T_1)$$

而过程量 $Q$ 和 $W$ 与途径有关，该热力学过程包含两个途径，分别是（Ⅰ）等压过程和（Ⅱ）等容过程，

$$W = W(\mathrm{I}) + W(\mathrm{II}) = [-p_1(V_2 - V_1)] + 0 = -p_1(2V_1 - V_1) + 0 = -p_1V_1$$

$$Q = Q(\mathrm{I}) + Q(\mathrm{II}) = C_{p,\mathrm{m}}\left(\frac{T_1}{2} - T_1\right) + C_{V,\mathrm{m}}\left(T_2 - \frac{T_1}{2}\right) = -C_{p,\mathrm{m}}\frac{T_1}{2} + C_{V,\mathrm{m}}\left(T_2 - \frac{T_1}{2}\right)$$

## 1.5.3 理想气体的等温过程

由焦耳定律可得，在不做非体积功的任意封闭系统的恒温过程中，设系统从初始状态（$p_1V_1$）变化至终态（$p_2V_2$）：

$$\Delta U = 0;\ \Delta H = 0;$$

根据热力学第一定律：$\Delta U = Q + W$

$$W = -Q = -\int_{V}^{V_2} p_e dV;$$

若为恒温可逆过程，则体积功和热为：

$$W = -Q = -nRT\ln\frac{V_2}{V_1} = -nRT\ln\frac{p_1}{p_2}$$

### 1.5.4 理想气体的绝热过程

（1）绝热过程

根据 1.1.7 节中绝热过程的介绍：任意绝热过程的热交换均为 0，即：

$$Q = 0$$

再根据热力学第一定律：

$$\Delta U = Q + W = W \tag{1.102}$$

上式表明绝热过程必然需要消耗内能做功。而对于理想气体系统，内能仅是温度的函数，且内能减少，温度必然下降。因此，绝热过程一定是一个变温过程。

此时，应该按照理想气体的变温过程计算公式（1.100）和式（1.101），计算绝热过程的 $\Delta U$ 和 $\Delta H$：

$$\Delta H = \int_{T_1}^{T_2} C_p \mathrm{d}T;\ \ \Delta U = \int_{T_1}^{T_2} C_V \mathrm{d}T$$

（2）绝热可逆过程方程

对于无非体积功的封闭系统的绝热可逆过程，可使用绝热可逆过程方程描述其中的 $pVT$ 关系，推导如下：

**【推导】**假设物质的量为 $n$ mol 的理想气体，并且假设理想气体的等压热容为常数，经无穷小的绝热过程。

根据式（1.102），$\mathrm{d}U = \delta W = -p\mathrm{d}V$；

联立式（1.84）中 $\mathrm{d}U = C_V \mathrm{d}T$ 和理想气体状态方程 $pV = nRT$，得：

$$C_V \mathrm{d}T = -p\mathrm{d}V = -\frac{nRT}{V}\mathrm{d}V \Rightarrow \frac{C_V}{T}\mathrm{d}T = -\frac{nR}{V}\mathrm{d}V$$

再根据热容比的定义式（1.90）和等压热容与等容热容之间的关系式（1.95）：

$$C_p - C_V = nR \text{ 且 } C_p / C_V = \gamma$$

所以
$$\frac{\mathrm{d}T}{T} = -\frac{C_p - C_V}{C_V} \times \frac{\mathrm{d}V}{V} = -(\gamma - 1)\frac{\mathrm{d}V}{V}$$

两边同时积分，得：

$$\ln T = -(\gamma - 1)\ln V + C = \ln\left(\frac{1}{V}\right)^{(\gamma-1)} + C$$

所以 $\ln(TV^{\gamma-1})$ 为常数，即：

$$TV^{\gamma-1} = K \tag{1.103}$$

进一步联立 $pV = nRT$，可得：

$$pV^{\gamma} = K' \tag{1.104}$$

$$T^{\gamma} p^{1-\gamma} = K'' \tag{1.105}$$

综上所述，按照热力学第一定律，在绝热可逆过程中，存在 $\Delta U = W$ 恒等式（1.102），所以据此建立的方程式（1.103）～式（1.105）即为理想气体的绝热可逆过程方程。

上述三个方程中 $K$、$K'$和 $K''$均为常数。使用条件为封闭系统中的理想气体，在不做非体积功时的绝热可逆过程。如果过程不可逆，则上述方程不能使用。

（3）绝热可逆过程的体积功

对于无非体积功的封闭系统的绝热可逆过程，设系统从由初始状态（$p_1V_1$）变化至终态（$p_2V_2$），热容比为 $\gamma$，该过程的体积功 $W$ 推导如下：

**【推导】**根据体积功的定义式 $W=-\int_{V_1}^{V_2}p_e\mathrm{d}V$ 以及绝热可逆过程方程式（1.104），则：

$$W=-\int_{V_1}^{V_2}p_e\mathrm{d}V=-\int_{V_1}^{V_2}\frac{K}{V^\gamma}\mathrm{d}V=-\frac{K}{1-\gamma}\left(\frac{1}{V_2^{\gamma-1}}-\frac{1}{V_1^{\gamma-1}}\right)$$

将 $K$ 使用 $pV^\gamma$ 表示，则：

$$W=\frac{1}{\gamma-1}\left(\frac{p_2V_2^\gamma}{V_2^{\gamma-1}}-\frac{p_1V_1^\gamma}{V_1^{\gamma-1}}\right)$$

进一步联立方程 $pV=nRT$，可得：

$$W=\frac{nR(T_2-T_1)}{\gamma-1} \tag{1.106}$$

## 1.5.5 多方可逆过程

（1）多方可逆过程方程

对于封闭系统无非体积功的理想气体，其恒温可逆过程中 $p$ 与 $V$ 的乘积为一常数，绝热可逆过程中满足绝热可逆过程方程：$pV^\gamma=K$。

因此，按照方程式（1.104）的形式，定义一个参数 $m$，称为多方参数，对于任意过程，通过多方参数，压强和体积的 $m$ 次幂的乘积为一常数，数学表达式为：

$$pV^m=K \tag{1.107}$$

该方程称为多方可逆过程方程，其中 $m=1$ 时，为理想气体的恒温可逆过程；$m=\gamma$ 时，为理想气体绝热可逆过程；$m=0$ 时，为理想气体恒压可逆过程；$m=+\infty$时，$p<<V$，$V$ 可视为常数，该过程为理想气体的等容可逆过程。多方可逆过程的 $pV$ 图如图 1.10 所示。

（2）等温可逆、绝热可逆和绝热不可逆过程的 $pV$图

① 理想气体的绝热过程和恒温过程。

恒温过程中，由于 $\Delta U=0$，$Q=-W$，所以系统做功所消耗的能量完全来自系统与环境间的热交换，从而保证系统的内能和温度恒定；

绝热过程中，由于 $Q=0$，$\Delta U=W$，因此，系统做功所消耗的能量完全来自系统的内能。

如图 1.11 所示，系统从相同始态膨胀到相同的终态体积，恒温过程温度不变，仍为始态温度，但绝热过程温度由于内能的消耗，其终态温度一定小于始态温度。即恒温膨胀和绝热膨胀到相同终态体积时，绝热过程的温度更低。同时，根据理想气体状态方程，恒温膨胀后的终态压强应该大于绝热过程的终态压强。因此，从相同的始态出发，系统经过一次绝热可逆过程和一次等温可逆过程不可能达到完全相同的终态。

② 等温可逆、绝热可逆和绝热不可逆过程的体积功。

等温（可逆）膨胀中，$pV=$常数；绝热可逆过程和绝热不可逆过程相比较，在膨胀过程

中，可逆过程系统对外做最大功，因此，当达到相同终态体积时，可逆膨胀过程的内能下降更多。所以结论是：绝热可逆膨胀过程温度<绝热不可逆膨胀过程终态温度<等温（可逆）膨胀终态温度，如图 1.12 所示。

如果是压缩过程，即外界对系统做功，可逆压缩时，环境对系统做最小功，等温（可逆）压缩中，$pV$= 常数，仍是功热完全相互转换，系统终态温度不变。而在绝热可逆压缩和绝热不可逆压缩中，可逆过程获得能量小于不可逆过程获得的能量，而这部分能量用于增加系统的内能，因此当终态体积一定时，绝热可逆压缩的温度要低于绝热不可逆压缩的温度。所以结论是：等温（可逆）压缩终态温度 < 绝热可逆压缩过程温度 < 绝热不可逆压缩过程终态温度，如图 1.12 所示。

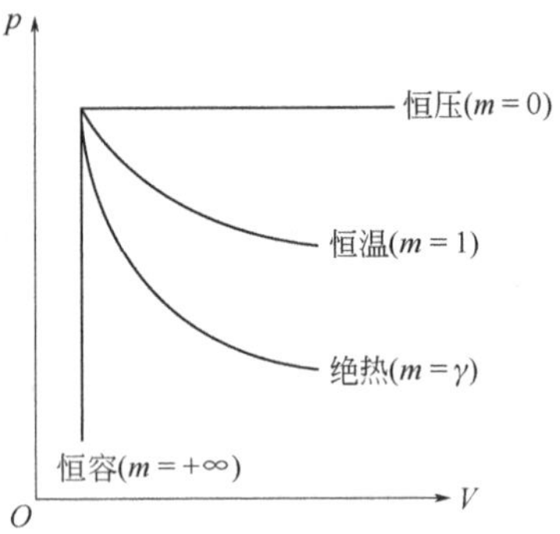


图 1.10　多方可逆过程的 $pV$ 曲线图

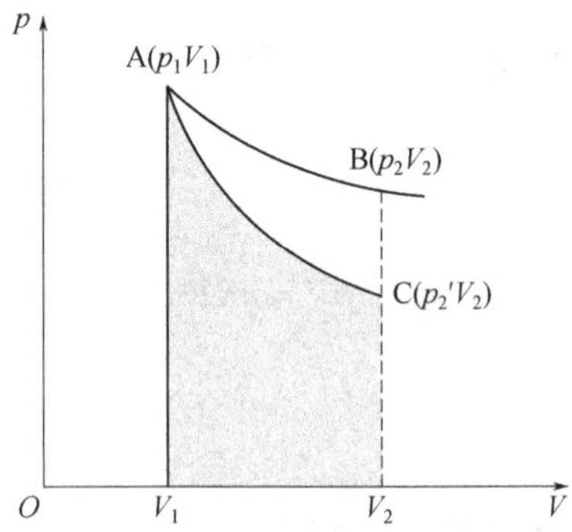


图 1.11　等温可逆（AB）和绝热可逆（AC）过程的 $pV$ 曲线图

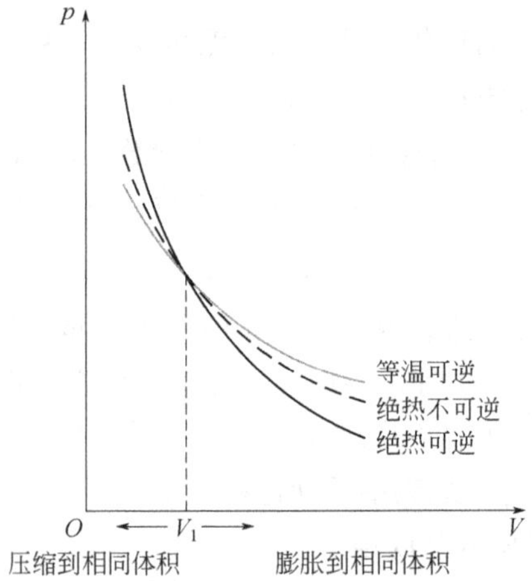


图 1.12　理想气体的等温可逆、绝热可逆以及绝热不可逆膨胀（压缩）过程的 $pV$ 曲线图

其中，绝热不可逆曲线为任意曲线，其终点压力和温度高于绝热可逆膨胀过程的压力温度，但低于绝热可逆压缩过程的压力温度

## 1.5.6　凝聚相近似

由于热机理论中的主要研究对象为气体，因此对于液相或者固相在热力学过程中的体积改变量一般可以忽略，称为凝聚相近似，即

$$\Delta(pV) = 0 \tag{1.108}$$

因此，凝聚相在热力学过程中的体积功：

$$W_{体} = 0 \tag{1.109}$$

对应的等压热效应和焓变为：

$$\Delta H = Q_p = n\int_{T_1}^{T_2} C_{p,\mathrm{m}}\mathrm{d}T \tag{1.110}$$

对应的内能变：

$$\Delta U = \Delta H - \Delta(pV) = \Delta H \tag{1.111}$$

# 1.6 节流膨胀和焦耳-汤姆孙效应

## 1.6.1 节流膨胀

节流膨胀是通过气体膨胀获得低温气体或液化气体的有效手段，简介如下。

① 实验目的　通过低成本的方法获得低温气体。

② 实验过程　在一个圆形绝热筒的中部有一个多孔塞，使压缩区的气体以恒定压差的形式缓慢地膨胀（$p_1 > p_2$），当膨胀过程稳定进行时，基本可以保持塞两边的压差稳定，但气体温度膨胀后可能变化，该膨胀称为节流膨胀，如图 1.13 所示。

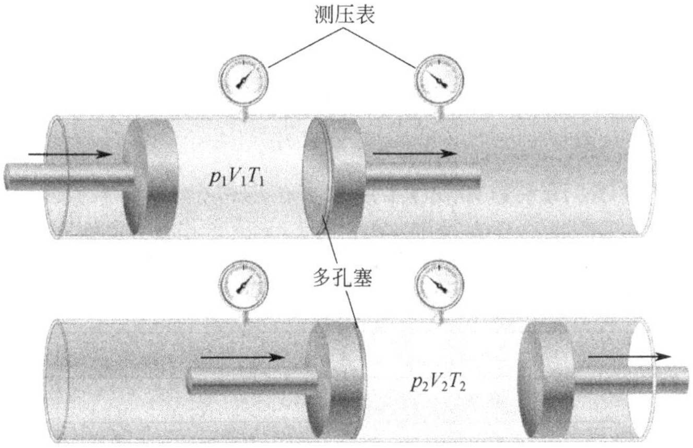


图 1.13　节流膨胀实验装置图

③ 实验分析　根据节流膨胀实验条件，$Q = 0$ 且 $p_1 > p_2$。

假设整个膨胀过程体由压缩区的高压气体状态（$p_1V_1T_1$）膨胀至低压状态（$p_2V_2T_2$），那么，对于高压气体，体积由 $V_1 \to 0$，恒定压力为 $p_1$，此时的体积功为：

$$W_1 = -p_1(0-V_1) = p_1V_1$$

对于低压气体，体积由 $0 \to V_2$，恒定压力为 $p_2$，此时的体积功为：

$$W_2 = -p_2(V_2-0) = -p_2V_2$$

整个膨胀过程绝热，因此根据热力学第一定律 $\Delta U = W$，即得：

$$\Delta U = U_2 - U_1 = W_1 + W_2 = p_1V_1 - p_2V_2$$

移项得：

$$U_2 + p_2V_2 = U_1 + p_1V_1$$

即 $$H_2 = H_1$$

因此，节流膨胀过程高压气体向低压区域的单向绝热等焓膨胀。

## 1.6.2 等焓线与焦耳–汤姆孙效应

### 1.6.2.1 等焓线

节流膨胀实验中，保持压缩区的气体的高压值 $p_1$ 和 $T_1$ 不变，设置不同的 $p_2$，测量节流膨胀后的温度 $T_2$，即可获得一条 $p$-$T$ 曲线。

再次设置不同的高压值 $p_1$ 和 $T_1$，重复上述步骤，即可获得一系列 $p$-$T$ 曲线。各 $p$-$T$ 曲线上所有点的焓均相等，故称之为等焓线，借助 $p$-$T$ 关系图可表示，如图 1.14 中的一系列实线。需要注意的是，每一条等焓线在一定范围内均存在最高点。

### 1.6.2.2 焦耳–汤姆孙效应

热力学中尝试用一阶偏微商描述特定条件下的物理效应，比如力学响应函数和热响应函数。焦耳-汤姆孙效应是描述节流膨胀时 $T$-$p$ 之间的响应关系，对应图 1.14 中等焓线的数学表达。

（1）焦耳–汤姆孙效应

节流膨胀时温度相对压强的响应关系，称为焦耳-汤姆孙效应，用焦-汤系数表述，符号为 $\mu_{\text{J-T}}$，数学表达式为：

$$\mu_{\text{J-T}} = \left(\frac{\partial T}{\partial p}\right)_H \tag{1.112}$$

部分气体 273K 时的焦-汤系数如表 1.1 所示。

**表 1.1 部分气体 273K 时的焦-汤系数**

| 气体 | $\mu_{\text{J-T}}$/(K/MPa) | 气体 | $\mu_{\text{J-T}}$/(K/MPa) |
|---|---|---|---|
| Ar | 3.66 | He | −0.62 |
| $C_6H_{14}$ | −0.39 | $N_2$ | 2.15 |
| $CH_4$ | 4.38 | Ne | −0.30 |
| $CO_2$ | 10.9 | $NH_3$ | 28.2 |
| $H_2$ | −0.34 | $O_2$ | 2.69 |

（2）转化温度和转化曲线

对应于图 1.14 中等焓线中各点的斜率，因此，可以总结焦-汤系数的正负号物理意义并对等焓线图象分区如下：

当 $\mu_{\text{J-T}}>0$ 时，说明节流膨胀后，温度随压力减小而降低，该区称为制冷区；

当 $\mu_{\text{J-T}}<0$ 时，说明节流膨胀后，温度随压力减小而升高，该区称为制温区；

因此，只有当节流膨胀的终态落到制冷区，才可以实现制备低温气体并制备液化气体的实验目的；

当 $\mu_{\text{J-T}}=0$ 时，说明此时是焦-汤系数的变号点，对应温度称为转化温度。将各等焓线斜率变号点的连线称为转化曲线。其中，转化曲线与温度轴的最高交点称为最大转化温度。

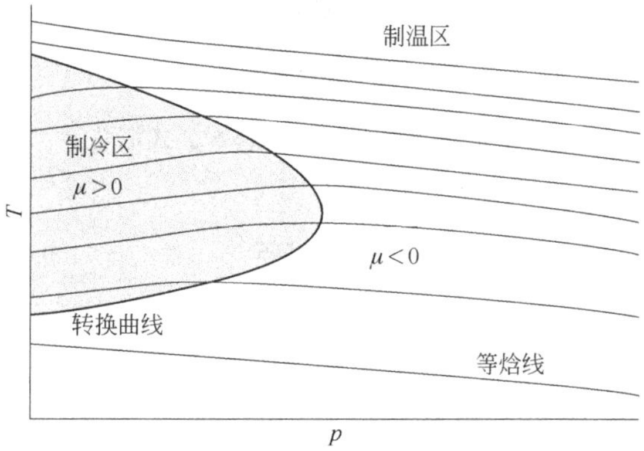


图 1.14 等焓线与转换曲线

(3) 焦-汤系数的热力学分析方法

在 $\mu_{\text{J-T}}$ 表达式（1.112）中，存在一个抽象物理量焓 $H$，给讨论问题带来不方便。因此，需要首先将其转化至 $pVT$ 关系式，以 $pVT$ 关系作为其中涉及的各物理量之间的联系桥梁，分析如下：

方程式（1.112）适用于恒焓过程，根据焓所涉及的 $pVT$ 关系，可回顾 1.4.3 节中关于逻辑联系的说明，可令：$H = H(T, p)$。

对 $H$ 进行全微分，可得：$\mathrm{d}H = \left(\dfrac{\partial H}{\partial T}\right)_p \mathrm{d}T + \left(\dfrac{\partial H}{\partial p}\right)_T \mathrm{d}p$

由于 $\mathrm{d}H = 0$，则 $\mu_{\text{J-T}} = \left(\dfrac{\partial T}{\partial p}\right)_H = -\dfrac{\left(\dfrac{\partial H}{\partial p}\right)_T}{\left(\dfrac{\partial H}{\partial T}\right)_p} = -\dfrac{\left(\dfrac{\partial (U+pV)}{\partial p}\right)_T}{C_p}$

$$\mu_{\text{J-T}} = -\frac{1}{C_p}\left(\frac{\partial U}{\partial p}\right)_T - \frac{1}{C_p}\left(\frac{\partial (pV)}{\partial p}\right)_T \tag{1.113}$$

基于方程式（1.113），任意气体的节流膨胀过程的热力学分析均是针对其中的两相进行分析。

例如使用式（1.113）分析理想气体的节流膨胀：

对于理想气体，式（1.113）中的第一项，由于 $\left(\dfrac{\partial U}{\partial p}\right)_T = 0$，所以 $-\dfrac{1}{C_p}\left(\dfrac{\partial U}{\partial p}\right)_T = 0$；

第二项中，理想气体的等温过程 $p$ 与 $V$ 的乘积为常数，因此 $\left[\dfrac{\partial (pV)}{\partial p}\right]_T = 0$，所以 $\dfrac{1}{C_p}\left[\dfrac{\partial (pV)}{\partial p}\right]_T = 0$；

因此，对于理想气体，上述方程中的两项都为 0，即理想气体经节流膨胀后，温度不变。

对于非理想气体，第一项是大于零的，原因是：实际气体分子间有引力，在恒温减压时，要克服分子间引力作用，故其摩尔内能要增大。而第二项是需要根据具体的 $pV$ 与 $p$ 之间的实验测定才能最终判断。

第 1 章基本概念索引和基本公式汇总

# 习　题

## 一、问答题

1．系统与环境的基本概念与分类是什么？

2．简述什么是热力学平衡态。

3．简述可逆过程及其特征。

4．热力学的不可逆过程就是不能向相反方向进行的过程。此话对吗？

5．一个系统经历一个无限小的变化，则此过程是否一定可逆？

6．真空空间可否选为热力学系统中的一部分？

7．简述内能的概念。

8．简述热与功的定义。

9．简述体积功与非体积功的概念。

10．简述热力学第一定律在 $p$、$V$、$T$ 变化中的应用（$W$、$Q$、$\Delta U$ 和 $\Delta H$ 的计算）。

11．有人认为封闭系统“不做功也不吸热的过程 $\Delta U=0$，因而系统的状态未发生变化”，请对此加以评论并举例说明。

12．在盛水槽中放入一个盛水的封闭试管，加热盛水槽中的水（作为环境），使其达到沸点，试问试管中的水（系统）会不会沸腾，为什么？

13．27°C 时，将 100g Zn 溶于过量稀硫酸中，反应若分别在开口烧杯和密封容器中进行，那哪种情况放热较多？多出多少？

14．孤立系统状态改变时内能是守恒量，而焓不是守恒量，请对此加以评论并举例说明。

15．一个绝热圆筒上有一个理想的（无摩擦无重量的）绝热活塞，其内有理想气体，内壁绕有电炉丝。当通电时气体慢慢膨胀，因为这是个恒压过程，$Q_p=\Delta H$，又因为是绝热系统，所以 $\Delta H=0$，这个结论是否正确，为什么？

16．一定量理想气体的内能 $U$ 及焓 $H$ 都是温度的函数。这能否说明理想气体的状态仅用一个变量——温度 $T$ 即可确定？

17．对于任何气体，$\left(\dfrac{\partial U}{\partial T}\right)_V=C_V$，$\left(\dfrac{\partial H}{\partial T}\right)_p=C_p$，此判断对吗？

18．关系式“$pV^\gamma=$常数”适用于理想气体的绝热过程。此话对吗？

19．某系统从同一始态变化至同一终态，可设计若干种可逆过程及若干种不可逆过程，是否经过任意一种不可逆过程都比可逆过程系统对环境所做的功都要少？

20．理想气体的焦-汤系数 $\mu_{\text{J-T}}$ 一定等于零。此话对吗？

21．用理想气体做焦耳-汤姆孙实验。因为气体通过小孔绝热膨胀，所以 $Q=0$，$W>0$；

故 $\Delta U = Q - W = -W < 0$，即理想气体经焦耳-汤姆孙实验后内能减少。此结论对否？说明理由。

## 二、证明题与计算题

1. 推导范德华气体的恒温压缩系数 $\beta$ 和恒压膨胀系数 $\alpha$ 的关系式，并从关系式 $\left(\frac{\partial T}{\partial p}\right)_V \times \left(\frac{\partial p}{\partial V}\right)_T \times \left(\frac{\partial V}{\partial T}\right)_p = -1$，证明 $nR\beta = \alpha(V - nb)$。

2. 对理想气体，试证明 $\mathrm{d}V = \frac{nR}{p}\mathrm{d}T - \frac{nRT}{p^2}\mathrm{d}p$，并证明 $p\mathrm{d}V$ 不是某个函数的全微分。

3. 试证明若某气体的 $\left(\frac{\partial U}{\partial V}\right)_T > 0$，则该气体向真空绝热膨胀时，气体温度必然下降。

4. 某实际气体的状态方程为 $pV_{\mathrm{m}} = RT + p\left(b - \frac{a}{RT}\right)$，在玻意耳温度（$T_{\mathrm{B}}$）下，$pV_{\mathrm{m}} = RT_{\mathrm{B}}$。现设该气体在始态 $T_{\mathrm{B}}$、$p_1$ 条件下进行节流膨胀，试确定终态时温度是否发生变化。

5. 单原子固体的状态方程可表示为 $pV + nG = BU$，式中 $U$ 是内能，$B$ 是常数，$G$ 是仅与摩尔体积有关的函数，证明：$B = \frac{\alpha V}{\beta C_V}$。（式中，$\alpha$ 为膨胀系数，$\beta$ 为压缩系数）

6. 单原子分子理想气体的内能为 $\frac{3}{2}nRT + C$（$C$ 为常数），请由此导出理想气体的 $\left(\frac{\partial U}{\partial V}\right)_T$ 和 $\left(\frac{\partial H}{\partial V}\right)_T$。

7. 试证明理想气体在可逆过程中的功 $\delta W = p\mathrm{d}V$ 不满足全微分条件。

8. 由热力学第一定律 $\delta Q = \mathrm{d}U + p\mathrm{d}V$，并且内能是状态函数，证明热不是状态函数。

9. 试从热力学第一定律的原理出发，论证封闭系统不做非体积功的理想气体的恒压绝热过程不可能发生。

10. 试导出理想气体绝热可逆过程中功的表达式：

（1）$W = \frac{p_1 V}{\gamma - 1}\left[1 - \left(\frac{p_1}{p_2}\right)^{\frac{\gamma-1}{\gamma}}\right]$

（2）$W = \frac{p_2 V_2}{1 - \gamma}\left[1 - \left(\frac{V_2}{V_1}\right)^{\gamma-1}\right]$

11. 已知：$\alpha = \frac{1}{V}\left(\frac{\partial V}{\partial T}\right)_p$，$\kappa = -\frac{1}{V}\left(\frac{\partial V}{\partial p}\right)_T$，证明：$\left(\frac{\partial U}{\partial p}\right)_V = \frac{C_V \kappa}{\alpha}$

12. 证明：对纯实际气体有 $\mu_{\mathrm{J-T}} = -\frac{V}{C_p}(\beta C_V \mu_{\mathrm{J}} - \beta p + 1)$，式中 $\beta = -\frac{1}{V}\left(\frac{\partial V}{\partial p}\right)_T$，$\mu_{\mathrm{J}} = \left(\frac{\partial T}{\partial V}\right)_U$

13. 试用有关数学原理，证明下列各关系式：

（1）$\left(\frac{\partial U}{\partial V}\right)_p = C_p\left(\frac{\partial T}{\partial V}\right)_p - p$

（2）$\left(\frac{\partial U}{\partial p}\right)_V = C_V\left(\frac{\partial T}{\partial p}\right)_V$

14．某气体状态方程式为 $pV_m = RT + \alpha p$（$\alpha$ 为正数），证明该气体经节流膨胀后温度必然上升。

15．充入计量管的原料气为 5%的丁烷和 95%的氩的混合气（摩尔分数）。今在体积为 $0.04m^3$ 的钢瓶中配制此种混合气（298K）。将瓶抽空后先充入丁烷使压力达到 $p^\ominus$，然后充入氩气。试求：

（1） 要使混合气体的浓度达到要求应充入多少千克氩气？

（2） 最后瓶中的压力为多少 $p^\ominus$？（设丁烷和氩气均为理想气体）

16．在 101.325kPa 下，测得 $N_2$ 的密度为 $1.25g \cdot dm^{-3}$，试求其分子的方均根速率和气体的温度。

17．某一理想气体经以下两个过程：（1）压力不变时,将温度升高一倍；（2）温度不变时将其压力增大一倍。试求这两个过程中分子的方均根速率之比。

18．某气体遵从范德华方程，其中 $a = 1.01m^6 \cdot Pa \cdot mol^{-2}$，$b = 1\times10^{-4}m^3 \cdot mol^{-1}$，试计算压力为 $5.05\times10^2kPa$，温度为 300°C 时，4.00mol 该气体的体积。

19．氢气的临界参数为 $T_c = 33.3K$，$p_c = 1296960Pa$，$V_c = 64.3cm^3 \cdot mol^{-1}$。现有 2mol 氢气，当温度为 0°C 时,体积为 $150cm^3$。分别应用理想气体状态方程、范德华方程及对比状态方程计算该气体的压力。

20．$CO_2$ 的临界温度 $T_c$ 为 300K，临界密度为 $0.45g \cdot cm^{-3}$，计算范德华气体常数 $a$ 和 $b$。

21．设气体遵循下列状态方程：$p(V-b) = RT\exp\left(-\frac{a}{RTV}\right)$，求临界点处 $\frac{pV}{RT}$ 的值，给出两位有效数字。

22．某单原子分子理想气体从 $T_1 = 298K$，$p_1 = 5p^\ominus$ 的初态。A．经绝热可逆膨胀；B．经绝热恒外压膨胀到达终态压力 $p_2 = p^\ominus$。计算各途径的终态温度 $T_2$ 及 $Q$、$W$、$\Delta U$ 和 $\Delta H$。

23．氢气从 $1.43dm^3$、303.975kPa 和 298K, 可逆绝热膨胀到 $2.86dm^3$, 已知氢气的 $C_{p,m} = 28.8J \cdot K^{-1} \cdot mol^{-1}$，按理想气体考虑。

（1）求气体膨胀后的温度和压力；

（2）计算该过程的 $\Delta U$ 和 $\Delta H$。

24．将 1mol 氧气在 $10^5Pa$ 下等压加热，从 300K 变为 1000K，求过程的 $Q$、$W$ 和 $\Delta U$。已知氧气的 $C_{p,m}/(J \cdot K^{-1} \cdot mol^{-1}) = 31.36 + 3.39\times10^{-3}(T/K) - 3.77\times10^{-5}(T/K)^{-2}$（此式表示为一个数值方程，$C_{p,m}/(J \cdot K^{-1} \cdot mol^{-1})$ 表示单位是 $J \cdot K^{-1} \cdot mol^{-1}$ 的 $C_{p,m}$ 数值，$T/K$ 表示温度 $T$ 以 K 为单位的数值）。

25．1mol 某单原子分子理想气体，始态的温度和压力分别为：$T_1 = 298K$，$p_1 = 5p^\ominus$，膨胀至终态压力 $p_2 = p^\ominus$。（1）恒温可逆膨胀；（2）等温对抗恒外压 $p_{外} = p^\ominus$ 膨胀。试计算上述二种变化途径到终态时各自的终态温度 $T_2$、$Q$、$W$、$\Delta U$ 和 $\Delta H$。

26．某理想气体自 298.15K、$5dm^3$ 可逆绝热膨胀至 $6dm^3$，温度降为 278.15K，求该气体的 $C_{p,m}$ 与 $C_{V,m}$。

27．将 100°C、50kPa 的水蒸气 $100dm^3$ 等温可逆压缩至 100kPa，此时系统仍全为水蒸气。

在 100kPa 下压缩到体积为 $10dm^3$ 时，此时一部分水汽已凝结成水。假设凝结成水的部分可略去不计，而水蒸气可视为理想气体，又知 100°C、100kPa 下水的汽化热（焓）为 $2260J\cdot g^{-1}$。求此过程的 $Q$、$W$、$\Delta U$ 和 $\Delta H$ 。

28．一气体的状态方程式是 $pV = nRT+\alpha p$，$\alpha$ 只是 $T$ 的函数。

（1）设在恒压下将气体自 $T_1$ 加热到 $T_2$，求 $W_{可逆}$；

（2）设膨胀时温度不变，求 $W_{可逆}$。

29．某种理想气体从始态 1（$p_1,V_1,T_1$）经由（1）1—A—2；（2）1—B—2；（3）1—D—C—2 三种准静态过程变到终态 2（$p_2,V_2,T_2$），如下图所示。试求各过程中系统所做的功、系统吸的热及系统内能的增量 $\Delta U$ 的表达式。假定其热容为一常数。

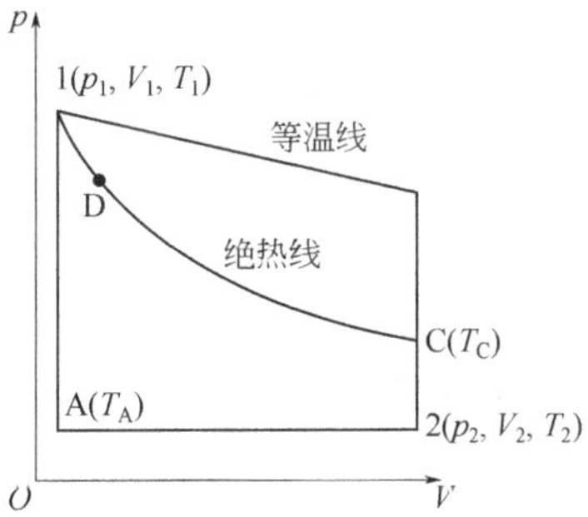


30．某理想气体从初始态 $p_1 = 10^6$Pa，体积为 $V_1$ 恒温可逆膨胀到 $5V_1$，系统做功为 1.0kJ，求：

（1）初始态的体积 $V_1$；

（2）若过程是在 298K 条件下进行的，则该气体物质的量为多少？

31．1mol 单原子分子理想气体，始态为 202650Pa，$11.2dm^3$，经 $pT =$ 常数的可逆过程压缩到终态为 405300 Pa，求：（1）终态的体积和温度；（2）$\Delta U$ 和 $\Delta H$；（3）该过程所做的功。

32．1mol 理想气体于 27°C、100kPa 状态下受某恒定外压等温压缩到平衡，再由该状态等容升温到 97°C，压力升到 1000kPa。求整个过程的 $Q$、$W$、$\Delta U$ 和 $\Delta H$ 。已知该气体的 $C_{V,m}$ 恒定为 $20.92J\cdot K^{-1}\cdot mol^{-1}$。

33．容积为 $27m^3$ 的绝热容器中有一个小加热器，器壁上有一小孔与大气相通。在 $p^{\ominus}$ 的外压下缓慢地将容器内空气从 273.14K 加热至 293.15K，问需供给容器内空气多少热量？设空气为理想气体，$C_{V,m} = 20.40J\cdot K^{-1}\cdot mol^{-1}$ 。

34．1mol 单原子分子理想气体，初始状态为 25°C、101.325Pa， 经历 $\Delta U = 0$ 的可逆变化后，体积为初始状态的 2 倍。请计算 $Q$、$W$ 和 $\Delta H$ 。

35．将 100°C 和 101325Pa 的 1g 水在恒外压（0.5×101325Pa）下恒温汽化为水蒸气，然后将此水蒸气慢慢加压（近似看作可逆）变为 100°C 和 101325Pa 的水蒸气。求此过程的 $Q$、$W$、$\Delta U$ 和 $\Delta H$ 。（100°C，101325Pa 下水的汽化热为 $2259.4J\cdot g^{-1}$）

36．一热力学隔离系统如下图所示。设活塞在水平方向移动没有摩擦，活塞两边室内含有理想气体各为 $20dm^3$，温度均为 298K，压力为 $p^{\ominus}$，逐步加热气缸左边气体直到右边压力为 202.650kPa，假定 $C_{V,m} = 20.92J\cdot K^{-1}\cdot mol^{-1}$， $C_{p,m}/C_{V,m} = 1.4$，计算：

（1）气缸右边的压缩气体做了多少功？

（2）压缩后右边气体终态温度为多少？

（3）活塞左边的气体的终态温度为多少？

（4）膨胀气体贡献了多少热量？

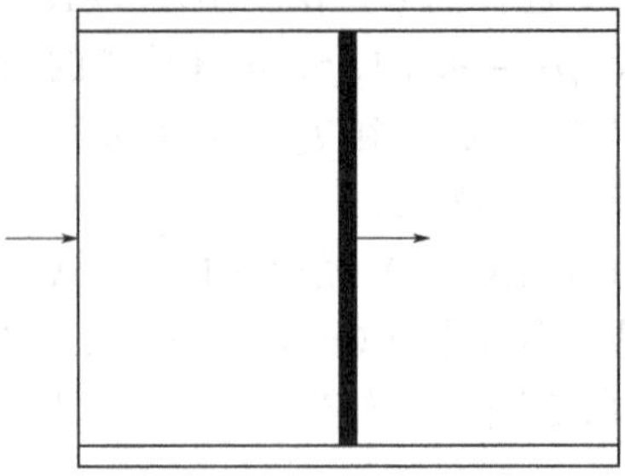

37．1mol 理想气体于 300.15K、101.325kPa 下受某恒定外压等温压缩至一中间状态，再等容升温至 370K，则压力升到 1013.25kPa。求整个过程的 $Q$、$W$、$\Delta U$ 和 $\Delta H$ 。已知该气体的 $C_{V,m}$ 为 $20.92\text{J}\cdot\text{K}^{-1}\cdot\text{mol}^{-1}$ 。

38．1mol 单原子分子理想气体，始态为 $p_1 = 202650\text{Pa}$ ，$T_1 = 273\text{K}$ ，沿可逆途径 $\dfrac{p}{V} = a$（$a$ 为常数）至终态，压力增加一倍，计算 $V_1$、$V_2$、$T_2$、$Q$、$W$、$\Delta U$ 和 $\Delta H$ 及该气体沿此途径的热容 $C$。

39．某一固体遵守状态方程 $V = V_0 - Ap + BT$ ，并且它的内能是 $U = CT - BpT$ ，式中 $A$、$B$、$C$ 是常数，求它的热容量 $C_p$ 与 $C_V$。

40．1mol 理想气体，始态体积为 $25\text{dm}^3$，温度为 373.2K，分别通过下列四个过程等温膨胀至终态体积为 $100\text{dm}^3$，求系统在下列变化过程中的 $Q$、$W$、$\Delta U$ 和 $\Delta H$ 。

（1）可逆膨胀过程；

（2）向真空膨胀过程；

（3）先在外压等于体积为 $50\text{dm}^3$ 时气体的平衡压力下，使气体等温膨胀到 $50\text{dm}^3$，然后在等外压下膨胀至 $100\text{dm}^3$；

（4）在外压等于终态压力条件下进行等温膨胀。上述计算结果说明了什么？

41．试计算下列相变过程的 $Q$、$W$、$\Delta U$ 和 $\Delta H$。

（1）1g 水在 100kPa、100°C 下蒸发为蒸汽（设为理想气体）；

（2）1g 水在 100°C 下，当外界压力恒为 0.50kPa 时，等温蒸发然后将蒸汽慢慢加压到 100°C、100kPa；

（3）将 1g、100°C、100kPa 的水突然移放到恒温 100°C 的真空箱中,水汽即充满整个真空箱，测其压力为 100kPa，正常沸点时，水的摩尔汽化热（焓）为 $40662\text{J}\cdot\text{mol}^{-1}$ 。

42．已知某气体的状态方程及摩尔恒压热容为：$pV_m = RT + \alpha p$ ，$C_{p,m} = a + bT + CT^2$ ，其中 $\alpha$、$a$、$b$、$c$ 均为常数。若该气体在绝热节流膨胀中状态由 $p_1T_1$ 态变化到 $p_2T_2$ 态，求终态的压力 $p_2$，其中 $p_1, T_1, T_2$ 为已知。

43．已知 $CO_2$ 的焦-汤系数 $\mu_{\text{J-T}} = 1.07\times10^{-2}\text{K}\cdot\text{kPa}^{-1}$，$CO_2$ 的 $C_{p,m} = 36.61\text{J}\cdot\text{K}^{-1}\cdot\text{mol}^{-1}$ 。求在 298K 时将 50g $CO_2$ 由 101.325kPa 等温压缩到 1013.25kPa 时的 $\Delta H$。

# 第2章

# 热力学第二定律和热力学第三定律

**【学习意义】**

热力学第二定律是对自然界所有行为的总结，描述过程的“自发性”本质，所谓“自发”过程，是指无需环境做功即可自发进行的过程。除此之外，热力学第二定律还将给出过程的终极状态，即过程的限度问题。

**【核心概念】**

熵、吉布斯（Gibbs）自由能与亥姆霍兹（Helmholtz）自由能。

**【重点问题】**

1. 熵变的本质是什么？
2. 如何理解“熵增加原理”，并通过该原理导出“克劳修斯不等式”？
3. 如何理解吉布斯自由能与亥姆霍兹自由能的本质为热力学第一、第二定律的联合公式？
4. 熵的本质是什么？热力学第三定律的核心内容是什么？
5. 如何理解功热不等价性？
6. 如何基于状态函数的性质，通过建立系统不同性质之间的定量关系，将复杂的热力学关系转化为简单的测量问题？常用的基本数学关系式有哪些？
7. 如何理解化学热力学中的各种“标准”：标准态、标准生成焓、标准反应焓、标准熵等概念？

热力学第一定律主要解决能量转化及在转化过程中各种能量具有的比例关系，这是被历史经验所证实的结论——在孤立系统中，能量永远守恒。但热力学第一定律无法确定过程的方向和平衡点。

19世纪，汤姆孙（Thomson）和贝塞罗特（Berthlot）就曾经试图用 $\Delta H$ 的符号作为化学反应方向的判据。他们认为自发化学反应的方向总是与放热的方向一致，而吸热反应是不能自发进行的。虽然这能符合一部分反应，但后来人们发现有不少吸热反应也能自发进行，如众所周知的水煤气反应 $C(s)+H_2O(g) \longrightarrow CO(g)+H_2(g)$，虽为吸热反应，却能自发进行，只此一例便宣告了此结论的失败。因此要判断化学反应的方向，必须另外寻找新的判据。

通过第1章的学习，热力学第一定律描述了封闭系统中的能量守恒，功热之间可以相互转化。但是，大量的实验表明，功可以无条件地全部转化为热，而热转化为功则需要一定的条件，正是这种热功转换的条件不同，使得变化过程存在一定的方向和限度。在能量守恒的前提下，热力学第二定律以热功转换的限制作为出发点，来研究过程进行的方向和限度。

和热力学第一定律一样，热力学第二定律是以生活实践经验为基础而建立起来的，同样具有很强的热机理论背景。热力学第二定律主要经历了四个阶段的发展。1824 年，卡诺（Carnot）提出卡诺定理：所有工作于两个不同温度的热源间的热机，可逆机的效率最高；1850年，克劳修斯（Clausius）提出系统存在一个状态函数——熵；1865 年，玻耳兹曼（Boltzmann）提出熵和微观状态数的关系——玻耳兹曼方程；1945 年，普里戈金（Prigogine）提出开放系统的热力学第二定律——熵产生。从宏观角度出发，由经验总结获得热力学第二定律是一个关于自然界自发过程的规律，确定了系统中存在状态函数熵，根据熵的变化规则：在绝热封闭系统中，可逆过程的熵不变，不可逆过程的熵增加。

本章将分三个部分：第一部分按照热力学第二定律的发展历程，分别介绍热力学第二定律的生产总结、热温熵的概念、熵增加原理以及熵函数的统计学表述；第二部分结合热力学第一、第二定律，系统介绍两个自由能状态函数以及衍生的各类热力学基本公式及相互之间的转换关系；第三部分系统总结化学热力学，即热力学定律在化学反应中的应用，并简要介绍热力学第三定律的基本内容。

## 2.1 热力学第二定律

### 2.1.1 自发过程

某种变化有自动发生的趋势，一旦发生就无需借助外力，可以自动进行，这种变化称为自发变化。自发变化的共同特征：不可逆性。任何自发变化的逆过程是不能自动进行的。例如：

（1）热传导过程的方向性

①在孤立系统中，热从高温物体流向低温物体直至两系统温度相等；②已达热平衡态的两个物体不会自动地使其中一个物体升温，另一个物体降温。总之，热不会自发地从低温物体流向高温物体且不引起其它变化。

（2）热和功转化时的不等价性

在孤立系统中的功热转化实验中，如图 2.1 所示，重物的落体其势能转化为水和涡轮的热能，使其温度上升；水与涡轮的温度不能自发降低，以增大重物的势能。总之，不可能从单一的热源取热使之完全做功而不产生其它变化。

与上述案例类似的过程很多，比如高低浓度的溶液之间的自发扩散以及气体的膨胀过程，都是单向自发的。它们的逆过程都不能自动进行。如若借助外力，强制系统恢复原状，则一定会给环境留下不可磨灭的影响。

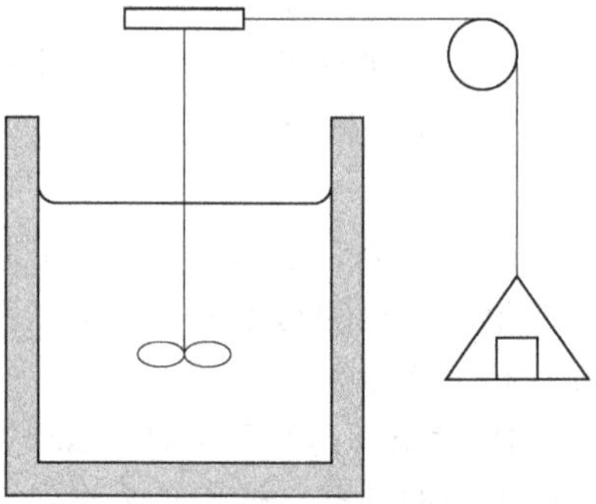

图 2.1　功热转化实验示意图

### 2.1.2 热力学第二定律的文字表述

热力学第二定律目前公认的两种表述为克劳修斯表述和开尔文表述。

克劳修斯（Clausius）表述为：不可能把热从低温物体传到高温物体，而不引起其它变化。

开尔文（Kelvin）表述为：不可能从单一热源取出热使之完全变为功，而不发生其它的变化。

奥斯特瓦德（Ostward）对开尔文说法进行了总结，并提出了第二类永动机是不可能造成的。所谓第二类永动机指的是从单一热源吸热使之完全变为功而不留下任何影响的热机，这类热机不违背热力学第一定律，即能量守恒原理，但违背热力学第二定律，与第一类永动机一样，违背了自然规律。

上述的各类文字表述都是统一的，若克劳修斯说法不成立，则开尔文说法也一定不成立。其相关证明将在本章 2.3 节介绍卡诺定理时一并证明。读者在理解热力学第二定律的不同文字表述时，不可断章取义，比如对于开尔文说法，不能误解为热不能转变为功，因为热机就是一种把热转变为功的装置，只是热转变为功时一定会引起其它变化；也不能认为热不能完全转变为功，因为在状态发生变化时，热是可以完全转变为功的，例如理想气体的恒温膨胀过程。热力学第二定律的各种表述关键在于变化之后的后果是不可磨灭的。

总的来说，自发性分析的结论即热力学第二定律，描述的是热力学过程的方向与限度，总结起来即是后果不可消除原理：任一自然界的自发过程，无论利用任何方法，其后果均无法自动消除；同时不能使得参与自发过程的系统和环境都恢复原状且不产生其它变化。

按照热力学可逆过程的描述：系统恢复的同时，又完全消除原过程对外界所产生的一切影响，则原来的过程称为可逆过程。因此，所有不可逆过程的后果在不产生其它变化下无法消除。在唯象热力学中，凡包括有摩擦的过程或包括有限温差的热传导过程均为不可逆过程。

### 2.1.3 可逆性分析

关于可逆性的判断，均可以通过设计系统的循环过程，通过分析系统与环境的功与热，进而判断系统恢复时所造成的影响。在各类模型的分析过程中，假设环境存在一个具有无限热能的大热源，对于环境而言，环境与系统之间的热交换始终是可逆的。同时假设环境中存在一个可逆的做功机器，始终可逆地与系统以功的方式进行能量交换。本书将默认使用该环境大热源假设。

【例 2.1】假设理想气体物质的量为 $n$，在 300 K 时，始态为 $6p^{\ominus}$、体积为 $V_1$，通过以下三种方式变成终态，压强 $p^{\ominus}$、体积为 $V_2$。

（1） 无摩擦准静态膨胀；

（2） 真空自由膨胀；

（3） 抗恒外压 $p^{\ominus}$ 膨胀。

试分析上述三种热力学过程的可逆性。

【分析】由于可逆性分析需要设计系统的循环，因此对上述三个过程均需设计逆过程以使系统完成循环。因此，假设上述三个过程的逆过程均为恒温可逆的逆压缩过程。功热分析如下：

（1） 对于正向无摩擦准静态膨胀和逆向恒温可逆压缩

① 正向膨胀：由于理想气体的 $\Delta U$ 和 $\Delta H$ 均为温度的函数，因此，$\Delta U = \Delta H = 0$。

由热力学第一定律得：

$$W=-Q$$

故

系统以做功方式失能：

$$W_{正,系}=-\int_{V_2}^{V_1}p_e\mathrm{d}V=-nRT\ln\frac{p_1}{p_2}=-nRT\ln 6$$

系统以传热方式得能：

$$Q_{正,系}=nRT\ln\frac{p_1}{p_2}=nRT\ln 6$$

且，环境以做功方式得能：

$$W_{正,环}=nRT\ln 6$$

环境以传热方式失能：

$$Q_{正,环}=-nRT\ln 6$$

② 逆向压缩：$\Delta U=\Delta H=0$。

系统的功热分析：

$$W_{逆,系}=-\int_{V_2}^{V_1}p_e\mathrm{d}V=-nRT\ln\frac{p_2}{p_1}=-nRT\ln\frac{1}{6}=nRT\ln 6$$

$$Q_{逆,系}=nRT\ln\frac{p_2}{p_1}=nRT\ln\frac{1}{6}=-nRT\ln 6$$

环境的功热分析：

$$W_{逆,环}=-nRT\ln 6\text{；}\quad Q_{逆,环}=nRT\ln 6$$

③ 对于设计的循环过程：

系统的功热分析：

$$W_{总,系}=W_{正,系}+W_{逆,系}=0\text{；}\quad Q_{总,系}=Q_{正,系}+Q_{逆,系}=0$$

环境的功热分析：

$$W_{总,环}=W_{正,环}+W_{逆,环}=0\text{；}\quad Q_{总,环}=Q_{正,环}+Q_{逆,环}=0$$

显然，循环结束后，后果可被消除，系统和环境均被还原，无摩擦准静态膨胀是可逆过程。

（2）对于真空自由膨胀和逆向恒温可逆压缩

① 正向膨胀：$\Delta U=\Delta H=0$。

系统的功热分析：

自由膨胀时的体积功　$W_{正,系}=0$；$Q_{正,系}=-W_{正,系}=0$

环境的功热分析：$W_{正,环}=0$；$Q_{正,环}=0$

② 逆向压缩：$\Delta U=\Delta H=0$

系统的功热分析：

$$W_{逆,系}=-\int_{V_2}^{V_1}p_e\mathrm{d}V=-nRT\ln\frac{p_2}{p_1}=-nRT\ln\frac{1}{6}=nRT\ln 6$$

$$Q_{逆,系}=nRT\ln\frac{p_2}{p_1}=nRT\ln\frac{1}{6}=-nRT\ln 6$$

环境的功热分析：

$$W_{逆,环}=-nRT\ln 6\ ;\ \ Q_{逆,环}=nRT\ln 6$$

③ 对于设计的循环过程：

系统的功热分析：

$$W_{总,系}=W_{正,系}+W_{逆,系}=nRT\ln 6$$

意味着循环后系统以做功的方式得到 $nRT\ln 6$J 的能量；

$$Q_{总,系}=Q_{正,系}+Q_{逆,系}=-nRT\ln 6$$

意味着循环后系统以传热的方式失去 $nRT\ln 6$ J 的能量；

环境的功热分析：

$$W_{总,环}=W_{正,环}+W_{逆,环}=-nRT\ln 6\ ;\ \ Q_{总,环}=Q_{正,环}+Q_{逆,环}=nRT\ln 6$$

因此，环境大热源得到热能 $nRT\ln 6$；通过功的方式环境失去 $nRT\ln 6$ 的能量。显然该后果是强制系统恢复时造成的不可消除的后果，因此真空自由膨胀过程不可逆。

（3） 对于抗恒外压 $p^{\ominus}$ 膨胀和逆向恒温可逆压缩

① 正向抗恒外压 $p^{\ominus}$ 膨胀：$\Delta U=\Delta H=0$。

系统的功热分析：

$$W_{正,系}=-p^{\ominus}(V_2-V_1)=-p^{\ominus}\left(\frac{nRT}{p^{\ominus}}-\frac{nRT}{6p^{\ominus}}\right)=-\frac{5}{6}nRT$$

$$Q_{正,系}=p^{\ominus}(V_2-V_1)=\frac{5}{6}nRT$$

环境的功热分析：

$$W_{正,环}=p^{\ominus}(V_2-V_1)=\frac{5}{6}nRT\ ;\ \ Q_{正,环}=-p^{\ominus}(V_2-V_1)=-\frac{5}{6}nRT$$

② 逆向压缩：$\Delta U=\Delta H=0$。

系统的功热分析：

$$W_{逆,系}=-\int_{V_2}^{V}p_e\mathrm{d}V=-nRT\ln\frac{p_2}{p_1}=-nRT\ln\frac{1}{6}=nRT\ln 6$$

$$Q_{逆,系}=nRT\ln\frac{p_2}{p_1}=nRT\ln\frac{1}{6}=-nRT\ln 6$$

环境的功热分析：

$$W_{逆,环}=-nRT\ln 6\ ;\ \ Q_{逆,环}=nRT\ln 6$$

③ 对于设计的循环过程:

系统的功热分析:

$$W_{总,系}=W_{正,系}+W_{逆,系}=-\frac{5}{6}nRT+nRT\ln 6$$

$$Q_{总,系}=Q_{正,系}+Q_{逆,系}=\frac{5}{6}nRT-nRT\ln 6$$

$$W_{总,环}=W_{正,环}+W_{逆,环}=\frac{5}{6}nRT-nRT\ln 6$$

$$Q_{总,环}=Q_{正,环}+Q_{逆,环}=-\frac{5}{6}nRT+nRT\ln 6$$

显然该后果是强制系统恢复时造成的不可消除的后果，因此抗恒外压膨胀过程不可逆。

由上述分析可见，所有的可逆性分析都包含系统的内部和外部，即在设计热力学循环，强制系统恢复以后，分析系统与环境的功热后果、可逆过程的后果一定可以消除。在化学过程中，宏观可逆过程只能在理想状态下实现，且此时系统的状态是平衡态。

因此，任何平衡态理论上都可以使用一个状态函数进行描述，其改变量只与可逆过程中的温度 $T$ 及可逆热有关。而孤立系统的可逆过程或平衡过程，可定义函数变化为 0；若为不可逆过程，则该函数不为 0，且根据后果不可消除原理，该函数能够反映变化的方向性，即它的大小总是单向变化的。

## 2.2 熵

通过热力学第二定律的克劳修斯表述，系统的传热与否与自发过程有关，因为当系统处于平衡态时，并不涉及热效应。除此之外，物体的冷热程度可以通过温度进行描述，且可以通过温标进行定量化（第 1 章 1.1.8 节）。

### 2.2.1 熵与热温商

（1）熵

由于过程量的定量化需要借助状态函数来实现，例如热力学“桥梁公式”（1.71）和式（1.74）。而传热与否与过程的自发性有关，并且热的变化规律只能与状态函数的变化相关联才有可能被定量化。因此，有必要定义新的状态函数熵，将过程的自发性描述以及热效应的定量化与熵相关联，熵用符号 $S$ 表示。

由于是对过程量的定量化描述，因此过程中热效应对应的是系统的熵变，即 $dS$ 或者 $\Delta S$。克劳修斯线性关联了熵变与系统的热效应，首先确定了熵变总是与传热值的多少成正比，即 $dS \propto \delta Q$ 。

除此之外，传热过程的方向总是从高温到低温自发进行，温度 $T$ 越高，熵变 $dS$ 越小，因此可以确定 $dS$ 是温度的反比例函数，即：$dS \propto \frac{1}{T}$。

综上所述，熵变与传热以及温度之间的关系必然满足式（2.1）:

$$dS \propto \frac{\delta Q}{T} \tag{2.1}$$

按照上式对熵变的描述，熵的单位为 $J \cdot K^{-1}$。

（2）热温商

上述讨论以及式（2.1）定性地描述了状态函数“熵”的变化与热效应的关系。从定量化角度来看，熵起源于热温商的概念，同样由克劳修斯在方程式（2.1）的基础上给出定义。由于可逆过程的传热量、温度和熵变之间满足等量关系，因此，根据方程式（2.1），定义热温商为：

热温商是指可逆过程中，系统在温度 $T$ 时吸收的可逆热 $\delta Q_r$ 与温度 $T$ 的比值，数学表达式为：

$$\frac{\delta Q_r}{T} \tag{2.2}$$

热温商的定义式（2.2），对应于一个无穷小的恒温过程中的可逆热效应，注意和热容的定义区分：热容是均相无化学变化且无非体积功时的封闭体系，在变温条件下产生的热效应；而热温商是在等温条件下描述任何封闭系统可逆过程的热效应。在宏观过程中需要对式（2.2）进行求和，求和过程中得到如下定理：任意封闭系统，两个平衡态 A 与 B 间存在任何可逆过程的热温商之和彼此相等，如图 2.2 所示。

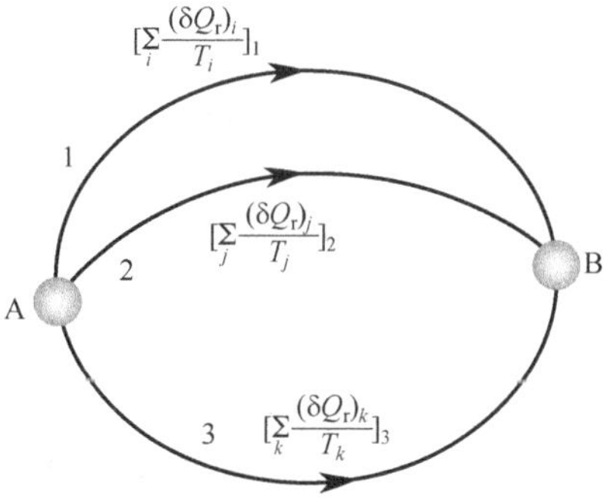


图 2.2　不同路径的热温商之和

上述定理的数学表达式为：

$$\left[\sum_i \frac{(\delta Q_r)_i}{T_i}\right]_1 = \left[\sum_j \frac{(\delta Q_r)_j}{T_j}\right]_2 = \left[\sum_k \frac{(\delta Q_r)_k}{T_k}\right]_3 \tag{2.3}$$

根据式（2.3），可逆过程热温商的代数和只与系统变化的始终态相对应。因此其始态终态的变化量大小可用热温商的代数和来衡量。

因此以式（2.1）的表述为基础，克劳修斯直接定义熵变的概念以及熵变定义式。

熵变的定义：封闭系统中，在 A、B 两个平衡态间的熵变等于 A 态到 B 态的热温商的代数和 $\sum_i \frac{(\delta Q_r)_i}{T_i}$，其中 $\delta Q_r$ 为系统在温度 $T$ 时，可逆过程中所吸收的热。

熵变的数学表达式：

$$dS = \frac{\delta Q_r}{T} \tag{2.4}$$

宏观过程的熵变（封闭系统的可逆过程）：

$$\Delta S = S(B) - S(A) = \sum_i \frac{(\delta Q_r)_i}{T_i} \tag{2.5}$$

注意，熵变定义式是微分量定义，意味着无穷小的恒温可逆过程的热效应可以通过熵变定量化。对于宏观过程中使用熵变定量化表述热效应，务必注意此时的热效应对应过程中的可逆热效应。对于不可逆过程，热效应无法通过式（2.5）定量化，但不可逆过程的熵变，可以通过热力学过程设计，将不可逆过程设计为具有相同始终态的可逆过程，计算熵变。

熵的物理意义：体现了一个系统的微观状态的数量，如图 2.3 所示。例如，气态水的标准摩尔熵❶为 $188.8J \cdot K^{-1} \cdot mol^{-1}$，液态水的标准摩尔熵为 $69.9J \cdot K^{-1} \cdot mol^{-1}$，固态水的标准摩尔熵为 $47.9J \cdot K^{-1} \cdot mol^{-1}$。微观状态数越少，熵的值越小；反之，则越大。

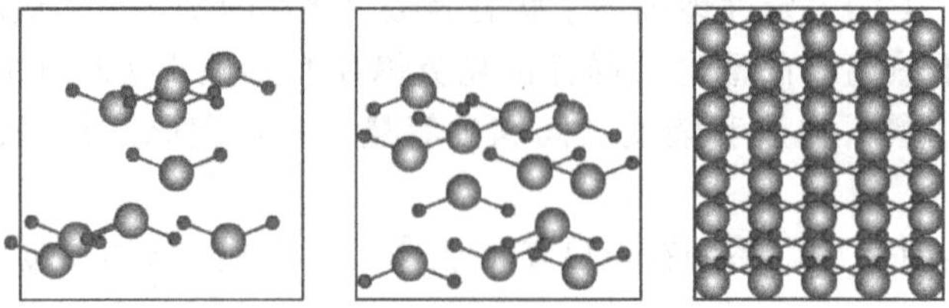

图 2.3　水的气液固三相的微观状态数示意图

## 2.2.2 熵增加原理

由于熵是为了定量化描述系统的热效应以及过程的自发性，按照方程式(2.4)和式(2.5)，可逆热效应显然可以被定量化讨论，而熵更为重要的科学意义则是用来描述过程的自发性。按照本书 2.1 节结尾部分的假设，任何自发过程均可通过后果不可消除原理进行判定，而任何自发过程的结果都是该系统最稳定的平衡状态或者是可逆状态。

因此，假设一个系统既无物质交换也无能量交换，若该系统不涉及热效应，根据式(2.4)，则系统的熵变为 0。若涉及热效应的自发行为，即高温环境热源向低温系统热源的可逆传热过程，$\delta Q>0$，则系统的熵变 $dS>0$。所以，孤立系统的熵变等于 0 或大于 0 可以用来判定系统是否达到平衡，这就是熵增加原理。熵增加原理存在如下两种表述，两种表述完全等价。

表述 1：封闭系统中，由平衡态 A 经过绝热过程达到平衡态 B 的过程中，系统的熵永不减小。

表述 2：孤立系统的熵（使用 $dS_{孤}$ 或者 $\Delta S_{孤}$ 表示）永不减少；熵在可逆过程中不变，在不可逆过程中增加。

关于孤立系统的理解：孤立系统又如何涉及方程式（2.4）中的热交换呢？在讨论孤立系统时，读者可以假设将原有的系统与环境视为一个整体，构造成一个新的孤立系统。如在图 1.1 中，原有的系统为 A，原有的环境为 B，假设环境 B 的边界是一个永恒的无物质能量交换的界限，则新的孤立系统为 A 和 B 的加和。

熵增加原理的数学表达式：

$$\Delta S_{孤} = S(B) - S(A) \geqslant 0 \tag{2.6}$$

其中不可逆过程 $\Delta S_{孤}$ 大于 0，可逆过程 $\Delta S$ 等于 0。式（2.6）可以作为具有普适意义的自发性判据，称为熵判据。今后，所有的关于自发性讨论的不等号均是来自于此。

根据方程式(2.6)，$S(A)$表示系统某一状态的熵，$S(B)$表示系统终态的熵。在孤立系统中，平衡态的熵为系统的最大熵。因此，式（2.6）中 $S(A)$和 $S(B)$两者的差值大小 $\Delta S_{孤}$ 表征 A 状态时的稳定性，以及在孤立情况下 A 状态偏离平衡态稳定性的量度。

值得一提的是，方程式（2.6）用于化学反应的讨论，即为勒夏特列原理：化学平衡被迫

❶ 见化学热力学部分中的定义。

偏离平衡态时，系统的变化总是试图恢复化学平衡。关于化学方向与限度问题，将在本书第 6 章中详细介绍。

# 2.3 卡诺循环

## 2.3.1 卡诺循环的内容

唯象热力学的基础就是热机理论。所谓热机，是指通过工作物质从高温热源吸热、向低温热源放热并对环境做功的循环操作的机器，如图 2.4 所示。

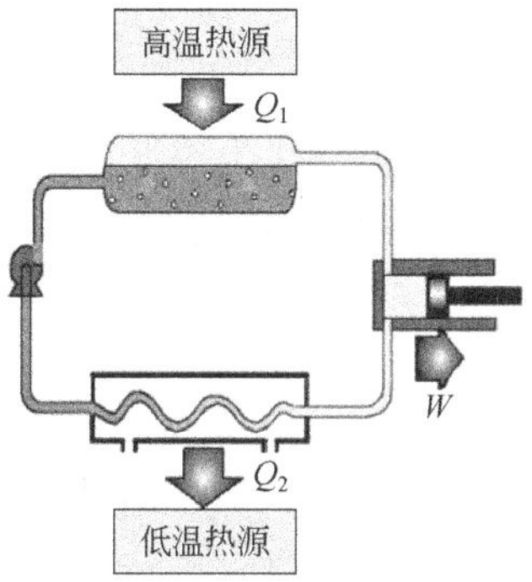


图 2.4 热机模型示意图

1824 年，法国工程师卡诺（N. L. S. Carnot，1796—1832）以理想气体为工作物质，从高温热源吸收的热量，一部分通过理想热机对外做功，另一部分的热量放给低温热源。这样的热机称为卡诺热机。

卡诺热机的工作过程一共包含四个基本步骤，从始态开始，分别经历恒温可逆膨胀、绝热可逆膨胀、恒温可逆压缩以及绝热可逆压缩再回到始态，为一个循环，这种循环称为卡诺循环，其 $pV$ 变化如图 2.5 所示。

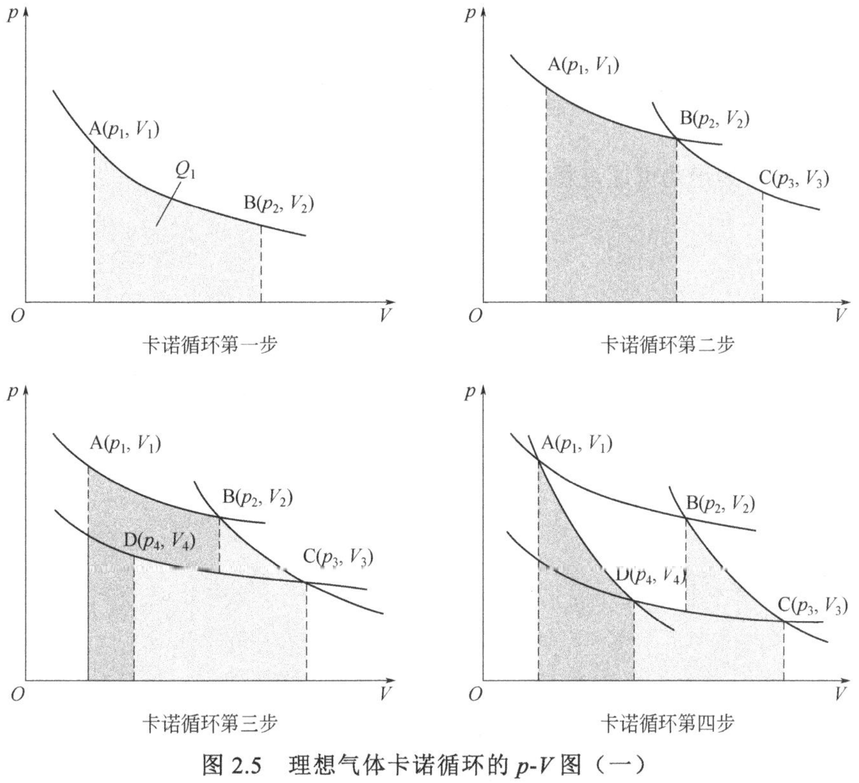


图 2.5 理想气体卡诺循环的 $p$-$V$ 图（一）

单原子理想气体卡诺循环的$\Delta S = 0$。

【**证明**】将图 2.5 中的四个步骤总结为图 2.6，并定义相关的 $pVT$ 参数。

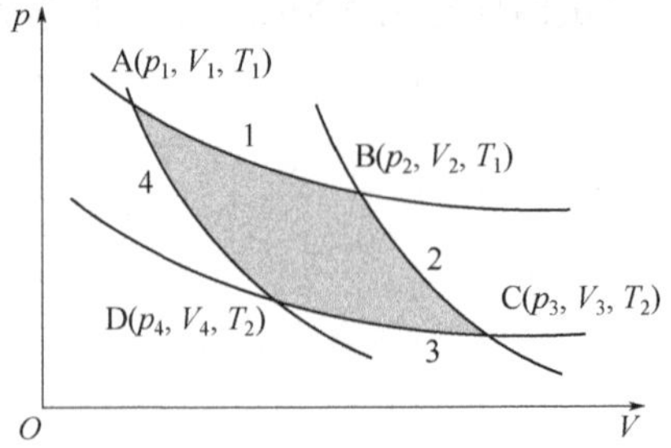


图 2.6　理想气体卡诺循环的 $p$-$V$ 图（二）

过程 1、3 为等温可逆过程，对于理想气体的等温过程 $\mathrm{d}U=0$，所以 $Q_r=-W$：
根据熵的定义：

$$\Delta S_1=\int_A^B \frac{\delta Q_r}{T}=-\int_A^B \frac{\delta W}{T}$$

联立体积功的定义式 $\delta W=-p\mathrm{d}V$，以及理想气体状态方程 $p=\frac{nRT}{V}$，可得：

$$\Delta S_1=\int_A^B \frac{p\mathrm{d}V}{T}=nR\ln\frac{V_2}{V_1} \tag{2.7}$$

注意式（2.7）是等温过程的求熵变公式。
同理：

$$\Delta S_3=\int_C^D \frac{\delta Q_r}{T}=nR\ln\frac{V_4}{V_3} \tag{2.8}$$

由于过程 2、4 为绝热可逆过程，故：

$$\Delta S_2=\int_B^C \frac{\delta Q_r}{T}=0 \tag{2.9}$$

$$\Delta S_4=\int_C^D \frac{\delta Q_r}{T}=0 \tag{2.10}$$

对于整个单分子理想气体的卡诺循环而言，系统的熵变 $\Delta S$ 应为四个途径熵变之和，基于式（2.7）～式（2.10）：

$$\Delta S=\Delta S_1+\Delta S_2+\Delta S_3+\Delta S_4=-nR\ln\frac{V_1V_3}{V_2V_4} \tag{2.11}$$

由绝热可逆过程方程：　$T_2V_4^{\gamma-1}=T_1V_1^{\gamma-1}$

所以

$$\left(\frac{V_4}{V_1}\right)^{\gamma-1}=\frac{T_2}{T_1}$$

同理

$$\left(\frac{V_3}{V_2}\right)^{\gamma-1}=\left(\frac{T_2}{T_1}\right)$$

所以

$$\frac{V_4}{V_1}=\frac{V_3}{V_2}$$

而对于单分子的理想气体，$C_V$为常数$\frac{3}{2}R$。因此，在绝热可逆过程且没有非体积功的条件下：

$$\Delta S = -nR\ln\frac{V_1V_3}{V_2V_4} = -nR\ln 1 = 0$$

因此，单原子理想气体卡诺循环的系统的熵变$\Delta S = 0$。

### 2.3.2 热机效率

（1）热机效率

热机对环境所做的功$|W|$与其从高温热源吸收的热量（$Q_1$）之比称为热机效率，其符号为$\eta$，其中$|W|$与高温热源吸热量（$Q_1$），以及与低温热源放热量（$Q_2$）之间的关系为$|W| = |Q_1|-|Q_2|$，热机效率的数学表达式如下：

$$\eta = \frac{|W|}{Q_1} = \frac{|Q_1|-|Q_2|}{Q_1} = 1+\frac{Q_2}{Q_1} \tag{2.12}$$

热机效率用来表征一个循环中，热机的工作物质的功热转化效率。上述 1mol 单原子理想气体的热功转化效率为：

$$\eta = \frac{|W|}{Q_1} = \frac{|Q_1|-|Q_3|}{Q_1} = \frac{nRT_1\ln\left(\frac{V_2}{V_1}\right) - nRT_2\ln\left(\frac{V_3}{V_4}\right)}{nRT_1\ln\left(\frac{V_2}{V_1}\right)}$$

而对于循环过程：$$\frac{V_4}{V_1} = \frac{V_3}{V_2}$$

代入式（2.12）得：

$$\eta = \frac{T_1 - T_2}{T_1} \tag{2.13}$$

注意式（2.13）中的温度为开尔文温度。

（2）冷冻系数

如果将上述卡诺循环的四个途径逆运行，卡诺热机就变成了制冷机，制冷机显然需要从低温热源吸热，且需要环境对系统做功。若使用上述 1mol 单分子理想气体作为工质的可逆制冷机，这时需要环境对系统做功 $W$ 为：

$$W = -nRT_2\ln\left(\frac{V_3}{V_4}\right) - nRT_1\ln\left(\frac{V_1}{V_2}\right)$$

对于制冷机，定义冷冻系数为：将制冷机从低温热源所吸的热（$Q_c$）与所需要环境做的功（$|W|$）之比，用 $\beta$ 表示。

气体从温度为 $T_2$ 的低温热源吸热 $Q_c = nRT_2\ln\left(\frac{V_3}{V_4}\right)$，给温度为 $T_1$ 的高温热源放热 $Q_h = nRT_1\ln\left(\frac{V_1}{V_2}\right)$，其冷冻系数 $\beta$ 为：

$$\beta = \frac{Q_c}{W} = \frac{T_2}{T_1 - T_2} \tag{2.14}$$

（3）热泵

热泵的工作原理与冷机相同，但其目的不是制冷，而是将低温热源的热（如大气、大海）用泵传至高温场。其工作系数仍然用 $\beta$ 表示，如式（2.14）所示。

【例 2.2】例如要将温度为 0°C 室外大气中 1kJ 的热"泵"至温度为 20°C 的室内使用，则所需环境做的功为多少？

$$\beta = \frac{Q_c}{W} = \frac{T_2}{T_1 - T_2} = \frac{273.15\text{K}}{20\text{K}} = 13.66$$

$$W = \frac{Q_c}{\beta} = \frac{1000\text{J}}{13.66} = 73\text{J}$$

这个能量只相当于直接用电热器加热所耗电量的十三分之一。

## 2.3.3 卡诺定理

（1）卡诺定理及推论

卡诺定理：在温度分别为 $T_h$ 和 $T_c$ 的两个固定热源之间工作的热机，以可逆热机的工作效率最高；且无论可逆热机的工作物质（工质）是什么，所有可逆热机的效率相等。

卡诺定理推论：

① 在给定的两个热源之间工作的所有可逆热机，其效率都相等。

② 卡诺热机的效率只决定于两个热源的温度。

卡诺定理的数学表达式：

$$\eta_{ir} < \eta_r，\text{或 } \eta_r \geqslant \eta_{任意} \tag{2.15}$$

式中，$\eta$ 表示热机效率；ir 表示不可逆；r 表示可逆。

（2）卡诺定理的证明

对于卡诺定理的第一句话：在温度分别为 $T_h$ 和 $T_c$ 的两个固定热源之间工作的热机，可逆热机的工作效率最高。

（反证）假设：与卡诺定理相悖，不可逆热机能够带动可逆热机反向工作，即不可逆热机的效率（$\eta_{ir}$）比可逆热机的效率（$\eta_r$）高。

按照假设，图 2.7 中各功与热的关系分析如下：

① 不可逆热机从高温热源取热 $Q_1$，并对外做功 $W$，并向低温热源放热 $Q_2$，三者的关系为：$|Q_2| = Q_1 - |W|$。

② 可逆热机的逆行工作（制冷机）由不可逆热机驱动，定量可逆地从低温热源取热 $Q_{r2}'$，接受 $W_r' = |W|$的功，放热$|Q_{r1}'| = W_r' + Q_{r2}'$

根据热机效率式（2.12），

不可逆热机的效率：

$$\eta_{ir} = \frac{|W|}{Q_1}$$

被带动的可逆热机同样也按照热机效率（卡诺定理中描述的是热机效率而非制冷系数）得：

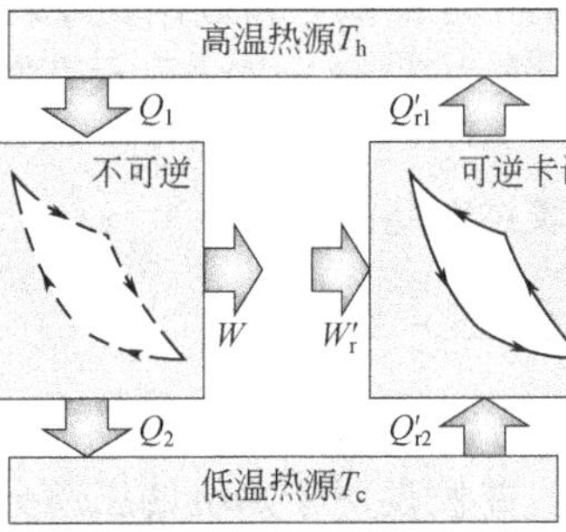


图 2.7　不可逆热机带动可逆热机的假想图

$Q_1$—不可逆热机从温度为 $T_h$ 的高温热源得热；$Q_{r1}'$—可逆热机向高温热源放热；$Q_2$—不可逆热机向温度为 $T_c$ 的低温热源放热；$Q_{r2}'$—可逆热机从低温热源得热；$W$—不可逆热机系统对环境做的功；$W_r'$—可逆热机反向运行需要环境做的功，根据能量守恒，令$|W| = W_r'$

$$\eta_r = \frac{|W_r'|}{Q_{r1}'}$$

按照反证假设 $\eta_{ir}>\eta_r$，且$|W| = W_r'$，则：$Q_{r1}'>Q_1$；

不可逆热机带动可逆热机反向工作时，从高温热源得热：$|Q_{r1}'|-Q_1$，从低温热源吸热：

$$Q_{r2}'=|Q_2| - (|Q_{r1}'|-W_r')\ (Q_1\ \ |W|) = |Q_{r1}'|-Q_1$$

此时可逆机从低温热源吸热$|Q_{r1}'|-Q_1$，向高温热源放热$|Q_{r1}'|-Q_1$，其中并未有其它任何变化，因此上述假设违背了第二定律的克劳修斯说法——不可能把热从低温物体传到高温物体，而不引起其它变化。同时也证明了卡诺定理的第一句话：只有两个固定热源之间，可逆热机的工作效率最高。

对于卡诺定理的第二句话：无论可逆热机的工作物质（工质）是什么，所有可逆热机的效率相等。

同理可以按照图 2.7 进行反证假设，若两个热机均为可逆热机，假设 $\eta_1>\eta_2$，按照上述假设，$|W| = W_r'$，可类似证明违背了热力学第二定律的克劳修斯表述。

总之，图 2.7 的假设不成立，因此卡诺定理的结论正确。

（3）热力学第二定律中克劳修斯表述与开尔文表述的统一性证明

按照 2.1 节中所述，若任何假设违背热力学第二定律克劳修斯表述，则它必然违背开尔文表述，即“不可能从单一热源取出热使之完全变为功，而不发生其它的变化。”

**【证明】**通过图 2.7 假设，根据能量守恒，令$|Q_2| = Q_{R2}'$，

1）不可逆热机从高温热源取热 $Q_1$，从而产生不可逆功 $W$，并向低温热源放热 $Q_2$：$|Q_2| = Q_1-|W|$。

2）而可逆热机由不可逆热机驱动，因此，$|W|>W_R'$。按照假设，此时定量可逆地从低温热源取热 $Q_{R2}' = |Q_2|$。

则 $$|Q_2| = Q_1-|W| = Q_{R2}'$$

即 $$|W| = Q_1-Q_{R2}',$$

$$|Q_{R1}'| = W_R'+Q_{R2}'$$

$$W_R' = |Q_{R1}'|-Q_{R2}'$$

因为 $$|W|>W_R',\quad Q_{R2}' = |Q_2|,$$

所以 $$W_R'-|W| = Q_{R1}'-Q_1$$

此时不可逆热机除了做功驱动可逆热机，通过做功还剩余能量 $W-W_R'$，因此，不可逆热机从 $T_h$ 吸热 $Q_{R1}'-Q_1$，使之完全转变为功 $W_R'-|W|$，而没有发生其它的变化，该假设也违背了 Kelvin 表述。

因此热力学第二定律的两种表述在此统一。

### 2.3.4 任何物质的卡诺循环 $\Delta S=0$

综上所述，可证任何工质的卡诺循环 $\Delta S=0$。假设存在两个可逆热机在相同的高温（$T_1$）和低温（$T_2$）热源间做卡诺循环，并假设两个热机的工质分别为单原子理想气体（A）和任意其它气体（B），分别从高温热源吸热 $Q_{A1}$ 和 $Q_{B1}$，向低温热源放热 $Q_{A2}$ 和 $Q_{B2}$，热机效率分别为 $\eta_A$ 和 $\eta_B$，由卡诺定理：

$$\eta_A=1+\frac{Q_{A2}}{Q_{A1}}=1+\frac{Q_{B2}}{Q_{B1}}=\eta_B \tag{2.16}$$

所以

$$\frac{Q_{A2}}{Q_{A1}}=\frac{Q_{B2}}{Q_{B1}} \tag{2.17}$$

所以任何工质的卡诺循环中的两个绝热可逆过程的熵变都为零，即图 2.6 中的 $\Delta S_2=\Delta S_4=0$；并且，A 的等温可逆膨胀与等温可逆压缩过程的 $Q$ 值相等，符号相反，所以，图 2.6 中的 $\Delta S_1=\Delta S_3$，即：

$$\frac{Q_{A2}}{T_2}=-\frac{Q_{A1}}{T_1} \tag{2.18}$$

对于任意等温可逆过程：$\Delta S=\int_{始态}^{终态}\frac{\delta Q_r}{T}$

而由于热源相同，联立式（2.16），可得：

$$-\frac{T_2}{T_1}=\frac{Q_{A2}}{Q_{A1}}=\frac{Q_{B2}}{Q_{B1}} \tag{2.19}$$

所以

$$\frac{Q_{B2}}{T_2}=-\frac{Q_{B1}}{T_1} \tag{2.20}$$

因此，任意工质 B 的卡诺循环都与单分子理想气体（A）一致。

整个循环的 $\Delta S=\Delta S_1+\Delta S_2+\Delta S_3+\Delta S_4=\frac{Q_{B2}}{T_2}+\frac{Q_{B1}}{T_1}=0$

因此在不用讨论其功热具体的数学形式的情况下，对于任意工质参与的卡诺循环，任意途径中的功热转化均可类比于理想气体卡诺循环中的功热转化关系。

### 2.3.5 温熵（$T$–$S$）图

与 $p$-$V$ 图类似，温熵图的目标也是具象化过程量功和热的相对大小，是以 $T$ 为纵坐标、$S$ 为横坐标所作的表示热力学过程的图，根据式（2.4），有：

$$Q_r=\int T\mathrm{d}S \tag{2.21}$$

任意过程的可逆热效应均可根据 $T$-$S$ 图中的面积具象表示，如图 2.8（a）所示。系统从状态 A 到状态 B，在 $T$-$S$ 图上曲线 AB 下的面积就等于系统在该过程中的热效应。

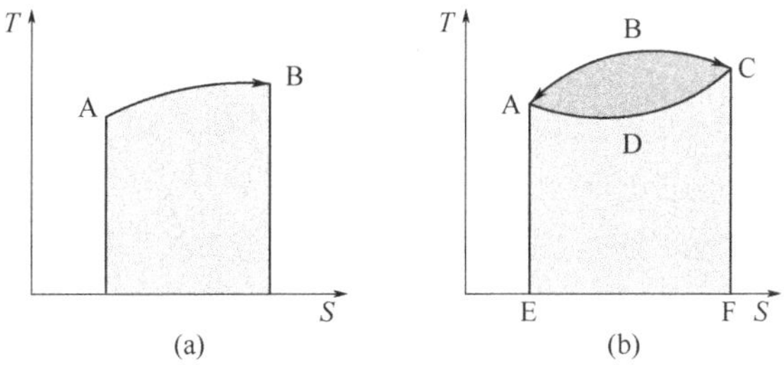


图 2.8　可逆过程与可逆循环过程的 *T-S* 图

对于任意热力学循环，图 2.8（b）中 ABCDA 表示任一可逆循环。ABC 是吸热过程，所吸之热等于 ABCFEA 的面积；CDA 是放热过程，所放之热等于 CDAEFC 的面积。根据热力学第一定律，该循环过程中，热机所做的功 $W$ 为闭合曲线 ABCDA 所围的面积。

因此，可利用 *T-S* 图计算可逆热机的效率 $\eta$：

$$\eta = \frac{\text{ABCDA的面积}}{\text{ABCFEA的面积}}$$

综上所述，温熵图既显示系统所做的功，又显示系统所吸取或释放的热量。这一点是优于 *p-V* 图的。其次，温熵图既可用于等温过程，也可用于变温过程。

## 2.4　克劳修斯不等式

### 2.4.1　非等温循环原理

任何在温度为 $T_1$ 和 $T_2$ 的两个热源之间进行的循环（$T_1>T_2$），如果循环系统从 $T_1$ 热源吸热 $Q_1$，传给 $T_2$ 热源的热量 $Q_2 = Q_1-|W|$，则其中转化做的功 $W$（系统对外做的功）必满足：

$$W \leqslant \frac{T_1 - T_2}{T_1} Q_1 \tag{2.22}$$

该式即为非等温循环原理的数学表达式。当 $W < \frac{T_1 - T_2}{T_1} Q_1$ 时，过程不可逆；当 $W = \frac{T_1 - T_2}{T_1} Q_1$ 时，过程可逆。

【证明】非等温循环原理式（2.22）的证明如下：

由于循环过程的 $\Delta S_{系} = 0$，且 $\Delta U = (Q_1 - Q_2) + W = 0$

环境熵变为两个热源的熵变：

$$\Delta S_{环} = -\frac{Q_1}{T_1} + \frac{Q_2}{T_2}$$

根据熵增加原理：

$$\Delta S_{系} + \Delta S_{环} = -\frac{Q_1}{T_1} + \frac{Q_2}{T_2} \geqslant 0$$

可得：

$$-\frac{Q_1}{T_1}+\frac{Q_1+W}{T_2}\geqslant 0$$

即：

$$W\leqslant\frac{T_1-T_2}{T_1}Q_1$$

## 2.4.2 克劳修斯不等式

（1）克劳修斯不等式

一个系统在循环过程中依次与 $n$ 个有限温差的热源进行热相互作用，形成若干个循环，如图 2.9 所示，此时系统不断地从第 $i$ 个温度为 $T_i$ 的热源吸热 $Q_i$ 并传热给低温热源，必满足关系式：

$$\sum_{i=0}^{n}\frac{Q_i}{T_i}\leqslant 0 \qquad (2.23)$$

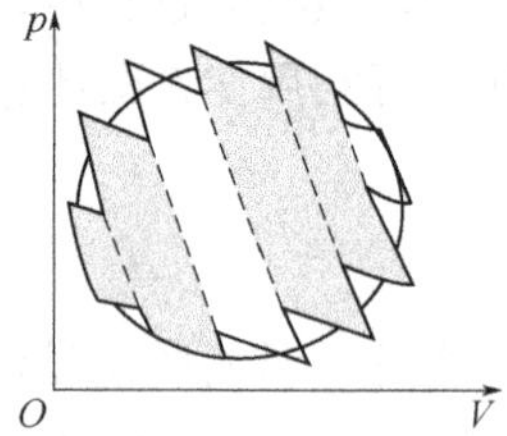

图 2.9 任意循环过程（闭环）以及通过无穷个可逆途径完成循环过程

式中，“<”表示过程不可逆；“=”表示过程可逆。若图 2.9 中的循环过程是通过与一连串无限小温差的热源接触，可逆完成该过程，则式（2.23）中的加和号可使用环形积分替代：

$$\oint\frac{\delta Q}{T_i}\leqslant 0 \qquad (2.24)$$

式（2.23）和式（2.24）均称为克劳修斯不等式。当热力学过程为可逆过程时，两式等价；倘若过程不可逆，则只能使用方程式（2.23）。

克劳修斯不等式的证明如下。

**【证明】**已知对于任意循环过程，系统熵变 $\Delta S_{系}=0$；而每个热源对应的环境熵变为 $\Delta S_i=-\frac{Q_i}{T_i}$，

则环境的总熵变：

$$\Delta S_{环}=\sum_{i=0}^{n}\Delta S_i=\sum_{i=0}^{n}\left(-\frac{Q_i}{T_i}\right)$$

由熵增加原理得：

$$\Delta S_{孤}=\Delta S_{系}+\Delta S_{环}=\sum_{i=0}^{n}\left(-\frac{Q_i}{T_i}\right)\geqslant 0$$

所以 $\sum_{i=0}^{n}\frac{Q_i}{T_i}\leqslant 0$

（2）克劳修斯不等式的两个推论

**定理 1：**系统由平衡态 A 至平衡态 B，可逆过程的热温商之和为 $\int_A^B\frac{\delta Q_r}{T}$，即系统熵变

（$\Delta S_{系}$），必定大于任意不可逆过程的“热温商”之和 $\sum\limits_{A\to B}\dfrac{\delta Q_{ir}}{T_i}$，数学表达式为：

$$\int_A^B \frac{\delta Q_r}{T} > \sum_{A\to B}\frac{\delta Q_{ir}}{T_i} \tag{2.25}$$

式（2.25）等价于 $\int_A^B \dfrac{\delta Q_r}{T} = \Delta S_{系} = S_B - S_A > \sum\limits_{A\to B}\dfrac{\delta Q_{ir}}{T_i}$

【证明】根据克劳修斯不等式，对于平衡态 A、B 之间的任意循环过程，设计为 A→B 的不可逆过程，以及 B→A 的可逆过程，如图 2.10 所示。

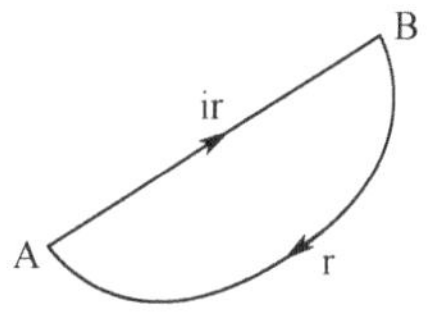


图 2.10　由不可逆过程（ir）与可逆过程（r）组成的 A、B 间的循环

由于 $$\sum_{A\to B}\frac{\delta Q_{ir}}{T_i} + \int_B^A \frac{\delta Q_r}{T} \leqslant 0$$

即：$\sum\limits_{A\to B}\dfrac{\delta Q_{ir}}{T_i} - \int_A^B \dfrac{\delta Q_r}{T} \leqslant 0$，其中“<”为不可逆过程，“=”为可逆过程；

则 $\int_A^B \dfrac{\delta Q_r}{T} \geqslant \sum\limits_{A\to B}\dfrac{\delta Q_{ir}}{T_i}$，对于不可逆过程，取“>”。

而 A、B 之间的可逆热温商即为该过程的系统熵变 $\Delta S_{系} = \int_A^B \dfrac{\delta Q_r}{T}$。

故而式（2.25）得证。

**定理 2**：系统由平衡态 A 至平衡态 B，系统在等温可逆过程中系统的吸热量必定大于不可逆系统的吸热量，且系统在等温可逆过程中做最大功。数学表达式为：$Q_r > Q_{ir}$；$|W_r| > |W_{ir}|$。

该定理证明如下：

【证明】由定理 1 知：在等温的条件下，$T = T_i$，温度可以移至积分号和加和号以外，则式（2.25）转变为：

$$\frac{\int_A^B \delta Q_r}{T} > \frac{\sum\limits_{A\to B}\delta Q_{ir}}{T}$$

故 $\delta Q_r > \delta Q_{ir}$ 或 $Q_r > Q_{ir}$。

根据热力学第一定律 $\Delta U = Q + W$，得 $\Delta U = Q_r + W_r = Q_{ir} + W_{ir}$。由于 $Q_r > Q_{ir}$，则 $W_r < W_{ir}$，$W$ 为系统对外做功，取负号，因此系统对外做功 $|W_r| > |W_{ir}|$。

## 2.4.3　等温循环原理

等温循环原理的表述如下：任何等温循环都不能把热转换为功，不可逆等温循环一定需要做功，等温可逆循环既不能把热转化为功，也不能把功转化成热。

【证明】（1）任何等温循环都不能把热转换为功。

反证：假设等温循环能够将热转化成功，对于循环过程有 $\Delta S_{系} = 0$，等温循环始终态 $T$ 相同，将热转化为功时，考虑环境部分。

环境放热：$Q_{环} < 0$，$\Delta S_{环} = \dfrac{Q_{环}}{T} < 0$，

所以 $\Delta S_{系} + \Delta S_{环} < 0$，与熵增加原理矛盾，故原命题得证。

（2）不可逆等温循环一定需要做功。

循环过程 $\Delta S_{系}=0$，不可逆等温循环 $\Delta S_{系}+\Delta S_{环}>0$，从而 $\Delta S_{环}=\frac{Q_{环}}{T}>0$，故 $\Delta Q_{环}>0$，由于等温循环中 $W_{环}+Q_{环}=0$，故 $W_{环}<0$。

（3）等温可逆循环既不能把热转化为功，也不能把功转化成热。

在(1)中已经证明“任何等温循环都不能把热转换为功”，等温可逆循环中 $\Delta S_{系}+\Delta S_{环}=0$，$\Delta S_{系}=0$。

所以

$$\Delta S_{环}=\frac{Q_{环}}{T}=0$$

$$Q_{环}=0$$

循环中 $W_{环}+Q_{环}=0$，所以也没有功转化为热。

## 2.5 自由能

### 2.5.1 热力学第一、第二定律联合公式

本教材前期描述的所有工作只有两个基本内容，即热力学第一定律和热力学第二定律，这也是热力学的两大基石。其中热力学第一定律强调了物质世界的能量守恒，将一个过程中的能量传递分为做功和热传递，这两个过程量之和等于对应始终态的内能变化；热力学第二定律强调了过程的自发性，即孤立情况下的熵变恒不为负（熵增加原理）。

其中热力学第一定律自身描述了关于内能 $U$ 的函数，并且定义了一个衍生函数——焓，用来描述等压（恒压）过程的热效应。第二定律描述了平衡态中的热效应，即可逆过程（平衡态）的热温商之和等于系统的熵变，不可逆过程的“热温商”之和小于系统的熵变。这里的不等号即为系统变化的自发性含义，意义同“熵增加原理”。

通常反应总是在等温、等压或等温、等容条件下进行，有必要引入新的热力学函数，利用系统自身状态函数的变化，来判断自发变化的方向和限度。本节将两个定律结合起来思考问题，即第一、第二定律联合公式。

考虑封闭系统与温度为 $T$ 的热源接触，传热为 $\delta Q$，做功分别为体积功 $\delta W_{体}$ 和非体积功 $\delta W_{非体}$，系统经历了等温过程后，由平衡态 A 转变为平衡态 B。

由第一定律：$\mathrm{d}U=\delta Q+\delta W_{体}+\delta W_{非体}$；

由第二定律：$\mathrm{d}S_{系}+\mathrm{d}S_{环}\geqslant 0$，

且 $\mathrm{d}S_{环}=\left(-\frac{\delta Q}{T}\right)_{环}$，其中 $T$ 为热源的温度，

所以 $\mathrm{d}S_{系}-\frac{\delta Q}{T}\geqslant 0\Rightarrow T\mathrm{d}S_{系}\geqslant\delta Q$；

又因为

$$\delta Q=\mathrm{d}U-\delta W_{体}-\delta W_{非体}$$

所以

$$T\mathrm{d}S_{系}\geqslant\mathrm{d}U-\delta W_{体}-\delta W_{非体}$$

移项可得封闭系统等温条件下的第一、第二定律联合公式：

$$TdS_{系} - dU + \delta W_{体} \geqslant -\delta W_{非体} \tag{2.26}$$

式中，$-\delta W_{非体}$ 表示系统输出的非体积功。该式不用构建孤立情况，即不用讨论环境熵变，就可以既衡量系统中的能量变化关系，又衡量变化的方向性。可用来讨论封闭系统等温过程的方向与限度。其中等号表示过程可逆，对应平衡态；大于号为不可逆，对应自发过程。

### 2.5.2 亥姆霍兹自由能和吉布斯自由能

（1）亥姆霍兹自由能（$A$）

考虑封闭系统与温度为 $T$ 的热源接触，传热为 $\delta Q$，做功分别为 $\delta W_{体}$ 和 $\delta W_{非体}$，系统经历了等温等容过程后，系统由平衡态 A 转变为平衡态 B。

由于变化过程等容，因此 $\delta W_{体} = 0$

根据式（2.26），$$TdS_{系} - dU \geqslant -\delta W_{非体}$$

所以 $$-d(U - TS)_{T,V} \geqslant -\delta W_{非体} \text{ 或者 } -\Delta(U - TS)_{T,V} \geqslant -W_{非体} \tag{2.27}$$

在同一温度和体积的平衡态封闭系统，存在一个状态函数 $U-TS$，其减少量可以衡量系统的非体积功。考虑到多相系统各相或单相系统中独立子系统中的温度不同，故定义新的状态函数亥姆霍兹自由能 $A$。

对于单相系统：

$$A = U - TS \tag{2.28}$$

亥姆霍兹自由能 $A$ 为广度量，没有确定的绝对值，国际单位为 J。

上式联立式（2.27），则

$$-dA_{T,V} \geqslant -\delta W_{非体} \text{ 或者 } -\Delta A_{T,V} \geqslant -W_{非体} \tag{2.29}$$

因此，在等温等容的封闭系统中，亥姆霍兹自由能在可逆过程中的减小值等于系统做的非体积功，在不可逆过程中的减小值大于系统做的非体积功。

显然，当系统没有非体积功时：

$$dA_{T,V} \leqslant 0 \text{ 或者 } \Delta A_{T,V} \leqslant 0 \tag{2.30}$$

上式对应的是亥姆霍兹自由能减小原理，即在无非体积功的封闭系统，等温等容条件下，系统的亥姆霍兹自由能 $A$ 在可逆过程中保持不变，在不可逆过程中总是减少，直至 $A$ 为最小值时系统达到平衡态。

（2）吉布斯自由能（$G$）

考虑封闭系统与温度为 $T$ 的热源接触，传热为 $\delta Q$，做功分别为 $\delta W_{体}$ 和 $\delta W_{非体}$，系统经历了等温等压过程后，系统由平衡态 A 转变为平衡态 B。

由于变化过程等容，因此系统的体积功 $\delta W_{体} = -pdV$

由式（2.26）得：$TdS - dU - pdV \geqslant -\delta W_{非体}$

即 $$-d(U + pV - TS)_{T,p} \geqslant -\delta W_{非体} \tag{2.31}$$

或者根据 $H = U+pV$ 得：

$$-d(H - TS)_{T,p} \geqslant -\delta W_{非体} \tag{2.32}$$

或者根据 $A = U-TS$ 得：

$$-\mathrm{d}(A+pV)_{T,p} \geqslant -\delta W_{\text{非体}} \tag{2.33}$$

在同一温度和压强的平衡态封闭系统中，存在一个状态函数 $U+pV-TS$，其减少量可以衡量系统的非体积功。定义新的状态函数吉布斯自由能 $G$。

对于单相系统：

$$G = U + pV - TS \tag{2.34}$$

吉布斯自由能 $G$ 为广度量，没有确定的绝对值，国际单位为 J。

式（2.34）等价于：

$$G = H - TS \text{ 或 } G = A + pV \tag{2.35}$$

根据式（2.31）得：

$$-\mathrm{d}G_{T,p} \geqslant -\delta W_{\text{非体}} \text{ 或者 } -\Delta G_{T,p} \geqslant -W_{\text{非体}} \tag{2.36}$$

在等温等压的封闭系统中，吉布斯自由能在可逆过程中的减小值等于系统做的非体积功，在不可逆过程中的减小值大于系统做的非体积功。

当系统没有非体积功时：

$$\mathrm{d}G_{T,p} \leqslant 0 \text{ 或者 } \Delta G_{T,p} \leqslant 0 \tag{2.37}$$

对应于吉布斯自由能减小原理：无其它功的封闭系统，等温等压条件下，系统的吉布斯自由能 $G$ 在可逆过程中保持不变，在不可逆过程中总是减少，直至 $G$ 为最小值时系统达到平衡态。

显然式（2.30）和式（2.37）均是熵增加原理在特定情况下的应用，自由能 $A$ 与 $G$ 两个状态函数是热力学第一、第二两个定律的自然产物，均可以在对应的条件下直接判断系统的方向和限度，而不用考虑环境的问题。

至此，唯象热力学中的使用最广泛的核心状态函数全部定义结束了，它们分别是 $p$、$V$、$T$、$S$、$U$、$H$、$A$、$G$。它们是热力学基本框架的“砖石”，接下来的内容就需要用“水泥”，即热力学基本方程和相应的数学关系，如 1.1.3 节和 1.4.3 节中的数学应用举例，把这些“砖石”连接起来，并且逐渐将“热力学大楼”变得丰富完善起来。

## 2.5.3 平衡态热力学基本方程

热力学基本方程，仍是基于两个热力学基本定律得到的，热力学第一定律的使用条件是封闭系统，热力学第二定律（熵增加原理）中等号的成立条件是平衡态。因此，平衡态热力学基本方程的成立条件为：单组分、均相、不做非体积功、封闭系统、平衡态（可逆过程）。

上述条件中的“单组分、单相和不做非体积功”并非必要条件，对于复杂系统需要逐项讨论。事实上，每一个热力学函数都需要逐相、逐个组分地讨论。

据此，可以导出平衡态四大热力学基本方程。

第一，根据热力学第一定律：$\mathrm{d}U = \delta Q - p\mathrm{d}V$；再联立热温商定义式（2.4），可得第一个热力学基本方程：

$$\mathrm{d}U = T\mathrm{d}S - p\mathrm{d}V \tag{2.38}$$

第二，根据焓的定义式：$H = U + pV \Longrightarrow \mathrm{d}H = U + p\mathrm{d}V + V\mathrm{d}p$，再联立式（2.38）得：$\mathrm{d}H = T\mathrm{d}S - p\mathrm{d}V + p\mathrm{d}V + V\mathrm{d}p = T\mathrm{d}S + V\mathrm{d}p$

即第二个热力学基本方程：

$$dH = TdS + Vdp \tag{2.39}$$

第三，根据亥姆霍兹自由能的定义式（2.28）得：$A = U - TS \Longrightarrow dA = U - TdS - SdT$；再联立式（2.38）得：$dA = TdS - pdV - TdS - SdT = -SdT - pdV$；

即第三个热力学基本方程：

$$dA = -SdT - pdV \tag{2.40}$$

第四，根据吉布斯自由能的定义式（2.35）得：$G = H - TS \Longrightarrow dG = H - TdS - SdT$；再联立式（2.38）得：$dG = TdS + Vdp - TdS - SdT = -SdT + Vdp$；可得第三个热力学基本方程：

$$dG = -SdT + Vdp \tag{2.41}$$

总结式（2.38）～式（2.41），可得特性函数 $U$、$H$、$A$、$G$ 与特征变量 $p$、$V$、$T$、$S$ 构建的热力学基本框架。特性函数将在 2.5.4 小节中详述。

$$dU = TdS - pdV \Longrightarrow U = U(S,V) \tag{2.42}$$

$$dH = TdS + Vdp \Longrightarrow H = H(S,p) \tag{2.43}$$

$$dA = -SdT - pdV \Longrightarrow A = A(T,V) \tag{2.44}$$

$$dG = -SdT + Vdp \Longrightarrow G = G(T,p) \tag{2.45}$$

显然，根据式（2.42）～式（2.45），四大热力学基本方程式（2.38）～式（2.41）都是双变量的，因此四个状态函数 $U$、$H$、$A$、$G$ 均可以用 $p$、$V$、$T$、$S$ 四个变量中的两个变量表示，对于式（2.42）～式（2.45）中的 $U$、$H$、$A$、$G$ 使用全微分展开，可得：

$$dU = \left(\frac{\partial U}{\partial S}\right)_V dS + \left(\frac{\partial U}{\partial V}\right)_S dV \tag{2.46}$$

$$dH = \left(\frac{\partial H}{\partial S}\right)_p dS + \left(\frac{\partial H}{\partial p}\right)_S dp \tag{2.47}$$

$$dA = \left(\frac{\partial A}{\partial T}\right)_V dT + \left(\frac{\partial A}{\partial V}\right)_T dV \tag{2.48}$$

$$dG = \left(\frac{\partial G}{\partial T}\right)_p dT + \left(\frac{\partial G}{\partial p}\right)_T dp \tag{2.49}$$

这四个全微分展开式（2.46）～式（2.49）中的一阶微分量与四大方程式（2.38）～式（2.41）中的各变量系数一一对应，可得 8 个状态函数之间的关系，即式（2.50）～式（2.57）：

$$\left(\frac{\partial U}{\partial S}\right)_V = T \tag{2.50}$$

$$\left(\frac{\partial U}{\partial V}\right)_S = -p \tag{2.51}$$

$$\left(\frac{\partial H}{\partial S}\right)_p = T \tag{2.52}$$

$$\left(\frac{\partial H}{\partial p}\right)_S = V \tag{2.53}$$

$$\left(\frac{\partial A}{\partial T}\right)_V = -S \tag{2.54}$$

$$\left(\frac{\partial A}{\partial V}\right)_T = -p \tag{2.55}$$

$$\left(\frac{\partial G}{\partial T}\right)_p = -S \tag{2.56}$$

$$\left(\frac{\partial G}{\partial p}\right)_T = V \tag{2.57}$$

上述四个全微分展开式（2.46）～式（2.49），基于本书 1.1.4 节中介绍的状态函数的尤拉关系式，可以导出下列四个基本方程，称为麦克斯韦（Maxwell）关系式：

$$\left(\frac{\partial T}{\partial V}\right)_S = -\left(\frac{\partial p}{\partial S}\right)_V \tag{2.58}$$

$$\left(\frac{\partial T}{\partial p}\right)_S = \left(\frac{\partial V}{\partial S}\right)_p \tag{2.59}$$

$$\left(\frac{\partial S}{\partial V}\right)_T = \left(\frac{\partial p}{\partial T}\right)_V \tag{2.60}$$

$$\left(\frac{\partial S}{\partial p}\right)_T = -\left(\frac{\partial V}{\partial T}\right)_p \tag{2.61}$$

四大基本方程式（2.38）～式（2.41）包含了单组分均相不做非体积功的封闭系统中平衡态的全部热力学信息，且四大方程彼此间完全等价。基于四大基本方程，结合基本的数学变换关系，可以自然导出关系式（2.42）～式（2.61），即用简单的 $pVT$ 可测物理量来描述绝大多数常规系统中的能量变化，并给出变化的方向和限度。相关的应用公式将在下一节中系统讨论。

## 2.5.4 特性函数与特征变量

根据 1.1.4 节中关于给定系统独立状态函数个数的确定方法，对于均相封闭系统，独立变量个数为 2。对于 $U$、$H$、$S$、$A$ 和 $G$ 等热力学函数，只要其独立变量选择合适，就可以从一个已知的热力学函数求得相同系统在当前状态的所有其它热力学函数，从而把一个热力学系统的平衡性质完全确定下来。

这个已知的热力学函数就称为特性函数，所选择的两个独立变量就称为该特性函数的特征变量。例如内能 $U$ 作为特性函数时，特征变量可以为 $S$ 和 $V$，即使用 $U = U(S,V)$ 能够表示平衡态系统全部可确定的热力学性质。

**【证明】** $U$ 是以 $S$ 和 $V$ 为特征变量的特性函数。

根据热力学基本方程式（2.38）得：

$$\mathrm{d}U = T\mathrm{d}S - p\mathrm{d}V \Longrightarrow T = \left(\frac{\partial U}{\partial S}\right)_V,\ p = -\left(\frac{\partial U}{\partial V}\right)_S$$

根据 $H$、$A$、$G$、$C_V$ 和 $C_p$ 的定义式，使用 $U$、$S$ 和 $V$ 进行确定：

$$H = U + pV = U - V\left(\frac{\partial U}{\partial V}\right)_S$$

$$A = U - TS = U - S\left(\frac{\partial U}{\partial S}\right)_V$$

$$G = H - TS = U - V\left(\frac{\partial U}{\partial V}\right)_S - S\left(\frac{\partial U}{\partial S}\right)_V$$

$$C_V = \left(\frac{\partial U}{\partial T}\right)_V = \left(\frac{\partial U}{\partial S}\right)_V\left(\frac{\partial S}{\partial T}\right)_V = \left(\frac{\partial U}{\partial S}\right)_V \frac{1}{\left(\frac{\partial T}{\partial S}\right)_V} = \frac{\left(\frac{\partial U}{\partial S}\right)_V}{\left(\frac{\partial^2 U}{\partial S^2}\right)_V}$$

$$C_p = \left(\frac{\partial H}{\partial T}\right)_p = \left(\frac{\partial H}{\partial S}\right)_p\left(\frac{\partial S}{\partial T}\right)_p = T\left(\frac{\partial S}{\partial T}\right)_p = T\frac{1}{\left(\frac{\partial T}{\partial S}\right)_p} = T\frac{1}{\left(\frac{\partial^2 H}{\partial S^2}\right)_p} = \frac{T}{\left[\frac{\partial^2 (U + pV)}{\partial S^2}\right]_p}$$

$$= \frac{T}{\left(\frac{\partial^2 U}{\partial S^2}\right)_p + p\left(\frac{\partial^2 V}{\partial S^2}\right)_p} = \frac{\left(\frac{\partial U}{\partial S}\right)_V}{\left(\frac{\partial^2 U}{\partial S^2}\right)_p + p\left(\frac{\partial^2 V}{\partial S^2}\right)_p} = \frac{\left(\frac{\partial U}{\partial S}\right)_V}{\left(\frac{\partial^2 U}{\partial S^2}\right)_p - \left(\frac{\partial U}{\partial V}\right)_S\left(\frac{\partial^2 V}{\partial S^2}\right)_p}$$

综上所述，可使用 $U = U(S,V)$表示平衡态系统全部可确定的热力学性质。因此可证，$U$ 是以 $S$ 和 $V$ 为特征变量的特性函数。

实际上，对于系统的三个基本力学响应函数，也可以通过该组特性函数与特征变量 $U = U(S,V)$进行确定，由于涉及过多的数学转换，在此不再一一推导。

本教材常用的特性函数与特征变量见式（2.42）～式（2.45）：

特性函数的特征：这一个热力学函数及其特征变量可以决定均相系统的全部平衡性质（可以将系统的全部平衡性质唯一确定的表达），包括 $p$、$V$、$T$、$U$、$H$、$S$、$A$、$G$、$C_V$、$C_p$、$\alpha$、$\kappa$ 和 $\beta$。

关于特性函数与特征变量，需要注意的是：

① 各特性函数原则上彼此等价，但由于 $pVT$ 可测，故（$T, p$）和（$T, V$）为状态变量的特性函数最有效。热力学中最常使用的是 $G = G(T, p)$。

② 并非状态变量选定以后，特性函数就一定唯一，例如普朗克（Planck）特性函数：

$$\varphi = -\frac{A(T,V)}{T} = -\frac{U - TS}{T} = S - \frac{U}{T} = \varphi(T,V)$$

③ 封闭系统中 $TdS$ 和 $pdV$ 为可逆过程中的系统吸的热和系统做的功，在热力学四大基本方程中（$T, S$）和（$p, V$）总是成对出现。通常将（$T, S$）称为共轭热学变量，将（$p, V$）称为共轭力学变量。

④ 封闭系统中，特性函数要求的状态变量必须同时包括热学变量和力学变量，不存在单独以（$T, S$）或（$p, V$）作为状态变量的特性函数。

### 2.5.5 自由能随温度的变化——吉布斯-亥姆霍兹方程

化学反应中，$\frac{G}{T}$ 或 $\frac{A}{T}$ 与化学平衡的关系更为密切。因此，为了描述两个不同温度条件下的平衡态中，吉布斯自由能或亥姆霍兹自由能随温度的变化关系，对于任意封闭系统，在等温等压条件下，根据吉布斯函数的定义式及热力学基本方程：

$$G = H - TS \text{ 且 } \mathrm{d}G = -S\mathrm{d}T + V\mathrm{d}p$$

所以
$$H = G + TS = G - T\left(\frac{\partial G}{\partial T}\right)_p \tag{2.62}$$

而根据复合函数求导规则：$\left[\dfrac{\partial\left(\dfrac{G}{T}\right)}{\partial T}\right]_p = \dfrac{1}{T}\left(\dfrac{\partial G}{\partial T}\right)_p - \dfrac{G}{T^2}$

方程两侧同乘 $T^2$，得

所以
$$G - T\left(\frac{\partial G}{\partial T}\right)_p = -T^2\left[\frac{\partial(G/T)}{\partial T}\right]_p \tag{2.63}$$

联立式（2.62）和式（2.63），可得：

$$\left[\frac{\partial(G/T)}{\partial T}\right]_p = -\frac{H}{T^2} \tag{2.64}$$

在等温条件下，两个平衡态之间必然满足：$\Delta G = \Delta H - T\Delta S$，因此，

$$\left[\frac{\partial(\Delta G/T)}{\partial T}\right]_p = -\frac{\Delta H}{T^2} \tag{2.65}$$

表明若已知系统在变化过程中的焓变，且假设可以忽略其随温度的变化，就可以获得相应的吉布斯自由能变化量随温度的变化情况，即吉布斯自由能随温度的变化关系。对于两个不同温度条件下的平衡态，除了微分形式［式（2.65）］外，还存在定积分形式：

$$\frac{\Delta G(T_2)}{T_2} - \frac{\Delta G(T_1)}{T_1} = \Delta H\left(\frac{1}{T_2} - \frac{1}{T_1}\right) \tag{2.66}$$

式（2.64）～式（2.66）称为吉布斯-亥姆霍兹公式，适用于在定压条件下获得$\Delta G$ 随 $T$ 的变化关系；该式也称为 $\Delta G/T$ 的温度系数公式。

同理，对于任意封闭系统，在等温等容条件下，可获得亥姆霍兹自由能随温度的变化关系。

$$A - T\left(\frac{\partial A}{\partial T}\right)_V = -T^2\left[\frac{\partial(A/T)}{\partial T}\right]_V \tag{2.67}$$

$$\left[\frac{\partial(A/T)}{\partial T}\right]_V = -\frac{U}{T^2} \tag{2.68}$$

$$\left[\frac{\partial(\Delta A/T)}{\partial T}\right]_p = -\frac{\Delta U}{T^2} \tag{2.69}$$

$$\frac{\Delta A(T_2)}{T_2} - \frac{\Delta A(T_1)}{T_1} = \Delta U\left(\frac{1}{T_2} - \frac{1}{T_1}\right) \tag{2.70}$$

式（2.68）～式（2.70）也称为吉布斯-亥姆霍兹公式。

### 2.5.6 吉布斯自由能随压力的变化——$\Delta G$的压力系数公式

对任意无非体积功的封闭系统，在等温条件下：

$$dG = -SdT + Vdp$$

所以

$$\left(\frac{\partial G}{\partial p}\right)_T = V \tag{2.71}$$

若已知某压力条件下系统的吉布斯自由能，就可计算出另一压力下系统的吉布斯自由能，对式（2.71）两侧在$p_1$与$p_2$之间积分，则

$$G(p_2) - G(p_1) = \int_{p_1}^{p_2} Vdp \tag{2.72}$$

若不考虑系统的体积随压力的变化，则上式可变化为：

$$G(p_2) - G(p_1) = V\int_{p_1}^{p_2} dp \tag{2.73}$$

若系统的体积变化与压力无关，则式（2.71）可等价为：

$$\left(\frac{\partial \Delta G}{\partial p}\right)_T = \Delta V \tag{2.74}$$

因此，只需知道系统$\Delta V$与压力$p$的关系，在等温条件下就可以求出不同压力对应的$\Delta G$。

**【例 2.3】**假设某固体在晶相转变（固相 α→固相 β）中的 $\Delta V = 1.0\text{cm}^3\cdot\text{mol}^{-1}$，体积转变与压力无关，当压力由 $1.0\times10^5$Pa 增加至 $3.0\times10^{11}$Pa 时，该相变过程中的吉布斯自由能变为多少？

**【解答】**固相 α 和固相 β 各自在压力变化过程中均存在吉布斯自由能的变化，由于体积变化与压力无关，则根据式（2.73）得：

$$G_\alpha(p_2) - G_\alpha(p_1) = V_\alpha \int_{p_1}^{p_2} dp \tag{1}$$

$$G_\beta(p_2) - G_\beta(p_1) = V_\beta \int_{p_1}^{p_2} dp \tag{2}$$

式（2）减去式（1），可得在相变过程中的吉布斯函数变与压力的关系：

$$\Delta G = \Delta G_{\alpha\to\beta}(p_2) - \Delta G_{\alpha\to\beta}(p_1) = \Delta V_{\alpha\to\beta}\int_{p_1}^{p_2} dp$$

代入数据可得 $\Delta G = 3.0\times10^2\text{kJ}\cdot\text{mol}^{-1}$。

本节内容将建立整个唯象热力学系统的逻辑框架，在物理化学课程中举足轻重。实际上唯象热力学中的要义就是用$p$、$V$、$T$三个实验可测量描述所有的能量关系和所有的热力学过程，即复杂的问题简单化。

## 2.6 *pVT*系统中的热力学关系

根据四大热力学基本方程及麦克斯韦（Maxwell）关系式（2.38）～式（2.61），结合相关的数学变换关系，本节将总结出 15 个基本方程并进行相关的证明。为了简化模型，本节所

讨论的各热力学方程的条件均满足：单组分、单相、平衡态且没有非体积功的热力学系统。请读者尤其是初学者在阅读中总结并多加练习，每个方程的证明方法都并不唯一，更重要的是在证明过程中加强自己的逻辑训练，实现物理化学前期的教学目标，即通过建立模型，结合基本的数学关系，使用简单的可测物理量表示复杂抽象的函数，揭示系统的热力学本质。

### 2.6.1 内能方程、焓方程与熵方程

（1）内能方程

$$dU = C_V dT + \left[T\left(\frac{\partial p}{\partial T}\right)_V - p\right]dV \tag{2.75}$$

**【证明】**使用 $U = U(T,V)$进行全微分展开，$T\left(\frac{\partial p}{\partial T}\right)_V - p$可联系热力学基本关系式，目标是将 $UVT$ 关系转换为熟悉的 $pVT$ 关系。

令 $U = U(T,V)$，则：

$$dU = \left(\frac{\partial U}{\partial V}\right)_T dV + \left(\frac{\partial U}{\partial T}\right)_V dT \tag{2.76}$$

而根据平衡态热力学基本方程式（2.38），即 $dU = TdS - pdV$，则：

$$\left(\frac{\partial U}{\partial V}\right)_T = T\left(\frac{\partial S}{\partial V}\right)_T - p \tag{2.77}$$

将麦克斯韦公式（2.60）代入式（2.77），可得：

$$\left(\frac{\partial U}{\partial V}\right)_T = T\left(\frac{\partial p}{\partial T}\right)_V - p \tag{2.78}$$

联立等容热容的定义式（1.82）将式（2.78）、式（1.82）代入式（2.76），可得内能方程：

$$dU = C_V dT + \left[T\left(\frac{\partial p}{\partial T}\right)_V - p\right]dV$$

（2）焓方程

$$dH = C_p dT + \left[V - T\left(\frac{\partial V}{\partial T}\right)_p\right]dp \tag{2.79}$$

**【证明】**和式（2.75）的证明类似，证明思路围绕 $H$-$(T,p)$的逻辑关系展开即可。可以将 $HVT$ 关系转换为熟悉的 $pVT$ 关系证明。

令 $H = H(T,p)$，则：

$$dH = \left(\frac{\partial H}{\partial p}\right)_T dp + \left(\frac{\partial H}{\partial T}\right)_p dT \tag{2.80}$$

而根据平衡态热力学基本方程式（2.39）得：

$$\left(\frac{\partial H}{\partial p}\right)_T = T\left(\frac{\partial S}{\partial p}\right)_T + V\left(\frac{\partial S}{\partial p}\right)_T = -\left(\frac{\partial V}{\partial T}\right)_p \tag{2.81}$$

将麦克斯韦公式（2.61）代入式（2.82），可得：

$$\left(\frac{\partial H}{\partial p}\right)_T = V - T\left(\frac{\partial V}{\partial T}\right)_p \tag{2.82}$$

联立等压热容的定义式（1.81），将式（2.8）、式（1.81）代入式（2.80），可得焓方程：

$$\mathrm{d}H = C_p\mathrm{d}T + \left[V - T\left(\frac{\partial V}{\partial T}\right)_p\right]\mathrm{d}p$$

（3）熵方程

$$\mathrm{d}S = \frac{C_V\mathrm{d}T}{T} + \left(\frac{\partial p}{\partial T}\right)_V \mathrm{d}V \tag{2.83}$$

$$\mathrm{d}S = \frac{C_p\mathrm{d}T}{T} - \left(\frac{\partial V}{\partial T}\right)_p \mathrm{d}p \tag{2.84}$$

**【证明】**基于式（2.75）和式（2.76），联立热温商定义式 $\mathrm{d}S = \frac{\delta Q_\mathrm{r}}{T}$，以及“桥梁公式”式（1.71）和式（1.74）。

对于方程式（2.83），根据平衡态热力学基本方程式（2.38），可得：

$$\mathrm{d}S = \frac{\mathrm{d}U + p\mathrm{d}V}{T} \tag{2.85}$$

将内能方程式（2.75）代入式（2.85），可得：

$$\mathrm{d}S = \frac{\mathrm{d}U + p\mathrm{d}V}{T} = \frac{C_V\mathrm{d}T + \left[T\left(\frac{\partial p}{\partial T}\right)_V - p\right]\mathrm{d}V + p\mathrm{d}V}{T} \tag{2.86}$$

即得式（2.83）。

**************************************************************************

对于方程式（2.84），由热力学基本方程式（2.39）可得：

$$\mathrm{d}S = \frac{\mathrm{d}H - V\mathrm{d}p}{T} \tag{2.87}$$

将焓方程式（2.79）代入上式，可得：

$$\mathrm{d}S = \frac{\mathrm{d}H - V\mathrm{d}p}{T} = \frac{C_p\mathrm{d}T + \left[V - T\left(\frac{\partial V}{\partial T}\right)_p\right]\mathrm{d}p}{T} \tag{2.88}$$

即熵方程式（2.84）。

（4）*U*-*S*-*H* 普遍性公式

$$\left(\frac{\partial C_V}{\partial V}\right)_T = T\left(\frac{\partial^2 p}{\partial T^2}\right)_V \tag{2.89}$$

$$\left(\frac{\partial C_p}{\partial p}\right)_T = -T\left(\frac{\partial^2 V}{\partial T^2}\right)_p \tag{2.90}$$

【证明】结合热力学基本方程、麦克斯韦关系式、内能方程、状态函数的全微分条件，使用 $pVT$ 表示 $C_p$ 和 $C_V$。

根据内能方程式（2.75）以及状态函数的尤拉关系式（1.2）得：

$$\left(\frac{\partial C_V}{\partial V}\right)_T = \left(\frac{\partial\left[T\left(\frac{\partial p}{\partial T}\right)_V - p\right]}{\partial T}\right)_V$$

所以 $\left(\frac{\partial C_V}{\partial V}\right) = \left(\frac{\partial p}{\partial T}\right)_V + T\left(\frac{\partial^2 p}{\partial T^2}\right)_V - \left(\frac{\partial p}{\partial T}\right)_V$

即 $U$-$S$-$H$ 普遍性公式（2.89）。

******************************************************************************

根据焓方程式（2.79）以及尤拉关系式得：

$$\left(\frac{\partial\left[V - T\left(\frac{\partial V}{\partial T}\right)_p\right]}{\partial T}\right)_p = -T\left(\frac{\partial^2 V}{\partial T^2}\right)_p$$

即 $U$-$S$-$H$ 普遍性公式（2.90）。

### 2.6.2 熵变与三个力学响应函数之间的关系

$$(\Delta S)_T = -\int \alpha V \mathrm{d}p \tag{2.91}$$

$$(\Delta S)_T = \int p\beta \mathrm{d}V \tag{2.92}$$

【证明】将宏观变化量（$\Delta S$）转化成 d$S$，将积分转化成微分关系，将题干中的证明目标转化成$\left(\frac{\partial S}{\partial p}\right)_T$和$\left(\frac{\partial S}{\partial V}\right)_T$，联立麦克斯韦关系即可证明该命题。

根据 1.2.5 节的内容，三个力学响应函数分别为：

$$\alpha = \frac{1}{V}\left(\frac{\partial V}{\partial T}\right)_p \qquad \kappa = -\frac{1}{V}\left(\frac{\partial V}{\partial p}\right)_T \qquad \beta = \frac{1}{p}\left(\frac{\partial p}{\partial T}\right)_V$$

所以

$$\left(\frac{\partial V}{\partial T}\right)_p = \alpha V$$

将麦克斯韦关系式（2.61）：代入式（2.93）可得：

$$\alpha V = -\left(\frac{\partial S}{\partial p}\right)_T$$

在等温条件下，移项后，两侧积分可得式（2.91）。

对于方程式（2.92），由麦克斯韦关系式（2.60），以及压力系数的定义：$\left(\frac{\partial p}{\partial T}\right)_V = \beta p$，可得：

$$\beta p = \left(\frac{\partial S}{\partial V}\right)_T$$

在等温条件下，移项后两侧积分可得式（2.92）。

### 2.6.3 热响应函数之间的 *pVT* 关系

等容热容和等压热容与 $pVT$ 之间的关系式主要包括以下四个基本方程［式（2.93）～式（2.96）］，其中式（2.91）可说明等压热容 $C_p$ 不小于等容热容 $C_V$。本节内容涵盖了热响应函数中的基本定义和基本数学关系，包括等压热容、等容热容、焓的定义式，不同条件下的相同响应量的关系式（如等压条件下和等容条件下的 $U$-$T$ 关系转化），热力学基本方程，麦克斯韦关系，状态函数偏微分的循环关系式，力学响应函数的定义式。读者对于本部分的证明可在阅读后，反复练习巩固。

$$C_p - C_V = \left(\frac{\partial V}{\partial T}\right)_p \left[\left(\frac{\partial U}{\partial V}\right)_T + p\right] \tag{2.93}$$

$$C_p - C_V = T\left(\frac{\partial p}{\partial T}\right)_V \left(\frac{\partial V}{\partial T}\right)_p \tag{2.94}$$

$$C_p - C_V = -T\left(\frac{\partial p}{\partial V}\right)_T \left[\left(\frac{\partial V}{\partial T}\right)_p\right]^2 \tag{2.95}$$

$$C_p - C_V = \frac{\alpha^2 TV}{\kappa} \tag{2.96}$$

四个基本方程式（2.93）～式（2.96）的系统证明如下。

**【证明】**①根据方程式（1.87），可知

$$C_p - C_V = \left(\frac{\partial H}{\partial T}\right)_p - \left(\frac{\partial U}{\partial T}\right)_V = \left(\frac{\partial (U+pV)}{\partial T}\right)_p - \left(\frac{\partial U}{\partial T}\right)_V = \left(\frac{\partial U}{\partial T}\right)_p + p\left(\frac{\partial V}{\partial T}\right)_p - \left(\frac{\partial U}{\partial T}\right)_V$$

$\left(\frac{\partial U}{\partial T}\right)_V$ 与 $\left(\frac{\partial U}{\partial T}\right)_p$ 之间的关系为：

$$\left(\frac{\partial U}{\partial T}\right)_p = \left(\frac{\partial U}{\partial T}\right)_V + \left(\frac{\partial U}{\partial V}\right)_T \left(\frac{\partial V}{\partial T}\right)_p$$

所以 $C_p - C_V = \left(\frac{\partial U}{\partial V}\right)_T \left(\frac{\partial V}{\partial T}\right)_p + p\left(\frac{\partial V}{\partial T}\right)_p = \left(\frac{\partial V}{\partial T}\right)_p \left[\left(\frac{\partial U}{\partial V}\right)_T + p\right]$

则方程式（2.93）证毕。

② 根据平衡态热力学基本方程式（2.38）：$\mathrm{d}U = T\mathrm{d}S - p\mathrm{d}V$，可得

$$\left(\frac{\partial U}{\partial V}\right)_T = T\left(\frac{\partial S}{\partial V}\right)_T - p$$

联立麦克斯韦关系式：$\left(\frac{\partial S}{\partial V}\right)_T = \left(\frac{\partial p}{\partial T}\right)_V$，得：

$$\left(\frac{\partial U}{\partial V}\right)_T = T\left(\frac{\partial p}{\partial T}\right)_V - p$$

再代入式（2.93），可得：

$$C_p - C_V = \left(\frac{\partial V}{\partial T}\right)_p\left[\left(\frac{\partial U}{\partial V}\right)_T + p\right] = \left(\frac{\partial V}{\partial T}\right)_p\left[T\left(\frac{\partial p}{\partial T}\right)_V - p + p\right]$$

$$C_p - C_V = T\left(\frac{\partial p}{\partial T}\right)_V\left(\frac{\partial V}{\partial T}\right)_p$$

则方程式（2.94）证毕。

③ 根据状态函数偏微分的循环关系式（1.3），即$\left(\frac{\partial p}{\partial T}\right)_V\left(\frac{\partial T}{\partial V}\right)_p\left(\frac{\partial V}{\partial p}\right)_T = -1$，得：

$$\left(\frac{\partial p}{\partial T}\right)_V = -\left(\frac{\partial V}{\partial T}\right)_p\left(\frac{\partial p}{\partial V}\right)_T$$

代入式（2.94），可得：$C_p - C_V = -T\left(\frac{\partial p}{\partial V}\right)_T\left[\left(\frac{\partial V}{\partial T}\right)_p\right]^2$

则方程式（2.95）证毕。

④ 考虑膨胀系数和压缩系数分别为：

$$\alpha = \frac{1}{V}\left(\frac{\partial V}{\partial T}\right)_p \qquad \kappa = -\frac{1}{V}\left(\frac{\partial V}{\partial p}\right)_T$$

所以$\alpha^2 = \left[\frac{1}{V}\left(\frac{\partial V}{\partial T}\right)_p\right]^2$以及$\frac{1}{\kappa} = -V\left(\frac{\partial p}{\partial V}\right)_T$

代入式（2.95），可得：$C_p - C_V = \frac{\alpha^2 TV}{\kappa}$

则方程式（2.96）证毕。

### 2.6.4 绝热可逆过程中的 *pVT* 关系

绝热可逆过程即为等熵过程，在绝热可逆条件下，必然存在以下三个等熵过程的 $pVT$ 基本关系。

$$\left(\frac{\partial T}{\partial p}\right)_S = \frac{T\left(\frac{\partial V}{\partial T}\right)_p}{C_p} \tag{2.97}$$

$$\left(\frac{\partial p}{\partial V}\right)_S = \gamma\left(\frac{\partial p}{\partial V}\right)_T \tag{2.98}$$

$$\left(\frac{\partial V}{\partial T}\right)_S = -\frac{C_V}{T\left(\frac{\partial p}{\partial T}\right)_V} = -\frac{1}{\gamma - 1}\left(\frac{\partial V}{\partial T}\right)_p \tag{2.99}$$

绝热可逆过程中的 $pVT$ 关系的三个基本关系式的证明如下。

【**证明**】对于方程式（2.97）：

根据状态函数偏微分的循环关系式（1.3），$T$、$p$、$S$ 三者之间必然满足：

$$\left(\frac{\partial T}{\partial p}\right)_S\left(\frac{\partial p}{\partial S}\right)_T\left(\frac{\partial S}{\partial T}\right)_p=-1$$

所以

$$\left(\frac{\partial T}{\partial p}\right)_S=-\frac{1}{\left(\frac{\partial p}{\partial S}\right)_T\left(\frac{\partial S}{\partial T}\right)_p}=-\frac{\left(\frac{\partial S}{\partial p}\right)_T}{\left(\frac{\partial S}{\partial T}\right)_p} \tag{2.100}$$

将麦克斯韦关系式（2.61）及 $C_p=\frac{\delta Q_p}{\mathrm{d}T}=\left(\frac{T\mathrm{d}S}{\partial T}\right)_p$ 代入式（2.100），可得：

$$\left(\frac{\partial T}{\partial p}\right)_S=\frac{\left(\frac{\partial V}{\partial T}\right)_p}{\left(\frac{\partial S}{\partial T}\right)_p}=\frac{T\left(\frac{\partial V}{\partial T}\right)_p}{T\left(\frac{\partial S}{\partial T}\right)_p}=\frac{T\left(\frac{\partial V}{\partial T}\right)_p}{C_p}$$

则方程式（2.97）证毕。

【**证明**】对于方程式（2.98）：

根据 $\left(\frac{\partial p}{\partial T}\right)_V\left(\frac{\partial T}{\partial V}\right)_p\left(\frac{\partial V}{\partial p}\right)_T=-1$，可得：

$$\left(\frac{\partial p}{\partial V}\right)_S=\frac{\left(\frac{\partial p}{\partial T}\right)_S}{\left(\frac{\partial V}{\partial T}\right)_S} \tag{2.101}$$

将上式代入方程式（2.97），可得：

$$\frac{\left(\frac{\partial p}{\partial T}\right)_S}{\left(\frac{\partial V}{\partial T}\right)_S}=\frac{\frac{C_p}{T\left(\frac{\partial V}{\partial T}\right)_p}}{\left(\frac{\partial V}{\partial T}\right)_S}=\frac{C_p}{T}\left(\frac{\partial T}{\partial V}\right)_p\left(\frac{\partial T}{\partial V}\right)_S$$

根据 $T$、$V$、$S$ 三者之间的循环关系：$\left(\frac{\partial T}{\partial V}\right)_S=-\frac{\left(\frac{\partial S}{\partial V}\right)_T}{\left(\frac{\partial S}{\partial T}\right)_p}$

由麦克斯韦关系式（2.60）可得：

$$\left(\frac{\partial T}{\partial V}\right)_S=-\frac{\left(\frac{\partial p}{\partial T}\right)_V}{\left(\frac{\partial S}{\partial T}\right)_V}=-\frac{T\left(\frac{\partial p}{\partial T}\right)_V}{T\left(\frac{\partial S}{\partial T}\right)_V}=-\frac{T\left(\frac{\partial p}{\partial T}\right)_V}{C_V} \tag{2.102}$$

将上式代入式（2.101），可得：

$$\left(\frac{\partial p}{\partial V}\right)_S=\frac{C_p}{T}\left(\frac{\partial T}{\partial V}\right)_p\left(\frac{\partial T}{\partial V}\right)_S=\frac{C_p}{T}\left(\frac{\partial T}{\partial V}\right)_p\left[-\frac{T\left(\frac{\partial p}{\partial T}\right)_V}{C_V}\right]=\gamma\left(\frac{\partial p}{\partial V}\right)_T$$

则方程式（2.98）证毕。

【**证明**】对于方程式（2.99）：

① 方程$\left(\frac{\partial V}{\partial T}\right)_S=-\frac{C_V}{T\left(\frac{\partial p}{\partial T}\right)_V}$的证明方式类似于式（2.97）的证明。

首先，根据 $T$、$V$、$S$ 三者之间的循环关系$\left(\frac{\partial V}{\partial T}\right)_S\left(\frac{\partial T}{\partial S}\right)_V\left(\frac{\partial S}{\partial V}\right)_T=-1$，可得：

$$\left(\frac{\partial V}{\partial T}\right)_S=-\frac{1}{\left(\frac{\partial T}{\partial S}\right)_V\left(\frac{\partial S}{\partial V}\right)_T}=-\frac{\left(\frac{\partial S}{\partial T}\right)_V}{\left(\frac{\partial S}{\partial V}\right)_T}$$

由麦克斯韦关系式（2.60）可得：

$$\left(\frac{\partial V}{\partial T}\right)_S=-\frac{\left(\frac{\partial S}{\partial T}\right)_V}{\left(\frac{\partial p}{\partial T}\right)_V}=-\frac{T\left(\frac{\partial S}{\partial T}\right)_V}{T\left(\frac{\partial p}{\partial T}\right)_V}=-\frac{C_V}{T\left(\frac{\partial p}{\partial T}\right)_V} \tag{2.103}$$

② 对于绝热可逆过程的 $V$-$T$ 关系$\left(\frac{\partial V}{\partial T}\right)_S=-\frac{1}{\gamma-1}\left(\frac{\partial V}{\partial T}\right)_p$，证明如下：

因为$-\frac{1}{\gamma-1}=-\frac{C_V}{C_p-C_V}$

根据 $C_p$ 和 $C_V$ 的关系式（2.94），$C_p-C_V=T\left(\frac{\partial p}{\partial T}\right)_V\left(\frac{\partial V}{\partial T}\right)_p$

所以$-\frac{1}{\gamma-1}=-\frac{C_V}{C_p-C_V}=-\frac{C_V}{T\left(\frac{\partial p}{\partial T}\right)_V\left(\frac{\partial V}{\partial T}\right)_p}$

根据方程式（2.103）可得

$$\left(\frac{\partial V}{\partial T}\right)_S=-\frac{C_V}{T\left(\frac{\partial p}{\partial T}\right)_V}=-\frac{C_V}{T\left(\frac{\partial p}{\partial T}\right)_V\left(\frac{\partial V}{\partial T}\right)_p}\left(\frac{\partial V}{\partial T}\right)_p$$

所以
$$\left(\frac{\partial V}{\partial T}\right)_S=-\frac{1}{\gamma-1}\left(\frac{\partial V}{\partial T}\right)_p$$

则方程式（2.99）证毕。

# 2.7 功热的本质及熵的统计表述

## 2.7.1 热力学概率

热力学概率是指实现某种宏观状态的微观状态数，通常用 $\Omega$ 表示。而数学概率是热力学概率与总的微观状态数之比。热力学概率的具体介绍请参考本书统计热力学 9.2.4 小节的内容。

例如，有 4 个互不相同的小球分装在两个盒子中，总的分装方式应该有 16 种，按热力学事件进行考虑时，每种分配方式的热力学概率互不相等。用 $\Omega(4,0)$表示两个盒子分别装 4 个和 1 个小球，此时的状态数（装球方式）为 $\Omega(4,0) = 1$。类似地，$\Omega(3,1) = 4$；$\Omega(2,2) = 6$；$\Omega(1,3) = 4$；$\Omega(0,4) = 1$。

显然，两个盒子平均分布小球数量的方式的微观状态数为 6，热力学概率为 6，数学概率为 37.5 %。当粒子数很多时，以 mol 为单位计数，显然，系统均匀分布的热力学概率将是一个很大的数字。

宏观状态实际上是大量微观状态的平均，自发变化的方向总是向热力学概率增大的方向进行。这与熵的变化方向相同。

最概然分布：对于具有统计意义的热力学系统，其最大微观状态数的分布方式称为最概然分布。

## 2.7.2 熵的统计表述

由于系统的熵 $S$ 与微观状态数 $\Omega$ 均为状态函数，对于"孤立情况"均为增加方向，因此可以假设 $S = f(\Omega)$。

假设微观状态数 $\Omega$ 可以使用系统的粒子数 $N$，宏观系统的体积 $V$，以及系统的内能 $U$ 进行描述，并规定 $\Omega = \Omega(N,V,U)$是满足 $N$、$V$ 以及 $U$ 守恒时的微观状态数，表示为热力学概率，这种表示方式在统计学中称为系综❶。

将该系综描述的系统分割成为两个相互独立的子系统，其中的微观状态数分别为：$\Omega_1 = \Omega_1(N_1,V_1,U_1)$以及 $\Omega_2 = \Omega_2(N_2,V_2,U_2)$。$\Omega_1$ 和 $\Omega_2$ 作为独立的热力学系统，共同决定了系统的熵，该系统的微观状态数，即热力学概率应为两个独立子系统的热力学概率的乘积 $\Omega_1\Omega_2$。因此，根据 $S = f(\Omega)$，系统的熵与两个独立的子系统的微观状态数之间的关系可以表示为 $S = f(\Omega_1\Omega_2)$，以此为基础，以下内容将详细论述熵的统计意义。

首先，由两个子系统组成的总系统的熵可表示为：

$$S(N_1,N_2,U,V) = S_1(N_1,U_1,V_1) + S_2(N_2,U_2,V_2)$$

即：

$$f(\Omega_1\Omega_2) = f(\Omega_1) + f(\Omega_2)$$

因为

$$\frac{\partial f(\Omega_1\Omega_2)}{\partial\Omega_1} = \frac{\mathrm{d}f(\Omega_1\Omega_2)}{\mathrm{d}(\Omega_1\Omega_2)} \times \frac{\partial(\Omega_1\Omega_2)}{\partial\Omega_1} = \frac{\mathrm{d}f(\Omega_1\Omega_2)}{\mathrm{d}(\Omega_1\Omega_2)}\Omega_2$$

---

❶ 系综（ensemble）：在某宏观条件下，大量性质和结构完全相同的、处于各种运动状态的、各自独立的系统的集合，全称为统计系综。系综是微观状态不同，但宏观性质统一的集合体——满足宏观性质限制条件下的所有可能的事件的集合。系综是用统计方法描述热力学系统的统计规律性时引入的一个基本概念，是统计理论的一种表述方式。

而
$$\frac{\partial f(\Omega_1\Omega_2)}{\partial\Omega_1}=\frac{\mathrm{d}f(\Omega_1)}{\mathrm{d}\Omega_1}$$

所以
$$\frac{\mathrm{d}f(\Omega_1\Omega_2)}{\mathrm{d}(\Omega_1\Omega_2)}\Omega_2=\frac{\mathrm{d}f(\Omega_1)}{\mathrm{d}\Omega_1}$$

同理：$\dfrac{\mathrm{d}f(\Omega_1\Omega_2)}{\mathrm{d}(\Omega_1\Omega_2)}\Omega_1=\dfrac{\mathrm{d}f(\Omega_2)}{\mathrm{d}\Omega_2}$；方程两边同乘 $\Omega_1$ 或 $\Omega_2$，可得：

$$\frac{\mathrm{d}f(\Omega_1\Omega_2)}{\mathrm{d}(\Omega_1\Omega_2)}\Omega_1\Omega_2=\frac{\mathrm{d}f(\Omega_1)}{\mathrm{d}\Omega_1}\Omega_1$$

或者
$$\frac{\mathrm{d}f(\Omega_1\Omega_2)}{\mathrm{d}(\Omega_1\Omega_2)}\Omega_1\Omega_2=\frac{\mathrm{d}f(\Omega_2)}{\mathrm{d}\Omega_2}\Omega_2$$

所以
$$\frac{\mathrm{d}f(\Omega_1\Omega_2)}{\mathrm{d}(\Omega_1\Omega_2)}\Omega_1\Omega_2=\frac{\mathrm{d}f(\Omega_1)}{\mathrm{d}\Omega_1}\Omega_1=\frac{\mathrm{d}f(\Omega_2)}{\mathrm{d}\Omega_2}\Omega_2$$

该式说明 $f$ 函数的特性，即对于任何一个封闭系统，$\dfrac{\mathrm{d}f(\Omega)}{\mathrm{d}\Omega}\Omega$ 为一个常数。则有定义

$$\frac{\mathrm{d}f(\Omega)}{\mathrm{d}\Omega}\Omega=k_\mathrm{B}$$

式中，$k_\mathrm{B}$ 为玻耳兹曼常数，$1.38\times10^{-23}\,\mathrm{J\cdot K^{-1}}$。

因为 $S=f(\Omega)$

所以
$$k=\frac{\mathrm{d}S}{\mathrm{d}\Omega}\Omega \tag{2.104}$$

上式两侧同时积分，可得：

$$S=k_\mathrm{B}\ln\Omega+S_0$$

为便于计算和讨论，$S_0$ 直接确定为 0，从而玻耳兹曼公式变化为 $S=k_\mathrm{B}\ln\Omega$；其物理意义是 $\Omega=1$，即微观状态数为 1 时的熵，这也是热力学第三定律的内容之一。因此式（2.104）可转变为：

$$S=k_\mathrm{B}\ln\Omega \tag{2.105}$$

上式即为著名的玻耳兹曼方程，也是熵的统计学表述。式中，$\Omega$ 是量子态的微观量，所以 $S=k_\mathrm{B}\ln\Omega$ 连接了宏观世界的 $S$ 与微观的状态数 $\Omega$，熵的绝对值可以通过量子化学计算求得。

根据玻耳兹曼方程，熵的统计表述主要有两个结论。

**结论 1：**高熵态对应高微观状态数（无序）状态，低熵态对应有序状态，因此平衡态是无序的，而非平衡态是有序的。

**结论 2：**热和一个热力学系统的宏观态都具备相应的微观状态数 $\Omega$，它是系统宏观状态的单值函数。对于绝热封闭系统或孤立情况，该值在可逆过程中不变，在不可逆过程中增大直至最大时，过程停止，系统达到平衡态。

数学表达式：

$$\Omega=\Omega(N_1,N_2,\cdots,N_r,U,V)\text{；}\ \mathrm{d}\Omega\geqslant0$$

式中，>为不可逆过程；=为可逆过程。

【例 2.4】1mol 理想气体在温度 $T$ 和体积 $V$ 一定时的熵与微观状态数分别为 $S_1$ 和 $\Omega_1$，经等温可逆膨胀后体积增加一倍，此时系统的熵与微观状态数分别为 $S_2$ 和 $\Omega_2$。请计算：

（1）该过程的熵变 $\Delta S$，并求出 $\Omega_2$ 与 $\Omega_1$ 的比值。

（2）若将可逆膨胀达到平衡后系统的微观状态数视为 1，试问全部气体同时集中在原来的体积 $V$ 中的概率为多少？

【解答】（1）根据方程式（2.7），理想气体等温可逆膨胀后，体积增加一倍：

$$\Delta S = nR\ln\frac{V_2}{V_1} = R\ln\frac{2V}{V} = R\ln 2 = 5.763\text{J}\cdot\text{K}^{-1}$$

对于微观量 $\Omega_2$ 与 $\Omega_1$ 的比值，根据玻耳兹曼方程得：

$$\Delta S = k_\text{B}\ln\Omega_2 - k_\text{B}\ln\Omega_1 = k_\text{B}\ln\frac{\Omega_2}{\Omega_1} = R\ln 2 = 5.763\text{J}\cdot\text{K}^{-1}$$

结合阿伏伽德罗常数 $N_\text{A}$ 与玻耳兹曼常数 $k_\text{B}$ 之间的关系：$k_\text{B} = \dfrac{R}{N_\text{A}}$，得

$$k_\text{B}\ln\frac{\Omega_2}{\Omega_1} = k_\text{B}N_\text{A}\ln 2$$

所以

$$\frac{\Omega_2}{\Omega_1} = 2^{N_\text{A}}$$

（2）若归一化 $\Omega_2$，则全部气体同时集中在原来的体积 $V$ 中的概率为：

$$\Omega_1 = \frac{1}{2^{N_\text{A}}}$$

显然 $\Omega_1$ 不为 0，但概率值极低，说明终态的气体自动回到集中在原来的体积 $V$ 的过程数学上不为 0，但宏观唯象中却无法观察到。这也是宏观过程方向性的本质。注意这是与热力学观点不同的，热力学中的观点是决定论，在热力学中，该过程无可能性。

需要注意的是：热力学状态的改变总是从非平衡态到平衡态自发地转变；非平衡状态的微观状态数远小于平衡态微观状态数；平衡态自发逆过程数学概率上不为零，但该值非常小，宏观上可以忽略；统计表述是热力学第二定律过程方向性的统计解释，是熵增加原理的事实。

## 2.7.3 玻耳兹曼分布

如果系统中的某一宏观状态的微观结构数量在该系统中占主要地位，则该宏观状态就是系统的平衡态。系统的分子数量越大，系统平衡态在所有可能的状态中的占比越高。所以对于超大分子数的典型宏观化学系统，系统的宏观性质一般可以完全由平衡态来代表。平衡态的微观状态数，显然是一种统计意义上的平衡分布数，就和 2.7.1 节中的举例“$\Omega(2,2) = 6$”类似。只是对于分子系统而言，这种分布需要更科学的描述方式，即玻耳兹曼（Boltzmann）分布，用来描述多电子系统中的电子在不同能级上的分布规律，也适用于多粒子系统在不同能级上的分布规律。

（1）玻耳兹曼因子（Boltzmann factor）

假设某系统只有一个粒子和两个能级，对应的能量分别是 $\varepsilon$ 和 0。让该系统与一个能量为 $U$ 的大热源进行热接触。假设热源与系统之间不做功即没有体积变化，且没有物质的交换，

则系统与大热源之间达到热平衡之后，系统中的粒子能量只可能在两个能级上，即 $\varepsilon$ 或 0。无论是哪个能级，作为平衡状态，系统的能量分布的热力学概率 $\Omega(\varepsilon)$或 $\Omega(0)$都为 1。

大热源：系统能量由 0 变为 $\varepsilon$，按照假设，从环境吸热必然为 $\varepsilon$，对应的大热源的能量分布发生变化，热力学概率 $\Omega_{环}(U)$ 变为 $\Omega_{环}(U-\varepsilon)$，但是即使大热源的能量转变近似看成连续态的，各能级热力学概率也不一定为 1。

因此，系统中在两个能级上分布的概率［$P(\varepsilon)$和 $P(0)$之比］为：

$$\frac{P(\varepsilon)}{P(0)}=\frac{\Omega(\varepsilon)\Omega_{环}(U-\varepsilon)}{\Omega(0)\Omega_{环}(U)}=\frac{\Omega_{环}(U-\varepsilon)}{\Omega_{环}(U)} \tag{2.106}$$

结合玻耳兹曼方程，式（2.106）可转化为：

$$\frac{P(\varepsilon)}{P(0)}=\frac{\mathrm{e}^{\frac{S_{环}(U-\varepsilon)}{k_B}}}{\mathrm{e}^{\frac{S_{环}(U)}{k_B}}} \tag{2.107}$$

相对于大热源的能量，系统的能量非常小。

将 $S(U-\varepsilon)$在 $\varepsilon=0$ 处做泰勒（Tylor）展开，则：

$$S(U-\varepsilon)=\frac{S(U)}{0!}+\frac{S'(U)}{1!}[(U-\varepsilon)-U]+\frac{S''(U)}{2!}[(U-\varepsilon)-U]^2+\cdots+R_n(U-\varepsilon)$$

保留上述展开式的一次项，联立热力学基本方程：$\mathrm{d}U=T\mathrm{d}S+p\mathrm{d}V$

则
$$S(U-\varepsilon)=S(U)-\left(\frac{\partial S}{\partial U}\right)_{V,n}\varepsilon=S(U)-\frac{\varepsilon}{T} \tag{2.108}$$

将式（2.107）代入上式，得：

$$\frac{P(\varepsilon)}{P(0)}=\frac{\mathrm{e}^{\frac{S_{环}(U-\varepsilon)}{k_B}}}{\mathrm{e}^{\frac{S_{环}(U)}{k_B}}}=\frac{\mathrm{e}^{\frac{S_{环}(U)}{k_B}-\frac{\varepsilon}{k_BT}}}{\mathrm{e}^{\frac{S_{环}(U)}{k_B}}}=\mathrm{e}^{-\frac{\varepsilon}{k_BT}} \tag{2.109}$$

对于宏观系统，以物质的量计数，则系统的能量 $E=N_A\varepsilon$，$R=N_Ak_B$。上式可写成：

$$\frac{P(E)}{P(0)}=\mathrm{e}^{-\frac{E}{RT}} \tag{2.110}$$

式（2.109）和式（2.110）均称为玻耳兹曼因子。其物理意义是：当温度固定时，粒子在两个能级上的分布概率直接决定两个能级的能量差 $\varepsilon$ 或者 $E$。显然，当温度升高时，指数项增大，更加有利于粒子在更高能级的占据。

**【例 2.5】**二噻吩分子的两个噻吩环存在顺反异构体，2009 年美国化学会志（*JACS*）报道了其中的一个关键问题——估算顺式和反式结构存在的比例。已知两个异构体的能量差是 2510J/mol。请结合玻耳兹曼分布规则，推导该分子在室温（298K）和液氮温度（77K）时，顺式和反式各占的百分比。

**【解答】**以 $P(E)$和 $P(0)$分别代表噻吩分子在顺式和反式的概率，在 298 K 时，可以按照玻耳兹曼因子的定义式（2.110）得：

$$\frac{P(E)}{P(0)}=\mathrm{e}^{-\frac{E}{RT}}=0.363$$

因为噻吩分子不是顺式就是反式，所以：$P(E)+P(0)=1$

298K 时，$P(0) = 1/(1+0.363) = 0.734 = 73.4\%$

$$P(E) = 1-0.734 = 26.6\%$$

同理，在 77K 时，$P(0) = 98.1\%$，$P(\mathrm{E}) = 1.9\%$。

（2）玻耳兹曼分布（Boltzmann distribution）

玻耳兹曼因子解决的是两个能级的系统中粒子分布问题，但对于多能级系统，需要对玻耳兹曼因子进一步拓展，即玻耳兹曼分布。

假设存在一个 $n$ 量子能级系统，将这些能级由低到高排列起来，基态能量为 $i = 1$，最高能级 $i = n$。选择基态作为被考察系统的最低量子能级——能量的零点。定义第 $i$ 个能级的能量（$\varepsilon_i$）：第 $i$ 个量子能级 $\varepsilon_i$ 与基态 $\varepsilon_0$ 的能量差。

将任意能级 $\varepsilon_i$ 与基态能级结合起来，由玻耳兹曼因子的定义，得：

$$P(\varepsilon_i) = P(0)\exp\left(-\frac{\varepsilon}{k_\mathrm{B}T}\right) \tag{2.111}$$

对 $n$ 个能级都能进行完全一样的操作，存在 $n$ 个上式，将 $n$ 个等式求和，得：

$$\sum_{i=1}^{n} P(\varepsilon_i) = \sum_{i=1}^{n} P(0)\mathrm{e}^{-\frac{\varepsilon_i}{k_\mathrm{B}T}} \tag{2.112}$$

等式的左边 $\sum\limits_{i=1}^{n}\rho(\varepsilon_i)$：所有量子能级上的总概率，总和为 1，因此可以解出 $P(0)$：

$$P(0) = \frac{1}{\sum\limits_{i=1}^{n}\mathrm{e}^{-\frac{\varepsilon_i}{k_\mathrm{B}T}}} \tag{2.113}$$

将上式代入式（2.111），得：

$$P(\varepsilon_i) = \frac{\mathrm{e}^{-\frac{\varepsilon_i}{k_\mathrm{B}T}}}{\sum\limits_{i=1}^{n}\mathrm{e}^{-\frac{\varepsilon_i}{k_\mathrm{B}T}}} \tag{2.114}$$

因此对于任意能级上的微粒，存在玻耳兹曼分布律。满足玻耳兹曼分布律的分布称为玻耳兹曼分布，分布特征如下：

系统达到平衡时，系统在不同能级上满足玻耳兹曼分布。即在给定温度条件下，玻耳兹曼分布是系统的最大概率分布，即平衡分布。

对于孤立系统，玻耳兹曼分布对应于熵的最大宏观状态，所以，熵不是混乱度的函数，而是系统的多样性分布的规则函数。

根据玻耳兹曼方程式（2.105），熵的微观本质即为微观状态数，决定于分子系统中的玻耳兹曼分布律：

① 熵随温度的升高而增大：温度升高，内能增大，粒子可占据的能级数增多，微观状态数增大，如图 2.11（a）所示；

② 熵随体积的增大而增大：体积增大，粒子之间能级距离增大，可占据能级数增多，熵值增大，如图 2.11（b）所示；

③ 聚集状态不同，熵值不同；

④ 相同原子组成的分子中原子数目越多，熵值越大。

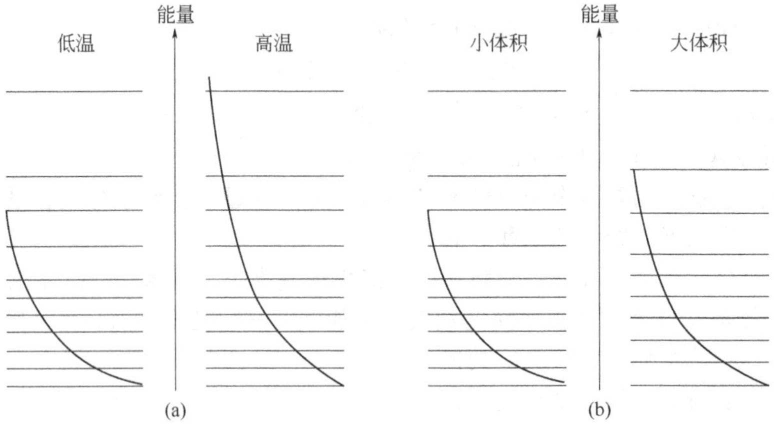


图 2.11 微观状态数（蓝色占据能级）分布与温度与体积的关系示意图

### 2.7.4 功与热的微观本质

热与功转换的不可逆性：热是分子微观状态数的一种表现，而功是分子有序运动的结果。功在机械运动中具有严格的定义：力与力方向上位移的乘积。其中，体积功对应的是状态体积的改变过程，非体积功是分子水平上的净位移，宏观体积不变。热不属于机械运动，没有力学量定义；对于可逆过程的热效应而言，其值为温度与对应热力学过程熵变的乘积。

热和功虽都是能量传递和转化的方式，但本质上并不等价：功可以在两个物体间无条件地完全转化成热（两个物体间）；热完全转化成功需要三个物体间的相互作用。这种区别源于功热的微观本质不同。

功热的微观本质为：做功改变的是量子能级结构；传热是系统与环境之间的热接触，改变的是系统中粒子的玻耳兹曼分布，如图 2.12 所示。

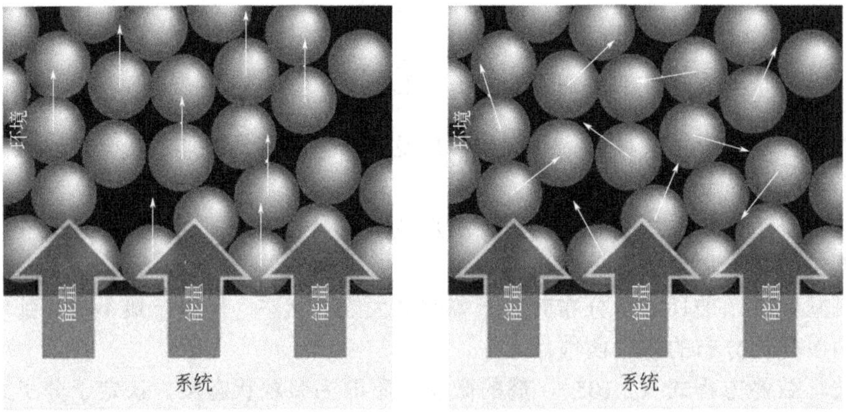


(a) 做功　(b) 传热

图 2.12 功热的微观本质示意图

## 2.8 化学反应热力学

化学反应是分子内部结合方式和运动形态发生改变的过程，反应过程中原子核与内层电子基本不变，原子的数目和种类守恒，而分子种类和数目不同。本节将系统总结化学反应过程中的热力学问题。

## 2.8.1 反应进度

化学反应过程中所涉及的反应物和产物的计量数未必相等，如果不做出规定，用不同的物质表示的反应的进行程度会很不相同。即便生成同一产物，化学反应、方程式写法不同，则同一物质的化学计量数也不同。

因此，需要一个标尺来衡量一个反应消耗或生成某种物质的快慢，该标尺即为反应进度，用 $d\xi$ 或者 $\xi$ 表示。对于任意化学反应 $\nu_C C+\nu_D D = \nu_G G+\nu_H H$，其化学计量数分别为 $\nu_C$、$\nu_D$、$\nu_G$、$\nu_H$。反应中的反应物和产物的物质的量为 $n_C^0$、$n_D^0$、$n_G^0$ 和 $n_H^0$，反应开始后的任意时刻测得的各物质的物质的量为 $n_C$、$n_D$、$n_G$、$n_H$。规定反应物的化学计量数取负值，产物的计量系数取正值，量纲均为 1，则必然有：

$$\frac{n_C-n_C^0}{\nu_C}=\frac{n_D-n_D^0}{\nu_D}=\frac{n_G-n_G^0}{\nu_G}=\frac{n_H-n_H^0}{\nu_H}$$

因此，将上述反应中的具体物质统一用物质 B 表示，彼此间相等，即：$\frac{n_B-n_B^0}{\nu_B}=\frac{\Delta n_B}{\nu_B}$。具体的反应也可表示为 $\sum_B \nu_B B=0$，$\nu_B$ 为各物质的化学计量数，对反应物取正值，对产物取负值。

对于任意反应 $\sum_B \nu_B B=0$ 中的任意物质 B，定义反应进度 $d\xi$（mol）为：

$$d\xi=\frac{dn_B}{\nu_B} \tag{2.115}$$

例如反应 $N_2(g)+3H_2(g) = 2NH_3(g)$，当其反应进度为 1mol 时，意味着每消耗 1mol $N_2(g)$ 和 3mol $H_2(g)$ 可生成 2mol $NH_3(g)$。而对于反应 $2N_2(g)+6H_2(g) = 4NH_3(g)$，当其反应进度为 1mol 时，意味着每消耗 2mol $N_2(g)$ 和 6mol $H_2(g)$ 可生成 4mol $NH_3(g)$。对于化学计量数各不相同的反应，反应进度的引入，为描述化学反应的进程带来了极大的便捷。但该例也说明，统一反应进度对于有相同产物的化学反应，表示的进程有可能不同。

因此，对于反应进度，需要注意以下方面：

① 反应进度 $\xi$ 不依赖于任何具体反应和具体物质，化学反应中各物质的变化量均可以用 $\xi$ 表示；

② $\xi=0$ 时表示反应没有进行，$\xi=1$mol 时表示各物质的量的改变数值上正好等于给定反应的化学计量数；

③ 不同的化学计量数的化学反应，$\xi=1$mol 时各物质的量的改变也不同。

使用 $\xi$ 务必指明所对应的化学方程式。

## 2.8.2 物质的标准态

物质的标准态是指物质处在标准压力条件下的状态。标准压力用 $p^{\ominus}$ 表示，数值为 100kPa，即 $1.0\times10^5$Pa。

气体的标准态是在标准压力条件下表现出理想气体性质的纯气体状态；

液体、固体的标准态是标准压力下的纯液体、纯固体状态；

溶液的标准状态对应的是该溶液活度（有效浓度）为 1 时的状态。

### 2.8.3 相变焓、相变熵、溶解焓与稀释焓

（1）相变焓

相是指系统内性质完全相同的均匀部分，相变化是指系统中的同一种物质在不同相之间的转变，例如 α 相的 B 物质转变成为 β 相的 B 物质，可用方程式 $B(\alpha) \longrightarrow B(\beta)$ 表示。

在恒定的温度和压力条件下，$n$mol 的物质 B 由 α 相转变为 β 相的焓变称为相变焓。用 $\Delta_\alpha^\beta H(B)$ 表示，单位为 J 或 kJ。

单位物质的量的 B 物质的相变焓称为摩尔相变焓，用 $\Delta_\alpha^\beta H_m(B)$ 表示，单位为 $J \cdot mol^{-1}$ 或 $kJ \cdot mol^{-1}$。

显然，$\Delta_\alpha^\beta H(B) = n\Delta_\alpha^\beta H_m(B)$。

若此时的压强规定为 $p^\ominus = 100kPa$，且 B 的物质的量为 1mol 时，则此时的相变焓称为标准摩尔相变焓，用 $\Delta_\alpha^\beta H_m^\ominus(B)$ 表示，单位为 $J \cdot mol^{-1}$ 或 $kJ \cdot mol^{-1}$。

注意，如果相变方向的始、终态倒置，则在同样的温度、压力下，相变焓数值相等，符号相反，例如 $\Delta_\alpha^\beta H_m^\ominus(B) = \Delta_\beta^\alpha H_m^\ominus(B)$。

其它相变热力学状态函数的变化可类似表示，例如物质 B 的标准摩尔相变内能为 $\Delta_\alpha^\beta U_m^\ominus(B)$。

对于可以使用凝聚相近似的系统，具体可参考 1.5.6 节中的介绍，由于凝聚相中的内能变近似等于系统焓变。因此，在凝聚相之间的相变时：相变焓与相变时的内能近似相等：$\Delta_\alpha^\beta U_m^\ominus(B) = \Delta_\beta^\alpha H_m^\ominus(B)$。

而涉及凝聚相的相变，例如蒸发与升华，因气体的体积远大于固体或液体，可忽略凝聚相的体积，若此时将气体视为理想气体，则物质的量为 $n$ 时，则：

$$\Delta_\alpha^\beta U_m^\ominus(B) = \Delta_\alpha^\beta H_m^\ominus(B) - \Delta(pV) = \Delta_\alpha^\beta H_m^\ominus(B) - p\Delta V = \Delta_\alpha^\beta H_m^\ominus(B) - nRT$$

（2）纯物质相变过程中的熵变

处理存在相变过程的热效应时，一定要考虑两相平衡共存时的相变焓，只有满足此条件，相变过程才是可逆过程，才能够使用熵变计算公式（2.4）。比如物质的熔点对应的温度和压强，沸点对应的温度和压强，等等。在量化计算非可逆过程时，需要对目标过程设计热力学途径，构建可逆的相变过程，然后进行计算和讨论。

在存在相变的条件下，相变熵为：

$$\Delta_\alpha^\beta S_m = S_m^\beta(T,p) - S_m^\alpha(T,p) = \frac{\Delta_\alpha^\beta H_m}{T} \qquad (2.116)$$

式中，$\Delta_\alpha^\beta H_m$ 为可逆相变焓。

（3）溶解焓与稀释焓

在一定温度压力下，纯溶质 B 溶解在纯溶剂 A 中形成一定组成的溶液，过程的焓变称为 B 的溶解焓，用 $\Delta_{sol}H(B)$ 表示，单位为 J 或 kJ。

在标准压力 $p^\ominus = 100kPa$ 下，单位物质的量的 B 物质的溶解焓称为标准摩尔溶解焓，用 $\Delta_{sol}H_m^\ominus(B)$ 表示，单位为 $J \cdot mol^{-1}$ 或 $kJ \cdot mol^{-1}$。

在一定温度压力下，向一定量组成为 $r_1$ 的溶质为 B、溶剂为 A 的溶液中加入纯溶剂，使

其稀释至组成为 $r_2$ 的溶液，该过程的焓变称为 B 溶液自 $r_1$ 至 $r_2$ 的稀释焓，用 $\Delta_{dil}H(B)$ 表示，单位为 J 或 kJ。

在标准压力 $p^{\ominus}=100kPa$ 下，单位物质的量的 B 物质的稀释焓称为标准摩尔稀释焓，用 $\Delta_{dil}H_m^{\ominus}(B)$ 表示，单位为 $J\cdot mol^{-1}$ 或 $kJ\cdot mol^{-1}$。

## 2.8.4 化学反应焓

（1）反应热效应

根据 1.3.2 节和 1.4.1 节中的部分内容，化学反应过程的热效应可进行类似描述：当系统发生化学反应之后，产物的温度回到反应前始态时的温度，系统放出或吸收的热量，称为该反应的热效应，包括等压反应热效应 $Q_p$ 和等容反应热效应 $Q_V$。若反应不涉及非体积功，前者等于化学反应焓变，用 $\Delta_rH$ 表示；后者等于反应的内能变，用 $\Delta_rU$ 表示。若反应中的液相和气相满足凝聚相近似，且假定气体近似为理想气体，则 $Q_p$ 与 $Q_V$ 的关系可根据焓的定义式（1.72），得：

$$Q_p=\Delta U+\Delta nRT=Q_V+\Delta nRT \tag{2.117}$$

式中，$\Delta n$ 是气相生成物与气相反应物物质的量之差。对于无非体积功的等压反应热效应，一般使用摩尔反应焓进行描述。

（2）标准摩尔反应焓

摩尔反应焓是指在恒定温度 $T$、恒定压力 $p$ 及反应各组分组成不变的情况下，化学反应焓变随反应进度的变化率，即按给定反应式，反应进度 $\xi=1mol$ 时的反应焓变，用 $\Delta_rH_m$ 表示，单位为 $J\cdot mol^{-1}$ 或 $kJ\cdot mol^{-1}$。数学定义式为：

$$\Delta_rH_m=\Delta_rH/\xi \tag{2.118}$$

标准摩尔反应焓是指反应中的各个物质均处在某温度 $T$ 及对应的标准态下，摩尔反应焓称为在该温度下的标准摩尔反应焓，用 $\Delta_rH_m^{\ominus}$ 表示，单位为 $J\cdot mol^{-1}$ 或 $kJ\cdot mol^{-1}$。数学定义式为：

$$\Delta_rH_m^{\ominus}=\sum_B\nu_BH_m^{\ominus}(B) \tag{2.119}$$

式中，$H_m^{\ominus}(B)$ 为反应中各物质处在对应标准态下的绝对焓值；$\nu_B$ 为各物质的化学计量数，对反应物取正值，对产物取负值。因此标准摩尔反应焓为反应中，产物的标准焓之和与反应物的标准焓之和的差值。但由于焓的绝对值无法测量，因此，对所有的反应物和生成物，规定了物质的标准摩尔生成焓，对有机化合物还规定了标准摩尔燃烧焓，均可以标准化计算化学反应的标准摩尔反应焓。

（3）标准摩尔生成焓和标准摩尔燃烧焓

热力学规定，在指定温度 $T$ 及标准压力下，由稳定单质生成 1mol 某物质 B 时反应的焓变称为该物质 B 的标准摩尔生成焓，以 $\Delta_fH_m^{\ominus}(B)$ 表示，单位为 $J\cdot mol^{-1}$ 或 $kJ\cdot mol^{-1}$。在指定温度及标准状态下，元素最稳定单质的 $\Delta_fH_m^{\ominus}(B)=0$。例如：$\Delta_fH_m^{\ominus}(H_2, g, 298K)=0$；$\Delta_fH_m^{\ominus}(O_2, g, 298K)=0$；$\Delta_fH_m^{\ominus}$(C, 石墨, 298K) = 0。

对同素异形体，只有最稳定单质的标准摩尔生成焓等于零。

在 298K 时，要想获得碳的同素异形体金刚石的标准摩尔生成焓 $\Delta_fH_m^{\ominus}$（C，金刚石，298K），需要设计对应的反应为：C(石墨, 298K) $\longrightarrow$ C(石墨, 298K)，该反应的标准摩尔反应焓变为 1.895kJ·mol$^{-1}$。因此，金刚石在 298 K 时的标准摩尔生成焓 $\Delta_f H_m^{\ominus}$(C,金刚石,298K) = 1.895kJ·mol$^{-1}$。

利用 $\Delta_f H_m^{\ominus}$(T)计算 $\Delta_r H_m^{\ominus}$(T)时，可使用产物的标准摩尔生成焓之和减去反应物的标准摩尔生成焓之和，可总结为：

$$\Delta_r H_m^{\ominus} = \sum_B \nu_B \Delta_f H_m^{\ominus}(B) \tag{2.120}$$

例如，对于反应：$aA+dD \xlongequal{\quad} gG+hH$，

$$\Delta_r H_m^{\ominus} = g\,\Delta_f H_m^{\ominus}(G)+h\,\Delta_f H_m^{\ominus}(H)-a\,\Delta_f H_m^{\ominus}(A)-d\,\Delta_f H_m^{\ominus}(D)$$

其中化学计量数 $a$ 与 $d$ 取负值，$g$ 与 $h$ 取正值。

标准摩尔燃烧焓是指在指定温度（$T$）的标准压力下，1mol 物质完全燃烧时反应的焓变，用 $\Delta_c H_m^{\ominus}$ 表示，单位为 J·mol$^{-1}$ 或 kJ·mol$^{-1}$。完全燃烧产物及 $O_2$ 的标准摩尔燃烧焓为零。完全燃烧是指各元素均氧化为稳定的氧化产物。

$$C \longrightarrow CO_2(g)$$
$$N \longrightarrow NO_2(g)$$
$$H \longrightarrow H_2O(l)$$
$$S \longrightarrow SO_2(g)$$

利用 $\Delta_c H_m^{\ominus}$(T)计算 $\Delta_c H_m^{\ominus}$(T)时，化学反应的焓变值等于各反应物燃烧焓的总和减去各产物燃烧焓的总和，可总结为：

$$\Delta_r H_m^{\ominus}(298.15K) = -\sum \nu_B \Delta_c H_m^{\ominus}(298.15K) \tag{2.121}$$

同样对于反应 $aA+dD \xlongequal{\quad} gG+hH$ 有：

$$\Delta_r H_m^{\ominus} = a\,\Delta_c H_m^{\ominus}(A)+d\,\Delta_c H_m^{\ominus}(D)-g\,\Delta_c H_m^{\ominus}(G)-h\,\Delta_c H_m^{\ominus}(H)$$

实际上，关系式（2.120）和式（2.121）均是盖斯定律的直接应用。

（4）盖斯（Hess）定律

盖斯定律是指保持反应条件（如温度、压力等）不变，反应的热效应只与起始和终了状态有关，与变化途径无关。不管反应是一步完成的，还是分几步完成的，其热效应都相同。

对于进行得太慢或反应程度不易控制而无法直接测定反应热的化学反应，可以通过盖斯定律，利用容易测定的反应热来计算不容易测定的反应热。如图 2.13 所示。

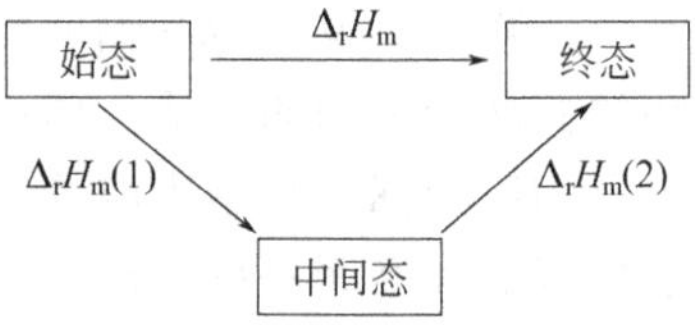


图 2.13　对不易直接测定的反应设计两个途径

$$\Delta_r H_m = \Delta_r H_m(1)+\Delta_r H_m(2)$$

（5）键解离能与键焓

化学反应中旧键断裂和新键形成过程中的能量变化，就是化学反应热效应的本质。

键解离能是指将化合物气态分子的某一个键拆散成气态原子所需的能量，称为键的分解能即键能。

键焓是指将化合物气态分子的某一个键拆散成气态原子所需的能量，称为键的分解能即键能。

例如，在 298.15K 时，水分子中 O—H 键解离能分别为 502.1kJ·mol$^{-1}$ 以及 423.4kJ·mol$^{-1}$：

$$H_2O(g) \longequal H\cdot(g)+\cdot OH(g) \quad \Delta_r H_m^\ominus(1)=502.1\text{kJ}\cdot\text{mol}^{-1}$$

$$\cdot OH(g) \longequal H\cdot(g)+\cdot O\cdot(g) \quad \Delta_r H_m^\ominus(2)=423.4\text{kJ}\cdot\text{mol}^{-1}$$

则 O—H(g)的键焓等于这两个键能的平均值：

$$\Delta_r H_m^\ominus(\text{O—H},g)=\frac{502.1+423.4}{2}=462.75\text{kJ}\cdot\text{mol}^{-1}$$

使用键焓计算 $\Delta_r H_m^\ominus(T)$ 时，化学反应的焓变值等于反应物键焓之和减去生成物键焓之和。

（6）离子生成焓

标准离子生成焓是指标准压力下，$H^+$在无限稀薄的水溶液中，其摩尔生成焓等于零，用 $\Delta_f H_m^\ominus[H^+(\infty,aq)]=0$ 表示。

其它离子生成焓都是与这个标准比较的相对值。

【思考题】若 1mol HCl 溶解于大量水中放热 75.14kJ·mol$^{-1}$，根据 $\Delta_f H_m^\ominus(\text{HCl})=-92.31\text{kJ}\cdot\text{mol}^{-1}$，以及 $H^+$生成焓的定义，$Cl^-$的生成焓为多少？（$-167.45\text{kJ}\cdot\text{mol}^{-1}$）

### 2.8.5 标准摩尔反应焓随温度的变化——基尔霍夫公式

等温等压条件下，对于封闭系统中的任意化学反应，反应的摩尔反应焓变 $\Delta_r H_m$ 为：

$$\Delta_r H_m=\left(\frac{\partial \Delta_r H}{\partial \xi}\right)_{p,T}$$

两侧对温度 $T$ 进行偏微分，得：

$$\left[\frac{\partial(\Delta_r H_m)}{\partial T}\right]_{p,\xi}=\left[\frac{\partial}{\partial T}\left(\frac{\partial \Delta_r H}{\partial \xi}\right)_{p,T}\right]_{p,\xi}=\left[\frac{\partial}{\partial \xi}\left(\frac{\partial \Delta_r H}{\partial T}\right)_{p,\xi}\right]_{p,T}=\left(\frac{\partial \Delta_r C_p}{\partial \xi}\right)_{p,T}=\Delta_r C_{p,m}$$

式中，$\Delta_r C_{p,m}=\sum_B \nu_B C_{p,m}(B)$ 为化学反应中，各物质的摩尔等压热容变化。

对方程 $\left[\frac{\partial(\Delta_r H_m)}{\partial T}\right]_{p,\xi}=\Delta_r C_{p,m}$ 两侧同时积分：

$$\Delta_r H_m(T_2)-\Delta_r H_m(T_1)=\int_{T_1}^{T_2}\Delta C_{p,m}(B)\mathrm{d}T \quad (2.122)$$

上式首先由基尔霍夫（Kirchhoff）提出，表明了焓变值与温度的关系式，所以称基尔霍夫定律，有微分式和积分式两种表示形式。

微分式：

$$\mathrm{d}\Delta_r H_m=\Delta_r C_{p,m}\mathrm{d}T \quad (2.123)$$

积分式：

$$\Delta_r H_m(T_2)=\Delta_r H_m(T_1)+\int_{T_1}^{T_2}\Delta_r C_{p,m}\mathrm{d}T \quad (2.124)$$

其中，$\Delta_r C_{p,m}=\sum_B \nu_B C_{p,m}(B)$

反应焓变值一般与温度关系不大。如果温度区间较大，在等压下虽化学反应相同，但其焓变值不同。

$\Delta_r C_{p,m}$ 也是温度的函数，只要将 $C_p$-$T$ 的关系式代入，就可从一个温度下的焓变求另一个温度下的焓变，常用级数形式表示热容对温度的依赖关系（参考 1.4.3 节）。若反应中有物质发生相变，就要设计等温可逆相变过程，进行逐相分段积分。

【例 2.6】理想气体反应 A(g)+B(g) ══ Y(g)，在 500°C、100kPa 进行时，$Q$、$W$、$\Delta_r H_m^{\ominus}$、$\Delta_r H_m^{\ominus}$ 各为多少，并写出计算过程。（$C_{p,m}$ 的适用范围为 25 ~ 800°C）已知数据：

| 物质 | $\Delta_f H_m^{\ominus}$(298K)/(kJ·mol$^{-1}$) | $C_{p,m}$/(J·K$^{-1}$·mol$^{-1}$) |
|---|---|---|
| A(g) | −235 | 19.1 |
| B(g) | 52 | 4.2 |
| Y(g) | −241 | 30.0 |

【解答】根据式（2.120）：$\Delta_r H_m^{\ominus} = \sum_B \nu_B \Delta_f H_m^{\ominus}(B)$

$$\Delta_r H_m^{\ominus}(298\text{K}) = -58\text{kJ·mol}^{-1}$$

根据基尔霍夫定律

$$\Delta_r H_m^{\ominus}(773\text{K}) = \Delta_r H_m^{\ominus}(298\text{K}) + \int_{298\text{K}}^{773\text{K}} \nu_B \Delta_r C_{p,m}(B)\text{d}T$$

其中，$\Delta_r C_{p,m} = \sum_B \nu_B C_{p,m}(B) = 6.7\text{J·K}^{-1}\text{·mol}^{-1}$

则，$\Delta_r H_m^{\ominus}(773\text{K}) = -54.82\text{kJ·mol}^{-1}$

根据“桥梁公式”（1.74），反应的等压热效应 $Q = \Delta_r H_m^{\ominus}(773\text{K}) = -54.82\text{kJ·mol}^{-1}$

根据式（2.117），$\Delta_r U_m^{\ominus} = \Delta_r H_m^{\ominus} - [\sum_B \nu_B(g)]RT = -48.39\text{kJ·mol}^{-1}$

$$W = -p\Delta V = -[\sum_B \nu_B(g)]RT = 6.43\text{kJ·mol}^{-1}$$

## 2.8.6 燃烧和爆炸反应

绝热反应仅是非等温反应的一种极端情况，由于非等温反应中焓变的计算比较复杂，所以假定在反应过程中，焓变（或者内能变）为零，则可以利用状态函数的性质，求出反应终态温度。

对于快速燃烧或爆炸反应，由于速度快，来不及与环境发生热交换，可作为绝热反应处理，以求出火焰和爆炸产物的最高温度。恒压燃烧反应所能达到的最高温度称为最高火焰温度。

计算恒压燃烧反应的最高火焰温度的依据是“桥梁公式”[式（1.74）]：$Q_p = \Delta_r H$；

计算恒容爆炸反应的最高温度的依据是：$Q_V = \Delta_r U = 0$；

例如某绝热过程如图 2.14 所示，反应物起始温度均为 $T_1$，整个绝热反应过程保持压力不变，求算产物温度 $T_2$。

根据盖斯定律：对于图 2.14 中的热力学过程，必然有：

$$\Delta H_m(1) + \Delta_r H_m(298.15\text{K}) + \Delta H_m(2) = 0$$

根据基尔霍夫定律［式（2.124）]：

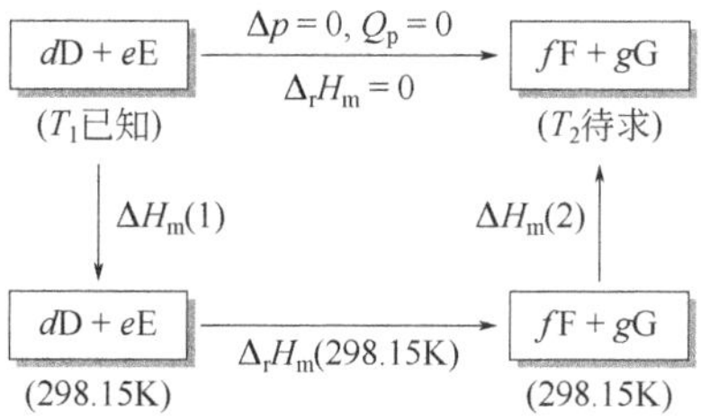


图 2.14　求绝热反应过程的最高温度示意图

$$\Delta H_{\mathrm{m}}(1)=\int_{T_1}^{298.15\mathrm{K}}\sum C_p(\text{反应物})\mathrm{d}T$$

$$\Delta H_{\mathrm{m}}(2)=\int_{298.15\mathrm{K}}^{T_2}\sum C_p(\text{生成物})\mathrm{d}T$$

从而可求出 $T_2$ 值。

# 2.9　热力学第三定律

## 2.9.1　能斯特热定理

1902 年，T. W. Richard 研究了一些低温下电池反应的$\Delta G$和$\Delta H$与 $T$ 的关系，发现温度降低时，$\Delta G$ 和$\Delta H$ 值有趋于相等的趋势，如图 2.15 所示，证明了凝聚系统的$\Delta G$ 和$\Delta H$ 均与 $T$ 有关。随后，能斯特（Nernst）在此基础上，提出了能斯特热定理，进而发展成为热力学第三定律。

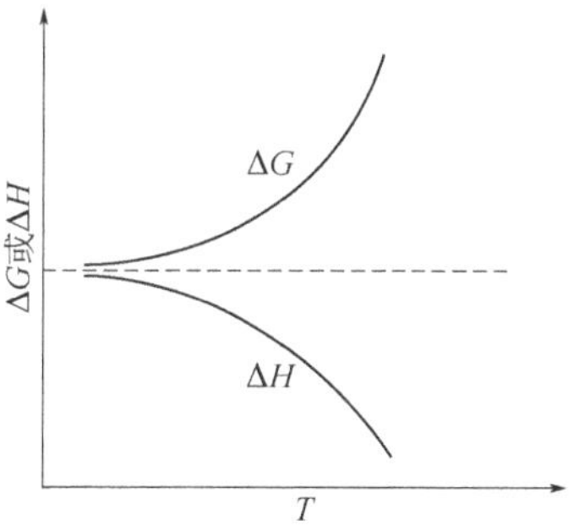


图 2.15　凝聚系统的$\Delta G$ 和 $\Delta H$ 随温度的变化率

能斯特假设：任何凝聚系统在等温过程中的$\Delta G$ 和$\Delta H$ 随着温度的降低以渐进的方式趋于相等，在 0K 时汇合且趋于同一水平线。能斯特热定理可用文字表述为：在温度趋近于 0K 的等温过程中，系统的熵值不变。数学表达式为：

$$\lim_{T\to 0}\left(\frac{\partial \Delta G}{\partial T}\right)_p=\lim_{T\to 0}(-\Delta S)=0 \qquad (2.125)$$

## 2.9.2　热力学第三定律的普朗克表述及标准摩尔熵

热力学第三定律普朗克（Planck）表述：在绝对零度时，一切完美晶体的量热熵为 0。数学表达式为：

$$\lim_{T\to 0}S=0 \qquad (2.126)$$

其中量热熵指随温度而变的熵，可以通过量热方法设计可逆过程求出量热熵值——“绝对熵”；

**定理 1**：在恒定压力下，将 1mol 处在平衡态的纯物质从 0K 升高至 $T$ 时的熵变称为该物质在该温度压力条件下的摩尔绝对熵。

**定理 2**：在标准状态下的摩尔绝对熵称为物质的标准摩尔熵［$S_{\mathrm{m}}^{\ominus}(T)$］，也称为规定熵，可以通过设计可逆过程进行求算。

在不涉及相变时，在标准状态下，1mol 晶体（纯物质）的标准摩尔熵变可根据式（2.4）以及“桥梁公式”[式（1.74）] 得：

$$dS_m^\ominus = \frac{\delta Q_R}{T} = \frac{C_{p,m}^\ominus dT}{T} \tag{2.127}$$

由于晶体在 0K 升温至 $T$ 时不存在相变，则对上式进行积分，得：

$$S_m^\ominus(T) - S_m^\ominus(0K) = \int_{0K}^{T} \frac{C_{p,m}^\ominus dT}{T}$$

根据式（2.126），$S_m^\ominus(0K) = 0$

则
$$S_m^\ominus(T) = \int_{0K}^{T} \frac{C_{p,m}^\ominus dT}{T} \tag{2.128}$$

若存在相变，假设 1mol 纯物质在标准状态下，由 0K 的晶体状态升温为 $T$ 状态下的气体，假设过程中不涉及固体晶相之间的变化，各相均处于其对应的理想状态，求标准摩尔熵显然需设计可逆过程，如图 2.16 所示。

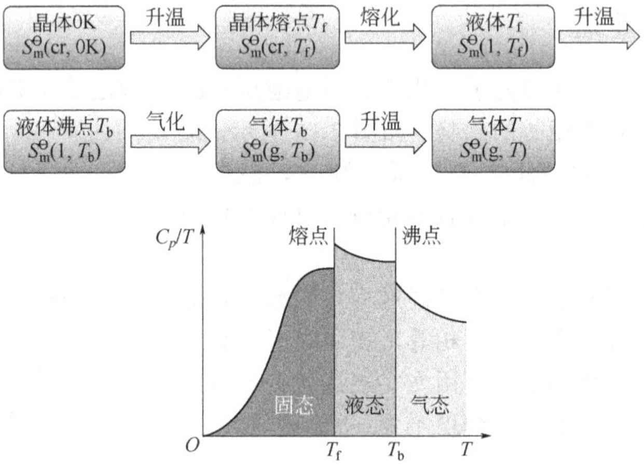


图 2.16　纯物质存在相变时量热熵的逐相计算

根据所设计的可逆过程，整个变化过程中的标准摩尔熵 $S_m^\ominus(T)$ 可逐相讨论，分段积分求算如下：

$$S_m^\ominus(T) = \int_{0K}^{T_f} \frac{C_{p,m}^\ominus(cr)dT}{T} + \frac{\Delta_{cr}^{l} H_m^\ominus}{T_f} + \int_{T_f}^{T_b} \frac{C_{p,m}^\ominus(l)dT}{T} + \frac{\Delta_{T_f}^{T_b} H_m^\ominus}{T_b} + \int_{T_b}^{T} \frac{C_{p,m}^\ominus(g)dT}{T}$$

式中，$\frac{\Delta_{cr}^{l} H_m^\ominus}{T_f}$ 以及 $\frac{\Delta_{T_f}^{T_b} H_m^\ominus}{T_b}$ 均为可逆相变的熵变，若固态中存在晶相转变，则还需要设计可逆过程（“升温”和“相变”）逐相考虑。

【例 2.7】已知 25°C 时硝基甲烷 $CH_3NO_2(l)$的标准摩尔熵为 171.42J·mol$^{-1}$·K$^{-1}$，摩尔蒸发焓为 38.27kJ·mol$^{-1}$，饱和蒸气压为 4.887kPa。求气态 $CH_3NO_2(g)$在 25°C 时的标准摩尔熵。假设蒸气服从理想气体状态方程。

【解答】本题涉及相变，显然需要设计可逆过程计算，过程设计如下：

$$\underset{250^\circ C,\ p^\ominus}{CH_3NO_2(l)} \xrightarrow{\Delta S_1} \underset{25^\circ C,\ 4.887kPa}{CH_3NO_2(l)} \xrightarrow{\Delta S_2} \underset{25^\circ C,\ 4.887kPa}{CH_3NO_2(g)} \xrightarrow{\Delta S_3} \underset{25^\circ C,\ p^\ominus}{CH_3NO_2(g)}$$

根据凝聚相近似得：$\Delta S_1 = 0$

途径 2 为可逆相变，直接使用热温商计算公式：

$$\Delta S_2 = \frac{\Delta_{vap}H_m}{T_b} = \frac{38.27\times10^3}{298.15K} = 128.36J\cdot mol^{-1}\cdot K^{-1}$$

$$\Delta S_3 = R\ln\frac{p_1}{p_2} = 8.314\ln\frac{4.887}{100} = -25.10J\cdot mol^{-1}\cdot K^{-1}$$

故：
$$\Delta S = \Delta S_1+\Delta S_2+\Delta S_3 = 103.26J\cdot mol^{-1}\cdot K^{-1}$$

气态 $CH_3NO_2(g)$在 25°C 时的标准摩尔熵为：

$$S_m^\ominus(g, 298.15K) = S_m^\ominus(l, 298.15K)+\Delta S = 274.68J\cdot mol^{-1}\cdot K^{-1}$$

## 2.10 热力学第二定律习题选讲

在应用热力学第二定律计算无非体积功、封闭系统的热力学过程中的熵变或是判断过程的自发性问题时，最主要的是应用熵增加原理和热温熵公式求解过程中的热效应。该热效应必须是可逆热效应，因此对于非可逆过程，需要设计成可逆过程之后，才能利用第一定律的相关公式求解。

（1）热效应计算的基本公式

① 封闭系统中：

$$Q = \Delta U - W \tag{2.129}$$

② 封闭系统，没有非体积功的均相系统的等容过程，其等容热效应为过程中的内能变化：

$$\Delta U = Q_V \tag{2.130}$$

③ 理想气体的等温变压（体积）过程中：

$$Q = -W = nRT\ln\frac{V_2}{V_1} \tag{2.131a}$$

$$\Delta S = nR\ln\frac{V_2}{V_1} \tag{2.131b}$$

④ 封闭系统，没有非体积功的均相系统的等压过程，其等压热效应等于内能与体积压强乘积的加和：

$$\Delta U = Q_p - p\Delta V \tag{2.132}$$

⑤ 对于组成一定且不存在非体积功和相变的封闭系统，在等压变温过程中吸热量为：

$$Q_p = \int_{T_1}^{T_2} C_p dT = n\int_{T_1}^{T_2} C_{p,m} dT \tag{2.133a}$$

$$\Delta S = nC_{p,m}\ln\frac{T_2}{T_1} \tag{2.133b}$$

⑥ 对于组成一定且不存在非体积功和相变的封闭系统，在等容变温过程中吸热量为：

$$Q_V = \int_{T_1}^{T_2} C_V \mathrm{d}T = n\int_{T_1}^{T_2} C_{V,\mathrm{m}} \mathrm{d}T \tag{2.134a}$$

$$\Delta S = nC_{V,\mathrm{m}} \ln\frac{T_2}{T_1} \tag{2.134b}$$

（2）环境的热效应近似

温度为 $T$ 的环境热源在与系统相互作用的过程中吸热 $Q$ 时，环境热源吸热量默认为是可逆热效应，热源的熵变公式为：

$$(\Delta S)_{\text{热源}} = \frac{Q}{T} \tag{2.135}$$

**【例 2.8】** 取 273.15K，3×101.325kPa 的氧气 10 L，反抗恒外压 101.325kPa 进行绝热不可逆膨胀，求该过程的 $Q$、$W$、$\Delta U$、$\Delta H$、$\Delta S$、$\Delta A$ 和 $\Delta G$。已知氧气在 298K 时的规定摩尔熵为 $205\mathrm{J\cdot mol^{-1}\cdot K^{-1}}$。氧气可视为理想气体。

**【解答】** 由题意可知 $T_1 = 273.15\mathrm{K}$，$p_1 = 3\times101325\mathrm{Pa}$，$V_1 = 10\times10^{-3}\mathrm{m}^3$，$p_\mathrm{e} = p_2 = 101325\mathrm{Pa}$，根据理想气体的热容定义，对于双原子理想气体：$C_{V,\mathrm{m}} = \frac{5}{2}R$；$C_{p,\mathrm{m}} = \frac{7}{2}R$，则根据理想气体状态方程可知 $O_2$ 的物质的量：

$$n(\mathrm{O_2}) = \frac{pV}{RT} = \frac{3\times101325\times10\times10^{-3}}{8.314\times273.15} = 1.3385\mathrm{mol}$$

由于该过程为绝热过程，因此该过程的 $Q = 0$；

根据热力学第一定律，$W_{\text{体}} = \Delta U$；

联立体积功的定义式 $\delta W_{\text{体}} = -p_\mathrm{e}\mathrm{d}V$ 以及式（1.84）$\Delta U = \int_{T_1}^{T_2} C_V \mathrm{d}T$

则：

$$-p_e\left(\frac{nRT_2 - nRT_1}{p_2}\right) = nC_{V,\mathrm{m}}(T_2 - T_1)$$

代入数据，解得 $T_2 = 221.1214\mathrm{K}$。

所以 $\Delta U = nC_{V,\mathrm{m}}(T_2 - T_1) = \frac{5}{2}\times8.314\times1.3385\times(221.1214 - 273.15) = -1447.5\mathrm{J}$

$$W_{\text{体}} = \Delta U = -1447.5\mathrm{J}$$

根据式（1.83）得：

$$\Delta H = nC_{p,\mathrm{m}}(T_2 - T_1) = \frac{7}{2}\times8.314\times1.3385\times(221.1214 - 273.15) = -2026.5\mathrm{J}$$

该过程的熵变计算，由于该过程中的 $p$、$V$、$T$ 三个变量均发生了变化，可将该过程拆解为温度恒定在 $T_1$ 的等温途径Ⅰ（$V_1 \rightarrow V_2$）和等容变温途径Ⅱ（$T_1 \rightarrow T_2$）两个途径。

其中等温途径中的熵变计算根据式（2.131）：$\Delta S(\text{Ⅰ}) = nR\ln\frac{V_2}{V_1}$；

等容变温途径的熵变计算根据式（2.132）：$\Delta S(\text{Ⅱ}) = nC_{V,\mathrm{m}}\ln\frac{T_2}{T_1}$；

因此，该过程中的 $\Delta S = nR\ln\frac{V_2}{V_1} + nC_{V,\mathrm{m}}\ln\frac{T_2}{T_1} = 4\mathrm{J\cdot K^{-1}}$。

例题中的规定熵是指压强为一个标准大气压下的绝对熵值，对应系统终态的压强，设 $T_3=298\text{K}$，则终态的规定熵 $S_2$ 为：

$S^{\ominus}_{\text{m},2}(221.1214\text{K})=S^{\ominus}_{\text{m}}(298\text{K})+C_{p,\text{m}}\ln\dfrac{T_2}{T_1}$，代入数据，解得：

$S^{\ominus}_{\text{m},2}(221.1214\text{K})=205+3.5\times8.314\times\ln\dfrac{221.1214}{298}=196.31\text{J}\cdot\text{mol}^{-1}\cdot\text{K}^{-1}$

因为 $\Delta S=4\text{J}\cdot\text{K}^{-1}$，$n(O_2)=1.3385\text{mol}$

$S_{\text{m},1}(p_1,273.15\text{K})=S^{\ominus}_{\text{m},2}(221.1214\text{K})-\dfrac{\Delta S}{n(O_2)}=193.33\text{J}\cdot\text{mol}^{-1}\cdot\text{K}^{-1}$

所以 $\Delta G=\Delta H-\Delta(TS)=\Delta H-n(O_2)(T_2S^{\ominus}_{\text{m},2}-T_1S_{\text{m},1})=10554\text{J}$

$\Delta A=\Delta U-\Delta(TS)=\Delta H-n(O_2)(T_2S^{\ominus}_{\text{m},2}-T_1S_{\text{m},1})=11133\text{J}$

（3）等温自由膨胀过程

该过程的体积功 $W_{体}=0$，$\Delta U=Q$。但由于该过程不是可逆过程，因此处理系统熵变时不能使用这个 $Q$ 值。需要设计成等温可逆过程，保证对应的始终态相同。

比如 1mol 的理想气体在温度 $T$ 条件下，从始态压力 $p_1$ 自由膨胀到 $p_2$ 压力，通过设计等温可逆过程，此过程中的热效应为 0J，体积功为 0J，内能变化为 0J，但系统的熵变为：

$$\Delta S_{系}=R\ln\frac{p_1}{p_2} \tag{2.136}$$

而环境热效应则应按照环境热效应近似来计算，系统与环境的热交换为 0，即对于环境热源而言，可逆热效应就是 0J，环境熵变为：

$$\Delta S_{环}=0 \tag{2.137}$$

**【例 2.9】**在 373K，101.325kPa 条件下，水的摩尔蒸发焓 $\Delta_{\text{vap}}H^{\ominus}_{\text{m}}(水)=40627\text{J}\cdot\text{mol}^{-1}$，水的密度为 $0.95838\text{g}\cdot\text{cm}^{-1}$，将 1mol 水由 373K、101.325kPa 的初始状态经过等温向真空自由蒸发过程转变为同温同压的水蒸气，试计算水及环境的熵变，并判断该过程的方向性。假设该过程中可以忽略水的液态体积，并视其气态水满足理想气体状态。

**【解答】**系统的熵变可以通过设计代换过程解决：水由 373K、101.325kPa 经过可逆相变转变为同温同压的水蒸气，由该温度压力条件下的水的相变热 $\Delta_{\text{vap}}H^{\ominus}_{\text{m}}=40627\text{J}\cdot\text{mol}^{-1}$，可知：

$$\Delta S_{系}=\frac{Q_{\text{r}}}{T}=\frac{n\Delta_{\text{vap}}H^{\ominus}_{\text{m}}}{T}=\frac{1\times40627}{373}=108.9\text{J}\cdot\text{K}^{-1}$$

而环境所放的热是水真空自由蒸发过程中的实际吸热量，由于该过程自由膨胀，体积功 $W=0$，故 $\Delta U=Q$。

已知该过程的 $\Delta H=\Delta_{\text{vap}}H^{\ominus}_{\text{m}}=40627\ \text{J}\cdot\text{mol}^{-1}$，故设计系统恒外压膨胀至相同的终态压力温度，具体过程的设计与替换可参考本教材的 1.1.7 节。

$$\Delta U=\Delta H-p\Delta V=\Delta H-\Delta nRT=40627-1\times8.314\times373=37525.9\text{J}$$

故系统需要吸热 $Q=37525.9\text{J}$

即环境放热 $-37525.9\text{J}$

则环境熵变为：$\Delta S_{环} = -\dfrac{37525.9}{373} = -100.6\mathrm{J \cdot K^{-1}}$

因此，根据熵增加原理：

$$\Delta S_{孤} = \Delta S_{系} + \Delta S_{环} = 108.9 - 100.6 = 8.3\mathrm{J \cdot K^{-1}} > 0$$

该过程为正向自发过程。

（4）系统被直接加热（或冷却）的变温过程

该过程肯定是不可逆过程，因为涉及了微观状态数的改变。对于系统的热效应，仍然需要设计变温可逆过程求解，比如设计成等压变温可逆过程（或等容变温可逆过程），保证对应的始终态相同。

比如 1mol 理想气体在 $T_2$ 热源的加热下，从 $T_1$ 等容升温至 $T_2$，则此过程的热效应为：$Q_r = \int_{T_1}^{T_2} C_V \mathrm{d}T$。

假设等容热容为常数，熵变为：

$$\Delta S_{系} = n\int_{T_1}^{T_2} \frac{C_{V,\mathrm{m}}\mathrm{d}T}{T} = nC_{V,\mathrm{m}} \ln\frac{T_2}{T_1} \tag{2.138}$$

环境热源视为等温可逆过程，所以环境热源的熵变为：

$$\Delta S_{系} = \frac{n\int_{T_1}^{T_2} C_{V,\mathrm{m}}\mathrm{d}T}{T_2} \tag{2.139}$$

（5）纯物质相变过程中的熵变

处理存在相变过程的热效应时，一定要考虑两相平衡共存时的相变焓，只有此刻，相变过程才是可逆过程，才能够使用熵变计算公式（2.4）。比如物质的熔点对应的温度和压强，沸点对应的温度和压强，等等。当非上述可逆过程时，需要对题设的过程设计热力学途径，构建可逆的相变，然后进行计算和讨论。

存在相变的条件下，相变熵为：

$$\Delta_\alpha^\beta S_\mathrm{m} = S_\mathrm{m}^\beta(T,p) - S_\mathrm{m}^\alpha(T,p) = \frac{\Delta_\alpha^\beta H_\mathrm{m}}{T} \tag{2.140}$$

式中，$\Delta_\alpha^\beta H_\mathrm{m}$ 为可逆相变焓。

第 2 章基本概念索引和基本公式汇总

# 习 题

## 一、问答题

1. 判断下列说法是否正确并说明原因：

（1）夏天将室内电冰箱门打开，接通电源，紧闭门窗（设墙壁、门窗均不传热）可降低室温；

（2）可逆机的效率最高，用可逆机去推动火车，可加快速度；

（3）在绝热封闭系统中发生一个不可逆过程从状态Ⅰ→Ⅱ，不论用什么方法系统再也回不到原来状态Ⅰ；

（4）封闭绝热循环过程一定是个可逆循环过程。

2. 请判断理想气体节流膨胀过程中，系统的 $\Delta U$、$\Delta H$、$\Delta S$、$\Delta A$、$\Delta G$ 中哪些一定为零？

3. 孤立系统和封闭系统绝热过程中的自发变化是朝着热力学概率更大的方向进行，因而平衡态是热力学概率最大的状态，距平衡愈远，热力学概率愈小。上述说法对吗？

4. 请判断在下列过程中，系统 $\Delta U$、$\Delta H$、$\Delta S$、$\Delta A$、$\Delta G$ 中有哪些一定为零？

（1）苯和甲苯在常温常压下混合成理想液体混合物；

（2）水蒸气经绝热可逆压缩变成液体水；

（3）恒温、恒压条件下，Zn 和 $CuSO_4$ 溶液在可逆电池中发生置换反应；

（4）水蒸气通过蒸汽机对外做功后恢复原状；

（5）固体 $CaCO_3$ 在 $p^{\ominus}$ 分解温度下分解成固体 CaO 和 $CO_2$ 气体。

5. 两种不同气体在等温等容混合时，因为系统的混乱度增大，所以熵增加。对吗？

6. 任意系统经一循环过程，$\Delta U$、$\Delta H$、$\Delta S$、$\Delta A$、$\Delta G$ 均为零，此结论对吗？

7. 系统由平衡态 A 变到平衡态 B，不可逆过程的熵变一定大于可逆过程的熵变，对吗？

8. 298.15K，1mol 理想气体，由于亥姆霍兹自由能 $A$ 和吉布斯自由能 $G$ 的绝对值皆不可知，因此 $A$ 和 $G$ 之间的差值也不可知，对吗？

9. 请判断实际气体绝热自由膨胀过程中，系统的 $\Delta U$、$\Delta H$、$\Delta S$、$\Delta A$、$\Delta G$ 中哪些一定为零？

10. 温度升高对物质的下列各量有何影响（增大、减小或不变），并简证之（或简单解释之）。

（1）恒压下物质的焓；

（2）恒容下物质的内能；

（3）恒压下物质的熵；

（4）恒容下物质的亥姆霍兹自由能；

（5）恒压下物质的吉布斯自由能。

## 二、证明题

1. 试用 $T$-$S$ 图推导卡诺循环的热机效率 $\eta = \dfrac{T_1 - T_2}{T_1}$（$T_1$、$T_2$ 分别为高、低温热源的温度）。

2. 请证明简单状态变化中，系统的熵变可表示为：

$$dS = \frac{C_V}{T}\left(\frac{\partial T}{\partial p}\right)_V dp + \frac{C_p}{T}\left(\frac{\partial T}{\partial V}\right)_p dV$$

并导出对于理想气体，若始态为 $p_1$、$V_1$，终态为 $p_2$、$V_2$，$C_p$、$C_V$ 均为常数，其熵变为

$$\Delta S = C_V \ln\frac{p_2}{p_1} + C_p \ln\frac{V_2}{V_1}$$

3．已知某气体的 $C_{V,\mathrm{m}} = a+bT+cT^2$，$pV_\mathrm{m} = RT+\alpha p$，其中 $a$、$b$、$c$ 均为常数，请导出 1mol 该气体由状态 $T_1$、$V_1$ 变化到 $T_2$、$V_2$ 时的熵变公式。

4．试证明：将一个恒温可逆过程和两个绝热可逆过程组合起来，不能成为循环。

5．请证明下列 $C_p$ 与 $C_V$ 之差的公式：

（1）$C_p - C_V = T\left(\frac{\partial p}{\partial T}\right)_V\left(\frac{\partial V}{\partial T}\right)_p$

（2）$C_p - C_V = -T\left(\frac{\partial p}{\partial V}\right)_T\left[\left(\frac{\partial V}{\partial T}\right)_p\right]^2$

（3）$C_p - C_V = \frac{\alpha^2 TV}{\kappa}$

式中，$\alpha$ 为膨胀系数；$\kappa$ 为压缩系数，并对理想气体证明 $C_p-C_V = nR$。

6．在一个带有活塞的气缸中，放置物质的量 $n_1$ 的某固体纯物质，温度为 $T_1$，压力为该温度下固体的饱和蒸气压 $p_1$，此时气缸中没有气体。进行一个可逆绝热膨胀过程后，温度降至 $T_2$，压力为 $p_2$，则有物质的量为 $n$ 的固体变为气体，试证明：

$$\frac{n}{n_1} = \frac{C_{p,\mathrm{m}} T_2}{\Delta_\mathrm{sub} H_\mathrm{m}} \ln\frac{T_1}{T_2}$$

式中，$C_{p,\mathrm{m}}$ 为固体的摩尔定压热容；$\Delta_\mathrm{sub}H_\mathrm{m}$ 为摩尔升华热。计算时可忽略温度对 $C_{p,\mathrm{m}}$ 及 $\Delta_\mathrm{sub}H_\mathrm{m}$ 的影响。

7．某真实气体其状态方程为$(p+a)V = nRT$，试证明：

（1）$\left(\frac{\partial U}{\partial V}\right)_T = a$

（2）$\left(\frac{\partial H}{\partial V}\right)_T = 0$

8．证明服从范德华方程的气体存在以下关系：

$$\left(\frac{\partial V}{\partial T}\right)_A\left(\frac{\partial T}{\partial G}\right)_p\left(\frac{\partial S}{\partial V}\right)_U = \frac{R}{p(V_\mathrm{m}-b)+\frac{a}{V_\mathrm{m}}-\frac{ab}{V_\mathrm{m}^2}}$$

9．证明：$\left(\frac{\partial H}{\partial G}\right)_T = \frac{1}{V}\left[-T\left(\frac{\partial V}{\partial T}\right)_p + V\right]$

10．证明：$\left(\frac{\partial U}{\partial p}\right)_T = -\alpha TV + pV\kappa$

其中 $\alpha = \frac{1}{V}\left(\frac{\partial V}{\partial T}\right)_p$，$\kappa = -\frac{1}{V}\left(\frac{\partial V}{\partial p}\right)_T$。

11．$pV_\mathrm{m} = RT + Bp$，式中 $B$ 与温度有关，试证明：

$$\left(\frac{\partial U_\mathrm{m}}{\partial V_\mathrm{m}}\right)_T = \frac{RT^2}{(V_\mathrm{m}-B)^2}\times\frac{\mathrm{d}B}{\mathrm{d}T}$$

并再写出$\left(\frac{\partial S_m}{\partial V_m}\right)_T$、$\left(\frac{\partial S_m}{\partial p}\right)_T$和$\left(\frac{\partial H_m}{\partial p}\right)_T$的表达式。

12. 一理想气体从状态 1 膨胀到状态 2，若定压热容与定容热容之比$\gamma=\frac{C_p}{C_V}$，则可以认为$\gamma$是常数，试证明：$p_1V_1^{\gamma}\exp\left(-\frac{S_1}{C_V}\right)=p_2V_2^{\gamma}\exp\left(-\frac{S_2}{C_V}\right)$，式中，$S_1$、$S_2$分别为该气体在状态 1 和状态 2 时的熵。

13. 试求算理想气体的下列偏微熵：$\left(\frac{\partial^2 p}{\partial T^2}\right)_V$；$\left(\frac{\partial U}{\partial p}\right)_T$；$\left(\frac{\partial p}{\partial V}\right)_S$。

14. 已知：均相物质的平衡稳定条件为$\left(\frac{\partial p}{\partial V}\right)_T<0$，请证明：任一物质绝热可逆膨胀后压力必降低。

15.（1）试证明：$\left(\frac{\partial H}{\partial p}\right)_{T,n}=V-T\left(\frac{\partial V}{\partial T}\right)_{p,n}$，并说明对于理想气体$\left(\frac{\partial H}{\partial p}\right)_{T,n}$等于什么？

（2）试证明：纯物质的膨胀系数$\alpha=\frac{1}{V}\times\left(\frac{\partial V}{\partial T}\right)_p=\frac{1}{T}$时，它的摩尔定压热容$C_{p,m}$与压力无关。

## 三、计算题

1. 汞在熔点（234.28K）时的熔化热为 $2.367\text{kJ}\cdot\text{mol}^{-1}$，若液体汞和过冷液体汞的摩尔定压热容均等于 $28.28\text{J}\cdot\text{K}^{-1}$，计算 1mol 223.15K 的液体汞在绝热等压情况下析出固体汞时系统的熵变。

2. 苯在正常沸点 353K 下的$\Delta_{vap}H_m^{\ominus}=30.77\text{kJ}\cdot\text{mol}^{-1}$，现将 353K 及$p^{\ominus}$下的 1mol $C_6H_6(l)$向真空等温汽化为同温同压的苯蒸气（设为理想气体）。

（1）求算在此过程中苯吸收的热量$Q$与做的功$W$；

（2）求苯的摩尔汽化熵$\Delta_{vap}S_m^{\ominus}$及摩尔汽化吉布斯自由能$\Delta_{vap}G_m^{\ominus}$；

（3）求环境的熵变$\Delta S_{环}$；

（4）应用有关原理判断上述过程是否为不可逆过程？

（5）298K 时苯的蒸气压为多大？

3. 将 298K，$p^{\ominus}$条件下的 $1\text{dm}^3$ $O_2$（作为理想气体）绝热压缩到 $5p^{\ominus}$，耗费功 502J。求终态的$T_2$和$S_2$，以及此过程中氧气的$\Delta H$和$\Delta G$。

已知：$O_2$ 的 $S_m^{\ominus}(O_2,298\text{K})=205.14\text{J}\cdot\text{K}^{-1}\cdot\text{mol}^{-1}$；$C_{p,m}(O_2)=29.29\text{J}\cdot\text{K}^{-1}\cdot\text{mol}^{-1}$。

4. 某地下水的温度$T_1=343\text{K}$，大气温度$T_2=293\text{K}$，在两者之间设计一个卡诺热机，从地下水吸热 1000J。求：（1）求热机效率$\eta$；（2）求热机做功大小；（3）求大气、地下水及整个孤立系统的熵变。

5. 1mol 单原子分子理想气体经过一个绝热不可逆过程到达终态，该终态的温度为 273K，压力为$p^{\ominus}$，熵值为$S_m^{\ominus}(273\text{K})=188.3\text{J}\cdot\text{K}^{-1}\cdot\text{mol}^{-1}$。

已知该过程的$S_m=20.92\text{J}\cdot\text{K}^{-1}\cdot\text{mol}^{-1}$，$W=-1255\text{J}$。

（1）求始态的$p_1$、$T_1$、$V_1$；

（2）求气体的 $\Delta U$、$\Delta H$ 和 $\Delta G$。

6．一可逆热机在三个热源间工作，当热机从 $T_1$ 热源吸热 1200J，并且热机总共对外做功 200J 时试求：

（1）其他两个热源与热机交换的热量，指出热机是吸热还是放热；

（2）各热源的熵变和总熵变。

已知各热源 $T_1$、$T_2$、$T_3$ 的温度分别为 400K、300K、200K。

7．在标准压力下，萘（$C_{10}H_8$）的熔点为 353.15K，萘在熔点时的熔化热为 $19.29\text{kJ·mol}^{-1}$，在 343.15K 时，熔化热为 $19.20\text{kJ·mol}^{-1}$，液态萘的摩尔定压热容为 $223\text{J·K}^{-1}\text{·mol}^{-1}$，固态萘的摩尔定压热容为 $214\text{J·K}^{-1}\text{·mol}^{-1}$，计算 1mol、343.15K、101.325kPa 的过冷液态萘在等压下凝固成 353.15K、101.325kPa 的固态萘时，系统的熵变、环境的熵变及总熵变。

8．今有 1mol 理想气体，始态为 273.15K，1MPa，令其反抗恒定的 0.1MPa 外压，膨胀到体积为原来的 10 倍，压力等于外压。计算此过程的 $Q$、$W$、$\Delta U$、$\Delta H$、$\Delta S$ 以及 $\Delta G$。已知 $C_{V,\text{m}} = 12471\text{J·K}^{-1}\text{·mol}^{-1}$。

9．一绝热容器中有一无摩擦、无质量的绝热活塞，两边各装有 25°C、101.325kPa 的 1mol 理想气体，$C_{p,\text{m}} = (7/2)R$，左边有一电阻丝缓慢加热（如图），活塞慢慢向右移动，当右边压力为 202650kPa 时停止加热，求此时两边的温度 $T_左$、$T_右$ 和过程中的总内能改变 $\Delta U$ 及熵的变化 $\Delta S$（电阻丝本身的变化可以忽略）。

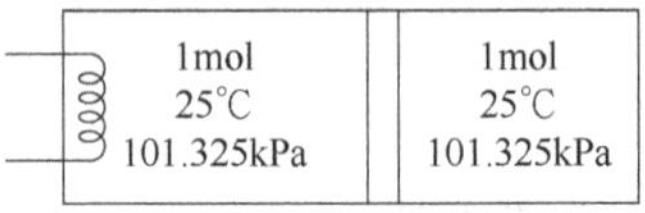


10．一直到 $1000p^\ominus$，氮气仍服从下列状态方程式：$pV_\text{m} = RT + bp$，式中，$b = 3.90\times10^{-2}\text{dm}^3\text{·mol}^{-1}$。500K，1mol $N_2(g)$ 从 $1000p^\ominus$ 等温膨胀到 $p^\ominus$，计算 $\Delta U_\text{m}$、$\Delta H_\text{m}$、$\Delta S_\text{m}$、$\Delta A_\text{m}$ 以及 $\Delta G_\text{m}$。

11．取 0°C，$3p^\ominus$ 的 $O_2(g)10\text{dm}^3$，绝热膨胀到压力 $p^\ominus$，分别计算下列两种过程的 $\Delta G$。假定 $O_2(g)$ 为理想气体，其摩尔定容热容 $C_{V,\text{m}} = \dfrac{5}{2}R$。已知氧气的摩尔标准熵 $S_\text{m}^\ominus(298\text{K}) = 205.0\text{J·K}^{-1}\text{·mol}^{-1}$。

（1）绝热可逆膨胀；

（2）将外压力骤减至 $p^\ominus$，气体反抗外压力进行绝热不可逆膨胀。

12．1mol 氦气从 200°C 加热到 400°C，保持压力恒定为 100kPa，已知 200°C 时，氦的标准熵为 $135\text{J·K}^{-1}\text{·mol}^{-1}$。假定氦为理想气体，计算 $\Delta H$、$\Delta S$ 以及 $\Delta G$。

13．在中等压力下，气体的物态方程可以写作 $pV(1-\beta p) = nRT$。式中，系数 $\beta$ 与气体的本性和温度有关。今若在 273K 时,将 0.5mol $O_2$ 由 1013.25kPa 的压力减到 101.325kPa，试求 $\Delta G$。已知氧的 $\beta = -9.277\times10^{-6}\text{kPa}^{-1}$。

14．1mol 单原子理想气体从 273K、$22.4\text{dm}^3$ 的始态变到 202.65kPa、303K 终态，已知系统始态的规定熵为 $83.68\text{J·K}^{-1}$，$C_{V,\text{m}} = 12.471\text{J·K}^{-1}\text{·mol}^{-1}$，求此过程的 $\Delta U$、$\Delta H$、$\Delta S$、$\Delta A$ 以及 $\Delta G$。

15．4g Ar（可视为理想气体，其摩尔质量 $M(\text{Ar}) = 39.95\text{g·mol}^{-1}$）在 300K 时，压力为 506.6kPa，今在等温下反抗 202.6kPa 的恒定外压进行膨胀。试分别求下列两种过程的 $Q$、$W$、$\Delta U$、$\Delta H$、$\Delta S$ 以及 $\Delta G$。

（1）若变化为可逆过程；

（2）若变化为不可逆过程。

16．将一玻璃球放入真空容器中，球中已封入 1mol $H_2O(l)$（101.3kPa，373K），真空容器内部恰好容纳 1mol 的 $H_2O(g)$（101.3kPa，373K），若保持整个系统的温度为 373K，小球被击破后，水全部汽化成水蒸气，计算 $Q$、$W$、$\Delta U$、$\Delta H$、$\Delta S$、$\Delta A$ 以及 $\Delta G$。根据计算结果，这一过程是自发的吗？用哪一个热力学性质作为判据？试说明之。已知水在 101.3kPa，373K 时的汽化热为 $40668.5\text{J}\cdot\text{mol}^{-1}$。

17．5mol 理想气体在 298.15K 下由 1.000MPa 膨胀到 0.100MPa，计算下列过程的 $\Delta A$ 和 $\Delta G$。

（1）等温可逆膨胀；

（2）自由膨胀。

18．绝热等压条件下，将一小块冰投入 263K 的 100g 过冷水中，最终形成 273K 的冰水系统，以 100g 水为系统，求在此过程中的 $Q$、$\Delta H$、$\Delta S$，上述过程是否为可逆过程？通过计算说明。已知：

$$\Delta_{\text{fus}}H_{\text{m}}(273\text{K}) = 6.0\text{kJ}\cdot\text{mol}^{-1}$$

$$C_{p,\text{m}}(273\text{K},\text{l}) = 75.3\ \text{J}\cdot\text{K}^{-1}\cdot\text{mol}^{-1}$$

$$C_{p,\text{m}}(273\text{K},\text{s}) = 37.2\text{J}\cdot\text{K}^{-1}\cdot\text{mol}^{-1}$$

19．已知反应 $C_2H_2(g) + 2H_2(g) \longrightarrow C_2H_6(g)$ 在 298.15K，$p^{\ominus}$ 时的熵变 $S_{\text{m}}^{\ominus}(\phi) = -232.1\text{J}\cdot\text{K}^{-1}\cdot\text{mol}^{-1}$，且知下列数据：

| 项目 | $C_2H_2(g)$ | $H_2(g)$ | $C_2H_6(g)$ |
|---|---|---|---|
| $\Delta_{\text{r}}S_{\text{m}}^{\ominus}(\phi)$ /(J·K$^{-1}$·mol$^{-1}$) | | 130.59 | 229.49 |
| $C_{p,\text{m}}$ /(J·K$^{-1}$·mol$^{-1}$) | 43.93 | 28.84 | 52.65 |
| $\Delta_c H_{\text{m}}^{\ominus}(\phi)$ /(kJ·mol$^{-1}$) | −1300 | −285.84 | −1560 |

试计算 298.15K，$p^{\ominus}$ 下 $C_2H_2(g)$的标准摩尔熵 $S_{\text{m}}^{\ominus}$，并计算在 323.15K 时反应的 $\Delta_{\text{r}}S_{\text{m}}^{\ominus}$（323.15K）、$\Delta_{\text{r}}H_{\text{m}}^{\ominus}$（323.15K）、$\Delta_{\text{r}}G_{\text{m}}^{\ominus}$（323.15K）。

20．在对 $N_2$ 热力学研究中得到下列热容数据：

$$\int_1^2 C_{p,\text{m}}\,\text{d}T/T = 27.2\text{J}\cdot\text{K}^{-1}\cdot\text{mol}^{-1}$$

$$\int_2^3 C_{p,\text{m}}\,\text{d}T/T = 23.4\text{J}\cdot\text{K}^{-1}\cdot\text{mol}^{-1}$$

$$\int_3^4 C_{p,\text{m}}\,\text{d}T/T = 11.4\text{J}\cdot\text{K}^{-1}\cdot\text{mol}^{-1}$$

积分区间上下标为：1 = 0K，2 = $T_{\text{tr}}$，3 = $T_{\text{f}}$，4 = $T_{\text{b}}$，其中 $T_{\text{tr}} = 35.61\text{K}$，转化热为 $0.229\text{kJ}\cdot\text{K}^{-1}\cdot\text{mol}^{-1}$，$T_{\text{f}} = 63.14\text{K}$，熔化热是 $0.721\text{J}\cdot\text{K}^{-1}\cdot\text{mol}^{-1}$，$T_{\text{b}} = 77.32\text{K}$，汽化热为 $5.58\text{kJ}\cdot\text{K}^{-1}\cdot\text{mol}^{-1}$，写出变化过程简式并求沸点时的熵值。

# 第 3 章

# 多组分系统热力学

**【学习意义】**

化学反应系统实际为多组分的混合系统，包含反应物之间的混合、反应物与产物的混合以及溶质与溶剂的混合。在物理概念上，多组分系统包含溶液与混合物。本章主要沿用热力学第一、第二定律中描述各变量关系的讨论方式，构建各类模型，使用热力学量描述多组分系统中的热力学性质。

**【核心概念】**

化学势与偏摩尔量；化学势等温式。

**【重点问题】**

1. 如何理解偏摩尔量和化学势的本质？
2. 如何理解纯气体、气体和液体混合物以及溶液中溶剂和溶质化学势的标准态与参考态？
3. 混合物以及溶液中的任意组分化学势与温度的关系如何描述？相互之间有何区别和联系？

本章是热力学第一、第二定律的延伸和应用。第 2 章 2.5.3 节详细讨论了平衡态四大基本方程，其使用条件是：单组分、均相、不做非体积功、封闭系统的平衡态（可逆状态）。从本章开始，上述理想的条件将会被逐步地削减，对应的研究系统会逐步变复杂，本章将删除上述“单组分”条件，研究对象是多组分的平衡态热力学系统。但值得注意的是，本章所有研究均是基于前两章的研究思路和研究方法，包括所使用的数学方法。

多组分系统主要包括溶液与混合物。溶液是指两种或两种以上物质彼此以分子或离子状态均匀混合所形成的系统，根据物态不同可分为气态溶液、固态溶液和液态溶液。根据溶液中溶质的导电性又可分为电解质溶液和非电解质溶液。本章主要讨论的对象是非电解质溶液。

如果组成溶液的物质有不同的状态，通常将液态物质称为溶剂，气态或固态物质称为溶质。如果都是液态，则把含量多的称为溶剂，含量少的称为溶质。

混合物是指多组分均匀系统中，溶剂和溶质不加以区分，各组分均可选用相同的标准态，使用相同的经验定律的系统，也可分为气态混合物、液态混合物和固态混合物。

对于溶液系统中，描述溶质数量常用的表示方法如表 3.1 所示，本书约定拟讨论的溶质用 B 表示，溶剂用 A 表示。

**表 3.1　溶液中溶质 B 数量的常用表示方法**

| 名称 | 定义 | 定义式 | 单位 |
| --- | --- | --- | --- |
| 物质的量浓度（$c_B$） | $c_B = \frac{溶质B的物质的量}{溶液的总体积}$ | $c_B = \frac{n_B}{V}$ | $mol \cdot L^{-1}$ |
| 质量分数（$w_B$） | $w_B = \frac{溶质B的质量}{溶液的总质量}$ | $w_B = \frac{m_B}{m}$ | 量纲为 1 |
| 质量摩尔浓度（$b_B$） | $b_B = \frac{溶质B的物质的量}{溶剂A的质量}$ | $b_B = \frac{n_B}{m_A}$ | $mol \cdot kg^{-1}$ |
| 摩尔分数（$x_B$） | $x_B = \frac{溶质B的物质的量}{溶液各组分的总物质的量}$ | $x_B = \frac{n_B}{n}$ | 量纲为 1 |

# 3.1 化学势与偏摩尔量

## 3.1.1 多组分系统的平衡态热力学基本方程

首先，本节将单组分的均相平衡态封闭系统的热力学定律，推广到任意多组分的均相平衡态封闭系统中。由四大方程对应的特性函数和特征变量式（2.42）～式（2.45）可知，*UHAG* 可以用特征变量来表示：$U = U(S,V)$；$H = H(S,p)$；$A = A(T,V)$；$G = G(T,p)$。

这四个函数之间彼此等价。其等价性可以通过热力学第一、第二定律联合公式和各函数的定义证明。对于多组分系统，甚至是多相系统中，删去上述条件中的关键词“单组分、均相”，剩下的不做非体积功、封闭系统的任意系统中平衡态（可逆状态）就是讨论多组分系统热力学问题的条件了。

为了简化问题，本节仍在单相系统中考虑问题，对于均相只做体积功的任意封闭系统，假设其存在 $r$ 种物质，根据式（1.4），确定系统状态的独立状态函数的个数需要满足：$r$+场源数+热源数 = $r$+2。

根据特性函数的定义，将式（2.42）～式（2.45）推广至任意不做非体积功的单相系统的平衡态中，假设 $r$ 种组分的物质的量分别为 $n_1$、$n_2 \cdots n_r$，内能 $U$ 是系统以 $S$、$V$、$n_1$、$n_2 \cdots n_r$ 为特征变量的特性函数；焓 $H$ 是系统以 $S$、$p$、$n_1$、$n_2 \cdots n_r$ 为特征变量的特性函数；亥姆霍兹自由能 $A$ 是系统以 $T$、$V$、$n_1$、$n_2 \cdots n_r$ 为特征变量的特性函数；吉布斯自由能 $G$ 是系统以 $T$、$p$、$n_1$、$n_2 \cdots n_r$ 为特征变量的特性函数；则 *UHAG* 按照特性函数与特征变量的方式，可以写成式（3.1）～式（3.4）：

$$U = U(S, V, n_1, n_2, \cdots, n_r) \tag{3.1}$$

$$H = H(S, p, n_1, n_2, \cdots, n_r) \tag{3.2}$$

$$A = A(T, V, n_1, n_2, \cdots, n_r) \tag{3.3}$$

$$G = G(T, p, n_1, n_2, \cdots, n_r) \tag{3.4}$$

首先对于式（3.1），根据状态函数的全微分性质：

$$\mathrm{d}U = \left(\frac{\partial U}{\partial S}\right)_{V,n} \mathrm{d}S + \left(\frac{\partial U}{\partial V}\right)_{S,n} \mathrm{d}V + \left(\frac{\partial U}{\partial n_1}\right)_{S,V,n_2,n_3,\cdots,n_r} \mathrm{d}n_1 + \left(\frac{\partial U}{\partial n_2}\right)_{S,V,n_1,n_3,\cdots,n_r} \mathrm{d}n_2 + \cdots + \left(\frac{\partial U}{\partial n_r}\right)_{S,V,n_1,n_3,\cdots,n_{r-1}} \mathrm{d}n_r$$

即：$\mathrm{d}U=\left(\frac{\partial U}{\partial S}\right)_{V,n}\mathrm{d}S+\left(\frac{\partial U}{\partial V}\right)_{S,n}\mathrm{d}V+\sum_{i=1}^{r}\left(\frac{\partial U}{\partial n_i}\right)_{S,V,n_{j\neq i}}\mathrm{d}n_i$

用 $n$ 代表系统中各组分物质的量 $n_1$、$n_2\cdots n_r$，当 $n$ 不变时，系统等同于单组分系统，即 $\left(\frac{\partial U}{\partial S}\right)_V$ 等价于 $\left(\frac{\partial U}{\partial S}\right)_{V,n}$，$\left(\frac{\partial U}{\partial V}\right)_S$ 等价于 $\left(\frac{\partial U}{\partial V}\right)_{S,n}$，将单组分系统中的 $p$、$V$、$T$、$S$ 和 $U$、$H$、$A$、$G$ 之间的关系式（2.50）和式（2.51）代入上述全微分方程，则：

$$\mathrm{d}U=T\mathrm{d}S-p\mathrm{d}V+\sum_{i=1}^{r}\left(\frac{\partial U}{\partial n_i}\right)_{S,V,n_{j\neq i}}\mathrm{d}n_i \tag{3.5}$$

根据类似的推导方式可得：

$$H=H(S,p,n_1,n_2,\cdots,n_r)\Rightarrow \mathrm{d}H=T\mathrm{d}S+V\mathrm{d}p+\sum_{i=1}^{r}\left(\frac{\partial H}{\partial n_i}\right)_{S,p,n_{j\neq i}}\mathrm{d}n_i \tag{3.6}$$

$$A=A(T,V,n_1,n_2,\cdots,n_r)\Rightarrow \mathrm{d}A=-S\mathrm{d}T-p\mathrm{d}V+\sum_{i=1}^{r}\left(\frac{\partial A}{\partial n_i}\right)_{T,V,n_{j\neq i}}\mathrm{d}n_i \tag{3.7}$$

$$G=G(T,p,n_1,n_2,\cdots,n_r)\Rightarrow \mathrm{d}G=-S\mathrm{d}T+V\mathrm{d}p+\sum_{i=1}^{r}\left(\frac{\partial G}{\partial n_i}\right)_{T,p,n_{j\neq i}}\mathrm{d}n_i \tag{3.8}$$

方程式（3.5）～式（3.8）为任意不做非体积功的单相多组分系统的平衡态 $UHAG$ 四大基本方程。可以证明，式（3.5）～式（3.8）中所有关于 $U$、$H$、$A$、$G$ 对各组分物质的量之间的响应关系都彼此等价。以式（3.5）和式（3.6）为例：

根据焓的定义：$H=U+pV\Longrightarrow \mathrm{d}H=\mathrm{d}U+p\mathrm{d}V+V\mathrm{d}p$

将式（3.5）代入上述定义式得：

$$\mathrm{d}H=T\mathrm{d}S-p\mathrm{d}V+\sum_{i=1}^{r}\left(\frac{\partial U}{\partial n_i}\right)_{S,V,n_{j\neq i}}\mathrm{d}n_i+p\mathrm{d}V+V\mathrm{d}p$$

所以 $\mathrm{d}H=T\mathrm{d}S+\sum_{i=1}^{r}\left(\frac{\partial U}{\partial n_i}\right)_{S,V,n_{j\neq i}}\mathrm{d}n_i+V\mathrm{d}p$

对比式（3.6），可知：$\sum_{i=1}^{r}\left(\frac{\partial H}{\partial n_i}\right)_{S,p,n_{j\neq i}}\mathrm{d}n_i=\sum_{i=1}^{r}\left(\frac{\partial U}{\partial n_i}\right)_{S,V,n_{j\neq i}}\mathrm{d}n_i$

即
$$\left(\frac{\partial U}{\partial n_i}\right)_{S,V,n_{j\neq i}}=\left(\frac{\partial H}{\partial n_i}\right)_{S,p,n_{j\neq i}}$$

$$\sum_{i=1}^{r}\left(\frac{\partial U}{\partial n_i}\right)_{S,V,n_{j\neq i}}=\sum_{i=1}^{r}\left(\frac{\partial H}{\partial n_i}\right)_{S,p,n_{j\neq i}}=\sum_{i=1}^{r}\left(\frac{\partial A}{\partial n_i}\right)_{T,V,n_{j\neq i}}=\sum_{i=1}^{r}\left(\frac{\partial G}{\partial n_i}\right)_{T,p,n_{j\neq i}} \tag{3.9}$$

读者可以自证式（3.9）中的其它关系式。

## 3.1.2 化学势

根据式（3.9），必然有：

$$\mu_i=\left(\frac{\partial U}{\partial n_i}\right)_{S,V,n_{j\neq i}}=\left(\frac{\partial H}{\partial n_i}\right)_{S,p,n_{j\neq i}}=\left(\frac{\partial A}{\partial n_i}\right)_{T,V,n_{j\neq i}}=\left(\frac{\partial G}{\partial n_i}\right)_{T,p,n_{j\neq i}} \quad (3.10)$$

统一定义 $\mu_i$ 为不做非体积功的多组分单相系统中某一组分 $i$ 的化学势，用符号 $\mu_i$ 表示，单位为 J/mol。

其中 $\mu_i=\left(\frac{\partial U}{\partial n_i}\right)_{S,V,n_{j\neq i}}$ 的物理意义为：对于只做体积功的 $r$ 种物质组成的均相系统，在恒熵恒容、除了物质 $i$ 以外其它所有组分的物质的量都保持不变的条件下，向系统中加入 $\Delta n_i$ 的物质 $i$ 后，在 $\Delta n_i\to 0$ 时系统内能的增量 d$U$ 和 d$n_i$ 的比值。其它三个等价定义式 $\left(\frac{\partial H}{\partial n_i}\right)_{S,p,n_{j\neq i}}$、$\left(\frac{\partial A}{\partial n_i}\right)_{T,V,n_{j\neq i}}$ 以及 $\left(\frac{\partial G}{\partial n_i}\right)_{T,p,n_{j\neq i}}$ 的物理意义可以依此类推。

需要注意的是，化学势也是状态函数，具有强度性质，绝对数值无法确定；化学势是描述多组分系统中某种具体物质对系统 $UHAG$ 的影响，并非直接描述整个总系统。

由于多数化学反应过程都是在等温等压条件下进行的，为了使用方便，单独定义了狭义化学势：

$$\mu_i=\left(\frac{\partial G}{\partial n_i}\right)_{T,p,n_{j\neq i}} \quad (3.11)$$

物理意义为：对于只做体积功的 $r$ 种物质组成的均相系统，在恒温恒压、除了物质 $i$ 以外其它所有物质的物质的量都保持不变的条件下，向系统中加入 $\Delta n_i$ 的物质 $i$ 后，在 $\Delta n_i\to 0$ 时系统内能的增量 d$G$ 和 d$n_i$ 的比值。注意，本教材若不特殊说明，化学势将默认为狭义化学势式（3.11）。

将化学势的定义式代入多组分平衡态热力学方程式（3.5）～式（3.8），若系统中存在多相（$k$ 相），每相中存在多个组分（$r$ 个组分），则可得任意不做非体积功的系统四大基本方程，也称为吉布斯（Gibbs）方程：

$$\mathrm{d}U=T\mathrm{d}S-p\mathrm{d}V+\sum_k\sum_{i=1}^{r}\mu_i\mathrm{d}n_i \quad (3.12)$$

$$\mathrm{d}H=T\mathrm{d}S+V\mathrm{d}p+\sum_k\sum_{i=1}^{r}\mu_i\mathrm{d}n_i \quad (3.13)$$

$$\mathrm{d}A=-S\mathrm{d}T-p\mathrm{d}V+\sum_k\sum_{i=1}^{r}\mu_i\mathrm{d}n_i \quad (3.14)$$

$$\mathrm{d}G=-S\mathrm{d}T+V\mathrm{d}p+\sum_k\sum_{i=1}^{r}\mu_i\mathrm{d}n_i \quad (3.15)$$

若是系统封闭的单相平衡态，则 $\sum_k\sum_{i=1}^{r}\mu_i\mathrm{d}n_i=0$，即为封闭系统的热力学四大方程式

（2.38）～式（2.41）。

### 3.1.3 偏摩尔量

众所周知，无论什么系统，系统质量总是等于构成该系统各物质质量的总和，这是质量守恒的公理，然而在恒温恒压的条件下，将多种纯物质混合形成多组分系统，每一种物质对所形成的混合物的贡献与单独存在时不同，并且随着组成的不同而改变，因此在恒温恒压下的多组分系统中不能用纯物质的摩尔性质代替该物质在混合物中的摩尔性质。

恒温恒压下的系统中整体性质是各物质相互作用的结果，并非纯物质性质的简单加和。恒温恒压下需要用“偏摩尔量”来衡量多组分系统中的各物质性质。

偏摩尔量的概念，是化学家针对多组分系统中摩尔量加和不守恒的矛盾提出来的。在多组分系统中，用摩尔量衡量系统的组成往往是错误的，比如水和乙醇的二元溶液系统，50mL 水和 50mL 乙醇混合在一起并不等于 100mL 的溶液，实际溶液的体积是小于 100mL 的。因此多组分系统需要逐一考虑各组分体积对溶液总体积的贡献，也就是“偏摩尔体积”的概念。在混合系统中，水和乙醇在二元系统中的实际体积贡献都不等于 50mL，它们需要遵循新的加和关系，即偏摩尔量的加和关系。与体积类似的量还有内能、熵、吉布斯自由能等广度性质函数。

因此偏摩尔量要解决的问题是在等温等压的条件下，多组分系统中总的广度性质和各组分的“偏广度性质”之间的关系，一般用 $L$ 表示广度性质，$L_i$ 表示偏摩尔量。$L_i$ 和 $L$ 之间的关系就是偏摩尔量加和定理。显然这是一个“部分”与“整体”之间的关系，且各“部分”之间相互影响。数学上，该“部分”与“整体”之间的关系是通过欧拉定理进行描述的。

（1）齐次函数与欧拉定理

① 齐次函数：若函数 $y=f(x_1, x_2,\cdots, x_r)$，对于任何参数 $\lambda$，变量 $x_1, x_2,\cdots, x_r$ 都恒满足如下关系式：

$$f(\lambda x_1, \lambda x_2,\cdots, \lambda x_r)=\lambda^m f(x_1, x_2,\cdots, x_r) \qquad (3.16)$$

则称 $f(x_1, x_2,\cdots, x_r)$ 是关于变量 $x_1, x_2,\cdots, x_r$ 的 $m$ 次齐函数。

例如：质点的动能 $T$ 是三个方向上的速度分量（$V_x,V_y,V_z$）的函数：

$$T(V_x,V_y,V_z)=\frac{1}{2}m(V_x^2+V_y^2+V_z^2)$$

显然 $T(\lambda V_x,\lambda V_y,\lambda V_z)=\lambda^2 T(V_x,V_y,V_z)$，则 $T$ 是速度分量的二次齐函数。

再比如，理想混合气体的体积 $V(n_1, n_2,\cdots, n_r)$ 是各组分物质的量的函数，由理想气体状态方程知，$V$ 的具体形式为：$V(n_1, n_2,\cdots, n_r)=(n_1+n_2+\cdots+n_r)RT/p$，显然 $V$ 是各组分物质的量的一次齐函数。

② 欧拉定理：$f(x_1, x_2,\cdots, x_r)$ 是关于变量 $x_1, x_2, \cdots, x_r$ 的 $m$ 次齐函数的充要条件为：

$$\sum_{i=1}^{r} x_i\left(\frac{\partial f}{\partial x_i}\right)=mf \qquad (3.17)$$

上式的证明如下：

由于 $f(x_1, x_2,\cdots, x_r)$ 是关于变量 $x_1,x_2,\cdots,x_r$ 的 $m$ 次齐函数，则由式（3.16）得：

$$(\lambda x_1,\lambda x_2,\cdots,\lambda x_r)=\lambda^m f(x_1,x_2,\cdots,x_r)$$

方程两侧对 $\lambda$ 微分，得：

$$\sum_{i=1}^{r}\frac{\partial f(\lambda x_1,\lambda x_2,\cdots,\lambda x_r)}{\partial(\lambda x_i)}\frac{\partial(\lambda x_i)}{\partial\lambda}=m\lambda^{m-1}f(x_1,x_2,\cdots,x_r);$$

$$\sum_{i=1}^{r}x_i\frac{\partial f(\lambda x_1,\lambda x_2,\cdots,\lambda x_r)}{\partial(\lambda x_i)}=m\lambda^{m-1}f(x_1,x_2,\cdots,x_r)$$

上式对任意 $\lambda$ 成立

当 $\lambda=1$时，$\sum_{i=1}^{r}x_i\frac{\partial f(\lambda x_1,\lambda x_2,\cdots,\lambda x_r)}{\partial x_i}=mf(x_1,x_2,\cdots,x_r)$

反之亦然。

（2）偏摩尔量

假设在恒温恒压条件下，一个不做非体积功的均相多组分系统，存在 $r$ 种组分，其物质的量分别为 $n_1,n_2,\cdots,n_r$，系统任意一个广度量 $L=L$（$n_1,n_2,\cdots,n_r$）是关于 $n_1,n_2,\cdots,n_r$ 的一次齐函数，根据欧拉定理式（3.17）得：

$$\sum_{i=1}^{r}n_i\left(\frac{\partial L}{\partial n_i}\right)_{T,p,n_{j\neq i}}=mL\text{，其中 }m=1$$

则
$$L=\sum_{i=1}^{r}n_i\left(\frac{\partial L}{\partial n_i}\right)_{T,p,n_{j\neq i}} \tag{3.18}$$

定义方程
$$L_i=\left(\frac{\partial L}{\partial n_i}\right)_{T,p,n_{j\neq i}} \tag{3.19}$$

式（3.19）为物质 $i$ 在状态 $T$、$p$，除了物质 $i$ 以外其它所有组分的物质的量都保持不变的条件下，某组分 $i$ 的偏摩尔量，用 $L_i$ 表示。偏摩尔量为状态函数，也为强度量，单位是 J/mol。

偏摩尔量的物理意义是指在恒温恒压条件下，除了物质 $i$ 以外其它物质的量保持不变时，在足够大的系统中加入 1mol 物质 $i$ 所引起的系统的广度量 $L$ 的改变。常用广度量 $L$ 包括 $V$、$U$、$H$、$A$、$G$、$S$、$C_V$和 $C_p$。

根据式（3.19），在多组分系统中，组分 $i$ 对上述 $L$ 的影响可表示为在化学系统中（等温等压的条件下），多组分系统中某个组分 $i$ 对 $L$ 的贡献，包括偏摩尔体积 $V_i=\left(\frac{\partial V}{\partial n_i}\right)_{T,p,n_{j\neq i}}$、偏摩尔内能 $U_i=\left(\frac{\partial U}{\partial n_i}\right)_{T,p,n_{j\neq i}}$、偏摩尔焓 $H_i=\left(\frac{\partial H}{\partial n_i}\right)_{T,p,n_{j\neq i}}$、偏摩尔亥姆霍兹自由能 $A_i=\left(\frac{\partial A}{\partial n_i}\right)_{T,p,n_{j\neq i}}$、偏摩尔吉布斯自由能 $G_i=\left(\frac{\partial G}{\partial n_i}\right)_{T,p,n_{j\neq i}}$、偏摩尔熵 $S_i=\left(\frac{\partial S}{\partial n_i}\right)_{T,p,n_{j\neq i}}$、偏摩尔等压热容 $C_{p,i}=\left(\frac{\partial C_p}{\partial n_i}\right)_{T,p,n_{j\neq i}}$、偏摩尔等容热容 $C_{V,i}=\left(\frac{\partial C_V}{\partial n_i}\right)_{T,p,n_{j\neq i}}$。

和化学势类似，偏摩尔量是指多组分系统中某具体物质 $i$ 的偏摩尔量，但并非所有的化学势都可以称为偏摩尔量，只有偏摩尔吉布斯自由能和狭义化学势是彼此等价的。

（3）偏摩尔量的加和定理

偏摩尔量的加和定理指均相系统的广度量 $L$ 等于各物质的量 $n_i$ 与相应的偏摩尔量乘积之和。数学表达式如方程式（3.18）所示，该式称为偏摩尔量的加和公式。

因此，系统的广度量 $L$，包括 $V$、$U$、$H$、$A$、$G$、$S$、$C_V$ 和 $C_p$，与其对应的偏摩尔量之间满足加和定理。

$$V=\sum_{i=1}^{r}n_i\left(\frac{\partial V}{\partial n_i}\right)_{T,p,n_{j\neq i}}\qquad U=\sum_{i=1}^{r}n_i\left(\frac{\partial U}{\partial n_i}\right)_{T,p,n_{j\neq i}}\qquad H=\sum_{i=1}^{r}n_i\left(\frac{\partial H}{\partial n_i}\right)_{T,p,n_{j\neq i}}$$

$$A=\sum_{i=1}^{r}n_i\left(\frac{\partial A}{\partial n_i}\right)_{T,p,n_{j\neq i}}\qquad G=\sum_{i=1}^{r}n_i\left(\frac{\partial G}{\partial n_i}\right)_{T,p,n_{j\neq i}}\qquad S=\sum_{i=1}^{r}n_i\left(\frac{\partial S}{\partial n_i}\right)_{T,p,n_{j\neq i}}$$

$$C_V=\sum_{i=1}^{r}n_i\left(\frac{\partial C_V}{\partial n_i}\right)_{T,p,n_{j\neq i}}\qquad C_p=\sum_{i=1}^{r}n_i\left(\frac{\partial C_p}{\partial n_i}\right)_{T,p,n_{j\neq i}}$$

偏摩尔量表示等温等压条件下，多组分系统里，某个组分 $i$ 对整个广度量的贡献。但是随着组分 $i$ 的占比不同，偏摩尔量也不一样，纯组分 $i$ 的偏摩尔量就是其摩尔量，用 $L_{\mathrm{m},i}^*$ 表示。

以二组分系统的偏摩尔体积为例，在一定温度、压力下，假若 B 和 C 形成混合物，则根据加和定理式（3.18），可得：

$$V=x_{\mathrm{B}}V_{\mathrm{B}}+x_{\mathrm{C}}V_{\mathrm{C}}=(1-x_{\mathrm{C}})V_{\mathrm{B}}+x_{\mathrm{C}}V_{\mathrm{C}}=V_{\mathrm{B}}+(V_{\mathrm{C}}-V_{\mathrm{B}})x_{\mathrm{C}}$$

式中，$x_{\mathrm{B}}$ 和 $x_{\mathrm{C}}$ 为 B 和 C 的摩尔分数。以 $V$-$x_{\mathrm{C}}$ 作图，如图 3.1 所示：$V_{\mathrm{B}}$ 和 $V_{\mathrm{C}}$ 为 B 和 C 的偏摩尔体积 $\left(\frac{\partial V}{\partial n_{\mathrm{B}}}\right)_{T,p,n_{\mathrm{C}}}$ 和 $\left(\frac{\partial V}{\partial n_{\mathrm{C}}}\right)_{T,p,n_{\mathrm{B}}}$；$V_{\mathrm{m,B}}^*$ 和 $V_{\mathrm{m,C}}^*$ 为纯组分 B 和 C 的摩尔体积；横坐标为 C 的摩尔分数；实线 MN 为实际的混合系统的体积，在组成为 $x_{\mathrm{C}}$ 的系统中，始终为 B 的偏摩尔体积与 C 的偏摩尔体积之和。而虚线 PQ 为不考虑偏摩尔体积时系统的体积。

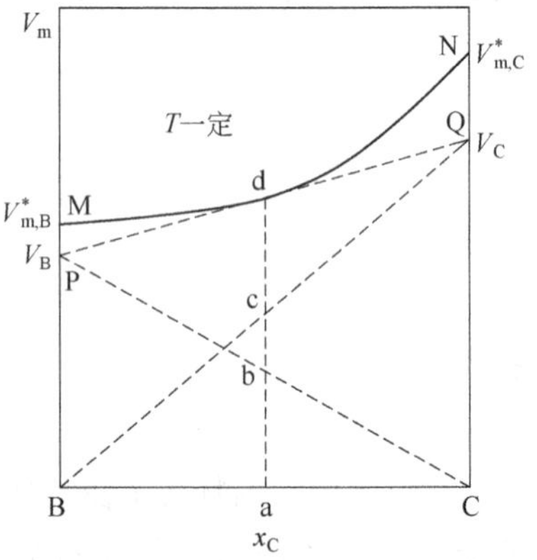


图 3.1　二组分液态混合物的偏摩尔体积示意图

**【例 3.1】** 乙醇水溶液的密度是 $0.8494\mathrm{kg\cdot dm^{-3}}$，其中水（A）的摩尔分数为 0.4，乙醇（B）的偏摩尔体积是 $57.5\times10^{-3}\mathrm{dm^3\cdot mol^{-1}}$。求水（A）的偏摩尔体积（已知乙醇及水的分子量 $M_{\mathrm{r}}$ 分别为 46.07 及 18.02）。

**【解答】** 假设溶液为单位质量，根据式（3.18）得：

$$V_{\mathrm{m}}=x_{\mathrm{A}}V_{\mathrm{A}}+x_{\mathrm{B}}V_{\mathrm{B}}$$

$$V_{\mathrm{m}}=\frac{1}{\rho}(x_{\mathrm{A}}M_{\mathrm{A}}+x_{\mathrm{B}}M_{\mathrm{B}})=\frac{1}{0.8494}\times(0.4\times18.02+0.6\times46.07)\times10^{-3}$$

解得：$V_{\mathrm{m}}=41.03\times10^{-3}\mathrm{dm^3\cdot mol^{-1}}$

又因为 $V_{\mathrm{m}}=x_{\mathrm{A}}\mathrm{V}_{\mathrm{A}}+x_{\mathrm{B}}V_{\mathrm{B}}$

所以 $V_{\mathrm{A}}=\dfrac{V_{\mathrm{m}}-x_{\mathrm{B}}V_{\mathrm{B}}}{x_{\mathrm{A}}}=\dfrac{41.03\times10^{-3}-57.5\times10^{-3}\times0.6}{0.4}=16.3\times10^{-3}\mathrm{dm^3\cdot mol^{-1}}$

由于偏摩尔吉布斯自由能和狭义化学势彼此等价，因此对于不做非体积功的均相多组分系统，有

$$G=\sum_{i=1}^{r}n_i\mu_i \tag{3.20}$$

由于化学势的等价性，必然存在以下关系式：

$$U = TS - pV + \sum_{i=1}^{r} n_i \mu_i \tag{3.21}$$

$$H = TS + \sum_{i=1}^{r} n_i \mu_i \tag{3.22}$$

$$A = -pV + \sum_{i=1}^{r} n_i \mu_i \tag{3.23}$$

式（3.21）~式（3.23）请读者自证。

### 3.1.4 吉布斯-杜亥姆公式

根据偏摩尔量加和定理式（3.18），均相体系的任意广度量满足 $L = \sum_{i=1}^{r} n_i \left(\frac{\partial L}{\partial n_i}\right)_{T,p,n_{j\neq i}}$ 其中 $L_i = L_i(n_1, n_2, \cdots, n_r) = \left(\frac{\partial L}{\partial n_i}\right)_{T,p,n_{j\neq i}}$ 是物质 $i$ 的偏摩尔量，对 $L$ 求微分，则：

$$\mathrm{d}L = \sum_{i=1}^{r} (n_i \mathrm{d}L_i + L_i \mathrm{d}n_i) \tag{3.24}$$

同时 $L = L(T, p, n_1, n_2, \cdots, n_r)$ 作为状态函数，其全微分为：

$$\mathrm{d}L = \left(\frac{\partial L}{\partial T}\right)_{p,n} \mathrm{d}T + \left(\frac{\partial L}{\partial p}\right)_{T,n} \mathrm{d}p + \sum_{i=1}^{r} L_i \mathrm{d}n_i \tag{3.25}$$

对比式（3.24）和式（3.25），可得：

$$\left(\frac{\partial L}{\partial T}\right)_{p,n} \mathrm{d}T + \left(\frac{\partial L}{\partial p}\right)_{T,n} \mathrm{d}p + \sum_{i=1}^{r} L_i \mathrm{d}n_i = \sum_{i=1}^{r} n_i \mathrm{d}L_i + \sum_{i=1}^{r} L_i \mathrm{d}n_i \tag{3.26}$$

故

$$\left(\frac{\partial L}{\partial T}\right)_{p,n} \mathrm{d}T + \left(\frac{\partial \mathrm{L}}{\partial p}\right)_{T,n} \mathrm{d}p - \sum_{i=1}^{r} n_i \mathrm{d}L_\mathrm{i} = 0 \tag{3.27}$$

两侧同除以 $n_{总}$，得：

$$\left(\frac{\partial L_\mathrm{m}}{\partial T}\right)_{p,n} \mathrm{d}T + \left(\frac{\partial L_\mathrm{m}}{\partial p}\right)_{T,n} \mathrm{d}p - \sum_{i=1}^{r} x_i \mathrm{d}L_i = 0 \tag{3.28}$$

式（3.27）和式（3.28）均称为广义吉布斯-杜亥姆（Gibbs-Duhem）公式，描述的是强度量微分之间的关系式。式中的变量均为强度量，系数均为广度量，该式说明 $r$+2 个强度量中只有 $r$+1 个是独立的。

根据式（3.27）可知，系统在恒温恒压下的吉布斯-杜亥姆公式为：

$$\sum_{i=1}^{r} n_i \mathrm{d}L_i = 0 \tag{3.29}$$

上式称为狭义吉布斯-杜亥姆公式，可以表明在温度、压力恒定下，混合物的组成发生变化时，各组分偏摩尔量变化的相互依赖关系。注意式（3.29）不要和偏摩尔量加和公式（3.18）混淆，加和公式是描述 $L_i$ 和 $L$ 之间的关系的，狭义吉布斯-杜亥姆公式是描述 $L_i$ 变化（$dL_i$）时，各 $L_i$ 之间的制约关系的。

【例 3.2】298K 时，$K_2SO_4$ 在水溶液中的偏摩尔体积 $V_{2,m}$（$m^3 \cdot mol^{-1}$）与其质量摩尔浓度 $m$（$mol \cdot kg^{-1}$）的关系由下式表示：

$$V_{2,m}=3.228\times10^{-5}+1.8216\times10^{-5}m^{\frac{1}{2}}+2.22\times10^{-8}m$$

试根据吉布斯-杜亥姆方程导出 $H_2O$ 的偏摩尔体积 $V_{1,m}$（$m^3 \cdot mol^{-1}$）的表达式。已知 298K 时，纯水的偏摩尔体积 $V_{1,m}=1.7963\times10^{-5}m^3 \cdot mol^{-1}$。

【解答】根据吉布斯-杜亥姆公式（3.29）得：

对二组分系统：$n_1 dV_{1,m}+n_2 dV_{2,m}=0$

假设以 1kg 溶剂为基准，则 $K_2SO_4$ 的物质的量 $n_2$，其质量摩尔浓度 $m$ 的数值相等，$n_2(mol)=m(mol \cdot kg^{-1})\times 1kg=m(mol)$。

溶剂的物质的量 $n_1=\dfrac{1}{0.018}=55.56mol$

所以 $dV_{1,m}=-\dfrac{n_2 dV_{2,m}}{n_1}$，由题意知：

$$dV_{2,m}=9.105\times10^{-5}m^{-\frac{1}{2}}+2.22\times10^{-8}$$

所以 $V_{1,m}=\int dV_{1,m}=-\int\dfrac{n_2 dV_{2,m}}{n_1}=-\int\dfrac{m(9.105\times10^{-5}m^{-\frac{1}{2}}+2.22\times10^{-8})}{55.56}$

解得：$V_{1,m}=-1.094\times10^{-7}m^{\frac{3}{2}}+1.982\times10^{-10}m^2+C$，其中 $C$ 为积分常数。

当 $m=0$ 时，$V_{1,m}=C=1.7963\times10^{-5}m^3 \cdot mol^{-1}$

$$V_{1,m}=-1.094\times10^{-7}m^{\frac{3}{2}}+1.982\times10^{-10}m^2+1.7963\times10^{-5}$$

### 3.1.5 化学势与偏摩尔量的关系

以单相多组分封闭系统的平衡态热力学公式（3.15）为例：

$$dG=SdT=Vdp+\sum_{i=1}^{r}\mu_i dn_i$$

结合状态函数的尤拉关系式（1.2），偏摩尔量的定义，存在式（3.30）～式（3.32）的化学势与偏摩尔量之间的等价关系。

$$\left(\frac{\partial S}{\partial p}\right)_{T,n}=-\left(\frac{\partial V}{\partial T}\right)_{p,n} \tag{3.30}$$

$$\left(\frac{\partial \mu_i}{\partial T}\right)_{p,n}=-\left(\frac{\partial S}{\partial n_i}\right)_{T,p,n_{j\neq i}}=-S_i \tag{3.31}$$

$$\left(\frac{\partial \mu_i}{\partial p}\right)_{T,n}=\left(\frac{\partial V}{\partial n_i}\right)_{T,p,n_{j\neq i}}=V_i \tag{3.32}$$

对于二元系统，组分为 $i$ 与 $j$，则式（3.15）可转化为：

$$\mathrm{d}G = S\mathrm{d}T + V\mathrm{d}p + \mu_i \mathrm{d}n_i + \mu_j \mathrm{d}n_j$$

$$\left(\frac{\partial \mu_i}{\partial n_j}\right)_{T,p,n_i} = \left(\frac{\partial \mu_j}{\partial n_i}\right)_{T,p,n_j} \tag{3.33}$$

对于 $r$ 组分系统，同样有：$\left(\frac{\partial \mu_i}{\partial n_j}\right)_{T,p,n_{i\neq j}} = \left(\frac{\partial \mu_j}{\partial n_i}\right)_{T,p,n_{j\neq i}}$，其中 $i,j=1,2,\cdots,r$。

对于其它三个单相多组分平衡态热力学公式（3.12）～式（3.14）中的化学势与偏摩尔量的等价关系，请读者自行完成推导。

### 3.1.6 化学势（偏摩尔吉布斯自由能）与温度和压力的关系

（1）化学势与压力的关系

根据单相多组分平衡态热力学公式（3.15）：$\mathrm{d}G = S\mathrm{d}T + V\mathrm{d}p + \sum_{i=1}^{r} \mu_i \mathrm{d}n_i$。

温度和组成一定时，组分 $i$ 的化学势与压力的关系可通过分析 $\left(\frac{\partial \mu_i}{\partial p}\right)_{T,n}$ 确定，令 $n$ 代表系统中各组分物质的量 $n_1$、$n_2$……$n_r$：

$$\left(\frac{\partial \mu_i}{\partial p}\right)_{T,n} = \left[\frac{\partial}{\partial p}\left(\frac{\partial G}{\partial n_i}\right)_{T,p,n_{j\neq i}}\right]_{T,n} = \left[\frac{\partial}{\partial n_i}\left(\frac{\partial G}{\partial p}\right)_{T,n}\right]_{T,p,n_{j\neq i}} = \left(\frac{\partial V}{\partial n_i}\right)_{T,p,n_{j\neq i}} = V_i$$

即温度和组成一定时，物质 $i$ 的狭义化学势（偏摩尔吉布斯自由能）对压强的一阶微商为物质 $i$ 的偏摩尔体积：

$$\left(\frac{\partial \mu_i}{\partial p}\right)_T = V_i \tag{3.34}$$

对比单相纯组分系统中吉布斯自由能与压力的关系式（2.71）：$\left(\frac{\partial G}{\partial p}\right)_T = V$，不难发现，多组分系统中的 $G$-$p$ 关系，可直接视为将单组分中的吉布斯函数换组分 $i$ 的狭义化学势（偏摩尔吉布斯自由能）$\mu_i$，体积 $V$ 变为组分 $i$ 的偏摩尔体积 $V_i$。

（2）化学势与温度的关系

对于式（3.15）：$\mathrm{d}G = S\mathrm{d}T = V\mathrm{d}p + \sum_{i=1}^{r} \mu_i \mathrm{d}n_i$，压力和组成一定时，讨论温度 $T$ 对组分 $i$ 的化学势的影响，即分析 $\left(\frac{\partial \mu_i}{\partial T}\right)_{p,n}$：

$$\left(\frac{\partial \mu_i}{\partial T}\right)_{p,n} = \left[\frac{\partial}{\partial T}\left(\frac{\partial G}{\partial n_i}\right)_{T,p,n_{j\neq i}}\right]_{p,n} = \left[\frac{\partial}{\partial n_i}\left(\frac{\partial G}{\partial T}\right)_{p,n}\right]_{T,p,n_{j\neq i}} = \left[\frac{\partial(-S)}{\partial n_i}\right]_{T,p,n_{j\neq i}} = -S_i$$

即压强和组成一定时，物质 $i$ 的狭义化学势（偏摩尔吉布斯自由能）对温度的一阶微商为物质 $i$ 的偏摩尔熵的负值：

$$\left(\frac{\partial \mu_i}{\partial T}\right)_{p,n} = -S_i \tag{3.35}$$

对比单相单组分系统中的$\left(\frac{\partial G}{\partial T}\right)_p = -S$，仍有类似的关系，即用多组分系统中的偏摩尔量替换纯组分中的摩尔量，等式关系仍保持成立。

（3）多组分系统中的吉布斯-亥姆霍兹公式

根据吉布斯函数的定义式：$G = H - TS$，等温等压条件下，对于多组分系统，定义式两侧对组分 $i$ 微分，则

$$\left(\frac{\partial G}{\partial n_i}\right)_{T,p,n_{j\neq i}} = \left(\frac{\partial H}{\partial n_i}\right)_{T,p,n_{j\neq i}} - T\left(\frac{\partial S}{\partial n_i}\right)_{T,p,n_{j\neq i}}$$

即

$$\mu_i = H_i - TS_i \tag{3.36}$$

参考 2.5.5 小节中对 $\frac{G}{T}$ 的分析，则 $\frac{\mu_i}{T}$ 分析如下：

$$\left[\frac{\partial\left(\frac{\mu_i}{T}\right)}{\partial T}\right]_{p,n} = \frac{1}{T}\left(\frac{\partial \mu_i}{\partial T}\right)_{p,n} - \frac{\mu_i}{T^2} = \frac{S_i}{T} - \frac{\mu_i}{T^2} = \frac{-TS_i - \mu_i}{T^2} = -\frac{H_i}{T^2}$$

即

$$\left[\frac{\partial\left(\frac{\mu_i}{T}\right)}{\partial T}\right]_{p,n} = -\frac{H_i}{T^2} \tag{3.37}$$

综上所述，对于多组分系统，其热力学公式与单组分纯物质系统热力学公式具有完全相似的形式，其中单组分的热力学性质或摩尔量在多组分系统中用偏摩尔量替换即可。因此对于单相多组分封闭系统的平衡态中的组分 $i$，其所有的偏摩尔量的热力学关系，必然满足下列方程：

$$H_i = U_i + pV_i \tag{3.38}$$

$$A_i = U_i - TS_i \tag{3.39}$$

$$G_i = H_i - TS_i \tag{3.40}$$

$$\mathrm{d}U_i = T\mathrm{d}S_i - p\mathrm{d}V_i \tag{3.41}$$

$$\mathrm{d}H_i = T\mathrm{d}S_i + V_i\mathrm{d}p \tag{3.42}$$

$$\mathrm{d}A_i = -S_i\mathrm{d}T - p\mathrm{d}V_i \tag{3.43}$$

$$\mathrm{d}G_i = -S_i\mathrm{d}T + V_i\mathrm{d}p \tag{3.44}$$

其它相关关系，读者可通过类似推导获得。

## 3.1.7 化学势与相平衡

设系统为两相（α 相和 β 相）平衡共存。在温度 $T$ 和压力 $p$ 恒定的条件下，β 相中某组分 B 转移了 $\mathrm{d}n_\mathrm{B}^\beta$ 的量至 α 相中，其中 $\mathrm{d}n_\mathrm{B}^\beta > 0$，达到平衡时，系统的各相吉布斯自由能变化量

是由两相之间相互转移的 $dn_B^\beta$ 的 B 造成的。

在多相多组分热力学公式（3.15）：$dG=-SdT+Vdp+\sum_k\sum_B\mu_B dn_B$ 中，由于 $T$、$p$ 一定，故 $dG=\sum_k\sum_B\mu_B dn_B$ ，所以 $dG=dG^\alpha+dG^\beta=\mu_B^\alpha dn_B^\beta+\mu_B^\beta(-dn_B^\beta)$。

在相平衡中，相变吉布斯自由能为：

$$dG=dH-TdS=dH-T\frac{dH}{T}=dH-dH=0$$

式中，$dH$ 为可逆相变焓。

所以 $\mu_B^\alpha dn_B^\beta+\mu_B^\beta(-dn_B^\beta)=0$

因为 $dn_B^\beta>0$

所以

$$\mu_B^\alpha=\mu_B^\beta \tag{3.45}$$

若转移过程是自发不可逆的，则 $dG_{T,p}<0$, 即：

$$\mu_B^\alpha<\mu_B^\beta \tag{3.46}$$

相平衡条件：根据式（3.45）和式（3.46）知，在等温等压的封闭系统只做体积功的条件下，多相多组分系统，某物质 B 在两相中达平衡的条件是该物质 B 的化学势在两相中相等。当 B 在两相中化学势不相等时，物质 B 会自发从化学势较高的相流向化学势较低的相，直至其在两相中达到相平衡。

数学表达式为：

$$\sum_k\sum_B\mu_B dn_B\leqslant 0 \tag{3.47}$$

式（3.44）也是恒温恒压条件下，判定多组分系统中热力学过程自发性的重要判据，即化学势判据。

相变过程的化学势判据：在恒温恒压下如任一物质在两相中具有相同的分子形式，但化学势不等，则相变化自发进行的方向必然是朝着化学势减少的方向进行；如化学势相等，则两相处于相平衡状态。

**【例 3.3】**试比较和论证下列四种状态纯水的化学势大小顺序：

（1）373.15K，101325Pa 液态水的化学势 $\mu_1$;

（2）373.15K，101325Pa 水蒸气的化学势 $\mu_2$;

（3）373.15K，202650Pa 液态水的化学势 $\mu_3$;

（4）373.15K，202650Pa 水蒸气的化学势 $\mu_4$。

**【解答】**水正常沸点时，发生可逆相变，化学势相同：$\mu_2=\mu_1$；

对于 $\mu_3$ 和 $\mu_4$，因为 $\left(\frac{\partial\mu_B}{\partial p}\right)_{T,n}=V_B$，而 $V_B(H_2O,g)>V_B(H_2O,l)$

等温等压条件下：$\mu_B(H_2O,g)>\mu_B(H_2O,l)$，即 $\mu_3<\mu_4$；

对于 $\mu_1$ 和 $\mu_3$，因为 $d\mu_B=-S_BdT+V_Bdp$，假设 $V_B(H_2O,l)$ 定温下为常量，则 $\mu_3-\mu_1=V_B(202650Pa-101325Pa)$，$\mu_1<\mu_3$；

所以 $\mu_1=\mu_2<\mu_3<\mu_4$。

## 3.2 多组分气态系统中的 B 组分的化学势

化学势作为讨论化学反应系统方向和限度中最常用的函数，其变化规律具备非常重要的科学意义，本节主要讨论气态多组分系统中 B 的化学势，在温度一定的条件下，随压力的变化关系统称为化学势等温式。

### 3.2.1 纯理想气体的化学势等温式

根据 3.1.6 节的分析，化学势是温度和压力的函数。为了使用方便，定义气体 B 的标准化学势为：温度为 $T$，压力为标准压力 $p^{\ominus}$ 时，气体 B 满足理想气体的状态，即标准态条件下的化学势，以 $\mu_{\mathrm{B}}^{\ominus}(T)$ 表示。

假设系统只存在一种理想气体 B，在温度 $T$ 条件下，压强由 $p^{\ominus}$ 变化至任意压力 $p$ 时，根据式（3.32）得，$\left(\dfrac{\partial \mu_{\mathrm{B}}}{\partial p}\right)_T = V_{\mathrm{B}}^*$，式中，$V_{\mathrm{B}}^*$ 为纯 B 的偏摩尔体积。

因为 $\left(\dfrac{\partial \mu_{\mathrm{B}}}{\partial p}\right)_T = V_{\mathrm{m}}$

所以方程两侧对压强变化 $p^{\ominus} \rightarrow p$ 积分得：

$$\int_{p^{\ominus}}^{p} \mathrm{d}\mu_{\mathrm{B}} = \int_{p^{\ominus}}^{p} V_{\mathrm{m}} \mathrm{d}p$$

联立理想气体状态方程，得：

$$\mu(T,p) - \mu^{\ominus}(T,p^{\ominus}) = RT\ln\frac{p}{p^{\ominus}} \Longleftrightarrow \mu(T,p) = \mu^{\ominus}(T,p^{\ominus}) + RT\ln\frac{p}{p^{\ominus}}$$

其中，$\mu^{\ominus}(T,p^{\ominus})$ 一般直接表示成 $\mu^{\ominus}(T)$，因此，纯理想气体 B 在任意温度 $T$、压强 $p$ 条件下的化学势等温式为：

$$\mu_{\mathrm{B}}(T,p) = \mu^{\ominus}(T,p^{\ominus}) + RT\ln\frac{p}{p^{\ominus}} \tag{3.48}$$

式中，$\mu_{\mathrm{B}}$ 表示纯理想气体的化学势。因此 $\mu_{\mathrm{B}}(T,p)$ 也可以用 $\mu_{\mathrm{B}}^*(T,p)$ 表示，式（3.48）等价于式（3.49）：

$$\mu_{\mathrm{B}}^*(T,p) = \mu_{\mathrm{B}}^{\ominus}(T) + RT\ln\frac{p}{p^{\ominus}} \tag{3.49}$$

定义 $\mu_{\mathrm{B}}^*(T,p)$ 为纯理想气体 B 在任意温度 $T$、压强 $p$ 条件下的化学势。

### 3.2.2 理想气体混合物中任一组分 B 的化学势

根据混合物的定义，混合物中不区分溶质溶剂。因此，理想气体混合物的分子模型与纯理想气体一致，混合各种理想气体时的热效应为 0，并满足混合气体的理想气体状态方程及道尔顿（Dalton）分压定律：

$$pV = \sum_{\mathrm{B}} n_{\mathrm{B}} RT = nRT$$

其中任意组分 B 在温度 $T$ 时的分压为：$p_{\mathrm{B}} = px_{\mathrm{B}}$

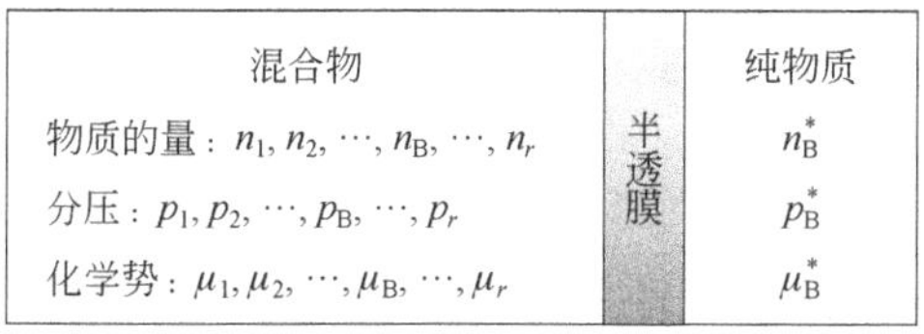


图 3.2　理想气体混合物和纯理想气体 B 之间的平衡

为讨论理想气体混合物中任一组分 B 的化学势，构建模型如图 3.2 所示，左方存在 $r$ 种理想气体，右方为纯理想气体 B，半透膜只允许 B 通过，温度 $T$ 恒定。假设盒子左方中的 B 在混合物中的化学势为 $\mu_{\mathrm{B}}$，分压力为 $p_{\mathrm{B}}$；右方纯物质 B 的化学势为 $\mu_{\mathrm{B}}^*$，压力为 $p_{\mathrm{B}}^*$。组分 B 可以透过半透膜，平衡时半透膜左侧 B 的分压必然与右侧纯 B 的压力相等，即 $p_{\mathrm{B}} = p_{\mathrm{B}}^*$。半透膜两边 B 物质平衡时，视为两相平衡。根据式（3.42），物质 B 在半透膜两侧的化学势相等：$\mu_{\mathrm{B}} = \mu_{\mathrm{B}}^*$。对于半透膜右侧的纯 B，其压强由 $p^{\ominus}$ 变化至平衡压力 $p_{\mathrm{B}}^*$ 时，根据式（3.49），纯 B 的化学势 $\mu_{\mathrm{B}}^*$ 为：

$$\mu_{\mathrm{B}}^*(T, p_{\mathrm{B}}^*) = \mu_{\mathrm{B}}^{\ominus}(T) + RT \ln \frac{p_{\mathrm{B}}^*}{p^{\ominus}} \tag{3.50}$$

半透膜左侧的组分 B，其标准化学势也为 $\mu_{\mathrm{B}}^{\ominus}(T)$，因此假设其分压 $p^{\ominus}$ 变化至终态平衡分压 $p_{\mathrm{B}}$ 时：

因为
$$\left(\frac{\partial \mu_{\mathrm{B}}}{\partial p}\right)_T = V_{\mathrm{B}}$$

所以
$$\mu_{\mathrm{B}}(T, p_{\mathrm{B}}) = \mu_{\mathrm{B}}^{\ominus}(T) + RT \ln \frac{p_{\mathrm{B}}}{p^{\ominus}} \tag{3.51}$$

当混合气体中 B 的摩尔分数为 $x_{\mathrm{B}}$ 时，分压 $p_{\mathrm{B}}$ 满足分压定律：$p_{\mathrm{B}} = px_{\mathrm{B}}$；

所以，结合式（3.51），理想气体混合物中任一组分 B，设其摩尔分数为 $x_{\mathrm{B}}$，在指定温度 $T$、总压强 $p$ 条件的化学势为：

$$\mu_{\mathrm{B}}(T, p_{\mathrm{B}}) = \mu_{\mathrm{B}}^{\ominus}(T) + RT \ln \frac{px_{\mathrm{B}}}{p^{\ominus}} \tag{3.52}$$

展开为：

$$\mu_{\mathrm{B}}(T, p) = \mu_{\mathrm{B}}^{\ominus}(T, p^{\ominus}) + RT \ln \frac{p}{p^{\ominus}} + RT \ln x_{\mathrm{B}} \tag{3.53}$$

根据式（3.48），上式中前两项之和 $\mu_{\mathrm{B}}^{\ominus}(T, p^{\ominus}) + RT \ln \frac{p}{p^{\ominus}}$，可以视为在温度 $T$ 条件下，纯 B 压强等于总压强 $p$ 时的化学势，也用 $\mu_{\mathrm{B}}^*(T, p)$ 表示：

$$\mu_{\mathrm{B}}^*(T, p) = \mu_{\mathrm{B}}^{\ominus}(T, p^{\ominus}) + RT \ln \frac{p}{p^{\ominus}}$$

但此处 $p$ 的含义有所不同，不再是任意指定的压强 $p$，而是给定系统的混合气体的总压强。所以式（3.53）等价于：

$$\mu_B(T,p)=\mu_B^*(T,p)+RT\ln x_B \tag{3.54}$$

当 $x_B=1$ 时，式（3.54）等价于式（3.49）。

### 3.2.3 逸度与逸度因子

式（3.54）描述了等温条件下，理想气体 B 在纯态以及混合气体中的化学势随压力的变化情况。对于非理想气体，路易斯（Lewis）假设非理想气体各物质的化学势等温式仍然保持理想系统式（3.49）或式（3.52）的形式，可以使用相同的概念处理。

为了满足这两个条件，在纯气体系统或气体混合物中，对任一气体 B 引入新的热力学量，定义 B 的逸度 $f_B$：

$$f_B(T,p)=p^{\ominus}\exp\left[\frac{\mu_B(T,p)-\mu_B^{\ominus}(T)}{RT}\right] \tag{3.55}$$

如图 3.3 所示，逸度可以视为压强的矫正，单位为 Pa；对于 B 组分，当矫正因子为 $\gamma_B$ 时，逸度和压强之间的关系为：

$$f_B=p_B\gamma_B \tag{3.56}$$

式中，$\gamma_B$ 也称为逸度因子。

理想气体物质 B 的逸度等于其纯态在 $T$ 时的压强或在混合物中的分压，此时 $\gamma_B=1$，逸度因子为 $T$、$p$ 的函数，是描述气体非理想程度的宏观物理量，$\gamma_B\neq1$ 时即意味着气体为非理想气体。

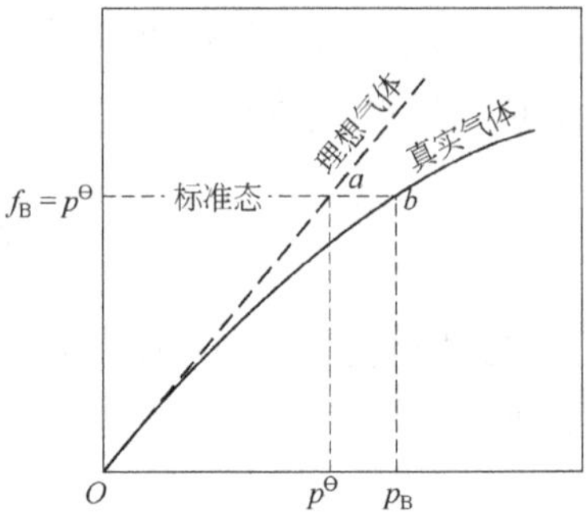

图 3.3 真实气体 $f_B$ 与理想气体 $p_B$ 之间关于标准态 $p^{\ominus}$ 的关系

因此，在温度 $T$、压强 $p$ 条件下，任意气体 B 组分的化学势均满足：

$$\mu_B(T,p)=\mu_B^{\ominus}(T)+RT\ln\frac{f_B}{p^{\ominus}} \tag{3.57}$$

① 对于纯理想气体 B，$\gamma_B=1$，$f_B=p_B=p$，此时 B 的化学势，用 $\mu_B^*(T,p,\mathrm{id})$ 表示，随压力的变化关系为：

$$\mu_B^*(T,p,\mathrm{id})=\mu^{\ominus}(T)+RT\ln\frac{p}{p^{\ominus}} \tag{3.58}$$

② 对于非理想纯气体 B，$\gamma_B\neq1$，$f_B=p_B\gamma_B=p\gamma_B$；B 的化学势等温式为：

$$\mu_B^*(T,p)=\mu^{\ominus}(T)+RT\ln\frac{f_B}{p^{\ominus}} \tag{3.59}$$

等价于：

$$\mu_B^*(T,p)=\mu^{\ominus}(T)+RT\ln\frac{p\gamma_B}{p^{\ominus}}=\mu^{\ominus}(T)+RT\ln\frac{p}{p^{\ominus}}+RT\ln\gamma_B \tag{3.60}$$

联立式（3.49），上式的前两项之和 $\mu^{\ominus}(T)+RT\ln\frac{p}{p^{\ominus}}$ 恰为 $\mu_B^*(T,p,\text{id})$，为纯理想气体 B 在任意温度 $T$、压强 $p$ 条件下的化学势，因此式（3.59）也可等价写成下式：

$$\mu_B^*(T,p)=\mu_B^*(T,p,\text{id})+RT\ln\gamma_B \tag{3.61}$$

③ 对于理想气体混合物中的 B 组分，$\gamma_B=1$，$f_B=p_B=px_B$，$x_B$ 为组分 B 在混合物中的摩尔分数，此时 B 组分的化学势［用 $\mu_B(T,p,x_B,\text{id})$ 表示］等温式为

$$\mu_B(T,p,x_B,\text{id})=\mu_B^{\ominus}(T)+RT\ln\frac{px_B}{p^{\ominus}}=\mu_B^*(T,p,\text{id})+RT\ln x_B \tag{3.62}$$

式中，$p$ 是给定混合气体系统的总压强。

④ 对于非理想气体混合物中的 B 组分，$\gamma_B\neq1$，$f_B=p_B\gamma_B=px_B\gamma_B$：

$$\mu_B(T,p,x_B)=\mu_B^{\ominus}(T)+RT\ln\frac{f_B}{p^{\ominus}}=\mu_B^{\ominus}(T)+RT\ln\frac{p\gamma_Bx_B}{p^{\ominus}} \tag{3.63}$$

等价于

$$\mu_B(T,p,x_B)=\mu_B^*(T,p,\text{id})+RT\ln x_B+RT\ln\gamma_B \tag{3.64}$$

或者

$$\mu_B(T,p,x_B)=\mu_B(T,p,x_B,\text{id})+RT\ln\gamma_B \tag{3.65}$$

### 3.2.4 逸度的计算方法

（1）逸度普遍公式

逸度普遍公式是用来描述在温度 $T$、压强 $p$ 条件下，组成为 $x_B$ 的任意气体混合物中 B 组分的逸度与 $pVT$ 的关系，此处 $V_B$ 为组分 B 的偏摩尔体积。根据式（3.57），在温度 $T$、压强 $p$ 条件下，任意气体中的 B 组分的化学势满足：$\mu_B(T,p,x_B)=\mu_B^{\ominus}(T)+RT\ln\frac{f_B}{p^{\ominus}}$，因此只需求出 $\mu_B(T,p)$，即可求得逸度 $f_B$。

通过设计热力学过程，如图 3.4 所示，借助已知的 B 的标准化学势 $\mu^{\ominus}(T)$，逐步导出在此条件下，非理想混合气体中的 B 组分化学势 $\mu_B(T,p,x_B)$。途径Ⅰ和途径Ⅱ中的降压处理，保证了混合过程中，气体处在理想状态，从而使得仅途径Ⅲ中需引入逸度的概念。通过此案例，读者可以进一步熟悉化学势在热力学过程中的应用方法。

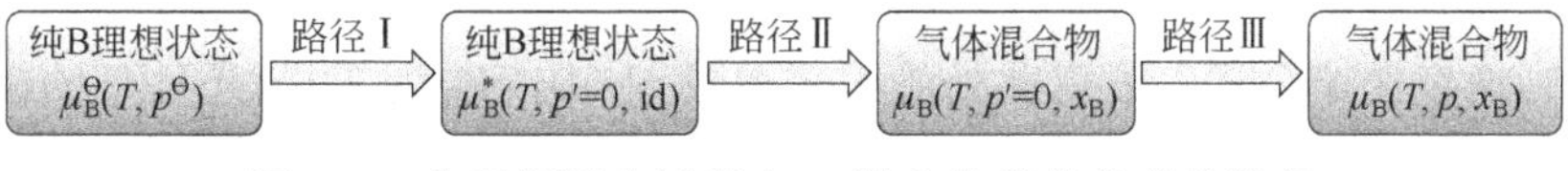


图 3.4 非理想混合过程中 B 组分化学势的变化途径

根据化学势与压强的关系式（3.34），可得：

途径Ⅰ：

$$\Delta\mu_B(\text{Ⅰ})=\mu_B^*(T,p'=0,\text{id})-\mu_B^{\ominus}(T)=\int_{p^{\ominus}}^{p'}V_B^*\mathrm{d}p \tag{i}$$

途径Ⅱ：

$$\Delta\mu_B(\text{Ⅱ})=\mu_B(T,p'=0,x_B)-\mu_B^*(T,p'=0,\text{id}) \tag{ii}$$

低压条件下，纯 B 气体和混合气体均可视为理想气体，根据式（3.64）可得：

$$\mu_B(T,p'=0,x_B)=\mu_B^*(T,p'=0,\text{id})+RT\ln x_B$$

所以，式（ii）可转化为：$\Delta\mu_{\mathrm{B}}(\mathrm{II}) = RT\ln x_{\mathrm{B}}$

途径Ⅲ：
$$\Delta\mu_{\mathrm{B}}(\mathrm{III}) = \mu_{\mathrm{B}}(T,p,x_{\mathrm{B}}) - \mu_{\mathrm{B}}^{*}(T,p'=0,x_{\mathrm{B}}) = \int_{p'}^{p} V_{\mathrm{B}}(T,p,x_{\mathrm{B}})\mathrm{d}p \qquad \text{(iii)}$$

显然，式（iii）涉及理想混合气体到非理想混合气体的转变。

综上所述，三个途径共同导致化学势的变化：

$\mu_{\mathrm{B}}(T,p,x_{\mathrm{B}}) - \mu_{\mathrm{B}}^{\ominus}(T) = \Delta\mu_{\mathrm{B}}(\mathrm{I}) + \Delta\mu_{\mathrm{B}}(\mathrm{II}) + \Delta\mu_{\mathrm{B}}(\mathrm{III})$，即：

$$\Delta\mu_{\mathrm{B}}(\mathrm{I}) + \Delta\mu_{\mathrm{B}}(\mathrm{II}) + \Delta\mu_{\mathrm{B}}(\mathrm{III}) = \int_{p^{\ominus}}^{p'} V_{\mathrm{B}}^{*}\mathrm{d}p + RT\ln x_{\mathrm{B}} + \int_{p'}^{p} V_{\mathrm{B}}(T,p,x_{\mathrm{B}})\mathrm{d}p$$

由于在温度 $T$、压强 $p$ 条件下，$V_{\mathrm{B}}^{*}$可按照理想气体状态方程直接获得，即 $V_{\mathrm{B}}^{*} = \dfrac{RT}{p}$，因此，

$$\begin{aligned}
&\mu_{\mathrm{B}}(T,p,x_{\mathrm{B}}) - \mu_{\mathrm{B}}^{\ominus}(T) \\
&= -\int_{p'}^{p^{\ominus}} V_{\mathrm{B}}^{*}\mathrm{d}p + RT\ln x_{\mathrm{B}} + \int_{p'}^{p} V_{\mathrm{B}}(T,p,x_{\mathrm{B}})\mathrm{d}p \\
&= -\int_{p'}^{p} V_{\mathrm{B}}^{*}\mathrm{d}p - \int_{p}^{p^{\ominus}} V_{\mathrm{B}}^{*}\mathrm{d}p + RT\ln x_{\mathrm{B}} + \int_{p'}^{p} V_{\mathrm{B}}(T,p,x_{\mathrm{B}})\mathrm{d}p \\
&= -\int_{p}^{p^{\ominus}} V_{\mathrm{B}}^{*}\mathrm{d}p + RT\ln x_{\mathrm{B}} + \int_{p'}^{p} [V_{\mathrm{B}}(T,p,x_{\mathrm{B}}) - V_{\mathrm{B}}^{*}]\mathrm{d}p \\
&= -RT\ln\frac{p^{\ominus}}{p} + RT\ln x_{\mathrm{B}} + \int_{p'}^{p}\left[V_{\mathrm{B}}(T,p,x_{\mathrm{B}}) - \frac{RT}{p}\right]\mathrm{d}p \\
&= RT\ln\frac{px_{\mathrm{B}}}{p^{\ominus}} + \int_{p'}^{p}\left[V_{\mathrm{B}}(T,p,x_{\mathrm{B}}) - \frac{RT}{p}\right]\mathrm{d}p
\end{aligned}$$

再联立式（3.57）得：

$$RT\ln\frac{f_{\mathrm{B}}}{p^{\ominus}} = RT\ln\frac{px_{\mathrm{B}}}{p^{\ominus}} + \int_{p'}^{p}\left[V_{\mathrm{B}}(T,p,x_{\mathrm{B}}) - \frac{RT}{p}\right]\mathrm{d}p \qquad (3.66)$$

而逸度和分压的关系为：$f_{\mathrm{B}} = px_{\mathrm{B}}$；

则式（3.66）移项可得：

$$RT\ln\gamma_{\mathrm{B}} = \int_{p'}^{p}\left[V_{\mathrm{B}}(T,p,x_{\mathrm{B}}) - \frac{RT}{p}\right]\mathrm{d}p \qquad (3.67)$$

上式称为逸度普遍公式，注意此处的积分下限 $p'\to 0$，$V_{\mathrm{B}}$为 $T$、$p$ 条件下的偏摩尔体积，对于纯物质，则 B 的摩尔体积为 $V_{\mathrm{m,B}}$。

（2）图解积分法

根据式（3.67），对于气体 B，摩尔体积为 $V_{\mathrm{m}}$

令 $\alpha = \dfrac{RT}{p} - V_{\mathrm{m}}$，则：

$$\ln\gamma = -\frac{1}{RT}\int_{p'}^{p}\alpha\mathrm{d}p \qquad (3.68)$$

显然，式（3.67）中，$\alpha$ 为 $T,p$ 的函数，等温条件下，由 $V_{\mathrm{m}}$ 的实验值，求出不同压力下的 $\alpha$，做出 $\alpha$-$p$ 曲线，积分求得曲线面积即可获得逸度因子的值，如图 3.5 所示。

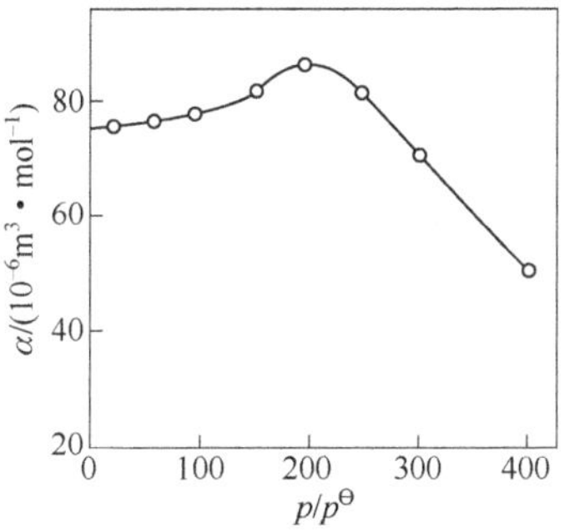


| $\frac{p}{p^\ominus}$ | $V_m/(10^{-6}\mathrm{m}^3\cdot\mathrm{mol}^{-1})$ | $\alpha/(10^{-6}\mathrm{m}^3\cdot\mathrm{mol}^{-1})$ | $\int_0^p\alpha\mathrm{d}p/(\mathrm{J}\cdot\mathrm{mol}^{-1})$ | $\gamma$ | $\frac{f}{p^\ominus}$ |
|---|---|---|---|---|---|
| 20 | 1866 | 75.3 | 150.3 | 0.962 | 19.2 |
| 60 | 570.8 | 76.3 | 457.6 | 0.890 | 53.4 |
| 100 | 310.9 | 77.4 | 762.0 | 0.824 | 82.4 |
| 150 | 176.6 | 82.1 | 1156.0 | 0.745 | 112 |
| 200 | 107.4 | 86.7 | 1581.0 | 0.669 | 134 |
| 250 | 74.18 | 81.1 | 2001.0 | 0.601 | 150 |
| 300 | 59.60 | 69.8 | 2380.0 | 0.516 | 164 |
| 400 | 47.68 | 49.4 | 2969.1 | 0.470 | 188 |

图 3.5　图解积分法求 $NH_3$ 的逸度和逸度因子

（3）对比状态法

根据压缩因子对气体的定义：$pV_m = zRT \Longrightarrow z = \dfrac{pV_m}{RT}$

由逸度普遍公式（3.67）得：

$$RT\ln\gamma = RT\ln\frac{f}{p} = \int_{p'}^{p}\left(V_m - \frac{RT}{p}\right)\mathrm{d}p$$

而

$$V_m - \frac{RT}{p} = \frac{RT}{p}\left(\frac{pV_m}{RT} - 1\right) = \frac{RT}{p}(z-1)$$

则：$RT\ln\gamma = \int_{p'}^{p}\left(V_m - \dfrac{RT}{p}\right)\mathrm{d}p = \int_{p'}^{p}(Z-1)\mathrm{d}p$

所以

$$\ln\gamma = \int_{p'}^{p}\frac{Z-1}{p}\mathrm{d}p \tag{3.69}$$

该方法的优点为：界常数可直接给出对应 $T$、$p$ 下的逸度系数和逸度，适用范围广；但缺点是，系统如果处在高压条件下会导致较大的误差。

（4）近似法

实验表明，在等温条件下，压力不大时，气体 $pV_m$ 的乘积与 $p$ 呈线性关系，可以简化为：$pV_m = RT + Bp$，其中 $B$ 为 $T$ 的函数，根据逸度普遍公式（3.67），令 $\alpha = \dfrac{RT}{p} - V_m = -B$，因此有：

$$\ln\gamma = -\frac{1}{RT}\int_{p'}^{p}\alpha \mathrm{d}p = \frac{Bp}{RT}$$

移项后，对 $\gamma = \exp\left(\frac{Bp}{RT}\right)$ 进行级数展开得：

$$\gamma = 1 + \frac{Bp}{RT} + \frac{1}{2}\left(\frac{Bp}{RT}\right)^2 + \cdots$$

当压力较小时，忽略二次项及之后的展开项得：

$$\gamma = 1 + \frac{Bp}{RT} = \frac{pV_m}{RT} \tag{3.70}$$

上式为求逸度和逸度因子最简便的方法，但误差也是上述方法中最大的，故只能在系统压力 $p$ 较小时使用。

### 3.2.5 路易斯-兰德尔逸度规则

作为逸度求算时的近似规则，路易斯-兰德尔（Lewis-Randall）提出：在温度 $T$、总压 $p$ 条件下，混合物中 B 的偏摩尔体积 $V_B$ 等于某 $T$、$p$ 条件下纯 B 的摩尔体积 $V_B^*$ 时，即在接近理想条件下时，真实气体混合物中组分 B 的逸度 $f_B$ 等于该组分在该混合气体温度与总压下单独存在时的逸度 $f_B^*$ 与 B 的摩尔分数 $x_B$ 的乘积。

路易斯-兰德尔逸度规则对真实气体的纯气体与混合物均适用。

根据其规定：$V_{总} = \sum_B n_B V_B = \sum_B n_B V_B^*$ 时，混合物中 B 的逸度因子 $\gamma_B$ 等于在该温度 $T$ 及总压 $p$ 下纯态 B 的逸度因子 $\gamma_B^*$。

$$\gamma_B(T,p) = \gamma_B^*(T,p) \tag{3.71}$$

即在温度 $T$、混合气体总压强 $p$，组成为 $x_B$ 的条件下：

$$f_B = \gamma_B p_B = \gamma_B p x_B = \gamma_B^* p x_B = f_B^* x_B \tag{3.72}$$

路易斯-兰德尔逸度规则的局限性为：在压力增大时，体积加和性往往有偏差，尤其含有极性组分或临界温度相差较大的组分时，偏差更大，这个规则就不完全适用了。

## 3.3 稀溶液中的经验定律

热力学中，将溶液中溶质的摩尔分数趋近于零，溶剂的摩尔分数趋近于 1 的溶液被称为理想稀溶液，习惯于用 A 表示溶剂，用 B 表示溶质。在液态混合物中，由于不区分溶质溶剂，故其中任意组分都习惯用 B 表示。

溶液和液态混合物的性质受其在不同温度下的蒸气压力的影响。纯液体与其蒸气达到平衡时，蒸气的压力称为饱和蒸气压，简称蒸气压。注意蒸气压仅是温度的函数，与大气压无关。

对于多组分液态系统而言，其中挥发性的组分 B 的蒸气压为溶液与其蒸气达平衡时，组分 B 在蒸气中的分压，显然，组分 B 的蒸气压与温度和组成有关。

理想稀溶液中，某组分溶解量和蒸气压之间的关系由拉乌尔（Raoult）定律和亨利（Henry）定律两个经验定律进行描述。

## 3.3.1 拉乌尔定律

大量的生产实践表明：溶剂 A 中加入非挥发性溶质 B 使得溶剂的蒸气压降低。这是由于在溶剂 A 中，由于溶质 B 的掺杂，使得表面上溶剂 A 的数量减少，从而减少了单位时间内离开气相表面进入液相的 A 分子数目，使得溶剂与其蒸气在更低的蒸气压力下平衡。

1886 年，法国化学家拉乌尔归纳出经验定律，可以量化计算蒸气压降低的数值，被称为拉乌尔定律。

等温条件下，二元稀溶液中（$x_A \to 1$ 或 $x_B \to 0$），挥发性溶剂 A 的蒸气压 $p_A$ 等于同一温度下纯溶剂的饱和蒸气压 $p_A^*$ 与溶液中溶剂的摩尔分数 $x_A$ 的乘积。

数学表达式：

$$p_A = p_A^* x_A \tag{3.73}$$

对于二元稀溶液：$x_A + x_B = 1$

则 $p_A = p_A^*(1-x_B)$，可得稀溶液中溶质 B 的摩尔分数：

$$x_B = \frac{p_A^* - p_A}{p_A^*} \tag{3.74}$$

移项可得：

$$\Delta p_A = p_A^* - p_A = p_A^* x_B \tag{3.75}$$

根据上式，拉乌尔定律也可表述为：定温条件下，二元稀溶液溶剂蒸气压的降低值 $p_A^* - p_A$ 与溶质的摩尔分数成正比，且比例系数为纯溶剂蒸气压 $p_A^*$。

使用拉乌尔定律时，需注意：

① 稀溶液中相同剂量的溶剂，只要溶质的加入量一样，无论溶质的性质如何，蒸气压降低值都相等。这种只依赖于溶质的相对数量而非溶质本身性质的特点称为依数性。即使稀溶液中的溶剂和溶质均为挥发性的，拉乌尔定律依然成立。

② 使用拉乌尔定律时，要求溶剂 A 在气液两相中的分子形态一致。

## 3.3.2 亨利定律

拉乌尔定律描述的是理想稀溶液中的挥发性溶剂随溶质数量的变化而显现的特征，而亨利定律描述的是稀溶液中挥发性溶质在溶液中的溶解度与其在液面上的平衡压力之间的关系。

亨利定律的文字表述如下：在一定温度和平衡状态下，溶质 B 的气相平衡分压 $p_B$ 与溶质 B 在稀溶液里的溶解度（用物质的量分数 $x_B$ 表示）成正比，数学表达式为

$$p_B = k_{x,B} x_B \tag{3.76}$$

溶液中溶质的摩尔分数 $x_B$ 越趋近于 0，溶液越稀，系统越理想，摩尔分数与对应蒸气压之间越满足亨利定律的线性关系。一般地，对于稀溶液，升高温度或降低压力，降低挥发性溶质的溶解度，往往能更好地服从亨利定律。式（3.76）中，$p_B$ 为溶质气体 B 的平衡分压，对于混合气体，总压不大时，亨利定律分别适用于每一种气体。

亨利定律中，除了使用物质的量分数 $x_B$ 表示溶质的溶解度，也可以使用质量摩尔浓度

$b_B$ 以及物质的量浓度 $c_B$ 表示，如下式所示：

$$p_B = k_{b,B} b_B \tag{3.77}$$

$$p_B = k_{c,B} c_B \tag{3.78}$$

式中，$k_{x,B}$、$k_{b,B}$ 和 $k_{c,B}$ 称为亨利常数，分别对应不同方式表达的溶解度与平衡分压之间的比例关系。其中，$k_{x,B}$ 的单位为 Pa，$k_{b,B}$ 的单位为 $Pa \cdot kg^{-1} \cdot mol^{-1}$，$k_{c,B}$ 的单位为 $Pa \cdot L^{-1} \cdot mol^{-1}$。显然，溶解度的表示方法不同，亨利常数的数值亦不等，其数值与温度、压力、溶剂和溶质的性质有关。

由于亨利定律适用的对象是理想稀溶液，即 $x_A \to 1$ 或 $x_B \to 0$ 的系统，因此亨利常数的物理意义是一种“假想态”，其中 $k_{x,B}$ 假想的是当溶液系统完全由溶质 B 组成，即 $x_B = 1$ 时，而溶质 B 却仍然满足亨利定律描述的饱和蒸气压；$k_{b,B}$ 假想的是溶质的质量摩尔浓度 $b_B = 1 mol \cdot kg^{-1}$ 时，溶质 B 仍然满足亨利定律描述的饱和蒸气压；$k_{c,B}$ 假想的是溶质的物质的量浓度 $c_B = 1 mol \cdot L^{-1}$ 时，溶质 B 仍然满足亨利定律描述的饱和蒸气压。

使用亨利定律时，溶质在气相和在溶液中的分子状态必须相同，例如，HCl 作为溶质时，气相形态为 HCl 分子，而在液相中 HCl 电离为 $H^+$ 和 $Cl^-$，因此亨利定律不适用。对于溶液中存在部分电离的溶质，如 $SO_2$，亨利定律只适用于未电离的那一部分溶质，即 $SO_2$ 的平衡分压与溶液中未解离的 $SO_2$ 浓度成正比。

### 3.3.3 两个经验定律的总结

对于稀溶液（$x_A \to 1$ 或 $x_B \to 0$）系统，且 A 和 B 的气液形态一致时，拉乌尔定律适用于挥发性溶剂 A，蒸气压与组成的关系为：$p_A = p_A^* x_A$；亨利定律适用于挥发性溶质 B，当使用摩尔分数表示 B 的溶解度时，B 的平衡分压与组成的关系为 $p_B = k_{x,B} x_B$。两者虽然形式相似，但实质不同。

B 作为稀溶液的溶质时，满足亨利定律，分压与 $k_{x,B}$ 成正比，若为纯 B 系统，则满足拉乌尔定律，分压与 $p_B^*$ 成正比。由于溶质分子在溶液中所处的环境与其作为纯 B 液体的环境不同，因此大多数情况下，亨利常数 $k_{x,B}$ 不等于纯溶质液体下的饱和蒸气压 $p_B^*$，$p_B^*$ 只与 B 的性质有关，$k_{x,B}$ 既与 B 的性质有关，也与溶剂 A 的性质有关。

稀溶液中，溶质分子周围绝大多数是溶剂分子，溶质分子逸出的能力同时与溶质的浓度、溶质与溶剂之间的分子作用力有关，这种作用力在稀溶液的范围内可视为常数，故表现出溶质的蒸气压与其浓度成正比关系。

而作为纯溶剂时，这种作用力完全不同，因此 $k_{x,B} \neq p_B^*$。以 $F$(A-B)表示溶剂与溶质之间的作用力，$F$(B-B)表示溶质之间的作用力。

当 $F(\text{A-B}) > F(\text{B-B})$时，气态 B 在二元溶液中逸出的难度，比在由纯 B 构成的溶剂中更困难，此时亨利常数与纯 B 的饱和蒸气压的关系为：$k_{x,B} < p_B^*$；当 $F(\text{A-B}) < F(\text{B-B})$时，溶液中的 B 更容易逸出，因此：$k_{x,B} > p_B^*$；而当两个作用力相同时，此时的液体为液态混合物，混合物中不区分溶质溶剂，此时 $k_{x,B} = p_B^*$，即两个定律彼此统一。

总之，拉乌尔定律和亨利定律的适用范围为稀溶液，不同溶液适用的浓度范围不一样。只要溶液浓度足够稀，溶剂必服从拉乌尔定律，溶质服从亨利定律，溶液愈稀，符合的程度愈高，如图 3.6 所示，$k_{x,A}$ 和 $k_{x,B}$ 表示的是两个假想态的亨利常数，实际此时的蒸气压分别为 $p_A^*$ 和 $p_B^*$。

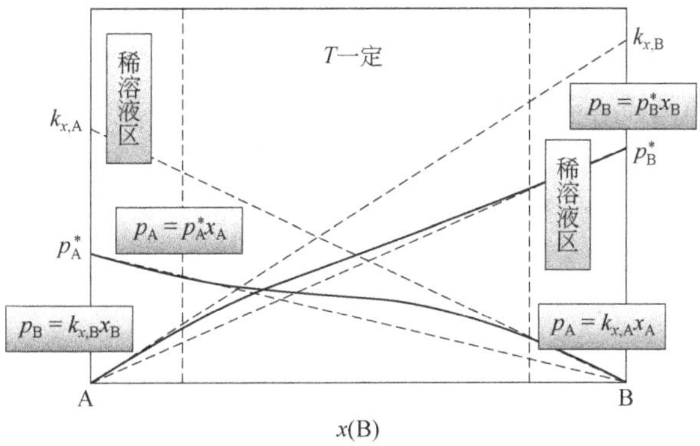


图 3.6 稀溶液中蒸气压与组成的关系

【例 3.4】水（A）和乙酸乙酯（B）不完全混溶，在 37.55°C 时两液相平衡。其中一相含质量分数为 $w(B)=0.0675$ 的乙酸乙酯，另一相含 $w(A)=0.0379$ 的水。假定拉乌尔定律对每相中的溶剂都能适用，已知 37.55°C 时，纯乙酸乙酯的蒸气压是 22.13kPa，纯水的蒸气压是 6.399kPa，试计算：

（1）气相中脂和水蒸气的分压；

（2）总的蒸气压力。

（已知，乙酸乙酯的摩尔质量为 $88.10\text{g}\cdot\text{mol}^{-1}$，水的摩尔质量为 $18.02\text{g}\cdot\text{mol}^{-1}$。）

【解答】
$$p_A = p_A^* x_A = 6.399\text{kPa}\times\frac{0.9325/18.02}{0.9325/18.02+0.0675/88.10}=6.306\text{kPa}$$

$$p_B = p_B^* x_B = 22.13\text{kPa}\times\frac{0.9621/88.10}{0.0379/18.02+0.9621/88.10}=18.56\text{kPa}$$

$$p = p_A + p_B = (6.306+18.56)\text{kPa} = 24.86\text{kPa}$$

【例 3.5】0°C，101325 Pa 时，氧气在水中的溶解度为 $4.490\times10^{-2}\text{dm}^3\cdot\text{kg}^{-1}$，试求 0°C，氧气分压为 101325 Pa 时，氧气在 1kg 水中溶解的亨利系数 $k_{x,O_2}$ 和 $k_{b,O_2}$。已知 0°C，101325Pa 时，氧气的摩尔体积为 $22.4\text{dm}^3\cdot\text{mol}^{-1}$。

【解答】利用亨利定律 $p_B = k_{x,B} x_B$ 或 $p_B = k_{b,B} b_B$，其中 B 代表氧气。

因为 0°C，101325Pa 时，氧气的摩尔体积为 $22.4\text{dm}^3\cdot\text{mol}^{-1}$，所以 1000g 水中

$$x_B = \frac{\dfrac{4.490\times10^{-2}\text{dm}^3}{22.4\text{dm}^3\cdot\text{mol}^{-1}}}{\dfrac{1000\text{g}}{18\text{g}\cdot\text{mol}^{-1}}+\dfrac{4.490\times10^{-2}\text{dm}^3}{22.4\text{dm}^3\cdot\text{mol}^{-1}}} = 3.61\times10^{-5}$$

$$k_{x,B} = \frac{p_B}{x_B} = \frac{101325\text{Pa}}{3.61\times10^{-5}} = 2.81\times10^9\text{Pa}$$

$$b_B = \frac{4.490\times10^{-2}\text{dm}^{-3}\cdot\text{kg}^{-1}}{22.4\text{dm}^3\cdot\text{mol}^{-1}} = 2.0\times10^{-3}\text{mol}\cdot\text{kg}^{-1}$$

$$k_{b,B} = \frac{p_B}{b_B} = \frac{101325\text{Pa}}{2.00\times10^{-3}\text{mol}\cdot\text{kg}^{-1}} = 5.10\times10^7\text{Pa}\cdot\text{kg}\cdot\text{mol}^{-1}$$

【例 3.6】某乙醇的水溶液，含乙醇的摩尔分数为 $x$(乙醇) = 0.0300。在 97.11°C 时该溶液的蒸气总压力等于 101.3kPa，已知在该温度时纯水的蒸气压为 91.30kPa。若该溶液可视为理想稀溶液，试计算该温度下，在摩尔分数为 $x$（乙醇）= 0.0200 的乙醇水溶液上的乙醇和水的蒸气分压力。

【解答】该溶液可视为理想稀溶液，则溶剂必服从拉乌尔定律，溶质服从亨利定律，因此：$p = p_A x_A + k_{x,B}\, x_B$

先由上式计算 97.11°C 时乙醇溶在水中的亨利系数，即：

$$101.3\text{kPa} = 91.3\text{kPa}(1-0.0300) + k_x(\text{乙醇})\times 0.0300$$

解得乙醇溶在水中的亨利系数：

$$k_x(\text{乙醇}) = 425\text{kPa}$$

于是，当 $x$(乙醇) = 0.0200 时，

$$p(\text{乙醇}) = k_x(\text{乙醇})x(\text{乙醇}) = 425\text{kPa}\times 0.0200 = 8.5\text{kPa}$$
$$p(\text{水}) = p^*(\text{水})\cdot x(\text{水}) = 91.30\text{kPa}\times(1-0.0200) = 89.5\text{kPa}$$

## 3.4 理想液态混合物

### 3.4.1 理想液态混合物中任一组分 B 的化学势等温式

（1）理想液态混合物

理想液态混合物的特点是溶质和溶剂之间的作用力完全相同，因此，液态混合物中并不区分溶质和溶剂。因此，任一组分在全部组成范围内都符合拉乌尔定律。从分子模型上看，各组分分子彼此相似，在混合时没有热效应和体积变化，这种混合物称为理想液态混合物。

光学异构体、同位素和立体异构体混合物属于这种类型。

（2）理想液态混合物中任一组分 B 的化学势等温式

当温度为 $T$ 时，理想液态混合物与其蒸气达到平衡时，根据相平衡判据式（3.42），理想液体混合物中某一液相组分 B 与气相中的液相 B 的化学势相等，即：$\mu_B(\text{l}) = \mu_B(\text{g})$。

气液平衡时，对应的低压气相可以近似视为理想气体混合物，根据理想气体混合物中任一组分 B 的化学势表达式（3.53），则有：

$$\mu_B(\text{l}) = \mu_B(\text{g}) = \mu_B^{\ominus}(T) + RT\ln\frac{p_B}{p^{\ominus}} \tag{3.79}$$

式中，$p_B$ 为组分 B 的平衡分压；$\mu_B^{\ominus}(T)$ 为气体 B 在温度为 $T$、压力为 $p^{\ominus}$ 时的标准化学势。实际上，依据上式，所有化学势等温式中的标准化学势的定义都是唯一的。

根据理想液态混合物的宏观定义，其任一组分 B 都满足拉乌尔定律式（3.73），将 $p_B = p_B^* x_B$ 代入式（3.79），得：

$$\mu_B(\text{l}) = \mu_B(\text{g}) = \mu_B^{\ominus}(\text{g}) + RT\ln\frac{p_B^*}{p^{\ominus}} + RT\ln x_B \tag{3.80}$$

当摩尔分数 $x_B = 1$ 时，此时液体为纯 B 液体，当气液平衡时，气相组成中的 $x_B = 1$。根据式（3.53），纯理想气体 B 化学势 $\mu_B^*(T,p)$ 的定义，直接定义液相纯 B 的化学势 $\mu_B^*(\text{l})$：

$$\mu_B^*(l) = \mu_B^\ominus(g) + RT\ln\frac{p_B^*}{p^\ominus} \tag{3.81}$$

$\mu_B^*(l)$ 也称为参考态化学势。因此，温度为 $T$，气相总压强为 $p$ 条件下式（3.80）可等价为：

$$\mu_B(l) = \mu_B^*(l) + RT\ln x_B \tag{3.82}$$

即理想液态混合物中组分 B 的化学势，注意 $\mu_B^*(l)$ 是液相纯 B 组分在温度 $T$ 和压力 $p$（$p = p_B^*$）时的化学势，不要与标准化学势混淆，严格意义上 $\mu_B^\ominus(l) \neq \mu_B^*(l)$。在压力 $p^\ominus \to p_B^*$ 范围间，B 的化学势可描述为：

$$\mu_B^*(l) = \mu_B^\ominus(g) + \int_{p^\ominus}^{p_B^*} V_B \mathrm{d}p$$

多数情况下，$p^\ominus$ 与 $p_B^*$ 近似相等，因此可做近似处理，令 $\int_{p^\ominus}^{p_B^*} V_B \mathrm{d}p = 0$，则 $\mu_B^*(l) = \mu_B^\ominus$，于是可得温度为 $T$，气相总压强为 $p$ 条件下式（3.82）的近似式：

$$\mu_B(l) = \mu_B^\ominus + RT\ln x_B \tag{3.83}$$

## 3.4.2 理想液态混合物的通性

组分 A 和组分 B 形成理想液态混合物时，在混合前后，一些状态函数变化量可被定量化，故被称为理想液态混合物的通性，共有以下五条。

（1）混合吉布斯自由能（$\Delta_{mix}G$）

如图 3.7 所示，假设温度恒定为 $T$，环境压强恒为 $p$ 的定容容器，组分 A 和组分 B 物质的量分别为 $n_A$（mol）和 $n_B$（mol），混合形成理想液态混合物，其中混合物中 A 与 B 的摩尔分数分别为 $x_A$ 和 $x_B$，各自达到气液两相平衡，所涉及的气体均可近似为理想气体，A 与 B 的标准化学势分别为 $\mu_A^\ominus(T)$ 和 $\mu_B^\ominus(T)$，据此可求算混合前后的吉布斯函数。

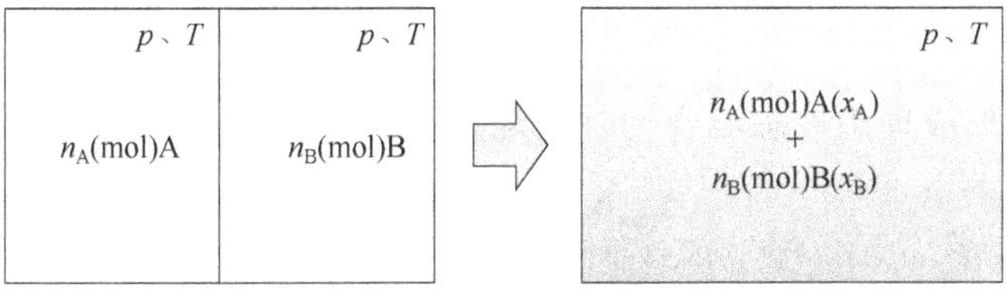


图 3.7　理想液态混合物的混合过程示意图

混合前的吉布斯自由能（$G_i$）可根据加和公式得：

$$G_i = \sum_{i=1}^{r} n_i \left(\frac{\partial G}{\partial n_i}\right)_{T,p,n_{j\neq i}} = n_A\mu_A + n_B\mu_B$$

将 $T$、$p$ 条件下 $\mu_A$ 和 $\mu_B$ 的化学势等温式代入上述加和公式，则有：

$$G_i = n_A\mu_A + n_B\mu_B = n_A\left[\mu_A^\ominus(T) + RT\ln\frac{p_A}{p^\ominus}\right] + n_B\left[\mu_B^\ominus(T) + RT\ln\frac{p_B}{p^\ominus}\right]$$

式中，$p_A = p_B = p$。

故 $$G_{\rm i} = n_{\rm A}\mu_{\rm A} + n_{\rm B}\mu_{\rm B} = n_{\rm A}\left[\mu_{\rm A}^{\ominus}(T) + RT\ln\frac{p}{p^{\ominus}}\right] + n_{\rm B}\left[\mu_{\rm B}^{\ominus}(T) + RT\ln\frac{p}{p^{\ominus}}\right] \tag{i}$$

混合后，系统达到平衡时，$p_{\rm A}+p_{\rm B}=p$，此时的吉布斯自由能（$G_{\rm f}$）可根据加和公式得：

$$G_{\rm f} = n_{\rm A}\mu_{\rm A} + n_{\rm B}\mu_{\rm B} = n_{\rm A}\left[\mu_{\rm A}^{\ominus}(T) + RT\ln\frac{px_{\rm A}}{p^{\ominus}}\right] + n_{\rm B}\left[\mu_{\rm B}^{\ominus}(T) + RT\ln\frac{px_{\rm B}}{p^{\ominus}}\right] \tag{ii}$$

式（ii）−式（i）可得混合吉布斯自由能$\Delta_{\rm mix}G$，即：

$$\Delta_{\rm mix}G = G_{\rm f} - G_{\rm i} = n_{\rm A}RT\ln x_{\rm A} + n_{\rm B}RT\ln x_{\rm B} \tag{3.84}$$

若系统为若干个 B 组分发生混合形成理想液态混合物，则上式可写为：

$$\Delta_{\rm mix}G = \sum_{\rm B} n_{\rm B}RT\ln x_{\rm B} \tag{3.85}$$

上式即为 $T$、$p$ 条件下，形成理想液态混合物时的混合吉布斯自由能。

（2）混合体积效应（$\Delta_{\rm mix}V$）

混合时的热力学状态函数之间关系依然成立，根据关系式（2.57）得：

$$\Delta_{\rm mix}V = \left[\frac{\partial(\Delta_{\rm mix}G)}{\partial p}\right]_T = \left[\frac{\partial(\sum_{\rm B} n_{\rm B}RT\ln x_{\rm B})}{\partial p}\right]_T = 0$$

因此 $T$、$p$ 条件下，形成理想液态混合物时的混合体积效应为零：

$$\Delta_{\rm mix}V = 0 \tag{3.86}$$

（3）混合熵（$\Delta_{\rm mix}S$）

根据热力学关系式（2.56）得：

$$\Delta_{\rm mix}S = -\left[\frac{\partial(\Delta_{\rm mix}G)}{\partial T}\right]_p = -\left[\frac{\partial(\sum_{\rm B} n_{\rm B}RT\ln x_{\rm B})}{\partial T}\right]_p = -R\sum_{\rm B} n_{\rm B}\ln x_{\rm B}$$

$T$、$p$ 条件下，形成理想液态混合物时的混合熵为：

$$\Delta_{\rm mix}S = -R\sum_{\rm B} n_{\rm B}\ln x_{\rm B} \tag{3.87}$$

（4）混合焓（$\Delta_{\rm mix}H$）

根据等温等压条件下的 Gibbs 自由能定义式，可得：

$$\Delta_{\rm mix}H = \Delta_{\rm mix}G + T\Delta_{\rm mix}S = \sum_{\rm B} n_{\rm B}RT\ln x_{\rm B} - RT\sum_{\rm B} n_{\rm B}\ln x_{\rm B} = 0$$

因此 $T$、$p$ 条件下，形成理想液态混合物时的混合焓为零：

$$\Delta_{\rm mix}H = 0 \tag{3.88}$$

（5）理想液态混合物中拉乌尔定律和亨利定律统一

在全部浓度范围均满足：$p_{\rm B} = p_{\rm B}^{*}x_{\rm B} = k_{x,\rm B}x_{\rm B}$ 且 $p_{\rm B}^{*} = k_{x,\rm B}$。

简要证明如下：

理想液态混合物的气液两相平衡时，其中任意组分 B 的气相分压和组成满足拉乌尔定律：

$p_B = p_B^* x_B$，根据式（3.82），B 组分的化学势等温式为

$$\mu_B(l) = \mu_B^*(T,p) + RT\ln x_B$$

且
$$\mu_B(l) = \mu_B(g) = \mu_B^{\ominus}(T) + RT\ln\frac{p_B}{p^{\ominus}}$$

所以
$$\frac{p_B}{p^{\ominus}x_B} = \exp\left[\frac{\mu_B^*(T,p) - \mu_B^{\ominus}(T)}{RT}\right]$$

所以
$$\frac{p_B}{x_B} = p^{\ominus}\exp\left[\frac{\mu_B^*(T,p) - \mu_B^{\ominus}(T)}{RT}\right] \tag{3.89}$$

式中，等温等压条件下，$p^{\ominus}$ 与 $\mu_B^*(T,p)$ 均为常数，标准化学势 $\mu_B^{\ominus}(T)$ 唯一，因此 $p^{\ominus}\exp\left[\frac{\mu_B^*(T,p) - \mu_B^{\ominus}(T)}{RT}\right]$ 为一个常数，即 $k_{x,B}$。

故可根据拉乌尔定律直接导出亨利定律 $p_B = k_{x,B}x_B$，在理想液态混合物中，两个定律本质统一。

式（3.85）～式（3.89）可被称为理想液态混合物的通性。

# 3.5 任意液态系统中的组分 B 的化学势

## 3.5.1 活度及活度因子

（1）基本概念

类似于定义非理想气体的逸度，对于非理想的液态系统，路易斯（Lewis）定义液体活度，用 $a_B$ 表示，用以校正非理想液态系统（包括混合物和溶液）中任意组分的 B 的真实溶解度。注意活度的量纲为 1。

若使用摩尔分数 $x_B$ 描述 B 组分的溶解度，在 $T$、$p$ 条件下任意物质 B 的活度 $a_B$ 则是对 $x_B$ 的校正，表示为 $a_{x,B}$，校正系数为 $\gamma_{x,B}$，其值与溶质、溶剂和温度均有直接关系，量纲均为“1”，数学表达式为：

$$a_{x,B} = x_B\gamma_{x,B} \tag{3.90}$$

若使用质量摩尔浓度 $b_B$ 描述 B 组分的溶解度，在 $T$、$p$ 条件下任意物质 B 的活度 $a_B$ 则是对 $b_B$ 的校正，表示为 $a_{b,B}$，校正系数为 $\gamma_{b,B}$，量纲均为“1”。由于 $b_B$ 的单位为 $mol \cdot kg^{-1}$，为了保证校正时方程两侧的单位统一，需要约去 $b_B$ 的单位，定义标准质量摩尔浓度 $b^{\ominus} = 1mol \cdot kg^{-1}$，数学表达式为：

$$a_{b,B} = \frac{b_B\gamma_{b,B}}{b^{\ominus}} \tag{3.91}$$

若使用物质的量浓度 $c_B$ 描述 B 组分的溶解度，在 $T$、$p$ 条件下任意物质 B 的活度 $a_B$ 则是对 $c_B$ 的校正，表示为 $a_{c,B}$，校正系数为 $\gamma_{c,B}$，量纲均为“1”。由于 $c_B$ 的单位为 $mol \cdot L^{-1}$，为了保证校正时方程两侧的单位统一，需要约去 $c_B$ 的单位，定义标准物质的量浓度 $c^{\ominus} = 1mol \cdot L^{-1}$，数学表达式为：

$$a_{c,\mathrm{B}}=\frac{c_\mathrm{B}\gamma_{c,\mathrm{B}}}{c^\ominus} \tag{3.92}$$

（2）对理想溶液的偏差校正

类似于气态系统中任意组分 B 的化学势［式（3.57)]，定义了活度以后，对于液态系统中的组分 B，化学势等温式只有一种形式，即：

$$\mu_\mathrm{B}(\mathrm{l})=\mu_\mathrm{B}(\mathrm{g})=\mu_\mathrm{B}^\ominus(T)+RT\ln\frac{p_\mathrm{B}}{p^\ominus} \tag{3.93}$$

式中，$p_\mathrm{B}$ 是溶质和溶剂根据拉乌尔定律或亨利定律而定义的。由于两个经验定律的适用对象是理想液态多组分系统，因此，在实际溶液中需要注意校正。

若以拉乌尔定律为基础，活度是对摩尔分数的校正，根据式（3.90），拉乌尔定律为：$p_\mathrm{B}=p_\mathrm{B}^*a_{x,\mathrm{B}}=p_\mathrm{B}^*x_\mathrm{B}\gamma_{x,\mathrm{B}}$。当实际溶液中的组分 B 的蒸气压大于理想溶液中拉乌尔定律的蒸气压时，活度系数 $\gamma_{x,\mathrm{B}}>1$，此时实际溶液对理想溶液产生正偏差；反之，$\gamma_{x,\mathrm{B}}<1$，实际溶液对理想溶液产生负偏差。

若以亨利定律为基础，由于溶质的溶解度存在三种表达方式，校正后的亨利定律也为三种表达：

$$p_\mathrm{B}=k_{x,\mathrm{B}}a_{x,\mathrm{B}}=k_{x,\mathrm{B}}x_\mathrm{B}\gamma_{x,\mathrm{B}}$$

$$p_\mathrm{B}=k_{b,\mathrm{B}}a_{b,\mathrm{B}}b^\ominus=k_{b,\mathrm{B}}b_\mathrm{B}\gamma_{b,\mathrm{B}}$$

$$p_\mathrm{B}=k_{c,\mathrm{B}}a_{c,\mathrm{B}}c^\ominus=k_{c,\mathrm{B}}c_\mathrm{B}\gamma_{c,\mathrm{B}}$$

当任意形式的活度系数大于 1 时，意味着实际溶液对亨利定律呈正偏差，反之则意味着负偏差。

（3）二元溶液中各活度因子之间的关系

狭义的吉布斯-杜亥姆公式（3.29)，描述了溶液中各偏摩尔量之间的相互关系。即：系统在恒温恒压条件下，$\sum_{i=1}^{r}n_i\mathrm{d}L_i=0$，从而可以从一种偏摩尔量的变化求出另一种偏摩尔量的变化值。

假设在某温度压力一定的条件下，摩尔分数分别为 $x_\mathrm{A}$ 和 $x_\mathrm{B}$ 的二元溶液必然满足：$x_\mathrm{A}\mathrm{d}\mu_\mathrm{A}+x_\mathrm{B}\mathrm{d}\mu_\mathrm{B}=0$。

以拉乌尔定律为基础，可得 A 与 B 的化学势：

$$\mu_\mathrm{A}(\mathrm{l},T,p)=\mu_\mathrm{A}^*(\mathrm{l},T,p)+RT\ln a_{x,\mathrm{A}}$$

$$\mu_\mathrm{B}(\mathrm{l},T,p)=\mu_\mathrm{B}^*(\mathrm{l},T,p)+RT\ln a_{x,\mathrm{B}}$$

$$x_\mathrm{A}\mathrm{d}[\mu_\mathrm{A}^*(\mathrm{l},T,p)+RT\ln a_{x,\mathrm{A}}]+x_\mathrm{B}\mathrm{d}[\mu_\mathrm{B}^*(\mathrm{l},T,p)+RT\ln a_{x,\mathrm{B}}]=0$$

对于纯 A、纯 B 的化学势，在温度压强一定时，$\mathrm{d}\mu_\mathrm{A}^*(\mathrm{l},T,p)=0$，$\mathrm{d}\mu_\mathrm{B}^*(\mathrm{l},T,p)=0$，再结合式（3.90）得：

$$x_\mathrm{A}\mathrm{d}\ln(x_\mathrm{A}\gamma_{x,\mathrm{A}})+x_\mathrm{B}\mathrm{d}\ln(x_\mathrm{B}\gamma_{x,\mathrm{B}})=0$$

展开后 $$x_A \mathrm{d}\ln\gamma_{x,A} + x_A \mathrm{d}\ln x_A + x_B \mathrm{d}\ln\gamma_{x,B} + x_B \mathrm{d}\ln x_B = 0$$

因为 $$x_B \mathrm{d}\ln x_B = x_B \frac{\mathrm{d}x_B}{x_B} = \mathrm{d}x_B \text{ 且 } \mathrm{d}x_B = -\mathrm{d}x_A$$

所以 $$x_A \mathrm{d}\ln\gamma_{x,A} + x_B \mathrm{d}\ln\gamma_{x,B} = 0 \tag{3.94}$$

**【例 3.7】**已知某二组分溶液中 A 组分的活度因子和活度的关系为 $RT\ln\gamma_A = ax_B^2$，式中，$a$ 为与温度无关的常数，请导出在相同温度下组分 B 的活度因子 $\gamma_B$ 与浓度的关系式。

**【解答】**根据式（3.93）得：

$$x_A \mathrm{d}\ln\gamma_A + x_B \mathrm{d}\ln\gamma_B = 0 \tag{i}$$

已知 $\ln\gamma_A = \frac{ax_B^2}{RT}$，等温条件下，有：

$$\mathrm{d}\ln\gamma_A = \frac{a}{RT}\mathrm{d}x_B^2 = \frac{a}{RT}2x_B\mathrm{d}x_B \tag{ii}$$

由式（i），得：

$$\mathrm{d}\ln\gamma_B = -\frac{x_A}{x_B}\mathrm{d}\ln\gamma_A \tag{iii}$$

将式（ii）代入式（iii），得：

$$\mathrm{d}\ln\gamma_B = -\frac{x_A}{x_B}\times\frac{a}{RT}2x_B\mathrm{d}x_B$$

即 $$\mathrm{d}\ln\gamma_B = -\frac{2a}{RT}(1-x_B)\mathrm{d}x_B \tag{iv}$$

积分可得：

$$\ln\gamma_B = \frac{a}{RT}(1-x_B)^2 + C \tag{v}$$

① 以拉乌尔定律为基准时，$x_B \to 1$，$\gamma_B \to 1$，代入式（v）得：

$$\ln 1 = \frac{a}{RT}(1-1)^2 + C$$

解得积分常数 $C = 0$，则：

$$\ln\gamma_B = \frac{a}{RT}(1-x_B)^2$$

② 以亨利定律为基准时，$x_B \to 0$，$\gamma_B \to 1$，代入（v）得：

$$\ln 1 = \frac{a}{RT}(1-0)^2 + C$$

解得积分常数 $C = -\frac{a}{RT}$，则：

$$\ln\gamma_B = \frac{a}{RT}(1-x_B)^2 - \frac{a}{RT}$$

## 3.5.2 任意液态混合物中 B 组分化学势

根据式（3.93），对于 $T$、$p$ 条件下的任意液态混合物，B 组分的分压应根据拉乌尔定律：$p_B = p_B^* x_B \gamma_{x,B}$，按照活度的定义式（3.90），$a_{x,B}$ 校正的是 B 组分的摩尔分数 $x_B$，其中校正因子为 $\gamma_{x,B}$，$x_B$ 的单位为“1”。此时，B 的化学势等温式为：

$$\mu_B(l) = \mu_B^{\ominus}(T) + RT\ln\frac{p_B^*}{p^{\ominus}} + RT\ln a_{x,B}$$

其中 $a_{x,B} = x_B\gamma_{x,B}$；显然，$\gamma_{x,B} = 1$ 时，$a_{x,B} = x_B$。

或者

$$\mu_B(l,T,p) = \mu_B^*(l,T,p) + RT\ln a_{x,B} \tag{3.95}$$

定义 $T$、$p$ 条件下的任意液态混合物，B 组分的参考态为：

$$\mu_B^*(T,p) = \mu_B^{\ominus} + RT\ln\frac{p_B^*}{p^{\ominus}} \tag{3.96}$$

该参考态是满足拉乌尔定律的真实状态。

## 3.5.3 任意稀溶液中溶剂 A 的化学势

（1）理想稀溶液

两种挥发性物质组成一溶液，在一定的温度和压力下，在一定的浓度范围内，溶剂 A 遵守拉乌尔定律，任意溶质 B 遵守亨利定律。该溶液定义为理想稀溶液。注意：化学热力学中的稀溶液并不仅仅是指浓度很小的溶液。

（2）任意稀溶液中溶剂 A 的化学势

在 $T$、$p$ 条件下的溶液系统中，溶剂 A 的数量习惯使用摩尔分数表达，单位为“1”。对于 $T$、$p$ 一定的条件，假设溶剂为 A，溶质为 B，稀溶液的溶剂 A 满足拉乌尔定律：$p_A = p_A^* a_{x,A}$ 或 $p_A = p_A^* x_A \gamma_{x,A}$。其中 $a_{x,A}$ 校正的是溶剂的摩尔分数 $x_A$，其中 $x_A$ 的单位为“1”。

$$\mu_A(l,T,p) = \mu_A^{\ominus}(T) + RT\ln\frac{p_A^*}{p^{\ominus}} + RT\ln a_{x,A} \tag{3.97}$$

定义参考态为：$\mu_A^*(l,T,p) = \mu_A^{\ominus}(T) + RT\ln\frac{p_A^*}{p^{\ominus}}$，该参考态是满足拉乌尔定律的真实状态。

因此式（3.97）可等价为：

$$\mu_A(l,T,p) = \mu_A^*(l,T,p) + RT\ln a_{x,A} \tag{3.98}$$

若为理想稀溶液，$\gamma_{x,A} = 1$，$a_{x,A} = x_A$，溶剂 A 组分的化学势为：

$$\mu_A(l,T,p) = \mu_A^*(l,T,p) + RT\ln x_A \tag{3.99}$$

## 3.5.4 任意稀溶液中溶质 B 的化学势

（1）用摩尔分数描述溶质的数量

在 $T$、$p$ 条件下的稀溶液系统中，溶质 B 满足亨利定律，溶质的数量使用摩尔分数描述时，亨利系数为 $k_{x,\mathrm{B}}$，则任意溶液的两相平衡后，其平衡分压 $p_{\mathrm{B}}=k_{x,\mathrm{B}}a_{x,\mathrm{B}}$，活度 $a_{x,\mathrm{B}}$ 表示是溶质 B 的摩尔分数 $x_{\mathrm{B}}$ 的校正，其中 $a_{x,\mathrm{B}}$ 的单位为“1”。 联立活度的定义式（3.90），再根据式（3.93）B 的化学势等温式为：

$$\mu_{\mathrm{B}}(\mathrm{l},T,p)=\mu_{\mathrm{B}}^{\ominus}(T)+RT\ln\frac{k_{x,\mathrm{B}}}{p^{\ominus}}+RT\ln a_{x,\mathrm{B}} \tag{3.100}$$

显然，溶质摩尔分数越小，稀溶液越理想，$\gamma_{x,\mathrm{B}}$ 越趋近于 1，当 $x_{\mathrm{B}}=0$ 时，$\gamma_{x,\mathrm{B}}=1$，$a_{x,\mathrm{B}}=x_{\mathrm{B}}$。

定义参考态为：

$$\mu_{\mathrm{B}}^{*}(T,p)=\mu_{\mathrm{B}}^{\ominus}+RT\ln\frac{k_{x,\mathrm{B}}}{p^{\ominus}} \tag{3.101}$$

该参考态是 $T$，$p$ 条件下，液态系统尽管为纯溶质 B，但仍满足亨利定律的假想状态。利用 $\mu_{\mathrm{B}}^{*}$ 这个参考态，在求热力学函数变化时，可以消去，不影响计算。

因此式（3.100）可以等价地转化为：

$$\mu_{\mathrm{B}}(\mathrm{l},T,p)=\mu_{\mathrm{B}}^{*}(\mathrm{l},T,p)+RT\ln a_{x,\mathrm{B}} \tag{3.102}$$

若为理想稀溶液，$\gamma_{x,\mathrm{B}}=1$，$a_{x,\mathrm{B}}=x_{\mathrm{B}}$，溶质 B 组分的化学势为：

$$\mu_{\mathrm{B}}(\mathrm{l},T,p)=\mu_{\mathrm{B}}^{*}(\mathrm{l},T,p)+RT\ln x_{\mathrm{B}} \tag{3.103}$$

（2）用质量摩尔浓度描述溶质的数量

根据活度的定义式（3.91）以及亨利定律，B 的平衡分压 $p_{\mathrm{B}}=k_{b,\mathrm{B}}a_{b,\mathrm{B}}b^{\ominus}=k_{b,\mathrm{B}}b_{\mathrm{B}}\gamma_{b,\mathrm{B}}$，代入式（3.93）得：

$$\mu_{\mathrm{B}}(T,p)=\mu_{\mathrm{B}}^{\ominus}(T)+RT\ln\frac{k_{b,\mathrm{B}}b^{\ominus}}{p^{\ominus}}+RT\ln a_{b,\mathrm{B}} \tag{3.104}$$

因为溶质摩尔分数越小，稀溶液越理想，$\gamma_{x,\mathrm{B}}$ 越趋近于 1，所以当 $b_{\mathrm{B}}=0$ 时，$\gamma_{b,\mathrm{B}}=1$，$a_{b,\mathrm{B}}=\dfrac{b_{\mathrm{B}}}{b^{\ominus}}$。

定义参考态为：$\mu_{\mathrm{B}}^{\mathrm{O}}(T,p)=\mu_{\mathrm{B}}^{\ominus}+RT\ln\dfrac{k_{b,\mathrm{B}}b^{\ominus}}{p^{\ominus}}$。该参考态是 $T$、$p$ 条件下，溶质质量摩尔浓度为 $1\mathrm{mol\cdot kg^{-1}}$ 时，仍满足亨利定律的假想状态。

$$\mu_{\mathrm{B}}(\mathrm{l},T,p)=\mu_{\mathrm{B}}^{\mathrm{O}}(\mathrm{l},T,p)+RT\ln a_{b,\mathrm{B}} \tag{3.105}$$

若为理想稀溶液，$\gamma_{b,\mathrm{B}}=1$，$a_{b,\mathrm{B}}=\dfrac{b_{\mathrm{B}}}{b^{\ominus}}$，则溶质 B 组分的化学势为：

$$\mu_{\mathrm{B}}(\mathrm{l},T,p)=\mu_{\mathrm{B}}^{\mathrm{O}}(\mathrm{l},T,p)+RT\ln\frac{b_{\mathrm{B}}}{b^{\ominus}} \tag{3.106}$$

（3）用物质的量浓度描述溶质的数量

根据活度的定义式（3.92）以及亨利定律，B 的平衡分压 $p_{\mathrm{B}}=k_{c,\mathrm{B}}a_{c,\mathrm{B}}c^{\ominus}=k_{c,\mathrm{B}}c_{\mathrm{B}}\gamma_{c,\mathrm{B}}$，代入式（3.93）得：

$$\mu_B(T,p)=\mu_B^{\ominus}(T)+RT\ln\frac{k_{c,B}c^{\ominus}}{p^{\ominus}}+RT\ln a_{c,B} \tag{3.107}$$

因为溶质摩尔分数越小，稀溶液越理想，$\gamma_{c,B}$ 越趋近于 1，所以当 $c_B=0$ 时，$\gamma_{c,B}=1$，$a_{c,B}=\dfrac{c_B}{c^{\ominus}}$。

定义参考态为：$\mu_B^{\Delta}(T,p)=\mu_B^{\ominus}+RT\ln\dfrac{k_{c,B}c_B^{\ominus}}{p^{\ominus}}$。该参考态是 $T$、$p$ 条件下，溶质物质的量浓度为 $1\text{mol}\cdot\text{L}^{-1}$ 时，仍满足亨利定律的假想状态。

$$\mu_B(l,T,p)=\mu_B^{\Delta}(l,T,p)+RT\ln a_{c,B} \tag{3.108}$$

若为理想稀溶液，$\gamma_{c,B}=1$，$a_{c,B}=\dfrac{c_B}{c^{\ominus}}$，溶质 B 组分的化学势为：

$$\mu_B(l,T,p)=\mu_B^{\Delta}(l,T,p)+RT\ln\frac{c_B}{c^{\ominus}} \tag{3.109}$$

## 3.5.5 能斯特分配定律

能斯特分配定律描述的是多相共存时，各相中的溶质溶解度的数量关系，其文字表述为：在一定的温度、压力下，当溶质在共存的两不互溶液体间达到平衡时，若形成理想稀溶液，则溶质在两液相中的质量摩尔浓度之比为一常数，该常数称为分配系数，用 $K$ 表示，$K$ 与温度、压力溶质及两种溶剂的性质有关。

若在温度压力一定的条件下，α 和 β 两相平衡共存，溶质 B 在两相中的质量摩尔浓度为 $b_B(\alpha)$和 $b_B(\beta)$，则分配定律的数学表达式为：

$$\frac{b_B(\alpha)}{b_B(\beta)}=K \tag{3.110}$$

简单推导如下：

设 $\mu_B(\alpha)$和$\mu_B(\beta)$ 分别表示溶质 B 在 α 和 β 两相中的化学势，据式（3.105）得，溶液中 B 的在 α 和 β 两相中的化学势为：

$$\mu_B(\alpha)=\mu_B^{O}(\alpha)+RT\ln\frac{b_B(\alpha)}{b^{\ominus}} \tag{i}$$

$$\mu_B(\beta)=\mu_B^{O}(\beta)+RT\ln\frac{b_B(\beta)}{b^{\ominus}} \tag{ii}$$

又因为 α 和 β 两相平衡，因此：

$$\mu_B(\alpha)=\mu_B(\beta) \tag{iii}$$

联立式（i）～式（iii）得：

$$\mu_B^{O}(\alpha)+RT\ln b_B(\alpha)=\mu_B^{O}(\beta)+RT\ln b_B(\beta)$$

所以 $\dfrac{b_B(\alpha)}{b_B(\beta)}=\exp\left[\dfrac{\mu_B^{O}(\beta)-\mu_B^{O}(\alpha)}{RT}\right]=K$

其中参考态化学势 $\mu_B^{\ominus}(\alpha)$ 以及 $\mu_B^{\ominus}(\beta)$ 在温度压力下为常量，因此可证得分配定律成立。若使用物质的量浓度描述 B 的溶解度，分配定律依然成立：

$$\frac{c_B(\alpha)}{c_B(\beta)} = K \tag{3.111}$$

第 3 章基本概念索引和基本公式汇总

# 习 题

## 一、问答题

1．在相平衡系统中，某组分 B 在其中一相的饱和蒸气压为 $p_B$，则该组分在所有相中的饱和蒸气压都是 $p_B$，此话对吗？（气相可当作理想气体）

2．理想溶液同理想气体一样，分子间没有作用力，所以 $\Delta_{mix}U = 0$。此说法对否？

3．请至少写出 3 种测定计算活度和活度系数的方法？

4．请写出稀溶液中溶质采用不同浓度时相应的亨利常数 $k_x$、 $k_b$、 $k_c$ 之间的关系。

5．在恒温恒压下，从纯水中取出 1mol 纯溶剂（1）（蒸气压为 $p_1^*$）加入大量的、溶剂摩尔分数为 $x_1$ 的溶液中（溶剂蒸气分压为 $p_1$）。

（1）设蒸气为理想气体，溶剂遵守拉乌尔定律，计算该 1mol 纯水（1）的 $\Delta G_m$（以 $x_1$ 表示）。

（2）设蒸气不是理想气体，但溶剂仍遵守拉乌尔定律，结果是否相同？

（3）若蒸气是理想气体，但溶剂不严格遵守拉乌尔定律，$\Delta G_m$ 又如何表示？

6．试用吉布斯-杜亥姆方程证明在稀溶液中某一浓度区间内，若溶质服从亨利定律，则在该浓度区间内溶剂必然服从拉乌尔定律。

7．为了获得最大混合熵，试问正庚烷和正已烷应以什么比例混合？（以物质的量分数计）

## 二、证明题与计算题

1．已知实际气体的状态方程为：$\dfrac{pV_m}{RT} = 1 + \dfrac{\alpha p}{1+\alpha p}$，式中，$\alpha$ 仅为温度的函数。试导出该气体逸度与压力的关系式。

2．某气体的逸度与压力的关系为：$f = p + \alpha p^2$，$\alpha$ 仅是 $T$ 的函数。该气体的状态方程如何表示？

3．对理想溶液的混合过程，试证明：$\left[\dfrac{\partial(\Delta_{mix}G)}{\partial T}\right]_T = 0$；$\left[\dfrac{\partial(\Delta_{mix}G/T)}{\partial T}\right]_p = 0$。

4．1kg 水中含物质的量为 $n$ 的 NaCl 的溶液，体积 $V$（$10^{-6}m^3$）随 $n$ 的变化关系为：

$$V = 1001.38 + 16.6253n + 1.773n^{3/2} + 0.1194n^2$$

求当 $n$ 为 2mol 时，$H_2O$ 和 NaCl 的偏摩尔体积为多少？

5．已知三组分溶液的摩尔体积可以表示为：

$$V_m = 7x_A + 10x_B + 12x_C - 2x_Ax_B + 3x_Ax_Bx_C \quad (\text{单位为} 10^{-6}\text{m}^3\cdot\text{mol}^{-1})$$

计算在 $x_A = x_B = x_C = \frac{1}{3}$ 时的偏摩尔体积 $V_{A,m}$、$V_{B,m}$ 和 $V_{C,m}$ 各为多少？

6．设在恒温 273K 时，将一个 $22.4\text{dm}^3$ 盒子用隔板从中间隔开，一边放 0.500mol $O_2$，另一边放 0.500mol $N_2$，抽去隔板后，两种气体均匀混合，试求过程中的熵变。

7．在 298K，101.325kPa 的某酒窖中，存有含乙醇 96%（质量分数）的酒 $1\times10^4\text{dm}^3$，今欲调制为含乙醇 56%的酒，试计算：

（1）应加水多少立方分米？

（2）能得到含乙醇 56%的酒多少立方分米？

已知：298K，101.325kPa 时水的密度为 $0.9991\text{kg}\cdot\text{dm}^{-3}$，水和乙醇的偏摩尔体积为：

| 酒中乙醇的质量分数 | $V_{水,m}/(\text{dm}^3\cdot\text{mol}^{-1})$ | $V_{乙醇,m}/(\text{dm}^3\cdot\text{mol}^{-1})$ |
|---|---|---|
| 96% | 0.01461 | 0.05801 |
| 56% | 0.01711 | 0.05658 |

8．100°C 时，100 g 水中含有 11.8g NaCl 的溶液上方蒸气压为 94232.3Pa，则溶液中水的活度为多少？水的活度系数为多少？［已知 $M(\text{NaCl}) = 58.44$］

9．在 298.15K 时，要从下列混合物中分出 1mol 的纯 A，试计算最少必须做功的值。

（1）大量的 A 和 B 的等物质的量混合物；

（2）含 A 和 B 物质的量各为 2mol 的混合物。

10．组分 1 和组分 2 形成理想液体混合物。298K 时，纯组分 1 的蒸气压为 13.3kPa，纯组分 2 的蒸气压近似为 0，如果把 1.00g 组分 2 加到 10.00g 的组分 1 中，欲使溶液的总蒸气压降低到 12.6kPa，求出组分 2 与组分 1 的摩尔质量比。

11．在 $p = 101.3\text{kPa}$，85°C 时，由甲苯（A）及苯（B）组成的二组分液态混合物沸腾（视为理想液态混合物）。试计算该理想液态混合物在 101.3kPa 及 85°C 沸腾的液相组成及气相组成。已知 85°C 时纯甲苯和纯苯的饱和蒸气压分别为 46.00kPa 和 116.9kPa。

12．已知纯液体 A 和 B 形成理想液态混合物，在某温度下达气液平衡时气相总压为 67584Pa。已知该温度下 $p_A^* = 40530\text{Pa}$，$p_B^* = 121590\text{Pa}$，则该平衡气相组成为多少？

13．已知 323K 时，醋酸（a）和苯（b）的溶液的蒸气压数据为：

| $x_A$ | 0.00 | 0.0835 | 0.2973 | 0.6604 | 0.9931 | 1.000 |
|---|---|---|---|---|---|---|
| $p_A$/Pa | — | 1535 | 3306 | 5360 | 7293 | 7333 |
| $P_B$/Pa | 35197 | 33277 | 28158 | 18012 | 466.6 | — |

（1）以 Raoult 定律为基准，求 $x_A = 0.6604$ 时组分 A 和 B 的活度和活度系数；

（2）以 Henry 定律为基准，求上述浓度时组分 B 的活度和活度系数；

（3）求出 298K 时上述组分的超额吉布斯自由能和混合吉布斯自由能。

14．在 660.7K 时，金属 K 和 Hg 的蒸气压分别是 433.2kPa 和 170.6kPa，在 K 和 Hg 的物质的量相同的溶液上方，K 和 Hg 的蒸气压分别为 142.6kPa 和 1.733kPa，计算：

（1）K 和 Hg 在溶液中的活度和活度系数；

（2）若 K 和 Hg 分别为 0.5mol，计算他们的 $\Delta_{mix}G_m$、$\Delta_{mix}S_m$ 和 $\Delta_{mix}H_m$。

15. 在某二元液体混合物中，设以纯液体为标准状态。

（1）若 $a_2 = x_2(1+x_2)^2$，求 $a_1$ 与 $x_1$ 的函数关系；

（2）若 $RT\ln\gamma_1 = \alpha x_2^2$，求 $\gamma_2$ 与 $x_2$ 的函数关系（$\alpha$ 为常数）。

16. 纯水在 $5p^{\ominus}$ 时，被等物质的量的 $H_2$、$N_2$、$O_2$ 的混合气体所饱和。然后将水煮沸排出气体，再干燥。试求排出的干燥气体混合物的组成，以物质的量分数表示。已知 $H_2$、$N_2$、$O_2$ 在该温度下亨利系数为 $7.903\times10^9$Pa、$8.562\times10^9$Pa 和 $4.742\times10^9$Pa。

17. 298.15K，101.325kPa 下，等物质的量的 A 和 B 形成理想液体混合物。求 $\Delta_{mix}U$、$\Delta_{mix}G$、$\Delta_{mix}S$。

18. 293K 时，某溶液中两组分 A 和 B 的蒸气压数据如下：

| $x_B$ | 0 | 0.4 | 1.0 |
|---|---|---|---|
| $P_A$/kPa | 125 | 45.6 | |
| $P_B$/kPa | | 20.3 | 76.0 |

已知 $\lim\limits_{x_A\to 0}\dfrac{dp_A}{dx_A} = 50.7\text{kPa}$ ，求：

（1）$x_A = 0.6$ 时的活度系数 $\gamma_A$，a．取纯 A 为标准态；b．取 $x_A\to1$ 且符合亨利定律的状态为标准态；

（2）$x_A = 0.6$ 的溶液对理想溶液呈现什么偏差？何故？

（3）画出上述溶液各组分蒸气压的示意图。并画出 A 组分的亨利线。

19. 在恒定的温度 $T$ 下，向纯水中加入某种溶质使其中水的蒸气分压由 $p^*$降低到 $p$，则水的化学势变化等于多少？若向纯水加压使其压力由 $p_1$ 增加到 $p_2$，则其化学势变化等于多少？（设蒸气为理想气体，水的 $V_m^*$ 与 $p$ 无关）

20. 在 333.15K 时，甲醇的饱和蒸气压是 83391Pa，乙醇的饱和蒸气压是 47015Pa。二者可形成理想溶液。若溶液组成为 50%（质量分数），求 333.15K 时此溶液的平衡蒸气相组成（以物质的量分数表示）。

21. 在 352K，乙醇和水的饱和蒸气压分别为 $1.03\times10^5$ Pa 和 $4.51\times10^4$ Pa。计算同温度下，乙醇（1）-水（2）的混合物中当液相和气相组成分别为 $x_1 = 0.663$，$y_1 = 0.733$（物质的量分数）时，各组分的活度系数（气相总压为 $1.01\times10^5$Pa，以纯态为标准态）。

22. 求在一敞开的贮水器中，氮气和氧气的质量摩尔浓度各为多少？已知 298K 时，氮气和氧气在水中的亨利常数分别为 $8.68\times10^9$Pa 和 $4.40\times10^9$Pa。该温度下海平面上空气中氮和氧的摩尔分数分别为 0.782 和 0.209。

23. 在 275K，纯液体 A、B 的蒸气压分别为 $2.95\times10^4$Pa 和 $2.00\times10^4$Pa。若取 A、B 各 3mol 混合，则气相总压为 $2.24\times10^4$Pa，气相中 A 的摩尔分数为 0.52。假设蒸气为理想气体，计算：

（1）溶液中各物质活度及活度系数（以纯态为标准态）；

（2）混合吉布斯自由能 $\Delta_{mix}G_m$。

24. 在 473.15K，$10p^{\ominus}$ 时，设 $NH_3$ 气体服从范德华方程式，且范德华气体常数 $a = 0.423\text{Pa}\cdot\text{m}^6\cdot\text{mol}^{-2}$，$b = 3.71\times10^{-5}\text{m}^3\cdot\text{mol}^{-1}$，求 $NH_3$ 的逸度为多少？

# 第4章

# 溶液

【学习意义】

本章内容包括非电解质和电解质溶液。溶液在化学系统中处于核心地位，稀溶液作为理想的非电解质溶液模型，其组成和溶液沸点、凝固点和渗透压之间的热力学关系是至关重要的。电解质溶液理论中的载流子动力学和热力学性质是电化学系统的平衡热力学问题的讨论基础。

【核心概念】

稀溶液的依数性；淌度与迁移数；电导与电导率；离子的平均活度。

【重点问题】

1. 如何通过化学势平衡理解稀溶液的性质，包括依数性和其它通性？
2. 如何理解电解质溶液中正负离子的共轭特征以及本征运动性质？
3. 电解质溶液中离子活度的含义是什么？如何建立电解质溶液中的化学势平衡关系？

溶液可以分为电解质溶液和非电解质溶液，本章已在第3章多组分系统热力学的基础上，对上述两类溶液进行系统的介绍。对于非电解质溶液，主要描述其稀溶液的依数性，非电解质溶液的一般热力学性质；对于电解质溶液，分别简要介绍其载流子的动力学性质以及电解质溶液中的活度描述。

## 4.1 稀溶液的依数性

### 4.1.1 稀溶液的依数性概述

依数性质（colligative properties）是指指定溶剂的类型和数量后，这些性质只取决于所含溶质粒子的数目，而与溶质的本性无关。溶质的粒子可以是分子、离子、大分子或胶体粒子，本章只讨论粒子是分子的情况，其余在第8章中讨论。

稀溶液满足的依数性有如下四种：蒸气压下降、凝固点降低、沸点升高以及产生渗透压。其中稀溶液的蒸气压下降是指对于稀溶液，加入溶质B以后，溶剂A的蒸气压会下降。对应的本质即为拉乌尔定律，可用方程式（3.75）$\Delta p_{\mathrm{A}}=p_{\mathrm{A}}^{*}x_{\mathrm{B}}$进行描述。同时溶剂的蒸气压下降特性是造成凝固点下降、沸点升高以及产生渗透压的根本原因。

### 4.1.2 凝固点降低

(1) 凝固点降低原理

在定压条件下，溶质加入溶剂中，只要溶剂与溶质不形成固溶体（固态溶液），在某一浓度范围内，溶液的凝固点必然低于纯溶剂的凝固点，且随着溶质浓度的增大，溶液的凝固点降低。

假设在定压条件 $p$ 下，纯溶剂 A(l)的凝固点为 $T_f^*$，此时固态纯 A(s)与液态纯 A(l)平衡共存，两者化学势相等，即：

$$\mu_A^{*s}(T_f, p) = \mu_A^{*l}(T_f, p)$$

若将溶质 B 加入平衡共存的系统中形成摩尔分数为 $x_A$ 的理想溶液，则液相中的化学势发生变化，溶液的化学势根据式（3.99）得：

$$\mu_A^l(T_f, p, x_A) = \mu_A^{*l}(T_f, p) + RT\ln x_A$$

因为　$x_A < 1$，

所以　$\mu_A^l(T_f, p, x_A) < \mu_A^{*l}(T_f, p)$。

由于溶质 B 的加入，A 参与形成的溶液的化学势要比同温同压条件下的纯固体 A 的化学势小，即纯固体 A 与组成为 $x_A$ 的溶液之间并不能平衡共存，固体 A 将进一步溶解。为了保证纯固体 A 与溶液能够重新平衡共存，压力一定时，只能改变系统的温度。

假设在温度 $T$ 条件下建立新的固液平衡，根据 A 的化学势平衡原理：

$$\mu_A^{*s}(T, p) = \mu_A^{*l}(T, p) + RT\ln x_A$$

对于固体 A：

$$\left(\frac{\partial \mu_A^{*s}}{\partial T}\right)_p = -S_A^{*s}$$

对于形成溶液中的溶剂 A：

$$\left(\frac{\partial \mu_A^{*l}}{\partial T}\right)_p = -S_A^{*l}$$

由于 $S$ 恒大于 0，因此等压条件下，升温时，$dT>0$，A 的化学势必然降低；且 $S_A^{*l} > S_A^{*s}$；所以 $\mu_A^{*l}$ 的降低速率高于 $\mu_A^{*s}$ 的降低速率。

因此，只有当温度降低时，$\mu_A^l(T_f, p, x_A)$ 才有可能等于 $\mu_A^{*s}(T_f, p)$，使得两相重新达到平衡。

(2) 凝固点降低公式

凝固点降低公式的依据是化学势平衡，见式（4.1），推导方法是通过微扰构建“微元”，如式（4.2）和式（4.3）详细推导如下：

在 $T$、$p$ 一定的条件下，对于溶剂摩尔分数为 $x_A$ 的理想稀溶液与纯固态 A 之间达到相平衡时，根据化学势平衡：

$$\mu_A^{*s}(T, p) = \mu_A^l(T, p, x_A) \tag{4.1}$$

当溶液经历一个无穷小变化过程，A 的摩尔分数 $x_A$ 变化为 $x_A$+d$x_A$ 时，凝固点变为 $T$−d$T$，两相再次达到平衡：

$$\mu_A^{*s}(T-\mathrm{d}T,p)=\mu_A^{l}(T-\mathrm{d}T,p,x_A+dx_A) \tag{4.2}$$

式（4.2）− 式（4.1），可得：

$$\mathrm{d}\mu_A^{*s}(T,p)=d\mu_A^{l}(T,p,x_A) \tag{4.3}$$

保持压强 $p$ 不变，式（4.3）两侧求全微分：

$$\left[\frac{\partial\mu_A^{*s}(T,p)}{\partial T}\right]_p\mathrm{d}T=\left[\frac{\partial\mu_A^{l}(T,p,x_A)}{\partial T}\right]_{p,x_A}\mathrm{d}T+\left[\frac{\partial\mu_A^{l}(T,p,x_A)}{\partial x_A}\right]_p\mathrm{d}x_A \tag{4.4}$$

而稀溶液中的溶剂 A 的化学势为：

$$\mu_A^{l}(T,p,x_A)=\mu_A^{*l}(T,p)+RT\ln x_A \tag{4.5}$$

在 $T$、$p$ 一定的条件下，式（4.5）两侧对 $x_A$ 求导：

$$\left[\frac{\partial\mu_A^{l}(T,p,x_A)}{\partial x_A}\right]_{T,p}=RT\left[\frac{\partial\ln x_A}{\partial x_A}\right]_{T,p} \tag{4.6}$$

将式（4.6）代入式（4.5），得：

$$\left[\frac{\partial\mu_A^{*s}(T,p)}{\partial T}\right]_p\mathrm{d}T=\left[\partial\frac{\partial\mu_A^{l}(T,p,x_A)}{\partial T}\right]_{p,x_A}\mathrm{d}T+RT\left[\frac{\partial\ln x_A}{\partial x_A}\right]_{T,p}\mathrm{d}x_A \tag{4.7}$$

对于固体 A：

$$\left(\frac{\partial\mu_A^{*s}}{\partial T}\right)_p=-S_A^{*s}$$

对于形成溶液中的溶剂 A：

$$\left(\frac{\partial\mu_A^{l}}{\partial T}\right)_p=-S_A^{l}$$

所以式（4.7）等价于：$-S_A^{*s}\mathrm{d}T=-S_A^{l}\mathrm{d}T+RT\left[\frac{\partial\ln x_A}{\partial x_A}\right]_{T,p}\mathrm{d}x_A$

所以 $$(S_A^{l}-S_A^{*s})\mathrm{d}T=+RT\mathrm{d}\ln x_A$$

所以 $$\left(\frac{\partial\ln x_A}{\partial T}\right)_p=\frac{S_A^{l}-S_A^{*s}}{RT}=\frac{T(S_A^{l}-S_A^{*s})}{RT^2} \tag{4.8}$$

又 $\mu_A^{l}-\mu_A^{*s}=(H_A^{l}-\mathrm{H}_A^{*s})-T(S_A^{l}-S_A^{*s})$

根据相变焓的定义：$\Delta_s^l H_m^*(A)=H_A^{l}-H_A^{*s}$ 为纯溶剂 A 的摩尔熔化焓，而根据式（4.1），式（4.8）可等价为：

$$\left(\frac{\partial\ln x_A}{\partial T}\right)_p=\frac{\Delta_s^l H_m^*(\mathrm{A})}{RT^2} \tag{4.9}$$

当 A 的摩尔分数 $x_A \to 1$ 时，系统的凝固点 $T \to T_f$;

因此可对式（4.9）两侧积分：

$$\int_{x_A=1}^{x_A} \mathrm{d}\ln x_A = \int_{T_f}^{T} \frac{\Delta_s^l H_m^*(A)}{RT^2} \mathrm{d}T$$

所以
$$\ln x_A = \frac{\Delta_s^l H_m^*(A)}{R}\left(\frac{1}{T_f} - \frac{1}{T}\right) \tag{4.10}$$

其中对 $\ln x_A = \ln(1-x_B)$进行泰勒（Tylor）展开得：

$$\ln(1-x_B) = -\left(x_B + \frac{x_B^2}{2} + \frac{x_B^3}{3} + \cdots\right)$$

由于 $x_B$<<1，对展开式取一次截断，则式（4.10）等价于：

$$-x_B = \frac{\Delta_s^l H_m^*(A)}{R}\left(\frac{T - T_f}{TT_f}\right) \tag{4.11}$$

令凝固点降低值 $\Delta T_f = T_f - T$，当 $T$ 与 $T_f$ 相近时，$TT_f = T_f^2$；

则对式（4.11）移项可得：

$$\Delta T_f = \frac{RT_f^2 x_B}{\Delta_s^l H_m^*(A)} \tag{4.12}$$

溶质 B 的质量摩尔浓度为 $b_B$ 时，A 的摩尔质量为 $M_A$，

$$x_B = \frac{n_B}{n_A} = \frac{\dfrac{n_B}{m_A}}{\dfrac{n_A}{m_A}} = \frac{b_B}{\dfrac{1}{M_A}} \tag{4.13}$$

所以
$$\Delta T_f = \frac{RT_f^2 M_A b_B}{\Delta_s^l H_m^*(A)} \tag{4.14}$$

定义凝固点降低常数：

$$k_f = \frac{RT_f^2 M_A}{\Delta_s^l H_m^*(A)} \tag{4.15}$$

则
$$\Delta T_f = k_f b_B \tag{4.16}$$

$k_f$ 的单位为 $K \cdot kg \cdot mol^{-1}$。式（4.16）表明：定压条件下，理想稀溶液的凝固点降低值与溶质的质量摩尔浓度 $b_B$ 成正比，其比例系数为溶剂的质量摩尔凝固点降低常数 $k_f$，常用溶剂的 $k_f$ 值可查数据大表。方程式（4.12）、式（4.14）和式（4.16）称为凝固点降低公式，根据式（4.14），纯物质的 $T_f$ 凝固点越高，溶剂 A 的摩尔质量越大时，熔化焓越小，凝固点降低常数越大。

实验上，通过测出溶液在不同质量摩尔浓度 $b_B$ 下的凝固点降低值 $\Delta T_f$，做出 $\dfrac{\Delta T_f}{b_B}$-$b_B$ 关系图，外推至 $b_B = 0$ 时的 $\dfrac{\Delta T_f}{b_B}$ 值即为 $k_f$。

将质量摩尔浓度 $b_B=\dfrac{m_B}{M_B m_A}$ 代入凝固点降低公式，即可获得溶质的摩尔质量：

$$M_B=\frac{k_f m_B}{\Delta T_f m_A} \tag{4.17}$$

### 4.1.3 沸点升高

沸腾是对应的标准压力下的气液平衡，稀溶液的沸点高于纯溶剂的沸点，该现象只与溶质的数量有关，是稀溶液依数性的另一体现。沸点升高的原因可以参考凝固点降低的原因。

在 $T$、$p$ 条件下，若溶液气液达到平衡，根据 A 组分的化学势平衡得：

$$\mu_A^{*g}(T,p)=\mu_A^{*l}(T,p)+RT\ln x_A$$

式中，$\mu_A^{*g}(T,p)$ 是纯蒸汽的化学势。因此，只有温度上升才能形成新的平衡。

对于 $T$、$p$ 条件下的稀溶液中沸点升高公式，可以完全按照凝固点降低公式进行推导，只需将其中的 $\mu_A^{*s}(T,p)$ 换成 $\mu_A^{*g}(T,p)$，纯溶剂凝固点 $T_f$ 换成沸点 $T_b$，相变焓换为 $\Delta_l^g H_m^*(A)$，因此式（4.11）可被替换为：

$$-x_B=\frac{\Delta_l^g H_m^*(A)}{R}\left(\frac{T-T_b}{T_b T}\right) \tag{4.18}$$

令沸点升高值 $\Delta T_b=T_b-T$，在稀溶液中，假设 $T_b$ 与 $T$ 差别不大，则 $T_b T\approx T_b^2$，可得沸点升高公式：

$$\Delta T_b=\frac{RT_b^2}{\Delta_l^g H_m^*(A)}x_B \tag{4.19}$$

当溶质 B 的质量摩尔浓度为 $b_B$ 时，将式（4.13）代入后，式（4.19）可转换为：

$$\Delta T_b=\frac{RT_b^2 M_A b_B}{\Delta_l^g H_m^*(A)} \tag{4.20}$$

定义沸点升高常数：

$$k_b=\frac{RT_b^2 M_A}{\Delta_l^g H_m^*(A)} \tag{4.21}$$

$k_b$ 的单位为 $K\cdot kg\cdot mol^{-1}$，因此式（4.8）可简化为

$$\Delta T_b=k_b b_B \tag{4.22}$$

方程式（4.19）、式（4.20）和式（4.22）称为沸点升高公式，注意沸点升高公式只适用于非挥发性溶质，对于挥发性溶质，沸点没有上述确定规律。

**【例 4.1】**有一份被萘（摩尔质量为 $0.128kg\cdot mol^{-1}$）污染的蒽（摩尔质量为 $0.178kg\cdot mol^{-1}$）将被某项研究工作使用。为了估算萘的含量，一学生称取 1.6 g 该样品加热熔化后冷却，观察其开始析出固体时的温度为 448K，比纯蒽熔点低 40K。然后将 1.6g 该样品溶解在 100g 苯中，测定该苯溶液的凝固点，比纯苯降低了 0.50K。已知纯苯的凝固点为 278.4K，标准摩尔熔化焓 $\Delta_{fus}H_m^{\ominus}(苯)=9.363kJ\cdot mol^{-1}$。试求：

（1）蒽中萘的摩尔分数。

（2）蒽的标准摩尔熔化焓 $\Delta_{\text{fus}}H_{\text{m}}^{\ominus}$(蒽)。

**【解答】**（1）设样品中萘的物质的量为 $x$，蒽的物质的量为 $y$，则根据题意得：

$$128x + 178y = 1.6 \tag{i}$$

由于该样品的苯中的溶解使得苯的凝固点降低了 0.50K，根据凝固点降低公式：

$\Delta T_{\text{f}}(\text{苯}) = \dfrac{R\left[T_{\text{f}}(\text{苯})\right]^2}{\Delta_{\text{fus}}H_{\text{m}}^{\ominus}(\text{苯})}M(\text{苯})b(\text{样品})$，解得样品的质量摩尔浓度为：

$$b(\text{样品}) = \frac{\Delta_{\text{fus}}H_{\text{m}}^{\ominus}(\text{苯})\Delta T_{\text{f}}(\text{苯})}{R[T_{\text{f}}(\text{苯})]^2 M(\text{苯})} = \frac{9363\times0.50}{8.314\times(278.4)^2\times0.078} = 0.093\text{mol}\cdot\text{kg}^{-1}$$

样品的总物质的量为：$n(\text{样品}) = b(\text{样品})m(\text{苯}) = 0.0093\text{mol}$

所以

$$x + y = 0.0093 \tag{ii}$$

联立（i）、（ii）解得：$x = 1.16\times10^{-3}\text{mol}$，$y = 8.14\times10^{-3}\text{mol}$

故萘的摩尔分数：$x(\text{萘}) = \dfrac{1.16\times10^{-3}}{8.14\times10^{-3}} = 0.14$

（2）1.6g 样品中由于萘的掺杂使得蒽的凝固点降低 40K，将系统视作萘的蒽溶液，根据凝固点降低公式：

$$\Delta_{\text{fus}}H_{m}^{\ominus}(\text{蒽}) = \frac{R[T_{\text{f}}(\text{蒽})]^2}{\Delta T_{\text{f}}(\text{蒽})}M(\text{蒽})\frac{n(\text{萘})}{m(\text{蒽})}$$

代入数据得：

$$\Delta_{\text{fus}}H_{\text{m}}^{\ominus}(\text{蒽}) = \frac{8.314\times(488)^2\times0.178\times1.16\times10^{-3}}{40\times8.14\times10^{-3}\times0.178} = 7053.8\text{J}\cdot\text{mol}^{-1}$$

### 4.1.4 渗透压

渗透是指纯溶剂自发地进入由半透膜隔开的溶液中。半透膜只允许溶剂通过，不允许溶质通过，如图 4.1 所示。由于纯溶剂的化学势 $\mu_{\text{A}}^{*}$ 大于溶液中溶剂的化学势 $\mu_{\text{A}}$，所以溶剂有自左向右渗透的倾向。为了阻止溶剂渗透，在右边施加额外压力，使半透膜双方溶剂的化学势相等而达到平衡。这个额外施加的压力就定义为渗透压，用符号 $\Pi$ 表示，单位为 Pa。

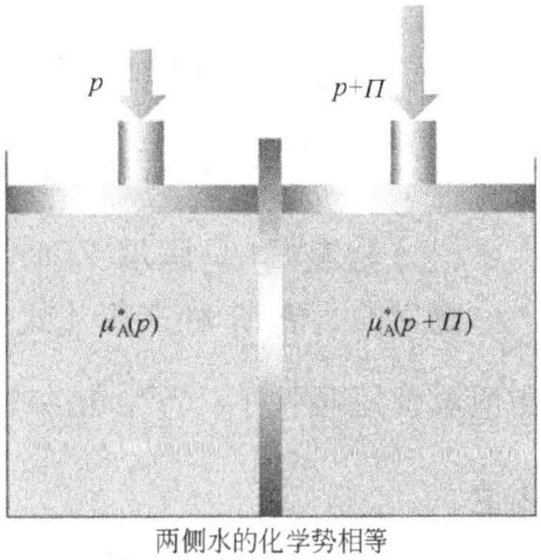

图 4.1 渗透压 $\Pi$ 的示意图

设在 $T$、$p$ 条件下，图 4.1 中半透膜左侧为纯 A 溶剂，右侧为 A 的摩尔分数 $x_{\text{A}}$。首先，半透膜两侧的 A 达到化学势平衡：

$$\mu_{\text{A}}^{*}(T,p) = \mu_{\text{A}}(T,p+\Pi,x_{\text{A}})$$

而在 $T$、$p+\Pi$ 条件下，$\mu_{\text{A}}(T,p+\Pi,x_{\text{A}}) = \mu_{\text{A}}^{*}(T,p+\Pi) + RT\ln x_{\text{A}}$

所以

$$\mu_{\text{A}}^{*}(T,p) = \mu_{\text{A}}^{*}(T,p+\Pi) + RT\ln x_{\text{A}} \tag{4.23}$$

式中两个不同压力下 A 的化学势关系为：

$$\mu_A^*(T,p+\Pi)=\mu_A^*(T,p)+\int_p^{p+\Pi}V_{m,A}\mathrm{d}p \tag{4.24}$$

式中，$V_{m,A}$ 为纯 A 溶剂的摩尔体积。将式（4.24）代入式（4.23），得：

$$-RT\ln x_A=\int_p^{p+\Pi}V_{m,A}\mathrm{d}p \tag{4.25}$$

假设在 $p\sim p+\Pi$ 范围内，$V_{m,A}$ 为常数，则式（4.25）可变化为：

$$-RT\ln x_A=V_{m,A}\int_p^{p+\Pi}\mathrm{d}p=V_{m,A}\Pi$$

即

$$-RT\ln x_A=V_{m,A}\Pi \tag{4.26}$$

其中对 $\ln x_A=\ln(1-x_B)$进行泰勒（Tylor）展开，进行一次截断，可得：$\ln x_A=-x_B$，即：

$$RTx_B=V_{m,A}\Pi \tag{4.27}$$

上式的近似处理如下：

在稀溶液中，摩尔分数近似为：$x_B=\dfrac{n_B}{n_A+n_B}\approx\dfrac{n_B}{n_A}$

则：$RT\dfrac{n_B}{n_A}=V_{m,A}\Pi$，且溶液的总体积为$V_{总}=n_AV_{m,A}$

因此 $n_BRT=\Pi V_{总}$，也可写为：

$$\Pi=c_BRT \tag{4.28}$$

上式称为范托夫渗透压公式，仅适用于理想稀溶液系统。

## 4.2 非电解质溶液的一般热力学性质

本节将进一步研究非电解质溶液的性质。

### 4.2.1 杜亥姆-马居尔公式

（1）杜亥姆-马居尔（Duhem-Margules）公式

狭义的吉布斯-杜亥姆［式（3.29）］，描述了溶液中各偏摩尔量之间的相互关系。即系统在恒温恒压条件下：$\sum_{i=1}^{r}n_i\mathrm{d}L_i=0$，从而可以从一种偏摩尔量的变化值求出另一偏摩尔量的变化值。

**【推导】**由吉布斯-杜亥姆公式，摩尔分数分别为 $x_A$ 和 $x_B$ 的二元溶液存在以下等量关系：

$$x_A\left(\frac{\partial\mu_A}{\partial x_A}\right)_{T,p}+x_B\left(\frac{\partial\mu_B}{\partial x_A}\right)_{T,p}=0 \tag{4.29}$$

当溶液气液平衡时，假设气相可视为理想气体，根据化学势平衡：

$$\mu_A^l(T,p,x_A)=\mu_A^g(T,p_A)=\mu^\ominus(T)+RT\ln\frac{p_A}{p^\ominus} \tag{4.30}$$

$$\mu_B^l(T,p,x_B)=\mu_B^g(T,p_B)=\mu^\ominus(T)+RT\ln\frac{p_B}{p^\ominus} \tag{4.31}$$

温度和压强不变时，式（4.30）和式（4.31）分别对 $x_A$ 和 $x_B$ 微分，可得：

$$\left(\frac{\partial\mu_A^l}{\partial x_A}\right)_{T,p}=\left(\frac{\partial\mu_A^g}{\partial x_A}\right)_{T,p}=\left[RT\frac{\partial\left(\ln\frac{p_A}{p^\ominus}\right)}{\partial x_A}\right]_{T,p} \tag{4.32}$$

$$\left(\frac{\partial\mu_B^l}{\partial x_A}\right)_{T,p}=\left(\frac{\partial\mu_B^g}{\partial x_A}\right)_{T,p}=\left[RT\frac{\partial\left(\ln\frac{p_B}{p^\ominus}\right)}{\partial x_A}\right]_{T,p} \tag{4.33}$$

将式（4.32）和式（4.33）代入式（4.29），得：

$$x_A\left[\frac{\partial\left(\ln\frac{p_A}{p^\ominus}\right)}{\partial x_A}\right]_{T,p}+x_B\left[\frac{\partial\left(\ln\frac{p_B}{p^\ominus}\right)}{\partial x_A}\right]_{T,p}=0 \tag{4.34}$$

等价于

$$x_A\left[\frac{\partial\left(\ln\frac{p_A}{p^\ominus}\right)}{\partial x_A}\right]_{T,p}-x_B\left[\frac{\partial\left(\ln\frac{p_B}{p^\ominus}\right)}{\partial x_A}\right]_{T,p}=0 \tag{4.35}$$

或者

$$\left[\frac{\partial\left(\ln\frac{p_A}{p^\ominus}\right)}{\partial\ln x_A}\right]_{T,p}=\left[\frac{\partial\left(\ln\frac{p_B}{p^\ominus}\right)}{\partial\ln x_B}\right]_{T,p} \tag{4.36}$$

$$\frac{x_A}{p_A}\times\left(\frac{\partial p_A}{\partial x_A}\right)_{T,p}=\frac{x_B}{p_B}\times\left(\frac{\partial p_B}{\partial x_B}\right)_{T,p} \tag{4.37}$$

式（4.34）～式（4.37）均称为杜亥姆-马居尔公式，是吉布斯-杜亥姆公式的延伸，主要讨论二组分系统中各组分蒸气压与组成之间的平衡制约关系。该公式中未对溶液做任何限制，只对蒸气做了理想气体的假设；用逸度替代压力时，该公式仍然适用。

（2）杜亥姆-马居尔公式的重要推论

① 在某浓度区间，若 A 遵守拉乌尔定律，则另一组分 B 必遵守亨利定律，这与实验事实相符。

简单证明如下：

**【推导】**设在 $T$、$p$ 一定的条件下，某二元溶液中的溶剂 A 满足拉乌尔定律：$p_A=p_A^*x_A$。

则 $\left(\frac{\partial p_A}{\partial x_A}\right)_{T,p}=p_A^*$，所以 $\frac{x_A}{p_A}\left(\frac{\partial p_A}{\partial x_A}\right)_{T,p}=1$。

根据杜亥姆-马居尔式（4.37）：$\frac{x_A}{p_A}\times\left(\frac{\partial p_A}{\partial x_A}\right)_{T,p}=\frac{x_B}{p_B}\times\left(\frac{\partial p_B}{\partial x_B}\right)_{T,p}=1$

亦说明式（4.36）中 $\left[\dfrac{\partial\left(\ln\dfrac{p_B}{p^\ominus}\right)}{\partial\ln x_B}\right]_{T,p}=1$

当 $T$、$p$ 一定时，$d\left(\ln\dfrac{p_B}{p^\ominus}\right)=d(\ln x_B)$；

做不定积分得：$\ln p_B=\ln x_B+\ln k$

式中，$\ln k$ 为积分常数，则 $p_B=kx_B$，说明此时溶质满足亨利定律。

② 在溶液中，某一组分的浓度增加后，它在气相中的分压上升，则另一组分在气相中的分压必然下降。

**【推导】** 在 $T$、$p$ 一定的条件下，摩尔分数分别为 $x_A$ 和 $x_B$ 的二元溶液，根据杜亥姆-马居尔公式（4.34）可得：

$$x_A\left[\frac{\partial\left(\ln\dfrac{p_A}{p^\ominus}\right)}{\partial x_A}\right]_{T,p}=-x_B\left[\frac{\partial\left(\ln\dfrac{p_B}{p^\ominus}\right)}{\partial x_A}\right]_{T,p}$$

根据该推论中的表述，某一组分的浓度增加，即 $\left[\dfrac{\partial\left(\ln\dfrac{p_A}{p^\ominus}\right)}{\partial x_A}\right]_{T,p}>0$，而 $x_A$、$x_B$、$p_A$ 和 $p_B$ 均大于零，则必然有另一组分在气相中的分压下降：

$$\left[\frac{\partial\left(\ln\dfrac{p_B}{p^\ominus}\right)}{\partial x_A}\right]_{T,p}<0$$

③ 若组分 A 在全部浓度范围内满足拉乌尔定律，则 B 也在全部浓度范围内满足拉乌尔定律。推导如下。

**【推导】** 设在 $T$、$p$ 一定的条件下，某二元溶液中的溶剂 A 在全部浓度范围内满足拉乌尔定律：$p_A=p_A^*x_A$。

则 $\left(\dfrac{\partial p_A}{\partial x_A}\right)_{T,p}=p_A^*$，所以 $\dfrac{x_A}{p_A}\left(\dfrac{\partial p_A}{\partial x_A}\right)_{T,p}=1$

根据式（4.37）：$\dfrac{x_A}{p_A}\left(\dfrac{\partial p_A}{\partial x_A}\right)_{T,p}=\dfrac{x_B}{p_B}\left(\dfrac{\partial p_B}{\partial x_B}\right)_{T,p}=1$

说明式（4.36）中 $\left[\dfrac{\partial\left(\ln\dfrac{p_B}{p^\ominus}\right)}{\partial\ln x_B}\right]_{T,p}=1$

所以 $d\left(\ln\dfrac{p_B}{p^\ominus}\right)=d\ln x_B$，B 组分的压力 $p_B$ 在 $p_B^*\to p_B$ 范围内积分，摩尔分数的变化范围对应为 $x_B=1\to x_B$，即得：

$$\int_{p_B^*}^{p_B} d\left(\ln\frac{p_B}{p^\ominus}\right) = \int_{x_B=1}^{x_B} d\ln x_B$$

所以 $\ln\frac{p_B}{p_B^*} = \ln x_B$，故可证得：$p_B = p_B^* x_B$。

### 4.2.2 柯诺瓦洛夫规则

柯诺瓦洛夫规则解决的是多组分溶液的总蒸气压与组成的关系。

（1）柯诺瓦洛夫第一定律

二元气液平衡系统，蒸气中富集的总是那个能降低溶液沸点，即能升高溶液总蒸气压的组分。其中富集的含义指该组分在气相中相对含量大于在液相中的相对含量。

设 B 的组成在液相、气相中摩尔分数分别为 $x_B$ 和 $y_B$。则柯诺瓦洛夫第一定律可表述为当 $x_B<y_B$ 时，必满足：

$$\left(\frac{\partial T}{\partial y_B}\right)_{T,p} < 0 \tag{4.38}$$

且沸点随气相和液相的变化规律相同，即

$$\left(\frac{\partial T}{\partial x_B}\right)_{T,p} < 0\text{时，必有}\left(\frac{\partial T}{\partial y_B}\right)_{T,p} < 0 \tag{4.39}$$

（2）柯诺瓦洛夫第二定律

液态混合物达到恒沸点（即从开始沸腾到蒸发结束，沸点始终不变的溶液系统，对应的沸点）时，其气液两相组成相同。

$$x_B = y_B\text{时，必有}\left(\frac{\partial T}{\partial y_B}\right)_{T,p} = 0 \tag{4.40}$$

### 4.2.3 渗透因子及超额函数

（1）渗透因子

为了显著表达非理想溶液中溶剂的不理想性，避免活度因子过度接近于 1 而造成分析时的不便，引入渗透因子的概念，渗透因子用 $\varphi$ 表示，量纲为“1”。

对真实溶液中溶剂 A，在 $T$、$p$ 一定的条件下，以拉乌尔定律为基础，A 的化学势为：

$$\mu_{A(l)} = \mu_A^*(T,p) + RT\ln a_{x,A} = \mu_A^*(T,p) + RT\ln x_A\gamma_{x,A} \tag{i}$$

引入渗透因子 $x_A^\varphi$，则：

$$\mu_{A(l)} = \mu_A^*(T,p) + \varphi RT\ln x_A \tag{ii}$$

当 $x_A \to 1$ 时，$\varphi \to 1$。

比较式（i）与式（ii），得：

$$\ln x_A\gamma_{x,A} = \varphi\ln x_A$$

即

$$\ln\gamma_{x,A} = (\varphi-1)\ln x_A \tag{4.41}$$

渗透因子与溶剂活度系数的关系为：

$$\varphi = \frac{\ln \gamma_{x,A} + \ln x_A}{\ln x_A} \tag{4.42}$$

由式（4.41）可得 $\ln \gamma_{x,A} x_A = \varphi \ln x_A$

对其中的 $\ln x_A = \ln(1-x_B)$进行泰勒展开，进行一次截断，可得 $\ln x_A = -x_B$，在稀溶液中，B 的摩尔分数近似为 $\frac{n_B}{n_A}$，即得：

$$\ln \gamma_{x,A} x_A = -\varphi x_B = -\varphi \frac{n_B}{n_A}$$

可得在稀溶液中的近似式：

$$\varphi = -\frac{n_A}{n_B} \ln(x_A \gamma_{x,A}) \tag{4.43}$$

（2）超额函数

关于溶液不理想性的描述，活度因子可以描述溶质和溶剂的不理想程度；当活度因子的偏差较小时，可以通过渗透因子描述溶剂的不理想性。

除此之外，实际溶液的热力学性质可用超额函数进行描述。超额函数的定义：实际溶液系统的热力学量 $L^{re}$ 与其理想化的溶液系统的热力学量 $L^{id}$ 之差，称为该实际溶液的超额函数，用 $L^E$ 表示。

等温等压下，各纯物质形成多组分溶液时热力学量 $L$ 的增量称为热力学混合函数：$\Delta_{mix} L = L - \sum_i L_i^*$，其中纯物质 $L_i^*$ 对实际溶液和理想溶液彼此相同，因此，超额函数即实际溶液混合函数与理想化溶液混合函数之差。

数学表达式为：

$$L^E = \Delta_{mix} L^{re} - \Delta_{mix} L^{id} \tag{4.44}$$

以超额吉布斯自由能（$G^E$）为例，在 $T$、$p$ 一定的条件下，将化学势 $\mu_1^*$ 的组分 1 和 $\mu_2^*$ 的组分 2，以物质的量 $n_1$ 和 $n_2$ 混合，混合物中的 A 和 B 的化学势为 $\mu_1$ 和 $\mu_2$，则：

$$\Delta_{mix} G^{re} = \Delta_{mix} G(\text{混合后}) - \Delta_{mix} G(\text{混合前}) \tag{4.45}$$

由加和公式得：

$$\Delta_{mix} G(\text{混合后}) = n_1 \mu_1 + n_2 \mu_2$$

$$\Delta_{mix} G(\text{混合前}) = n_1 \mu_1^* + n_2 \mu_2^*$$

$$\Delta_{mix} G^{re} = (n_1 \mu_1 - n_1 \mu_1^*) + (n_2 \mu_2 - n_2 \mu_2^*) \tag{4.46}$$

而由式（3.95）得：

$$\mu_B(l,T,p) = \mu_B^*(l,T,p) + RT \ln a_{x,B}$$

所以

$$n_1(\mu_1 - \mu_1^*) = RT \ln a_{x,1} = RT \ln x_1 \gamma_{x,1}$$

$$n_2(\mu_2 - \mu_2^*) = RT \ln a_{x,2} = RT \ln x_2 \gamma_{x,2}$$

再代入式（4.45），得：

$$\Delta_{\rm mix}G^{\rm re}=n_1RT\ln a_{x,1}+n_2RT\ln a_{x,2}$$

即
$$\Delta_{\rm mix}G^{\rm re}=n_1RT\ln x_1+n_2RT\ln x_2+n_1RT\ln\gamma_1+n_2RT\ln\gamma_2$$

根据式（3.85），理想液态混合物的混合吉布斯自由能为：

$\Delta_{\rm mix}G^{\rm id}=\sum_{\rm B}n_{\rm B}RT\ln x_{\rm B}=n_1RT\ln x_1+n_2RT\ln x_2$，即：

$$\Delta_{\rm mix}G^{\rm re}=\Delta_{\rm mix}G^{\rm id}+\sum_{\rm B}n_{\rm B}RT\ln\gamma_{\rm B}\tag{4.47}$$

根据式（3.88），超额吉布斯自由能 $G^{\rm E}$ 为：

$$G^{\rm E}=\Delta_{\rm mix}G^{\rm re}-\Delta_{\rm mix}G^{\rm id}=\sum_{\rm B}n_{\rm B}RT\ln\gamma_{\rm B}\tag{4.48}$$

同理，可按照各热力学函数的关系，定义其它超额热力学函数：

$$S^{\rm E}=-\left(\frac{\partial G^{\rm E}}{\partial T}\right)_{p,n}=-\sum_{\rm B}n_{\rm B}R\ln\gamma_{\rm B}-RT\sum_{\rm B}n_{\rm B}\left(\frac{\partial\ln\gamma_{\rm B}}{\partial T}\right)_{p,n}\tag{4.49}$$

$$H^{\rm E}=G^{\rm E}+TS^{\rm E}=-RT^2\sum_{\rm B}n_{\rm B}\left(\frac{\partial\ln\gamma_{\rm B}}{\partial T}\right)_{p,n}\tag{4.50}$$

$$V^{\rm E}=\left(\frac{\partial G^{\rm E}}{\partial p}\right)_{T,n}=RT\sum_{\rm B}n_{\rm B}\left(\frac{\partial\ln\gamma_{\rm B}}{\partial p}\right)_{T,n}\tag{4.51}$$

$$U^{\rm E}=H^{\rm E}-pV^{\rm E}=-RT^2\sum_{\rm B}n_{\rm B}\left(\frac{\partial\ln\gamma_{\rm B}}{\partial T}\right)_{p,n}-pRT\sum_{\rm B}n_{\rm B}\left(\frac{\partial\ln\gamma_{\rm B}}{\partial p}\right)_{T,n}\tag{4.52}$$

$$A^{\rm E}=U^{\rm E}-TS^{\rm E}=\sum_{\rm B}n_{\rm B}R\ln\gamma_{\rm B}-pRT\sum_{\rm B}n_{\rm B}\left(\frac{\partial\ln\gamma_{\rm B}}{\partial p}\right)_{T,n}\tag{4.53}$$

当系统的超额焓 $H^{\rm E}>0$，意味混合热效应 $\Delta_{\rm mix}H>0$，说明混合物中的 A-B 相互作用弱于 A-A 作用和 B-B 作用。$H^{\rm E}$ 可以显示溶液的非理想程度，当 $H^{\rm E}>>TS^{\rm E}$，这种溶液一般称为正规溶液，此时溶液的非理想性由混合热效应引起；若 $H^{\rm E}<<TS^{\rm E}$，这种溶液一般称为无热溶液，其非理想性由混合熵效应引起。

## 4.3 电解质溶液简介

在非电解质溶液中，溶质的分子形态唯一，各粒子之间的相互作用较为简单。然而，电解质溶液作为导体，溶质在溶剂中会发生解离，因此其性质和非电解质溶液在性质上具有很大的差别。电解质溶液最主要的应用就是参与化学能与电能的转换，是构成原电池和电解池的主要组成部分。

### 4.3.1 电化学基本概念

（1）导体的分类

导体可以分为电子导体和离子导体两类。电子导体，比如金属或石墨，它们在导电过程中，导电过程中导体本身不发生变化，自由电子做定向移动，可用自由电子理论进行机理的描述，导电总量全部由电子承担。而本节所阐述的电解质溶液是离子导体，如电解质溶液、熔融电解质等。在离子导体中，由于电解产生的正负离子的反向移动而导电，导电过程中有化学反应发生，导电总量分别由正、负离子分担，通过电解池或原电池实现导电功能。

（2）电极的分类

对于电极而言，存在两种分类方式，按照发生的氧化还原反应，发生还原作用的电极称为阴极，发生氧化作用的电极称为阳极；按照电极电势的高低，电势高的电极称为正极，电势低的电极称为负极。

（3）离子导体的导电机理

在离子导体中，导电过程涉及物理过程和化学过程。物理过程包括离子的电迁移，化学过程包括电极上的氧化反应或还原反应。上述物理过程和化学过程在导电过程中总是同时发生的，因此电解池或原电池中两个电极反应称为共轭电极反应。

（4）荷电粒子基本单元与法拉第常数

一般情况下，反应得失电子数和物质的量的描述，均是以 1mol 物质的量作为基本单元，但是，在电化学过程中，计算每个电极上析出物的物质的量时，所选取的基本粒子所带电荷量的绝对值必须相同。在讨论电极反应中，习惯上将元电荷作为电化学物质的量基本单元，即在电解质的电离以及在电极上得失电子数目均为元电荷的电量。

对于某离子 $M^{z+}$，一般使用 $\frac{1}{z}M^{z+}$ 作为描述 $M^{z+}$物质的量的基本单元。显然对于相同质量的 $M^{z+}$，$\frac{1}{z}M^{z+}$ 与 $M^{z+}$之间的物质的量的关系必定满足：

$$z\,\text{mol}\,\frac{1}{z}M^{z+} = 1\text{mol}(M^{z+})$$

即

$$\frac{n\left(\frac{1}{z}M^{z+}\right)}{n(M^{z+})} = \frac{z}{1} \tag{4.54}$$

例如同质量的三价铁离子，不同物质的量的基本单元间满足 $n\left(\frac{1}{3}Fe^{3+}\right) = 3n(Fe^{3+})$；对于阴离子，同式（4.54），获得荷电粒子的基本单元，例如相同质量的二价硫酸根离子 $n\left(\frac{1}{2}SO_4^{2-}\right) = 2n(SO_4^{2-})$。

因此，对于由 $M^{z+}$ 和 $A^{z-}$ 构成的任意电解质 $M_{\nu+}A_{\nu-}$，一般对应的电离反应为：$M_{\nu+}A_{\nu-} \longrightarrow \nu_+M^{z+} + \nu_-A^{z-}$，按照荷电粒子基本单元的规定：

$$n\left(\frac{1}{z_+\nu_+}M_{\nu+}A_{\nu-}\right) = n\left(\frac{1}{|z_-\nu_-|}M_{\nu+}A_{\nu-}\right) = n\left(\frac{1}{z}M^{z+}\right) = n\left(\frac{1}{z}A^{z-}\right)$$

即以 $\left(\frac{1}{z_+\nu_+}M^{z+}\right)$ 或 $\left(\frac{1}{|z_-\nu_-|}A^{z-}\right)$ 作为 $M_{\nu+}A_{\nu-}$ 物质的量基本单元，在电子转移中均满足相同的元电荷量。

例如 5mol$\left(\frac{1}{2}Na_2SO_4\right)$可电离产生 5mol$\left(\frac{1}{2}SO_4^{2-}\right)$ 和 5mol $Na^+$，转移的电量均为 5mol 元电荷量。

注意，一个元电荷的电量为 $1.6022\times10^{-19}$C，因此 1mol 元电荷的电量为元电荷电量与阿伏伽德罗常数的乘积，即 $96500C\cdot mol^{-1}$。定义 1mol 元电荷的电量，即 $96500C\cdot mol^{-1}$为法拉第（Faraday）常数，用 $F$ 表示。

（5）法拉第定律

法拉第定律规定：以元电荷量作为物质的量基本单元时，在电极界面上发生化学变化，物质的质量（摩尔量）与通入的电量成正比，可用下式表示：

$$Q = nF \tag{4.55}$$

通电于若干个电解池串联的线路中，当所取的基本粒子的荷电数相同时，在各个电极上发生反应的物质，其物质的量相同，析出物质的质量与其摩尔质量成正比。

**【例 4.2】** 通电于 $Au(NO_3)_3$溶液，电流强度 $I = 0.025$ A，析出 Au(s) = 1.20g。已知 $M$(Au) = $197.0g\cdot mol^{-1}$。求：

（1）通入电量 $Q$;

（2）通电时间 $T$;

（3）阳极上放出氧气的物质的量。

**【解答】** 取基本粒子荷单位电荷：$\frac{1}{3}Au$ 和 $\frac{1}{4}O_2$

（1）根据式（4.55），$Q = nF = \dfrac{1.20g}{\dfrac{197g\cdot mol^{-1}}{3}} \times 96500C\cdot mol^{-1} = 1763C$

（2）$T = \dfrac{Q}{I} = \dfrac{1763C}{0.025A} = 7.05\times10^4 s$

（3）由法拉第定律，$n(O_2) = \dfrac{1}{4}\times n\left(\dfrac{1}{3}Au\right) = 4.57\times10^{-3}mol$

## 4.3.2 离子的电迁移率

（1）电迁移率（$u_B$）的定义

当电解质作为溶质溶解到电解液中，电离会产生电性相反的离子，两类离子互称为反离子，其中任意的离子 B，其运动速率显然与温度 $T$、压力 $p$、浓度 $c$ 以及两类离子本身的性质有关。

若在温度和压力一定的条件下，将某组成一定的电解液放置于电场梯度为 $\frac{E}{l}$ 的电场中，其中 $E$ 为电极之间的电势差，$l$ 为两个电极之间的距离，此时解离的离子 B 的速率与电场梯度成正比，若用 $r_B$ 表示离子 B 的运动速率，$u_B$ 表示比例常数，则 $r_B$ 与 $\frac{E}{l}$ 的关系可表示为：

$$r_B = u_B\frac{E}{l} \tag{4.56}$$

式中，比例常数 $u_B$ 的物理意义为电场梯度为 $1\ V\cdot m^{-1}$时，离子 B 的运动速率，定义为离子 B 的电迁移率，也称为 B 离子的淌度，单位为 $m^2 \cdot s^{-1} \cdot V^{-1}$。

（2）电迁移率的影响因素

① 受解离的反离子的影响　需要注意的是，离子的运动速率和电迁移率除了是电场梯度的函数，同时也受自身性质和反离子性质的影响，比如同为 $Cl^-$，其在相同浓度的 NaCl 和 KCl 溶液中的离子淌度也各不相同。但钾的盐溶液，例如 KCl 和 $KNO_3$ 溶液中，阴阳离子的淌度非常接近，因此钾盐溶液也常常是制备盐桥的首选物。关于盐桥的说明，请参考本书的 6.9 节。

② 受电解质溶液浓度的影响　相同的电解质，不同浓度的溶液，其离子的淌度也各不相同。例如，在 $0.1 mol \cdot L^{-1}$ 和 $0.01 mol \cdot L^{-1}$ 的 NaCl 溶液中的 $Cl^-$ 淌度就各不相同。

显然，离子淌度 $u_B$ 并非常量，在具体使用时需要具体实验测定。通常测定离子淌度的方法包括希托夫（Hittorf）法和界面移动法。

（3）无限稀溶液的离子电迁移率（$u_B^\infty$）

无限稀溶液的离子电迁移率也称为极限离子淌度，用符号 $u_B^\infty$ 表示。当离子溶液浓度趋近于 0 时，离子 B 的淌度，属于 B 离子的运动特性，只与 B 离子本身有关。

在极限稀溶液中离子之间的相互作用可忽略，使用极限淌度的概念是不区分强弱电解质的，该性质只与温度和压强有关。

## 4.3.3　离子的电迁移数

（1）电迁移数（$t_B$）的定义

离子导体的导电特性不但与溶液中离子的数量、离子的运动速率有关，同时也和充放电过程中离子迁移的数量有关，这部分数量决定的是电流的强弱。

定义离子 B 所运载的电流与总电流之比称为离子 B 的迁移数，用符号 $t_B$ 表示。数学表达式如下所示：

$$t_B = \frac{I_B}{I_总} \tag{4.57}$$

根据式（4.57）可知，同一电解质中的正负离子必然满足：

$$t_+ + t_- = \frac{I_+}{I_总} + \frac{I_-}{I_总} = 1 \quad 或 \quad \sum_B t_B = 1 \tag{4.58}$$

一般可以使用希托夫迁移管或者界面移动法测量其迁移数。

（2）希托夫（Hittorf）法测量离子迁移数

希托夫迁移管实际为电解池，如图 4.2 所示，分为阳极部、阴极部和中部三个部分。

在电解池通电以后，各部分的阴阳离子会发生迁移和电解两种现象。以阳极部为例，迁移现象为阳极部的阳离子受阴极吸引，离开阳极部，迁往阴极部，发生阳离子迁移；与此同时的电解现象为阳极的阴离子会在阳极上放电析出，称为电解离子数。对于阴极部的离子运动是同理的。

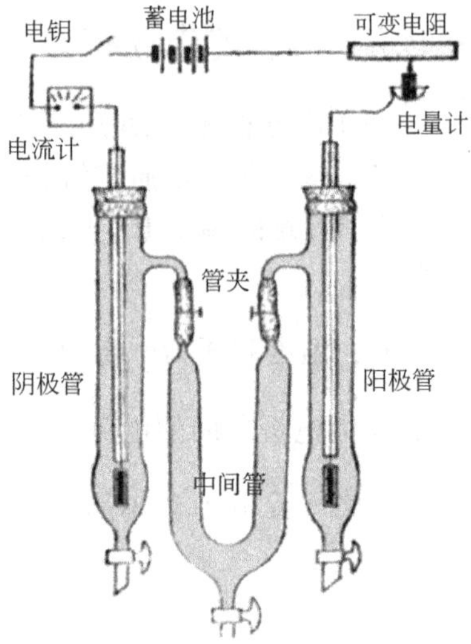

图 4.2　希托夫迁移管

而中部溶液中的阴阳离子不涉及析出，只参与离子迁移。注意，希托夫模型中任意时刻都是电中性的，这是讨论整个模型的前提条件。

测定过程中，根据迁移率的不同，迁移数也随之变化，如图 4.3 的希托夫模型所示。模型中的 *AA* 与 *BB* 分别划分出了阳极部、中部以及阴极部，假设每个部分的阴阳离子数均为 5mol，且电解时的通电量为 4mol 电荷量。第一种情况为正负离子的迁移率相同，即 $u_+ = u_-$，在假想的 *AA*、*BB* 平面上各有 2mol 正、负离子通过；第二种情况为正离子的淌度为负离子的 3 倍，即 $u_+ = 3u_-$，在假想的 *AA*、*BB* 平面上有 3mol 正离子和 1mol 负离子通过。则通电以后，希托夫模型中各部分的离子迁移和电解的量如表 4.1 所示。

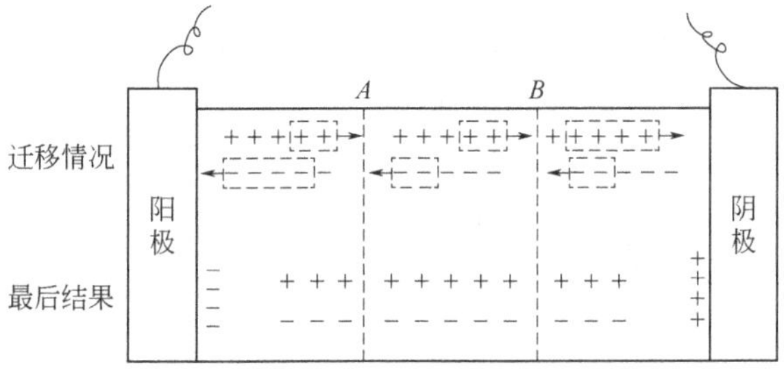

(a) 粒子的电迁移现象——第一种情况

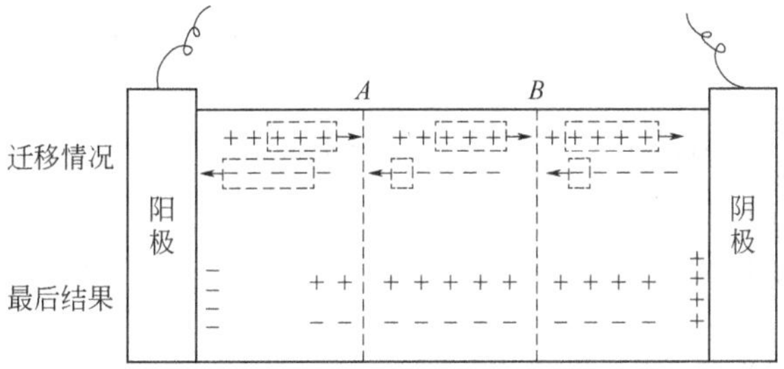

(b) 粒子的电迁移现象——第二种情况

图 4.3 希托夫模型

**表 4.1 两种不同离子淌度条件下的离子电迁移**

| 两种希托夫模型 | $u_+ = u_-$ | $u_+ = 3u_-$ |
|---|---|---|
| 阳极部中的电解情况 | 4mol 阴离子在阳极上放电 | 4mol 阴离子在阳极上放电 |
| 阳极部中的迁移情况 | 2mol 阳离子迁出，2mol 阴离子迁入 | 3mol 阳离子迁出，1mol 阴离子迁入 |
| 阳极部的终态 | 3mol 阳离子+3mol 阴离子 | 2mol 阳离子+2mol 阴离子 |
| 阴极部中的电解情况 | 4mol 阳离子在阴极上放电 | 4mol 阳离子在阴极上放电 |
| 阴极部中的迁移情况 | 2mol 阳离子迁入，2mol 阴离子迁出 | 3mol 阳离子迁入，1mol 阴离子迁出 |
| 阴极部的终态 | 3mol 阳离子+3mol 阴离子 | 4mol 阳离子+4mol 阴离子 |
| 中部的电解情况 | 无 | 无 |
| 中部的迁移情况 | 2mol 阳离子迁出/迁入，2mol 阴离子迁入/迁出 | 3mol 阳离子迁出/迁入，1mol 阴离子迁入/迁出 |
| 中部的终态 | 5mol 阳离子+2mol 阴离子 | 5mol 阳离子+5mol 阴离子 |

基于物质的量守恒以及电中性的规则，通过表 4.1 的分析可知，希托夫模型中观察离子的电迁移存在如下结论：

① 中部阴阳离子浓度不变；

② 阳极迁出的阳离子数+阴极迁出的阴离子数 = 通电总电量；

③ 终态阳极阳离子数 = 始态阳极阳离子数−阳极迁出的阳离子数；

终态阳极阴离子数 = 始态阳极阴离子数+阴极迁入的阴离子数−阳极电解析出的阴离子数；

④ 终态阴极阴离子数 = 始态阴极阴离子数−阴极迁出的阴离子数。

终态阴极阳离子数 = 始态阴极阳离子数+阳极迁入的阳离子数−阴极电解析出的阳离子数。

（3）界面移动法测定离子 B 的迁移数

不同于希托夫法，界面迁移法的前提需要找到待测某离子的跟随离子，即两种离子同时在电场中运动，且离子间存在明显的颜色界面，待测离子与跟随离子之间的距离是不变的，这个界面的移动距离就是待测离子的运动距离。因此根据毛细管的内径、液面移动的距离、溶液的浓度及通入的电量，可以计算离子迁移数。

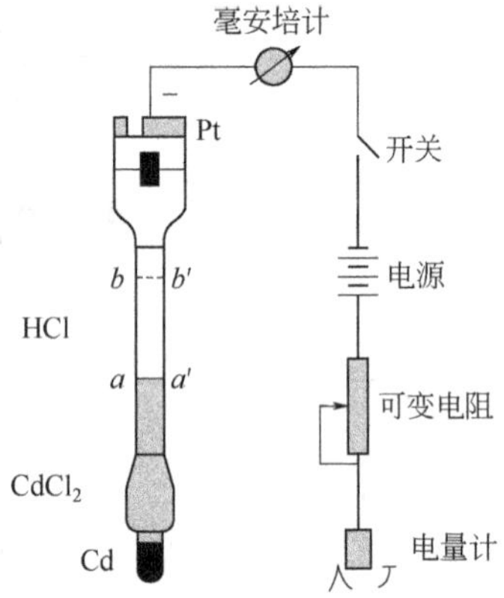

图 4.4　界面移动法测定离子迁移数模型

如图 4.4 所示，在界移法的左侧管中先放入 $CdCl_2$ 溶液，然后小心加入 HCl 溶液至 $aa'$面，使 $aa'$面清晰可见。

通电后，$H^+$向上面负极移动，$Cd^{2+}$淌度比 $H^+$小，随后，使 $aa'$界面向上移动。通电一段时间后，$H^+$移动到 $bb'$位置，停止通电。

设毛细管半径为 $r$，截面积 $A = \pi r^2$，$aa'$与 $bb'$之间距离为 $l$，溶液体积 $V = lA$，阿伏伽德罗常数为 $N_A$。在这个体积范围内，$H^+$的迁移数量为 $clALN_A = cVN_A$。

$H^+$迁移的电量为：$cVlz_+ = z_+cVF$

因此，$H^+$的迁移数为：

$$t_{H^+} = \frac{I_{H^+}}{I_{总}} = \frac{Q_{H^+}}{Q_{总}} = \frac{z_+cVF}{Q_{总}}$$

电动势法测定任意离子的迁移数部分，在介绍液接电势部分内容时再具体讨论。

（4）离子淌度与迁移数之间的关系

根据图 4.3 中的希托夫模型以及离子淌度式（4.56）和离子迁移数式（4.57）的定义，对于希托夫管中的同一电解液，必然存在下列关系：

$$\frac{阳极部迁出电荷量}{阴极部迁出电荷量} = \frac{u_+}{u_-} = \frac{Q_+}{Q_-} = \frac{I_+t}{I_-t} = \frac{I_+}{I_-} = \frac{\frac{I_+}{I_{总}}}{\frac{I_-}{I_{总}}} = \frac{t_+}{t_-} = \frac{u_+\frac{\mathrm{d}E}{\mathrm{d}l}}{u_-\frac{\mathrm{d}E}{\mathrm{d}l}} = \frac{r_+}{r_-}$$

总结即可得离子淌度与迁移数之间的关系，以正离子为例：

$$t_+ = \frac{I_+}{I_{总}} = \frac{r_+}{r_+ + r_-} = \frac{u_+}{u_+ + u_-} \tag{4.59}$$

## 4.4 电解质溶液的导电能力

### 4.4.1 电导与电导率

（1）电导

对于一般的电子导体，习惯于用电阻衡量其导电能力，根据电阻的定义，电解质溶液的电阻 $R$ 与插导线的距离 $l$ 成正比，与导线的面积 $A$ 成反比，其比例常数定义为 $\rho$。

而对于离子导体，一般使用电导衡量电解质溶液中载流子的导电能力，定义电导为电阻的倒数，用符号 $G$ 表述，单位为西门子（S），$1S = 1\Omega^{-1}$，电导的大小与电极的截面积 $A$ 成正比，与电极之间的长度 $l$ 成反比（如图 4.5），可得下式：

$$G = \frac{1}{R} = \frac{1}{\rho} \times \frac{A}{l} = \kappa \frac{A}{l} \tag{4.60}$$

显然，根据欧姆定律，电解质溶液的电导与电路中电压 $U$ 与电流 $I$ 的关系为：

$$G = \frac{I}{U} \tag{4.61}$$

（2）电导率

式（4.60）中的比例常数 $\kappa$，称为电导率，单位为 $S \cdot m^{-1}$，定义为电阻率 $\rho$ 的倒数，相当于导体截面积为 $1m^2$，导体长度为 1m 时的电导：

$$\kappa = \frac{1}{\rho} = G\frac{l}{A} \tag{4.62}$$

电导率是非特征物理量，随浓度的变化而变化。电导和电导率的物理意义可参考图 4.5。

（3）电导率与浓度的关系

部分电解质溶液中两者的关系如图 4.6 所示。

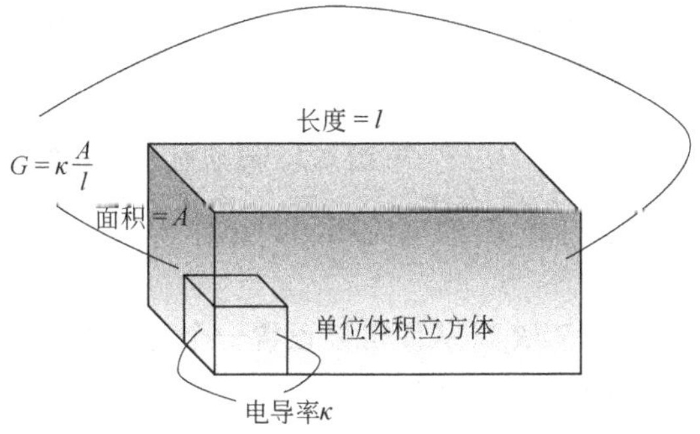


图 4.5 电导和电导率的物理意义

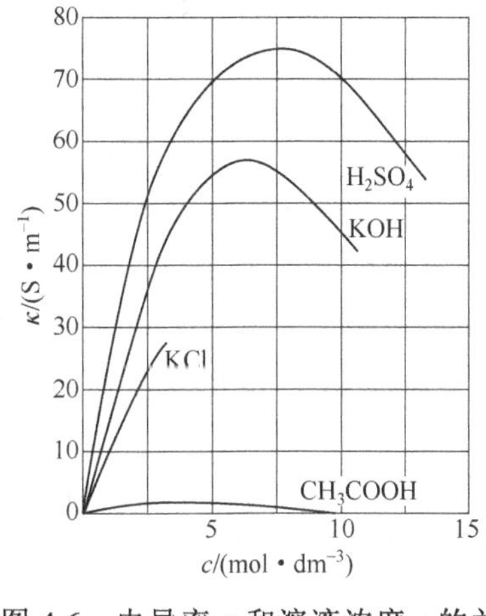


图 4.6 电导率 $\kappa$ 和溶液浓度 $c$ 的关系

对于强电解质而言，浓度由低变高，载流子数量首先增大，导电能力增强，电导率先增大；浓度继续上升，离子间静电作用增大，限制载流子运动，导电能力下降，电导率会下降。

因此，对于强电解质，随浓度的增大，电导率先增大再减小，存在有效载流子数目与库仑作用之间的平衡。

而对于弱电解质，由于解离度的制约，弱电解质中载流子数目受浓度的影响小，数目基本恒定，因此弱电解质的电导率随浓度的升高基本保持不变。

## 4.4.2 摩尔电导率

(1) 摩尔电导率的基本概念

定义摩尔电导率为1mol离子导体置于两个相距为1m的平行板电容器之间所具备的电导，符号为$\Lambda_m$（$S\cdot m^2\cdot mol^{-1}$）。其基本定义式为：

$$\Lambda_m = \frac{\kappa}{c} \tag{4.63}$$

根据式（4.63）可知摩尔电导率的物理意义为：单位摩尔浓度的电导率。除此之外，联立式（4.63）和式（4.60），可得：

$$\Lambda_m = \frac{\kappa}{c} = \frac{G\frac{l}{A}}{\frac{n}{V}} = \frac{G\frac{l}{A}}{\frac{n}{lA}} = \frac{G}{n}l^2 \tag{4.64}$$

因此摩尔电导率又可理解为1mol离子导体置于两个相距为1m的平行板电容器之间所具备的电导。

事实上，离子导体的导电能力都是相对于摩尔电导率而言的。

(2) 摩尔电导率的测量实验

在实验室中，测量电解质溶液的摩尔电导率的基本实验方法如下：

① 配置KCl标准溶液，查得其电导率$\kappa$（KCl）；

② 放入电导池，通过惠斯通（Weston）电桥测量该溶液的电阻$R$（KCl），进而获得电导$G$（KCl）。

其中，惠斯通电桥如图4.7所示，又称单臂电桥，是一种可以精确测量电阻的仪器。图中电阻$R_1$、$R_2$、$R_3$和$R_4$叫作电桥的四个臂，G为检流计，用以检查它所在的支路有无电流。当G无电流通过时，称电桥达到平衡。平衡时，四个臂的阻值满足一个简单的关系，利用这一关系就可测量电阻。

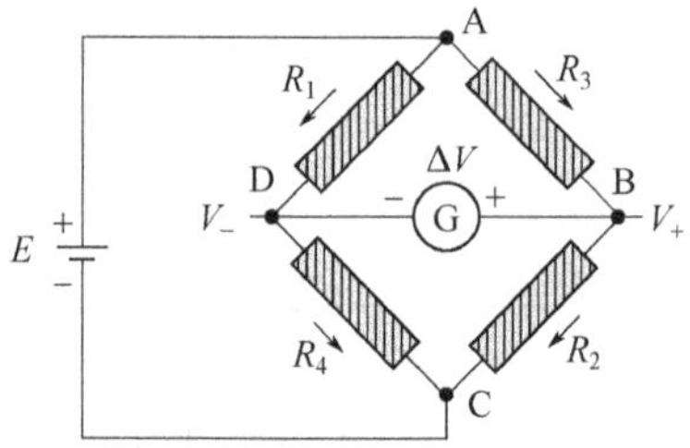

图4.7　惠斯通电桥示意图

电桥平衡时，检流计所在支路电流为零，有：

① 流过$R_1$和$R_4$的电流相同，记作$I_1$，流过$R_2$和$R_3$的电流相同，记作$I_2$。

② B、D两点电位相等，即$U_B = U_D$。

因而有$I_1R_1 = I_2R_3$，$I_1R_4 = I_2R_2$。所以$R_1/R_4 = R_3/R_2$。从而可以设置一个可变电阻使得电路中的电流为0，再通过其它三个电阻求得桥中的任一未知电阻。

③ 由$\kappa = G\frac{l}{A}$测得$l/A$的值，该值定义为电导池常数，用$K_{cell}$表示，即：

$$K_{cell} = \frac{l}{A} \tag{4.65}$$

显然电导池常数与电导率的关系为：

$$K_{cell} = \kappa R \tag{4.66}$$

④ 清洗电导池，加入未知溶液，由惠斯通电桥测量获得未知溶液的电导 $G(x)$；

⑤ 联立已测的电导池常数，根据 $\kappa(x) = G(x)K_{cell}$ 求得未知溶液的电导率 $\kappa(x)$，由未知溶液的浓度 $c$，根据 $\Lambda_m = \dfrac{\kappa}{c}$ 求得其摩尔电导率。

【例 4.3】有一电导池，其电极的有效面积为 2cm²，电极之间的有效距离为 10cm，在池中充以 1-1 价型的盐 MX 的溶液，浓度为 $0.03\text{mol}\cdot\text{dm}^{-3}$，用电势差为 3V，强度为 0.003A 的电流通电。已知 $M^+$的迁移数为 0.4，试求：

（1）MX 的摩尔电导率；

（2）$M^+$和 $X^-$单个离子的摩尔电导率；

（3）在这种实验条件下，$M^+$的移动速度。

【解答】（1）已知 $I = 0.003\text{A}$，$E = 3\text{V}$，$l = 10\times10^{-2}\text{m}$，$A = 2\times10^{-4}\text{m}^2$，$t_+ = 0.4$

由于 $\Lambda_{m(MX)} = \dfrac{\kappa}{c}$； $R = \rho\dfrac{l}{A}$； $\kappa = \dfrac{1}{\rho} = \dfrac{I}{E}\times\dfrac{l}{A}$

所以 $\Lambda_{m(MX)} = \dfrac{I}{E}\times\dfrac{l}{A}\times\dfrac{1}{c}$

$$\Lambda_{m(MX)} = \frac{0.003\text{A}}{3\text{V}}\times\frac{10\times10^{-2}\text{m}}{2\times10^{-4}\text{m}^2}\times\frac{1}{0.03\times10^3\text{mol}\cdot\text{m}^{-3}} = 1.67\times10^{-2}\text{S}\cdot\text{m}^2\cdot\text{mol}^{-1}$$

（2）$\Lambda_{m(M^+)} = 0.4\times1.67\times10^{-2}\text{S}\cdot\text{m}^2\cdot\text{mol}^{-1} = 6.68\times10^{-3}\text{S}\cdot\text{m}^2\cdot\text{mol}^{-1}$

$$\begin{aligned}\Lambda_{m(X^-)} &= t_{X^-}\times\Lambda_{m(MX)} = 0.6\times1.67\times10^{-2}\text{S}\cdot\text{m}^2\cdot\text{mol}^{-1}\\ &= 1.00\times10^{-2}\text{S}\cdot\text{m}^2\cdot\text{mol}^{-1}\end{aligned}$$

（3）$r_+ = u_+\dfrac{\text{d}E}{\text{d}l} = \dfrac{\Lambda_{m(M^+)}}{F}\times\dfrac{E}{l} = \dfrac{6.68\times10^{-3}\text{S}\cdot\text{m}^2\cdot\text{mol}^{-1}}{96500\text{C}\cdot\text{mol}^{-1}}\times\dfrac{3\text{V}}{0.1\text{m}}$

$$r_+ = 2.07\times10^{-6}\text{m}\cdot\text{s}^{-1}$$

（3）极限摩尔电导率（$\Lambda_m^\infty$）

当溶液浓度稀释到无限稀（$c\rightarrow0$）时，正负离子之间的相互作用可以忽略，此时离子电迁移率最高，只与离子本性有关，称为极限摩尔电导率，属于特性参数，在一定的温度下，极限摩尔电导率可以查标准值表。

（4）摩尔电导率与浓度的关系

以式（4.64）为出发点，即物质的量为 1mol 的离子导体为研究对象，讨论浓度对 $\Lambda_m$ 的影响。两者的关系如图 4.8 所示。

对于强电解质，物质的量不变时，浓度增大，库仑作用增强，摩尔电导率下降；当强电解质的浓度低于 $0.001\text{mol}\cdot\text{dm}^{-3}$ 时，其变化关系可以近似使用科尔劳施（Kohlrausch）经验规则说明：

$$\Lambda_m^\infty = \Lambda_m(1-\beta\sqrt{c}) \tag{4.67}$$

对于弱电解质，物质的量不变时，浓度减小，解离度缓慢增大，导电能力增强，摩尔电导率缓慢上升；当浓度显著减小时，摩尔电导率急剧上升。参考图 4.8 中 $CH_3COOH$ 的 $\Lambda_m$ 与 $\sqrt{c}$ 的关系曲线。

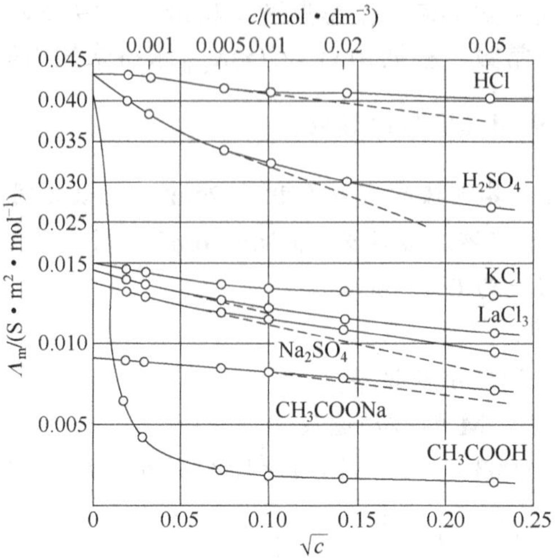


图 4.8　摩尔电导率 $\Lambda_m$ 和溶液浓度 $c$ 的关系

（5）离子独立运动定律

德国科学家科尔劳施根据大量的实验数据，总结了离子独立运动定律，即在无限稀释溶液中，每种离子都独立移动，不受其它离子影响，电解质的极限摩尔电导率可认为是正负离子极限摩尔电导率之和，数学表达式为：

$$\Lambda_m^\infty = \Lambda_{m,+}^\infty + \Lambda_{m,-}^\infty \tag{4.68}$$

根据式（4.67），弱电解质的 $\Lambda_m^\infty$ 可以通过强电解质的 $\Lambda_m^\infty$ 或从表值上查离子的 $\Lambda_m^\infty$ 求得。例如，对于弱电解质 AB（表示溶液中的阴阳离子分别为 A 和 B 离子，下同）的极限摩尔电导率，可以通过测定强电解质的极限摩尔电导率 $\Lambda_m^\infty(AC)$、$\Lambda_m^\infty(BD)$、$\Lambda_m^\infty(CD)$ 来导出：

$$\Lambda_m^\infty(AB) = \Lambda_m^\infty(AC) + \Lambda_m^\infty(BD) - \Lambda_m^\infty(CD)$$

## 4.4.3　电解质溶液中的各物理量之间的关联

（1）摩尔电导率（$\Lambda_m$）和离子迁移率（$u_B$）之间的关系

如图 4.9 所示，假设浓度为 $c$ 的某电解质溶液解离度为 $\alpha$，正负离子的迁移率为 $u_+$和 $u_-$，离子的运动速率为 $r_+$和 $r_-$，电导池的截面积为 $A$，离子在 $T$ 时间运动距离为 $l$，则输运电荷 $Q$ 可由法拉第定律计算，则：

$$Q = nF = c\alpha VF = c\alpha(lA)F = c\alpha(rtA)F$$
$$= c\alpha[(r_+ + r_-)tA]F$$

即：$Q = c\alpha\left[(u_+ + u_-)\dfrac{E}{l}tA\right]$

因为 $I = \dfrac{Q}{t} = c\alpha\left[(u_+ + u_-)\dfrac{E}{l}A\right]F$ 且 $\kappa = G\dfrac{l}{A}$

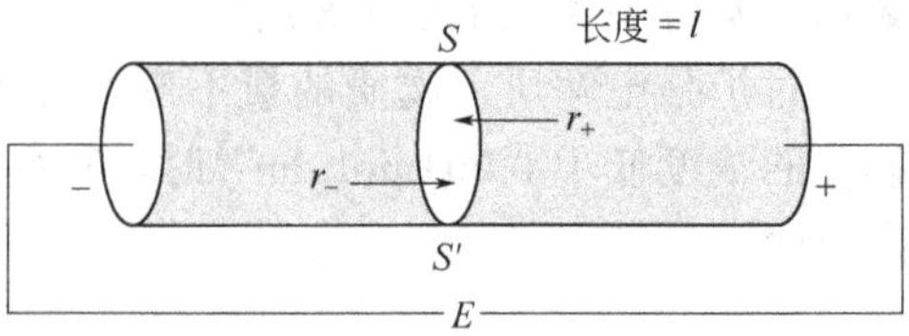


图 4.9　离子迁移示意图

$$\Lambda_m = \frac{\kappa}{c} = \frac{1}{c} \times G \times \frac{l}{A} = \frac{1}{c} \times \frac{I}{E} \times \frac{l}{A} = \alpha(u_+ + u_-)F$$

即摩尔电导率与离子迁移率之间的关系为：

$$\Lambda_m = \alpha(u_+ + u_-)F \tag{4.69}$$

所以电导率与离子迁移率之间的关系为：

$$\kappa = c\alpha(u_+ + u_-)F \tag{4.70}$$

（2）各物理量中正负离子的加和关系

① 电导中正负离子的加和关系。在电解质溶液中，正负离子在输运过程中相当于构成并联电路，因此，正负离子形成的电阻和总电阻之间满足加和关系：

$$\frac{1}{R} = \frac{1}{R_+} + \frac{1}{R_-}$$

因此，电解质溶液的电导和正负离子的电导之间必然满足加和关系：

$$G = G_+ + G_- \tag{4.71}$$

② 电导率中正负离子的加和关系。根据式（4.71），方程两侧同除以电导池常数 $K_{cell}$，则：

$$\kappa = \kappa_+ + \kappa_- \tag{4.72}$$

上式联立式（4.68），正离子的电导率与正离子迁移率之间的关系为：

$$\kappa_+ = c\alpha u_+ F \tag{4.73}$$

负离子的摩尔电导率与负离子迁移率之间的关系为：

$$\kappa_- = c\alpha u_- F \tag{4.74}$$

③ 摩尔电导率中正负离子的加和关系。由于涉及正负离子的浓度，因此考虑溶液的解离度 $\alpha$，根据式（4.72）得：

$$\Lambda_m = \frac{\kappa_+ + \kappa_-}{c} = \frac{\kappa_+}{c_+ / \alpha} + \frac{\kappa_-}{c_- / \alpha} = \alpha\Lambda_{m,+} + \alpha\Lambda_{m,-} \tag{4.75}$$

由式（4.73）和式（4.74），可得：

$$\Lambda_{m,+} = \alpha u_+ F \tag{4.76}$$

$$\Lambda_{m,-} = \alpha u_- F \tag{4.77}$$

对于无限稀溶液，极限摩尔电导率满足离子独立运动定律［式（4.68）］。

（3）强电解质溶液中摩尔电导率和迁移数的关系

由于强电解质的解离度为 1，因此，根据式（4.69）、式（4.76）和式（4.77）得

$$\frac{\Lambda_{m,+}}{\Lambda_m} = \frac{u_+ F}{(u_+ + u_-)F} = \frac{u_+}{u_+ + u_-} = \frac{\frac{u_+}{u_-}}{\frac{u_+}{u_-} + 1} = \frac{\frac{t_+}{t_-}}{\frac{t_+}{t_-} + 1} = \frac{t_+}{t_+ + t_-} = t_+$$

因此

$$\Lambda_{m,+} = t_+ \Lambda_m \tag{4.78}$$

同理 $$\Lambda_{m,-}=t_-\Lambda_m \tag{4.79}$$

### 4.4.4 电导测定的应用

（1）计算弱电解质的解离度和解离常数

在假定离子的电迁移率随浓度的变化可以忽略不计的近似条件下，任意弱电解质 AB 的解离为 AB $\longrightarrow$ $A^{+}+B^{-}$，假设 AB 的起始浓度为 $c$，解离度为 $\alpha$，极限摩尔电导率和摩尔电导率分别为 $\Lambda_m^\infty$ 和 $\Lambda_m$。

根据式（4.75）～式（4.77），存在 $\Lambda_m=\alpha(u_+ +u_+)F$，考虑在无限稀溶液中，解离度 $\alpha=1$，若离子的电迁移率不随时间的变化而变化，此时，$\Lambda_m^\infty=(u_+ +u_+)F$。

因此，解离度可表示为：

$$\alpha=\frac{\Lambda_{m,+}}{\Lambda_{m,+}^\infty} \tag{4.80}$$

将其代入浓度平衡常数 $K_c$，则对于上述解离：

$$K_c=\frac{c\alpha^2}{1-\alpha}=\frac{c\Lambda_m^2}{\Lambda_m^\infty(\Lambda_m^\infty-\Lambda_m)} \tag{4.81}$$

整理可得：

$$\frac{1}{\Lambda_m}=\frac{1}{\Lambda_m^\infty}+\frac{c\Lambda_m}{K_c(\Lambda_m^\infty)^2} \tag{4.82}$$

根据 $\frac{1}{\Lambda_m}$ - $c\Lambda_m$ 图象，通过斜率求出 $\Lambda_m^\infty$ 以及平衡常数 $K_c$，式（4.82）称为奥斯特瓦尔德（Ostwald）稀释定律，该定律的使用条件是：假定离子的电迁移率随浓度的变化可以忽略不计。

**【例 4.4】**某电导池中充入 $0.02\text{mol}\cdot\text{dm}^{-3}$ 的 KCl 溶液，在 25°C 时电阻为 250 Ω，如改充入 $6\times10^{-5}\text{mol}\cdot\text{dm}^{-3}$ $NH_3\cdot H_2O$ 溶液，其电阻为 $10^5\Omega$。已知 $0.02\text{mol}\cdot\text{dm}^{-3}$KCl 溶液的电导率为 $0.277\text{S}\cdot\text{m}^{-1}$，而 $NH_4^+$及 $OH^-$的无限稀释摩尔电导率分别为 $73.4\times10^{-4}\text{S}\cdot\text{m}^2\cdot\text{mol}^{-1}$、$198.3\times10^{-4}\text{S}\cdot\text{m}^2\cdot\text{mol}^{-1}$。试计算 $6\times10^{-5}\text{mol}\cdot\text{dm}^{-3}$ $NH_3\cdot H_2O$ 溶液的解离度。

**【解答】**由于电导池常数恒定，根据式（4.66）可以推导出：

$$\frac{\kappa(\text{KCl})}{\kappa(\text{NH}_3\cdot\text{H}_2\text{O})}=\frac{R(\text{NH}_3\cdot\text{H}_2\text{O})}{R(\text{KCl})}$$

$$\kappa(\text{NH}_3\cdot\text{H}_2\text{O})=\frac{R(\text{KCl})}{R(\text{NH}_3\cdot\text{H}_2\text{O})}\kappa(\text{KCl})=0.277\text{S}\cdot\text{m}^{-1}\times\frac{250\Omega}{10^5\Omega}=69.3\times10^{-5}\text{S}\cdot\text{m}^{-1}$$

根据摩尔电导率的定义

$$\Lambda_m(\text{NH}_3\cdot\text{H}_2\text{O})=\frac{\kappa(\text{NH}_3\cdot\text{H}_2\text{O})}{c(\text{NH}_3\cdot\text{H}_2\text{O})}=\frac{69.3\times10^{-5}\text{S}\cdot\text{m}^{-1}}{6\times10^{-2}\text{mol}\cdot\text{m}^{-3}}=0.0116\text{S}\cdot\text{m}^2\cdot\text{mol}^{-1}$$

因此氨水的解离度为：

$$\alpha(\text{NH}_3\cdot\text{H}_2\text{O})=\frac{\Lambda_m(\text{NH}_3\cdot\text{H}_2\text{O})}{\Lambda_m^\infty(\text{NH}_3\cdot\text{H}_2\text{O})}=\frac{0.0116}{(73.4+198.3)\times10^{-4}}=0.427$$

（2）测定难溶盐的溶解度

根据摩尔电导率与电导率的关系，即式（4.63），可求得任何强电解质溶液的浓度或溶解度。对于难溶盐饱和溶液而言，溶质的浓度极稀，可认为 $\Lambda_m^\infty = \Lambda_m$，其中 $\Lambda_m^\infty$ 值可从离子的无限稀释摩尔电导率的表值得到。

但需要注意的是，难溶盐本身的电导率很低，这时水的电导率就不能忽略，所以计算难溶盐的电导率时，必须从电解质溶液电导率中扣除水的电导率：

$$\Lambda_m^\infty(\text{难溶盐}) = \frac{\kappa(\text{难溶盐})}{c} = \frac{\kappa(\text{溶液}) - \kappa(\text{水})}{c} \tag{4.83}$$

所以

$$c(\text{难溶盐}) = \frac{\kappa(\text{溶液}) - \kappa(\text{水})}{\Lambda_m^\infty(\text{难溶盐})} \tag{4.84}$$

【例 4.5】25°C 时，浓度为 $0.01\text{mol}\cdot\text{dm}^{-3}$ 的 $BaCl_2$ 水溶液的电导率为 $0.2382\text{S}\cdot\text{m}^{-1}$，而该电解质中的钡离子的迁移数 $t(Ba^{2+})$ 是 0.4375，计算钡离子和氯离子的电迁移率 $u(Ba^{2+})$ 和 $u(Cl^-)$。

【解答】$\Lambda_m\left(\frac{1}{2}BaCl_2\right) = \frac{\kappa(BaCl_2)}{2c} = 1.191\times10^{-2}\text{S}\cdot\text{m}^2\cdot\text{mol}^{-1}$

根据强电解质溶液中摩尔电导率和迁移数的关系式（4.76）和式（4.77）得：

$$\Lambda_m\left(\frac{1}{2}Ba^{2+}\right) = t(Ba^{2+})\Lambda_m\left(\frac{1}{2}BaCl_2\right) = 5.21\times10^{-3}\text{S}\cdot\text{m}^2\cdot\text{mol}^{-1}$$

$$\Lambda_m(Cl^-) = t(Cl^-)\Lambda_m\left(\frac{1}{2}BaCl_2\right) = 6.70\times10^{-3}\text{S}\cdot\text{m}^2\cdot\text{mol}^{-1}$$

故，$Ba^{2+}$的离子电迁移率 $u(Ba^{2+}) = \dfrac{\Lambda_m\left(\frac{1}{2}Ba^{2+}\right)}{F} = 5.40\times10^{-8}\text{m}^2\cdot\text{s}^{-1}\cdot\text{V}^{-1}$

$Cl^-$的离子电迁移率 $u(Cl^-) = \dfrac{\Lambda_m(Cl^-)}{F} = 6.94\times10^{-8}\text{m}^2\cdot\text{s}^{-1}\cdot\text{V}^{-1}$

## 4.5 电解质溶液中的离子活度

### 4.5.1 强电解质溶液中 B 物质的化学势

对于非电解质中的溶质 B，根据第 3 章的描述，对于任意溶质 B 而言，在温度 $T$，压力 $p$ 条件下，B 物质的化学势为：

$$\mu_B(l,T,p) = \mu_B^*(l,T,p) + RT\ln a_B$$

在压力 $p$ 与标准压力 $p^\ominus$ 差别不大的情况下，上式可以写为：

$$\mu_B(l,T,p) = \mu_B^\ominus + RT\ln a_B \tag{4.85}$$

强电解质溶液与非电解质溶液不同，强电解质溶液中的溶质完全电离，而活度与活度系数在非电解质溶液中均是针对溶质分子的溶解度而言，而对于电解质的溶质，需要对其电解产物逐项分析。

对于由 $M^{z+}$ 和 $A^{z-}$ 构成的任意电解质 $M_{\nu_+}A_{\nu_-}$，一般对应的电离反应为：$M_{\nu_+}A_{\nu_-} \longrightarrow \nu_+ M^{z+} + \nu_- A^{z-}$。因此，在电解质溶液中，并没有溶质 $M_{\nu_+}A_{\nu_-}$，而是 $\nu_+$ (mol)的 $M^{z+}$ 和 $\nu_-$ (mol)的 $A^{z-}$。

按照式（4.85），对于 $M^{z+}$ 和 $A^{z-}$ 的化学势，有：

$$\mu(M^{z+}) = \mu^{\ominus}(M^{z+}) + RT\ln a(M^{z+}) \tag{4.86}$$

$$\mu(A^{z-}) = \mu^{\ominus}(A^{z-}) + RT\ln a(A^{z-}) \tag{4.87}$$

其中 $a(M^{z+})$ 和 $a(A^{z-})$ 对应的是阴阳离子的标准质量摩尔浓度 $b^{\ominus}$ 为 $1\text{mol}\cdot\text{kg}^{-1}$ 时的浓度校正，因此

$$a(M^{z+}) = \gamma(M^{z+})\frac{b(M^{z+})}{b^{\ominus}} \tag{4.88}$$

$$a(A^{z-}) = \gamma(A^{z-})\frac{b(A^{z-})}{b^{\ominus}} \tag{4.89}$$

但是，式（4.88）和式（4.89）中的活度校正因子 $\gamma(M^{z+})$ 和 $\gamma(A^{z-})$ 并无法获得。故在讨论电解质溶液中溶质的有效浓度，需要通过其它方式进行描述。

假设 1mol $M_{\nu_+}A_{\nu_-}$ 电解质溶解在物质的量为 $n$（mol）的溶剂水中，并假想电解质在溶液中不发生电离，如同非电解质溶液一样，此时系统的吉布斯函数可以根据加和定理得：

$$G_1 = \mu(M_{\nu_+}A_{\nu_-}) + n\times\mu(H_2O) \tag{4.90}$$

式中，$\mu(M_{\nu_+}A_{\nu_-})$ 为假想态化学势，按照式（4.85）展开可得：

$$\mu(M_{\nu_+}A_{\nu_-}) = \mu^{\ominus}(M_{\nu_+}A_{\nu_-}) + RT\ln a(M_{\nu_+}A_{\nu_-}) \tag{4.91}$$

事实上，电解质 $M_{\nu_+}A_{\nu_-}$ 会发生解离，实际系统中包含 $\nu_+$ mol 的 $M^{z+}$、$\nu_-$ mol 的 $A^{z-}$ 以及物质的量为 $n$(mol)的溶剂水，系统的吉布斯函数可以根据加和定理得：

$$G_2 = \nu_+\mu(M^{z+}) + \nu_-\mu(A^{z-}) + n\times\mu(H_2O) \tag{4.92}$$

式（4.90）和式（4.92）二者等价，所以 $G_1 = G_2$，即：

$$\mu(M_{\nu_+}A_{\nu_-}) = \nu_+\mu(M^{z+}) + \nu_-\mu(A^{z-}) \tag{4.93}$$

说明，假想态化学势 $\mu(M_{\nu_+}A_{\nu_-})$ 可以通过实际电离产物的化学势 $\nu_+\mu(M^{z+})$ 和 $\nu_-\mu(A^{z-})$ 进行表达。若对式（4.93）中三个化学势按照式（4.85）进行等温式展开，即联立式（4.86）、式（4.87）和式（4.93）得：

$$\begin{aligned}&\mu^{\ominus}(M_{\nu_+}A_{\nu_-}) + RT\ln a(M_{\nu_+}A_{\nu_-})\\ &= \nu_+[\mu^{\ominus}(M^{z+}) + RT\ln a(M^{z+})] + \nu_-[\mu^{\ominus}(A^{z-}) + RT\ln a(A^{z-})]\end{aligned} \tag{4.94}$$

令标准假想态化学势

$$\mu^{\ominus}(M_{\nu_+}A_{\nu_-}) = \nu_+\mu^{\ominus}(M^{z+}) + \nu_-\mu^{\ominus}(A^{z-}) \tag{4.95}$$

此时

$$RT\ln a(M_{\nu_+}A_{\nu_-}) = \nu_+ RT\ln a(M^{z+}) + \nu_- RT\ln a(A^{z-}) \tag{4.96}$$

即

$$a(M_{\nu_+}A_{\nu_-}) = [a(M^{z+})]^{\nu_+}\times[a(A^{z-})]^{\nu_-}$$

以式（4.95）为基础，对于任意的电解质 B，解离产物的活度分别为 $a_+$和 $a_-$，$\nu_+$和$\nu_-$分别为对应的化学计量系数，则在式（4.95）的假设条件下，有

$$\mu_B = \mu_B^{\ominus} + RT\ln(a_+^{\nu_+} a_-^{\nu_-}) \tag{4.97}$$

式中，$a_+^{\nu_+} a_-^{\nu_-} = a_B$。

至此，描述电解质溶液的活度和活度因子已经具备条件。

## 4.5.2 平均活度因子

（1）定义

溶液中没有办法同时测定单个正负离子的活度和活度系数，但可以通过实验获得平均活度因子。

根据式（4.97），再联立式（4.88）和式（4.89）得：

$$a_+^{\nu_+} a_-^{\nu_-} = \left(\frac{\gamma_+ b_+}{b^{\ominus}}\right)^{\nu_+} \left(\frac{\gamma_- b_-}{b^{\ominus}}\right)^{\nu_-}$$

令阴阳离子的计量系数之和为$\nu$，即$\nu = \nu_+ + \nu_-$。

定义平均活度：

$$a_{\pm} = (a_+^{\nu_+} a_-^{\nu_-})^{\frac{1}{\nu}} \tag{4.98}$$

因此，电解质 B 的活度与平均活度的关系为：

$$a_B = a_+^{\nu_+} a_-^{\nu_-} = a_{\pm}^{\nu} \tag{4.99}$$

而根据活度校正质量摩尔浓度的物理意义，平均活度的物理意义为平均质量摩尔浓度的校正，校正因子为平均活度因子。进一步按照定义平均活度的公式（4.99），定义平均活度因子$\gamma_{\pm}$和平均质量摩尔浓度$b_{\pm}$：

$$b_{\pm} = (b_+^{\nu_+} b_-^{\nu_-})^{\frac{1}{\nu}} \tag{4.100}$$

$$\gamma_{\pm} = (\gamma_+^{\nu_+} \gamma_-^{\nu_-})^{\frac{1}{\nu}} \tag{4.101}$$

即

$$a_{\pm} = \left(\gamma_{\pm} \frac{b_{\pm}}{b^{\ominus}}\right)$$

由于电解质溶液中没有办法同时测定单个正负离子的活度和活度系数，但可以通过实验获得平均活度因子。因此，在电解质溶液中，正负离子的活度因子均使用式（4.101）定义平均活度因子，即：

$$\gamma_{\pm} = \gamma_+ = \gamma_- \tag{4.102}$$

联立式（4.99）～式（4.101）得：

$$a_B = a_{\pm}^{\nu} = \left(\gamma_{\pm} \frac{b_{\pm}}{b^{\ominus}}\right)^{\nu} \tag{4.103}$$

如此，既保持了活度是浓度校正的物理意义，又解决了电解质溶液中，溶质的活度因子的问题。显然当平均活度因子为 1 时，溶液为理想溶液；平均活度因子越偏离 1，意味着溶

液越不理想。

【**例 4.6**】25℃时，质量摩尔浓度为 $b_B$ 的电解质溶液 $Na_2SO_4$ 溶液，若实验测得其平均活度因子为 $\gamma_\pm$，则 $Na_2SO_4$ 的活度 $a(Na_2SO_4)$ 为多少？

【**解答**】根据题意，$Na^+$ 与 $SO_4^{2-}$ 的质量摩尔浓度分别为：

$$B(Na^+) = 2b_B，b(SO_4^{2-}) = b_B。$$

因此平均活度因子为：$b_\pm(Na_2SO_4) = [(2b_B)^2(b_B)]^{\frac{1}{2+1}} = \sqrt[3]{4}b_B$

则 $Na_2SO_4$ 溶液的平均活度为：$a_\pm(Na_2SO_4) = \gamma_\pm \dfrac{b_\pm}{b^\ominus} = \gamma_\pm \dfrac{\sqrt[3]{4}b_B}{b^\ominus}$

根据式（4.103），$Na_2SO_4$ 的活度 $a(Na_2SO_4) = 4\gamma_\pm{}^3\left(\dfrac{b_B}{b^\ominus}\right)^3$

（2）平均活度因子的影响因素

① 浓度。在强电解质的稀溶液中，对于同种电解质溶液而言，类似于非电解质溶液，溶液浓度越低，溶液越趋于理想化，即平均活度因子 $\gamma_\pm$ 随着溶液浓度的降低，趋于 1。

② 电解质的化合价。在浓度一定的条件下，价型一致的电解质，平均活度因子彼此更为接近，且化合价越低的离子化合物，其平均活度因子越趋于 1。

综上所述，电解质溶液中的离子相互作用可按照库仑定律描述，库仑作用越弱，溶液越理想，平均活度因子越趋于 1。离子间库仑作用与离子电荷的乘积成正比，与离子间距离成反比。因此浓度大小决定离子间距离，浓度越小，距离越大，库仑作用越弱；解离离子的化合价越高，则离子电荷量越大，库仑作用越大，溶液越不理想，平均活度因子越趋向于远离 1，意味着溶液中阴阳离子的相互作用就越强。

## 4.5.3 德拜-休克尔极限定律

（1）离子强度

从大量实验事实看出，影响离子平均活度系数的主要因素是离子的浓度和价数，而且价数的影响更显著。1921 年，路易斯提出了离子强度（ionic strength）的概念。它是溶液中离子形成的静电场强度的度量。当浓度用质量摩尔浓度表示时，离子强度 $I$ 等于溶液中各离子质量摩尔浓度与其电荷量平方乘积加和的一半，数学表达式为：

$$I = \frac{1}{2}\sum_B b_B z_B^2 \qquad (4.104)$$

式中，$b_B$ 是离子的真实质量摩尔浓度，若是弱电解质，应乘上电离度。

（2）离子氛

离子氛是德拜-休克尔理论中的一个重要概念。该理论认为在溶液中，每一个离子都被反号离子所包围，由于正、负离子相互作用，使离子的分布不均匀，如图 4.10（a）所示。

若中心离子取正离子，周围有较多的负离子，部分电荷相互抵消，但余下的电荷在距中心离子 $r$ 处形成一个球形的负离子氛；反之亦然。一个离子既可为中心离子，又是另一离子氛中的一员。

基于德拜-休克尔理论，再根据离子氛的概念，引入若干假定，推导出强电解质稀溶液中平均活度系数 $\gamma_\pm$ 的计算公式，称为德拜-休克尔极限定律，数学表达式为：

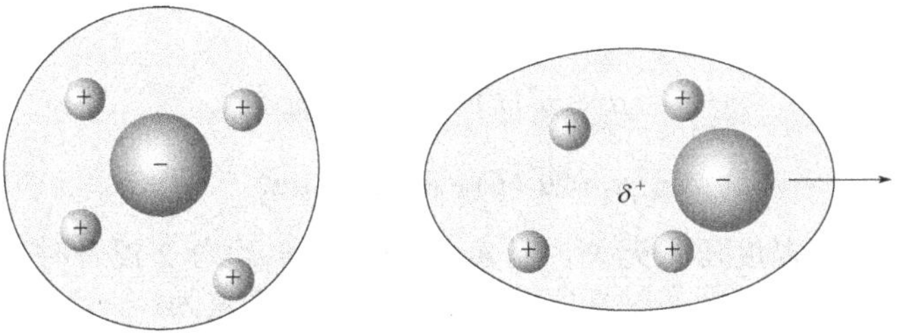

(a)　　　　　　　　(b)

图 4.10　电解质溶液中的离子氛（a）以及离子的运动（b）示意图

$$\lg \gamma_{\pm} = -A|z_{+}z_{-}|\sqrt{I} \tag{4.105}$$

注意，上式只适用于强电解质的稀溶液、离子可以作为点电荷处理的系统。式中，$\gamma_{\pm}$为离子平均活度系数；$I$为离子强度；$A$是与温度、溶剂有关的常数，取值为 $0.509(\mathrm{kg \cdot mol^{-1}})^{1/2}$。从这个公式得到的 $\gamma_{\pm}$为理论计算值。通过电动势法可以测定 $\gamma_{\pm}$的实验值，用来检验理论计算值的适用范围。

（3）弛豫效应

由于每个离子周围都有一个离子氛，在外电场作用下，如图 4.10（b）所示，正负离子做逆向迁移，原来的离子氛要拆散，新离子氛需建立，这里有一个时间差，称为弛豫时间。

在弛豫时间里，离子氛会变得不对称，对中心离子的移动产生阻力，称为弛豫力，该力使离子迁移速率下降，从而使摩尔电导率降低。

（4）电泳效应

在溶液中，离子总是溶剂化的。在外加电场作用下，溶剂化的中心离子与溶剂化的离子氛中的离子向相反方向移动，增加了黏滞力，阻碍了离子的运动，从而使离子的迁移速率和摩尔电导率下降，称为电泳效应。

第 4 章基本概念索引和基本公式汇总

# 习　题

## 一、简答题与证明题

1. 若用 $x$ 代表物质的量分数，$b$ 代表质量摩尔浓度，$c$ 代表物质的量浓度。

（1）证明这三种浓度表示法之间有如下的关系：

$$x_{\mathrm{B}} = \frac{c_{\mathrm{B}} M_{\mathrm{B}}}{p - c_{\mathrm{B}}(M_{\mathrm{B}} - M_{\mathrm{A}})} = \frac{b_{\mathrm{B}} M_{\mathrm{A}}}{W_{\mathrm{A}} + b_{\mathrm{B}} M_{\mathrm{A}}}$$

式中，$p$ 为溶液的密度，$M_{\mathrm{A}}$、$M_{\mathrm{B}}$ 分别代表溶剂和溶质的摩尔质量。

（2）证明当水溶液很稀时，有如下的关系：

$$x_{\mathrm{B}} = \frac{c_{\mathrm{R}} M_{\mathrm{A}}}{p_{\mathrm{A}}} = b_{\mathrm{B}} M_{\mathrm{A}}$$

2．二元正规溶液定义为：

$$\mu_1=\mu_1^*(T)+RT\ln x_1+\omega x_2^2$$

$$\mu_2=\mu_2^*(T)+RT\ln x_2+\omega x_1^2$$

设式中系数 $\omega$ 与温度压力无关。当 $n_1$ 组分 1 和 $n_2$ 组分 2 混合时（设 $n_1+n_2=1\text{mol}$），

（1）规定取纯物为标准态时真实溶液的化学势表达式为：

$$\mu_1=\mu_1^*(T)+RT\ln(\gamma_1 x_1)$$

$$\mu_2=\mu_2^*(T)+RT\ln(\gamma_2 x_2)$$

按照该规定分别导出活度系数 $\gamma_1$ 和 $\gamma_2$ 与 $\omega$ 的关系式。

（2）导出 $\Delta_{\text{mix}}G$、$\Delta_{\text{mix}}S$、$\Delta_{\text{mix}}V$、$\Delta_{\text{mix}}H$、$G^{\text{E}}$ 和 $H^{\text{E}}$ 的表达式。

3．298K 时苯和 $CCl_4$ 形成正规溶液，该正规溶液的混合自由能为：

$$\Delta_{\text{mix}}G=RT(n_1\ln x_1+n_2\ln x_2)+(n_1+n_2)x_1x_2\omega$$

实验测得 $\omega=324\text{J·mol}$，$\omega$ 随温度的变化率为−0.368J/K·mol，若苯（组分 1）和 $CCl_4$（组分 2）以等摩尔浓度混合。计算混合焓 $\Delta_{\text{mix}}H_{\text{m}}$ 和超额熵 $S_{\text{m}}^{\text{E}}$。

4．当温度和浓度为定值时，在 $KNO_3$ 和 $K_4Fe(CN)_6$ 水溶液中，$K^+$离子的迁移数是否相同？

5．用 Pt 为电极，通电于稀 $CuSO_4$ 溶液，指出阴极部、中部、阳极部中溶液的颜色在通电过程中有何变化？若都改用 Cu 作电极，三个部分溶液颜色变化又将如何？

6．摩尔电导率的定义式为：$\Lambda_{\text{m}}=\dfrac{\kappa}{c}$，试问对弱电解质，$c$ 是用总计量浓度，还是解离部分的浓度？

7．工业电解槽可通过 $10^4$A 以上的大电流，可见正、负离子在电场作用下的迁移速率是很大的，这种说法对吗？

8．无限稀释电解质水溶液的摩尔电导率与其正负离子的电迁移率之间的关系，在一定温度下可以表示为 $\Lambda_{\text{m}}^{\infty}=\nu_+z_+U_+^{\infty}F+\nu_-|z_-|U_-^{\infty}F$，试问在一定温度下，无限稀释水溶液中任一种离子的摩尔电导率与其电迁移率之间存在何种关系？

9．电解时，在电极上首先发生反应的离子总是承担了大部分电量的迁移任务。这说法对吗？

10．试写出在一定温度下，$Al_2(SO_4)_3$ 溶液中 $Al_2(SO_4)_3$ 的整体活度 $a[Al_2(SO_4)_3]$ 与 $a_{\pm}$、$\gamma_{\pm}$ 以及 $Al_2(SO_4)_3$ 的质量摩尔浓度 $b$ 之间的关系式。

11．在含有 $HCl(c_1)$ 和 $KCl(c_2)$ 的混合溶液中，若已知 $\Lambda_{\text{m}}^{\infty}(H^+)$、$\Lambda_{\text{m}}^{\infty}(K^+)$、$\Lambda_{\text{m}}^{\infty}(Cl^-)$，先求 $t(H^+)$ 的表达式，再求 $c_1/c_2$ 的表达式。

12．通电 HCl 溶液，在阴极 $H^+$放电量等于通过溶液的总电量，所以 $H^+$迁移的电量就等于它在阴极上放电的电量。这种说法对吗？

**二、计算题**

1．0.645g 萘（$C_{10}H_8$）溶于 43.25g 二氧杂环己烷[$(CH_2)_4O_2$]的正常沸点为 100.8°C 时，沸点升高 0.364°C，当 0.784g 联苯酰[$(C_6H_5CO)_2$]溶于 45.75g 二氧杂环己烷时沸点升高 0.255°C，计算：

（1）沸点升高常数 $k_{\text{b}}$；

（2）二氧杂环己烷的摩尔汽化热；

（3）联苯酰的摩尔质量。

2．298K 时，0.1mol·dm$^{-3}$ $NH_3$ 的 $CHCl_3$ 溶液上方 $NH_3$ 的蒸气压为 4.43kPa；0.05mol·dm$^{-3}$ $NH_3$ 的溶液上方 $NH_3$ 的蒸气压为 0.8866kPa。求 $NH_3$ 在水和 $CHCl_3$ 两液体间的分配系数。

3．香烟中主要含有尼古丁（烟碱），是致癌物质。经元素分析得知其中含 9.3%的 H，72%的 C 和 18.7%的 N。现将 0.6g 尼古丁溶于 12.0g 的水中，所得溶液在 101325Pa 下的凝固点为−0.62°C，求出该物质的摩尔质量 $M_B$ 并确定其分子式（已知水的摩尔质量凝固点降低常数为 1.86）。

4．某水溶液含有非挥发性溶质，在 271.7K 时凝固，求：

（1）该溶液的正常沸点；

（2）在 298.15K 时的蒸气压（该温度时纯水的蒸气压为 3.178kPa）；

（3）298.15K 时的渗透压（假定是稀溶液）。

已知：水的 $K_b = 0.52$K·kg·mol$^{-1}$，$K_f = 1.86$K·kg·mol$^{-1}$。

5．若某类型细胞在 37°C 盐溶液中，溶液上方的平衡水蒸气压为 6.114kPa 时细胞体积不变（这是一种估计生物细胞渗透压的方法，即将细胞放在一系列不同浓度的盐水溶液中，寻找使细胞既不膨胀又不收缩的某盐水浓度），计算细胞中的渗透压。已知纯水在 37°C 时蒸气压力 6.276kPa。$V_m(H_2O) = 18\times10^{-6}$m$^3$·mol$^{-3}$。

6．分别将 $6.1\times10^{-3}$kg 苯甲酸溶于 0.1kg 乙醇和 0.1kg 的苯中，乙醇和苯的沸点各自升高了 0.54K 和 0.60K，已知苯和乙醇的沸点升高常数分别为 2.6K·kg·mol$^{-1}$ 和 1.19K·kg·mol$^{-1}$，苯甲酸的摩尔质量为 0.134kg·mol$^{-1}$，试问：苯甲酸在乙醇和在苯中是解离还是缔合，还是既不解离也不缔合？

7．气柜内贮有氯乙烯（$C_2H_3Cl$）气体 300m$^3$，压力为 1.2×101325Pa，温度为 27°C，求氯乙烯气体的质量。若使用其中 100m$^3$ 气体，相当于多少 mol？

8．在 273K 时，每 100g 水中含 141.0g 蔗糖的溶液，其渗透压为 134.71 $p^\ominus$。已知该溶液在 $p^\ominus$～135 $p^\ominus$ 之间的平均比容为 $0.98321\times10^{-3}$m$^3$·kg$^{-1}$，求此溶液中水的活度及活度系数。已知蔗糖的分子量为 342.2。

9．当 2g 气体 A 被通入 25°C 的真空刚性容器内时，产生 101325Pa 的压力。再通入 3g 气体 B 时，则压力升至 1.5×101325Pa。假定气体为理想气体，计算两种气体的摩尔质量比 $M_A/M_B$。

10．298.15K，$p^\ominus$ 下，纯 $I_2(s)$ 蒸气压 $p(I_2) = 40.66$ Pa，在水中溶解度为 0.00135mol·dm$^{-3}$，$I_2$ 在 $CCl_4$ 中和 $H_2O$ 中分配系数 $K = 86$。计算 298.15K，$p^\ominus$ 时，$I_2(g)$ 的 $\Delta_f G^\ominus$ 及 $CCl_4$ 溶液中 $I_2$ 的 $\Delta_f G^\ominus$。

11．用界移法测定 $H^+$ 的迁移率时，在 750s 内界面移动了 $4.0\times10^{-2}$m，迁移管两极的距离为 $9.6\times10^{-2}$m，电位差为 16.0V，设电场是均匀的，试求 $H^+$ 的电迁移率。

12．试求 $ZnSO_4$、$MgCl_2$、$Na_2SO_4$ 和 $K_4Fe(CN)_6$ 溶液的离子强度 $I$ 和质量摩尔浓度 $b$ 的关系。

13．在 298K 时，某浓度为 0.2mol·dm$^{-3}$ 的电解质溶液在电导池中测得其电阻为 100Ω，已知该电导池常数 $K$ 为 206m$^{-1}$，求该电解质溶液的电导率和摩尔电导率。

14．在 0.01mol·kg$^{-1}$ $SnCl_2$ 和 0.1mol·kg$^{-1}$ KCl 混合液中，已知 $SnCl_2$ 的 $\gamma_\pm = 0.40$，试问 $SnCl_2$ 的 $m_\pm$、$a_\pm$ 各为多少？

15．为电解食盐水溶液制取 NaOH，通过一定时间的电流后，得到含 $1\text{mol}\cdot\text{dm}^{-3}$ 的 NaOH 溶液 $0.6\text{dm}^3$。同时在与之串联的铜库仑计上析出 30.4g Cu。试问得到的 NaOH 是理论值的百分之几？［$M(\text{Cu}) = 63.546\text{g}\cdot\text{mol}^{-1}$，$M(\text{NaOH}) = 40\text{g}\cdot\text{mol}^{-1}$］

16．计算在 298K 时，与空气（$p = 100\text{kPa}$）成平衡的水的电导率。该空气含 $CO_2$ 为 0.05%（体积百分数），水的电导率仅由 $H^+$ 和 $HCO_3^-$ 贡献。已知 $H^+$ 和 $HCO_3^-$ 在无限稀释时的离子摩尔电导率分别为 $349.7\times10^{-4}\text{S}\cdot\text{m}^2\cdot\text{mol}^{-1}$ 和 $44.5\times10^{-4}\text{S}\cdot\text{m}^2\cdot\text{mol}^{-1}$，且已知 298K、100kPa 下，每 $1\text{dm}^3$ 水溶解 $CO_2$ $0.8266\text{dm}^3$，$H_2CO_3$ 的一级电离常数为 $4.7\times10^{-7}$，计算时在数值上可用浓度代替活度。

17．（1）已知 $\Lambda_\text{m}^\infty(C_6H_5COOK) = 105.9\times10^{-4}\text{S}\cdot\text{m}^2\cdot\text{mol}^{-1}$，$\Lambda_\text{m}^\infty(H^+) = 349.8\times10^{-4}\text{S}\cdot\text{m}^2\cdot\text{mol}^{-1}$，$\Lambda_\text{m}^\infty(K^+) = 73.5\times10^{-4}\text{S}\cdot\text{m}^2\cdot\text{mol}^{-1}$，求 $\Lambda_\text{m}^\infty(C_6H_5COOH)$。（均为 25°C）

（2）已知安息酸（$C_6H_5COOH$）的解离常数为 $6.30\times10^{-5}$（25°C），试计算 $0.05\text{mol}\cdot\text{dm}^{-3}$ 的安息酸的 $\Lambda^\infty(C_6H_5COOH)$ 及 $\kappa(C_6H_5COOH)$。

18．试用德拜–休克尔极限公式，计算 298K 时 $0.002\text{mol}\cdot\text{kg}^{-1}$ 的 $CaCl_2$ 中 $Ca^{2+}$ 和 $Cl^-$ 活度系数及离子平均活度系数。已知：$A = 0.509(\text{mol}\cdot\text{kg}^{-1})^{-1/2}$。

19．298K 时，试用德拜–休克尔极限公式，计算在 $0.0078\text{mol}\cdot\text{kg}^{-1}$ 的 HAc 溶液中 $H^+$ 和 $Ac^-$ 的活度系数。在上述条件下 HAc 的解离度 $\alpha = 4.8\%$。已知：$A = 0.509(\text{mol}\cdot\text{kg}^{-1})^{-1/2}$。

20．用银电极电解 $AgNO_3$ 溶液，通电一定时间后，测知在阴极上析出 1.15g 的银，并知阴极区溶液中 $Ag^+$ 的总量减少了 0.605g，求 $AgNO_3$ 溶液中离子的迁移数 $t(Ag^+)$ 及 $t(NO_3^-)$。

21．由盐酸、醋酸钠及氯化钠的极限摩尔电导率 $\Lambda_\text{m}^\infty(HCl)$、$\Lambda_\text{m}^\infty(CH_3COONa)$、$\Lambda_\text{m}^\infty(NaCl)$，求弱电解质醋酸的极限摩尔电导率 $\Lambda_\text{m}^\infty(CH_3COOH)$。

22．在 25°C 时，硫酸钡饱和溶液的电导率为 $4.58\times10^{-4}\text{S}\cdot\text{m}^2\cdot\text{mol}^{-1}$，制备该溶液所用水的电导率为 $1.52\times10^{-4}\text{S}\cdot\text{m}^{-1}$。已知此温度时，$\Lambda_\text{m}\left[\frac{1}{2}Ba(NO_3)_2\right] = 1.351\times10^{-2}\text{S}\cdot\text{m}^2\cdot\text{mol}^{-1}$，$\Lambda_\text{m}\left[\frac{1}{2}H_2SO_4\right] = 4.295\times10^{-2}\text{S}\cdot\text{m}^2\cdot\text{mol}^{-1}$，$\Lambda_\text{m}[HNO_3] = 4.211\times10^{-2}\text{S}\cdot\text{m}^2\cdot\text{mol}^{-1}$。求硫酸钡在水中的溶解度（$\text{mol}\cdot\text{dm}^{-3}$）。

23．在 298K 时，醋酸 HAc 的解离平衡常数 $K_\text{a} = 1.8\times10^{-5}$，试计算在下列不同情况下醋酸在浓度为 $1.0\text{mol}\cdot\text{kg}^{-1}$ 时的解离度。

（1）设溶液是理想的，活度系数均为 1。

（2）用德拜-休克尔极限公式计算出 $\gamma_\pm$ 的值再计算解离度。设未解离的 HAc 的活度系数为 1。

# 第 5 章 相平衡

【学习意义】

复杂混合物的分离是化学工业的常见任务，相图建立了气液平衡时的气液相组成随着温度和压强的变化规律，包含了制定有效分离方法的全部信息。

【核心概念】

克拉佩龙方程和吉布斯（Gibbs）相律。

【重点问题】

1. 如何通过化学势平衡建立相变过程的温度与压力关系？
2. 如何理解吉布斯相律中的自由度？
3. 如何通过相图分析气液平衡时的温度、压强和组成之间的关系？

复杂混合物的分离是化学工业的重要单元操作，而相图中包含了制定有效分离方法所需的重要信息，因此学习相图和相变的分析尤为重要。

本章的基本内容依然是热力学的两个基本定律的应用，对于热力学定律的应用条件“单组分、均相、不做非体积功、封闭系统的平衡态（可逆状态）”中，本章将继第 3 章删除上述条件中的“单组分”之后，继续删除“均相”条件，在等温等压的条件下，总结相平衡系统中的普遍规律，解读相平衡系统中的平衡情况。实际上，在多组分系统的学习中，多相系统的部分规律已经有所揭示。

3.1.7 节已经详细介绍了多相系统的相平衡规律。在等温等压的封闭系统只做体积功条件下，多相多组分系统中，某物质 B 在两相中达平衡的条件是该物质 B 的化学势在两相中相等：$\sum_k \sum_{\mathrm{B}} \mu_{\mathrm{B}} \mathrm{d}n_{\mathrm{B}} = 0$，并由此得到了等温等压系统中的化学势判据：当 B 在两相中化学势不相等时，物质 B 会自发地从化学势较高的相流向化学势较低的相，直至两相达相平衡。这也是本章的出发点。本章内容主要包括多相多组分系统的相平衡规律——吉布斯相律、相变热力学规律；单组分和二组分相图的系统介绍，包括二组分相图的工程应用。最为关键的部分是应用单组分二组分的相图分析相变规律。

## 5.1 吉布斯相律

吉布斯相律是描述多相多组分系统中，当系统维持某一相态不变或者保持相平衡状态时，系统中独立可变量的个数，其中独立可变量一般为温度 $T$、压强 $p$ 和某组分 B 的组成，例如摩尔分数、质量分数等。

### 5.1.1 相

相是指在系统中，物理性质（主要是强度性质）和化学性质完全均匀的部分。相间有界面，越过相界面有些性质发生突变（不连续变化）。一个稳定的系统中相的数目用 $P$ 表示，当相数以及各相形态保持不变时，称系统处于确定的相态。关于相数的确定，需要遵循以下规定：

对于气体，无论有多少种气体混合，均认定为一相；

对于液体，按其互溶程度组成一相或多相，相数等于稳定的液相界面数加一；

对于固体，每一种固体均认定为一相；两种固体粉末无论混合如何均匀，均为两相。

### 5.1.2 物种与组分

物种是指系统中所含物质的种类数，用符号 $S$ 表示；若需要考察独立可变的物种数，则需要进一步考察系统中化学反应的数目以及反应中存在的浓度限制关系。若一个系统中存在化学反应，则其中各物种之间实际存在的独立的化学反应的数量称为化学反应数，用符号 $R$ 表示；

若反应中涉及的反应物或者生成物在同一气相中（一般不考虑凝聚相），除摩尔分数的限制条件之外（摩尔分数限制是指所有物质的摩尔分数之和为 1），浓度限值条件其它固定不变的浓度关系，用符号 $R'$表示。

组分是指独立存在的物种，用符号 $C$ 表示，其定义为物种数扣除独立反应数以及浓度限制条件的值，用下式表示：

$$C = S - R - R' \tag{5.1}$$

**【例 5.1】** 金属 Zn 的冶炼是从 ZnS(s)灼烧产生 ZnO(s)，进而用炭在 1200°C 条件下还原，分析上述系统稳定时的组分数 $C$。

**【解答】** 首先，系统稳定时，系统中包含的物种为 C(s)+ZnO(s)+Zn(g)+CO(g)+$CO_2$(g)。因此，物种数 $S = 5$；

其次，求取化学反应数 $R$ 的值需要列出系统中可能存在的化学反应方程式，但需要注意的是，计数时，方程必须是相互独立的，任何方程之间不能存在互逆和加和关系。显然系统存在下列反应：

反应（1） $ZnO(s)+C(s) \longrightarrow CO(g)+Zn(s)$

反应（2） $2ZnO(s)+C(s) \longrightarrow CO_2(g)+2Zn(s)$

反应（3） $CO_2(g)+C(s) \longrightarrow 2CO(g)$

三个反应中，只有前两个反应是独立的，因为第 3 个反应可以通过前 2 个反应加减得到，因此 $R = 2$；

最后，对同一相的几个物种，分析浓度限制条件 $R'$:

因为气相中 CO 和 $CO_2$ 中的 O 均来源于 ZnO

所以 $n(Zn,g) = n(CO,g)+2n(CO_2,g)$，即 $x(Zn) = x(CO)+2x(CO_2)$

所以浓度限制条件 $R' = 1$

综上所述，根据式（5.1），组分数 $C = S-R-R' = 5-2-1 = 2$，即该系统为二组分系统。

### 5.1.3 自由度与吉布斯相律

自由度是指在保证系统相态不变（既无新相生成也无旧相消失）的条件下，系统的独立变量的数量，用 $F$ 表示。其中，描述相平衡的性质都是强度变量，例如压强 $p$、沸点 $T_b$、凝固点 $T_f$ 或溶解度等。因此吉布斯相律要解决的问题是：对于任意一个系统，在相态不变的条件下，独立强度变量的数目或是自由度的数目。

吉布斯相律的推导如下：

对任意相平衡系统，假设存在 $S$ 个物种，每个物种存在 $P$ 个相，每一项中的各物种的摩尔分数为 $x_s(P)$，则在温度 $T$ 和压强 $p$ 作为条件变量的情况下，描述系统的总变量可用图 5.1 表示，其中的总变量的个数有 $SP+2$ 个，2 为温度和压强变量。

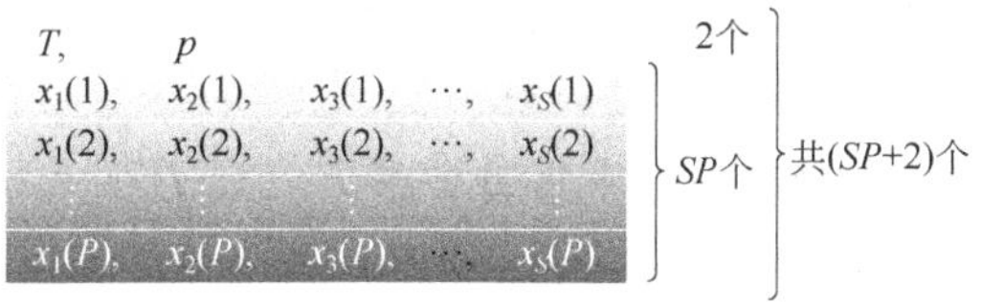


图 5.1 相平衡系统中的总变量个数示意图

对于上述系统，逐一扣除其中的非独立变量。

① 每个相中各物种的摩尔分数均满足归一化条件：$\sum_S x_S = 1$，所以对于每一相均存在一个不独立浓度，共扣除 $P$ 个不独立浓度项。

② 对任一物质 B，由于整个系统均满足相平衡条件。即物质 $S$ 在各相中的化学势相等，因此 $\mu_S(1) = \mu_S(2) = \cdots = \mu_S(P)$，共存在 $P-1$ 个关于 $\mu_S$ 的等式，即 $P-1$ 个关于 $T$、$p$ 和浓度的方程。所以对于每一个物种 S，均有 $P-1$ 个不独立变量。共扣除 $S(P-1)$ 个不独立变量。

③ 若其中存在 $R$ 个化学反应，即存在 $R$ 个化学平衡，此时共有 $R$ 个关于化学反应中的化学势平衡关系的方程，共需扣除 $R$ 个不独立变量。

④ 若在各相中共有 $R'$ 个浓度限制条件：共扣除 $R'$ 个不独立浓度。

综合考虑上述四个方面，扣除相关的非独立变量后，可得在仅考虑温度和压强的条件下，$S$ 个物种，每个物种存在 $P$ 个相的相平衡系统的自由度 $F$ 为：

$$F = (SP+2)-P-S(P-1)-R-R' = (S-R-R')-P+2$$

即

$$F = C-P+2 \tag{5.2}$$

也称为吉布斯相律。

因此对于例题 5.1 中的相平衡系，其组分数 $C$ 为 2，相数目根据相的规定，$P$ 为 3，故自由度 $F = C-P+2 = 2-3+2 = 1$，即该平衡系统中只存在一个强度变量，其变化不会影响相平衡系统。

其实相律或者自由度就是解决在相态稳定不变时，系统中可变强度性质的个数。当系统的自由度为 0 时，意味着系统是一个没有可变量的系统，往往对应系统的某一个本征态，比如某压强下单组分液体的沸点。系统的自由度越大，可变量就越多，系统的物理性质就越复杂。

需要注意的是，吉布斯相律和讨论均相封闭系统的独立状态函数的个数即式（1.4）虽然形似，但存在本质的不同，式（1.4）强调的是单相封闭平衡态系统，考虑的也并非系统的强度性质，其中的独立可变的物种数强调的是“可变的各物质的量的个数”，物质的量是作为独立变量进行考虑的。

式（5.2）中的条件变量数“2”要根据具体情况进行修正。其来源于温度和压力的可变性，表示系统整体的温度和压力可任意变化，可以视为两种能量交换方式，如式（1.4）中的 $N_w = 1$ 的情况。若除此以外还有其它场（如电场、磁场、重力场）对相平衡施加影响，则必须加上这些影响因素的数目，使用变量 $n$ 表示条件变量时，相律式（5.2）的表达式为：

$$F = C - P + n \tag{5.3}$$

比如图 4.1 中，一种纯溶剂对溶液的渗透平衡，此时 $n = 3$，吉布斯相律为：$F = C - P + 3$；再比如，不考虑压力对相平衡影响的常压凝聚态系统，此时 $n = 1$，系统自由度为 $F = C - P + 1$。

当需要指定某些条件变量时，例如指定平衡系统的温度或者压力恒定为某一个具体量值时，此时系统的自由度称为条件自由度，一般用 $F'$表示。

**【例 5.2】** A 与 B 溶液与其蒸气平衡共存时的自由度与温度为 25°C 条件下的自由度。

**【解答】** 显然系统的组分数 $C = 2$，气液共存意味着系统的相数 $P = 2$，根据吉布斯相律式（5.2），可知自由度数 $F = C - P + 2 = 2 - 2 + 2 = 2$；

25°C 条件下，扣除一个条件变量，条件自由度 $F' = C - P + 1 = 2 - 2 + 1 = 1$。

吉布斯相律可以建立系统自由度与相数之间的关系，显然自由度为 0 时，平衡系统能拥有最大的相数 $P = C + n$，而当相数 $P$ 取最小值 1 时，系统具有最大的自由度 $F = C + n - 1$。

**【例 5.3】** 条件变量只考虑温度和压力时，水最多有几个相平衡共存？

**【解答】** 显然组分数 $C = 1$，条件变量数 $n = 2$，自由度为 0 时，该平衡系统能拥有最大的相数 $P = C + n = 1 + 2 = 3$，即对于水而言，最多可以达到三相平衡共存。

**【例 5.4】** 在一个密闭真空容器中存在过量的固体 $NH_4Cl$，同时存在下列平衡：$NH_4Cl(s) \longrightarrow NH_3(g) + HCl(g)$；$2HCl(g) \longrightarrow H_2(g) + Cl_2(g)$，求此系统的自由度 $F$。

**【解答】** 物种为 $NH_4Cl(s)$、$NH_3(g)$、$HCl(g)$、$H_2(g)$以及 $Cl_2(g)$，因此 $S = 5$；

独立反应数 $R = 2$；

同一相中的浓度限值条件 $p(NH_3) = p(HCl)$、$p(H_2) = p(Cl_2)$，所以 $R' = 2$；

组分数 $C = S - R - R' = 5 - 2 - 2 = 1$，相数 $P = 2$

因此自由度数 $F = C - P + 2 = 1 - 2 + 2 = 1$。

**【思考】** 1. 条件变量只考虑温度和压力时，单组分均相封闭系统为什么可以仅用两个变量描述？

2. 为什么纯液体的沸点 $T_b^*$有定值，而双组分溶液的 $T_b$ 无定值？

# 5.2 单组分相图

## 5.2.1 单组分相平衡系统中的温度压强关系

对于在某温度 $T$、压力 $p$ 条件下，纯物质 B 在任意α相和β相中平衡，如图 5.2 所示。根据等温等压条件下的相平衡判据式（3.42），B 物质必然满足 $\mu_B(\alpha) = \mu_B(\beta)$。

所以 $d\mu_B(\alpha) = d\mu_B(\beta)$

根据多组分系统的热力学关系式（3.44）得：

$$-S_m(\alpha)dT + V_m(\alpha)dp = -S_m(\beta)dT + V_m(\beta)dp$$

移项得：$[V_m(\beta)-V_m(\alpha)]dp = [S_m(\beta)-S_m(\alpha)]dT$

则

$$\Delta V_m dp = \Delta S_m dT \tag{5.4}$$

显然，式中的$\Delta V_m$和$\Delta S_m$为对应的摩尔相变体积和摩尔相变熵。

温度一定，且B在两相中平衡分布，则有$\Delta G_m = \Delta H_m - T\Delta S_m = 0$

所以

$$\Delta S_m = \Delta H_m/T \tag{5.5}$$

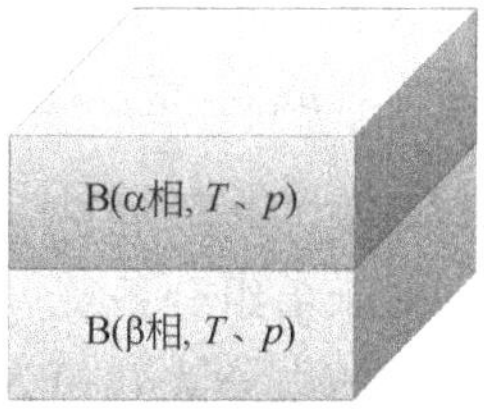

图 5.2　纯物质 B 的任意两相平衡

再联立式（5.4）和式（5.5），得：

所以

$$\frac{dp}{dT} = \frac{\Delta H_m}{T\Delta V_m} \tag{5.6}$$

该式称为克拉佩龙（Clapeyron）方程，其中的$\Delta H_m$为对应的摩尔相变焓。适用于纯物质的任意两相平衡时的温度压强关系。

当α相或β相其中任意一相为气相，且气相可近似视为理想气体并可使用凝聚相近似时，式（5.6）中的摩尔相变焓和摩尔相变体积可表示为$\Delta_x^g H_m$和$\Delta_x^g V_m$，其中x表示液相l或固相s，此时，根据理想气体状态方程，有：

$$\Delta_x^g V_m = V_m(g) \quad V_m(x) \approx V_m(g) - \frac{RT}{p} \tag{5.7}$$

将上式代入克拉佩龙方程，则：

$$\frac{dp}{dT} = \frac{\Delta_x^g H_m}{RT^2} \times \frac{1}{p}$$

等价于

$$\frac{d\ln p}{dT} = \frac{\Delta_x^g H_m}{RT^2} \tag{5.8}$$

上式称为克拉佩龙-克劳修斯方程，简称克-克方程。克-克方程的使用条件为纯物质的气固平衡或气液平衡，满足凝聚相近似，且气相满足理想气体近似。

若式（5.7）中的相变焓在一定温度范围内可视为常数，则克-克方程可表示为不定积分形式，也是实验中测量各物质汽化热的依据：

$$\ln p = -\frac{\Delta_x^g H_m}{RT} + C \tag{5.9}$$

若温度压力在$T_1$、$p_1$或$T_2$、$p_2$的条件下分别达到两相平衡，则式（5.7）可写成定积分形式。

$$\ln\frac{p_2}{p_1} = \frac{\Delta_x^g H_m}{R}\left(\frac{1}{T_1} - \frac{1}{T_2}\right) \tag{5.10}$$

此外，关于摩尔蒸发热，存在近似规则，称为楚顿（Trouton）规则，即$\frac{\Delta_{vap} H_m}{T_b} = 88J \cdot K^{-1} \cdot mol^{-1}$，其中，$T_b$为标准压力下液体的沸点。

## 5.2.2　单组分相图

相平衡关系来源于实验测定，将实验结果用图的形式表示出来，即为相图。相图形象直观地表现了相平衡的规律和各变量间的关系。对于单组分系统，相平衡的性质可以通过克拉佩龙方程或克-克方程进行描述，因此主要使用p-T相图分析单组分相平衡时的温度压强关系。

#### 5.2.2.1 相律分析

对于单组分系统，在某温度 $T$、压力 $p$ 条件下，纯物质在任意α相和β相中平衡，单组分系统中的组分数 $C$ 恒为 1，两相平衡，即相数 $P=2$，则根据吉布斯相律，在条件变量仅考虑温度和压力时，自由度 $F=C-P+2=1-2+2=1$。使用温度和压力作为自由度，描述相平衡的性质时，相律分析如下：

当 $P=1$ 时，此时为单相系统，系统有最大自由度，$F_{max}=2$，即双变量系统，则此时压力和温度同时变化不会影响相平衡，在 p-T 相图中为一个面；

当 $P=2$ 时，此时为两相系统，自由度 $F=1$，即单变量系统，此时要维持系统的相平衡，温度和压力只能有一个变量，在 p-T 相图中为一条曲线；

当 $P=3$ 时，此时为三相平衡系统，系统有最小自由度，$F_{min}=0$，系统无变量，压力和温度均不能变化，在 p-T 相图中为一个点。

#### 5.2.2.2 单组分相图

单组分相图直观地表现了相平衡的规律和各变量间的关系。单组分相图中的两个变量为温度和压强，所以单组分相图一般为 p-T 图，其中压强为纵坐标，温度为横坐标。以水的相图为例，如图 5.3 所示。

（1）相图分析——点、线、面的意义和自由度计算

单组分系统中，相数 $P$ 最小为 1，最大为 3。

当 $P=1$ 时，此时为单相区，对应图 5.3 中的冰、水和气。单向区中，自由度 $F=2$，表示 $p$、$T$ 独立变化不影响系统的平衡。

当相数 $P=2$ 时，代表两相平衡，自由度 $F=1$，此时 $p$、$T$ 只有一个量独立可变，另一个量是该量的函数，对应图 5.3 中水气两相平衡（*oa* 线），冰气两相平衡（*ob* 线）以及冰水两相平衡（*oc* 线）。

注意 *oa* 和 *oc* 线均不能延长，例如冰水两相平衡（*oc* 线），在 2000atm 以上已发现 7 种不同的冰。但对于冰气两相平衡（*ob* 线），在低压条件下，可以继续按照克-克方程的 p-T 关系继续延长，例如 *od* 线，这种现象称为过冷现象（supercooling），即结晶时,实际结晶温度低于理论结晶温度的现象。

按相平衡的条件，应发生相变而未发生的状态称为亚稳态。亚稳态之间的相平衡在相图中用虚线表示，如图 5.3 的 *od* 线，意义与其它的两相平衡线相同，自由度 $F=1$。

当 $P=3$ 时，系统自由度 $F=0$，意味着系统无可变量，此时 $p$、$T$ 均为定值，对应着系统的重要物理性质，如图 5.3 中水的三相点 *o*。

因此根据相图，只要指明系统的 $p$、$T$ 条件，即可查得系统的具体相态和相平衡情况，且当系统处的条件发生变化时，可以顺利预测系统的相变情况，例如新相的产生以及旧相的消失。

**【思考题】**分析硫的相图（图 5.4）中各点线面代表的相和相平衡状态，标注各点线面的自由度。

（2）单组分相图绘制方法

首先，根据该组分的物理性质，在 p-T 相图中确定三相点，明确该点对应的三个相态。

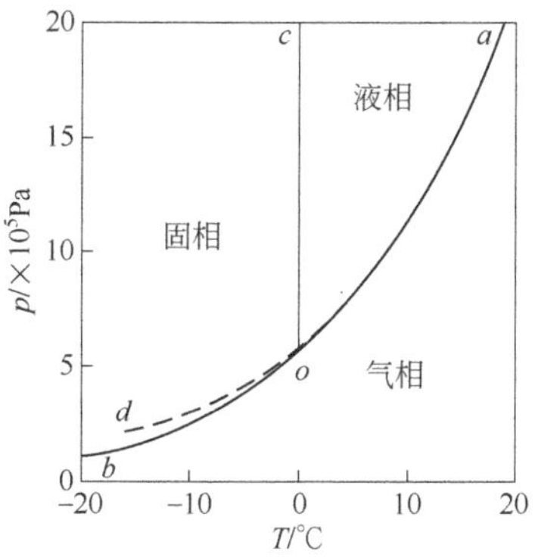


图 5.3　水的相图

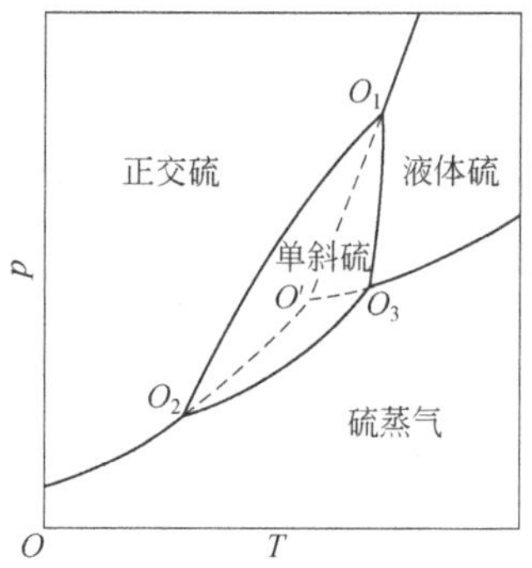


图 5.4　硫的相图

其次，明确相图中，必然存在以三相点为中心向外辐射至少三条两相平衡线，对于各个相区，需要结合实验数据，确定各单相区的大概位置。一般情况下，对于单组分的低熵态和高熵态，低熵态一般处于低温条件（左），高熵态一般处于高温条件（右），从而保证在压强一定的条件下，低熵态向高熵态转变是吸热（升温）过程。比如冰转化为水蒸气的过程就是一种典型的低熵态向高熵态转变的过程，反之亦然。当某个过程是吸热过程，由此也可以判断低熵态和高熵态，并将其在相图中表示出来。

然后，平衡线的斜率由克拉佩龙方程或者克-克方程计算获得，注意当低熵态向高熵态转变时（主要是固相向液相转变），即相变焓为正时，体积不一定为正，需要结合密度去判断。当相变过程包含气相时，一般情况下 $\Delta_x^g V_m$ 为正值，或者直接使用克-克方程判断，并根据实验结果确定是否需要描述亚稳态。

最后，相图绘制完成后，在单相区标注物质的不同相态。

**【例 5.5】** 经过实验测定磷存在两种三相平衡态：一是 P(s,红磷)、P(l)、P(g)在三相平衡时的温度和压力分别为 863K 和 4.4MPa；二是 P(s,黑磷)，P(s,红磷)，P(l)在三相平衡时的温度和压力分别为 923K 和 10.0MPa。

已知 P(s,黑磷)转化为 P(s,红磷)是吸热反应。

且 P(s,黑磷)、P(s,红磷)和 P(l)的密度分别是 $2.70\times10^3$kg·m$^{-3}$、$2.34\times10^3$kg·m$^{-3}$ 和 $1.81\times10^3$kg·m$^{-3}$；

请根据上述数据条件：

（1）画出磷相图的示意图；

（2）分析 P(s,黑磷)与 P(s,红磷)的熔点随压力如何变化。

**【解答】** 详细分析过程如下。

（1）根据题意，首先标注两个三相点：

（Ⅰ）在 863K 和 $4.4\times10^6$Pa 时，P(s, 红磷)、P(l)、P(g)达到三相平衡，标注第一个三相点——$a$ 点；

（Ⅱ）在 923K 和 $10.0\times10^6$Pa 时，P(s, 黑磷)、P(s, 红磷)、P(l)达到第二个三相平衡，标注第二个三相点——$b$ 点；

（Ⅲ）以 $a$ 点为中心，红磷的气固和气液平衡以克-克方程式（5.7）描述：$\dfrac{\mathrm{d}\ln p}{\mathrm{d}T}=\dfrac{\Delta_x^g H_m}{RT^2}$；

显然，$\Delta_x^g H_m>0$，且 $\Delta_s^g H_m>\Delta_l^g H_m$，因此 $\left(\dfrac{\mathrm{d}\ln p}{\mathrm{d}T}\right)_s^g>\left(\dfrac{\mathrm{d}\ln p}{\mathrm{d}T}\right)_l^g$，因此，可以描绘出 P(s,红

磷) $\longrightarrow$ P(g)的 *ca* 线和 P(l) $\longrightarrow$ P(g)的 *af* 线;

(Ⅳ)红磷与黑磷中的固液平衡需要根据克拉佩龙方程式(5.6): $\left(\dfrac{\mathrm{d}p}{\mathrm{d}T}\right)_{\mathrm{s}}^{\mathrm{l}}=\dfrac{\Delta_{\mathrm{s}}^{\mathrm{l}}H_{\mathrm{m}}}{T\Delta_{\mathrm{s}}^{\mathrm{l}}V_{\mathrm{m}}}$ 进行确定。由于 P(s, 黑磷)、P(s, 红磷)和 P(l)的密度分别是 $2.70\times10^3\mathrm{kg\cdot m^{-3}}$、$2.34\times10^3\mathrm{kg\cdot m^{-3}}$ 和 $1.81\times10^3\mathrm{kg\cdot m^{-3}}$，所以对于 P(s, 红磷) $\longrightarrow$ P(l)，$V_{\mathrm{m}}$(s,红磷)<$V_{\mathrm{m}}$(l)，即：$\Delta_{\mathrm{s}}^{\mathrm{l}}V_{\mathrm{m}}>0$，故 $\left(\dfrac{\mathrm{d}p}{\mathrm{d}T}\right)_{\mathrm{s}}^{\mathrm{l}}>0$。因此确定 *ab* 线;

(Ⅴ)同理分析 P(l) $\longrightarrow$ P(s,黑磷)过程，$\left(\dfrac{\mathrm{d}p}{\mathrm{d}T}\right)_{\mathrm{sr}}^{\mathrm{sb}}>0$，确定 *be* 线;

(Ⅵ)对于红磷与黑磷之间的转化，即红磷(sr)和黑磷(sb)之间的固-固平衡线的斜率，同样需要根据克拉佩龙方程式(5.6): $\left(\dfrac{\mathrm{d}p}{\mathrm{d}T}\right)_{\mathrm{sr}}^{\mathrm{sb}}=\dfrac{\Delta_{\mathrm{sr}}^{\mathrm{sb}}H_{\mathrm{m}}}{T\Delta_{\mathrm{sr}}^{\mathrm{sb}}V_{\mathrm{m}}}$ 确定，已知 P(s, 黑磷)转化为 P(s, 红磷)是吸热反应，即 $\Delta_{\mathrm{sr}}^{\mathrm{sb}}H_{\mathrm{m}}<0$，但 $\rho$(s, 红磷)<$\rho$(s, 黑磷)，所以 $\Delta_{\mathrm{sr}}^{\mathrm{sb}}V_{\mathrm{m}}<0$，故 $\left(\dfrac{\mathrm{d}p}{\mathrm{d}T}\right)_{\mathrm{sr}}^{\mathrm{sb}}>0$。因此可确定 P(s, 红磷) $\longrightarrow$ P(s, 黑磷)的 *bd* 线。

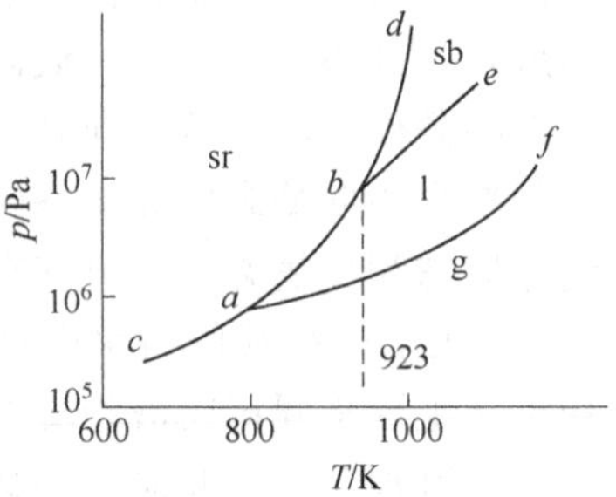

图 5.5　磷的相图

综上所述，可得图 5.5 的磷相图。

(2)显然，根据红磷和黑磷的气液平衡相图 *af* 线和 *be* 线可知，无论红磷还是黑磷，其熔点均随着压力的增大而升高。

# 5.3　液态完全互溶的二组分混合物气液平衡相图

## 5.3.1　二组分系统的相律

显然，对于二组分系统，组分数 $C=2$，在条件变量仅考虑温度和压力时，自由度根据吉布斯相律式(5.2)得:

$$F=2-P+2=4-P$$

其中当相数 $P=1$ 时，自由度数最大为 3，3 个自由度分别对应 3 个独立变量，即温度 $T$、压强 $p$ 和系统的组成(一般用 B 物质的摩尔分数 $x_{\mathrm{B}}$ 表达)；当自由度数 $F=0$ 时，相数 $P$ 最大为 4，即二分系统最多可以 4 相共存。

3 个独立变量需要三个维度，但三维相图不方便使用，所以一般情况下，在二组分系统中，选择固定三个变量中的一个量，使得三维相图变成二维相图。此时，条件自由度数 $F'$最大为 2。二组分相图中一般使用条件自由度和二维相图描述相平衡。其中当 $T$ 固定时，相图描述压力与系统组成之间的关系，即 $p$-$x_{\mathrm{B}}$ 相图；当 $p$ 固定时，相图描述温度与系统组成之间的关系，即 $T$-$x_{\mathrm{B}}$ 相图，当 $x_{\mathrm{B}}$ 固定时，相图描述压强与温度之间的关系，即 $p$-$T$ 相图。

## 5.3.2 液态完全互溶的双液系相图

完全互溶双液系是指两个液体组分（一般用 A 和 B 表示），在任意浓度范围内均互溶的系统，在双液系的全部组成范围内所有组分均符合拉乌尔定律。

（1）理想双液系的 $p$-$x_B$ 相图

二组分相图的基础是 $p$-$x_B$ 相图，即以压强对双液系的气液两相的组成作图，其中 B 组分的液相组成一般用 $x_B$ 表示，气相组成用 $y_B$ 表示，如图 5.6 所示。

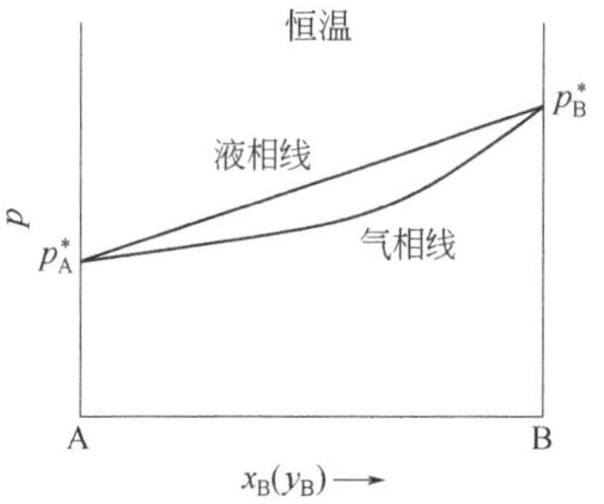


图 5.6　理想双液系的压强组成 $p$-$x_B$ 相图

虽然双液系相图称为 $p$-$x_B$ 相图，但横坐标表示的系统组成既包含液相组成 $x_B$，也包含气相组成 $y_B$，两者共用一个坐标轴。显然，相同的压强 $p$ 条件下，对应的气相和液相组成是不同的，即图 5.6 中液相线和气相线。

① 对于总压强 $p$ 与液相中的 B 组分的摩尔分数 $x_B$ 之间的关系，分析如下：

根据拉乌尔定律，总压强为：

$$p_{总} = p_A + p_B = p_A^* x_A + p_B^* x_B = p_A^*(1-x_B) + p_B^* x_B$$

$$p_{总} = p_A^* + (p_B^* - p_A^*)x_B \tag{5.11}$$

对于总压强 $p_{总}$ 与气相中 B 组分的摩尔分数 $y_B$ 之间的关系，分析如下：

$p_{总}$ 与 $x_B$ 之间满足直线关系，斜率为 $p_B^* - p_A^*$，如图 5.6 中液相线。当 $x_B = 0$ 时，$p_{总} = p_A^*$；当 $x_B = 1$ 时，$p_{总} = p_B^*$。

② 双液系的饱和蒸汽中的 B 组分的摩尔分数 $y_B$ 与液相中 B 组分之间的关系为：

$$y_B = \frac{p_B}{p_{总}} = \frac{p_B^* x_B}{p_B^* x_B + p_A^*(1-x_B)}$$

展开后，可得：

$$p_B^* x_B y_B + p_A^*(1-x_B)y_B = p_B^* x_B$$

$$p_A^* y_B = x_B(p_B^* + p_A^* y_B - p_B^* y_B)$$

所以

$$x_B = \frac{p_A^* y_B}{p_B^* + (p_A^* - p_B^*)y_B} \tag{5.12}$$

因此，理想双液系中，总压强 $p_{总}$ 与液相中 $x_B$ 之间满足：

$$p_{总} = p_B^* x_B + p_A^*(1-x_B) = \frac{p_B^* p_A^* y_B}{p_B^* + (p_A^* - p_B^*)y_B} + p_A^* \frac{p_B^* - p_B^* y_B}{p_B^* + (p_A^* - p_B^*)y_B}$$

即

$$p_{总} = \frac{p_B^* p_A^*}{p_B^* + (p_A^* - p_B^*)y_B} \tag{5.13}$$

显然上式中，$p_{总}$ 与 $y_B$ 的关系为一条双曲线，且当 $y_B = 0$ 时，$p_{总} = p_A^*$；当 $y_B = 1$ 时，$p_{总} = p_B^*$。

③ 根据式（5.12），压强 $p_{总}$ 相同时，B 组分的气相组成 $y_B$ 与 $x_B$ 之间的关系为：

$$y_B = \frac{p_B^* x_B}{p_A^* + (p_B^* - p_A^*)x_B}$$

即

$$\frac{y_B}{x_B} = \frac{p_B^*}{p_A^* + (p_B^* - p_A^*)x_B} \tag{5.14}$$

$$y_A = \frac{p_A^*(1-x_B)}{p_A^* + (p_B^* - p_A^*)x_B}$$

即

$$\frac{y_A}{x_A} = \frac{p_A^*}{p_A^* + (p_B^* - p_A^*)x_B} \tag{5.15}$$

若 $p_B^* > p_A^*$，则根据柯诺瓦洛夫第一规则：蒸气中富集的总是那个能降低溶液沸点，即能升高溶液总蒸气压的组分。因此 $\frac{y_B}{x_B}>1$，组成 $y_B > x_B$，即气相组成总在液相组成右侧。对于另一组分 A 而言，同理可知，$y_A > x_A$。

④ 理想双液系的 $p$-$x_B$ 相图分析。如图 5.7，液相线 $L$ 和气相线 $G$ 将图分割为三个面，分析如下：

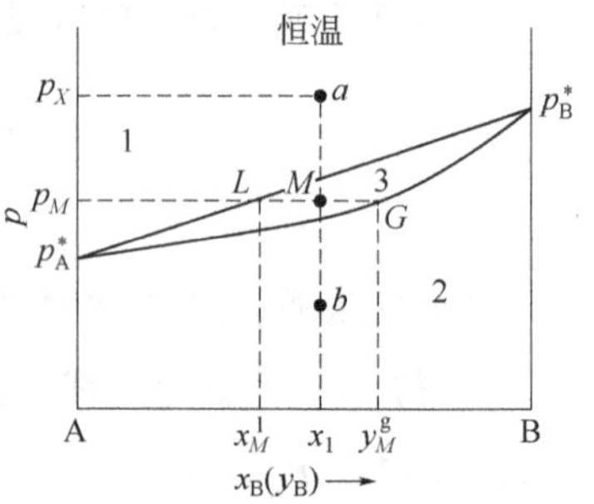


图 5.7 理想双液系的压强组成（$p$-$x_B$）相图分析

点 $p_A^*$：纯 A 组分的沸点，此时为单组分两相平衡，$C=1, P=2$，根据吉布斯相律，此时条件自由度 $F'=C-P+1=1-2+1=0$，无自由可变量。

点 $p_B^*$：条件自由度为 0，分析同上。

液相线 $L$：此时为气液两相平衡线，在组成一定的情况下，液态会随着压力的减小而逐渐汽化。因此，液相线上 $P=2$，$C=2$，条件自由度 $F'=C-P+1=2-2+1=1$，$p$ 和 $x_B$ 中只有一个可变量。

气相线 $G$：同为气液两相平衡线，在组成一定的情况下，液态会随着压力的减小而逐渐消失。$P=2$，$C=2$，$F'=1$，$p$ 和 $x_B$ 中只有一个可变量。

区域 1：液相区，单相，$P=1$，根据吉布斯相律，此时条件自由度 $F'=C-P+1=2-1+1=2$，意味存在 $p$ 和 $x_B$ 两个可变量。

区域 2：气相区，单相，$P=1$，条件自由度为 2，和气相区类似，同样存在 $p$ 和 $x_B$ 两个可变量。

区域 3：两相区。尽管为两相共存，却在相图中表现为一个面，源于两相的组成不一致（但却共用一套坐标轴）导致的两相平衡线不重合，$P=2$，条件自由度为 1，$p$ 和 $x_B$ 中只存在一个可变量。以区域中的任一点 $M$ 点为例，包含气液两相，所含的 B 组分的摩尔分数一共为 $x_1$，代表处于 $p_M$ 压强下，组成为 $x_M{}^l$ 的液相与组成为 $y_M{}^g$ 的气相构成的两相区。此时，$p$ 和 $x_B$ 中只有一个可变量，当压力 $p_M$ 确定后，气液两相的组成必然确定为 $L$ 和 $G$ 两点对应的组成。

定义系统总组成的点为物系点，如 $M$ 点；两相平衡的点（位于两相线上）为相点，如 $L$ 点和 $G$ 点。显然，按照上述分析，在两相区中，物系点 $M$ 总是和相点 $L$ 与 $G$ 在同一水平线上。

⑤ 杠杆规则。两相中 B 的总摩尔分数 $x_1$ 与液相组成 $x_M{}^l$ 与气相组成 $y_M{}^g$ 之间必然满足质量守恒定律。假设总物质的量为 $n$，必然为气液两相物质的量之和：$n(g)+n(l)$，且其中 B 的

物质的量为$[n(\mathrm{g})+n(\mathrm{l})]x_1$，气相中 B 的物质的量为 $n(\mathrm{l})x_M^{\mathrm{l}}$，液相中 B 的物质的量为 $n(\mathrm{g})y_M^{\mathrm{g}}$，则按照物质的量守恒：

$$[n(\mathrm{g})+n(\mathrm{l})]x_1 = n(\mathrm{l})x_M^{\mathrm{l}}+n(\mathrm{g})y_M^{\mathrm{g}}$$

移项可得：$n(\mathrm{g})(y_M^{\mathrm{g}}-x_1) = n(\mathrm{l})(x_1-x_M^{\mathrm{l}})$

所以
$$\frac{n(\mathrm{g})}{n(\mathrm{l})}=\frac{x_1-x_{\mathrm{M}}^{\mathrm{l}}}{y_{\mathrm{M}}^{\mathrm{g}}-x_1} \tag{5.16}$$

如图 5.8，$y_M^{\mathrm{g}}-x_1$ 对应的是 $MG$ 的长度，$x_1-x_M^{\mathrm{l}}$ 对应的是 $ML$ 的长度。因此，可以类似地用杠杆原理描述这样的现象，称为杠杆规则：当组成以物系点 $M$ 表示时，两相的物质的量反比于物系点（$M$）到两个相点（$L$ 和 $G$）的距离。

因此，根据式（5.16）可以转换为杠杆规则的数学表达式：

$$\frac{n(\mathrm{g})}{n(\mathrm{l})}=\frac{\overline{\mathrm{ML}}}{\overline{\mathrm{MG}}} \tag{5.17}$$

（2）理想双液系的 $T$-$x_{\mathrm{B}}$ 相图

二组分相图的基础是 $p$-$x_{\mathrm{B}}$ 相图，很多基本概念可以通过 $p$-$x_{\mathrm{B}}$ 相图可视化表达。然而，最常见的二组分相图为 $T$-$x_{\mathrm{B}}$ 相图，因为它的物理意义更加直观。显然，对于纯溶剂，饱和蒸气压越高，沸点越低，反之则沸点越高。因此图 5.6 的 $p$-$x_{\mathrm{B}}$ 相图可对应转化为 $T$-$x_{\mathrm{B}}$ 图，如图 5.9 所示。

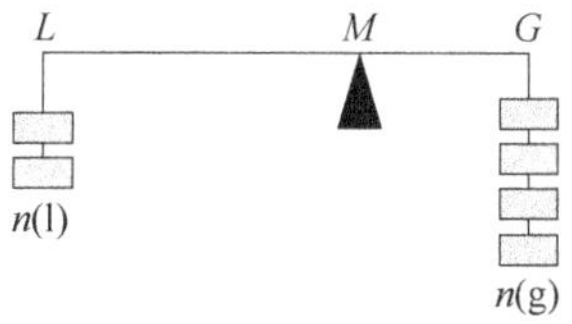


图 5.8 杠杆规则示意图

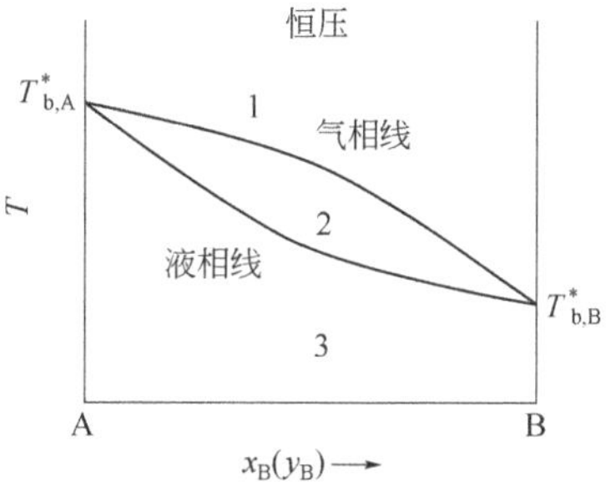


图 5.9 理想双液系的温度组成 $T$-$x_{\mathrm{B}}$ 相图

理想双液系的 $T$-$x_{\mathrm{B}}$ 相图分析如下：

分析方法完全类似于 $p$-$x_{\mathrm{B}}$ 相图。$T^*_{\mathrm{b,A}}$ 为纯 A 组分的沸点，此时为单组分两相平衡，$C = 1$，$P = 2$，条件自由度 $F' = C-P+1 = 1-2+1 = 0$，无自由可变量。同理，点 $T^*_{\mathrm{b,B}}$ 为纯 B 组分的沸点，条件自由度为 0。

液相线 $L$ 和气相线 $G$ 将图分割为三个面，在 $T$-$x_{\mathrm{B}}$ 相图中，液相线上的每一点都对应着升温时组成一定的液体开始沸腾的点，因此液相线也称为泡点线；而气相线对应组成一定的气体降温时开始凝聚的点，因此气相线也称为露点线。

如图 5.9，液相线和气相线将图分割为三个面，分析如下：

液相线（泡点线）：同图 5.7，液相线上 $P = 2$，$C = 2$，条件自由度 $F' = C-P+1 = 2-2+1 = 1$，$T$ 和 $x_{\mathrm{B}}$ 中只有一个可变量。

气相线（露点线）： $P = 2$，$C = 2$，$F' = 1$，$T$ 和 $x_{\mathrm{B}}$ 中只有一个可变量。

区域 1：气相区，与 $p$-$x_{\mathrm{B}}$ 相图相反，单相区，$P = 1$，条件自由度 $F' = C-P+1 = 2-1+1 = 2$，意味存在 $T$ 和 $x_{\mathrm{B}}$ 两个可变量。

区域 2：两相区，由于其形状类似于梭形，因此也称为梭形区。类似于图 5.7，梭形区中的任意物系点都对应某固定温度下，两个相点对应的液相和固相构成的两相区。$P=2$，$C=2$，$F'=1$，$T$ 和 $x_B$ 中只有一个可变量。物系点和两个相点的组成可由杠杆原理分析获得。

区域 3：液相区，$P=1$，条件自由度为 2，同样存在 $p$ 和 $x_B$ 两个可变量。

(3) 非理想双液系相图

所谓的非理想性是混合物的气液关系不再满足拉乌尔定律，即饱和蒸气压的实验值不等于拉乌尔定律的计算值时，该双液系混合物就称为非理想混合物。此时，$p$-$x_B$ 相图中的液相线不再是图 5.7 所示的直线。根据偏差的性质与程度，一般可分为三种类型。

① 各组分对拉乌尔定律产生了不大的正偏差或负偏差，在 $p$-$x_B$ 相图中，对应的蒸气压曲线高于或低于理想液态混合物中的蒸气压关系图，如图 5.10 所示。图中的虚直线为理想液态混合物的蒸气压关系，实线为正负偏差曲线。图 5.11 分别为非理想双液系的正偏差 $p$-$x_B$ 相图和 $T$-$x_B$ 相图。

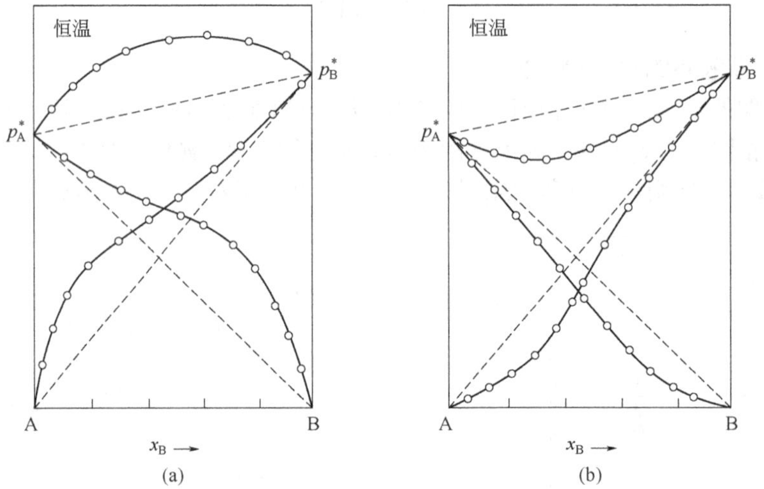


图 5.10 非理想双液系的蒸气压与液相组成关系的正偏差（a）与负偏差（b）

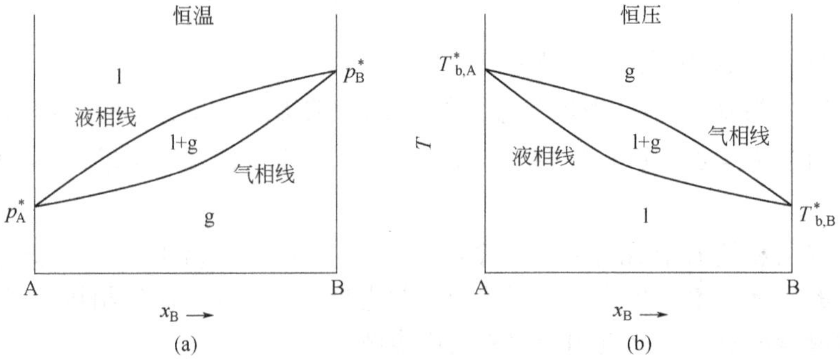


图 5.11 非理想双液系的较小正偏差 $p$-$x_B$ 相图（a）和 $T$-$x_B$ 相图（b）

② 各组分对拉乌尔定律产生较大的正偏差时，在 $p$-$x_B$ 相图中，混合物的总蒸气压曲线上出现最高点，如图 5.12（a）所示。在 $T$-$x_B$ 相图中，应对应存在一个最低点，如图 5.12（b）所示。这类 $T$-$x_B$ 相图中的最低点称为最低恒沸点。该点的气相线和液相线相切，两相组成完全相同，即 $y_B=x_B$。具有该组成的混合物称为最低恒沸混合物。注意恒沸混合物不是化合物，

只有外压一定时，恒沸混合物才有一定的组成。外压力发生变化时，恒沸物的组成与温度随之改变。比较图 5.11（b）和图 5.12（b），具有最低恒沸点的 $T$-$x_B$ 相图［图 5.12（b）］可以视为两个较小偏差的 $T$-$x_B$ 相图［图 5.11（b）］组合而成。

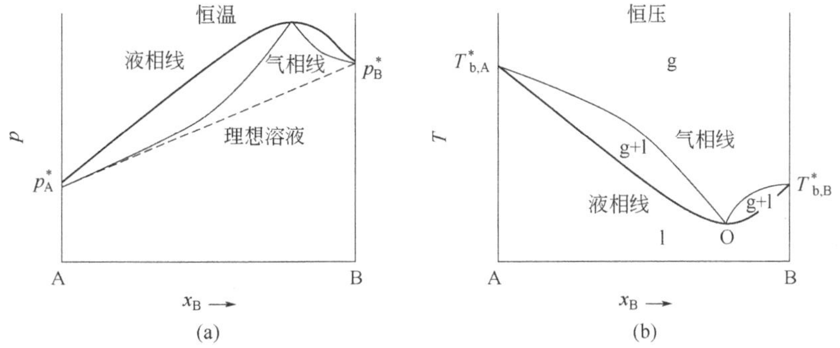


图 5.12　具有最低恒沸点的非理想双液系的正偏差 $p$-$x_B$ 相图（a）和 $T$-$x_B$ 相图（b）

③ 各组分对拉乌尔定律产生较大的负偏差时，在 $p$-$x_B$ 相图中，混合物的总蒸气压曲线上出现最低点，如图 5.13（a）所示。在 $T$-$x_B$ 相图中，应对应存在一个最高点，如图 5.13（b）所示，称为最高恒沸点。两相组成与最低恒沸点完全相同，具有该组成的混合物称为最高恒沸混合物。

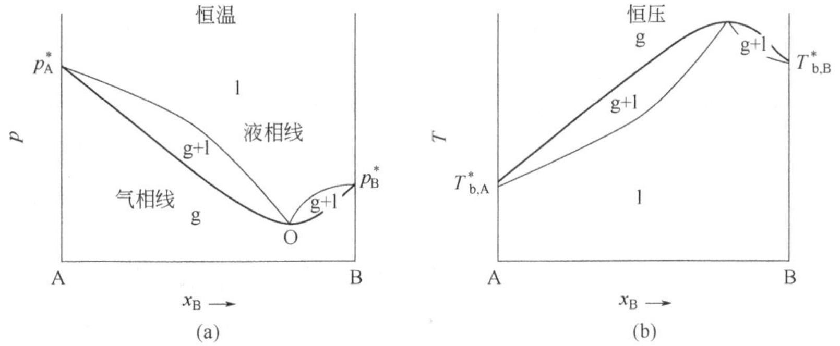


图 5.13　具有最高恒沸点的非理想双液系的正偏差 $p$-$x_B$ 相图（a）和 $T$-$x_B$ 相图（b）

对拉乌尔定律产生正偏差的原因一般存在如下几点：

① 不同组分之间的吸引力（用 $f_{A\text{-}B}$ 表示）若小于所有的同种组分的吸引力（用 $f_{A\text{-}A}$ 或 $f_{B\text{-}B}$ 表示），混合以后 A 与 B 均更容易析出，此时产生正偏差；

② 若 $f_{A\text{-}B} > f_{A\text{-}A}$ 且 $f_{A\text{-}B} < f_{B\text{-}B}$，则混合后仅 B 产生正偏差；反之，若 $f_{A\text{-}B} > f_{B\text{-}B}$ 且 $f_{A\text{-}B} < f_{A\text{-}A}$，则混合后仅 A 产生正偏差；

③ 若两个组分混合后缔合程度下降，混合以后 A 与 B 均更容易析出，此时产生正偏差。

一般情况下，发生正偏差都伴随吸热或体积增大的现象。

对拉乌尔定律产生负偏差的原因一般存在如下几点：

① 若 $f_{A\text{-}B} > f_{A\text{-}A}$ 且 $f_{A\text{-}B} > f_{B\text{-}B}$，混合以后 A 与 B 均更难析出，此时产生负偏差；

② 若 $f_{A\text{-}B} > f_{A\text{-}A}$ 且 $f_{A\text{-}B} < f_{B\text{-}B}$，则混合后仅 A 产生负偏差；反之，若 $f_{A\text{-}B} > f_{B\text{-}B}$ 且 $f_{A\text{-}B} < f_{A\text{-}A}$，则混合后仅 B 产生负偏差；

③ 若两个组分混合后发生化合或者缔合，混合以后 A 与 B 均更难析出，此时产生负偏差。

一般情况下，发生负偏差都伴随放热或体积缩小的现象。

对于上述各类双液系相图的本质原因，杜亥姆-马居尔公式（4.37）的几条推论以及柯诺瓦洛夫规则已经进行了充分的解释，即：

① 在某一浓度区间，若 A 遵守乌拉尔定律，则另一组分 B 必遵守亨利定律；

② 在溶液中，某一组分的浓度增加后，它在气相中的分压上升，则另一组分在气相中的分压必然下降；

③ 二元气液平衡系统，蒸气中富集的总是那个能降低溶液沸点，即能升高溶液总蒸气压的组分;

④ 液态混合物达到恒沸点时，其气液两相组成相同。

## 5.3.3 精馏原理

某理想双液系的 $T$-$x_B$ 相图如图 5.14 所示，显然纯 A 的沸点高于纯 B 的沸点。设待分离的组分位于 $O$ 点，温度为 $T_3$，其对应的液相和气相组成分别为 $x_3$ 和 $y_3$。

对于组成为 $x_3$ 的液相，升温至 $T_4$，平衡时气液两相的总组成对应 $Q$ 点，对应的液相和气相的平衡组成分别为 $x_4$ 和 $y_4$。显然，随着液相的温度升高，液相中低沸点的 B 组分的含量在减小，即 $x_4<x_3$，A 组分含量增加。若对于组成为 $x_4$ 的液相继续升温至更高的温度并达平衡，则可得 B 组分含量更低的液相。若对每一个平衡液相不断重复上述步骤，则最终一定能得到高沸点的液态纯 A。

若对于组成为 $y_3$ 的气相，降温至 $T_2$，此时气液两相的总组成对应 $P$ 点，对应的液相和气相组成分别为 $x_2$ 和 $y_2$。显然，随着气相的温度降低，气相中 B 组分的含量在增加，即 $y_2>y_3$。若对于组成为 $y_2$ 的气相继续降温至更低的温度并达平衡，则可得 B 组分含量更高的气相。若对每一个平衡液相不断重复上述步骤，则最终一定能得到低沸点的气态纯 B。

因此，精馏原理为：利用两个组分的沸点不同，将两个组分多次分馏分离。理论上精馏原理就是柯诺瓦洛夫第一定律的应用——二元气液平衡系统，蒸气中富集的总是那个能降低溶液沸点，即能升高溶液总蒸气压的组分。

工业上使用精馏塔来完成不同沸点的组分分离工作，如图 5.15 所示。精馏塔中放置多块塔板，每块塔板都可以同时冷凝下面塔板上来的蒸气，并汽化上面塔板下来的液体。因此，在包含多块塔板的精馏塔中会发生多次部分冷凝和部分汽化，最后在塔顶获得纯度高的低沸点易挥发的组分，在塔底获得高沸点难挥发的组分。

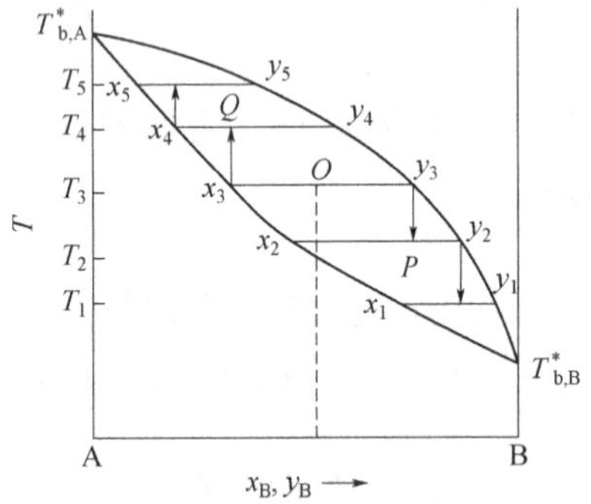


图 5.14　精馏原理示意图

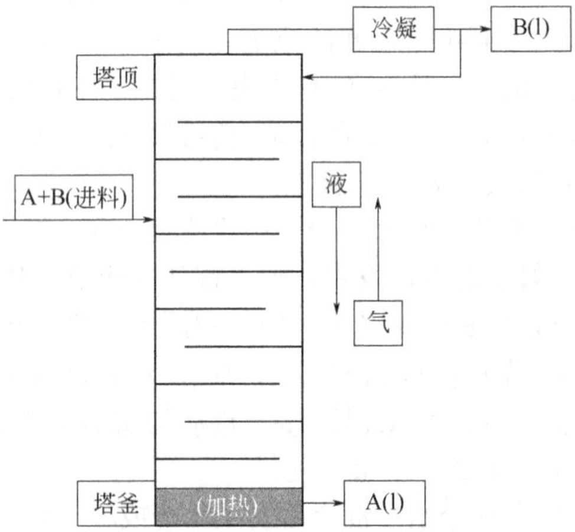


图 5.15　精馏塔结构示意图

对于存在恒沸点的二组分，一次精馏操作并不能得到两个纯组分，而只能获得一个纯组分和一个恒沸物。例如对于图 5.12（b）所示的二组分，该系统存在最低恒沸点。因此无论混合液组成如何，除了恒沸物本身，在一次精馏中，塔顶得到的均为恒沸物，塔底获得纯 A 或纯 B。同理，对于图 5.13（b）所示的二组分，存在最高恒沸点，此时一次精馏，塔底获得纯 A 或纯 B，塔顶获得恒沸物。

由于恒沸物的气液两相组成相同，因此不能使用精馏的方法进一步分离。若要使其进一步分离，可以加入共沸剂，使之与原恒沸物中某一组分形成新的恒沸物，再对其进行蒸馏，工业上称为共沸蒸馏。

## 5.4 液态部分互溶的二组分混合物气液平衡相图

在大多数情况下，两组分在液态时彼此是完全互相溶解的，相图上不存在表示液态溶解度的曲线。

当两个组分在液态时彼此溶解度是有限值时，系统会同时存在两个液相，由于两个液相密度不同，一个液相在另一个液相的上方，即会出现液相分层现象。液态部分互溶型的两组分相图可以通过测量二组分系统溶解度数据制作。

一个标准大气压条件下，一定温度范围内水（A）-异丁醇（B）二组分溶液的互溶情况如表 5.1 所示。

20°C 时异丁醇在水中的溶解度（质量分数 $w_B$）为 8.5%，水在异丁醇中的溶解度等于 16.4%。这意味着 20°C 时，将异丁醇加入水中，在异丁醇质量分数达到 8.5%之前，系统是单一液相，称为异丁醇的水溶液，其中水是溶剂，异丁醇是溶质。当异丁醇质量分数超过溶解度值 8.5%后，如表 5.1 所示，系统中溶液将发生分层，新的一相为水的异丁醇溶液，继续增加异丁醇的量，系统中异丁醇的水溶液量减少，水的异丁醇溶液量增多。当系统中异丁醇总质量分数超过 83.6 %时，系统中异丁醇的水溶液相消失，系统又成为单一液相，即水的异丁醇溶液。

**表 5.1　$p^{\ominus}$ 条件下水（A）-异丁醇（B）二组分溶液的互溶情况**

| | 醇的水溶液 | 部分互溶双液系 | 水的醇溶液 |
|---|---|---|---|
| 部分互溶双液系示意图 |  | 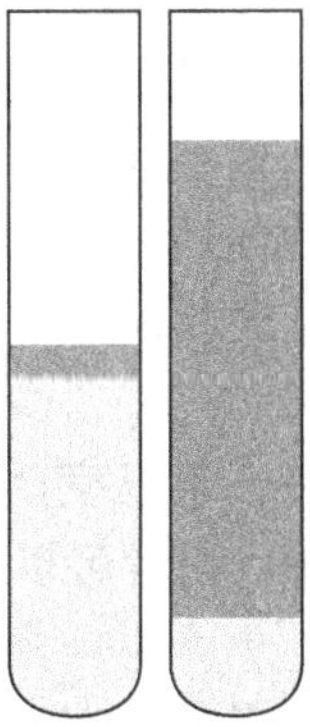 |  |
| 20°C | $0<w_B<8.5\%$ | $8.5\%<w_B<83.6\%$ | $83.6\%<w_B<100\%$ |
| 100°C | $0<w_B<9.3\%$ | $9.3\%<w_B<70.2\%$ | $70.2\%<w_B<100\%$ |
| 120°C | $0<w_B<14\%$ | $14\%<w_B<61.5\%$ | $61.5\%<w_B<100\%$ |

当温度升高至100°C和120°C时，异丁醇在水中的溶解度以及水在异丁醇中的溶解度均增加，具体数据和过程示意图如表5.1所示。根据上述实验数据，可绘制相图如图5.16所示。

*CD*线是乙二醇在水中的溶解度曲线，*DE*线是水在乙二醇中的溶解度曲线。两条溶解度曲线构成一个帽形区域。相同温度时（例如20°C）时，两条溶解度曲线上的点*G*和点*H*称为共轭配对点。*DF*为所有共轭配对点的中点连线，注意*DF*不一定是垂线。该线与帽形区的交点称为会溶温度。显然在图5.16中，*D*点为最高会溶温度。帽形区中的各物系点与相点之间的关系仍可用杠杆规则进行计算与分析。图5.16中各点线面的相律分析如表5.2所示。

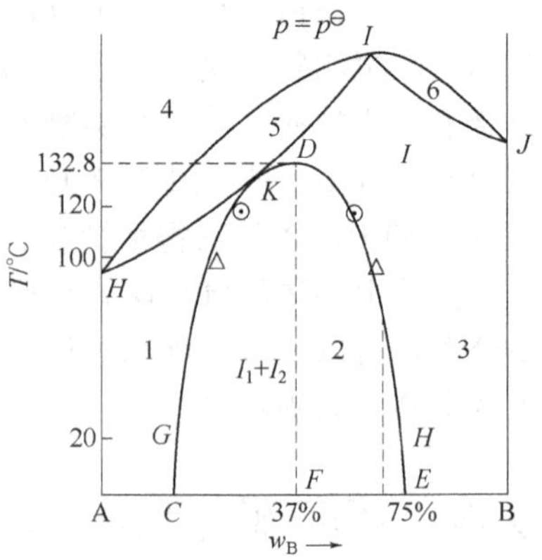


图5.16 水（A）-异丁醇（B）相图

**表5.2 水（A）-异丁醇（B）相图的详图分析**

| 点/线/面 | 组成 | 相数 $P$ | 条件自由度 $F'=C-P+1$ |
|---|---|---|---|
| H | 纯A的气液平衡 | 2 | $F'=1-2+1=0$ |
| I | 恒沸物（气液平衡） | 2 | $F'=1-2+1=0$ |
| J | 纯B的气液平衡 | 2 | $F'=1-2+1=0$ |
| K | 异丁醇的水溶液+水的异丁醇溶液+气相 | 3 | $F'=2-3+1=0$ |
| HIJ | 露点线（气液平衡） | 2 | $F'=2-2+1=1$ |
| HKIJ | 泡点线（气液平衡） | 2 | $F'=2-2+1=1$ |
| CDE | 异丁醇的水溶液+水的异丁醇溶液 | 2 | $F'=2-2+1=1$ |
| 1 | 异丁醇的水溶液 | 1 | $F'=2-1+1=2$ |
| 2 | 异丁醇的水溶液+水的异丁醇溶液 | 2 | $F'=2-2+1=1$ |
| 3 | 水的异丁醇溶液 | 1 | $F'=2-1+1=2$ |
| 4 | 气相 | 1 | $F'=2-1+1=2$ |
| 5 | 气相+液相 | 2 | $F'=2-2+1=1$ |
| 6 | 气相+液相 | 2 | $F'=2-2+1=1$ |

温度升高，两个液相的相互溶解度增加，即苯胺在水中的溶解度和水在苯胺中的溶解度增加。当温度超过会溶温度$T_c$时，两个液相完全互溶，系统在全部组成范围内呈现单一液态。因此，由两条相交的溶解度曲线所包围的区是分层的两个液相区，曲线外是单一液相区。根据实验，可得完全互溶双液系的相图，在水和乙二醇系统中，具备最高恒沸点，如图5.16中的曲线。

并非所有系统都存在最高会溶温度，比如水-三乙基胺系统，只有最低会溶温度。在最低会溶温度（约为291.2K）以下，两者可以任意比例互溶，升高温度，互溶度下降，出现分层，图5.17（a）所示。

有的系统同时存在最高和最低会溶温度，例如水-烟碱系统，如图5.17（b）所示，在最高会溶温度（约481K）和最低会溶温度（约334K）之间，二组分只能部分互溶，形成一个完全封闭的溶度曲线，曲线之内是两液相共存区。在最低会溶温度以下和在最高会溶温度以上，两液体完全互溶。

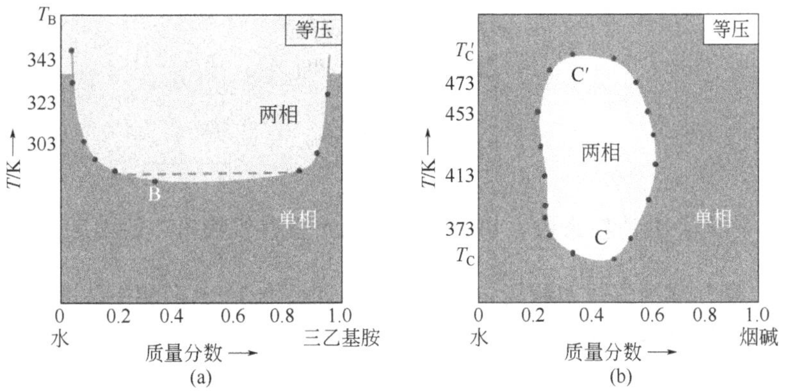


图 5.17 水-三乙基胺的溶解度图（a）和水-烟碱的溶解度图（b）

## 5.5 液态完全不互溶的二组分混合物气液平衡相图

完全不互溶的双液系，例如水与汞、水与芳香烃等系统，液相部分完全不互溶。对于这类系统，由于液相两个组分彼此间完全独立，因此均可视为纯组分，每种组分在各温度下的蒸气压与其独立存在时完全一致，与另一组分是否存在及数量多少并无关系。

故对于液态完全不互溶双液系，液面上的总蒸气压等于两纯组分饱和蒸气压之和；当两种液体共存时，不管其相对数量如何，其总蒸气压恒大于任一组分的蒸气压，而沸点则恒低于任一组分的沸点。例如，液相完全不互溶的水和溴苯系统的 *p-T* 相图如图 5.18 所示，在 $p^{\ominus}$ 条件下，水和溴苯的沸点分别为 373.15K 及 429.35K，而共存系统的沸点为 368.15K。在 368.15K 时，纯水的蒸气压为 $p_{水}^{*}$，溴苯的蒸气压为 $p_{溴苯}{}^{*}$，水和溴苯的共存系统的总蒸气压 $p^{\ominus}$ 是 $p_{水}^{*}$ 和 $p_{溴苯}{}^{*}$ 之和。

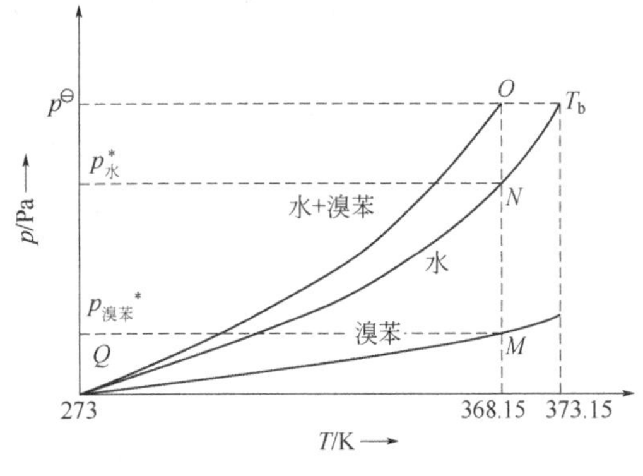


图 5.18 两种互不相溶液体水-溴苯的 *p-T* 相图

工业上常利用这类水和有机物的完全不互溶性质，对有机物进行蒸馏提纯。由于多数有机物的沸点低，常压蒸馏中沸腾时的温度会使得稳定性较差的有机组分发生分解，因此，往往采用减压蒸馏或水蒸气蒸馏。

其中水蒸气蒸馏是在一个标准大气压下，将水蒸气以气泡的形式通入加热到不足 373K 的有机液体中，形成完全不互溶的二组分系统。由于水蒸气的作用，二组分系统在低于 373K 时发生沸腾，此时水和有机物同时蒸出，由于二者不互溶，经冷凝后静置分出有机层。水蒸气蒸馏的温度一般在 90～96°C。

以 A-B 二组分系统（A 为水）为例，根据分压定律，馏出物中两种组分的质量比计算如下：

$$p_A^* = py_A = p\frac{n_A}{n_A + n_B}$$

$$p_B^* = py_B = p\frac{n_B}{n_A + n_B}$$

$$\frac{p_A^*}{p_B^*}=\frac{n_A}{n_B}=\frac{m_A M_B}{M_A m_B}$$

所以

$$\frac{m_A}{m_B}=\frac{p_A^* M_A}{p_B^* M_B} \tag{5.18}$$

式中，$\frac{m_A}{m_B}$称为蒸汽消耗系数，表示馏出单位质量有机物时，所消耗的水蒸气的质量，该系数越小，水蒸气蒸馏的效率越高。在水（A）-有机物（B）两相中，即使$p_A^*$比$p_B^*$大，但$M_A$一般小于$M_B$，所以蒸馏效率一般不会太低。

## 5.6 固态不互溶的二组分固液平衡相图

这类系统的特点为液相完全互溶，而固相完全不互溶，其相图绘制方法有两种，分别为溶解度法和热分析法。

### 5.6.1 溶解度法绘制二组分固液平衡相图

对于常温下，固液共存的二组分系统，测定不同温度下的溶解溶质质量及相应组成，绘制该系统的温度-组成相图，如图 5.19 所示的 A-B 系统的温度($T$)-组成($w_B$)相图。

在一定压力下，测定不同温度的固态 B 在 A 中的溶解度数据，其中组成使用 B 的质量分数表示。图 5.19 中，$a$ 和 $b$ 分别代表纯固体 A 和 B 的熔点，此时系统为单组分的固液两相平衡系统，条件自由度 $F'=C-P+1=1-2+1=0$。

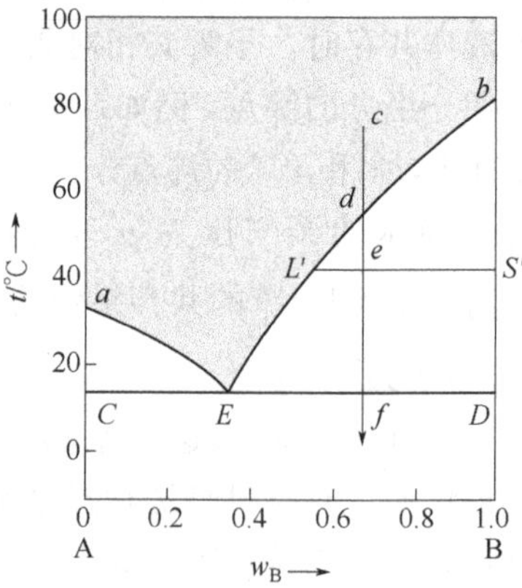


图 5.19 任意固态不互溶的 A-B 系统的二组分固液相图

$aE$ 与 $bE$ 线即为熔液凝固点随熔液组成变化关系，其中 $aE$ 线表示固体 A 的溶解度曲线，表示随着固态 A 的析出，熔液的组成随着 $aE$ 线变化；$bE$ 线表示固体 B 的溶解度曲线，即随着固态 B 的析出，熔液的组成也在随 $bE$ 线变化。线上的每一点均意味着组成一定的熔液，固体 A 或者 B 的析出温度。对 $aE$ 线和 $bE$ 线使用相律，对应的组分数为 2，相数为固液两相的平衡共存，条件自由度 $F'=C-P+1=2-2+1=1$，表示组成一定的 A-B 熔液中 A 或者 B 的凝固点是确定的。

$aE$ 线和 $bE$ 线上方的灰色区域表示完全互溶的 A-B 熔液，为二组分单相区，条件自由度 $F'=C-P+1=2-1+1=2$，表示对应范围内的温度和组成均可独立变动而不影响相平衡状态。

$aCE$ 和 $bED$ 区域均对应着固态 A 或固态 B 与熔液的两相平衡区，类似于理想双液系的气液相图中的梭形区域。区域面中的每一物系点组成中，熔液与纯固相的含量，例如 $e$ 点与两个相点 $L'$与 $S'$的关系，均可通过杠杆规则确定。$aCE$ 和 $bED$ 区域的条件自由度均为：$F'=C-P+1=2-2+1=1$，意味着组成和温度中只有一个独立变量。

对于任意 A-B 熔液，降温至 $E$ 点，熔液即将消失，固态 A 与 B 即将同时析出，此时 A 与 B 以微小晶粒一起形成的固体混合物，固态的组成与熔液的组成完全相同。此时的相态为两个固相与一个液相的平衡共存，称为简单低共熔混合物。所谓“低”是指混合物的熔点（$E$ 点温度）比纯 A 和纯 B 的熔点低。“共熔”是指两个固相在对应组成时同时熔化为熔液。

因此，低共熔混合物是指两种或两种以上的纯固体所组成的具有最低共熔温度的混合物，对应的温度称为低共熔温度，相图上 $E$ 点也称为低共熔点，其组成是唯一的，低共熔点在压强一定时，具有唯一性。在低共熔温度条件下，即图 5.19 中的 $CED$ 线上，$E$ 点左侧的任意物系点，虽然对应组成的系统加热至低共熔温度时，两个固相会一起熔化为组成为 $E$ 的熔液，但两个固相并非同时熔化，而是固体 B 先熔化消失；同理，在 $E$ 点右侧的任意物系点，意味着对应组成的系统在加热时，固体 A 先熔化消失。

根据上述分析，$CED$ 线上的每一点（除 $C$ 和 $D$ 点外），均代表三相，代表当温度降至低共熔温度时，$A$ 和 $B$ 同时析出，并且形成熔液，此时系统的构成为 $C$ 点（纯固体 A）、$E$ 点（熔液）以及 $D$ 点（纯固体 B）。由于三相共存，所以 $CED$ 线上各点的条件自由度为：$F'=C-P+1=2-3+1=0$。由于三相共存，所以温度组成均不变，直至由 $E$ 点表示的熔液完全消失，系统由三相变为两相，温度才能继续下降。

因此 $CED$ 下方的区域对应的完全不互溶的两个固相形成的混合物，即二组分两相系统，此时的条件自由度 $F'=C-P+1=2-2+1=1$。

图 5.19 所示相图对固体结晶分离和提纯有重要的指导意义。例如从物系点 $c$ 沿 $cdf$ 途径降温是无法直接获得纯 A，因为降温在 $bED$ 区域，首先析出的是纯固体 B，继续降温至低共熔点后，两个固相同时析出，仍然无法得到纯固体 A。但若稀释熔液，使熔液中 B 的质量分数小于 $E$ 点组成，然后再对熔液降温，此时降温可得系统组成在 $aCE$ 区域，则可得纯 A 固体。

## 5.6.2 热分析法绘制二组分固液平衡相图

热分析法是一种制作相图的基本方法。首先将样品加热至完全熔化，停止加热，缓慢冷却样品。记录样品冷却过程中不同时间系统温度值，即温度（$T$）-时间（$T$）数据，根据数据绘制温度-时间曲线（称为步冷曲线），再根据步冷曲线上出现水平和转折处的温度绘制相图。

以 Bi-Cd 二组分相图为例，其中 $w$(Cd) 代表摩尔分数，选取含 Cd 摩尔分数分别为 0、20%、40%、70%以及 100%的组分，对其进行热分析获得相应的步冷曲线，如图 5.20（a）所示，对应的溶解度分析法相图如图 5.20（b）所示，其中各点线面的含义及自由度分析见 5.6.1 节。

对于纯 Bi，该系统为单组分系统，在液态到固态的冷却过程中，温度平滑下降，至 Bi 的凝固点 273°C 时，液相中析出纯固相 Bi。因 Bi 的凝固放热抵消了系统冷却过程中向环境散失的热量，系统温度保持不变。因此，在步冷曲线上出现一段水平线段（平台）；待液相全部凝固后，温度又继续下降。根据 Bi 的步冷曲线上出现平台的温度，确定出 Bi 的凝固点。

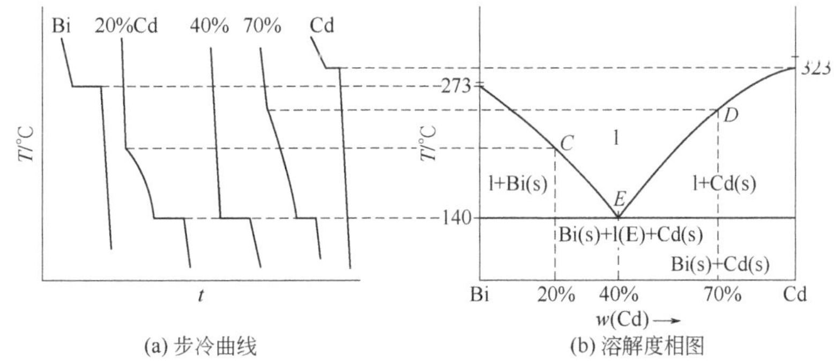


图 5.20　Bi-Cd 二组分固液相图

分析纯 Bi 在液态到固态的冷却过程中相及自由度的变化规律。在出现平台之前，是单组分单相平衡，由于压力恒定，条件自由度是 $F'=1-1+1=1$，意味着温度可变而不影响系统的相平衡；平台阶段是单组分固、液两相平衡，$F'=1-2+1=0$，系统温度不变，对应纯 Bi 的凝固点；平台之后是固相 Bi 的冷却过程，温度继续下降，$F'=1-1+1=1$。

对于 $w(\mathrm{Cd})=20\%$的系统，在温度达到 $C$ 点［图 5.20（b）］以前，系统是单一液相的降温过程，在步冷曲线上，温度随着时间延长而平滑下降；温度达到 $C$ 点时，步冷曲线斜率变小，此时系统中有固相 Bi 析出，因为 Bi 的凝固放热降低了系统的冷却速度，使步冷曲线出现转折，此时随着温度的下降，熔液中的固态金属 Bi 不断析出，金属 Cd 仍保持熔融状态。因此，步冷曲线呈现抛物线状。

温度降至低共熔温度 140°C 时，在步冷曲线上出现了平台。观察冷却后的样品，发现 140°C 是第 2 个固相 Cd 开始凝固析出的温度，此时系统中液体、固体 Cd 和固体 Bi 三相平衡共存，自由度等于零。用下列反应式表示可逆的共晶反应：

$$\mathrm{l}(E) \rightleftharpoons \mathrm{Bi(s)}+\mathrm{Cd(s)}$$

式中，$\mathrm{l}(E)$表示发生共晶变化中的液相；$E$ 点代表液相组成。两组分系统中三相平衡时，条件自由度 $F'=0$。在 140°C 凝固过程结束后，系统中液相完全消失，继续降温进入固体 Cd 和固体 Bi 的两相平衡区，步冷曲线上温度均匀下降，自由度是 1。

对于 $w(\mathrm{Cd})=40\%$的系统，此时系统的组成和低共熔物的组成相同，不断降温时，在步冷曲线上，温度随着时间延长而平滑下降；温度降至低共熔温度 140°C 时，固态的 Bi 和 Cd 同时析出，液相也即将消失，三相平衡，在步冷曲线上出现了平台。低共熔过程结束后，继续降温进入固体 Cd 和固体 Bi 的两相平衡区，步冷曲线上温度均匀下降。

对于 $w(\mathrm{Cd})=70\%$的系统，步冷曲线及分析完全类似于 $w(\mathrm{Cd})=20\%$的系统，区别是先析出的金属为 Cd。纯 Cd 系统也完全类似于纯 Bi 系统，平台期对应的是 Cd 的凝固点。

综上所述，在步冷曲线的绘制过程中，若全部物质析出，步冷曲线对应平台期，即凝固放热抵消了系统冷却放热；部分物质析出时，步冷曲线为抛物线状，部分组分凝固析出放热降低了系统的冷却速度；若系统无物质析出，则步冷曲线为斜直线，表示温度均匀下降。

## 5.6.3 固态完全不互溶且生成稳定化合物的二组分固液平衡相图

固态完全不互溶，液态完全互溶的二组分系统，A(s)与 B(s)虽不互溶但能形成一种或多种化合物，若化合物升温至熔化前，一直不分解，则称为稳定化合物。例如 CuCl(A)与 $FeCl_3$(B)可形成 AB 型稳定化合物；$H_2O$(A)和 $H_2SO_4$(B)可形成 AB 型、$A_2B$ 型以及 $A_4B$ 型稳定化合物。

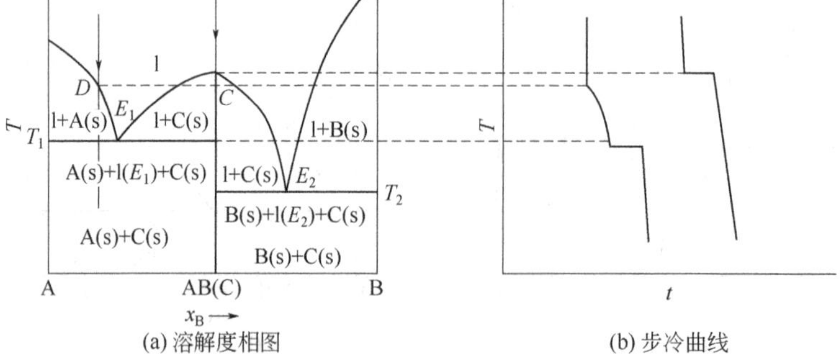


图 5.21　生成稳定化合物 C 的 A-B 二组分固液相图

以只形成一种稳定化合物AB为例，如图5.21所示。化合物AB熔化时，独立组分数为1，固液两相平衡，条件自由度$F'=1-2+1=0$。说明化合物熔化时系统温度不变，在固定温度下进行。稳定化合物的熔点称为相合熔点。因此该类相图又称为“具有相合熔点的二组分相图”。

相图中存在两个低共熔点，分别为$T_1$和$T_2$，发生的反应分别为：$l(E_1) \rightleftharpoons A(s)+C(s)$和$l(E_2) \rightleftharpoons B(s)+C(s)$。

生成稳定化合物的二组分相图可以认为是两个共晶型相图的简单合并。图5.21所示的A-B二组分系统，可以认为是由简单A-C二组分和C-B二组分两个相图组合而成的。各点线面的分析均可按照5.6.1节和5.6.2节中的相图解析进行分析。需要注意的是C为单组分系统，绘制步冷曲线时，类似于纯A和纯B。注意，具有相合熔点的二组分相图可以看成是$n+1$个“具备简单低共熔线二组分固-液相图”的组合，其中$n$为两个组分形成稳定化合物的个数。

当二组分之间能够形成多个稳定化合物时，在相图上会出现多个相合熔点。图5.22是$H_2O$(A)-$H_2SO_4$(B)二组分相图，由于$H_2O$和$H_2SO_4$能生成3个稳定化合物：$H_2SO_4 \cdot 4H_2O$、$H_2SO_4 \cdot 2H_2O$及$H_2SO_4 \cdot H_2O$，所以相图中会出现三个相合熔点以及四条低共熔线。请读者自行分析图5.22中各点线面的组成与自由度。

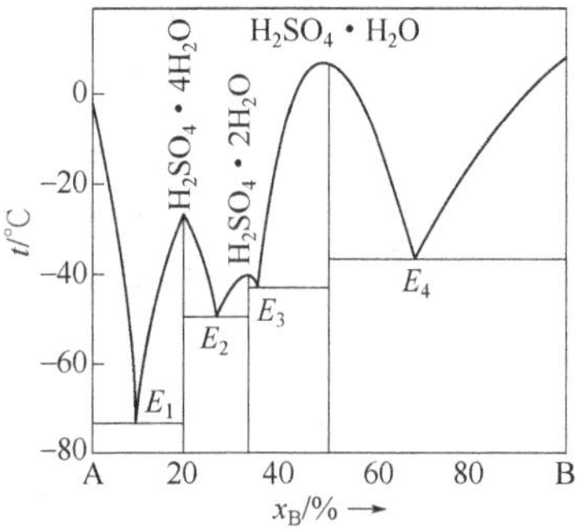


图5.22　生成稳定化合物C的A-B二组分固液相图

## 5.6.4　固态完全不互溶且生成不稳定化合物的二组分固液平衡相图

A与B形成的化合物，当升温时在熔化之前便分解成一种熔液和一种固体。这种化合物称不稳定化合物。例如$CaF_2$-$CaCl_2$系统，形成等分子化合物C：$CaF_2 \cdot CaCl_2(s)$，当化合物升温至737°C时便分解成$CaF_2(s)$和$x(CaCl_2)=0.6$的熔液，反应如下：

$$CaF_2 \cdot CaCl_2(s) \xrightleftharpoons{737°C} CaF_2(s)+l[x(CaCl_2)=0.6]$$

该反应称为转熔反应，737°C称为转熔温度或不相合熔点。该反应也称为包晶反应，即当合金凝固到一定温度时，已结晶出来的一定成分的旧固相与有确定成分的剩余液相发生反应生成另一种新固相的恒温转变过程。

其相图及各相区的组成如图5.23所示。化合物C发生分解时对应的$FON$线称为转熔线，对应上述化学反应，代表着$CaF_2 \cdot CaCl_2(s)$、$CaF_2(s)$和$x(CaCl_2)=0.6$的熔液三相平衡共存，条件自由度为0。

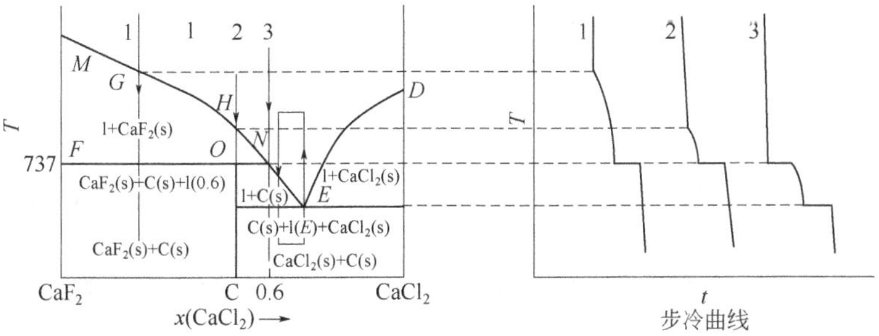


图5.23　生成稳定化合物C的A-B二组分固液相图

以图 5.23 的三条步冷曲线为例，分析三种不同组成的溶液降温过程的相变。

步冷曲线 1：在温度达到 $G$ 点以前，系统是熔融液相的降温过程，在步冷曲线上，温度随着时间延长而平滑下降，条件自由度为 2；温度达到 $G$ 点时，系统中有 $CaF_2$(s)析出，继续降温，步冷曲线呈现抛物线状，此时条件自由度为 1。温度降至 737°C 时，对应转熔反应，$CaF_2 \cdot CaCl_2$(s)、$CaF_2$(s)和 $x(CaCl_2) = 0.6$ 的熔液三相平衡共存，在步冷曲线上出现了平台，条件自由度等于 0。继续冷却，$CaF_2 \cdot CaCl_2$(s)和 $CaF_2$(s)两相平衡共存，条件自由度为 1。

步冷曲线 2：在温度达到 $H$ 点以前，系统是熔融液相的降温过程，条件自由度为 2；温度降至 $H$ 点，$CaF_2$(s)开始析出，继续降温，步冷曲线呈现抛物线状；继续降温至转熔温度，三相共存，出现平台期，继续降温，系统为纯 C 组分的固相系统。

步冷曲线 3：在温度达到 $N$ 点以前，系统是熔融液相的降温过程，温度降至 $N$ 点，此时熔液的组成为 $x(CaCl_2) = 0.6$，温度对应转熔温度，三相平衡，对应步冷曲线的平台期，继续降温，熔液中析出固态的化合物 $CaF_2 \cdot CaCl_2$(s)，降温至 $E$ 点温度时，出现低共熔线，对应熔液 E，固态化合物 $CaF_2 \cdot CaCl_2$(s)及 $CaCl_2$(s)的三相共存，$E$ 点为低共熔点，步冷曲线上出现平台期，继续降温，则为固态的化合物 $CaF_2 \cdot CaCl_2$(s)及 $CaCl_2$(s)的两相共存。

综上所述，具有转熔温度的相图可视为具有相合温度相图的变形，即化合物和某反应物间不存在低共熔点（反应物的熔点高于化合物时），具有转熔温度的相图相当于将简单的低共熔线抬高至 C 的熔点之上，相图表现中，化合物 C 不存在熔点，只有转熔温度。

其次，转熔温度对应的反应为转熔反应。C 升温时对应热分解反应 $C(s) \rightleftharpoons CaF_2(s) + l(N)$，降温时则是化合反应 $CaF_2 + l(N) \rightleftharpoons C(s)$。

最后，图 5.23 中的三相线为转熔线，也是一种三相线，可以视为是低共熔线的变体。相律分析与低共熔线一致：$C = 2$，$P = 3$，$F' = 0$。

注意，要想获得纯 C，务必保证在熔液降温过程中，直接落到 $N$ 点右侧，$E$ 点左侧，$GH$ 线上方的区域中。此时降温才能够得到纯 C 和熔液。

【**思考题**】请读者思考：为什么物系点落到 $N$ 点左侧不可以获得纯固态化合物 C？

# 5.7 存在固溶体的二组分固液平衡相图

固态合金是一种金属均匀溶解于另一种金属中所形成的固溶体。许多金属之间能形成固溶体。当形成固溶体的两种金属原子尺寸相近、能在晶格中互相取代时，所形成的固溶体称为置换式固溶体或代位固溶体；当一种金属原子很小，能够镶嵌在另一种金属晶格的空位中时，所形成的固溶体是间隙式固溶体。除合金外，其它非金属物质间也能形成固溶体。固溶体可以分为部分互溶及全部互溶两种情况。

## 5.7.1 固相完全互溶的二组分固液平衡相图

### 5.7.1.1 相图分析

这类二组分相图中，液态下互溶形成熔液，固态中，溶质原子溶入金属溶剂的晶格形成合金相，即固溶体，固态和液态均为均相物质，为单相二组分系统，条件自由度为 2，如图 5.24 所示，(a) 为理想的固液相图（Au-Ag 相图），(b) 为存在最低熔点的固溶体相图（Au-Cu 相图）。相图结构完全类似于完全互溶双液系的气液 $T$-$x$ 相图，相图各点线面的含义及对应的自由度分析均可参考 5.3.2 节的内容。其实，类似于 Au-Ag 相图的二组分系统并不常见，一般情况下，只有两个组分粒子大小相近，晶体结构相似时，才能构成这种系统。类似的二组分系统还有 $PbCl_2$-$PbBr_2$、Cu-Ni 和 Co-Ni 等相图。此外除了具有最低熔点的二组分固溶体相图，也存在具有最高熔点的二组分固溶体相图，例如 d-$C_{10}H_{14}$=NOH 与 l-$C_{10}H_{14}$=NOH 二组分相图，只是类似案例非常罕见。

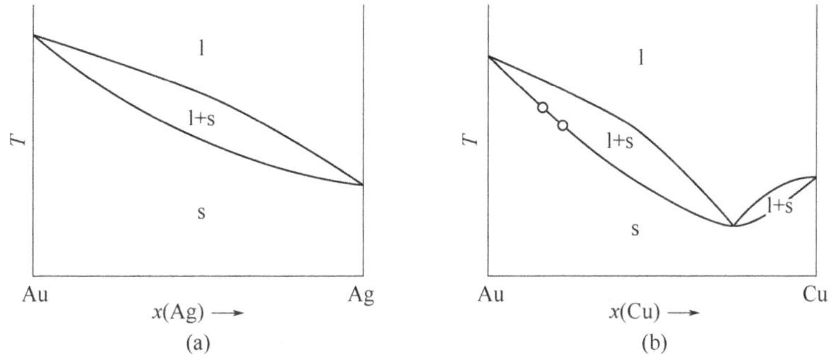


图 5.24　固态完全互溶的 A-B 二组分固液相图

### 5.7.1.2　金属的热处理方法

（1）枝晶偏析

但在固体析出的实际过程中，由于固体内部物质扩散作用进行得较慢，而冷却过程较快，因此析出的固溶体并不均匀。以图 5.24 中的 Au-Ag 相图为例，对二组分熔液进行降温时，先析出的固溶体中高熔点组分 Au 较多，一般称为“枝晶”，后析出的固溶体中低熔点组分 Ag 较多，因此在最后所得的固溶体的内部枝晶含量较多，而固体表面 Ag 的含量更多。这种二组分熔液降温形成内外不均匀的固溶体现象称为枝晶偏析。

（2）退火

显然，枝晶偏析现象不利于金属材料的稳定。因此，为了消除偏析的影响，常把固溶体加热到接近熔化（尚未熔化）的高温，并在该温度下保持足够长的时间，以加快分子的扩散速率，使固溶体内的各组分分布均匀。这种金属热处理方法称为扩散退火。

（3）淬火

金属材料的热处理方法中，除了退火方法，还有一种方法称为淬火，即在二组分金属熔融状态，或者高温状态时，快速降温冷却，此时金属突然冷却，来不及发生枝晶偏析。虽然温度降低，但系统仍保持高温结构状态。

（4）区域熔炼

信息产业的发展需要高纯度的金属材料。若两种金属固相部分互溶或完全互溶，则可通过区域熔炼提纯金属。以图 5.25 为例，（a）是固态完全互溶的二组分相图，A 表示目标金属，B 表示杂质金属，$C_0$ 表示初始系统的物系点。将系统冷却至 $T_1$ 温度时，系统进入液固两相平衡区，平衡的固相组成和液相组成分别用 $S_1$ 和 $L_1$ 两个相点表示。此时，固相中 A 的浓度 $S_1$ 高于初始系统中 A 的浓度。

如果将 $T_1$ 温度时的固相加热至 $T_2$ 温度，当系统重新达到液固两相平衡时，固相中 A 的浓度 $S_2$ 高于 $T_1$ 温度时固相中 A 的浓度 $S_1$，说明这个过程中 A 在固相中发生了富集。重复此操作，终将获得纯 A。显然，区域熔炼与双液系中的“精馏原理”非常类似。

图 5.25（b）是区域熔炼操作示意图。用可移动的加热环加热棒状合金，加热环缓慢从左向右移动，左边凝固时，目标金属在棒的左端富集；随着加热环向右移动，杂质金属在棒

的右端液相中富集。经过反复操作，杂质都集中到了棒的右端，在试样的左端获得纯度很高的金属，杂质量可控制在亿万分之一。

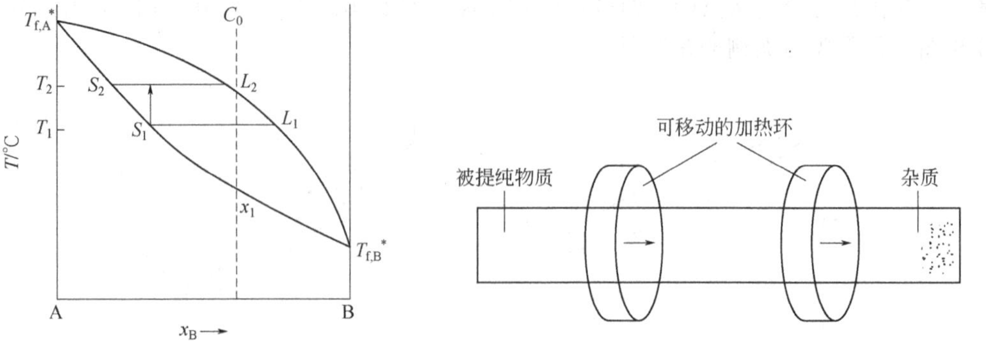


(a) 固态完全互溶二组分相图　　(b) 区域熔炼原理

图 5.25　区域熔炼原理示意图

## 5.7.2　固相部分互溶的二组分固液平衡相图

如图 5.26 所示，此类相图中液态完全互溶，固态部分互溶形成固溶体，固态不互溶部分的相图结构类似于部分互溶双液系相图，即图 5.16 中的“帽形区”。固溶体溶解度的两条曲线为 *CM* 和 *DN*。*CM* 线的左边以及 *DN* 线的右边均为固溶体区域，分别用两个不同的字母表示，即 α 和 β 固溶体。α 固溶体是 B 溶解在 A 基体中形成的固溶体，β 固溶体是 A 溶解在 B 基体中所形成的固溶体，均为单相区，条件自由度为 2。帽形区中为两个固溶体的两相平衡。

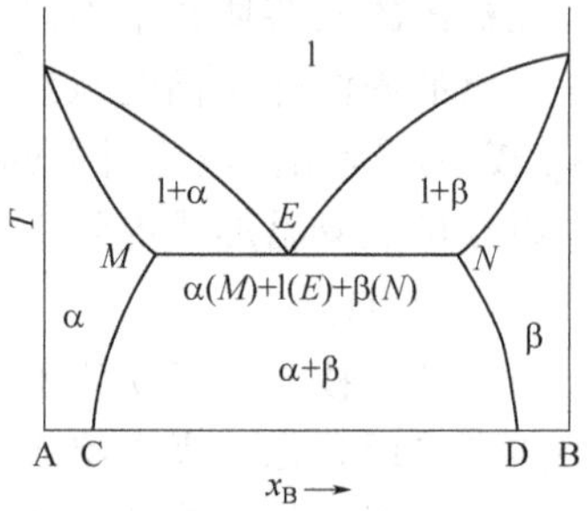


图 5.26　固态部分互溶的 A-B 二组分固液相图

水平线温度表示低共熔温度，低共熔反应为：

$$\mathrm{l}(E) \rightleftharpoons \alpha(M)+\beta(N)$$

其中（*E*）代表共晶反应时 *E* 点组成的液相，α(*M*)和 β(*N*)分别代表组成为 *M* 点和 *N* 点的固溶体。*E* 点代表熔液即将消失，两个固溶体即将析出，此时系统三相平衡，条件自由度为 0。

二组分 Pb-Sn、Pb-Sb、Bi-Sn、AgCl-CuCl、MgO-CaO、$KNO_3$-$NaNO_3$ 相图属于这类相图。

## 5.7.3　固相部分互溶且转熔型二组分固液平衡相图

如图 5.27 所示，固态部分互溶，且具有转熔温度的二组分 A-B 相图。图中 *C* 与 *D* 分别为 A 与 B 的熔点，*CMD* 上方的区域为熔液二组分单相区，条件自由度为 2。*CEF*A 及 *DNG*B 为 A 与 B 形成的固溶体区域，单相区，条件自由度为 2。

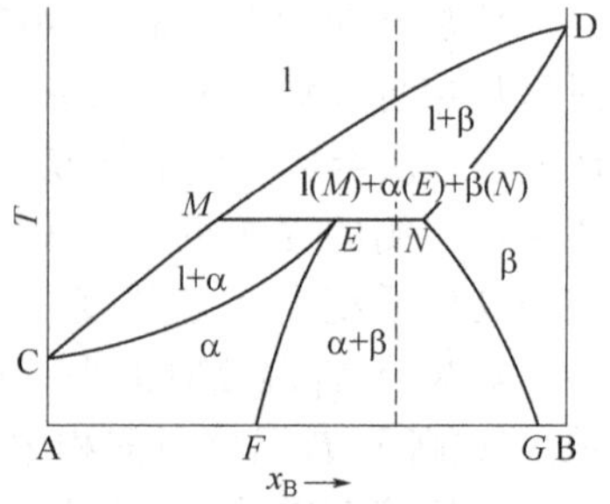


图 5.27　固态部分互溶且具有转熔温度的 A-B 二组分固液相图

*EF* 和 *NG* 线分别为 B 在 A 中的溶解度曲线，以及 A 在 B 中的溶解度曲线。水平线 *MEN* 为转熔线，对应的转熔反应为：$\alpha(E) \rightleftharpoons \mathrm{l}(M)+\beta(N)$，意味着组成为 *E* 的固溶体 α 在对应的转熔温度下，分解为组成为 *M* 的熔液以及组成为 *N* 的固溶体 β。该线三相平衡，条件自由度为 0。

当物系点处于 $MN$ 之间时（如虚线所示），逐渐降温，物相首先从熔液变为固溶体 β 与熔液的两相平衡区，降至转熔温度时，出现固溶体 α，此时 α($E$)、l($M$)与 β($N$)三相平衡，继续降温则会进入两个固溶体两相平衡的“帽形区”。

类似的相图有 Hg-Cd、Ag-Pt 等系统。

第 5 章基本概念索引和基本公式汇总

# 习　题

## 一、问答题

1. 何谓水的冰点与三相点？二者有何区别？物系点与相点有什么区别？
2. 米粉和面粉，混合得十分均匀，再也无法彼此分开，这个混合系统有几相？并说明原因。
3. 写出纯物质任意两相平衡的克拉佩龙方程式及气液（或气固）两相平衡的克劳修斯-克拉佩龙方程的微分式及积分式。并指出各公式的适用条件。
4. 指出下述相图中的错误之处。

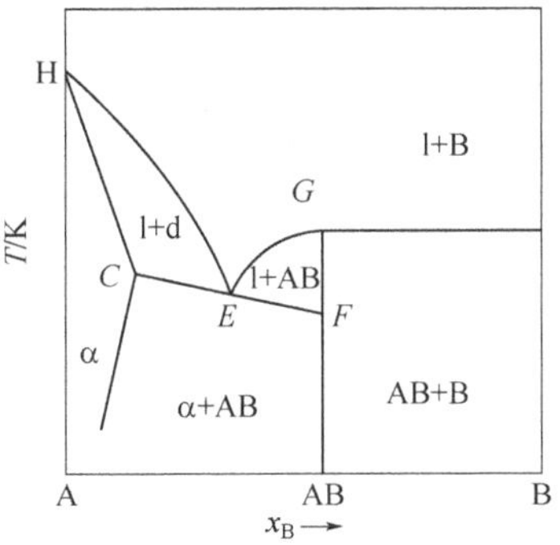


5. 在高温、催化剂存在的条件下，将 $H_2$ 和 $H_2O$(g)按化学反应的计量关系 1∶1 通入系统并到达平衡后，系统中组分数为多少？
6. $Na_2CO_3$ 与水可形成三种化合物：$Na_2CO_3·H_2O$(s)、$Na_2CO_3·7H_2O$(s)和 $Na_2CO_3·10H_2O$(s)。试说明：

   （1）在 101.325kPa 下，能与 $Na_2CO_3$ 水溶液及冰平衡共存的含水盐最多可以有几种？

   （2）在 303K 时，与水蒸气平衡共存的含水盐最多可以有几种？
7. 请说明在固液平衡系统中，稳定化合物、不稳定化合物、固溶体三者的区别。它们的相图各有何特征？
8. 在三相点附近，固相与气相间的平衡曲线（$p$-$T$ 曲线）的斜率的绝对值一般比液相与气相的要更大些，给出这一事实的热力学解释。
9. 在 25°C 时，A、B 和 C 三种物质互不发生反应，这三种物质所形成的溶液与固相 A 和由 B 和 C 组成的气相同时平衡。

（1）试问此系统的自由度数为多少？

（2）试问此系统中能平衡共存的最大相数为多少？

（3）在恒温条件下，如果向此溶液中加入组分 A，系统的压力是否改变？如果向系统中加入组分 B，系统的压力是否改变？

10．试说明：

（1）低共熔过程与转熔过程的异同；

（2）低共熔物与固溶体的区别。

11．小水滴与水蒸气混在一起，它们都有相同的组成和化学性质，它们是否是同一个相？说明原因？

12．假定纯物质 A 的液相在一定温度下处于平衡。在相同温度下气相中通入与物质 A 完全无关的气体 B，物质 A 的蒸气压怎样变化？假设气体 B 在物质 A 的液相中不溶解。

13．水蒸气在何种条件下能形成霜或露？并解释一般冬、夏夜晚结霜、凝露的原因。

14．金粉和银粉混合后加热使之熔融然后冷却得到的固体是同一相还是两相？说明原因。

15．请指出 C(s) 与 CO(s)、$CO_2$(g)、$O_2$(g) 在 973K 达平衡时，系统的独立组分数、相数和自由度数各为多少？

**二、相图分析**

1．指出下面二组分凝聚系统相图中各部分中的平衡相态。

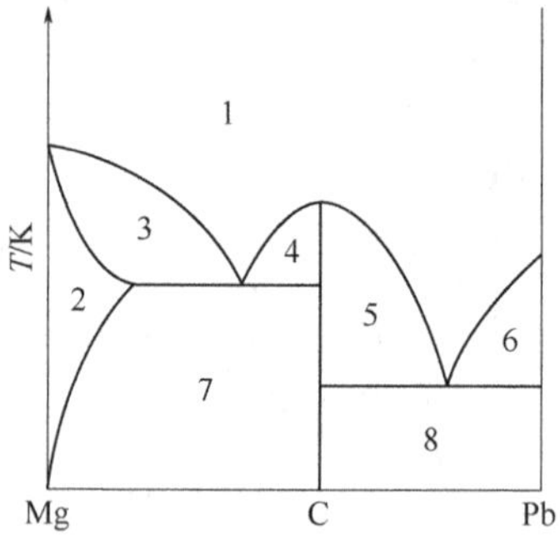


2．请在下述二组分等压固液 $T$-$x$ 图上：

（1）注明各区相态；

（2）指出相图中哪些状态自由度为零？

（3）绘制从 $M$ 点开始冷却的步冷曲线。

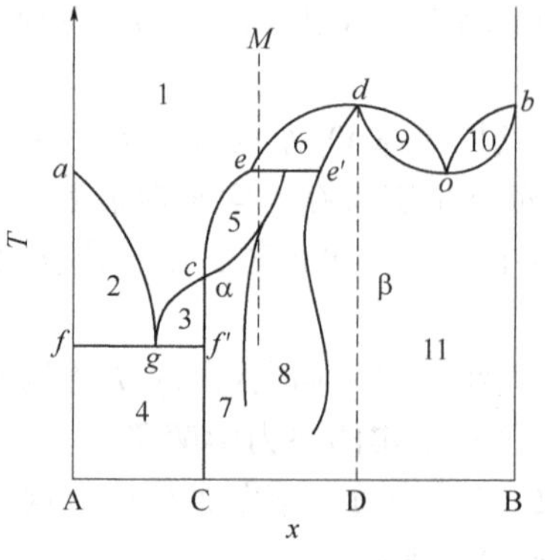


3．单组分系统相图如下。

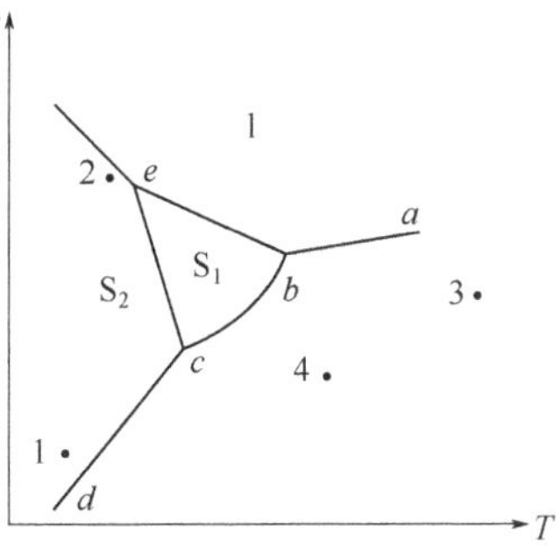


试分别说明：

（1）从 1 处等压加热过程；

（2）从 2 处等压加热过程；

（3）从 3（临界点以外）处等温压缩过程；

（4）从 4 处等温压缩过程；

（5）从 $b$ 点处等温或等压降温过程中系统的变化情况如何？

4．氯化钾和氟钽酸钾形成化合物 $KCl\cdot K_2TaF_7$，其熔点为 758°C，并且在 KCl 的摩尔分数为 0.2 和 0.8 时，分别与 KCl、$K_2TaF_7$ 形成两个低共熔物，低共熔点均为 700°C。KCl 的熔点为 770°C，$K_2TaF_7$ 的熔点为 726°C。

（1）绘出 KCl 和 $K_2TaF_7$ 系统的相图；

（2）标明相图各区的相态；

（3）应用相律说明该系统在低共熔点的自由度。

5．$NaCl\text{-}H_2O$ 二组分系统的低共熔点为−21.1°C，低共熔点时溶液的组成为 $w_{NaCl} = 23.3\%$，在该点有冰和 $NaCl\cdot 2H_2O$ 的结晶析出。在 $w_{NaCl} = 27\%$和−9°C 处有一个不相溶点，在该温度下 $NaCl\cdot 2H_2O$ 分解并生成无水 NaCl。已知无水 NaCl 在冰中的溶解度随温度升高变化很小。

（1）试绘制一简图，并指出图中面、线、点的意义；

（2）若在冰水平衡系统中，加入固体 NaCl 来作制冷剂，可获最低温度是多少？

（3）某工厂利用海水（$w_{NaCl} = 2.5\%$）淡化制淡水，方法是泵取海水在装置中降温，析出冰，然后将冰融化而得淡水，问冷冻至什么温度所得淡水最多？

6．标出下述相图中各相区的相态。并说明 $MV$ 线代表几相平衡共存，并解释之。

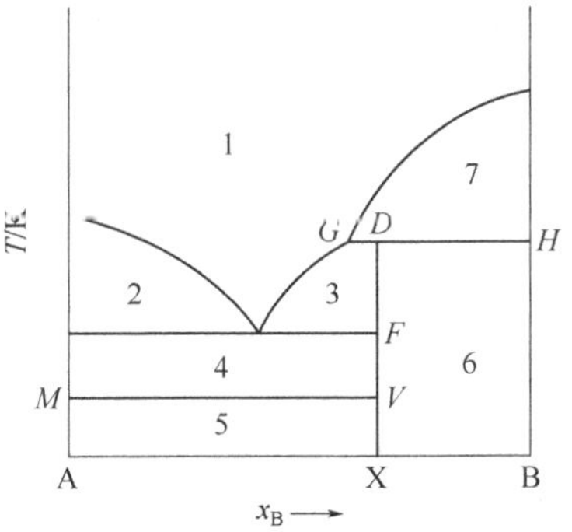


7．$HNO_3$ 与 $H_2O$ 能形成 $HNO_3\cdot 3H_2O$ 和 $HNO_3\cdot H_2O$ 两种水化物，其熔点分别为−17°C 和−39°C，$HNO_3$ 的熔点为−42°C，低共熔点为：

$t_1 = -43°C$，含 $HNO_3$ 32%（质量分数）

$t_2 = -42°C$，含 $HNO_3$ 70.5%（质量分数）

$t_3 = -66°C$，含 $HNO_3$ 89.9%（质量分数）

请绘出 $H_2O$-$HNO_3$ 相图。

8．指出下面二组分凝聚系统相图中各相区的相态组成。

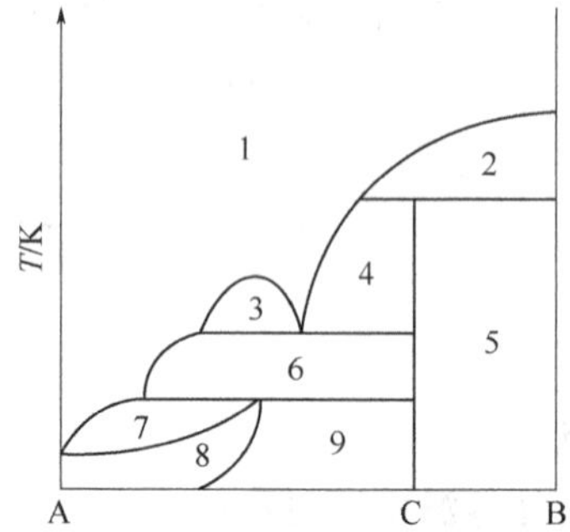


9．等压下，Tl、Hg 及其仅有的一个化合物（$Tl_2Hg_5$）的熔点分别为 303°C、–39°C、15°C。另外还已知组成为含 8%（质量分数）Tl 的溶液和含 41%Tl 的溶液的步冷曲线如下图。

（1）画出上面系统的相图。（Tl、Hg 的原子量分别为 204.4、200.6）

（2）若系统总量为 500g，总组成为 10%Tl，温度为 20°C，使之降温至–70°C 时，求达到平衡后各相的量。

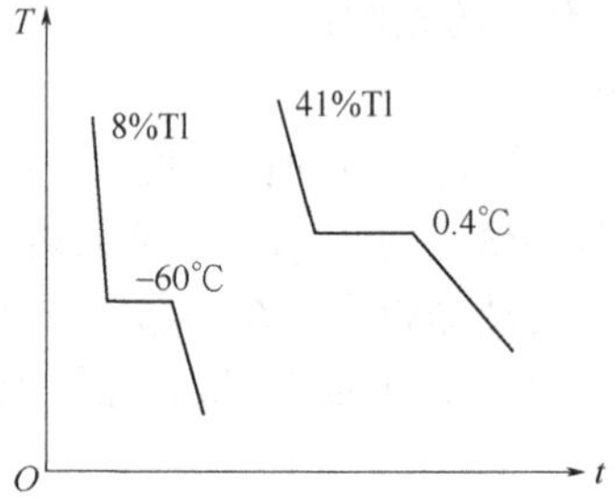


## 三、计算题

1．结霜后的早晨冷而干燥，在–5°C，当大气中的水蒸气分压降至 266.6Pa 时霜会变为水蒸气吗？若要使霜存在，水蒸气的分压要有多大？

已知水的三相点：273.16K，611Pa，水的 $\Delta_{vap}H_m(373\ K) = 45.05kJ \cdot mol^{-1}$，$\Delta_{fus}H_m(373K) = 6.01kJ \cdot mol^{-1}$。

2．在 100～120K 的温度范围内，甲烷的蒸气压与热力学温度 $T$ 如下式所示：$\lg(p/Pa) = 8.96 - 445/(T/K)$，甲烷的正常沸点为 112K。在 $1.01325 \times 10^5 Pa$，下列状态变化是等温可逆地进行的。$CH_4(l) = CH_4(g)$（$p^\ominus$，112K）

试计算：

（1）甲烷的 $\Delta_{vap}H_m^\ominus$、$\Delta_{vap}G_m^\ominus$ 和 $\Delta_{vap}S_m^\ominus$；

（2）环境的 $\Delta S_{环}$ 和总熵变 $\Delta S$。

3．已知苯在 $p^\ominus$、268.15K 时，$\Delta_{fus}G_m^\ominus(268.15K) = 326.77J \cdot mol^{-1}$，苯蒸气可视为理想气体，液相苯的饱和蒸气压 $p_1$ 与温度的关系为 $\ln(p_1/Pa) = -4156.5/(T/K) + 23.377$，已知：$p_s(273.15K) = 3.256kPa$，求苯的三相点。

4．某物质的固体及液体的蒸气压可分别用下式表示：

固体：　　$\lg(p/Pa) = 11.454 - 1864.8/(T/K)$　　（1）

液体：　　$\lg(p/\text{Pa}) = 9.870 - 1453/(T/\text{K})$　　（2）

试求其：

（1）摩尔升华焓；

（2）正常沸点；

（3）三相点的温度和压力；

（4）三相点的摩尔熔化熵。

5. 已知 $H_2O(s)$的熔化热 $\Delta_{fus}H_m^\ominus = 6.025\text{kJ}\cdot\text{mol}^{-1}$，水的汽化焓 $\Delta_{vap}H_m^\ominus = 40.680\text{kJ}\cdot\text{mol}^{-1}$。试计算：

（1）在 273.15K 时，水结成冰过程的 $\Delta(\partial\mu/\partial T)_p$ 值；

（2）在 273.15K 时，水蒸气液化成水过程的 $\Delta(\partial\mu/\partial T)_p$ 值。

6. 白磷的熔化热是 $627.6\text{J}\cdot\text{mol}^{-1}$（假定与 $T$、$p$ 无关），液态磷的蒸气压为：

| $p$/Pa | 133.3 | 1333 | 13330 |
|---|---|---|---|
| $T$/K | 349.8 | 401.2 | 470.5 |

（1）计算液态磷的汽化焓 $\Delta_{vap}H_m$；

（2）三相点的温度为 317.3K，计算三相点的压强；

（3）计算 298.2K 时，固态白磷的蒸气压。

7. 298K 时，硫的两种晶型的热力学数据如下：

| 晶型 | $\Delta_f H_m^\ominus/(\text{kJ}\cdot\text{mol}^{-1})$ | $S_m^\ominus/(\text{J}\cdot\text{K}^{-1}\cdot\text{mol}^{-1})$ | $C_{p,m}/(\text{J}\cdot\text{K}^{-1}\cdot\text{mol}^{-1})$ |
|---|---|---|---|
| 单斜 | 0.297 | 32.55 | $14.90 + 29.12\times10^{-3}T$ |
| 正交 | 0 | 31.88 | $14.98 + 26.11\times10^{-3}T$ |

（1）在 298K、101.3kPa 下，单斜硫与正交硫哪个稳定？

（2）求出 101.3kPa 下正交硫与单斜硫平衡共存的温度？

8. 试计算气温为 273.15K 时，$h = 4\text{km}$ 高处水的沸点。已知 $h = 0$ 处的压力（即地面的大气压力）$p^\ominus = 101.325\text{kPa}$，空气的平均摩尔质量 $M = 29\times10^{-3}\text{kg}\cdot\text{mol}^{-1}$，设 0～4km 之间空气的温度一致，水的摩尔蒸发热 $\Delta_{vap}H_m = 40.67\text{kJ}\cdot\text{mol}^{-1}$，重力加速度 $g = 9.81\text{m}\cdot\text{s}^{-2}$。

9. 在 298.15K 时，$H_2O$—$CH_3OH$—$C_6H_6$ 在一定浓度范围内部分互溶而分为两层，其相图如下：今有 0.025kg 含乙醇的质量分数为 46%的水溶液，拟用苯萃取其中乙醇，问若用 0.10kg 苯一次萃取，能从水溶液中萃取出多少乙醇？

10. 固态 $CO_2$ 的饱和蒸气压（Pa）与温度（K）的关系为 $\ln p = -1353T + 11.957$，已知熔化热（焓）$\Delta_{fus}H^\ominus = 8326\text{J}\cdot\text{mol}^{-1}$，三相点的温度为 216.55K。

（1）求三相点的压力；

（2）在 100kPa 下，$CO_2$ 能否以液态存在？

（3）找出液态 $CO_2$ 的饱和蒸气压与温度的关系式。

# 第 6 章

# 化学平衡与电化学系统

**【学习意义】**

本章拟讨论无非体积功以及包含电功时的化学反应平衡，在构建平衡态基础上，建立化学反应平衡并由此定义平衡常数，再通过热力学性质阐释其数值意义，为理解实际化学反应提供了理论基础。

**【核心概念】**

化学平衡的本质；标准平衡常数；化学平衡等温式；能斯特方程；电极电势；极化电势。

**【重点问题】**

1. 如何从多组分系统的各物质化学势的变化理解化学反应平衡态？
2. 如何理解可逆电池中的“可逆”以及由此构建的能斯特方程？
3. 如何以可逆电池（电极）为基础讨论实际电化学系统与极化电势？
4. 是否可以构建起化学反应平衡系统的热力学框架，准确地描述其中各热力学函数间的关系？

热力学平衡态（本书 1.1.5 节）的含义包括温度平衡、力学平衡、相平衡与化学平衡。基于热力学基本定律的学习，封闭系统中多数过程的热力学平衡态的性质、方向以及限度问题均可以得到解决。本章的目标是借助热力学第一和第二定律，解决化学反应过程中的热力学性质，即反应的方向与限度——化学平衡。而化学平衡的核心思想是：在一定的温度和压力条件下，反应中各物质的混合倾向于改变至系统的最小自由能状态。

多数化学反应可以同时向正反两个方向进行，在一定的温度、压力或浓度等条件下，当正反两个方向的反应速率相等时，系统就达到了化学平衡状态。平衡后，系统中各物质的含量宏观上均不再改变，并且产物和反应物的相对含量之间存在一定的比例关系，只要外界的温度、压力、浓度等条件不变，这个平衡状态就会保持下去。系统的这种平衡状态代表了系统在给定条件下反应进行的最高限度，通常使用平衡常数表示。

上述的化学反应和化学平衡可以在等温、等压、无非体积功的封闭系统中进行，即范托夫反应箱（图 1.4）；也可以在等温、等压、存在电功的封闭系统中进行，即可逆电池模型。本章的 6.1～6.5 节将介绍不涉及电功的化学平衡系统的热力学特征，包括化学平衡常数的定义、计算与影响因素；6.6～6.11 节将介绍存在电功条件下的化学平衡系统，及其中所涉及的电能与化学能的转化，6.12～6.13 节将依据电化学平衡系统，讨论非理想条件下的电极与电化学反应。

## 6.1 化学反应的方向与限度

研究化学反应，主要包含两个基本问题：①热力学问题——反应的方向与限度；②动力学问题——反应的快慢与机理。

从热力学角度分析，化学反应的方向与限度问题本质的讨论，应归结为等温等压条件下，反应系统中吉布斯函数的变化问题：等温、等压、无非体积功时的任何过程达到平衡时，其过程的吉布斯函数变化 $\Delta G=0$。

### 6.1.1 化学平衡的热力学含义

等温等压、没有非体积功的封闭系统中，化学反应过程达到平衡时，同任何其它过程一样，应遵循可逆过程或者是平衡态的热力学描述。

① 温度压强一定，且没有非体积功时，根据 2.5 节中的方程式（2.37）知：封闭系统中的热力学过程的吉布斯自由能满足自由能减小原理，当过程达到平衡时，$\Delta G_{T,p}=0$。当该热力学过程为化学反应过程时，始态和终态分别对应反应物和产物，因此当反应进度 $\xi=1\text{mol}$ 时（反应进度的概念请参考 2.8.1 节），摩尔反应吉布斯函数变为 0，如下式所示：

$$\Delta_r G_m=\left(\frac{\partial G}{\partial \xi}\right)_{T,p,W_f=0}=0 \tag{6.1}$$

② 根据上式，对于任意反应 $\sum \nu_B B=0$，反应进度 $\xi=1\text{mol}$，当反应达到平衡时，产物与反应物的吉布斯自由能应相等。根据偏摩尔量的加和定理，即式（3.18），反应平衡时，产物和反应物的偏摩尔吉布斯自由能（狭义化学势）之和相同，即反应物和产物的化学势之和相等，如下式所示：

$$\Delta_r G_m=\sum \nu_B \mu_B=0 \tag{6.2}$$

式中，$\nu_B$ 为反应中各物质的化学计量系数。上述两式均描述了化学平衡时的热力学特征：即反应前后的 $\Delta_r G_m$ 为零，或反应物与产物的化学势之和相等。

对于同一化学反应系统，联立式（6.1）和式（6.2），可得：

$$\Delta_r G_m=\left(\frac{\partial G}{\partial \xi}\right)_{T,p,W_f=0}=\sum \nu_B \mu_B \tag{6.3}$$

### 6.1.2 化学平衡的本质

当温度和压强一定时，由式（6.3）可知，对于反应过程中的 $G$ 函数，可视 $G$ 为反应进度 $\xi$ 的函数，记为 $G=f(\xi)$，因此式（6.3）中，$\Delta_r G_m=\left(\frac{\partial G}{\partial \xi}\right)_{T,p,W_f=0}$ 可视为 $G$ 函数对反应进度 $\xi$ 的一阶导数，即：

$$\Delta_r G_m=\left(\frac{\partial G}{\partial \xi}\right)_{T,p,W_f=0}=f'(\xi) \tag{6.4}$$

因此，可用 $G$-$\xi$ 函数图象表示反应的摩尔吉布斯函数，如图 6.1 所示。

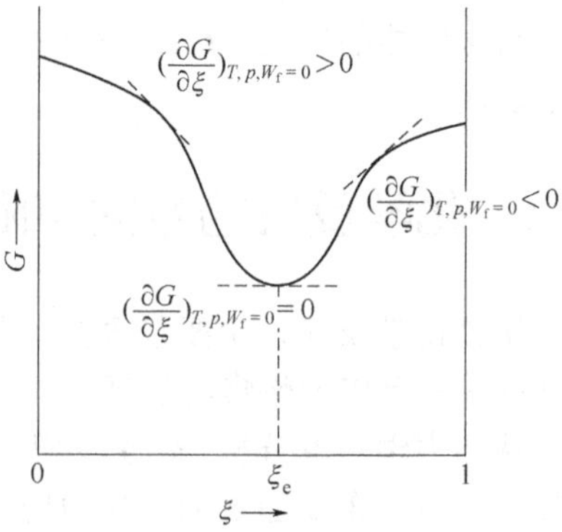


图 6.1　系统的吉布斯自由能和 $\xi$ 的关系

显然，当 $\left(\frac{\partial G}{\partial \xi}\right)_{T,p,W_f=0}=0$ 时，对应方程式（6.1），反应过程达到平衡；当斜率为负，即 $\left(\frac{\partial G}{\partial \xi}\right)_{T,p,W_f=0}<0$ 时，$\Delta_r G_m<0$，反应过程正向自发进行；反之，$\left(\frac{\partial G}{\partial \xi}\right)_{T,p,W_f=0}>0$ 时，$\Delta_r G_m>0$，反应过程逆向自发进行。

进一步讨论 $\Delta_r G_m$ 与反应进度之间的关系，联立式（6.3）和式（6.4）可得：

$$\left(\frac{\partial^2 G}{\partial \xi^2}\right)_{T,p,W_f=0}=\left(\frac{\partial \Delta_r G_m}{\partial \xi}\right)_{T,p,W_f=0}=\left(\frac{\partial \sum \nu_B \mu_B}{\partial \xi}\right)_{T,p,W_f=0} \tag{6.5}$$

随着反应的正向进行，即反应进度 $\xi$ 的增大，产物含量增大，反应物含量减小，此时产物的化学势增加，反应物的化学势减小，即：$\Delta\xi>0$ 时，$\sum \nu_B \mu_B>0$；反之亦然。因此，描述反应的吉布斯函数对反应进度的二阶导数恒大于零，即：

$$\left(\frac{\partial^2 G}{\partial \xi^2}\right)_{T,p,W_f=0}>0 \tag{6.6}$$

综上所述，$G=f(\xi)$ 函数中，存在一阶导数为零的点，且该点上二阶导数大于零，故 $G=f(\xi)$ 函数中必定存在极小值。对于化学过程而言，可得化学平衡的本质为：反应系统在能量最低状态时达到平衡。

在理解化学反应的方向和限度方面，需要注意以下三个方面：

① $\Delta G$ 函数的物理意义　$\Delta G$ 本质含义可以用来衡量温度、压强一定，且没有非体积功时的反应方向，对于任何满足条件的过程，当 $\Delta G<0$ 时，过程具备正向自发性。

② 化学反应的 $\Delta_r G_m$　温度、压强一定，且没有非体积功时，反应的 $G$-$\xi$ 曲线上存在极小值点，即对于任何反应，一定存在一条类似于图 6.1 的 $G$-$\xi$ 曲线。

③ 混合效应　由于混合效应，请参考方程式（3.81），任何纯的反应物或者生成物的 $G$（或 $\mu_B$）值均比相互间混合后的值要大。例如对于某具体反应：$D(g)+E(g) \longrightarrow F(g)$，式中，D 和 E 为反应物，F 为产物。随着反应物 D 和 E 的加入，以及产物 F 的生成，根据加和定理，反应系统中的 $G$ 函数满足下式：

$$\begin{aligned}G&=\sum n_B\mu_B=n_D\mu_D+n_E\mu_E+n_F\mu_F\\&=n_D\left(\mu_D^\ominus+RT\ln\frac{p_D}{p^\ominus}\right)+n_E\left(\mu_E^\ominus+RT\ln\frac{p_E}{p^\ominus}\right)+n_F\left(\mu_F^\ominus+RT\ln\frac{p_F}{p^\ominus}\right)\\&=\left[(n_D\mu_D^\ominus+n_E\mu_E^\ominus+n_F\mu_F^\ominus)+(n_D+n_E+n_F)RT\frac{p}{p^\ominus}\right]+RT(n_D\ln x_D+n_E\ln x_E+n_F\ln x_F)\end{aligned} \tag{6.7}$$

从热力学角度分析，混合效应导致了反应过程中各物质化学势的降低，因此从热力学角度看，没有放在一起绝对不反应的系统（方向），也没有理论上完全进行到底的反应（限度），任何反应最终都会达到动态平衡，并在该点系统能量最低。

## 6.2 标准平衡常数与平衡等温式

根据 6.1 节的内容，反应过程的平衡如同其它热力学平衡一样，使用过程的吉布斯函数变即可表示，如方程式（6.3）所示。但反应平衡中各物质的数量关系，尚不能通过此方程描述。本节将依据化学平衡的热力学本质，建立平衡时反应中各物质的数量关系，即化学平衡常数。

### 6.2.1 标准平衡常数

（1）反应商与标准平衡常数

对于任意化学反应，任意反应 $\sum_{\mathrm{B}}\nu_{\mathrm{B}}\mathrm{B}=0$，反应进度 $\xi=1\mathrm{mol}$ 时，反应的摩尔吉布斯函数变为：

$$\Delta_{\mathrm{r}}G_{\mathrm{m}}=\sum_{\mathrm{B}}\nu_{\mathrm{B}}\mu_{\mathrm{B}}=0 \tag{6.8}$$

式中，$\nu_{\mathrm{B}}$ 为化学反应物的计量系数。对于液态混合物中任意组分 B 的化学势为：

$$\mu_{\mathrm{B}}(\mathrm{l},T,p)=\mu_{\mathrm{B}}^{*}(\mathrm{l},T,p)+RT\ln a_{\mathrm{B}} \tag{6.9}$$

式中，纯 B 的参考态化学势为：$\mu_{\mathrm{B}}^{*}(T,p)=\mu_{\mathrm{B}}^{\ominus}+RT\ln\dfrac{p_{\mathrm{B}}^{*}}{p^{\ominus}}$。在化学平衡系统中，$p_{\mathrm{B}}^{*}$ 为组分 B 在平衡系统中的分压，其与系统的总压之间的关系为：$p_{\mathrm{B}}^{*}=p_{总}a_{\mathrm{B}}$。则 $\mu_{\mathrm{B}}(\mathrm{l},T,p)$ 可近似表示为：

$$\mu_{\mathrm{B}}(\mathrm{l},T,p)=\mu_{\mathrm{B}}^{\ominus}+RT\ln a_{\mathrm{B}}+RT\ln\frac{p_{总}}{p^{\ominus}} \tag{6.10}$$

将式（6.10）代入式（6.8），则：

$$\Delta_{\mathrm{r}}G_{\mathrm{m}}=\sum_{\mathrm{B}}\nu_{\mathrm{B}}\left(\mu_{\mathrm{B}}^{\ominus}+RT\ln a_{\mathrm{B}}+RT\ln\frac{p_{总}}{p^{\ominus}}\right) \tag{6.11}$$

令 $F_{\mathrm{B}}=RT\ln\dfrac{p_{总}}{p^{\ominus}}$，则：

$$\Delta_{\mathrm{r}}G_{\mathrm{m}}=\sum_{\mathrm{B}}\nu_{\mathrm{B}}\mu_{\mathrm{B}}^{\ominus}+RT\sum_{\mathrm{B}}\nu_{\mathrm{B}}\ln a_{\mathrm{B}}^{\nu_{\mathrm{B}}}+\sum_{\mathrm{B}}\nu_{\mathrm{B}}F_{\mathrm{B}} \tag{6.12}$$

式中，$\mu_{\mathrm{B}}^{\ominus}$ 为参与反应的反应物和产物的标准态化学势，对应温度为 $T$，压力为标准压力 $p^{\ominus}$ 时，反应中各物质 B 处于标准状态下的化学势；$\sum_{\mathrm{B}}\nu_{\mathrm{B}}\mu_{\mathrm{B}}^{\ominus}$ 表示参与反应的各物质处于对应标准状态下的标准摩尔反应吉布斯自由能 $\Delta_{\mathrm{r}}G_{\mathrm{m}}^{\ominus}$。对于压力积分项的加和 $\sum_{\mathrm{B}}\nu_{\mathrm{B}}F_{\mathrm{B}}$，显然，根据凝聚相近似，忽略固相和液相的压强变化对体积的影响，$F_{\mathrm{B}}=0$；对于多数常温常压下的气相反应，$p_{总}$ 和标准大气压相同，$F_{\mathrm{B}}=0$。

因此式（6.10）可表示为：

$$\Delta_r G_m = \Delta_r G_m^{\ominus} + RT\sum_B \ln a_B{}^{\nu_B} \tag{6.13}$$

对于某气相反应，$\nu_D D(g)+\nu_E E(g) \longrightarrow \nu_F F(g)$，其中 $\nu_D$、$\nu_E$ 与 $\nu_F$ 分别为 D、E 和 F 的化学计量系数，根据式（6.13），其中

$$\sum \ln a_B{}^{\nu_B} = \ln a_F{}^{\nu_F} + \ln a_E{}^{-\nu_E} + \ln a_D{}^{-\nu_D} = \ln \frac{a_F{}^{\nu_F}}{a_E{}^{\nu_E} a_D{}^{\nu_D}} = \ln a_F{}^{\nu_F} a_E{}^{-\nu_E} a_D{}^{-\nu_D} \tag{6.14}$$

简化上述表示方式，用 B 表示反应中的任意反应物或产物，令：

$$\ln a_F{}^{\nu_F} a_E{}^{-\nu_E} a_D{}^{-\nu_D} = \ln \prod_B a_B{}^{\nu_B} \tag{6.15}$$

式中，$\nu_B$ 为化学反应中各物质的计量系数，对反应物取负值，对产物取正值。定义反应商 $Q$：

$$Q = \prod_B a_B{}^{\nu_B} \tag{6.16}$$

$Q$ 表示产物的活度与其化学计量系数为幂的乘积除以反应物的活度与其化学计量系数为幂的乘积，故式（6.13）等价于：

$$\Delta_r G_m = \Delta_r G_m^{\ominus} + RT\ln \prod_B a_B{}^{\nu_B} = \Delta_r G_m^{\ominus} + RT\ln Q \tag{6.17}$$

显然，反应商 $Q$ 是由反应的任意阶段各物质的活度来定义的。而当反应达平衡时，此时 $\Delta_r G_m = 0$，即：

$$\Delta_r G_m^{\ominus} + RT\ln \prod_B a_B{}^{\nu_B} = 0 \tag{6.18}$$

此时各物质的活度为平衡活度 $a_B^{eq}$，式（6.18）等价于：

$$\Delta_r G_m^{\ominus} = -RT\ln \prod_B (a_B^{eq})^{\nu_B} \tag{6.19}$$

以式（6.14）中的连乘式 $\prod_B (a_B^{eq})^{\nu_B}$ 定义为标准平衡常数，记作 $K^{\ominus}$，数学表达式为：

$$K^{\ominus} = \exp\left(-\frac{\Delta_r G_m^{\ominus}}{RT}\right) = \prod_B (a_B^{eq})^{\nu_B} \tag{6.20}$$

（2）使用标准平衡常数的注意事项

联立式（6.19）和式（6.20），可得：

$$\Delta_r G_m^{\ominus} = -RT\ln K^{\ominus} \tag{6.21}$$

$K^{\ominus}$ 等同于反应达到平衡时的反应商。注意，无论使用反应商，还是标准平衡常数，在方程式（6.19）及式（6.20）中均为对数项。因此，$K^{\ominus}$ 量纲为 1，均需要使用活度表示反应中各物质的数量关系，且存在如下规则：

若反应中的任意物质 B 为气相，在理想气体近似中，近似用 B 的分压表示其逸度，定义中为方便表示，仍用 $a_B$ 表示，$a_B = \dfrac{p_B}{p^{\ominus}}$，其中 $p^{\ominus} = 100\text{kPa}$；

若反应中的任意物质 B 作为溶质，在理想溶液近似中，当用质量摩尔浓度表示 B 的活度时，则近似使用 $a_B=\frac{b_B}{b^\ominus}$，其中 $b^\ominus$=1mol·kg$^{-1}$；用摩尔浓度表示时，则近似使用 $a_B=\frac{c_B}{c^\ominus}$，其中 $c^\ominus$=1mol· L$^{-1}$。

若反应中的任意物质 B 为纯固相或液相，此时 $a_B=1$。注意，对于纯液体或固体，这些物质出现在化学反应中，其活度对反应商 $Q$ 或平衡常数 $K^\ominus$ 没有贡献。而对于气体反应或溶液中进行的反应，由于上述近似，得到的反应商 $Q$ 或平衡常数 $K^\ominus$ 的值也是近似的。

对于平衡常数的定义式（6.20），注意以下概念的辨析。

① 标准平衡常数并不意味着各物质处在标准状态下的平衡常数。标准平衡常数用以描述化学反应达到平衡时，各反应物和生成物的数量关系。按照等温等压条件下，热力学过程平衡的描述是根据“$\Delta_r G_m=0$”直接定义而来的。尽管存在式（6.21）的形式，但标准平衡常数 $K^\ominus$ 中的“标准”与物质标准态定义并没有直接关系。

② $\Delta_r G_m^\ominus$ 与 $\Delta_r G_m$ 的意义不一样。$\Delta_r G_m^\ominus$ 是反应中各物质处在对应的标准态（$p^\ominus$=100kPa）下的吉布斯函数变，后者 $\Delta_r G_m$ 是在任意温度压力条件下，一个反应过程在任意时刻，按照对应的化学计量关系的反应吉布斯函数变。

③ $\Delta_r G_m^\ominus(T)$ 并不等价于任意温度 $T$ 和标准压力条件下的 $\Delta_r G_m(T,p^\ominus)$。前者是参与反应的各物质都处在标准压力 $p^\ominus$= 100kPa 时的反应 $\Delta_r G$，后者是反应总压力（环境压力）为 100kPa 时的 $\Delta_r G$。只有在环境压力为 100kPa 时，且反应系统中只有一种气体物质时，两者相等。

（3）标准平衡常数的影响因素

标准平衡常数的影响因素包括温度、标准态的选取以及化学方程式的写法。

① 给定反应和标准态的平衡常数仅是温度的函数。

首先，根据 $\Delta_r G_m^\ominus=\sum \nu_B \mu_B^\ominus$，由于标准化学势 $\mu_B^\ominus$ 只由物质 B 的本性和温度决定，因此，标准反应吉布斯函数变也只由构成反应的物质本性与温度决定。

② 标准态不同，但 $\Delta_r G_m^\ominus$ 与 $\Delta_r G_m$ 相同。

当标准态的选取不同时，例如 $p^\ominus$=100kPa，$b^\ominus$=1mol·kg$^{-1}$ 或者 $c^\ominus$=1mol·L$^{-1}$，此时 $\Delta_r G_m^\ominus$ 的数值也并不相同。但对于给定反应过程，始终态相同时，尽管选择的标准态不同，反应的 $\Delta_r G_m$ 仍然相同。

③ $\Delta_r G_m^\ominus$ 与反应进度无关，但与化学方程式的写法有关。

$\Delta_r G_m^\ominus$ 与反应的具体形式有关，例如在相同的温度条件下，下列两种合成氨方程式的标准反应吉布斯函数变和标准平衡常数均不相同：

$$N_2(g)+3H_2(g) \longrightarrow 2NH_3(g) \quad \Delta_r G_m^\ominus(1)=-RT\ln K^\ominus(1) \tag{1}$$

$$2N_2(g)+6H_2(g) \longrightarrow 4NH_3(g) \quad \Delta_r G_m^\ominus(2)=-RT\ln K^\ominus(2) \tag{2}$$

根据盖斯定律，显然 $2\Delta_r G_m^\ominus(1)=2\Delta_r G_m^\ominus(2)$，联立方程式（6.16），则平衡常数之间必然满足：$[K^\ominus(1)]^2=K^\ominus(2)$。

## 6.2.2 化学反应等温式

联立方程式（6.17）和式（6.21）可得化学反应等温式：

$$\Delta_r G_m = -RT\ln K^{\ominus} + RT\ln Q \tag{6.22}$$

上式也称为范托夫（van't Hoff）等温式，式中，反应商 $Q$ 表示反应系统任意时刻的状态。而标准平衡常数 $K^{\ominus}$ 表示反应平衡时系统的状态。因此，$\Delta_r G_m$ 是判定过程方向性的依据，可以进一步借助 $K^{\ominus}$ 与 $Q$ 的相对大小，判定反应进行的方向。

$\Delta_r G_m < 0$ 时，$K^{\ominus} > Q$，此时，反应正向进行，反应过程具有热力学自发性。注意，热力学自发性仅表明在该条件下反应具备发生的自发可能性，能否真实发生还需要结合反应的动力学性质综合判定。

$\Delta_r G_m > 0$ 时，$K^{\ominus} < Q$，此时，反应不能正向进行。注意，这只是表示在当前温度和压力条件下，反应不能够正向自发进行，当改变了反应的条件，满足 $K^{\ominus} > Q$ 时，反应依然可以正向自发进行。

$\Delta_r G_m = 0$ 时，$K^{\ominus} = Q$，此时反应平衡，对应图 6.1 中的极小值点。反应系统中各物质的浓度不随着时间而改变。此时反应的正向和逆向反应速率相同。注意反应平衡并不意味着反应的停止，而是一种动态的平衡。此时，一旦有外界条件的改变，反应平衡状态可能会立即改变，进而建立新的平衡。

## 6.3 平衡常数的表示方法

平衡常数分为标准平衡常数和经验平衡常数，标准平衡常数的量纲为 1，通过平衡时的各物质活度表示的反应商 $\prod_B a_B^{\nu_B}$ 来确定，经验平衡常数量纲需要根据反应中各物质的浓度描述方式，通过平衡时的各物质浓度按照类似于反应商的形式 $\prod_B (\text{B的浓度})^{\nu_B}$ 来确定，B 的浓度可以通过压强、物质的量、摩尔分数、摩尔浓度或质量摩尔浓度等进行描述，其值不一定为 1。

按照化学平衡等温式（6.22）中的各项含义，与 $\Delta_r G_m^{\ominus}$ 对应的平衡常数一定为标准平衡常数（量纲为 1）。以气相反应为例，对于给定的气相反应：

$$a\text{A(g)}+b\text{B(g)} \xlongequal{\quad} c\text{C(g)}+d\text{D(g)}$$

达到平衡时，可以分别定义如下平衡常数，其中 $a$、$b$、$c$ 和 $d$ 分别为各物质的化学计量系数。

### 6.3.1 压力平衡常数

（1）标准压力平衡常数 $K_p^{\ominus}$

若上述反应为理想系统，即各气相物质均满足理想气体状态，则对于反应中的各物质浓度，均使用其对应的平衡分压进行描述，按照标准平衡常数即方程式（6.15）的定义，标准压力平衡常数 $K_p^{\ominus}$ 为：

$$K_p^{\ominus} = \frac{\left(\frac{p_C}{p^{\ominus}}\right)^c \left(\frac{p_D}{p^{\ominus}}\right)^d}{\left(\frac{p_A}{p^{\ominus}}\right)^a \left(\frac{p_B}{p^{\ominus}}\right)^b} = \frac{(p_C)^c (p_D)^d}{(p_A)^a (p_B)^b}(p^{\ominus})^{-\sum \nu_B} \tag{6.23}$$

式中，$p^{\ominus}=100\text{kPa}$；化学计量系数遵循反应进度中的相关定义：$\sum\nu_B=c+d-a-b$。此时标准平衡常数 $K_p^{\ominus}$ 的量纲为 1。对于理想气体反应，$K_p^{\ominus}$ 等同于标准平衡常数 $K^{\ominus}$，满足化学反应等温式（6.22）中物理意义的描述，即 $K_p^{\ominus}=\exp\left(-\dfrac{\Delta_r G_m^{\ominus}}{RT}\right)$。注意，对于给定反应，等压条件下，$\Delta_r G_m^{\ominus}$ 只是温度的函数，因此 $K_p^{\ominus}$ 也仅是温度的函数。

（2）经验压力平衡常数 $K_p$

基于式（6.23），不考虑标准态的校正，定义经验压力平衡常数 $K_p$ 为：

$$K_p=\frac{(p_C)^c(p_D)^d}{(p_A)^a(p_B)^b} \tag{6.24}$$

经验压力平衡常数 $K_p$，单位为 $\text{Pa}^{\sum\nu_B}$，$\sum\nu_B=c+d-a-b$，仅用来描述平衡时，反应中各物质的浓度关系和平衡位置。显然经验压力平衡常数不具备标准意义，是不可以代入化学反应等温式（6.22）进行计算的。$K_p$ 与 $K_p^{\ominus}$ 之间必然满足：

$$K_p^{\ominus}=K_p(p^{\ominus})^{-\sum\nu_B} \tag{6.25}$$

根据式（6.25），由于 $K_p^{\ominus}$ 仅是温度的函数，因此经验压力平衡常数 $K_p$ 也仅是温度的函数。

## 6.3.2 经验摩尔分数平衡常数 $K_x$

对于理想反应系统，反应式中各物质的浓度使用各自的摩尔分数（$x_C/x_D/x_A/x_B$）时，定义经验摩尔分数平衡常数 $K_x$：

$$K_x=\frac{(x_C)^c(x_D)^d}{(x_A)^a(x_B)^b} \tag{6.26}$$

$K_x$ 的量纲为 1，和经验压力平衡常数 $K_p$ 一样，不具备标准意义，不满足化学反应等温式（6.22）的物理意义。当反应的总压为 $p$，各物质的摩尔分数分别为 $x_C/x_D/x_A/x_B$ 时，联立式（6.26）以及式（6.23）：

$$K_p^{\ominus}=\frac{(px_C)^c(px_D)^d}{(px_A)^a(px_B)^b}(p^{\ominus})^{-\sum\nu_B}=\frac{(x_C)^c(x_D)^d}{(x_A)^a(x_B)^b}(p)^{\sum\nu_B}(p^{\ominus})^{-\sum\nu_B}$$

$K_x$ 与 $K_p^{\ominus}$ 之间必然满足：

$$K_p^{\ominus}=K_x(p)^{\sum\nu_B}(p^{\ominus})^{-\sum\nu_B} \tag{6.27}$$

根据式（6.27），显然压力和温度对经验摩尔分数平衡常数都有影响。因此，$K_x$ 不但是温度的函数，也是压力的函数。

## 6.3.3 经验物质的量平衡常数 $K_n$

反应式中各物质的浓度使用各自的物质的量（$n_C/n_D/n_A/n_B$）时，定义经验物质的量平衡常数 $K_n$：

$$K_n=\frac{(n_C)^c(n_D)^d}{(n_A)^a(n_B)^b} \tag{6.28}$$

$K_n$ 的单位为 $mol^{\Sigma\nu_B}$，不具备标准意义，不满足化学反应等温式（6.22）的物理意义。假设反应中的气体为理想气体，反应器体积为 $V$，联立式（6.28）以及式（6.23）：

$$K_p^\ominus = \frac{\left(\frac{n_C RT}{V}\right)^c \left(\frac{n_D RT}{V}\right)^d}{\left(\frac{n_A RT}{V}\right)^a \left(\frac{n_B RT}{V}\right)^b}(p^\ominus)^{-\sum\nu_B} = \frac{(n_C)^c(n_D)^d}{(n_A)^a(n_B)^b}\left(\frac{RT}{V}\right)^{\sum\nu_B}(p^\ominus)^{-\sum\nu_B}$$

$K_n$ 与 $K_p^\ominus$ 之间满足：

$$K_p^\ominus = K_n\left(\frac{RT}{V}\right)^{\sum\nu_B}(p^\ominus)^{-\sum\nu_B} \tag{6.29}$$

式中，$V$ 为反应系统的总体积。若反应满足理想气体状态方程，$pV = \sum n_B RT$，$\sum n_B$ 为反应系统总物质的量，则式（6.29）可转化为：

$$K_p^\ominus = K_n\left(\frac{p}{\sum n_B}\right)^{\sum\nu_B}(p^\ominus)^{-\sum\nu_B} \tag{6.30}$$

根据式（6.29），类似于 $K_x$，$K_n$ 不但是温度的函数，也是压力的函数。

## 6.3.4 逸度平衡常数

（1）标准逸度平衡常数 $K_f^\ominus$

当气体为实际气体时，各物质分压力用逸度（$f_C/f_D/f_A/f_B$）表示时，定义标准逸度平衡常数 $K_f^\ominus$ 为：

$$K_f^\ominus = \frac{(f_C)^c(f_D)^d}{(f_A)^a(f_B)^b}(p^\ominus)^{-\sum\nu_B} \tag{6.31}$$

对于非理想气体反应，$K_f^\ominus$ 满足化学反应等温式（6.22）中物理意义的描述，$K_f^\ominus$ 也仅是温度的函数。

（2）经验逸度平衡常数 $K_f$

定义经验逸度平衡常数 $K_f$ 为：

$$K_f = \frac{(f_C)^c(f_D)^d}{(f_A)^a(f_B)^b} \tag{6.32}$$

显然，$K_f$ 的单位为 $(Pa)^{\sum\nu_B}$，$\sum\nu_B = c+d-a-b$，不具备标准意义。由于 $f_B = p_B\gamma_B$，式（6.32）式中，逸度系数项提取出来用 $K_\gamma$ 表示：

$$K_\gamma = \frac{(\gamma_C)^c(\gamma_D)^d}{(\gamma_A)^a(\gamma_B)^b} \tag{6.33}$$

则

$$K_f = K_\gamma K_p \tag{6.34}$$

式中，$K_\gamma$ 不是平衡常数，只是按照平衡常数形式表达的校正项。由于逸度系数受温度和压力的影响，因此 $K_\gamma$ 是温度和压力的函数，经验逸度平衡常数 $K_f$ 也是温度和压力的函数。

标准逸度平衡常数与压力平衡常数之间的关系如下：

$$K_f^{\ominus}=\frac{(f_{\mathrm{C}})^c(f_{\mathrm{D}})^d}{(f_{\mathrm{A}})^a(f_{\mathrm{B}})^b}(p^{\ominus})^{-\sum\nu_{\mathrm{B}}}=K_p^{\ominus}K_\gamma \tag{6.35}$$

$$K_f^{\ominus}=\frac{(p_{\mathrm{C}})^c(p_{\mathrm{D}})^d}{(p_{\mathrm{A}})^a(p_{\mathrm{B}})^b}\times\frac{(\gamma_{\mathrm{C}})^c(\gamma_{\mathrm{D}})^d}{(\gamma_{\mathrm{A}})^a(\gamma_{\mathrm{B}})^b}(p^{\ominus})^{-\sum\nu_{\mathrm{B}}}=K_pK_\gamma(p^{\ominus})^{-\sum\nu_{\mathrm{B}}} \tag{6.36}$$

值得注意的是，由于 $K_f^{\ominus}$ 仅是温度的函数，而 $K_\gamma$ 是温度和压力的函数，根据式（6.35），对于实际气体的反应，其标准压力平衡常数 $K_p^{\ominus}$ 同时受温度和压力的影响，只有当温度和压力均固定时，标准压力平衡常数 $K_p^{\ominus}$ 才有确定值。

## 6.3.5 浓度平衡常数

（1）标准浓度平衡常数 $K_c^{\ominus}$

对于理想反应系统中的各物质浓度，均使用其对应的平衡物质的量浓度进行描述，则定义标准浓度平衡常数 $K_c^{\ominus}$ 为：

$$K_c^{\ominus}=\frac{\left(\dfrac{c_{\mathrm{C}}}{c^{\ominus}}\right)^c\left(\dfrac{c_{\mathrm{D}}}{c^{\ominus}}\right)^d}{\left(\dfrac{c_{\mathrm{A}}}{c^{\ominus}}\right)^a\left(\dfrac{c_{\mathrm{B}}}{c^{\ominus}}\right)^b}=\frac{(c_{\mathrm{C}})^c(c_{\mathrm{D}})^d}{(c_{\mathrm{A}})^a(c_{\mathrm{B}})^b}(c^{\ominus})^{-\sum\nu_{\mathrm{B}}} \tag{6.37}$$

式中，标准态取标准物质的量浓度 $c^{\ominus}=1\mathrm{mol\cdot L^{-1}}$；$\sum\nu_{\mathrm{B}}=c+d-a-b$；$K_c^{\ominus}$ 的量纲为 1。假设反应中的气体为理想气体，反应器体积为 $V$，联立式（6.37）以及式（6.23），可得 $K_c^{\ominus}$ 与 $K_p^{\ominus}$ 之间的关系：

$$K_c^{\ominus}=K_p^{\ominus}\left(\frac{c^{\ominus}RT}{p^{\ominus}}\right)^{-\sum\nu_{\mathrm{B}}} \tag{6.38}$$

对于理想的液相反应，$K_c^{\ominus}$ 满足化学反应等温式（6.22）中物理意义的描述，$K_c^{\ominus}$ 仅是温度的函数。对于气相反应，由于 $\Delta_{\mathrm{r}}G_{\mathrm{m}}^{\ominus}$ 和 $\mu_{\mathrm{B}}^{\ominus}$ 取气态标准态，一般通过理想气体的近似转换，将 $K_c^{\ominus}$ 转换成 $K_p^{\ominus}$ 后，仍使用标准压力平衡常数 $K_p^{\ominus}$ 与化学反应等温式进行关联。

（2）经验浓度平衡常数 $K_c$

对于理想反应系统，根据式（6.37），定义经验浓度平衡常数 $K_c$［$(\mathrm{mol\cdot L^{-1}})^{\sum\nu_{\mathrm{B}}}$］为：

$$K_{\mathrm{c}}=\frac{(c_{\mathrm{C}})^c(c_{\mathrm{D}})^d}{(c_{\mathrm{A}})^a(c_{\mathrm{B}})^b} \tag{6.39}$$

$K_c$ 与 $K_p^{\ominus}$ 之间的关系为：

$$K_c=K_p(RT)^{-\sum\nu_{\mathrm{B}}}=K_p^{\ominus}\left(\frac{RT}{p^{\ominus}}\right)^{-\sum\nu_{\mathrm{B}}}$$

显然，$K_c$ 也仅是温度的函数。

对于不理想液相反应，则浓度需要用活度描述，在明确对应的标准态后，相应的表达可以按照定义式（6.20）推导，类似地可以定义标准活度平衡常数 $K_a^{\ominus}$ 以及经验活度平衡常数 $K_a$，同时也存在活度系数项 $K_\gamma$，此处不再赘述，读者可以自行推导。

### 6.3.6 标准复相反应平衡常数 $K^\ominus$

复相反应是指反应中存在多种相态，其平衡常数需要按照式（6.20）中平衡常数的规定进行书写。

假设在反应中，如果固相不形成固溶体，且使用凝聚相近似，不考虑纯液相和固相的物质状态随压强的变化。平衡常数中的物质状态表述遵循如下规则：对于气相组分使用压强表示物质状态，对应的标准态为 $p^\ominus = 100\text{kPa}$，对于溶液使用物质的量浓度表示物质状态，对应的标准态为 $c^\ominus = 1\text{mol}\cdot\text{L}^{-1}$。纯固相或气相的活度 $a_\text{B} = 1$，对平衡常数 $K^\ominus$ 没有贡献。

例如给定理想状态下的复相反应：$a\text{A(g)}+b\text{B(s)} \Longrightarrow c\text{C(aq)}+d\text{D(l)}$，反应达到平衡时，定义标准复相反应平衡常数 $K^\ominus$ 为：

$$K^\ominus = \frac{\left(\dfrac{c_\text{C}}{c^\ominus}\right)^c}{\left(\dfrac{p_\text{A}}{p^\ominus}\right)^a} \tag{6.40}$$

式中，$p^\ominus = 100\text{kPa}$；$c^\ominus = 1\text{mol}\cdot\text{L}^{-1}$。标准复相反应平衡常数 $K^\ominus$ 满足化学反应等温式（6.22）中物理意义的描述，标准复相反应平衡常数 $K^\ominus$ 仅是温度的函数。

此外，一定温度下，复相反应达到平衡时，体系的总压力也称为分解压力。

### 6.3.7 使用平衡常数时的重要说明

综上所述，根据平衡常数式（6.15）的定义：$K^\ominus = \exp\left(-\dfrac{\Delta_\text{r}G_\text{m}^\ominus}{RT}\right)$，平衡常数与热力学函数 $\Delta_\text{r}G_\text{m}^\ominus$ 之间联用时，必须使用标准平衡常数，即量纲为 1 的常数，包括理想系统的 $K_p^\ominus$、$K_c^\ominus$、标准复相反应平衡常数 $K^\ominus$ 以及不理想系统中的 $K_f^\ominus$。

当反应式确定时，对于理想反应系统，$K_p^\ominus$、$K_p$、$K_c^\ominus$、$K_c$ 以及复相标准平衡常数 $K^\ominus$ 都只是温度的函数，而 $K_n$ 和 $K_x$ 受温度和压力两个量的影响。

对于非理想系统，标准逸度平衡常数 $K_f^\ominus$、标准活度平衡常数 $K_a^\ominus$ 仅受温度影响，而除此之外的经验平衡常数 $K_f$、$K_a$、逸度系数和活度系数项 $K_\gamma$ 以及非理想系统中的 $K_p^\ominus$、$K_p$、$K_c^\ominus$、$K_c$、标准复相反应平衡常数 $K^\ominus$ 均受温度和压力的影响，为温度和压力的函数。

## 6.4 气体反应中化学平衡的移动

通过上节的讨论可知，对于确定的化学反应来说，温度通过影响反应的平衡常数来影响平衡。而涉及气态的反应系统中，反应物或产物分压、总压、惰性气体等虽然不影响平衡常数，但对平衡的移动和平衡组成是有影响的。现分别进行讨论。

### 6.4.1 温度对化学平衡的影响

（1）温度对标准压力平衡常数的影响

由于各类型的平衡常数均受温度的影响，因此温度几乎影响所有的化学平衡。对于理想的气相反应，由方程式（6.16）$\Delta_\text{r}G_\text{m}^\ominus = -RT\ln K_p^\ominus$ 可得：

$$\ln K_p^\ominus = -\frac{\Delta_r G_m^\ominus}{RT} \tag{6.41}$$

方程两侧同时对温度 $T$ 求导得：

$$\frac{d\ln K_p^\ominus}{dT} = -\frac{1}{R}\left[\frac{\partial\left(\frac{\Delta_r G_m^\ominus}{T}\right)}{\partial T}\right]_p \tag{6.42}$$

联立吉布斯-亥姆霍兹公式（2.65）得：

$$\frac{d\ln K_p^\ominus}{dT} = -\frac{1}{R}\left(-\frac{\Delta_r H_m^\ominus}{T^2}\right) \tag{6.43}$$

即

$$\frac{d\ln K_p^\ominus}{dT} = \frac{\Delta_r H_m^\ominus}{RT^2} \tag{6.44}$$

上式也称为范托夫方程的微分形式。该方程描述了温度对平衡的影响：

当反应吸热时，即 $\Delta_r H_m^\ominus > 0$，$\frac{\Delta_r H_m^\ominus}{RT^2} > 0$，此时升高温度（$T > 0$），$K_p^\ominus$ 增大，平衡正向移动；

当反应放热时，即 $\Delta_r H_m^\ominus < 0$，$\frac{\Delta_r H_m^\ominus}{RT^2} < 0$，此时升高温度（$T > 0$），$K_p^\ominus$ 减小，平衡逆向移动；

当反应为热中性时，即 $\Delta_r H_m^\ominus = 0$，此时反应平衡与温度无关，$\frac{d\ln K_p^\ominus}{dT} = 0$。升高或降低温度均不影响反应的平衡。

（2）范托夫方程的积分形式

基于方程式（6.44），方程两侧分别对平衡常数 $K_p^\ominus$ 和温度 $T$，在 $T_1$ 和 $T_2$ 温度范围内积分，假设 $\Delta_r H_m^\ominus$ 在一定温度范围内不随温度的变化而变化，可视为常数，则积分式为：$\int_{K_p^\ominus(T_1)}^{K_p^\ominus(T_2)} d\ln K_p^\ominus = \int_{T_1}^{T_2} \frac{\Delta_r H_m^\ominus}{RT^2} dT$，可得：

$$\ln K_p^\ominus(T_2) - \ln K_p^\ominus(T_1) = \frac{\Delta_r H_m^\ominus}{R}\left(\frac{1}{T_1} - \frac{1}{T_2}\right) \tag{6.45}$$

即范托夫方程的定积分形式为：

$$\ln \frac{K_p^\ominus(T_2)}{K_p^\ominus(T_1)} = \frac{\Delta_r H_m^\ominus}{R}\left(\frac{1}{T_1} - \frac{1}{T_2}\right) \tag{6.46}$$

（3）温度对标准浓度平衡常数的影响

若将式（6.44）中的 $K_p^\ominus$ 换成 $K_c^\ominus$，由 $K_c^\ominus$ 与 $K_p^\ominus$ 两者之间的关系式（6.38）得：

$$K_c^\ominus = K_p^\ominus \left(\frac{c^\ominus RT}{p^\ominus}\right)^{-\sum \nu_B}$$

所以

$$\frac{d\ln K_p^\ominus}{dT} = \frac{d\ln K_c^\ominus}{dT} + \frac{\sum \nu_B}{T} \tag{6.47}$$

联立式（6.44）可得：

$$\frac{\mathrm{d}\ln K_p^{\ominus}}{\mathrm{d}T}=\frac{\Delta_\mathrm{r}H_\mathrm{m}^{\ominus}}{RT^2} \tag{6.48}$$

则
$$\frac{\mathrm{d}\ln K_c^{\ominus}}{\mathrm{d}T}=\frac{\Delta_\mathrm{r}H_\mathrm{m}^{\ominus}}{RT^2}-\frac{\sum\nu_\mathrm{B}}{T} \tag{6.49}$$

由于反应为理想气体反应，则

$$\Delta_\mathrm{r}H_\mathrm{m}^{\ominus}=\Delta_\mathrm{r}U_\mathrm{m}^{\ominus}+\sum\nu_\mathrm{B}RT \tag{6.50}$$

因此，可得标准浓度平衡常数的范托夫公式：

$$\frac{\mathrm{d}\ln K_c^{\ominus}}{\mathrm{d}T}=\frac{\Delta_\mathrm{r}U_\mathrm{m}^{\ominus}}{RT^2} \tag{6.51}$$

### 6.4.2 压强对化学平衡的影响

由于压强不对标准平衡常数构成影响，即温度一定时，改变压强不影响化学平衡，但会改变平衡组成。因此讨论压强实际上是讨论压强对经验摩尔分数平衡常数 $K_x$ 或者经验物质的量平衡常数 $K_n$ 之间的关系。注意这是一个容易混淆的概念，即平衡组成改变时，化学平衡不一定改变。

对于理想气体反应，以经验摩尔分数平衡常数 $K_x$ 为例，根据 $K_x$ 与 $K_p^{\ominus}$ 之间的关系式（6.27）得：

$$K_p^{\ominus}=K_x(p)^{\sum\nu_\mathrm{B}}(p^{\ominus})^{-\sum\nu_\mathrm{B}} \tag{6.52}$$

在温度一定的条件下，上述方程两边同时对压强 $p$ 求导：

$$\left(\frac{\partial\ln K_p^{\ominus}}{\partial p}\right)_T=\left(\frac{\partial\ln K_x}{\partial p}\right)_T+\frac{\sum\nu_\mathrm{B}}{p} \tag{6.53}$$

而 $K_p^{\ominus}$ 仅是温度的函数，因此：

$$\left(\frac{\partial\ln K_p^{\ominus}}{\partial p}\right)_T=0 \tag{6.54}$$

故
$$\left(\frac{\partial\ln K_x}{\partial p}\right)_T+\frac{\sum\nu_\mathrm{B}}{p}=0 \tag{6.55}$$

所以
$$\left(\frac{\partial\ln K_x}{\partial p}\right)_T=-\frac{\sum\nu_\mathrm{B}}{p} \tag{6.56}$$

基于式（6.56），当反应后气体产物量减少时，即产物分子数小于反应物分子数时，$\sum\nu_\mathrm{B}<0$，此时$\left(\frac{\partial\ln K_x}{\partial p}\right)_T>0$，增大压强，$K_x$ 增大，对于给定的气相反应：$a\mathrm{A(g)}+b\mathrm{B(g)}=\!=\!=c\mathrm{C(g)}+d\mathrm{D(g)}$，根据式（6.26）：$K_x=\frac{(x_\mathrm{C})^c(x_\mathrm{D})^d}{(x_\mathrm{A})^a(x_\mathrm{B})^b}$，意味着随着压强的增大，产物的占比增大。

当反应后气体产物量增大时，$\sum\nu_\mathrm{B}>0$，此时$\left(\frac{\partial\ln K_x}{\partial p}\right)_T<0$，增大压强，$K_x$ 减小，意味

着随着压强的增大，产物的占比减小。

综上所述，对于气相反应，包括含有气体物质的反应，压强增大，反应向有利于气相分子数减小的方向进行。而对于反应前后气相物质化学计量数不变的反应，此时压强不影响经验摩尔分数平衡常数 $K_x$ 的值。

若反应为理想气体反应时，反应前后的气体量变化满足状态方程：

$$p\Delta V_{\mathrm{m}}=\sum\nu_{\mathrm{B}}RT \tag{6.57}$$

式中，$\Delta V_{\mathrm{m}}$ 为反应进度为 1mol 时，反应前后气体的体积变化量。将式（6.57）代入式（6.56），得：

$$\left(\frac{\partial\ln K_x}{\partial p}\right)_T=-\frac{\Delta V_{\mathrm{m}}}{RT} \tag{6.58}$$

### 6.4.3 惰性气体对化学平衡的影响

和讨论压强对 $K_x$ 的影响类似，惰性气体并不影响标准平衡常数，即温度一定时，惰性气体的加入不影响化学平衡，但会改变平衡组成，因此会对 $K_x$ 和 $K_n$ 的值构成影响。

此处，以理想气体反应的经验物质的量平衡常数 $K_n$ 为例，根据 $K_n$ 与 $K_p^\ominus$ 之间的关系式（6.30）得：

$$K_p^\ominus=K_n\left(\frac{p}{\sum n_{\mathrm{B}}}\right)^{\sum\nu_{\mathrm{B}}}(p^\ominus)^{-\sum\nu_{\mathrm{B}}} \tag{6.59}$$

式中，$K_p^\ominus$ 仅是温度的函数，惰性气体的加入不影响其值，且惰性气体的加入，意味着 $\sum n_{\mathrm{B}}>0$，$\frac{p}{\sum n_{\mathrm{B}}}$ 减小。

因此，当反应后气体产物量减少时，$\sum\nu_{\mathrm{B}}<0$，$\left(\frac{p}{\sum n_{\mathrm{B}}}\right)^{\sum\nu_{\mathrm{B}}}$ 增大，为了保持 $K_p^\ominus$ 不变，$K_n$ 必然减小；反之，当反应后气体产物量增大时，$\sum\nu_{\mathrm{B}}>0$，$\left(\frac{p}{\sum n_{\mathrm{B}}}\right)^{\sum\nu_{\mathrm{B}}}$ 减小，$K_n$ 增大；$\sum\nu_{\mathrm{B}}=0$ 时，$\left(\frac{p}{\sum n_{\mathrm{B}}}\right)^{\sum\nu_{\mathrm{B}}}$ 不变，惰性气体对 $K_n$ 无影响。

注意，若在等温等容的条件下，在反应系统中加入惰性气体，虽然此时系统的总压力增大了，但按照分压定律：$p_{\mathrm{B}}=\frac{n_{\mathrm{B}}}{V}RT=c_{\mathrm{B}}RT$，参加反应的各物质的分压和分浓度均未发生变化，因此，平衡常数与平衡组成均不发生变化。

## 6.5 化学平衡常数的计算举例

### 6.5.1 同时化学平衡

在一个反应系统中，如果同时发生几个反应，同时到达平衡态，这种情况称为同时平衡。在这一类平衡的计算中，系统中任一组分不论参与了多少个化学反应，此组分在它所参加的化学反应中,只有同一个浓度值。只要抓住这一点,同时平衡的所有问题就可迎刃而解。

【例 6.1】600K 时，$CH_3Cl(g)$ 与 $H_2O(g)$ 发生反应生成 $CH_3OH(g)$ 后，继而又分解为 $(CH_3)_2O(g)$，同时存在如下两个平衡:

（1）$CH_3Cl(g)+H_2O(g) \rightleftharpoons CH_3OH(g)+HCl(g)$

（2）$2CH_3OH(g) \rightleftharpoons (CH_3)_2O(g)+H_2O(g)$

已知在该温度下，$K_{p,1}^{\ominus}=0.00154$，$K_{p,2}^{\ominus}=10.6$，今以化学计量系数比的 $CH_3Cl(g)$ 与 $H_2O(g)$ 开始反应，求 $CH_3Cl(g)$ 的平衡转化率。

【解答】设开始时 $CH_3Cl(g)$ 与 $H_2O(g)$ 的量各为 1.0，到达平衡时，HCl 的转化分数为 $x$，生成 $(CH_3)_2O(g)$ 的转化分数为 $y$，则在平衡时各物质的量关系如下:

（1）$CH_3Cl(g)+H_2O(g) \rightleftharpoons CH_3OH(g)+HCl(g)$

$1-x \quad 1-x+y \quad x-2y \quad x$

（2）$2CH_3OH(g) \rightleftharpoons (CH_3)_2O(g)+H_2O(g)$

$x-2y \quad y \quad 1-x+y$

由于两个反应前后的化学计量系数之和相同，根据方程式（6.27）:

$$K_p^{\ominus}=K_x(p)^{\sum\nu_B}(p^{\ominus})^{-\sum\nu_B}$$

显然，$K_p^{\ominus}=K_x$

所以 $K_{p,1}^{\ominus}=K_{x,1}=\dfrac{(x-2y)x}{(1-x)(1-x+y)}=0.00154$

$$K_{p,2}^{\ominus}=K_{x,2}=\frac{y(1-x+y)}{(x-2y)^2}=10.6$$

上述两式联立，解得: $x=0.048$，$y=0.009$

即 $CH_3Cl(g)$ 的平衡转化率为 0.048。

## 6.5.2 耦合反应

设系统中发生两个化学反应，若一个反应的产物在另一个反应中是反应物之一，则这两个反应称为耦合反应。例如，在 298.15 K 时:

（1）$TiO_2(s)+2Cl_2(g) = TiCl_4(l)+O_2(g)$ $\quad \Delta_r G_{m,1}^{\ominus}=161.94kJ\cdot mol^{-1}$

（2）$C(s)+O_2(g) = CO_2(g)$ $\quad \Delta_r G_{m,2}^{\ominus}=-394.38kJ\cdot mol^{-1}$

（3）$TiO_2(s)+C(s)+2Cl_2(g) = TiCl_4(l)+CO_2(g)$ $\quad \Delta_r G_{m,3}^{\ominus}=-232.44kJ\cdot mol^{-1}$

将反应 $\Delta_r G_m^{\ominus}$ 很负的反应（2）与 $\Delta_r G_m^{\ominus}$ 负值绝对值较小甚至略大于零的反应（1）耦合，使得原本不能发生反应的（1）在耦合反应（3）中满足反应的热力学条件。

## 6.5.3 化学反应热力学基本公式

在化学平衡常数的计算中，一般均需结合化学反应等温式以及基本热力学公式的应用，即:

$$\Delta_r G_m^{\ominus}=-RT\ln K^{\ominus}=\Delta_r H_m^{\ominus}-T\Delta_r S_m^{\ominus} \qquad (6.60)$$

通常将 $\Delta_r G_m^{\ominus}(T)=0$ $(K^{\ominus}=1)$ 时的温度称为转折温度，用 $T_r$ 表示，意味着反应方向在这

里发生变化，此时：

$$T_r = \frac{\Delta_r H_m^{\ominus}(T_r)}{\Delta_r S_m^{\ominus}(T_r)} \tag{6.61}$$

其中标准吉布斯自由能变可以通过查表获得，即：

$$\Delta_r G_m^{\ominus}(T) = \sum_B \nu_B \Delta_f G_{m,B}^{\ominus}(T) \tag{6.62}$$

式中，$\nu_B$ 为化学反应的计量系数，也可以通过热力学基本理论获得。例如，在给定温度 $T$ 条件下，标准摩尔反应焓 $\Delta_r H_m^{\ominus}(T)$ 与标准摩尔反应熵 $\Delta_r S_m^{\ominus}(T)$ 可以通过各物质的标准摩尔生成焓 $\Delta_f H_{m,B}^{\ominus}$ 与标准摩尔熵 $S_{m,B}^{\ominus}$ 进行计算：

$$\Delta_r H_m^{\ominus}(T) = \sum_B \nu_B \Delta_f H_{m,B}^{\ominus}(T) \tag{6.63}$$

$$\Delta_r S_m^{\ominus}(T) = \sum_B \nu_B S_{m,B}^{\ominus}(T) \tag{6.64}$$

代入式（6.44），求得 $\Delta_r G_m^{\ominus}(T)$ 或 $K^{\ominus}(T)$ 。

而在不同温度（$T_1 \to T_2$）之间的标准热力学函数转化，可以通过反应热力学中的基尔霍夫定律进行计算：

$$\Delta_r H_m^{\ominus}(T_2) = \Delta_r H_{m,B}^{\ominus}(T_1) + \int_{T_1}^{T_2} \sum_B \nu_B C_{p,m,B}(T)\mathrm{d}T \tag{6.65}$$

$$\Delta_r S_m^{\ominus}(T_2) = \Delta_r S_m^{\ominus}(T_1) + \int_{T_1}^{T_2} \frac{\sum_B \nu_B C_{p,m,B}(T)\mathrm{d}T}{T} \tag{6.66}$$

代入式（6.42），求得 $\Delta_r G_m^{\ominus}(T_2)$ 或 $K^{\ominus}(T_2)$ 。

在可以忽略 $\Delta_r H_m^{\ominus}$ 随温度变化的条件下，也可以考虑使用吉布斯-亥姆霍兹公式进行计算：

$$\frac{\Delta_r G_m^{\ominus}(T_2)}{T_2} - \frac{\Delta_r G_m^{\ominus}(T_1)}{T_1} = \Delta_r H_m^{\ominus}\left(\frac{1}{T_2} - \frac{1}{T_1}\right) \tag{6.67}$$

**【例 6.2】**已知 25°C 时 $CH_3OH(l)$、$HCHO(g)$的 $\Delta_r G_m^{\ominus}$ 分别为$-166.23\mathrm{kJ \cdot mol^{-1}}$、$-109.91\mathrm{kJ \cdot mol^{-1}}$，且 $CH_3OH(l)$的饱和蒸气压为 16.59kPa。设 $CH_3OH(g)$服从理想气体状态方程，试求反应 $CH_3OH(g) \longrightarrow HCHO(g)+H_2(g)$在 25°C 的标准平衡常数。(假设满足凝聚相近似，且气相满足理想气体近似。)

**【解答】**需要注意本题求解的问题是 $CH_3OH(g)$分解反应的标准平衡常数，按照题设条件，显然可以联立式(6.41)和式(6.42)进行求解。但题目所给的条件是液相 $CH_3OH(l)$的 $\Delta_f G_m^{\ominus}$，因此需要借助设计可逆过程求解 25°C 和 $p^{\ominus}$ 条件下 $CH_3OH(g)$的 $\Delta_f G_m^{\ominus}$。设计热力学过程如下：

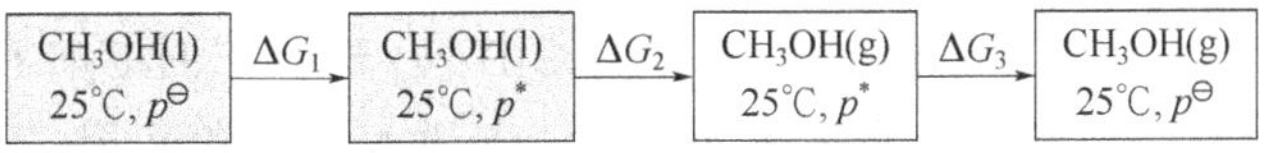


根据凝聚相近似：$\Delta G_1 = 0$;

根据饱和蒸气压的概念，25°C 和 $p^* = 16.59\mathrm{kPa}$ 条件下，$\Delta G_2 = 0$;

$$\Delta G_3 = RT\ln\frac{p^{\ominus}}{p^*} = 8.314\times298.15\times\ln\frac{100}{16.59} = 4.45\times10^3(\text{J}\cdot\text{mol}^{-1})$$

25°C 时对于 $CH_3OH(g)$有

$$\begin{aligned}\Delta_f G_m^{\ominus} &= \Delta_f G_m^{\ominus}[CH_3OH(l)]+\Delta G_1+\Delta G_2+\Delta G_3\\ &= (-166.23+4.45)\text{kJ}\cdot\text{mol}^{-1} = -161.8\text{kJ}\cdot\text{mol}^{-1}\end{aligned}$$

根据方程式（6.61）：$\Delta_r G_m^{\ominus}(T) = \sum_B \nu_B \Delta_f G_{m,B}^{\ominus}(T)$

对于 25°C 时所求的目标反应 $CH_3OH(g) \xlongequal{\quad} HCHO(g)+H_2(g)$，

$$\Delta_r G_m^{\ominus} = [-109.91-(-161.8)]\text{kJ}\cdot\text{mol}^{-1} = 51.87\text{kJ}\cdot\text{mol}^{-1}$$

则反应的标准平衡常数 $K^{\ominus} = \exp[-\Delta_r G_m^{\ominus}/(RT)] = 8.2\times10^{-10}$。

**【例 6.3】** 1000K 时，反应 $C(s)+2H_2(g) \xlongequal{\quad} CH_4(g)$的 $\Delta_r G_m^{\ominus}(1000\text{K}) = 19397\text{J}\cdot\text{mol}^{-1}$，现有与碳反应的气体，其中各气体的摩尔分数分别为：$y(CH_4) = 0.10$，$y(H_2) = 0.80$，$y(N_2) = 0.10$。试问：

（1）$T = 1000\text{K}$，$p = 100\text{kPa}$ 时甲烷能否形成？

（2）在上述条件下，压力需增加到多少，上述合成甲烷的反应才可能进行？（假设气体均为理想气体）

**【解答】**（1）反应能否进行以及反应自发进行的方向需要通过反应的$\Delta_r G_m$ 进行判断，据题意可知，当反应达平衡时，各物质的平衡分压分别为：

| | C(s) | + | $2H_2(g)$ | ══ | $CH_4(g)$ |
|---|---|---|---|---|---|
| $p_B$/kPa | | | $100\times0.8$ | | $100\times0.1$ |

$$\Delta_r G_m = \Delta_r G_m^{\ominus} + RT\ln K^{\ominus} = \Delta_r G_m^{\ominus} + RT\ln\frac{\dfrac{p(CH_4)}{p^{\ominus}}}{\left[\dfrac{p(H_2)}{p^{\ominus}}\right]^2}$$

所以 $\Delta_r G_m = 19397+8.314\times1000\times\ln\dfrac{0.1}{0.8^2} = 3963.74\text{J}\cdot\text{mol}^{-1}$

因为 $\Delta_r G_m > 0$，故反应不能自发形成甲烷。

（2）$\Delta_r G_m \leqslant 0$ 时，反应才可能自发进行。由于平衡时的摩尔分数仍然保持一致，即：

$$\Delta_r G_m = 19397+8.314\times1000\times\ln\frac{\dfrac{0.1p}{p^{\ominus}}}{\left[\dfrac{0.8p}{p^{\ominus}}\right]^2} \leqslant 0$$

解得：$p \geqslant 161.08\text{kPa}$ 时，合成甲烷反应才能自发进行。

**【例 6.4】** 乙苯脱氢制取苯乙烯的反应 $C_6H_5C_2H_5(g) \xlongequal{\quad} C_6H_5C_2H_3(g)+H_2(g)$在常压下进行，为防止催化剂烧结，一般反应温度为 650 °C，并通入过热水蒸气，若水蒸气与乙苯的物质的量之比为 9∶1，求乙苯脱氢的理论转化率。已知反应在 700K 时的标准吉布斯函变为 $33.26\text{kJ}\cdot\text{mol}^{-1}$，700 ~ 1100K 范围内的平均 $\Delta_r H_m^{\ominus} = 124.4\text{kJ}\cdot\text{mol}^{-1}$。

【解答】已知反应的 $\Delta_r G_m^\ominus = 33.26\text{kJ·mol}^{-1}$

根据反应等温式：$K^\ominus(700\text{K}) = \exp\left(-\dfrac{\Delta_r G_m^\ominus}{RT}\right) = 0.0033$。

根据反应平衡常数随温度的关系，且 700 ~ 1100K 范围内的平均 $\Delta_r H_m^\ominus = 124.4\text{kJ·mol}^{-1}$，

$$\ln\frac{K_{p_2}^\ominus(923\text{K})}{K_{p_1}^\ominus(700\text{K})} = \frac{\Delta_r H_m^\ominus}{R}\left(\frac{1}{T_1}-\frac{1}{T_2}\right) = \frac{124400}{8.314}\left(\frac{1}{700}-\frac{1}{923}\right) = 5.164$$

解得 $K_p^\ominus(923\text{K}) = 0.577$。

设开始的时候，乙苯的量为 1mol，平衡时的转化率为 $\alpha$，则额外通入水蒸气的物质的量为 9mol。

| 则： | $C_6H_5C_2H_5(g)$ | $\rightleftharpoons$ | $C_6H_5C_2H_3(g)$ | + | $H_2(g)$ |
|---|---|---|---|---|---|
| | 1mol | | 0 | | 0 |
| | $1-\alpha$ | | $\alpha$ | | $\alpha$ |

$K_n = \dfrac{\alpha^2}{1-\alpha}$，而 $K_n$ 与 $K_p^\ominus$ 之间满足式（6.29）：$K_p^\ominus = K_n\left(\dfrac{p}{\sum n_B}\right)^{\sum \nu_B}(p^\ominus)^{-\sum \nu_B}$

其中，在考虑 9mol 水蒸气的物质的量时，$\sum n_B = 1-\alpha+\alpha+\alpha+9 = 10+\alpha$，

解得 $\alpha = 0.877$。

若没有水，则 $\sum n_B = 1+\alpha$，此时 $\alpha = 0.605$。

【例 6.5】HgO(s)的解离反应 $2HgO(s) \rightleftharpoons 2Hg(g)+O_2(g)$ 在 420°C 及 450°C 下达平衡时，系统总压力分别为 $5.16\times10^4$Pa 与 $10.8\times10^4$Pa，求 450°C 下反应 $Hg(g)+(1/2)O_2(g) \rightleftharpoons HgO(s)$ 的 $\Delta_r H_m^\ominus$ 及 $\Delta_r S_m^\ominus$。（设反应的 $\sum \nu_B C_{p,m} = 0$）

【解答】根据题意可知：$p(总) = p(Hg)+p(O_2)$，$p(O_2) = \dfrac{1}{2}p(Hg)$，故 $p(O_2) = \dfrac{1}{3}p(总)$

故 693K 条件下，$p(O_2) = 1.72\times10^4\text{Pa}$；$p(Hg) = 3.44\times10^4\text{Pa}$

723K 时，$p(O_2) = 3.60\times10^4\text{Pa}$；$p(Hg) = 7.20\times10^4\text{Pa}$

$$K^\ominus(693\text{K}) = \left[\frac{p(Hg)}{p^\ominus}\right]^2\left[\frac{p(O_2)}{p^\ominus}\right] = \left(\frac{1.72\times10^4}{1.0\times10^5}\right)^2\times\frac{3.44\times10^4}{1.0\times10^5} = 0.01$$

同理：$K^\ominus(723\text{K}) = 0.093$

根据反应平衡常数随温度的关系，且 $\sum \nu_B C_{p,m} = 0$ 意味着 $\Delta_r H_m^\ominus$ 可视为常数，则

$$\ln\frac{K_p^\ominus(723\text{K})}{K_p^\ominus(693\text{K})} = \frac{\Delta_r H_m^\ominus}{8.314}\left(\frac{1}{693}-\frac{1}{723}\right)$$

解得：$\Delta_r H_m^\ominus = 309647\text{J·mol}^{-1}$

由 450°C，即 723K 时的 $\Delta_r G_m^\ominus(723\text{K}) = -RT\ln K^\ominus(723\text{ K}) = 14277.11\text{J·mol}^{-1}$，以及 $\Delta_r G_m^\ominus = \Delta_r H_m^\ominus - T\Delta_r S_m^\ominus$

解得：$\Delta_r S_m^\ominus = \dfrac{\Delta_r H_m^\ominus - \Delta_r G_m^\ominus}{T} = 408.5\text{J·K}^{-1}\text{·mol}^{-1}$

故上述反应的逆向反应 $Hg(g)+\frac{1}{2}O_2(g) \longequal HgO(s)$ 的 $\Delta_r H_m^\ominus$ 及 $\Delta_r S_m^\ominus$(逆)，按照 Hess 定律，分别可求得：

$$\Delta_r H_m^\ominus(\text{逆}) = -\frac{\Delta_r H_m^\ominus}{2} = -168228\text{J}\cdot\text{mol}^{-1}$$

$$\Delta_r S_m^\ominus(\text{逆}) = -\frac{\Delta_r S_m^\ominus}{2} = -213.5\text{J}\cdot\text{K}^{-1}\cdot\text{mol}^{-1}$$

# 6.6 可逆电池与可逆电极

上述的化学平衡系统，均是在等温、等压无非体积功的条件下化学反应达到动态平衡。若对于化学反应系统中完成化学能与电能的转化，便构成了电化学反应系统，包括原电池和电解池，电化学中的基本概念介绍请读者参考 4.3 节中的相关概念。本节将以原电池为模型，介绍化学能转化为电能的可逆过程中所涉及的热力学问题。

## 6.6.1 可逆原电池

4.3 节中的内容已经介绍了部分电化学的基本常识，其中，原电池是把化学能转变为电能的装置，构成包括阴极、阳极以及电解质溶液。如图 6.2 所示的原电池，金属 Zn 插在 $ZnSO_4$ 水溶液中及 Cu 插在 $CuSO_4$ 水溶液中分别构成两个电极，该电池也称为丹尼尔（Daniel）原电池。两个溶液 $ZnSO_4$ 和 $CuSO_4$ 之间用盐桥连接，外线路中通过小灯泡把 Cu 和 Zn 电极连接起来，形成回路，小灯泡点亮时，表示有电流通过。

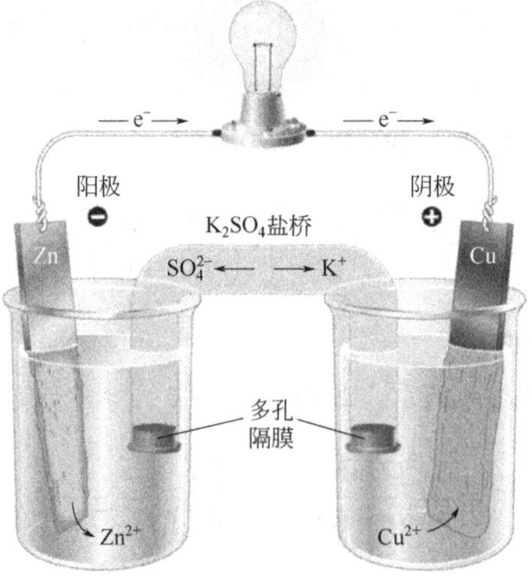


图 6.2　丹尼尔原电池模型

在上述电池中，Cu 电极电势高，作为电池的阴极，发生还原反应：

$$Cu^{2+}(aq)+2e^- \rightleftharpoons Cu(s)$$

Zn 电极电势低，作为电池的阳极，发生氧化反应：

$$Zn(s) \rightleftharpoons Zn^{2+}(aq)+2e^-$$

电池的总反应是上述两个电极反应之和，即：

$$Zn(s)+Cu^{2+}(aq) \rightleftharpoons Zn^{2+}(aq)+Cu(s)$$

然而，工作中的丹尼尔电池并非可逆原电池，原因是可逆过程中是不包含热损耗的。热力学可逆过程包括系统与环境的“双复原”，即系统复原的过程也是环境复原的过程。读者可以回忆本书第 1.1.7 小节中关于可逆过程的描述——没有热损耗的准静态过程。对于可逆原电池，应满足如下条件：

① 在原电池中，充电时的电池反应及电解质溶液中发生离子迁移时离子的种类和迁移方向，与放电时的电池反应和电解质溶液中离子迁移的种类和方向是互为可逆的过程，即可逆原电池和可逆电解池相互等价。

② 电池充电、放电过程是在电流接近零的条件下进行的。在充电过程中，系统和环境交换的功和热与放电过程中系统与环境交换的功和热互相抵消，系统恢复原状的同时环境也恢复原状。

而任何实际过程的任何离子的运动速率都不等于零，从而使得系统和环境之间发生的能量交换都不能恢复原状。因此，发生在可逆电池中的反应是离子运动速率无限接近于零的反应，不存在液接电势。

## 6.6.2 可逆电极及表示方法

可逆电池中所涉及的所有物理化学过程均为可逆过程。因此构成可逆电池的电极也必须是可逆电极，即在电极上进行的反应必须是接近平衡态的。注意，电极反应一定涉及电子数的变化。根据反应的不同特点，可逆电极分成以下三类。

（1）第一类电极

将金属浸在含有该金属离子的溶液中达到平衡后所构成的电极称为第一类电极，与之类似的有氢电极、氧电极、卤素电极和汞齐电极等，均归为第一类电极。

第一类电极的本质均为单质及其离子之间的电子转移。例如，将金属 M 插入含有其金属离子 $M^{z+}$的电解质溶液中，构成的电极反应为：

$$M^{z+}(aq)+ze^{-} \rightleftharpoons M(s) \tag{6.68}$$

注意，在本书中，单独描述电极时，统一使用 $M^{z+}$得电子的还原反应表示，即按照阴极反应处理，如式（6.68）所示。电极的描述除了可以使用上述还原电极反应表示以外，也可以使用电极符号表示。对于独立的电极符号的书写规则如下：

① 从左往右，依次先写固体电极，包括电极上附着的气体，电解液或者是电解液中的离子；

② 电极中的相界面用“|”表示，同一相中的物质用逗号隔开，但对于电极上气体，一般可以在固体电极后用括号括起来表示气体的附着；

③ 以化学式表示电池中各种物质的组成，并需分别注明物态（g、l、s 等）。如有可能，气体需注明压力，溶液需注明活度。若电池符号中未注明温度和压力，则默认为室温 298.15K 和 $p^{\ominus}=100\text{kPa}$。否则，还需标明温度和压力。

因此，电极反应式（6.1）对应的符号表示为：$M|M^{z+}$，其中，M 为固体的电极材料；“|”表示相界面；$M^{z+}$为对应金属阳离子。注意电极符号中无需标注化学计量数，且对应的化学反应中的计量数不做要求，电极 $M|M^{z+}$可以表示任意计量数的化学反应 $nM^{z+}(aq)+nze^{-} \rightleftharpoons nM(s)$。

a．金属-金属离子电极

【例 6.6】锌电极 Zn(s)插在 $ZnSO_4$溶液中，分别表示其阴极反应与电极符号。

阴极反应：$Zn^{2+}+2e^- \rightleftharpoons Zn(s)$

电极符号按照从左往右，先写固体电极 Zn，电解液 $ZnSO_4$溶液，显然 Zn 与 $ZnSO_4$溶液之间存在一个相界面，用“|”表示：$Zn(s)|ZnSO_4(aq)$。

类似于金属和金属离子电极，氢电极、氧电极和卤素电极例如氯电极，均是气体单质和对应元素的离子之间构成的电极，但这类电极是气体与离子之间的电子转移，因此，气体需要借助惰性电极才可以完成充放电，一般选择金属 Pt 作为惰性辅助电极，上述电极分别将被 $H_2$、$O_2$和 $Cl_2$气体冲击着的铂片浸入含有 $H^+$、$OH^-$和 $Cl^-$ 的溶液中而构成。

b．氢电极

例如在酸性和中性溶液中的氢电极的反应为：$H^+(aq)+e^- \rightleftharpoons \frac{1}{2}H_2(g)$

根据惰性电极的书写规则：先写固体电极 Pt，附着气体为 $H_2$，电解液中的离子为 $H^+$，则氢电极的符号为：$Pt[H_2(g)]|H^+(aq)$。

【例 6.7】已知，在碱性溶液中的氢电极符号为：$Pt[H_2(g)]|OH^-(aq)$，试写出其对应的阴极电极反应。

$$H_2O(l)+e^- \rightleftharpoons \frac{1}{2}H_2(g) + OH^-(aq)$$

c．氧电极

对于氧电极，其在中性和酸性环境下的反应如下：

$$O_2(g)+4H^+(aq)+4e^- \rightleftharpoons 2H_2O(l)$$

对应的电极符号为：$Pt[O_2(g)]|H_2O,H^+(aq)$

【例 6.8】写出在碱性溶液中的氧电极符号和还原电极反应。

还原反应：$O_2(g)+2H_2O(l)+4e^- \rightleftharpoons 4OH^-(aq)$

电极符号：$Pt[O_2(g)]|OH^-(aq)$

卤素电极的还原电极反应和符号完全类似，可以以此类推。

d．汞齐电极

对于汞齐电极，其中汞齐又称汞合金，是汞与一种或几种其它金属所形成的合金。汞可以溶解多种金属（如金、银、钾、钠、锌等），溶解以后便组成了汞和这些金属的合金。例如，钠汞齐在电极表示式中表示为 Na(Hg)，钠汞齐电极的反应为：$Na^+(a_+)+Hg(l)+e^- \rightleftharpoons Na(Hg)(a)$，括号中的 $a_+$与 $a$ 分别表示 $Na^+$和 Na(Hg)的活度，电极中 Na(Hg)的活度不一定等于 1，$a$ 值随着 $Na^+$在 Hg(l)中溶解的量的变化而变化。注意 Na(Hg)可以作为电极的材料，不用借助惰性电极。

（2）第二类电极

将金属及其相应的难溶盐浸入含有该难溶性盐的负离子的溶液中，达成平衡后，所构成的电极称为第二类电极，也称为难溶盐电极。此外，金属和对应的难溶氧化物电极也属于第二类电极。

第二类电极的特点是解离的金属离子不可逆，而电极中难溶盐的负离子可逆。最常用的难溶盐电极有汞-氯化亚汞电极（甘汞电极）和银-氯化银电极，分别用符号表示为：$Hg(l)|Hg_2Cl_2(s)|Cl^-(aq)$和 $Ag(s)|AgCl(s)|Cl^-(aq)$。

电极反应分别为：

$$\frac{1}{2}Hg_2Cl_2(s)+e^- \rightleftharpoons Hg(l)+Cl^-(aq)$$

$$AgCl(s)+e^- \rightleftharpoons Ag(s)+Cl^-(aq)$$

难溶氧化物电极是在金属表面覆盖一层该金属氧化物的薄层，然后浸在含有 $H^+$ 或 $OH^-$ 的溶液中。以 $Ag\text{-}Ag_2O$ 电极为例，电极符号表示如下。

酸性或中性溶液中：$Ag(s)|Ag_2O(s)|H^+(aq)$

电极反应为：$Ag_2O(s)+2H^+(aq)+2e^- = 2Ag(s)+H_2O(l)$

碱性溶液中：$Ag(s)|Ag_2O(s)|OH^-(aq)$

电极反应为：$Ag_2O(s)+H_2O(l)+2e^- \rightleftharpoons 2Ag(s)+2OH^-(aq)$

第二类电极有较重要的意义，因为大量的负离子，如 $SO_4^{2-}$等，没有对应的第一类电极存在，但可通过形成对应的第二类电极，表征其在难溶物中的物理化学性质。此外，还有一些负离子，如 $Cl^-$和 $OH^-$，虽有对应的第一类电极，但也常在应用时制备第二类电极，因为第二类电极较易制备且使用方便。

（3）第三类电极

第三类电极又称氧化-还原电极，由惰性金属（如铂片）插入含有某种离子的不同氧化态的溶液中构成电极。例如，活度分别为 $a_1$ 的 $Fe^{3+}$和 $a_2$ 的 $Fe^{2+}$构成的电极，电极符号表示为：$Pt|Fe^{3+}(a_1)$，$Fe^{2+}(a_2)$。电极反应为：$Fe^{3+}(a_1)+e^- \rightleftharpoons Fe^{2+}(a_2)$。

类似的还有 $Sn^{4+}$与 $Sn^{2+}$、$[Fe(CN)_6]^{3-}$与$[Fe(CN)_6]^{4-}$等，此外，醌$(C_6H_4O_2)$-氢醌$[C_6H_4(OH)_2]$电极也属于第三类电极。请读者们自行写出这些电极的符号和反应式。

上述三类电极的充、放电反应都互为逆反应。用上述三类电极组成电池，在准静态条件下得失电子，则可构成可逆电池。

## 6.6.3 可逆电池的表示方法

（1）电池的书写规则

为了简化电池的表示，电池的书写规则也存在一些通用的规定：

① 电池中的阳极写在左边，阴极写在右边，且按照电极的书写顺序——依次先写固体电极，包括电极上附着的气体、电解液或者是电解液中的离子，阳极从左往右写，阴极从右往左写；

② 和电极符号的书写规定类似，以“|”或“,”表示不同物相的界面；

③ 双液电池中，“||”表示盐桥，盐桥的作用是降低电池中电解液的接界电势，关于盐桥和液接电势的说明请参考本书 6.9 节；

④ 和电极符号的书写规则一致，以化学式表示电池中各种物质的组成，并需分别注明物态、活度、温度和压力。

在电池符号“译为”化学反应时，需分别写出阳极的氧化反应，右侧电极的还原反应，然后将两者相加。书写电极和电池反应时必须遵守物料和电量平衡。电池符号中无需标注化学计量数，且对应的化学反应中的计量数不做要求。例如：下列电池所对应的化学反应：

$$Pt, H_2(p_{H_2})|H_2SO_4(a)|Hg_2SO_4(s)|Hg(l)$$

阳极反应：$H_2(p_{H_2}) \rightleftharpoons 2H^+(a_+)+2e^-$

阴极反应：$Hg_2SO_4(s)+2e^- \rightleftharpoons 2Hg(l)+SO_4^{2-}(a_-)$

电池反应：$H_2(p_{H_2})+Hg_2SO_4(s) \rightleftharpoons 2Hg(l)+H_2SO_4(a)$

（2）电池符号与电池反应的“互译”

所谓“互译”，是指根据电池符号总结电池的化学反应式；或是根据化学反应，依据可逆电极的定义设计可逆电池。若欲将一个化学反应设计成电池，一般来说必须抓住三个环节：

① 确定电解质溶液：对有离子参加的反应比较直观，对总反应中没有离子出现的反应，需根据参加反应的物质找出相应的离子。

② 确定电极和电池：电极的选择范围为6.6.2小节中所述的三类可逆电极。根据需要，设计成为相应的单液电池或双液电池。其中，单液电池中不存在盐桥，例如 Pt, $H_2(p_{H_2})|H_2SO_4(a)|AgCl(s)|Ag(s)$，此时 Pt 电极和 Ag 电极处于同一电解液中。而双液电池为了避免液接电势，故需要设计盐桥隔开，例如：$Zn(s)|Zn^{2+}(a_{Zn^{2+}})||Cu^{2+}(a_{Cu^{2+}})|Cu(s)$，电解液中的 $Zn^{2+}$ 和 $Cu^{2+}$ 彼此不接触。

③ 复核反应：在设计电池过程中，以方便为原则，首先确定电解质溶液和电极，然后写出电池和电极反应，并与给定反应相对照，两者一致则表明电池设计成功，若不一致需要重新设计。

**【例 6.9】** 将反应 $Pb(s)+HgO(s) \rightleftharpoons Hg(l)+PbO(s)$ 设计成电池。

**【解答】** 根据反应中 Pb-PbO 以及 Hg-HgO，可选择可逆电极中的第二类电极——“金属|难溶金属氧化物”电极。上述反应中的 Pb 被氧化，作为电池的阳极，HgO 被还原，作为电池的阴极，为了配平电极反应中的 O 原子，可考虑电解液包含 $OH^-(a^-)$，因此确定两个电极反应如下。

阳极：$Pb(s)+2OH^-(a^-) \rightleftharpoons PbO(s)+H_2O(l)+2e^-$

阴极：$HgO(s)+H_2O(l)+2e^- \rightleftharpoons Hg(l)+2OH^-(a^-)$

进一步，按照电池书写规则可设计电池为：

$$Pb(s)|\ PbO(s)|OH^-(a^-)|HgO(s)|Hg(l)$$

电池反应：$Pb(s)+HgO(s) \rightleftharpoons PbO(s)+Hg(l)$

**【例 6.10】** 将电池 Pt, $O_2(p^\ominus)|\ HCl(a_1)||HCl(a_2)|O_2(p^\ominus)$，Pt 表示为化学反应式。

**【解答】** 该电池中不涉及化学变化，而是载流子的物理扩散过程，因此在设计可逆电池的过程中，务必加入盐桥。本例题，考虑在酸性溶液中，电解液设计为 $aq_1$ 和 $aq_2$ 的 $H_2O$ 以配平电极反应中的 O 原子。

阳极反应：$H_2O(aq_1) \rightleftharpoons 2H^+(a_1)+\frac{1}{2}O_2(p^\ominus)+2e^-$

阴极反应：$2H^+(a_2)+\frac{1}{2}O_2(p^\ominus)+2e^- \rightleftharpoons H_2O(aq_2)$

电池反应：$2H^+(a_2)+H_2O(aq_1) \rightleftharpoons 2H^+(a_1)+H_2O(aq_2)$

显然该电池中只涉及两种不同浓度溶液中的离子扩散。

**【思考题】** 已知水的电解反应：$H_2O \rightleftharpoons H_2(p^\ominus)+\frac{1}{2}O_2(p^\ominus)$，分别设计其在酸性（中性）条件以及碱性条件下的电极，并写出对应的电池。

# 6.7 电动势与电极电势

本节将借助平衡态热力学，介绍可逆电池中最基本的两个“做电功本领”概念——可逆电池的电动势和电极电势。

## 6.7.1 可逆电池的电动势

（1）电动势的物理意义

可逆电池的电动势不同于一般工作电池的电压，电动势可定义为通过电池的电流趋于零时，两电极间电位差（或称电势差）的极限值，一般用符号 $E$ 表示，单位为伏特（V）。

根据系统的吉布斯函数变的物理意义，即 $-\Delta G_{T,p} \geqslant -W_{非体}$，在等温等压的封闭系统中，吉布斯自由能在可逆过程中的减小值等于系统做的非体积功，在不可逆过程中的减小值大于系统做的非体积功。因此，对于任意反应 $\sum \nu_B B = 0$，在等温等压且反应进度 $\xi = 1\text{mol}$ 的条件下，系统的吉布斯自由能的减少量，即 $-(\Delta_r G_m)_{T,p}$，为平衡反应系统对外输出的最大非体积功。而在可逆电池中，电子在电场中移动，系统存在非体积功电功。假设系统的电荷量为 $q$，电池的电动势为 $E$，则系统的非体积功 $W_f$，即电功为：

$$W_f - qE \tag{6.69}$$

若系统中得失电子时的电荷数为 $z$，联立法拉第定律式（4.55），反应进度 $\xi = 1\text{mol}$ 时，可得：

$$q = zF \tag{6.70}$$

式中，$F$ 为法拉第常数 96500C。联立式（6.69）和式（6.70），在等温等压且反应进度 $\xi = 1\text{mol}$ 的条件下，系统中得失电子时的电荷数为 $z$ 时，平衡反应系统对外输出的最大非体积功使用 $-(\Delta_r G_m)_{T,p}$ 衡量时，必满足：

$$(\Delta_r G_m)_{T,p} = -zFE \tag{6.71}$$

方程式（6.71）的物理意义为：等温等压条件下，平衡反应系统中的吉布斯自由能（化学能）的减少完全以电功的形式输出。对式（6.71）进行变换，可得：

$$E = -\frac{\Delta_r G_m}{zF} \tag{6.72}$$

电动势的物理意义：每释放单位电量所消耗的化学能。因此电动势是电池做电功“本领”的衡量。注意式（6.71）和式（6.72）中等号成立的条件：等温、等压的平衡态系统。

（2）电动势的符号

电动势代表电池做电功的“本领”，与做功的方向保持一致，需要按照式（6.72）定义电动势的符号。

当 $\Delta_r G_m < 0$ 时，意味着电池中的化学反应自发进行，此时，规定电池的电动势 $E > 0$；反之，则规定 $E < 0$。当反应达到平衡时，此时意味着反应达到平衡，此时，电动势为 0。

## 6.7.2 电动势的测量

根据电动势的物理意义，电动势衡量的是等温等压条件下平衡态化学系统做电功的最大值，在充放电过程中电流需要无限接近于零。因此，可逆电池的电动势不能直接用伏特计来测量，因为伏特计需要适量的电流通过时才能正常工作。此外，电池本身有内阻，伏特计所量出的只能为两电极间的电势差。

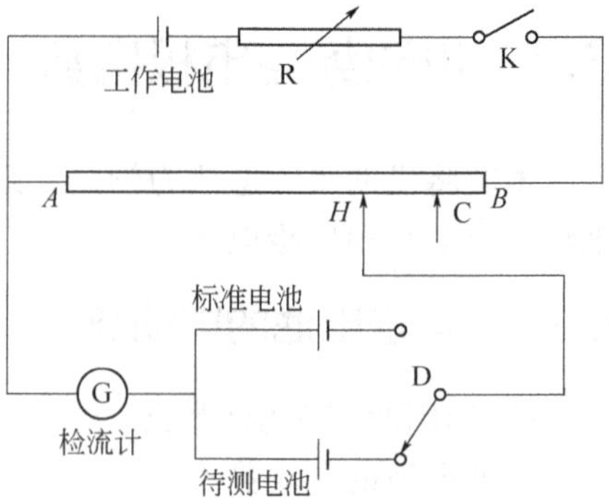

图 6.3 对消法测电动势示意图

电动势可以通过“电位差计”测量，其原理为对消法，如图 6.3 所示：$AB$ 为均匀的滑线变阻器，工作电池（电动势为 $E_w$）经 $AB$ 构成一个通路，其作用是抵消标准电池（电动势为 $E_{s.c}$）或待测电池的电动势（电动势为 $E_x$）。在实际应用中，$E_w$ 一般大于 $E_{s.c}$ 与 $E_x$，D 为双臂电钥，C 为滑动接头。图中的标准电池的电动势非常稳定，电动势值确定，电池内反应可逆，温度对电动势的影响很小。

实际测定时，首先需要标定工作电池的电动势。将电路按图连好，将 D 侧向标准电池方向，与已知电动势的标准电池相连，按下开关 K，移动滑动接头至点 $H$，使检流计中无电流通过，即工作电池电路电流与标准电池的电路电流对消，此时电路中的电流为 0，$AH$ 两端的电位差就等于标准电池的电动势 $E_{s.c}$，这时工作电池从 $A$ 到 $H$ 点的电位差完全由标准电池电动势所补偿，即

$$\frac{E_{s,c}}{E_w}=\frac{IR_{AH}}{IR_{AB}} \tag{6.73}$$

显然电阻大小与导线长度成正比，即可校准工作电池的电动势 $E_w$：

$$E_w=\frac{E_{s,c}\overline{AB}}{\overline{AH}} \tag{6.74}$$

标定完成后，将双向开关拨向任意待测电池，重复上述相同的操作，即可测得未知电池的电动势。若测量 $E_x$ 时，滑线变阻落到 $C$ 点，检流计未检测到电流，此时，待测电池的电动势 $E_x$ 为：

$$E_x=\frac{E_w\overline{AC}}{\overline{AB}} \tag{6.75}$$

### 6.7.3 电极电势

以可逆的铜锌原电池［$Zn(s)|ZnSO_4||CuSO_4(aq)|Cu(s)$］为例，如图 6.4 所示。当金属电极进入电解质溶液中，两个电极上均存在解离反应，其中活泼的金属 Zn 失去电子氧化为 $Zn^{2+}$，对应的阳极电极反应为：$Zn-2e^- \rightleftharpoons Zn^{2+}$；不活泼的 $Cu^{2+}$在阴极电极获得电子还原为 Cu，对应的阴极电极反应为：$Cu^{2+}+2e^- \rightleftharpoons Cu$。图中的盐桥消除了由于 $Cu^{2+}$、$Zn^{2+}$淌度不同而导致的浓度差，因此并不会产生电流，电流表中并无读数。图 6.4 描绘的原电池中电池反应及电极反应均是可逆的。

假设某“金属-金属离子”构成的 I 类电极在阳极上发生的可逆氧化反应为 $M-ne^- \longrightarrow M^{n+}$，尽管这是一个电极半反应，但仍然满足化学平衡里的所有性质，即金属 M、$M^{n+}$和电子间满足平衡关系，在金属 M 解离生成 $M^{n+}$和电子释放到溶液的同时，$M^{n+}$也会获得电子沉积到金属上。当 $M^{n+}$解离到溶液中时，电极附近的溶液中 $M^{n+}$的浓度一定会高于本体部分，从

而 $M^{n+}$具备一种从高浓度向低浓度扩散的趋势。

解离生成 $M^{n+}$存在以下两种趋势，一种是由于 $M^{n+}$与带电的金属电极之间始终存在的静电相互作用所导致的不断发生的沉积与解离反应，使得离子集中在电极附近；另一种是由粒子热运动所导致的从溶液中高浓度区域向低浓度区域扩散，使得离子不断远离电极向溶液内部扩散。在静电吸引作用与离子热扩散两种趋势一致时，电极与溶液界面处即可形成“双电层”模型。

“双电层”模型可通过 M 离子分布位置与 M 电极的距离和粒子数目的关系进行描述，由于离子均为带电粒子，离子数量与距离的关系也表示电位随着离子到电极距离的变化关系，如图 6.5 所示。在靠近电极附近的区域内（$d \approx 10^{-10}$m 以内），离子的数量随着距离的增大几乎是线性减小的，该层称为紧密层，紧密层与电极之间的电位差为 $\varphi_1$；在距离为 $10^{-10}$～$10^{-6}$m 的范围内（$10^{-10}\text{m} < \delta < 10^{-6}\text{m}$），离子的数目与电荷、溶液浓度以及温度有关，该层称为扩散层，扩散层与紧密层之间的电位差为 $\varphi_2$。显然，电极电势是由电极半反应引起的溶液中载流子和电极之间的电势差而导致的。

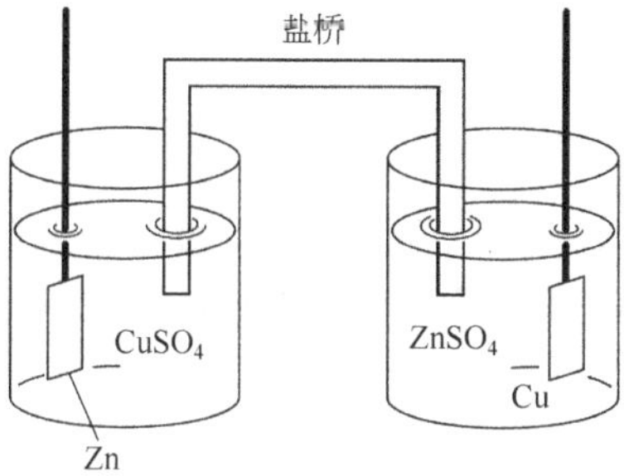


图 6.4　可逆的铜锌原电池模型

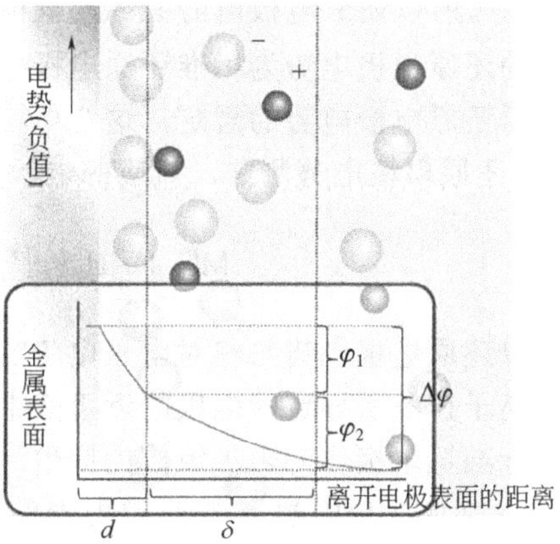


图 6.5　“双电层”模型示意图

因此，电极电势可以定义为紧密层与扩散层之间的电位差之和，该电极电势也称为绝对电极电势，用符号 $\varphi$ 表示，国际单位为伏特（V），在使用中，一般在 $\varphi$ 的下角注明对应的电对。此处，根据绝对电极电势的定义，M 电极的绝对电极电势 $\varphi_{M|M^{n+}}$ 为 $\varphi_1+\varphi_2$。

## 6.7.4　还原电极电势（氢标电极电势）

（1）标准氢电极

由于不同电极中“双电层”模型的位置各不相同，因此，参数 $d$ 和 $\delta$ 也在实际应用中难以确定，从而导致了在实际使用中难以直接使用绝对电极电势的概念。

对于各种不能使用绝对值的物理概念，人们总是定义一个公认的参照标准，从而得到与参考物的标定值。例如高度，通过规定海平面的高度为 0m，其它所有物体的高度都是与海平面对比而得到的相对海拔高度。又例如生成焓，生成焓的绝对值同样无法测量，人们通过规定标准状态最稳定单质的生成焓为 0，即可标定其它所有物质的生成焓。

类似地，只要通过规定某电极的绝对电极电势的零点，即可通过该零点电势标定其它所有电极的电势。该电极被称为标准氢电极。

标准氢电极的规定如下：在任意温度 $T$，标准状态下，用涂了铂黑的 Pt 作为电极，使用标准压力（ $p^{\ominus}=100\text{kPa}$）下的理想氢气体与活度为 1 的氢离子组成电对，称为标准氢电极，并规定该电极的电极电势为 0。

记作： $\text{Pt}|\text{H}_2(p^{\ominus})|\text{H}^+(a_{\text{H}^+}=1)$，且 $\varphi^{\ominus}(\text{H}^+|\text{H}_2)=0\text{V}$。

（2）还原电极电势（氢标电极电势）

在标定过程中，将任意电极（用 $x$ 电极表示）与标准氢电极构成原电池，并且规定标准氢电极作阳极，对应的是氢电极的氧化反应 $\text{H}_2-2\text{e}^- \longrightarrow 2\text{H}^+$；任意其它待标定的 $x$ 电极为阴极，均按照还原半反应进行。此时构成的理论原电池，通过电位差计测出的电动势 $E$ 就是 $x$ 电极的氢标电极电势，用 $\varphi_x$ 表示。规定理论原电池符号为：

$$(\text{阳极})\ \text{Pt}|\text{H}_2(p^{\ominus})|\text{H}^+(a_{\text{H}^+}=1)||\ \text{任意电极}\ x(\text{阴极}) \tag{6.76}$$

定义 $\varphi_x=E$ 为任意电极 $x$ 的还原电极电势。

此处，需要注意使用标准氢电极标定时，任意待测电极反应一定是按照还原反应书写电极反应。例如对于Ⅰ类金属-金属离子电极，测定还原电极电势的对应电极反应为 $\text{M}^{n+} \longrightarrow \text{M(s)}+n\text{e}^-$。所以还原电极电势又称为氢标电极电势。若 $x$ 电极中各物质处于其对应的标准态，则测出的还原电极电势为标准还原电极电势。

按照还原电极电势的规定，这个电极电势实际上是一个特殊电池的电动势，例如，对于 $\text{M}|\text{M}^{n+}$ 的还原电极电势测定，对应的电池反应 R1 如下：

$$\text{M}^{n+}+\frac{n}{2}\text{H}_2(p^{\ominus}) \rightleftharpoons \text{M(s)}+n\text{H}^+(a_{\text{H}^+}=1)$$

所以还原电极电势与绝对电极电势的物理意义有着本质的区别。绝对电极电势来自解离沉积与离子扩散所导致的电极附近溶液中的双电层电势差，而还原电极电势是待测电极作为阴极、标准氢电极作为阳极组成的原电池的电动势。

（3）还原电极电势 $\varphi_x$ 正负号规定

还原电极电势的所有物理含义都和之前介绍的电动势 $E$ 完全一致，因此其正负号显然可以借鉴 $E$ 的正负号的物理意义。

当 $\varphi_x<0$ 时，反应 R1 的 $\Delta_r G_m>0$，反应实际逆向自发进行。此时 $x$ 电极实际为阳极，发生氧化反应。$\varphi_x$ 值越小，对应电极反应中还原态的还原性越强；

当 $\varphi_x>0$ 时，反应 R1 的 $\Delta_r G_m<0$，反应实际正向自发进行。此时 $x$ 电极实际为阴极，发生还原反应。$\varphi_x$ 值越大，对应电极反应中氧化态的氧化性越强。

# 6.8 可逆电池中的化学平衡

本节讨论的核心内容为等温等压条件下，有电功存在时的化学反应系统，对于这类存在非体积功的反应热力学性质的讨论，除了涉及 6.1 节～6.4 节学习的 $\Delta_r H_m$、$\Delta_r S_m$ 和 $\Delta_r G_m$ 的计算，还涉及电功的讨论。对于可逆原电池，其输出的电功为该原电池的电动势。本节将从热力学角度出发，以等温等压条件下摩尔反应吉布斯函数变 $(\Delta_r G_m)_{T,p}$ 的物理意义为出发点，系统讨论可逆原电池的电动势计算方法。

## 6.8.1 通过 $\Delta_r G_m$ 的物化意义求电动势

根据方程式（6.72），即通过反应的吉布斯函数变直接求解电池的电动势。

$$(\Delta_r G_m)_{T,p} = -zFE \Rightarrow E = \frac{(\Delta_r G_m)_{T,p}}{-zF} \tag{6.77}$$

式中，负号表示电池对外输出电功；$E$ 为可逆电池的电动势；$F$ 为法拉第常数；$z$ 为对应化学反应中的电荷转移量。注意，$\Delta_r G_m$ 是温度的函数，因此电动势亦会随着温度的变化而变化。

## 6.8.2 能斯特方程——通过反应中各物质状态求电动势

（1）电池的能斯特（Nernst）方程

在 6.2 节中，本书已经介绍了化学平衡的等温式（6.12），建立起反应系统中各物质的具体活度在平衡条件下的相互关系，同时也导出了化学平衡常数的概念。对于电池系统的化学反应，由方程式（6.77），可得：

$$\Delta_r G_m = -zFE \tag{6.78}$$

$$\Delta_r G_m^{\ominus} = -zFE^{\ominus} \tag{6.79}$$

式中，$\Delta_r G_m$ 对应的是电池反应在等温等压条件下任意时刻的电动势 $E$；而 $\Delta_r G_m^{\ominus}$ 对应的是电池反应中各物质处在其对应的标准状态下电池的电动势，称为电池的标准电动势，用 $E^{\ominus}$ 表示。将式（6.78）与式（6.79）代入式（6.12）可得：

$$E = E^{\ominus} - \frac{RT}{zF}\ln Q \tag{6.80}$$

上式是电池的能斯特（Nernst）方程。该方程建立起标态和非标态下的电池电动势的关系，注意，其中活度积 $Q$ 对应于总的电池反应式。

（2）电极的能斯特方程

电池能斯特方程式（6.80），可以根据化学平衡原理建立任意状态下的电动势与标准态电动势的关系。以此类推，可以类似地推导电极电势的能斯特方程，建立标准态和非标准态下的还原电极电势关系式，以某一类电极 $M(s)|M^{n+}(a_{M^{n+}})$ 为例，其还原电极电势的定义实际上对应的是与标准氢电极构成的原电池的电动势，其中待测电极作为阴极，即 $Pt|H_2(p^{\ominus})|H^+(a_{H^+}=1)||M^{n+}(a_{M^{n+}})|M(s)$，对应的电极反应分别为：

阳极：$$nH_2(p^{\ominus}) - 2ne^- \rightleftharpoons 2nH^+(a_{H^+}=1)$$

阴极：$$2M^{n+}(a_{M^{n+}}) + 2ne^- \rightleftharpoons 2M(s)$$

总反应：$$nH_2(p^{\ominus}) + 2M^{n+}(a_{M^{n+}}) \rightleftharpoons 2nH^+(a_{H^+}=1) + 2M(s)$$

根据电池总反应及能斯特方程，总反应的电动势与标准电动势之间的关系为：

$$E = E^{\ominus} - \frac{RT}{2nF}\ln Q = E^{\ominus} - \frac{RT}{2nF}\ln\frac{(a_{H^+})^{2n}}{(a_{M^{n+}})^2\left(\frac{p_{H_2}}{p^{\ominus}}\right)^n} = E^{\ominus} - \frac{RT}{2nF}\ln\frac{1}{(a_{M^{n+}})^2} \tag{6.81}$$

而根据还原电极电势定义，该电动势 $E$ 即 $M|M^{n+}$ 做阴极的还原电极电势。

除此之外，式（6.81）可以等价于将上述电池的阴极反应 $2M^{n+}(a_{M^{n+}}) + 2ne^- \longrightarrow 2M(s)$ 独立视为化学平衡，即反应物 2mol $M^{n+}$、2$n$mol 电子和 2mol 金属 M 之间满足化学平衡。

按照化学反应等温式：$\Delta_r G_m = \Delta_r G_m^{\ominus} + RT\ln\dfrac{1}{(a_{M^{n+}})^2}$

以及电极电势与 $G$ 函数的关系：

$$\Delta_r G_m = -zF\varphi \tag{6.82}$$

$$\Delta_r G_m^{\ominus} = -zF\varphi^{\ominus} \tag{6.83}$$

可得电极的能斯特方程：

$$\varphi = \varphi^{\ominus} - \frac{RT}{2nF}\ln\frac{1}{(a_{M^{n+}})^{2n}} \tag{6.84}$$

需要注意的是，根据还原电极电势的定义，电极电势的能斯特方程务必对应于各电极的还原半反应。

【思考题】试推导非标准态氢电极 $Pt|H_2(p)|H^+(a_{H^+})$ 的电极电势的计算公式。

### 6.8.3 通过原电池两电极的还原电极电势求电动势

假设存在任意电池 $M(s)|M^{n+}(a_{M^{n+}})||N^{n+}(a_{N^{n+}})|N(s)$，对于该原电池，易得出其阴阳极的电极反应和电池反应。假设其对应的 $G$ 函数分别为 $\Delta_r G_m(1)$、$\Delta_r G_m(2)$ 和 $\Delta_r G_m$，对应的还原电极电势和电动势分别为 $\varphi(1)$、$\varphi(2)$和 $E$。

阳极反应：　$M(s) \rightleftharpoons M^{n+} + ne^-$　　$\Delta_r G_m(1)$

阴极反应：　$N^{n+} + ne^- \rightleftharpoons N(s)$　　$\Delta_r G_m(2)$

总反应：　$M(s) + N^{n+} \rightleftharpoons M^{n+} + N(s)$　　$\Delta_r G_m$

根据桥梁公式 $(\Delta_r G_m)_{T,p} = -zFE$，$\Delta_r G_m$ 与电动势 $E$ 可以等价地转化为 $\Delta_r G_m(1)$ 或 $\Delta_r G_m(2)$ 与电极电势之间 $\varphi(1)$ 或 $\varphi(2)$ 的关系。

按照使用电极电势的能斯特方程的规定，其对应的电极反应为还原反应，故阳极反应需要转化成对应的还原形式才能够使用电极电势 $\varphi(1)$ 的概念，即$-\Delta_r G_m(1) = -zF\varphi(1)$。阴极的反应本身就是还原式，可以直接使用桥梁公式。总反应可以直接使用电动势的能斯特方程。

由盖斯定律：

$$\Delta_r G_m = \Delta_r G_m(1) + \Delta_r G_m(2) = -\Delta_r G_m(1,\text{还原式}) + \Delta_r G_m(2)$$

其中 $\Delta_r G_m(1,\text{还原式})$ 是 $M(s)|M^{n+}(a_{M^{n+}})$ 作阴极时的反应吉布斯函数。

即：$-nFE = -[-nF\varphi(M^{n+}|M)] - nF\varphi(N^{n+}|N)$

所以 $E = \varphi(N^{n+}|N) - \varphi(M^{n+}|M) = \varphi(\text{阴}) - \varphi(\text{阳})$

其中，$E^{\ominus} = \varphi^{\ominus}(N^{n+}|N) - \varphi^{\ominus}(M^{n+}|M) = \varphi^{\ominus}(\text{阴}) - \varphi^{\ominus}(\text{阳})$

因此，通过原电池的还原电极电势求解电动势可总结为：

$$E = \varphi(\text{阴}) - \varphi(\text{阳}) \tag{6.85}$$

本节主要介绍了求解可逆原电池电动势的三种计算方法：①直接使用 $\Delta_r G_m$ 的物理意义；②借助电池的能斯特方程；③通过两个电极的还原电极电势求解。这三种方法相互联系，应用范围广泛，联系着热力学中所有的热力学状态函数和化学平衡的基础知识，是进一步了解电化学反应系统中其它知识的基础。

## 6.9 浓差电池与液接电势

例 6.8 介绍了一类不涉及化学反应，而是由于电解液浓度不同，导致离子扩散的电池。如果没有盐桥，该电池为典型的浓差电池。浓差电池并非可逆电池，但可以通过设计盐桥降低浓差扩散过程中的电功损耗，可近似视为可逆电池。

### 6.9.1 浓差电池

以电池 Pt, $O_2(p^\ominus)|HCl(a_1)||HCl(a_2)|O_2(p^\ominus)$, Pt 为例。

假设 $a_1<a_2$，电池反应为 $2H^+(a_2)+H_2O(aq_1) \rightleftharpoons 2H^+(a_1)+ H_2O(aq_2)$。反应中，2mol $H^+$ 将从浓溶液（$aq_2$）转移至稀溶液（$aq_1$）。由于电池中存在盐桥，将上述反应视为可逆反应，由电池反应的能斯特方程式（6.80）可得：

$$E = E^\ominus - \frac{RT}{2F}\ln\frac{(a_1)^2}{(a_2)^2} \tag{6.86}$$

显然，当反应中各物质标准状态完全相同时，反应的标准电动势 $E^\ominus = 0$。因此，根据方程式（6.86），该双液电池的电动势为：

$$E = -\frac{RT}{2F}\ln\frac{(a_1)^2}{(a_2)^2} \tag{6.87}$$

若撤去案例中的盐桥，此时的电解液中将会存在浓度不同的电解液的界面，但此时使用"电位差计"测量电池的电动势，所得结果不等于式（6.87）的理论值，因为此时的电池由于存在浓差界面，电池不再是可逆电池，不能直接使用能斯特方程计算。

### 6.9.2 液接电势

（1）液接电势的概念与符号

在两种含有不同溶质的溶液界面上，或两种溶质相同而浓度不同的溶液界面上，存在的微小电位差，称为液接电势，也称扩散电势。这是因为这种电势差是由于离子扩散速度或迁移速率不同而产生的，故又称扩散电势，用符号 $E_j$ 表示。

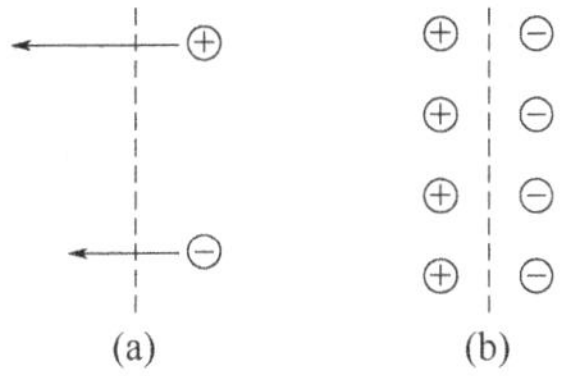


图 6.6 浓差界面上的载流子扩散示意图

以 HCl 溶液为例，在图 6.6（a）中，正负离子都往低浓度方向扩散，但 $H^+$扩散得更快，所以会导致左侧出现正电荷过剩，而右侧负电荷过剩，这样就产生了电势差，如图 6.6（b）所示。该电场的存在，会阻碍 $H^+$向左迁移，而会加速 $Cl^-$向左迁移，于是阴、阳离子的迁移速度会逐渐趋于相同，当二者的迁移速度相同时，界面两侧的电荷量达到稳定，直至液体接界处两侧离子的化学势相同，形成稳定的液接电势。

上述案例中"电位差计"测量值和式（6.87）的理论值之间的差别正是由液接电势所导致。因此，$E_j$ 是实际测量值与理论电动势之间的差值，可表示为：

$$E(\text{测}) = E(\text{理}) + E_j \tag{6.88}$$

液接电势的存在，会改变电池的做功本领。因此，在电动势符号规定的基础上，$E_j$ 与 $E$（理）符号相反，表示液接电势会降低电池的电动势，反之，则会增大电池的电动势。

（2）液接电势的计算

离子发生扩散的根本动力，在于液体接界处两侧离子的化学势不同。因此，液体接界电势的推算需要归结到化学势的计算。

以浓差电池 Pt, $O_2(p^{\ominus})|HCl(a_1)|HCl(a_2)|O_2(p^{\ominus})$, Pt 为例，在电流无限小的条件下，输出 1mol 电量，阳离子的迁移数为 $t_+$，阴离子的迁移数为 $t_-$，显然 $t_+ + t_- = 1$。进一步假设单位时间内阳离子通过量为 $t_+$mol，阴离子通过量为 $t_-$mol。根据示意图 6.6，当 $a_1 > a_2$ 时，在浓差界面上，正负离子迁移时必然存在下列两种扩散行为：

$$t_+H^+(a_1) \longrightarrow t_+ H^+(a_2)$$

$$t_-Cl^-(a_2) \longrightarrow t_-Cl^-(a_1)$$

总的离子迁移可以总结为：

$$t_+H^+(a_1)+t_-Cl^-(a_2) \rightleftharpoons t_+H^+(a_2)+t_-Cl^-(a_1)$$

该反应的 $\Delta_r G_m$ 可依据加和公式 $\Delta_r G_m = \sum \nu_B \mu_B$ 计算：

$$\begin{aligned}\Delta_r G_m &= t_+\mu[H^+(a_2)] + t_-\mu[Cl^-(a_1)] - t_+\mu[H^+(a_1)] - t_-\mu[Cl^-(a_2)] \\ &= t_+\{\mu[H^+(a_2)] - \mu[H^+(a_1)]\} + t_-\{\mu[Cl^-(a_1)] - \mu[Cl^-(a_2)]\}\end{aligned} \tag{6.89}$$

依据溶液中 B 物质的化学势等温式（4.86）：

$$\mu_B(l, T, p) = \mu_B^{\ominus} + RT\ln a_B$$

将式（6.89）中各物质的化学势按照式（4.86）展开，可得：

$$\Delta_r G_m = t_+ RT\ln\frac{a[H^+(a_2)]}{a[H^+(a_1)]} + t_- RT\ln\frac{a[Cl^-(a_1)]}{a[Cl^-(a_2)]} \tag{6.90}$$

对于 1-1 价型的电解质溶液：$a[H^+(a_1)] = a[Cl^-(a_1)]$ 且 $a[H^+(a_2)] = a[Cl^-(a_2)]$；
因此，方程式（6.90）可表示为：

$$\Delta_r G_m = RT(t_+ - t_-)\ln\frac{a[H^+(a_2)]}{a[H^+(a_1)]} \tag{6.91}$$

若电解质溶液的平均活度因子分别为 $\gamma_{\pm,1}$ 和 $\gamma_{\pm,2}$，质量摩尔浓度分别为 $b_1$ 和 $b_2$，则根据 $a_+ = \left(\gamma_\pm \dfrac{b_+}{b^{\ominus}}\right)$ 以及 $a_- = \left(\gamma_\pm \dfrac{b_-}{b^{\ominus}}\right)$，式（6.91）可转化为：

$$\Delta_r G_m = RT(t_+ - t_-)\ln\frac{\gamma_{\pm,2}\dfrac{b_2}{b^{\ominus}}}{\gamma_{\pm,1}\dfrac{b_1}{b^{\ominus}}} \tag{6.92}$$

而 $\Delta_r G_m$ 表示系统对外输出的最大非体积功，液接电势可输出的最大电功为：

$$-zFE_j = RT(t_+ - t_-)\ln\frac{\gamma_{\pm,2}\dfrac{b_2}{b^{\ominus}}}{\gamma_{\pm,1}\dfrac{b_1}{b^{\ominus}}} \tag{6.93}$$

因此，在本案例中，电解质为 1-1 型，故 $z=1$，即 1-1 型电解质溶液的液接电势为：

$$E_j = -\frac{RT}{F}(t_+ - t_-)\ln\frac{\gamma_{\pm,2}\dfrac{b_2}{b^\ominus}}{\gamma_{\pm,1}\dfrac{b_1}{b^\ominus}} \tag{6.94}$$

若 $t_+ > t_-$，$b_2 > b_1$，此时 $E_j < 0$，按照式（6.88），此时溶液中的液接电势会增大原可逆电池的电动势。

若 $t_+ < t_-$，$b_2 > b_1$，此时 $E_j > 0$，按照式（6.88），此时溶液中的液接电势会降低原可逆电池的电动势，液接电势会削弱电池的做功本领。

若电解质为 $z_+$-$z_-$型，假设阳离子为 $M^{z_+}$，则按照荷电基本单元进行处理，式（6.94）可变为 $z_+$-$z_-$型电解质溶液的液接电势：

$$E_j = -\frac{RT}{F}\left(\frac{t_+}{z_+} - \frac{t_-}{z_-}\right)\ln\frac{\gamma_{\pm,2}\dfrac{b_2\left(\dfrac{1}{z_+}M^{z_+}\right)}{b^\ominus}}{\gamma_{\pm,1}\dfrac{b_1\left(\dfrac{1}{z_+}M^{z_+}\right)}{b^\ominus}} \tag{6.95}$$

注意，上述各式的正负号，均需按照液接电势的正负号取号规则进行确定。

**【思考题】**有迁移浓差电池 Pt, $H_2(p^\ominus)|HCl(a_{\pm,2}=0.001751)|HCl(a_{\pm,1}=0.009048)|H_2(p^\ominus)$, Pt，在 298K 时实测电动势为 0.01428V，试求液体接界电势及 $H^+$迁移数。（$E_j=-0.0279V$，$t_+=0.831$）

### 6.9.3 盐桥

由于液接电势可能会降低原电池的做功能力，因此在部分原电池的设计中需要避免液接电势的产生。盐桥是一种行之有效的方法：在两个半电池之间架起充满钾盐溶液的琼脂棒，这样既可连通两种不同的溶液，又可避免两种溶液的直接接触，可以有效降低原电池中的液接电势。根据方程式（6.95），液接电势的大小决定于正负离子的迁移数，因此，盐桥中的电解质一般选择钾盐，例如 KCl 或 $KNO_3$ 溶液，其正负离子的迁移数近似相同（详述请参考本书 4.3.2 小节）。

制备盐桥的电解质溶液需要满足以下要求：

① 盐桥中的正负离子淌度或者迁移数近似相同；

② 配制的电解质溶液需要具备较高的浓度，保证在桥接两个半电池中，接界部分的载流子充足；

③ 盐桥中的离子不与电池中的离子发生反应，除了钾盐，$NH_4NO_3$ 也是一种理想的电解质。

## 6.10 离子选择性电极与膜电势

离子选择性电极是一种对某种特定的离子具有选择性的指示电极，如玻璃电极就是对 $H^+$ 具有选择性的电极，是测定 pH 值最常用的 $H^+$浓度的指示电极。之后又相继出现了对 $Na^+$、$Cl^-$、$I^-$、$Ca^{2+}$等离子敏感的指示电极。目前已有几十种离子选择性电极投入使用。由于用离子选择性电极测量所用设备简单操作方便，而且能快速连续测定在工业自动分析环境监测方面得到广泛应用。现在已做成的酶电极、细菌电极在医疗卫生和病理上得到广泛的应用。离子的选择性电极是专门用来测量溶液中这种特定离子活度的指示电极。各种不同的离子选择性电极的工作原理大体是相似的。

### 6.10.1 膜电势

离子选择性电极的应用决定于其膜电势的测定。膜电势是一种相间电势。所谓相间电势是指不同两相接触并发生带电粒子的转移，达到平衡后两相间的电势差。此处介绍两个概念：

膜平衡：当离子穿透膜的表面，在膜的两侧形成双电层，膜内的电位会使离子的穿透力下降，最终达到宏观上穿透行为终止的状态，成为膜平衡。

膜电势：当离子穿透行为宏观停止，即达到膜平衡状态时，此时膜两侧的双电层电位差即为膜电势，用 $E_m$ 表示。

膜电势的产生机理：由于膜对离子的选择性，离子单向穿透膜。膜电势的正负号规定为膜内电势（$\varphi_{内}$）与膜外电势（$\varphi_{外}$）之差，即：

$$E_m = \varphi_{内} - \varphi_{外} \tag{6.96}$$

无论何种类型的膜，其膜电势是不能单独直接测定出来的，但可以通过设计并测定电化学电池（即原电池）的电动势而计算出来。

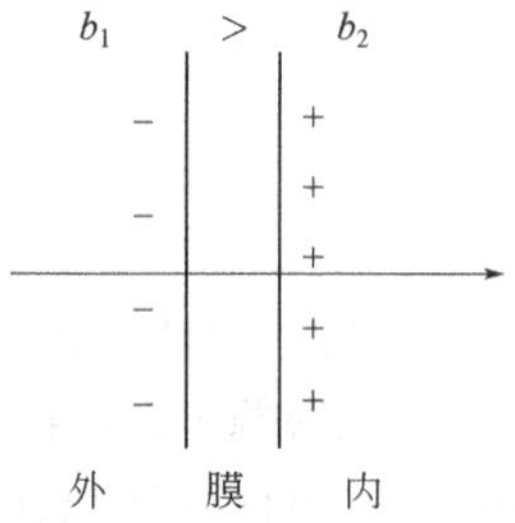

图 6.7　膜平衡示意图

如图 6.7 所示的膜平衡示意图。在 $p$、$T$ 一定的条件下，质量摩尔浓度 $b_1$ 和 $b_2$ 有定值，当膜平衡时，膜两侧的 B 离子在电场中的化学势必然相等，即膜内外的化学势与电功之和相同。

则对于膜内外的 B 离子：

$$\mu_{B,内} + z_B F \varphi_{内} = \mu_{B,外} + z_B F \varphi_{外} \tag{6.97}$$

$$z_B F(\varphi_{内} - \varphi_{外}) = \mu_{B,外} - \mu_{B,内} \tag{6.98}$$

$$z_B F E_m = (\mu^{\ominus}_{B,外} + RT\ln a_{B,外}) - (\mu^{\ominus}_{B,内} + RT\ln a_{B,内}) = RT\ln\frac{a_{B,外}}{a_{B,内}} \tag{6.99}$$

所以

$$E_m = \frac{RT}{z_B F}\ln\frac{a_{B,外}}{a_{B,内}} \tag{6.100}$$

上式即为膜电势的计算公式。

### 6.10.2 玻璃电极与 pH 计

玻璃电极是对 $H^+$ 选择性电极，它是由特种玻璃膜制成的球形薄膜。此种玻璃膜的一般组成成分为：$SiO_2$ 72%，$Na_2O$ 22%，CaO 6%。用该玻璃膜将 pH 值不同的两种溶液隔开，膜电势的值由两边溶液的 pH 差值决定。如果固定一边溶液的 pH 值，则整个膜电势只随另一边溶液的 pH 值变化。

如图 6.8（a）所示，在球形玻璃膜内放置一定浓度的 HCl 溶液，并在溶液中浸入一支 Ag-AgCl 电极，该电极也被称为内参比电极。因此，玻璃电极的核心部分是 Ag-AgCl 电极、盐酸内充液及玻璃膜，如图 6.8（b）所示，玻璃电极的电势包括两部分，即膜电势与 Ag-AgCl 的电极电势之和：

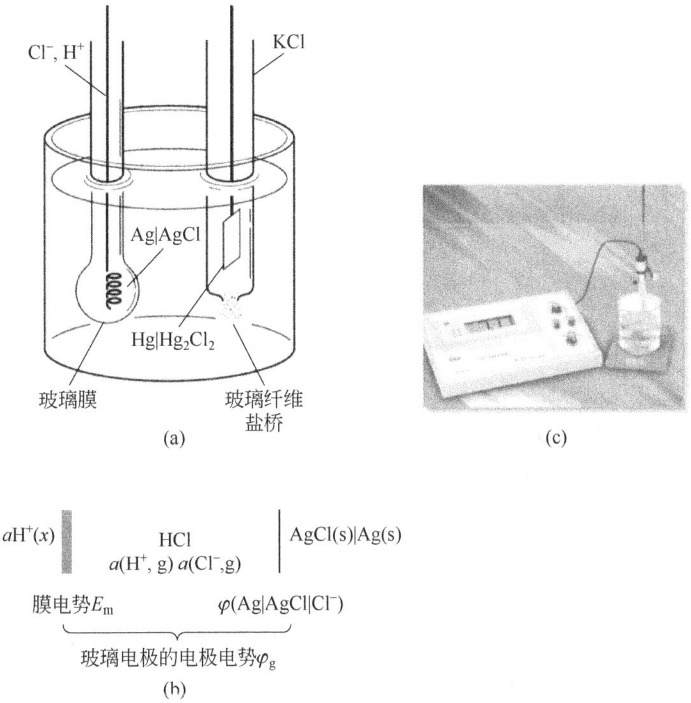


图 6.8　玻璃电极示意图（a）、玻璃电极的原理模型（b）与 pH 计（c）

$$\varphi_g = \varphi(\mathrm{Ag|AgCl|Cl^-}) + E_m \tag{6.101}$$

若将上述玻璃电极插入 $H^+$活度为 $a_{(H^+,x)}$ 的电解液中，则方程式（6.101）可展开描述如下：

$$\varphi_g = \varphi^{\ominus}_{(\mathrm{Cl^-|AgCl|Ag})} - \frac{RT}{F}\ln a_{(\mathrm{Cl^-},g)} + \frac{RT}{F}\ln\frac{a_{(\mathrm{H^+},x)}}{a_{(\mathrm{H^+},g)}} \tag{6.102}$$

由于 $a_{(\mathrm{Cl^-},g)}$ 与 $a_{(\mathrm{H^+},g)}$ 均来自内充液，因此对式（6.102）进行合并：

$$\varphi_g = \varphi^{\ominus}_{(\mathrm{Cl^-|AgCl|Ag})} - \frac{RT}{F}\ln\frac{a_{(\mathrm{Cl^-},g)}a_{(\mathrm{H^+},g)}}{a_{(\mathrm{H^+},x)}} \tag{6.103}$$

即
$$\varphi_g = \varphi^{\ominus}_{(\mathrm{Cl^-|AgCl|Ag})} - \frac{RT}{F}\ln[a_{(\mathrm{Cl^-},g)}a_{(\mathrm{H^+},g)}] + \frac{RT}{F}\ln a_{(\mathrm{H^+},x)}$$

所以
$$a_{\pm(\mathrm{HCl})} = a_{(\mathrm{Cl^-},g)}a_{(\mathrm{H^+},g)} \tag{6.104}$$

且
$$\ln a_{(\mathrm{H^+},x)} = -2.303\mathrm{pH} \tag{6.105}$$

上述两式代入式（6.103），则：

$$\varphi_g = \varphi^{\ominus}_{(\mathrm{Cl^-|AgCl|Ag})} - \frac{RT}{F}\ln[a_{(\mathrm{Cl^-},g)}a_{(\mathrm{H^+},g)}] - \frac{2.303RT}{F}\mathrm{pH} \tag{6.106}$$

令 $\varphi_g = \varphi^{\ominus}_{(\mathrm{Cl^-|AgCl|Ag})} - \frac{RT}{F}\ln[a_{(\mathrm{Cl^-},g)}a_{(\mathrm{H^+},g)}]$

则
$$\varphi_g = \varphi_g^{\ominus} - \frac{2.303RT}{F}\mathrm{pH} \tag{6.107}$$

注意，此处 $\varphi_g^\ominus$ 不是玻璃电极的标准态，只是对于玻璃电极电势的一个参考态，$\varphi_g^\ominus$ 只是温度的函数。

使用玻璃电极时，需要与另一参比电极如甘汞电极一起插入待测溶液中组成原电池：Ag|AgCl(s)|HCl $(a_{(Cl^-,g)}, a_{(H^+,g)})$|玻璃薄膜|未知 pH 的溶液 $(a_{(H^+,x)})$|甘汞电极，此时测量该电池的电动势 $E$，联立方程式（6.107），即可求出溶液中的 pH 值：

$$E = \varphi_{甘汞} - \varphi_g = \varphi_{甘汞} - \varphi_g^\ominus + \frac{2.303RT}{F}\text{pH}$$

所以

$$\text{pH} = \frac{E - \varphi_{甘汞} + \varphi_g^\ominus}{2.303RT}F \tag{6.108}$$

方程式（6.108）也是 pH 计的工作原理，如图 6.8（c）所示。

**【思考题】** 生物体中，细胞膜内外的电解液 KCl 组成一个膜电池：

Ag|AgCl(s)|KCl(aq)|内液 α|细胞膜|外液 β|KCl(aq)|AgCl(s)|Ag

假设静置神经细胞内液 α 中 $K^+$浓度是细胞外的 35 倍，活度系数均为 1，计算室温条件下的膜电势。（−0.09134V）

## 6.11 电动势法的应用

电动势法的应用本质上是用经典热力学方法研究电化学反应。而经典热力学的核心思想是从可逆、平衡来研究自然界发生的一切过程，它所研究的状态是平衡态，重要的热力学函数改变值都是通过可逆过程来求得的。本节将结合化学平衡热力学和电化学平衡，将热力学研究方法和经典热力学基本原理应用到电化学领域。

应用电动势法处理问题的一般流程是：首先，根据目标问题设计可逆电极和可逆电池，即将化学反应“译”为电池，并确定电池反应的反应物和产物是否与目标问题一致；其次，实验上制备电池，并使用“对消法”测定电池的电动势；最后，根据测量的电动势值解决相应的问题。

### 6.11.1 化学反应的热力学函数

（1）反应的 $\Delta_r G_m$ 和 $K^\ominus$

按照本节的开篇介绍，求解 $\Delta_r G_m$ 和 $K^\ominus$ 的方案和上述流程是完全一致的，电化学平衡中，$K^\ominus$ 的求解有两种方式：一是通过计算标准电动势 $E^\ominus$ 求解 $\Delta_r G_m^\ominus$，根据化学反应等温式求解；二是求解平衡时各物质的活度或逸度，根据定义式（6.15）求解，此处不再赘述。而反应的摩尔吉布斯函数变 $\Delta_r G_m$，可以通过电动势 $E$ 和 $\Delta_r G_m$ 的关系或者能斯特方程求解，如式(6.109)和式（6.110）。

$\Delta_r G_m$ 和本章 6.5 节中总结化学平衡时的内容类似，其基本计算方法主要包括以下六种。

① 电化学平衡与能斯特方程：

$$\Delta_r G_m(T) = -zFE(T) \tag{6.109}$$

$$E(T) = E^\ominus(T) - \frac{RT}{zF}\ln Q \tag{6.110}$$

$$E^{\ominus}(T)=\frac{RT}{zF}\ln K^{\ominus} \tag{6.111}$$

② 基本定义：

$$\Delta_r G_m(T)=\Delta_r H_m(T)-T\Delta_r S_m(T) \tag{6.112}$$

式中，$\Delta_r H_m$ 和 $\Delta_r S_m$ 均可以按照 6.5 节中整理的基本热力学方程进行计算。

③ 盖斯定律：

$$\Delta_r G_m(T)=\sum_B \nu_B \Delta_f G_{m,B}(T) \tag{6.113}$$

④ 化学反应等温式

$$\Delta_r G_m=\Delta_r G_m^{\ominus}+RT\ln Q=-RT\ln K^{\ominus}+RT\ln Q \tag{6.114}$$

⑤ 加和定理与化学势等温式：

$$\Delta_r G_m=\sum \nu_B \mu_B \tag{6.115}$$

$$\mu_B(T)=\mu_B^{\ominus}(T)+RT\ln a_B \tag{6.116}$$

⑥ 吉布斯-亥姆霍兹公式：

$$\frac{\Delta_r G_m(T_2)}{T_2}-\frac{\Delta_r G_m(T_1)}{T_1}=\Delta_r H_m\left(\frac{1}{T_2}-\frac{1}{T_1}\right) \tag{6.117}$$

上述六类基本公式彼此之间相互联系，所含的物理量可以相互转化，在求解相应问题时往往需要联立多个方程，以方便解决问题为原则，求解目标问题。

（2）反应的 $\Delta_r S_m$ 与电池的温度系数

根据等压条件下 $G$ 和 $S$ 的基本热力学关系式（2.56），在反应中 $\Delta_r G_m$ 和 $\Delta_r S_m$ 之间满足：

$$\left(\frac{\partial \Delta_r G_m}{\partial T}\right)_p=-\Delta_r S_m \tag{6.118}$$

将 $\Delta_r G_m(T)=-zFE(T)$ 代入式（6.118），可得：

$$\Delta_r S_m=zF\left(\frac{\partial E}{\partial T}\right)_p \tag{6.119}$$

式中，$\left(\frac{\partial E}{\partial T}\right)_p$ 称为电池的温度系数，表示在等压条件下，电池的电动势 $E$ 随着温度 $T$ 的变化率。在实验中，根据目标反应设计电池后，多次使用电位差计测量原电池的电动势，绘制电池的电动势-温度曲线，再拟合计算温度系数。注意，在测量时，尽量避免使用气体电极，以保证测试的可重复性和准确性。

（3）反应的 $\Delta_r H_m$ 和 $Q_R$

根据方程式（6.112），在温度 $T$ 的条件下，

$$\Delta_r H_m(T)=\Delta_r G_m(T)+T\Delta_r S_m(T)$$

将式（6.109）和式（6.119）代入，可得：

$$\Delta_r H_m(T) = -zFE(T) + zFT\left(\frac{\partial E}{\partial T}\right)_p \tag{6.120}$$

利用电动势法求解 $\Delta_r H_m(T)$，精度可达 $10^{-9}$，比等压条件下传统的量热法 $\Delta_r H_m(T) = \int\sum_B \nu_B C_{p,m,B}(T)dT$ 的精度高得多。

根据热温商的定义式（2.4）：$dS = \frac{\delta Q_R}{T}$，则反应过程的可逆热效应 $Q_R$ 可确定为 $Q_R = T\Delta_r S_m$。

因此，根据方程式（6.120），在电池中的可逆热效应为：

$$Q_R = zFT\left(\frac{\partial E}{\partial T}\right)_p \tag{6.121}$$

注意，方程式（6.120）与无非体积功的桥梁公式 $\Delta H = Q_p$ 的区别。温度一定时，在方程式（6.120）中，反应的焓分成两个部分，分别对应方程右侧的两项，一部分是可逆电池的电功 $-zFE$，除此之外的焓对应电池的可逆热效应；而在方程式（1.74）中，不存在非体积功，所以，等压条件下，可逆过程的热效应完全来自焓。

根据式（6.121），对于放热的电池反应：$Q_R < 0$，$\left(\frac{\partial E}{\partial T}\right)_p < 0$，温度升高时，电池的电动势下降；反之，对于吸热反应，$\left(\frac{\partial E}{\partial T}\right)_p > 0$，温度升高时，电池的电动势上升。

【例 6.11】池 $Hg|Hg_2Br_2(s)|Br^-(aq)|AgBr(s)|Ag$，在标准压力下，电池电动势（mV）与温度（K）的关系是：$E = 68.04 + 0.312\times(T-298.15)$，写出通过 1$F$ 电量时的电极反应与电池反应，计算 25°C 时该电池反应的 $\Delta_r G_m^\ominus$、$\Delta_r H_m^\ominus$ 以及 $\Delta_r S_m^\ominus$。

【解答】通过 1$F$ 电量时，$z = 1$，电极反应如下：

阳极反应：$Hg(l) + Br^-(aq) \rightleftharpoons \frac{1}{2}Hg_2Br_2(s) + e^-$

阴极反应：$AgBr(s) + e^- \rightleftharpoons Ag(s) + Br^-(aq)$

电池反应：$Hg(l) + AgBr(s) \rightleftharpoons \frac{1}{2}Hg_2Br_2(s) + Ag(s)$

25°C，100kPa 时，$E^\ominus = 68.04mV = 6.804\times10^{-2}V$

根据式（6.109），$\Delta_r G_m^\ominus = -zFE^\ominus = -1\times96500\times6.804\times10^{-2} = -6.565kJ\cdot mol^{-1}$

根据 $E$-$T$ 函数关系，可求：$\left(\frac{\partial E}{\partial T}\right)_p = 0.312\times10^{-3}V\cdot K^{-1}$

根据式（6.119）和式（6.120）得：

$$\Delta_r S_m = zF\left(\frac{\partial E}{\partial T}\right)_p = 1\times96500\times0.312\times10^{-3} = 30.103J\cdot mol^{-1}\cdot K^{-1}$$

$$\Delta_r H_m(T) = \Delta_r G_m(T) + T\Delta_r S_m(T) = -6565 + 298.15\times30.103 = 2410.2J\cdot mol^{-1}$$

【例 6.12】已知原电池 Pt, $H_2(0.01p^\ominus)|HBr(0.1mol\cdot L^{-1})|AgBr|Ag$，在 20°C 时 $E_{293K} = 0.154V$，若 $\Delta_r H_m = 80000J$，不随温度变化而变化，反应进度 $\xi$ 为 1mol，假设通过电量为 1$F$，AgBr

的溶度积 $K_{sp}^{\ominus}=5\times10^{-13}$。根据以上条件，（1）写出电极反应和电池反应式；（2）求 298K 时电池电动势 $E$。已知 $\varphi^{\ominus}(Ag^+|Ag)=0.800V$；（3）求 298 K 时可逆热 $Q_R$；（4）计算 298 K 时，$\varphi^{\ominus}(AgBr|Br^-)$ 的标准电极电势。

**【解答】**（1）本小题考察目标为电池符号与化学反应的“互译”。

阳极反应：$\frac{1}{2}H_2(0.01p^{\ominus}) \rightleftharpoons H^+(0.1mol\cdot L^{-1})+e^-$

阴极反应：$AgBr(s)+e^- \rightleftharpoons Ag(s)+Br^-(0.1mol\cdot L^{-1})$

电池反应：$\frac{1}{2}H_2(0.01p^{\ominus})+AgBr(s) \rightleftharpoons Ag(s)+HBr(0.1mol\cdot L^{-1})$

（2）结合式（6.77），显然 298K 与 293K 时反应的 $\Delta_r G_m$ 与电池的电动势的值并不相同，因此需要联立吉布斯-亥姆霍兹方程式（2.66），可得：

$$\frac{-zFE(T_2)}{T_2}-\frac{-zFE(T_1)}{T_1}=\Delta_r H_m\left(\frac{1}{T_2}-\frac{1}{T_1}\right)$$

且 $\Delta_r H_m$ 不随温度变化而变化，代入数据，可得：

$$1\times96500\times\left(\frac{E(298K)}{298K}-\frac{0.154}{293}\right)=80000\times\left(\frac{1}{293}-\frac{1}{298}\right)$$

解得 $E(298K)=0.171V$。

（3）根据方程式（6.120）：$Q_R=zFT\left(\frac{\partial E}{\partial T}\right)_p=\Delta_r H_m(T)+zFE(T)$

由于 $\Delta_r H_m$ 不随温度变化而变化，因此：

$$Q_R=80000+1\times96500\times0.171=96501J$$

（4）本题已知的原电池中的阴极反应对应的标准电极电势即为 $\varphi^{\ominus}(AgBr|Br^-)$，本题可以借助 AgBr 的溶度积，即解离平衡常数 $K_{sp}^{\ominus}=5\times10^{-13}$，和已知条件 $\varphi^{\ominus}(Ag^+|Ag)=0.800V$，设定目标反应为 AgBr 的解离：$AgBr(s) \longrightarrow Ag^+ + Br^-$，解出 $\varphi^{\ominus}(AgBr|Br^-)$。

设计电池如下：$Ag|Ag^+(a_{Ag^+}=1)|Br^-(a_{Br^-}=1)|AgBr(s)|Ag$

则两极反应如下：

阳极反应：$Ag(s) \rightleftharpoons Ag^+(a_{Ag^+}=1)+e^-$

阴极反应：$AgBr(s)+e^- \rightleftharpoons Ag(s)+Br^-(a_{Br^-}=1)$

电池反应：$AgBr(s) \rightleftharpoons Ag^+ + Br^-$

根据方程式（6.111）：$\varphi^{\ominus}(AgBr|Br^-)=\varphi^{\ominus}(Ag^+|Ag)+\frac{RT}{zF}\ln K_{sp}^{\ominus}$

即：$\varphi^{\ominus}(AgBr|Br^-)=0.8000+\frac{8.314\times298}{1\times96500}\ln(5\times10^{-13})=0.0724V$

## 6.11.2 测离子平均活度系数 $\gamma_{\pm}$

离子的平均活度系数，除了利用强电解质溶液中的德拜-休克尔极限定律，即方程式（4.106），另一种计算方法就是电动势法。例如，298K，$p^{\ominus}$ 条件下，通过测量电动势计算质量摩尔浓度为 $b$ 的 $CuCl_2$ 溶液的平均活度因子 $\gamma_{\pm}$。

解决该问题的思路为设计电极反应构建原电池，并需要遵循两个原则：

① 电池中需要含有目标电解液，即 $CuCl_2$ 溶液；

② 在整个电池和电极反应中，未知数只能为 $CuCl_2$ 溶液的活度。

解决方法如下：考虑设计 I 类可逆电极 $Cu(s)|CuCl_2(b_{Cu^{2+}})$，其中 $Cu^{2+}$的活度 $a_{Cu^{2+}}=\left(\gamma_\pm \dfrac{b_{Cu^{2+}}}{b^\ominus}\right)$，$\gamma_\pm$为待求的活度因子。将该电极与已知电极电势的甘汞电极构成原电池：$Cu(s)|CuCl_2(b_{Cu^{2+}})||KCl(b')|Hg_2Cl_2|Hg(l)$，并使用电位差计测量其电动势 $E$。显然：

$$E=\varphi_{甘汞}-\varphi_{Cu|Cu^{2+}} \tag{6.122}$$

根据电极的能斯特方程：

$$\varphi_{Cu|Cu^{2+}}=\varphi^\ominus_{Cu|Cu^{2+}}-\frac{RT}{2F}\ln\frac{1}{a_{Cu^{2+}}} \tag{6.123}$$

其中，$a_{Cu^{2+}}=\left(\gamma_\pm \dfrac{b_{Cu^{2+}}}{b^\ominus}\right)$。

将式（6.123）代入式（6.122），可得：

$$E=\varphi_{甘汞}-\left[\varphi^\ominus_{Cu|Cu^{2+}}+\frac{RT}{2F}\ln\left(\gamma_\pm\frac{b_{Cu^{2+}}}{b^\ominus}\right)\right] \tag{6.124}$$

$$\ln\gamma_\pm=\frac{2F}{RT}(\varphi_{甘汞}-\varphi^\ominus_{Cu|Cu^{2+}}-E)-\ln\left(\frac{b_{Cu^{2+}}}{b^\ominus}\right) \tag{6.125}$$

多数求解电解液的平均活度因子，均可按照本节的思路进行。

**【例 6.13】** 电池 $Zn(s)|ZnCl_2(0.555mol\cdot kg^{-1})|AgCl(s)|Ag(s)$在 298K 时，$E=1.015V$，已知：温度系数$\left(\dfrac{\partial E}{\partial T}\right)_p=-4.02\times10^{-4}V\cdot K^{-1}$，$\varphi^\ominus_{Zn^{2+}|Zn}=-0.763V$，$\varphi^\ominus_{AgCl|Ag}=0.222V$。

（1）写出电池反应（2 个电子得失）；

（2）求反应的标准平衡常数 $K^\ominus$；

（3）求 $ZnCl_2$ 的 $\gamma_\pm$；

（4）若该反应在恒压反应釜中进行，不做其它功，热效应为多少？

**【解答】**（1） 按照“2 个电子得失”要求写出电池的总反应

阳极反应：$Zn(s)-2e^-\rightleftharpoons Zn^{2+}(a_{Zn^{2+}})$

阴极反应：$2AgCl(s)+2e^-\rightleftharpoons 2Ag(s)+2Cl^-(a_{Cl^-})$

电池反应：$Zn(s)+2AgCl(s)\rightleftharpoons Zn^{2+}(a_{Zn^{2+}})+2Ag(s)+2Cl^-(a_{Cl^-})$

（2）根据桥梁公式：$zFE^\ominus=RT\ln K^\ominus$，且上述电池的标准电动势为 $E^\ominus=\varphi^\ominus_{AgCl|Ag}-\varphi^\ominus_{Zn^{2+}|Zn}=0.985V$。联立两式得：

$$K^\ominus=\exp\left(\frac{zFE^\ominus}{RT}\right)=\exp\left(\frac{2\times96500\times0.985}{8.314\times298}\right)=2.1\times10^{33}$$

（3）由于 $a_{ZnCl_2}=\dfrac{\gamma_{\pm}^3 b_{Zn^{2+}} b_{Cl^-}^2}{(b^{\ominus})^3}$，代入电池的 Nernst 方程：

$$E=E^{\ominus}-\frac{RT}{zF}\ln a_{ZnCl_2}=E^{\ominus}-\frac{RT}{zF}\ln\left(\frac{\gamma_{\pm}^3 b_{Zn^{2+}} b_{Cl^-}^2}{(b^{\ominus})^3}\right)$$

解得 $\gamma_{\pm}=0.5207$

（4）若该反应在恒压反应釜中进行，不做其它功，此时存在 $Q_p=\Delta_r H_m$

而反应焓 $\Delta_r H_m$ 只与过程的始终态有关，与完成的方式无关，因此，根据式（6.120）可得：$Q_p=\Delta_r H_m=-zEF+zFT\left(\dfrac{\partial E}{\partial T}\right)_p$

即：$Q_p=2\times96500\times[298\times(-4.02\times10^{-4})-1.015]=-219.015\text{kJ}\cdot\text{mol}^{-1}$

## 6.11.3 测未知电极的标准电极电势 $\varphi^{\ominus}$

测未知电极的标准电极电势的方法，除了按照方程式（6.76），使用待测电极与氢标电极（或其它二类标准的电极）构成原电池之外，使用电动势法也可以方便地测量未知电极的标准电极电势。例如：298K，$p^{\ominus}$条件下，原电池 $\text{Cu(s)}|\text{CuCl}_2(b_{Cu^{2+}})||\text{KCl}(b')|\text{Hg}_2\text{Cl}_2|\text{Hg(l)}$中的 $\varphi^{\ominus}_{Cu^{2+}|Cu}$。

根据方程式（6.124）：$E=\varphi(\text{甘汞})-\varphi^{\ominus}_{Cu^{2+}|Cu}-\dfrac{RT}{2F}\ln\left(\gamma_{\pm}\dfrac{b_{Cu^{2+}}}{b^{\ominus}}\right)$

本节中，待测量变为 $\varphi^{\ominus}_{Cu^{2+}|Cu}$，平均活度因子 $\gamma_{\pm}$仍为未知量，对方程式（6.124）移项，可得：

$$\varphi^{\ominus}_{Cu^{2+}|Cu}+\frac{RT}{2F}\ln\gamma_{\pm}=\varphi(\text{甘汞})-E-\frac{RT}{2F}\ln\left(\frac{b_{Cu^{2+}}}{b^{\ominus}}\right) \tag{6.126}$$

尽管方程式（6.126）中 $\gamma_{\pm}$仍为未知量，但理论上，稀溶液的质量摩尔浓度，即 $b_{Cu^{2+}}\to0$ 时，$\gamma_{\pm}\to1$，则：

$$\lim_{b_{Cu^{2+}}\to0}\left[\varphi^{\ominus}_{Cu^{2+}|Cu}-\frac{RT}{2F}\ln\gamma_{\pm}\right]=\varphi^{\ominus}_{Cu^{2+}|Cu} \tag{6.127}$$

联立式（6.126）和式（6.127），得：

$$\varphi^{\ominus}_{Cu^{2+}|Cu}=\lim_{b_{Cu^{2+}}\to0}\left[\varphi(\text{甘汞})-E-\frac{RT}{2F}\ln\left(\frac{b_{Cu^{2+}}}{b^{\ominus}}\right)\right] \tag{6.128}$$

实验上，可配置不同浓度的溶液，分别测量其电动势，对 $\left[\varphi(\text{甘汞})-E-\dfrac{RT}{2F}\ln\left(\dfrac{b_{Cu^{2+}}}{b^{\ominus}}\right)\right]$-$b_{Cu^{2+}}$作图，外推至 $b_{Cu^{2+}}=0$ 时，对应的 $\left[\varphi(\text{甘汞})-E-\dfrac{RT}{2F}\ln\left(\dfrac{b_{Cu^{2+}}}{b^{\ominus}}\right)\right]$值即为 $\varphi^{\ominus}_{Cu^{2+}|Cu}$。

对于稀溶液，电解液中的溶质的 $\gamma_{\pm}$可使用德拜-休克尔极限定律式（4.106）近似求解，将 $\lg\gamma_{\pm}=-A|z_+z_-|\sqrt{\dfrac{1}{2}\sum_B b_B z_B^2}$ 代入方程式（6.126）中，可得：

$$\varphi(\text{甘汞})-E-\frac{RT}{2F}\ln\left(\frac{b_{Cu^{2+}}}{b^{\ominus}}\right)=\varphi^{\ominus}(Cu\,|\,Cu^{2+})-\frac{RT}{2F}(-2.303\times A(z_{Cu^{2+}})\sqrt{\frac{1}{2}(b_{Cu^{2+}}z_{Cu^{2+}}^{2})} \tag{6.129}$$

令 $B=\frac{RT}{2F}\times(-2.303)\times A(z_{Cu^{2+}})\sqrt{\frac{1}{2}(z_{Cu^{2+}}^{2})}$

则

$$\varphi(\text{甘汞})-E-\frac{RT}{2F}\ln\left(\frac{b_{Cu^{2+}}}{b^{\ominus}}\right)=\varphi^{\ominus}(Cu\,|\,Cu^{2+})-B(b_{Cu^{2+}})^{\frac{1}{2}} \tag{6.130}$$

根据上式，$\left[\varphi(\text{甘汞})-E-\frac{RT}{2F}\ln\left(\frac{b_{Cu^{2+}}}{b^{\ominus}}\right)\right]$ 与 $(b_{Cu^{2+}})^{\frac{1}{2}}$ 之间满足线性关系，所以实际操作时，往往绘制 $\left[\varphi(\text{甘汞})-E-\frac{RT}{2F}\ln\left(\frac{b_{Cu^{2+}}}{b^{\ominus}}\right)\right]$-$(b_{Cu^{2+}})^{\frac{1}{2}}$ 图象，再使用外推法确定 $\varphi^{\ominus}_{Cu^{2+}|Cu}$。

### 6.11.4 电势-pH 图

如果溶液中的反应有 $H^+$或 $OH^-$参与反应，那么电极一定与 $H^+$活度有关，即与溶液的 pH 值有关。在保持温度为定值的情况下，且氢离子活度是唯一变量时，将各电极的电势与溶液 pH 值的关系在图上用一系列线段表示出来，这种图就称为电势-pH 图（$\varphi$-pH 图）。

$\varphi$-pH 图中，通常用电极电势作纵坐标，pH 值作横坐标，在同一温度下，指定一个浓度，就可以画出一条电势-pH 函数图象。

在涉及水作溶剂的电化学反应过程中，对于氢和氧发生氧化还原生成水的反应可以安排成一种燃料电池，电解质溶液的 pH 值可以在 1～14 的范围内变动，主要涉及氢电极和氧电极，以下进行分别讨论。

（1）氢电极的电势-pH 图

氢电极（A）的表达式：Pt| $H_2(p_{H_2})|H^+(a_{H^+})$，其对应的电势-pH 函数图象往往用 A 表示。对应的还原电极反应为：

$$H^+(a_{H^+})+e^- \rightleftharpoons \frac{1}{2}H_2(p_{H_2})$$

对于该电极有 Nernst 方程：

$$\varphi_{H^+|H_2}=\varphi^{\ominus}_{H^+|H_2}-\frac{RT}{nF}\ln\frac{\left(\frac{p_{H_2}}{p^{\ominus}}\right)^{1/2}}{a_{H^+}}=-\frac{RT}{2F}\ln\frac{p_{H_2}}{p^{\ominus}}-\frac{2.303RT}{F}\text{pH} \tag{6.131}$$

假设 $T=298\text{K}$，$p_{H_2}=p^{\ominus}$，则 $\varphi$-pH 函数关系为：$\varphi_{H^+|H_2}=-0.05916\text{pH}$。

函数关系如图 6.9 中 A 黑线（$10^5$Pa）所示，该图象表示：

① 在 298.15K，$p_{H_2}=p^{\ominus}$时，电极 A 所表示的电化学平衡：$H^+(a_{H^+})+e^- \rightleftharpoons \frac{1}{2}H_2(p_{H_2})$。

② 在该条件下氢电极的还原电势随 pH 的变化关系，三条线中的（$10^5$Pa）线称为电势-pH 图的 A 基线。

A 基线的上方区域：$p^{\ominus}$和 pH 保持不变，随着电极电势的增加，上式中 $\frac{p_{H_2}}{p^{\ominus}}$ 降低，即氢气的含量降低，平衡向左移动，此时水中不会有氢气溢出，对应的属于氢离子稳定区，或水（氧化态）稳定区；

A 基线的下方区域：$p^{\ominus}$ 和 pH 保持不变，随着电极电势的降低，上式中 $\dfrac{p_{H_2}}{p^{\ominus}}$ 升高，平衡向右移动，相应区域表示氢气（还原态）稳定区。

显然，压强改变，$\varphi$-pH 的关系也会随之变化。当氢气压力降低为 $10^3 p^{\ominus}$ 时，截距为正的 0.0592V；当氢气压力升高为 $10^7 p^{\ominus}$ 时，截距为−0.0592V。显然，图 6.9 中 A 的三条线斜率相同。

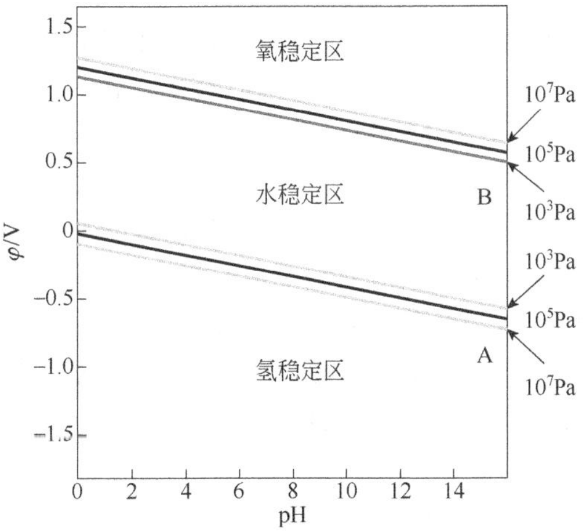


图 6.9　水的电势-pH 图

（2）氧电极的电势-pH 图

氧电极（B）的表达式：　$Pt|O_2(p_{O_2})\,|\,H^+(a_{H^+})$。其对应的电势-pH 函数图象往往用 B 表示。对应的还原电极反应为：

氧电极：$\frac{1}{2}O_2(p_{O_2})+2H^+(a_{H^+})+2e^- \rightleftharpoons H_2O$

由电极的 Nernst 方程得：

$$\varphi_{Pt,O_2|H_2O}=\varphi^{\ominus}_{Pt,O_2|H_2O}-\frac{RT}{nF}\ln\frac{1}{\left(\dfrac{p_{O_2}}{p^{\ominus}}\right)^{1/2}(a_{H^+})^2}$$

即
$$\varphi_{Pt,O_2|H_2O}=\varphi^{\ominus}_{Pt,O_2|H_2O}+\frac{RT}{4F}\ln\frac{p_{O_2}}{p^{\ominus}}-\frac{2.303RT}{F}\text{pH} \qquad (6.132)$$

当氧气压力为标准压力时，$T=298\text{K}$ 时，$\varphi^{\ominus}=1.229\text{V}$，$\varphi$-pH 函数关系为：

$\varphi_{Pt,O_2|H_2O}=1.229-0.05916\text{pH}$，函数图象如图 6.9 中 B 黑线（$10^5$Pa）所示，称为 B 反应的基线，斜率与 A 基线相同。

B 基线的意义和 A 基线完全类似，表示两重含义：一是在 298.15K，$p(O_2)=p^{\ominus}$ 时，电极 B 所表示的电化学平衡 $\frac{1}{2}O_2(p_{O_2})+2H^+(a_{H^+})+2e^- \rightleftharpoons H_2O$；二是表示在该条件下氧电极电势随 pH 的变化关系。

在氧电极的电势-pH 图中，B 线上方区域：pH 保持不变，随着电极电势的增加，上式中

$\frac{p_{O_2}}{p^{\ominus}}$升高，即氧气的含量高，平衡向左移动，对应的属于氧气稳定区，即氧化态稳定区；B线下方区域：pH保持不变，随着电极电势的降低，上式中$\frac{p_{O_2}}{p^{\ominus}}$降低，平衡向右移动，相应区域表示水（还原态）稳定区。

显然，当氧气压力为$10^7$Pa时，截距为1.259V；当氧气压力为$10^3$Pa时，截距为1.199V。

（3）水的电势-pH图

将氧电极和氢电极的电势pH图画在同一张图上，就得到了$H_2O$的电势-pH图，如图6.9所示。基线A、B的斜率相同，均是−0.05916。仅是截距不同，所以是一组平行线，平行线之间的距离就是该燃料电池的电动势，其值与pH无关。显然，当$H_2$和$O_2$的压力都等于标准压力时，该燃料电池的电动势为1.229V。

基线A、B是其它所有反应的参考基线。从水的电势-pH图可以看出：

① 基线A、B将整个区域分成了三个部分，每条线都代表对应的化学平衡以及$\varphi$-pH关系。

② 每条线的上方均代表该平衡反应对应的氧化态稳定区。

③ 每条线的下方均代表该平衡反应对应的还原态稳定区。

④ 原电池中，氧电极的电势高，氢电极的电势低。只有氧电极做阴（正）极，氢电极做阳（负）极，这样组成的电池才是自发电池。

⑤ 所以总的反应是氧气还原生成水，氢气氧化成氢离子。显然，氧气和氢气压力越高，组成的电池电动势越大，反应趋势也越大。

（4）Fe的各类电极的电势-pH图举例

① 非氧化还原反应的电势-pH图。

例如：298.15K，$a_{Fe^{3+}} = 10^{-6}$时的$Fe^{3+}|Fe_2O_3$电极（C），其电极反应为

$$Fe_2O_3(s)+6H^+(a_{H^+}) \rightleftharpoons 2Fe^{3+}(a_{Fe^{3+}})+3H_2O$$

该反应并不涉及氧化数的变化。反应达平衡时：$K^{\ominus} = \frac{a_{Fe^{3+}}^2}{a_{H^+}^6}$

$$\ln K^{\ominus} = 2\ln a_{Fe^{3+}} + 6\times 2.303\text{pH}$$

式中，$a_{Fe^{3+}} = 10^{-6}$；$K^{\ominus}$为一常数，代入相关数据，解得：pH = 1.76，即$\varphi$与pH无关，其$\varphi$-pH线如图6.10中$C$线所示。

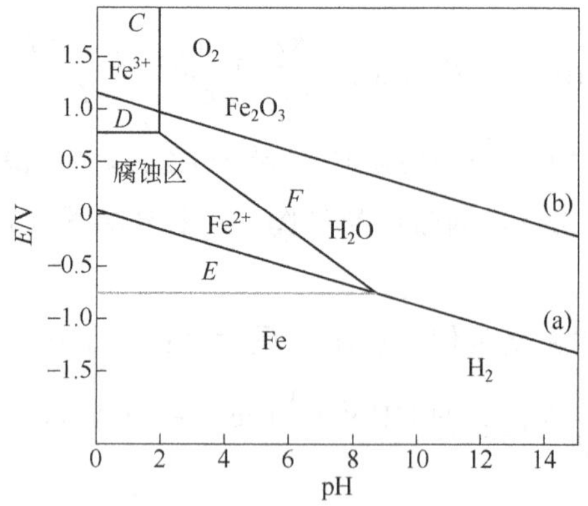


图6.10 Fe的各类电极的电势-pH图

该反应不是氧化还原反应，反应平衡时，pH 是唯一的，所以在 $\varphi$-pH 图上是一组垂直于横坐标的垂线。$C$ 线左边表示：$K^{\ominus}$ 一定时，pH 减小，$a_{Fe^{3+}}$ 增大，反应平衡右移，为 $Fe^{3+}$稳定区；C 线右边表示：$K^{\ominus}$ 一定时，pH 增大，$a_{Fe^{3+}}$ 减小，平衡左移，为 $Fe_2O_3$ 稳定区。

结论：对于非氧化还原反应，其对应的 $\varphi$-pH 图为一条垂线。

② 与 $H^+$无关的电极。

例如反应 D，298.15K，$a_{Fe^{3+}} = a_{Fe^{2+}} = 10^{-6}$ 的 $Fe^{3+}$、$Fe^{2+}$电极：$Pt|Fe^{2+}, Fe^{3+}$；电极反应 B 为：$Fe^{3+}+e^- \rightleftharpoons Fe^{2+}$。当温度一定，$a_{Fe^{3+}} = a_{Fe^{2+}} = 10^{-6}$时，由能斯特方程，可得 $\varphi$-pH 函数：

$$\varphi(Pt|Fe^{2+}, Fe^{3+}) = \varphi^{\ominus}(Pt|Fe^{2+},Fe^{3+}) - \frac{RT}{F}\ln\frac{a_{Fe^{2+}}}{a_{Fe^{3+}}} = 0.771V$$

说明 $\varphi$ 与 pH 无关，$\varphi$-pH 关系为一水平线（$D$），其 $\varphi$-pH 线如图 6.10 中 $D$ 线所示。$D$ 线上，pH 保持不变，$\varphi$ 增大，$\dfrac{a_{Fe^{2+}}}{a_{Fe^{3+}}}$减小，平衡左移，$Fe^{3+}$稳定（氧化态稳定区）；$D$ 线下，pH 保持不变，$\varphi$ 减小，$\dfrac{a_{Fe^{2+}}}{a_{Fe^{3+}}}$增大，平衡右移，为 $Fe^{2+}$稳定（还原态稳定区）。

结论：与 $H^+$无关的电极反应，其对应的 $\varphi$-pH 图为一条水平线。

**【思考题】**与 $H^+$无关的电极还有一个类似的电极：$Fe|Fe^{2+}$，考虑在 298.15K, $a(Fe^{2+}) = 10^{-6}$ 的 $Fe^{2+}|Fe(s)$，试推导其对应在 $\varphi$-pH 图上为 $E$ 线，并说明 $E$ 线上下区域的物理意义。

③ 与 $H^+$有关的电极。

例如，298.15 K，$a_{Fe^{2+}} = 10^{-6}$ 的电极：$Fe_2O_3(s)|\ Fe^{2+},H^+$；电极反应(F)：$Fe_2O_3(s)+6H^+(a_{H^+}) + 2e^- \rightleftharpoons 2Fe^{2+}(a_{Fe^{2+}})+3H_2O(l)$。当温度一定，$a_{Fe^{2+}} = 10^{-6}$时，由 Nernst 方程得：

$$\varphi[Fe_2O_3(s)|Fe^{2+},H^+] = \varphi^{\ominus}(Fe_2O_3|Fe^{2+},H^+) - \frac{RT}{2F}\ln\frac{(a_{Fe^{2+}})^2}{(a_{H^+})^6}$$

代入上述数据得 $Fe_2O_3(s)|Fe^{2+},H^+$电极的 $\varphi$-pH 函数：

$$\varphi[Fe_2O_3(s)|Fe^{2+},H^+] = 1.083-0.1773pH$$

$F$ 线上，pH 保持不变，$\varphi$ 增大，$\dfrac{(a_{Fe^{2+}})^2}{(a_{H^+})^6}$减小，平衡左移，$Fe_2O_3$ 稳定（氧化态稳定区）；$F$ 线下，pH 保持不变，$\varphi$ 减小，$\dfrac{(a_{Fe^{2+}})^2}{(a_{H^+})^6}$增大，平衡右移，$Fe^{2+}$稳定（还原态稳定区）。

该反应既是氧化还原反应，又与溶液的 pH 值有关，其对应的 $\varphi$-pH 图是一组斜线。斜线中，截距是它的标准电极电势，为 1.083 V。

Fe 的 3 类反应的 $\varphi$-pH 图具有普遍性的意义，如图 6.10 所示：

a．$\varphi$-pH 基线分别代表平衡与 $\varphi$-pH 关系；

b．除垂线外，线段上方均是氧化态稳定区，下方代表还原态稳定区；

c．每个区域可以判定某个物种的稳定范围。

电化学平衡的图象表达，类似于相图的功能。可以在同一张图中同时表达各相关物质，从而得到在一定条件下各物质的相对稳定性，进一步可以判断这些条件下各物质相互转化的可能性。

任意两条线都有：上方的还原电极电势>下方的还原电极电势，从而得出上方的还原反应易发生，下方的氧化反应易发生。上方与下方对应的电极可以组成一个可以自发进行的原电池。

将铁与水的各种 $\varphi$-pH 图合在一起，对讨论铁的防腐有一定的指导意义：

a. $E$ 线以下是铁的免腐蚀区。外加直流电源，将铁作为阴极，处在低电位区，这就是电化学的阴极保护法。

b. 铁与酸性介质接触，在无氧气的情况下被氧化成二价铁，所以置换反应只生成二价铁离子。当有氧气参与时，二价铁被氧化成三价铁，这样组成原电池的电动势大，铁被腐蚀的趋势亦大。

c. $C$、$F$ 线以左区域是铁的腐蚀区，要远离这个区域。

d. 在 $C$、$F$ 线以右，铁有可能被氧化成 $Fe_2O_3$，这样可保护里面的铁不被进一步氧化，称为铁的钝化区。

显然，从电势-pH 图可以清楚地看出各组分生成的条件及稳定存在的范围。因为它表示的是电极反应达平衡时的状态，所以电势-pH 图也称为电化学平衡图。

## 6.12 不可逆的电化学系统——电解与极化

可逆电极与可逆电池是平衡态系统，不可作能源使用，此时电流趋近于 0，所以可逆电极的电势是电极反应平衡时的电极电势；而不可逆电极是处于非平衡态的实际电极，在有限的时间内有电流通过。

对于可逆电池和可逆电解池，两者互为可逆过程，当系统中的外加反电动势比电池电动势小一个无穷小量时，即可逆电池；当系统中的外加反电动势比电池电动势大一个无穷小量时，即可逆电解池。两者的阴极与阳极恰好相反。而在不可逆电化学系统中，相应的电极变化也随之发生不可逆转变，原电池与电解池反应不再互为可逆过程，这是由于电极上的反应存在各种不理想因素。同时，在同一电极上，存在不同的电极反应的竞争，例如：电解酸性 $CuCl_2$ 溶液时，阴极反应可能为铜离子被还原，也可能为氢离子被还原，此时阴极上真正的电极反应是什么？基于前期学习的可逆电化学系统的知识，本节开始介绍不可逆电化学过程，包括不可逆电池与不可逆电解池。

### 6.12.1 电极的极化

当电极上无电流通过时，电极处于平衡状态，此时，两个电极电势分别为阳极平衡电势和阴极平衡电势，符号分别使用 $\varphi_{r,阳}$和 $\varphi_{r,阴}$表示。当电极上有电流通过时，随着电极上电流密度的增加，电极实际的电势值对平衡电极电势值的偏离也愈来愈大。在不可逆电极中，实际电极电势相对于平衡电势的偏离称为电极的极化。发生极化的电极电势用 $\varphi_{ir,阳}$和 $\varphi_{ir,阴}$表示，显然 $\varphi_r \neq \varphi_{ir}$。

电极发生极化的原因是当电流不为 0 时，电极上必然发生一系列以一定速率进行的反应过程，涉及电子的得失、物质的析出与溶解、粒子的扩散等一系列不可逆过程，从而宏观上就表现为极化电势 $\varphi_{ir}$。

电极的极化根据原因的不同可分为三类，即浓差极化、电化学极化和电阻极化，其中浓差极化和电化学极化是电解过程中普遍存在的现象。

（1）浓差极化

浓差极化是指由电极附近溶液的浓度与溶液内部的浓度差所导致的电极电势的改变。

假设存在原电池 $Zn(s)|Zn^{2+}(b_1)||Cu^{2+}(b_2)|Cu(s)$，首先，考虑浓差极化对阴极电极电势的影响。考虑阴极 $Cu^{2+}(b_2)|Cu$，假设 $Cu^{2+}$的平均活度 $\gamma_{\pm}=1$，当电流趋近于 0 时，存在可逆电极反应（阴极）：$Cu^{2+}(b_2)+2e^- \rightleftharpoons Cu(s)$。

由能斯特方程可得可逆的 Cu 电极的电极电势为：

$$\varphi_{r,Cu^{2+}|Cu}=\varphi^{\ominus}_{Cu^{2+}|Cu}-\frac{RT}{zF}\ln\frac{1}{\frac{b_2}{b^{\ominus}}} \tag{6.133}$$

当有电流通过时，上述反应将正向移动，假设单位时间内，导线上流过 100 个电子，则此时阴极同时会发生：50 个 $Cu^{2+}$在阴极上沉积为 Cu，从而使得铜电极附近的 $Cu^{2+}$的质量摩尔浓度小于 $b_2$。所以当电流不为 0 时，$Cu^{2+}(b_2')+2e^- \rightleftharpoons Cu(s)$，$b_2'<b_2$。此时，假设仍然使用电极的能斯特方程，可得不可逆的阴极电极电势 $\varphi_{ir,Cu^{2+}|Cu}$：

$$\varphi_{ir,Cu^{2+}|Cu}=\varphi^{\ominus}_{Cu^{2+}|Cu}-\frac{RT}{zF}\ln\frac{1}{b_2'/b^{\ominus}} \tag{6.134}$$

对比式（6.133）和式（6.134），显然 $\varphi_{ir,Cu^{2+}|Cu}<\varphi_{r,Cu^{2+}|Cu}$，即由于浓差，使得阴极的电极电势小于其平衡态的电极电势。

类似地，考虑浓差极化对阳极电极电势的影响。仍以上述电池为例：$Zn(s)|Zn^{2+}(b_1)$，假设 $Zn^{2+}$的平均活度 $\gamma_{\pm}=1$，当电流趋近于 0 时，存在可逆电极反应：$Zn^{2+}(b_1)+2e^- \rightleftharpoons Zn(s)$。由 Nernst 方程可得 $\varphi_{r,Zn^{2+}|Zn}$：

$$\varphi_{r,Zn^{2+}|Zn}=\varphi^{\ominus}_{Zn^{2+}|Zn}-\frac{RT}{zF}\ln\frac{1}{b_1/b^{\ominus}} \tag{6.135}$$

类似地，当导线上流过 100 个电子时，阳极 Zn 失去 100 个电子，从而多出 50 个 $Zn^{2+}$，使得锌电极附近的 $Zn^{2+}$质量摩尔浓度大于 $b_1$，即：$Zn^{2+}(b_1') \rightleftharpoons Zn(s)-2e^-$，$b_1'>b_1$。近似使用能斯特方程得阳极的电极电势：

$$\varphi_{ir,Zn^{2+}|Zn}=\varphi^{\ominus}_{Zn^{2+}|Zn}-\frac{RT}{zF}\ln\frac{1}{b_1'/b^{\ominus}} \tag{6.136}$$

显然，$\varphi_{ir,Zn^{2+}|Zn}>\varphi_{r,Zn^{2+}|Zn}$，因此，由于浓差导致阳极的电极电势大于其平衡态的电极电势。

综上所述，在电解过程中，电极附近某离子浓度由于电极反应而发生变化，溶液内部中离子扩散的速度又不足以弥补这个变化，导致电极附近溶液的浓度与溶液内部存在浓度差，这种浓度差引起的电极电势的改变称为浓差极化。

浓差极化的结果使得阴极的不可逆电极电势降低；而阳极的不可逆电极电势升高。为了减少浓差极化，可以使用搅拌和升温的方法使得扩散加快，减小电极附近溶液和溶液内部浓度的差距。

（2）电化学极化

电化学极化是另一种普遍存在的极化现象，当电极上的电流不为零时，电极反应的沉积和溶解并非可逆，电极所带电荷量与平衡态相比存在偏差，该现象所导致的极化称为电化学极化。

仍以上述 Cu-Zn 原电池为例：$Zn(s)|\ Zn^{2+}(b_1)||Cu^{2+}(b_2)|Cu(s)$。对于阴极，在可逆条件下，$Cu^{2+}(b_2)+2e^- \rightleftharpoons Cu(s)$中，$Cu^{2+}$、2mol $e^-$和金属 Cu 三者之间的沉积与解离是平衡可逆的，不存在电子的过剩或不足。单位时间内，导线上流过 100 个电子时，若 $Cu^{2+}$恰好在单位时间内完全消耗了这 100 个电子，变成 50 个铜单质沉积，那么阴极上电荷量不会发生变化。然而由于不可逆反应过程，在 $Cu^{2+}$消耗电子沉积的过程中，不能在单位时间内完全消耗 100 个电子，导致 Cu 电极上有多余电子，阴极上负电荷增多，导致阴极的电极电势降低。

类似地，对于阳极反应 $Zn^{2+}(b_1)+2e^- \rightleftharpoons Zn(s)$，单位时间内，导线上流过 100 个电子时，Zn 电极不能够在单位时间内完全扩散 50 个 $Zn^{2+}$，因此，Zn 电极上有多余的正电荷，导致阳极的电极电势升高。

因此，电化学极化的结果和浓差极化的结果类似，阴极的不可逆电极电势降低；而阳极的不可逆电极电势升高。在各类电极中，气体电极的电化学极化程度一般较大，金属电极中，除 Fe、Co、Ni 等少数金属外，其它金属的电化学势极化程度都很小，一般可以忽略。所以，在设计电池或电解池时，尽可能避免使用上述极化程度较大的电极。

除了浓差极化和电化学极化，还有一种极化称为电阻极化。但并非所有的电极都存在电阻极化，只有在通电时电极的电阻变大（比如电极材料生锈）时才会存在，会改变电极电势的大小。

综上所述，任何电极在电流不为零时，都会同时发生浓差极化和电化学极化现象。无论是电池还是电解池，实际工作中极化的结果均导致阴极的还原反应难度增加，阳极的氧化反应的难度增加；阳极的电极电势增大，阴极的电极电势减小。

## 6.12.2 超电势

（1）超电势的概念

超电势是描述电极极化的物理量，表示一个不可逆电极工作中发生电极极化的程度，即实际电极与可逆电极的电势差别，用 $\eta$ 表示，单位为 V。注意超电势始终是正值，定义如下：

$$\eta = |\varphi_r - \varphi_{ir}| \tag{6.137}$$

由于各类极化的结果均使得阳极的电极电势增大，阴极的电极电势减小，为了使超电势都是正值，阳极超电势和阴极超电势可分别定义为：

$$\eta_{阳极} = \varphi_{ir} - \varphi_r \tag{6.138}$$

$$\eta_{阴极} = \varphi_r - \varphi_{ir} \tag{6.139}$$

（2）氢超电势与塔菲尔（Tafel）公式

金属在电极上析出时超电势很小，通常可忽略不计。而气体，特别是氢气和氧气，超电势值较大，其中析出 $H_2$ 的超电势称为氢超电势。许多电化学工业都和氢在阴极上的析出有联系，由于氢超电势的存在，直接对工业生产发生了利害关系。氢气在几种金属电极上的超电势如图 6.11 所示，在石墨和汞等材料上，超电势很大，而在金镀了铂黑的铂电极上，超电势很小，所以标准氢电极中的铂电极要镀上铂黑。

电解质溶液通常用水作溶剂，在电解过程中，$H^+$在阴极会与金属离子竞争还原。利用氢气在电极上的超电势，可以使比氢活泼的金属先在阴极析出，这在电镀工业上是很重要的。例如，只有控制溶液的 pH，利用氢气的析出有超电势，才使得镀 Zn、Sn、Ni、Cr 等工艺成为现实。

根据对很多有关实验数据的分析，发现氢超电势与电流密度、电极材料、电极表面状态、溶液组成、温度等有密切关系。

早在 1905 年，塔菲尔发现，对于一些常见的电极反应，超电势与电流密度之间在一定范围内存在如下的定量关系：

$$\eta = a + b\lg j \qquad (6.140)$$

上式称为塔菲尔公式。式中，$j$ 是电流密度；$a$ 是单位电流密度 $1A \cdot cm^{-2}$ 或 $10000A \cdot m^{-2}$ 时的超电势值，它与电极材料、表面状态、溶液组成和温度等因素有关；$b$ 的数值对于大多数的金属来说相差不多，在常温下接近于 0.12V。氢超电势的大小基本上决定于 $a$ 的数值，因此 $a$ 的数值愈大，氢超电势也愈大，其不可逆程度也愈大。

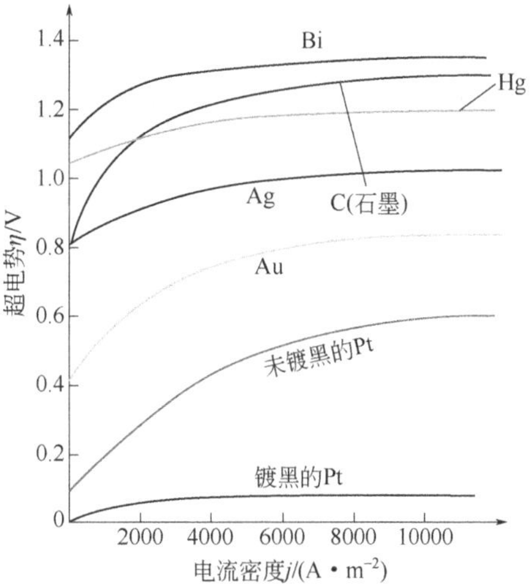

图 6.11　氢在几种电极上的超电势

# 6.13　电解池中的电极反应

当电解池上的外加电压由小到大逐渐变化时，其阳极电势随之逐渐升高，同时阴极电势逐渐降低。电解时阴极发生还原反应，阳极发生氧化反应。因此，凡是能在阴极上得到电子、在阳极上放出电子的反应，都有可能电解。所以利用电解法不仅可以制备和精炼许多金属，而且还可以制备某些无机和有机化合物；不仅能控制电位以获得较为纯净的产品，而且还能使原来分步完成的反应在某一中间步骤停止，而得到所需要的产品。

## 6.13.1　不可逆电解池中的基本概念

（1）原电池的端电压 $U_{端}$

实际电池两极之间的电位差称为端电压，端电压可以衡量单位正电荷在外电路中所释放的能量，也是人们实际从能源电池中获得电能的量度，用 $U_{端}$表示，数值上等于原电池的实际阴极电势减去实际阳极电势。当电流为 $I$，电池的内阻为 $R$ 时，单位正电荷在闭合回路中的总能量来源是电池的电动势。其中，一部分能量消耗在外电路，即 $U_{端}$，一部分克服内阻消耗电位降即 $IR$。

$$U_{端} + IR = \varphi_{ir,阴} - \varphi_{ir,阳}$$

忽略内阻时，端电压为阳极与阴极的实际电势之差：

$$U_{端} = \varphi_{ir,阴} - \varphi_{ir,阳} \qquad (6.141)$$

（2）电解池的外加电压 $U_{外}$

电解池是将电能转变为化学能的装置，核心部分就是使电解池持续工作的电压，该电压就是电解池的外加电压，也称为槽压，用 $U_{外}$表示，数值上等于电解池的实际阳极电势减去实际阴极电势。该外电压需要用一部分克服电极电势，即 $\varphi_{ir,阳} - \varphi_{ir,阴}$，另一部分需要克服电解液的内阻消耗的电位降即 $IR$。

$$U_{外} = \varphi_{ir,阳} - \varphi_{ir,阴} + IR \qquad (6.142)$$

忽略内阻时，槽压 $$U_{外} = \varphi_{ir,阳} - \varphi_{ir,阴} \tag{6.143}$$

（3）电解池的理论分解电压 $U_{分解}$

使电解池持续工作的最小槽压称为电解池的分解电压。$U_{分解}$是电解池工作的最基本条件，槽压只有大于分解电压，电解池才能持续工作。实验上测定分解电压的方法和原理如下。

例如，使用 Pt 电极电解 $H_2O$，加入中性盐用来导电，实验装置如图 6.12（a）所示。电解开始后，逐渐增加外加电压，由安培计 G 和伏特计 V 分别测定线路中的电流强度 $I$ 和电压 $U_{分解}$，绘制 $I$-$U$ 曲线如图 6.12（b）所示。

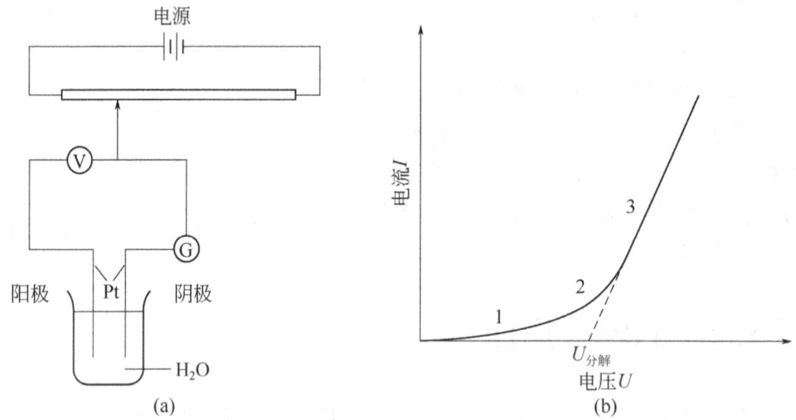


图 6.12 分解电压的测试装置示意图（a）及测定分解电压的 $I$-$U$ 曲线（b）

当外加电压很小时，电路中几乎无电流通过，此时，电解池的阴、阳极上无氢气和氧气放出，$I$-$U$ 曲线中为水平线。

随着外电压的继续增大，电极表面产生少量氢气和氧气，但产生的气体量少，气体的压力远低于大气压，无法逸出。此时，所产生的氢气和氧气与电解液构成了原电池：$H_2|H^+|O_2$ 或 $H_2|OH^-|O_2$，外加电压必须克服这反电动势，继续增加电压，电流有少许增加，如图中 1—2 段。注意，在本例中，电解 $H_2O(l)$制取 $H_2$ 和 $O_2$ 时，需要一定的起始电压，称为水的理论分解电压。化合物的理论分解电压一般默认为可逆电池的电动势。

为保证电解过程中有一定的速度，实际加在电解池两端的槽压均高于理论分解电压。如图 6.12（b），当外压增至 2—3 段，氢气和氧气的压力等于大气压力，呈气泡状持续逸出，反电动势达极大值。再增加电压，此时电流迅速增加，$I$-$U$ 关系呈线性。将直线外延至电流为 0 处，则可得 $U_{分解}$值，这也是分解电压的实验测量方法。

**【思考题】**已知 298.15K 时，液态水的标准摩尔生成吉布斯自由能 $\Delta_r G_m^{\ominus}(H_2O,l) = -237.129 kJ \cdot mol^{-1}$，试计算该温度下水的理论分解电压。

## 6.13.2 电解池和原电池中的极化曲线

超电势或电极电势与电流密度之间的关系曲线称为极化曲线，极化曲线的形状和变化规律反映了电化学过程的动力学特征。

原电池中，如图 6.13（a）所示，随着电流密度的增加，阳极的电势变大，阴极的电势变小，$E_{可逆}$为对应的可逆电池电动势，即可逆电化学系统的阴极电势减去阳极电势，可根据电极的能斯特方程式（6.81）计算任意条件下各物质的电极电势。$\Delta E_{不可逆}$为阴、阳两极的超电势之和。显然对于一个不考虑内阻的实际原电池，其端电压可联立方程式（6.139）～式

（6.141）得：

$$U_{端}=\varphi_{ir,阴}-\varphi_{ir,阳}=(\varphi_{r,阴极}-\eta_{阴极})-(\varphi_{r,阳极}+\eta_{阳极})=(\varphi_{r,阴极}-\varphi_{r,阳极})-\eta_{阳极}-\eta_{阴极} \tag{6.144}$$

即

$$U_{端}=E_{可逆}-\Delta E_{不可逆} \tag{6.145}$$

显然，随着电流密度的增大，原电池的端电压 $U_{端}$相对于 $E_{可逆}$变小，极化电势增大，单位正电荷在外电路中释放的能量变小，由于极化，原电池的做功能力下降。

电解池中两电极的极化曲线如图 6.13（b）所示，$E_{可逆}$为理论分解电压，即可逆电化学系统的阳极电极电势减去阴极电极电势。$\Delta E_{不可逆}$为阴、阳两极的超电势之和。考虑各电极的超电势，电解池的分解电压 $U_{分解}$可通过式（6.146）获得：

$$U_{分解}=\varphi_{ir,阳}-\varphi_{ir,阴}=(\varphi_{r,阳极}+\eta_{阳极})-(\varphi_{r,阴极}-\eta_{阴极})=(\varphi_{r,阳极}-\varphi_{r,阴极})+\eta_{阳极}+\eta_{阴极} \tag{6.146}$$

即

$$U_{分解}=E_{可逆}+\Delta E_{不可逆} \tag{6.147}$$

随着电流密度的增大，电解池的两电极上的超电势也增大，阳极电势变大，阴极电势变小，使外加的电压增加，额外消耗了电能。

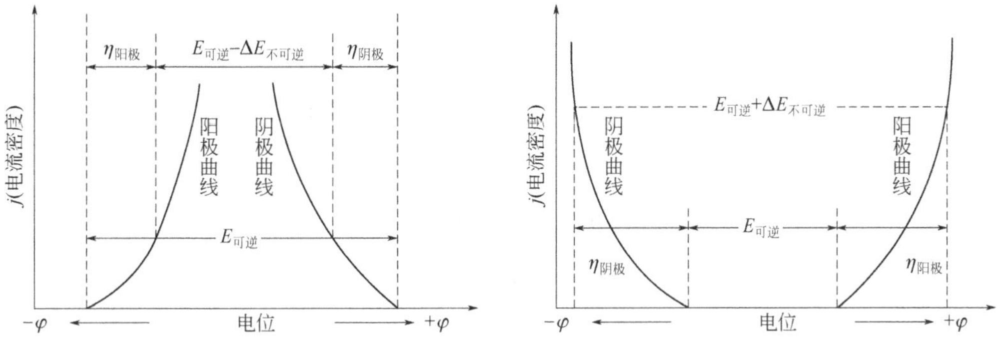

(a) 原电池　　(b) 电解池

图 6.13　电极的极化曲线

综上所述，在原电池中，电极的极化造成端电压下降，电池的做功能力下降；在电解池中，电极的极化造成电解池的分解外电压增大，消耗的能源增加。因此，无论是产出能源方面还是消耗能源方面，电极的极化带来的都是不利影响。为了使电极的极化减小，可以供给电极以适当的反应物质，由于这种物质比较容易在电极上反应，可以使电极上的极化减少或限制在一定程度内，这种作用称为去极化作用，这种外加的物质则叫作去极化剂。除此之外，也可以利用电极的极化来辅助社会生产过程。

## 6.13.3　金属离子的分离

在电解过程中，电解液中的每一种离子的析出均对应一个电极反应和相应的电极电势，其中阴离子会在阳极上发生反应，阳离子会在阴极上发生反应。在多离子电极中，哪个反应才是事实上发生的电极反应，如何确定相应的电极电势给出合适的槽压，在生产中有着极其重要的意义。

电解液中的每一种离子的析出均对应一个电极，而根据式（6.142），槽压的大小为：$U_{外}=\varphi_{ir,阳}-\varphi_{ir,阴}$。所以阳极电势 $\varphi_{ir,阳}$越小，阴极 $\varphi_{ir,阴}$越大，所需的 $U_{外}$越小。存在极化的情况下，只有当各物质的析出电势与电解池的对应电极的电势相等时，各物质才能够在电极上析出。由于极化的原因，随着电流密度的增大，阳极电势逐渐升高，同时阴极电势逐渐降低。因此，当电解池中的 $U_{外}$逐渐增大，阳极上一定先析出电极电势较小的物质，阴极上优先析出电极电势较大的物质。电极电势越低，氧化反应（阳极）越容易进行；电极电势越高，还原反应（阴极）越容易进行。

对于阴极，电解时阴极上发生还原反应，如金属离子和氢离子。在电解过程中讨论各物质的析出，应当计算各物质的析出电势。注意析出电势不是 $\varphi_r$ 或 $\varphi^{\ominus}$，需要按照方程式（6.139）和式（6.140）考虑超电势。

例如，在判断在阴极上首先析出何种物质时，应把可能发生还原物质的电极电势计算出来，同时考虑它的超电势（一般金属的超电势较小，不加以说明时忽略），按照阴极上各物质的析出电势大小排列，电极电势最大的首先在阴极析出。例如金属 M 和氢气析出电势的计算，如方程下式所示：

$$\varphi_{M^{z+}|M} = \varphi^{\ominus}_{M^{z+}|M} - \frac{RT}{zF}\ln\frac{1}{a_{M^{z+}}} + \eta_M \qquad (6.148)$$

$$\varphi_{H^+|H_2} = -\frac{RT}{F}\ln\frac{1}{a_{H^+}} - \eta_{H_2} \qquad (6.149)$$

同理，若判断在阳极上发生反应的先后顺序，应将在阳极上可能发生氧化物质（$A^{z-} \longrightarrow A+ze^-$）的析出电势按照式（6.150）的大小排列，电极电势最小的先在阳极氧化。

$$\varphi_{A^{z-}|A} = \varphi^{\ominus}_{A^{z-}|A} - \frac{RT}{zF}\ln a_{A^{z-}} + \eta_{阳} \qquad (6.150)$$

对于分解电压，确定了阳极、阴极析出的物质后，将两者的析出电势相减，就得到了实际分解电压：

$$U_{分解} = \varphi_{阳极}(析出) - \varphi_{阴极}(析出) \qquad (6.151)$$

电解水溶液时，由于 $H_2$ 或 $O_2$ 的析出，会改变电解液中 $H^+$或 $OH^-$的浓度，从而影响 $H_2$ 或 $O_2$ 的析出电势，计算各物质的析出电势时应把这个因素考虑进去。

总而言之，电解时的析出顺序，若阳极的析出电势大小顺序为 $\varphi_A$(析出)>$\varphi_B$(析出)>$\varphi_C$(析出)，则析出顺序为 C>B>A；若阴极为 $H_2$ 或 $O_2$：$\varphi_{A'}$(析出)> $\varphi_{B'}$(析出)> $\varphi_{C'}$(析出)，则析出顺序为 A′>B′>C′。

**【例 6.14】**在 25°C 时，用铜片作阴极，石墨作阳极，对中性 0.1mol·dm$^{-3}$ 的 $CuCl_2$ 溶液进行电解，若 $CuCl_2$ 溶液平均活度因子为 1，电流密度为 10mA·cm$^{-2}$，且已知：$\varphi^{\ominus}_{Cu^{2+}|Cu} = 0.337V$，$\varphi^{\ominus}_{Cl_2|Cl^-} = 1.36V$，$\varphi^{\ominus}_{O_2|H_2O|OH^-} = 0.401$。

（1）在阴极上首先析出什么物质？已知在电流密度为 10mA·cm$^{-2}$ 时，氢在铜电极上的超电势为 0.584V。

（2）在阳极上析出什么物质？已知氧气在石墨电极上的超电势为 0.896V。假定氯气在石墨电极上的超电势可忽略不计。

**【解答】**判断各电极上的离子析出，首先需要计算各离子的析出电势，并按照大小排列，析出电势较大的离子优先在阴极析出，析出电势较小的离子优先在阳极析出。

（1）对于阴极，该电化学系统中的阳离子为 $Cu^{2+}$和 $H^+$，其析出电势可按照方程式（6.148）和式（6.149）进行计算，其中 Cu 析出的极化电势可忽略：

$$\varphi_{Cu^{2+}|Cu}=\varphi^{\ominus}_{Cu^{2+}|Cu}-\frac{RT}{2F}\ln\frac{1}{a_{Cu^{2+}}}=0.337+\frac{8.314\times298.15}{2\times96500}\times\ln0.1=0.3074V$$

25°C 的中性溶液，$a_{H^+}=10^{-7}$，则

$$\varphi_{H^+|H_2}=-\frac{RT}{F}\ln\frac{1}{a_{H^+}}-\eta_{H_2}=\frac{8.314\times298.15}{96500}\ln10^{-7}-0.584=-0.998V$$

按照阴极上的离子析出顺序，析出电势较大的离子优先析出，因此在阴极上首先析出金属 Cu。

（2）对于阳极，系统中的阴离子为 $Cl^-$和 $OH^+$，析出电势可按照方程式（6.150）进行计算，其中氯气在石墨电极上的超电势可忽略不计，则：

$$\varphi_{Cl_2|Cl^-}=\varphi^{\ominus}_{Cl_2|Cl^-}-\frac{RT}{F}\ln a_{Cl^-}=1.36-\frac{8.314\times298.15}{96500}\ln0.2=1.401V$$

$$\varphi_{O_2|H_2O|OH^-}=\varphi^{\ominus}_{O_2|H_2O|OH^-}-\frac{RT}{F}\ln a_{OH^-}+\eta_{O_2}=0.401-\frac{8.314\times298.15}{96500}\ln10^{-7}+0.896=1.711V$$

按照阳极上的离子析出顺序，析出电势较小的离子优先析出，因此在阳极上首先析出 $Cl_2$。

**【例 6.15】** 用 Pt 做电极电解 $SnCl_2$ 水溶液，在阴极上因 $H_2$ 有超电势，故只析出 Sn(s)，在阳极上析出 $O_2$，已知 $Sn^{2+}$活度为 0.10，$H^+$活度为 0.010，氧在阳极上析出的超电势为 0.500V，已知：$\varphi^{\ominus}_{Sn^{2+}|Sn}=-0.140V$，$\varphi^{\ominus}_{O_2|H_2O|H^+}=1.23V$。

（1）写出电极反应，计算实际分解电压；

（2）若 $H_2$ 在阴极上析出时的超电势为 0.500V，试问要使 $Sn^{2+}$活度降至何值时，才开始析出氢气？

**【解答】**（1） 阴极反应：$Sn^{2+}(a_{Sn^{2+}}=0.10)+2e^-\longrightarrow Sn(s)$

忽略 Sn 的极化电势，则：

$$\varphi_{Sn^{2+}|Sn}=\varphi^{\ominus}_{Sn^{2+}|Sn}-\frac{RT}{2F}\ln\frac{1}{a_{Sn^{2+}}}=-0.140+\frac{8.314\times298.15}{2\times96500}\times\ln0.1=-0.170V$$

阳极反应：$H_2O\longrightarrow\frac{1}{2}O_2(g)+2H^++2e^-$

考虑 $O_2$ 析出的超电势，则：

$$\varphi_{O_2|H_2O|H^+}=\varphi^{\ominus}_{O_2|H_2O|H^+}-\frac{RT}{zF}\ln\left(\frac{1}{a_{H^+}}\right)^2+\eta_{H_2}=1.23+\frac{8.314\times298.15}{2\times96500}\ln0.01^2+0.500=1.612V$$

因此，分解电压为：$U_{分解}=\varphi_{阳极}(析出)-\varphi_{阴极}(析出)$

（2）当 $H_2$ 析出时，意味着阴极上 $H_2$ 与 Sn 的析出电势相同，即：

$$\varphi(H^+|H_2)-\eta(H_2)=\varphi(Sn^{2+}|Sn)$$

而在此之前，阴极每析出 1mol 金属 Sn，阳极同时会析出 2mol $H^+$；

所以在 $H_2$ 与 Sn 同时析出时，$a_{H^+}=0.01+(0.1-a_{Sn^{2+}})\times2$

根据 $-\frac{RT}{F}\ln\frac{1}{a_{H^+}}-\eta_{H_2}=\varphi^{\ominus}_{Sn^{2+}|Sn}-\frac{RT}{2F}\ln\frac{1}{a_{Sn^{2+}}}$

解得：$a_{Sn^{2+}}=2.9\times10^{-14}$

### 6.13.4 析氢腐蚀与耗氧腐蚀

（1）析氢腐蚀

析氢腐蚀是指酸性介质中，金属发生电化学腐蚀时伴随析出氢气。此时，金属与酸性环境构成原电池，金属作为阳极发生腐蚀，而酸性介质中的 $H^+$在阴极上还原成氢气析出。

例如，金属 Fe 放置于潮湿空气中，显然达到了电化学腐蚀的条件，若阴极发生析氢腐蚀，活泼的金属 Fe 做阳极，一般认为潮湿环境中 $Fe^{2+}$活度达到 $10^{-6}$时，即认为发生腐蚀。

此时，阴极反应：

$$H^+ + e^- \longrightarrow \frac{1}{2}H_2(g)$$

假设周围环境为中性，$a_{H^+}$ 为 $10^{-7}$，则 298.15K 时，氢电极电势为：

$$\varphi_{H^+|H_2} = -\frac{RT}{F}\ln\frac{1}{a_{H^+}} = \frac{8.314\times 298.15}{96500}\ln 10^{-7} = -0.414V$$

阳极上 Fe 若发生腐蚀，$a_{Fe^{2+}} = 10^{-6}$，即 Fe 发生氧化：

$$\frac{1}{2}Fe(s) \longrightarrow \frac{1}{2}Fe^{2+} + e^-$$

$$\varphi_{Fe^{2+}|Fe} = \varphi^{\ominus}_{Fe^{2+}|Fe} - \frac{RT}{F}\ln\frac{1}{(a_{Fe^{2+}})^{\frac{1}{2}}} = -0.44 + \frac{8.314\times 298.15}{2\times 96500}\times \ln 10^{-6} = -0.617V$$

因此，Fe 发生析氢腐蚀所构成的原电池的电动势：

$$E = \varphi_{H^+|H_2} - \varphi_{Fe^{2+}|Fe} = 0.203V$$

该原电池的电动势为正，显然该反应可以自发进行。

（2）耗氧腐蚀

环境中的氧气在阴极上还原反应引起的电化学腐蚀称为耗氧腐蚀，也称为吸氧腐蚀。此时介质中既有酸性介质，又有氧气存在构成的阴极反应为：

$$\frac{1}{2}O_2(g) + 2H^+ + 2e^- \longrightarrow H_2O$$

假设环境压力为一个标准大气压，中性介质中 $a_{H^+}$ 为 $10^{-7}$，则 298.15K 时，该电极的电势为：

$$\varphi_{O_2|H_2O|H^+} = \varphi^{\ominus}_{O_2|H_2O|H^+} - \frac{RT}{zF}\ln\left(\frac{1}{a_{H^+}}\right)^2 = 1.23 + \frac{8.314\times 298.15}{2\times 96500}\ln(10^{-7})^2 = 0.816V$$

与析氢腐蚀类似，阳极上 Fe 若发生腐蚀，$a_{Fe^{2+}} = 10^{-6}$时，Fe 电极的电极电势为−0.617V。

因此，Fe 发生耗氧腐蚀所构成的原电池的电动势 $E = \varphi_{O_2|H_2O|H^+} - \varphi_{Fe^{2+}|Fe} = 1.433V$。显然对于 Fe 电极，其耗氧腐蚀比析氢腐蚀严重得多。

缓蚀剂与其它防腐方法联合使用，取得的效果更佳。

第 6 章基本概念索引和基本公式汇总

# 习 题

## 一、问答与证明

1．反应 $2A(g) \rightleftharpoons 2B(g)+C(g)$，用解离度 $\alpha$ 及总压表示上述反应的 $K_p$，证明：当 $\dfrac{p}{K_p}$ 数值很大时，$\alpha$ 与 $p^{1/3}$ 成反比（设该气体为理想气体）。

2．将 $N_2$ 和 $H_2$ 按 1∶3 混合生成氨。证明：在平衡状态下，当 $T$ 一定，$x << 1$ 时，$NH_3(g)$ 的物质的量分数 $x$ 与总压 $p$ 成正比（设该气体为理想气体）。

3．1mol $N_2O_4$ 置于一个具有理想运动的活塞的容器中，部分 $N_2O_4$ 分解为 $NO_2$，即 $N_2O_4(g) = 2NO_2(g)$ 恒温下将总压由 $p_1$ 降至 $p_2$，在此过程中上述平衡始终成立,导出此过程 $\Delta_r G_m$ 的表达式。

4．$N_2O_4$ 部分解离为 $NO_2$，在恒温恒压下建立下面的平衡：$N_2O_4(g) \rightleftharpoons 2NO_2(g)$，试讨论温度一定时，改变总压时平衡的移动（设系统为理想气体反应系统）。

5．设在一定温度下,有一定量的 $PCl_5(g)$ 在标准压力 $p^{\ominus}$ 下的体积为 $1dm^3$，在此情况下，$PCl_5(g)$的解离度设为 50%，通过计算说明在下列几种情况下，$PCl_5(g)$的解离度是增大还是减小。

（1）使气体的总压减低，直到体积增加到 $2dm^3$；

（2）通入氮气，使体积增加到 $2dm^3$，而压力仍为 101.325kPa；

（3）通入氮气，使压力增加到 202.65kPa，而体积维持为 $1dm^3$；

（4）通入氯气，使压力增加到 202.65kPa，而体积维持为 $1\ dm^3$。

6．将下列化学反应设计成电池，并写出电极反应和电池反应。

$$H_2(g)+\frac{1}{2}O_2(g) \rightleftharpoons H_2O(l)$$

7．写出甘汞电极的表示式及电极反应。

8．写出下列电池的电极反应和电池反应,列出电动势 $E$ 的计算公式。

$$Pt|CH_3CHO(a_1), CH_3COOH(a_2), H^+(a_3)||Fe^{3+}(a_4), Fe^{2+}(a_5)|Pt$$

9．试将下列有液接的浓差电池在保持电动势不变的情况下，改装成无液接的浓差电池，写出电池的表达式和电动势的计算式。

$$Pt|H_2(p^{\ominus})|HCl(a_1) \,\vdots\, HCl(a_2)|H_2(p^{\ominus})|Pt$$

10．判断下面反应在离子活度都等于 1 时能否自发进行?

$$Fe^{2+}+Ce^{4+} = Fe^{3+}+Ce^{3+}$$

已知：$\varphi^{\ominus}(Fe^{3+},Fe^{2+}) = 0.771V$，$\varphi^{\ominus}(Ce^{4+},Ce^{3+}) = -0.63V$。

11．引入可逆电池的概念有什么重要意义？什么样的电池才是可逆电池？

12．欲测下列电池的电动势，哪一极应与电位差计的（–）端相接？为什么？

$$(左)\ Ag(s)|AgNO_3(a_{Ag+}= 0.1)||AgNO_3(a'_{Ag+}= 0.01)|Ag(s)(右)$$

13．设计一浓差电池以求 Zn-Cu 合金中 Zn 的活度，要写出电池表达式、电池反应的电动势计算公式。

14．请设计一电化学实验，测定下列反应的等压热效应，并说明其理论根据（不写实验装置及实验步骤）。

$$Ag(s)+HCl(aq) \longrightarrow AgCl(s)+\frac{1}{2}H_2(g)$$

15．醌氢醌虽是等分子复合物,但参与电极反应时不断消耗醌，为什么在计算电极电势 $\varphi=\varphi^{\ominus}+\frac{RT}{2F}\ln\frac{a(\text{氢醌})}{a(\text{醌})}$ 时，仍然认为 $a(\text{醌})=a(\text{氢醌})$？

16．请说出三种用测定电动势计算溶液 pH 的方法,并写出电池的表示式，注明实际的正负极。（可用摩尔甘汞电极为辅助电极）

17．铁在大气、水及土壤中都要腐蚀，或者生成离子，或者生成难溶氧化物（或氢氧化物）。如果不考虑氧气的影响，则 Fe 在溶解时是生成 $Fe^{2+}$ 还是 $Fe^{3+}$？

18．写出 Ag-Zn 蓄电池 $Zn|40\%\ KOH|Ag_2O_2|Ag$ 的电池反应。

二、计算题

1．已知反应 $(CH_3)_2CHOH(g) \rightleftharpoons (CH_3)_2CO(g)+H_2(g)$ 的 $\Delta C_{p,m}=16.72J\cdot K^{-1}mol^{-1}$，在 457.4K 时的 $K^{\ominus}$ 为 0.36，在 298K 时的 $\Delta_r H_m^{\ominus}$ 为 61.5kJ。

（1）写出 $\lg K^{\ominus}=f(T)$ 的函数关系式；

（2）求 500K 时的 $K^{\ominus}$ 值。

2．已知合成氨反应 $\frac{1}{2}N_2(g)+\frac{3}{2}H_2(g) \rightleftharpoons NH_3(g)$ 的 $K_p^{\ominus}$ 随温度的变化率为：温度每改变 1K 将引起 2.7%的 $\ln K_p$ 的变化，试问温度为 200°C 时该反应的 $\Delta_r H_m^{\ominus}$（标准反应焓）为多少？

3．已知 $N_2O_4$ 和 $NO_2$ 的混合物，在 15°C，101.325kPa 压力下，其密度为 $3.62g\cdot dm^{-3}$；在 75°C，101.325kPa 压力下，其密度为 $1.84g\cdot dm^{-3}$，求反应 $N_2O_4(g) \rightleftharpoons 2NO_2(g)$ 在 15°C 时的 $\Delta_r H_m^{\ominus}$ 和 $\Delta_r S_m^{\ominus}$（设反应的 $\Delta C_p=0$，气体满足理想气体条件）。

4．某气体混合物含 $H_2S$ 的体积分数为 51.3%，其余是 $CO_2$，在 25°C 和 $1.013\times10^5$Pa 下，将 $1750cm^3$ 此混合气体通入 350°C 的管式高温炉中发生反应，然后迅速冷却。当反应后流出的气体通过盛有氯化钙的干燥器时（吸收水汽用），该管的质量增加了 34.7mg，试求反应 $H_2S(g)+CO_2(g) \rightleftharpoons COS(g)+H_2O(g)$ 的平衡常数 $K_p$。

5．乙烯水合反应 $C_2H_4+H_2O \rightleftharpoons C_2H_5OH$ 标准生成自由能 $\Delta_r G_m^{\ominus}(J\cdot mol^{-1})$ 与温度的关系式为：

$$\Delta_f G_m^{\ominus}=-34585+(26.4T/K)\ln(T/K)+45.19T/K$$

（1）推导温度 $T$ 时的标准反应热表达式；

（2）求 573K 时的平衡常数 $K^{\ominus}$；

（3）求 573K 时该反应的标准摩尔熵变。

6．蒸气密度的测定可知 $NO(g)+O_2(g) \rightleftharpoons NO_2\ (g)$ 的 $\Delta_r G_m^{\ominus}=-34.85kJ\cdot mol^{-1}$。已知 NO 的 $\Delta_f G_m^{\ominus}(298K)=86.61kJ\cdot mol^{-1}$，$NO_2$ 的 $\Delta_f H_m^{\ominus}(298K)=33.85kJ\cdot mol^{-1}$，$N_2O_4$ 的 $\Delta_f H_m^{\ominus}(298K)=9.661kJ\cdot mol^{-1}$。求 $NO_2(g)$ 及 $N_2O_4(g)$ 的 $\Delta_f G_m^{\ominus}(298K)$。

反应 $2NO_2(g) \rightleftharpoons N_2O_4(g)$ 的平衡常数 $K^{\ominus}$ 与温度的关系如下：

| $T$/K | 273 | 291 | 323 | 347 | 373 |
|---|---|---|---|---|---|
| $K^{\ominus}$ | 65 | 13.8 | 1.25 | 0.296 | 0.075 |

求 $NO_2(g)$及 $N_2O_3(g)$的 $\Delta_f G_m^{\ominus}$（298 K）。

7. 根据下列数据,估计在 25°C 将乙醇与乙酸各 1mol 混合后能得多少乙酸乙酯和水，假设体系为理想液体混合物，各组分的活度系数均为 1，若在足够大的压力下使这些物质在 200°C 仍是液体，估计乙酸乙酯的产量，计算时需作何假设？

| 项目 | 乙醇（液） | 乙酸（液） | 乙酸乙酯（液） | $H_2O$（液） |
|---|---|---|---|---|
| $\Delta_f G_m^{\ominus}$ (298K)/(kJ·mol$^{-1}$) | −168.2 | −395.4 | −324.7 | −237.2 |
| $\Delta_f H_m^{\ominus}$ (298K)/(kJ·mol$^{-1}$) | −270.7 | −490.4 | −467.8 | −285.9 |

8. 反应 $A(g) \rightleftharpoons B(g)+C(g)$ 在恒容容器中进行，453K 达平衡时系统总压为 $p_0$。若将此气体混合物加热到 493K，反应重新达到平衡，反应系统总压为 $4p_0$，B 和 C 的平衡组成各增加了一倍，而 A 减少了一半，求该反应系统在此温度范围内的反应热效应。

9. 反应 $2H_2(g)+O_2(g) \rightleftharpoons 2H_2O(g)$在 2000 K 时的 $K^{\ominus} = 1.55\times10^7$。

（1）当 10kPa 的 $H_2(g)$、10kPa 的 $O_2(g)$和 100kPa 的水蒸气混合时，试判断此混合气体的自发方向。

（2）当 2mol $H_2$ 和 1mol $O_2$ 的分压为 10kPa 时，欲使反应不能自发进行，则水蒸气的压力最少需为多少？

10. 已知 298K 时，固体甘氨酸的标准生成自由能 $\Delta_f G_m^{\ominus}(\text{甘}) = -370.7\text{kJ}\cdot\text{mol}^{-1}$，在水中的饱和浓度为 $b_s = 3.33\text{mol}\cdot\text{kg}^{-1}$，已知 298K 时甘氨酸水溶液的标准态 $b = 1\text{mol}\cdot\text{kg}^{-1}$ 的标准生成自由能 $\Delta_f G_m^{\ominus}(\text{aq}) = -372.9\text{kJ}\cdot\text{mol}^{-1}$，求甘氨酸在饱和溶液中的活度与活度系数。

11. $p^{\ominus}$ 条件下，δ-铁的熔点是 1808K，熔化热是 15355J·mol$^{-1}$，液态和固态铁的热容差为 1.255J·K$^{-1}$·mol$^{-1}$。

（1）试导出常压下液体和固体铁的自由能之差 $\Delta_r G_m^{\ominus}$ 与温度 $T$ 的函数关系；

（2）1673K 时，铁和硫化铁的液体溶液（含铁的摩尔分数为 0.87）与近乎纯固体的 δ 铁相平衡。以纯液体铁为标准态,计算此熔融液体中铁的活度系数。

12. 在 448～688K 的温度区间内，用分光光度法研究了下面的气相反应：

$I_2$+环戊烯 $\rightleftharpoons$ 2HI+环戊二烯，得到 $K_p^{\ominus}$ 与温度的关系为：

$$\ln K_p^{\ominus} = 17.39 - \frac{51034}{4.575T}$$

（1）计算在 573K 时，反应的 $\Delta_r G_m^{\ominus}$、$\Delta_r H_m^{\ominus}$ 和 $\Delta_r S_m^{\ominus}$；

（2）若开始时用等量的 $I_2$ 和环戊烯混合，温度为 573K，起始总压为 101.325kPa，试求平衡后 $I_2$ 的分压；

（3）若起始压力为 1013.25kPa，试求平衡后 $I_2$ 的分压。

13. 试根据标准电势数据，计算在 298K 时电池：

$$\text{Zn(s)}|\text{ZnSO}_4(a_{\pm}=1)||\text{CuSO}_4(a_{\pm}=1)|\text{Cu(s)}$$

的化学反应平衡常数，计算电能耗尽时，电池中两电解质的活度比是多少？

已知：$\varphi^{\ominus}_{\text{Cu}|\text{Cu}^{2+}} = 0.337$ V，$\varphi^{\ominus}_{\text{Zn}|\text{Zn}^{2+}} = -0.7628$V。

14. 291K 时，下述电池：

Ag, AgCl(s)|KCl(0.05mol·kg$^{-1}$, $\gamma_{\pm} = 0.840$)||AgNO$_3$(0.10mol·kg$^{-1}$, $\gamma_{\pm} = 0.732$)|Ag

电动势 $E = 0.4312$V，求 AgCl 溶度积 $K_{sp}$。设盐水溶液中 $\gamma_+ = \gamma_- = \gamma_{\pm}$。

15．铅蓄电池 $Pb|PbSO_4|H_2SO_4(1mol\cdot kg^{-1})|PbSO_4|PbO_2|Pb$，在 0～60°C 范围内电动势满足函数：$EN = 1.91737+56.1\times10^{-6}(t/°C)+1.08\times10^{-8}(t/°C)$，已知 25°C 上述电池的 $E^{\ominus} = 2.041V$，设水的活度为 1，求 $b(H_2SO_4) = 1mol\cdot kg^{-1}$ 的平均活度系数。

16．有电池：$Pt|Hg|Hg_2Cl_2|$ $KCl(0.1mol\cdot dm^{-3})||$溶液 A 加入少量氢醌$|Pt$，当 A 为 pH = 3 缓冲溶液，其电动势为 0.19V，当 A 为血清时，测得电池电动势为 0.019V（此时右边电极为负），求血清的 pH 值。已知：$\frac{RT}{F}\lg e = 0.058V$。

17．正丁烷在 298 K 时完全氧化：$C_4H_{10}(g)+\frac{13}{2}O_2(g) \rightleftharpoons 4CO_2(g)+5H_2O(l)$，$\Delta_r H_m^{\ominus} = -2877kJ\cdot mol^{-1}$，$\Delta_r S_m^{\ominus} = -432.7J\cdot K^{-1}\cdot mol^{-1}$。假定可以利用此反应建立起一个完全有效的燃料电池，计算：（1）最大的电功；（2）最大的总功。

18．计算下列电池在 298K 时的电动势：$Pt, Cl_2(g, p^{\ominus})|HCl(10mol\cdot kg^{-1})|O_2(g, p^{\ominus}), Pt$。已知气相反应 $4HCl+O_2 \Longrightarrow 2H_2O+2Cl_2$ 的平衡常数 $K^{\ominus} = 10^{13}$，并已知该电池的 HCl 溶液上的 $H_2O$ 和 HCl 的蒸气压分别为：$p(H_2O) = 1253Pa$，$p(HCl) = 560Pa$。

19．（1）298K 时，NaCl 浓度为 $0.100mol\cdot dm^{-3}$ 的水溶液中，$Na^+$与 $Cl^-$的电迁移率分别为 $U(Na^+) = 42.6\times10^{-9}m^2\cdot V^{-1}\cdot s^{-1}$ 以及 $U(Cl^-) = 68.0\times10^{-9}m^2\cdot V^{-1}\cdot s^{-1}$，求该溶液的摩尔电导率和电导率。

（2）298K 时，电池 $Pt|H_2(p^{\ominus})|HBr(0.100mol\cdot kg^{-1})|AgBr(s)|Ag(s)$的电动势 $E = 0.200V$，AgBr 电极的标准电极电势 $\varphi^{\ominus}(Ag|AgBr|Br^-) = 0.071V$，请写出电极反应与电池反应，并求所指浓度下，HBr 的平均离子活度系数。

20．对于下列电池：$Pt|H_2(g,p_1)|HCl(b\ mol\cdot kg^{-1})|H_2(g,p_2)|Pt$。假设氢气遵从的状态方程为：$pV_m = RT+ap$。式中 $a = 0.01481dm^3\cdot mol^{-1} = 1.48\times10^{-5}m^3\cdot mol^{-1}$ 且与温度压力无关，当氢气的压力 $p_1 = 20p^{\ominus}$，$p_2 = p^{\ominus}$ 时：

（1）写出电极反应和电池反应；

（2）计算电池在 293K 时的电动势；

（3）当电池放电时是吸热还是放热，为什么？

21．已知电极反应 $CrSO_4(s)+2e^- \rightleftharpoons Cr+SO_4^{2-}$的 $\varphi^{\ominus}(298\ K) = -0.40V$

（1）写出电池 $Cr|CrSO_4(s)|H_2SO_4(0.001mol\cdot kg^{-1})|H_2(p^{\ominus})|Pt$ 的电池反应。

（2）计算 298K 时，该电池的电动势（不考虑活度系数的校正）。

（3）应用德拜-休克尔极限定律计算活度系数，求该电池在 298K 时的电动势。已知 $A = 0.509(mol\cdot kg^{-1})^{-0.5}$。

22．已知 298K 时，$Ag_2O(s)$的 $\Delta_r H_m^{\ominus} = -30.56kJ\cdot mol^{-1}$，$\varphi^{\ominus}(Ag_2O, Ag, OH^-) = 0.344V$，$\varphi^{\ominus}(O_2, H_2O, OH^-) = 0.401V$，大气中的 $p_{O_2} = 0.21p^{\ominus}$

（1）把反应设计成电池 $Ag_2O \rightleftharpoons 2Ag(s)+\frac{1}{2}O_2(p_{O_2})$。

（2）求 $Ag_2O(s)$在空气中的分解温度。

23．已知 298K 时，电极 $Hg_2^{2-}(a = 1)|Hg(l)$的标准还原电极电势为 0.789V，$Hg_2SO_4$ 的活度积 $K_{sp} = 8.2\times10^{-7}$，试求电极 $SO_4^{2-}(a = 1)|Hg_2SO_4|Hg(l)$的 $\varphi^{\ominus}$ 值。

24．已知下列电池的电动势在 298K 时分别为 $E_1 = 0.9370V$，$E_2 = 0.9266V$。

（1）$Fe(s)|FeO(s)|Ba(OH)_2(0.05mol\cdot kg^{-1})|HgO(s)|Hg(l)$；

（2）$Pt, H_2(p^{\ominus})|Ba(OH)_2(0.05mol\cdot kg^{-1})|HgO(s)|Hg(l)$

试求 FeO(s)的 $\Delta_f G_m^{\ominus}$。已知 $H_2O$ 的 $\Delta_f G_m^{\ominus} = -2.372\times10^5 J\cdot mol^{-1}$。

25．已知电池：

$$Pb|PbSO_4(s)|SO_4^{2-}(1.0mol\cdot kg^{-1}, \gamma_\pm = 0.131)||SO_4^{2-}(1.0mol\cdot kg^{-1}, \gamma_\pm = 0.131), S_2O_8^{2-}(a = 1)|Pt$$

$\varphi^{\ominus}_{S_2O_8^{2-}|SO_4^{2-}} = 2.05V$，$\varphi^{\ominus}_{SO_4^{2-},PbSO_4|Pb} = -0.351V$；

$S_m^{\ominus}(Pb) = 64.89J\cdot K^{-1}\cdot mol^{-1}$，$S_m^{\ominus}(S_2O_8^{2-}) = 146.44J\cdot K^{-1}\cdot mol^{-1}$，$S_m^{\ominus}(PbSO_4) = 147.27J\cdot K^{-1}\cdot mol^{-1}$，$S_m^{\ominus}(SO_4^{2-}) = 17.15J\cdot K^{-1}\cdot mol^{-1}$。计算 25°C 时：

（1）电池电动势；

（2）电池反应的平衡常数；

（3）可逆电池的热效应；

（4）电池以 2V 电压放电时的热效应。

26．将 Ag(s)分别插入：

（1）$AgNO_3(0.001mol\cdot kg^{-1})$；

（2）$AgNO_3(0.001mol\cdot kg^{-1})+NaCl(0.01mol\cdot kg^{-1})$；

（3）$AgNO_3(0.001mol\cdot kg^{-1})+KCN(0.1mol\cdot kg^{-1})$二种不同组合的混合溶液，请按 $\varphi_{Ag^+|Ag}$ 电极电势的大小顺序排列，已知 $\varphi^{\ominus}_{Ag^+|Ag} = 0.799V$，AgCl(s)的 $K_{sp} = 1.7\times10^{-10}$，$[Ag(CN)_2]^-$ 离子的不稳定常数为 $3.8\times10^{-19}$，请计算或加以证明。

27．利用下列电池测溶液中 $Ca^{2+}$浓度：

$$摩尔甘汞电极||Ca(NO_3)_2, NaNO_3(aq)|CaC_2O_4(s)|Hg_2C_2O_4(s)|Hg(l)$$

其中，$NaNO_3$ 的加入是为了调节离子强度，使每次测定时 $Ca^{2+}$的活度系数彼此相等。当 $Ca(NO_3)_2$ 的浓度为 $0.01mol\cdot kg^{-1}$ 时，测得 $E_1 = 0.3243V$；当 $E_2 = 0.3111V$ 时，试求这时 $Ca^{2+}$的浓度，设温度 $T = 298K$。

28．金属的腐蚀是氧化作用，金属作原电池的阳极，在不同的 pH 条件下，水溶液中可能有下列几种还原作用：

酸性条件：$2H_3O^++2e^- \rightleftharpoons 2H_2O+H_2(p^{\ominus})$；$O_2(p^{\ominus})+4H^++4e^- \longrightarrow 2H_2O$

碱性条件：$O_2(p^{\ominus})+2H_2O+4e^- \longrightarrow 4OH^-$

所谓金属腐蚀是指金属表面附近能形成离子浓度至少为 $1\times10^{-6}mol\cdot kg^{-1}$。现有如下 6 种金属：Au、Ag、Cu、Fe、Pb 和 Al，试问哪些金属在下列 pH 条件下会被腐蚀。

（1）强酸性溶液 pH = 1

（2）强碱性溶液 pH = 14

（3）微碱性溶液 pH = 6

（4）微碱性溶液 pH = 8

设所有活度系数均为 1。已知 $\varphi^{\ominus}_{Al^{3+}|Al} = -1.66V$，$\varphi^{\ominus}_{Cu^{2+}|Cu} = 0.337V$，$\varphi^{\ominus}_{Fe^{2+}|Fe} = -0.440V$，$\varphi^{\ominus}_{Pb^{2+}|Pb} = -0.126V$，$\varphi^{\ominus}_{Au^+|Au} = 1.50V$。

29．用 Pt 做电极电解 $SnCl_2$ 水溶液，在阴极上因 $H_2$ 有超电势；故只析出 Sn(s)，在阳极上析出 $O_2$，已知 $Sn^{2+}$活度为 0.10，$H^+$活度为 0.010，氧在阳极上析出的超电势为 0.500V，

$\varphi^{\ominus}_{Sn^{2+}|Sn} = -0.140V$，$\varphi^{\ominus}_{O_2|H_2O|H^+} = 1.23V$。

（1）写出电极反应,计算实际分解电压。

（2）若氢在阴极上析出时的超电势为 0.500V，试问要使 $a_{Sn^{2+}}$ 降至何值时，才开始析出氢气？

30．在 25°C 时，用铜片作阴极，石墨作阳极，对中性 $0.1mol \cdot dm^{-3}$ 的 $CuCl_2$ 溶液进行电解，若电流密度为 $10mA \cdot cm^{-2}$：

（1）在阴极上首先析出什么物质？已知在电流密度为 $10\ mA \cdot cm^{-2}$ 时，氢在铜电极上的超电势为 0.584V；

（2）在阳极上析出什么物质？已知氧气在石墨电极上的超电势为 0.896V。假定氯气在石墨电极上的超电势可忽略不计。已知：$\varphi^{\ominus}_{Cu^{2+}|Cu} = 0.337V$，$\varphi^{\ominus}_{Cl_2|Cl^-} = 1.36V$，

$\varphi^{\ominus}_{O_2|H_2O|OH^-} = 0.401V$。

31．以 Ni(s) 为电极，KOH 水溶液为电解质的可逆氢、氧燃料电池。在 298K 和 $p^{\ominus}$ 压力下稳定地连续工作，试回答下述问题：

（1）写出该电池的表示式,电极反应和电池反应。

（2）求一个 100 W 的电池，每分钟需要供给温度为 298 K 标准压力条件下的 $H_2(g)$ 的体积？

已知该电池反应的 $\Delta_r G^{\ominus}_m = -236kJ \cdot mol^{-1}$（$1W = 3.6kJ \cdot h^{-1}$）。

（3）求该电池的标准电动势。

32．298K，$p^{\ominus}$ 条件下，以 Pt 为阴极，C（石墨）为阳极，电解含 $CdCl_2(0.01mol \cdot kg^{-1})$ 和 $CuCl_2(0.02mol \cdot kg^{-1})$ 的水溶液，若电解过程中超电势可忽略不计，设活度系数均为 1，已知 $\varphi^{\ominus}_{Cd^{2+}|Cd} = -0.402V$、$\varphi^{\ominus}_{Cu^{2+}|Cu} = 0.337V$、$\varphi^{\ominus}_{Cl_2|Cl^-} = 1.36V$、$\varphi^{\ominus}_{O_2|H_2O|H^+} = 1.229V$，不考虑水解时，试问：

（1）何种金属先在阴极析出？

（2）第二种金属析出时，至少加多少电压？

（3）当第二种金属析出时，第一种金属离子在溶液中的浓度为若干？

（4）事实上 $O_2(g)$ 在石墨上是有超电势的，若设超电势为 0.6V，则阳极上首先应发生什么反应？

# 第 7 章 化学动力学基础

【学习意义】

平衡态热力学通过测量始态与终态的物理量，构建了一个化学系统的热力学框架，使用了热力学定律描述了化学反应的方向与限度问题。但对于实际反应系统，唯象热力学不包含时间项，因此反应快慢的问题在唯象热力学中是无解的。动力学以反应快慢为基本目标，在热力学系统中引入时间坐标，从而能够比较系统地描述反应的速率以及各时间点的反应过程，脚踏实地地解决化学反应的实际问题。

【核心概念】

反应速率与速率常数；速率方程；活化能与指前因子；稳态与过渡态；基元反应及动力学理论。

【重点问题】

1. 如何根据反应速率的定义构建动力学方程？
2. 如何在各反应理论中描述活化能？即如何使用动力学理论描述阿伦尼乌斯（Arrhenius）方程？
3. 如何表达化学反应机理？
4. 光化学反应的动力学特征是什么？

## 7.1 动力学基本概念

### 7.1.1 化学动力学发展简史

19 世纪后半叶，即宏观反应动力学阶段：主要成就是质量作用定律和阿伦尼乌斯公式的确立，提出了活化能的概念。

20 世纪前叶为宏观反应动力学向微观反应动力学过渡阶段。

20 世纪 50 年代为微观反应动力学阶段：对反应速率从理论上进行探讨，提出了碰撞理论和过渡态理论，确立反应势能面的理论存在。提出链反应机理，研究从总包表象反应向基元反应过渡。分子束和激光技术的发展，开创了分子反应动态学。

近百年来，由于实验方法和检测手段的日新月异，如磁共振技术、闪光光解技术等，推动化学动力学的快速发展。历史上化学动力学的研究起步较晚，理论尚不够完善，远不如化学热力学理论成熟，动力学理论还需继续努力发展和完善。

化学动力学与化学热力学紧密相关，相互关联，但是它们之间又有很大区别。相互关联的部分都是重点研究的浓度（或压力）和温度对二者的影响。不同的是升温和增加浓度（或压力）对热力学反应方向和限度的影响，并非简单的正向或逆向的单向结果；而升温和增加浓度（或压力）对动力学反应速率的影响几乎都是单向的增加。

## 7.1.2 化学反应速率的表示方法

化学反应有快有慢，比如食物的氧化，室温下变质速度快，而低温储存变质慢。表征这种快慢需要引入速率的概念。注意，“速率（rate）”是标量，本书一律采用“速率”表示浓度随时间的变化率。

反应进行，反应物的数量（或浓度）不断降低，生成物的数量（或浓度）不断增加，如图 7.1 所示。在大多数反应系统中，反应物（或产物）的浓度随时间的变化不是线性关系，反应初期反应物的浓度较大，反应速率较快，单位时间内得到的产物也较多。而在反应后期，反应物的浓度变小，反应较慢，单位时间内得到的生成物的数量也较少。但也有些反应，反应开始时需要有一定的诱导时间（induction time），如链反应，反应速率极低，随着自由基的数目增加而反应加快，达到最大值后由于反应物的消耗而逐渐降低。一些自催化反应（autocatalytic reaction）也有类似的现象。因此，浓度随时间的变化曲线可以提供反应类型的信息。

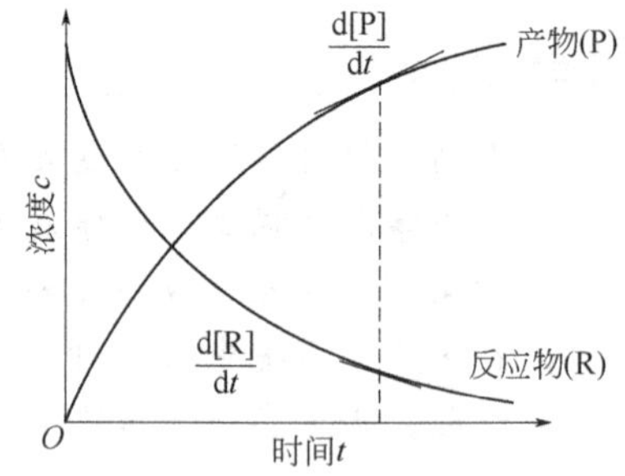


图 7.1 反应物和产物的浓度随时间的变化

在一段时间里，速率和影响因素均在变化。因此，在研究影响反应速率的因素时，经常要用到某一时刻的反应速率，即某时刻的瞬时速率。化学反应速率是指单位时间内浓度的改变量，既可以用反应物浓度随时间的不断降低来表示，也可以用生成物浓度随时间的不断升高来表示。

但由于在反应式中生成物和反应物的化学计量数不尽一致，所以用反应物或生成物的浓度变化率来表示反应速率时，其数值未必一致。但若采用反应进度（$\xi$）随时间的变化率来表示反应速率，则不会产生这种矛盾。反应进度的描述请参考 2.8.1 节。反应进度是广度量，与反应组分 B 的选取无关，但与计量式写法有关。反应进度（$\xi$）定义为：

$$\mathrm{d}\xi \overset{\text{def}}{=\!=} \frac{\mathrm{d}\,n_{\mathrm{B}}}{\nu_{\mathrm{B}}} \tag{7.1}$$

按照反应进度可定义转化速率为：

$$\dot{\xi} \overset{\text{def}}{=\!=} \frac{\mathrm{d}\xi}{\mathrm{d}t} = \frac{1}{\nu_{\mathrm{B}}} \times \frac{\mathrm{d}n_{\mathrm{B}}}{\mathrm{d}t} \tag{7.2}$$

进一步，基于反应进度，可定义反应速率 $r$ 为：

$$r \overset{\text{def}}{=\!=} \frac{\dot{\xi}}{V} = \frac{1}{\nu_B} \times \frac{\mathrm{d}n_B}{\mathrm{d}t} \times \frac{1}{V} = \frac{1}{\nu_B} \times \frac{\mathrm{d}c_{\mathrm{B}}}{\mathrm{d}t} \tag{7.3}$$

显然反应进度是强度量，与反应组分 B 的选取无关，但与计量式写法有关。在本章余下的讨论中，如无特别说明，本章所有讨论均假定反应在恒容条件下进行。

注意，反应速率总为大于或等于零的值。

对于任意反应 $eE + fF \xlongequal{\quad} gG + hH$，反应速率 $r$ 按照式（7.3）可描述为：

$$r = -\frac{1}{e}\times\frac{d[E]}{dt} = -\frac{1}{f}\times\frac{d[F]}{dt} = \frac{1}{g}\times\frac{d[G]}{dt} = \frac{1}{h}\times\frac{d[H]}{dt} = \frac{1}{\nu_B}\times\frac{dc_B}{dt} = r_B \quad (7.4)$$

科研实践中，以及后续课程的反应机理推导中，更多的是使用 $r_B$，因为大部分是研究某一个具体的反应物或生成物。对于气相反应，由于压力容易测定，所以速率也可以用分压表示（上述定义中 $c_B$ 直接替换为 $p_B$ 即可）。

### 7.1.3 化学反应速率方程的一般形式

化学动力学中，通常需要知道如下两种关系式即可达到目的。

① 一定温度下浓度与速率的关系式：$r = f(c_1, c_1, c_1, \cdots)$；

② 某一物质（反应物或生成物）与时间的关系式：$c = f(t)$。

以上两式通常被称为动力学方程，关系式 $r = f(c_1, c_1, c_1, \cdots)$ 比 $c = f(t)$ 更常用等。从本质上来说，一个反应的速率方程 $r = f(c_1, c_1, c_1, \cdots)$ 是由反应机理所决定的，但是绝大多数反应的机理还不清楚，因此无法获得反映动力学本质的通用方程。但是大量实验研究表明，在一定的温度及催化剂等条件下，绝大部分化学反应的速率都与反应物浓度的幂成正比。于是在测定速率方程的时候，根据以往总结的经验，通常令速率方程为幂函数形式，如下所示：

$$r = kc_A^{\alpha}c_B^{\beta}c_C^{\gamma}\cdots$$

化学反应速率方程的一般形式是实验总结获得的，所以速率方程是一个经验方程。

### 7.1.4 基元反应和非基元反应

化学反应的计量式，只反映了参与反应的物质之间量的关系，如：

（1）$H_2 + I_2 \xlongequal{\quad} 2HI$

（2）$H_2 + Cl_2 \xlongequal{\quad} 2HCl$

（3）$H_2 + Br_2 \xlongequal{\quad} 2HBr$

这三个化学反应的计量式相似，但反应历程却大不相同。它们只反映了反应的总结果，称为总包反应或复合反应或复杂反应。如果一个化学反应，反应物分子在碰撞中相互作用，在一次化学行为中就能转化为生成物分子，这种反应称为基元反应。例如气相反应 $H_2 + I_2 \xlongequal{\quad} 2HI$，包含下列基元反应步骤：

$$I_2 + M \rightleftharpoons 2I\cdot + M$$

$$H_2 + 2I\cdot \longrightarrow 2HI$$

式中，M 是指反应器的器壁，或是不参与反应只起传递能量作用的第三物种。每个步骤均为一个基元反应，总反应为非基元反应。

气相反应 $H_2 + Cl_2 \xlongequal{\quad} 2HCl$，包含下列基元反应步骤：

$$Cl_2 + M \longrightarrow 2Cl\cdot + M$$

$$Cl\cdot + H_2 \longrightarrow HCl + H\cdot$$

$$H\cdot + Cl_2 \longrightarrow HCl + Cl\cdot$$

$$\vdots \qquad \vdots$$

$$Cl\cdot + Cl\cdot + M \longrightarrow Cl_2 + M$$

气相反应 $H_2+Br_2 \longequal 2HBr$，包含下列基元反应步骤：

$$Br_2+M \longrightarrow 2Br\cdot+M$$

$$Br\cdot+H_2 \longrightarrow HBr+H\cdot$$

$$H\cdot+Br_2 \longrightarrow HBr+Br\cdot$$

$$H\cdot+HBr \longrightarrow H_2+Br\cdot$$

$$Br\cdot+Br\cdot+M \longrightarrow Br_2+M$$

如果一个化学计量式代表了若干个基元反应的总结果，那这种反应称为总包反应或总反应，是非基元反应。

反应机理又称为反应历程。在总反应中，连续或同时发生的所有基元反应都称为反应机理，在有些情况下，反应机理还要给出所经历的每一步的立体化学结构。同一反应在不同的反应条件下，可有不同的反应机理。了解反应机理可以掌握反应的内在规律，从而实现对反应的人为控制。

反应机理：一般是指该反应进行过程中所涉及的所有基元反应。

注意：

① 反应机理中各基元反应的代数和应等于总的计量方程，这是判断一个机理是否正确的先决条件。

② 化学反应方程（除非特别注明），一般都属于化学计量方程，而不代表基元反应。

### 7.1.5 反应级数和速率常数

绝大多数的复合反应，其化学反应的速率方程符合一般形式（$r=kc_A^{\alpha}c_B^{\beta}c_C^{\gamma}\cdots$），在这类反应中，各反应物浓度项上的指数称为该反应物的级数（如 $\alpha$、$\beta$、$\gamma$ 等）；所有浓度项指数的代数和称为该反应的总级数，通常用 $n$（$n=\alpha+\beta+\gamma+\cdots$）表示。$n$ 的大小表明浓度对反应速率影响的大小。对于复合反应而言，反应级数可以是正数、负数、整数、分数或零。

但是有的复合反应，其化学反应的速率方程不符合上述一般形式，该类反应无法用简单的数字来表示反应级数。如上述 $H_2$ 与 $Cl_2$、$Br_2$、$I_2$ 的复合反应，它们的化学反应速率方程分别表示如下：

$$r(H_2+Cl_2)=kc_{H_2}(c_{Cl_2})^{1/2}$$

$$r(H_2+Br_2)=\frac{kc_{H_2}(c_{Br_2})^{1/2}}{1+k'\left(\dfrac{c_{HBr}}{c_{Br_2}}\right)}$$

$$r(H_2+I_2)=kc_{H_2}c_{I_2}$$

速率方程中的常数 $k$ 称为速率常数，数值上等于参加反应的物质处于单位浓度时的反应速率，也称为反应的比速率。与化学热力学中的平衡常数类似，随温度的改变而改变。不同的是，速率常数还与反应介质（溶剂）、催化剂等有关，甚至还会与反应器的形状、性质有关。

温度一定时，反应速率常数为一定值，与浓度无关；基元反应的速率常数是该反应的特征基本物理量，其值可用于任何包含该基元反应的气相反应。

## 7.1.6 质量作用定律

基元反应的速率与各反应物浓度以其化学计量系数为幂的乘积成正比，这就是质量作用定律。质量作用定律只适用于基元反应。对于非基元反应，只能对其反应机理中的每一个基元反应应用质量作用定律。

例如复合反应 $H_2+Cl_2 \overline{\overline{\quad}} 2HCl$ 中的各基元反应的反应速率表达式就可以根据质量作用定律直接写出，用“[ ]”表示各物质的浓度：

$$Cl_2+M \overline{\overline{\quad}} 2Cl+M \qquad r=k_1[Cl_2][M]$$

$$Cl + H_2 \overline{\overline{\quad}} HCl+H \qquad r=k_2[Cl][H_2]$$

$$H+Cl_2 \overline{\overline{\quad}} HCl+Cl \qquad r=k_3[H][Cl_2]$$

$$2Cl+M \overline{\overline{\quad}} Cl_2+M \qquad r= k_4[Cl]^2[M]$$

## 7.1.7 基元反应的反应分子数

基元反应的反应分子数是指基元反应方程式中各反应物分子个数之和。在基元反应中，实际参加反应的分子数目称为反应分子数。反应分子数可区分单分子反应、双分子反应（绝大多数）和三分子反应，四个分子同时碰撞在一起的机会极少，所以至今还没有发现有大于三个分子的基元反应。需要注意：

① 对非基元反应不能用反应分子数概念，其反应级数只能通过实验确定；

② 基元反应的分子数并非一定与反应级数一致，如有些单分子反应等。

③ 复合反应的分级数（级数）一般为零、整数或半整数（正或负）。

# 7.2 具有简单级数的反应动力学方程

浓度（压力）对反应速率的影响，大多数都符合前述的幂函数形式 $r=kc_A^{\alpha}c_B^{\beta}c_C^{\gamma}\cdots$。复合反应的动力学方程中的 $\alpha$、$\beta$、$\gamma$ 一般都是通过实验测定，先获得动力学曲线，然后拟合得到 $\alpha$、$\beta$、$\gamma$ 的具体值。

反应级数 $n=\alpha+\beta+\gamma+\cdots=0, 1, 2, 3$ 等简单级数的反应称为简单级数反应，其速率方程较简单，对复合反应来说，组成它们的各步基元反应是简单级数反应。每一个简单级数反应都有自己明显的几个重要特征，例如速率常数的单位、半衰期的表达式，根据这些重要特征确定简单级数反应的动力学方程。

## 7.2.1 零级反应

若反应的速率与反应物浓度的零次方成正比，也就是反应速率与反应物浓度无关。

（1）常见实例

目前已知的零级反应中最多的是表面催化反应和酶催化反应，这时反应物浓度总是过量的，反应速率决定于固体催化剂的有效表面活性位或酶的浓度。例如，高压下氨在钨表面上的分解反应。

$$2NH_3(g) \xrightarrow{W\text{催化剂}} N_2(g)+3H_2(g)$$

由于反应只在催化剂表面上进行，故反应速率只与表面状态有关，若金属钨表面已被吸附的氨分子所饱和，再增加氨分子的浓度对反应的速率不再有影响，此时反应的速率对氨分子呈零级反应。

（2）微分式

设有某零级反应，反应物为 A，产物为 P，反应初始 $t=0$ 时，反应物浓度为 $c_{A,0}$，产物 P 的浓度为 0，反应至任意 $t$ 时刻时，转化了 $x$，反应速率常数为 $k_0$，反应如下：

$$
\begin{array}{lcc}
 & A \longrightarrow & P \\
t=0 & c_{A,0} & 0 \\
t=t & c_{A,0}-x & x
\end{array}
$$

$$r_{\text{reaction}}=-\frac{d[A]}{dt}=-\frac{d(c_{A,0}-x)}{dt}=\frac{d[P]}{dt}=\frac{dx}{dt}=k_0[A]^0=k_0$$

因此，反应速率的微分方程式为：$\dfrac{dx}{dt}=k_0$

（3）积分式

对微分式 $\dfrac{dx}{dt}=k_0$ 进行分离变量后积分得 $\int dx=\int k_0 dt$，然后对产物 P 的浓度从 0 到 $x$ 积分，对时间从 0 到 $t$ 积分，即 $\int_0^x dx=\int_0^t k_0 dt$，分别得到：

不定积分式：$$x=k_0t+C(\text{常数})$$

定积分式：$$x=k_0t \tag{7.5}$$

（4）浓度-时间直线关系式

在不定积分式 $x=k_0t+C$ 中，显然 $x=c_{A,0}-c_{A,t}$，即：

$$c_{A,0}-c_{A,t}=k_0t+C$$

移项得：$c_{A,t}=-k_0t+c_{A,0}-C=-k_0t+C'$，可见零级反应在任意 $t$ 时刻的反应物浓度 $c_{A,t}$ 与反应时间 $t$ 呈直线关系，斜率为负，即反应物浓度随反应时间呈直线下降。这是零级反应的重要特征之一，零级反应的 $c$-$t$ 关系图如图 7.2 所示。

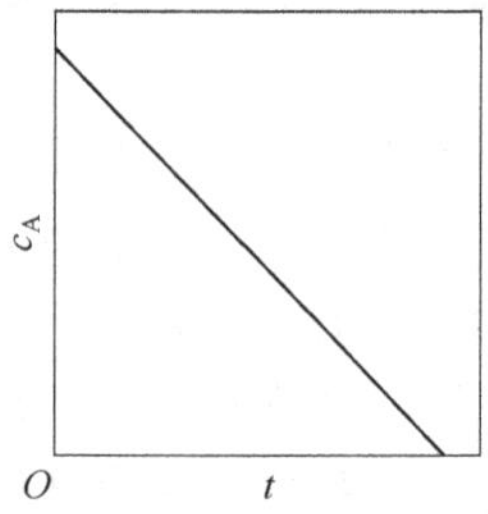

图 7.2　零级反应的 $c$-$t$ 关系图

（5）半衰期

反应物反应掉一半所需要的时间定义为反应的半衰期。令 $y=\dfrac{x}{c_{A,0}}=\dfrac{c_{A,0}-c_{A,t}}{c_{A,0}}$，当 $y=\dfrac{1}{2}$ 时，可得零级反应的半衰期：

$$t_{1/2}=\frac{c_{A,0}}{2k_0}=\frac{c_{A,0}}{2k_0} \tag{7.6}$$

零级反应的半衰期正比于反应物的初始浓度，随起始浓度的改变而变化。这是零级反应的重要特征之一。

（6）速率常数的单位

由零级反应的定积分式 $x = k_0 t$，变换后为 $k_0 = \dfrac{x}{t} = \dfrac{c_{A,0} - c_{A,t}}{t}$，可以看出速率常数 $k_0$ 的单位是：[浓度][时间]$^{-1}$。这也是零级反应的重要特征之一。

## 7.2.2 一级反应

反应速率只与反应物浓度的一次方成正比的反应称为一级反应。

（1）常见实例

常见的一级反应有放射性元素的衰变、分子重排、五氧化二氮的分解等。如镭的衰变：

$$^{226}_{88}\mathrm{Ra} \longrightarrow {}^{222}_{86}\mathrm{Ra} + {}^{4}_{2}\mathrm{He}, \quad r = k[{}^{226}_{88}\mathrm{Ra}]$$

或五氧化二氮的分解：

$$\mathrm{N_2O_5} \longrightarrow \mathrm{N_2O_4} + \frac{1}{2}\mathrm{O_2}, \quad r = k[\mathrm{N_2O_5}]$$

（2）微分式

设有某零级反应如下：

$$\begin{array}{ccc} & \mathrm{A} \longrightarrow & \mathrm{P} \\ t=0 & c_{A,0} & 0 \\ t=t & c_{A,0} - x & x \end{array}$$

$$r = -\frac{\mathrm{d[A]}}{\mathrm{d}t} = -\frac{\mathrm{d}(c_{A,0} - x)}{\mathrm{d}t} = \frac{\mathrm{d[P]}}{\mathrm{d}t} = \frac{\mathrm{d}x}{\mathrm{d}t} = k_1[\mathrm{A}]^1 = k_1(c_{A,0} - x)$$

反应速率的微分方程式为：$\dfrac{\mathrm{d}x}{\mathrm{d}t} = k_1(c_{A,0} - x)$

（3）积分式

对上述微分式进行分离变量后积分：

$$\int \frac{\mathrm{d}x}{c_{A,0} - x} = \int k_1 \mathrm{d}t, \quad \int_0^x \frac{\mathrm{d}x}{c_{A,0} - x} = \int_0^t k_1 \mathrm{d}t$$

分别得到：

不定积分式：　$\ln(c_{A,0} - x) = -k_1 t + C$

定积分式：　$\ln \dfrac{c_{A,0}}{c_{A,0} - x} = k_1 t$　　（7.7）

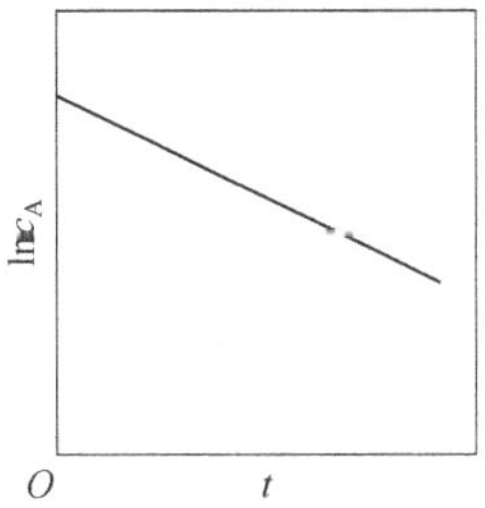

图 7.3　一级反应的 $c$-$t$ 直线关系图

（4）浓度-时间直线关系式

在不定积分式 $\ln(c_{A,0} - x) = -k_1 t + C$ 中，可见：一级反应的 $\ln(c_A^0 - x)$ 与 $t$ 呈线性关系，这是一级反应的重要特征之一。一级反应的 $c$-$t$ 直线关系图如图 7.3 所示。

（5）半衰期

令 $y = \dfrac{x}{c_{A,0}}$，$\ln \dfrac{1}{1-y} = k_1 t$，当 $y = \dfrac{1}{2}$ 时，得一级反应的半衰期为：

$$t_{1/2}=\frac{\ln 2}{k_1} \tag{7.8}$$

一级反应的半衰期与反应物起始浓度无关，是一个常数。这是一级反应的重要特征之一。另外，将定积分式 $\ln\frac{c_{A,0}}{c_{A,0}-x}=k_1t$ ，改写为 $(c_{A,0}-x)=c_{A,0}\,e^{-k_1t}$ ，可以看出：当 $t\to\infty$ 时，$(c_{A,0}-x)\to 0$ ，一级反应需无限长的时间才能完成。一级反应的反应物浓度不会为零，这是考古中利用放射性元素一级反应特点确定年代的依据。

（6）速率常数的单位

由一级反应的定积分式 $\ln\frac{c_{A,0}}{c_{A,0}-x}=k_1t$，变换后为 $k_1=\frac{1}{t}\ln\frac{c_{A,0}}{c_{A,0}-x}$，可以看出速率常数 $k_1$ 的单位是时间单位的−1 次方。这是一级反应的重要特征之一。

### 7.2.3 二级反应

反应速率方程中，浓度项的指数和等于 2 的反应称为二级反应。

（1）常见实例

常见的二级反应有乙烯、丙烯的二聚作用，乙酸乙酯的皂化，碘化氢和甲醛的热分解反应，等等。

二级反应的通式通常有如下两种形式：

$$A+B\longrightarrow P+\cdots,\quad r=k_2[A][B]$$

$$2A\longrightarrow P+\cdots,\quad r=k_2[A]^2$$

（2）微分式

设有某二级反应如下：

$$\begin{array}{lcccc} & A & + & B \xrightarrow{k_2} & P \\ t=0 & c_{A,0} & & c_{B,0} & 0 \\ t=t & c_{A,0}-x & & c_{B,0}-x & x \end{array}$$

$$r_{\text{reaction}}=\frac{dx}{dt}=k_2[A]^1[B]^1=k_2(c_{A,0}-x)(c_{B,0}-x)$$

$c_{A,0}=c_{B,0}$ 时，反应速率的微分方程式为：

$$\frac{dx}{dt}=k_2(c_{A,0}-x)^2$$

（3）积分式

对上述微分式进行分离变量后积分，分别得到：

不定积分式：
$$\frac{1}{c_{A,0}-x}=k_2t+C$$

定积分式：
$$\frac{1}{c_{A,0}-x}-\frac{1}{c_{A,0}}=k_2t \tag{7.9}$$

（4）浓度-时间直线关系式

二级反应 $\frac{1}{c_{A,0}-x}$ 与 $t$ 呈线性关系，这是二级反应的重要特征之一。

（5）半衰期

令 $y=\frac{x}{c_{A,0}}$，$\frac{y}{1-y}=k_2c_{A,0}t$，当 $y=\frac{1}{2}$ 时，可得二级反应半衰期：

$$t_{1/2}=\frac{1}{k_2c_{A,0}} \tag{7.10}$$

二级反应的半衰期与反应物起始浓度成反比。这是二级反应的重要特征之一。对 $c_{A,0}=c_{B,0}$ 的二级反应，当 $y=\frac{1}{2}$、$\frac{3}{4}$、$\frac{7}{8}$ 时，$t_{1/2}:t_{3/4}:t_{7/8}=1:3:7$。

（6）速率常数的单位

由一级反应的定积分式 $\frac{1}{c_{A,0}-x}-\frac{1}{c_{A,0}}=k_2t$，变换后为 $k_2=\frac{1}{t}\times\frac{x}{c_{A,0}(c_{A,0}-x)}$，可以看出速率常数 $k_2$ 的单位是[浓度]$^{-1}$·[时间]$^{-1}$。这是二级反应的重要特征之一。

（7）当 $c_{A,0}\neq c_{B,0}$ 时

不定积分式：

$$\frac{1}{c_{A,0}-c_{B,0}}\ln\frac{c_{A,0}-x}{c_{B,0}-x}=k_2t+C$$

定积分式：

$$\frac{1}{c_{A,0}-c_{B,0}}\ln\frac{c_{B,0}(c_{A,0}-x)}{c_{A,0}(c_{B,0}-x)}=k_2t \tag{7.11}$$

因为 $c_{A,0}\neq c_{B,0}$，所以没有统一的半衰期表示式。可以分别讨论某一反应物的半衰期问题以及其它的动力学反应特征。

（8）$2A \longrightarrow P+\cdots$，$r=k_2[A]^2$ 型二级反应的讨论

设二级反应：

$$\begin{array}{lccc} & 2A & \xrightarrow{k_2} & P \\ t=0 & c_{A,0} & & 0 \\ t=t & c_{A,0}-2x & & x \end{array}$$

微分式：

$$\frac{dx}{dt}=k_2(c_{A,0}-2x)^2$$

定积分式：

$$\frac{x}{c_{A,0}(c_{A,0}-2x)}=k_2t \tag{7.12}$$

另外一种处理方式：

$$
\begin{array}{lcccc}
 & A & + \quad A & \xrightarrow{k_2} & P \\
t=0 & (c_{A,0})' & (c_{A,0})' & & 0 \quad \left[(c_{A,0})'=\dfrac{c_{A,0}}{2}\right] \\
t=t & (c_{A,0})'-x & (c_{A,0})'-x & & x
\end{array}
$$

该方法和结果类似 $c_{A,0}=c_{B,0}$ 时的结果，不再推导和叙述。

## 7.2.4 三级反应

反应速率方程中，浓度项的指数和等于 3 的反应称为三级反应。

（1）常见实例

三级反应数量较少，可能的基元反应类型有：

$$A+B+C \longrightarrow P，\quad r=k_3[A][B][C]$$

$$2A+B \longrightarrow P，\quad r=k_3[A]^2[B]$$

$$3A \longrightarrow P，\quad r=k_3[A]^3$$

三级反应为数不多，在气相反应中，目前仅知有五个反应是属于三级反应，而且都与 NO 有关。这五个反应是：两分子的 NO 和一分子的 $Cl_2$、$Br_2$、$O_2$、$H_2$、$D_2$ 的反应，即：

$$2NO+H_2 \longrightarrow N_2O+H_2O$$

$$2NO+D_2 \longrightarrow N_2O+D_2O$$

$$2NO+O_2 \longrightarrow 2NO_2$$

$$2NO+Cl_2 \longrightarrow 2NOCl$$

$$2NO+Br_2 \longrightarrow 2NOBr$$

基元反应表现为三级反应的很少见，因为三个分子同时碰撞的概率极小。

（2）微分式

设有某三级反应如下：

$$
\begin{array}{lccccc}
 & A & + \quad B & + \quad C & \longrightarrow & P \\
t=0 & c_{A,0} & c_{B,0} & c_{C,0} & & 0 \\
t=t & c_{A,0}-x & c_{B,0}-x & c_{C,0}-x & & x
\end{array}
$$

$$r=k_3[A]^1[B]^1[C]^1=k_3(c_{A,0}-x)(c_{B,0}-x)(c_{C,0}-x)$$

反应速率的微分方程式为：$\dfrac{dx}{dt}=k_3(c_{A,0}-x)^3$（当 $c_{A,0}=c_{B,0}=c_{C,0}$ 时）

（3）积分式

对上述微分式进行分离变量后积分，分别得到：

不定积分式：

$$\frac{1}{2(c_{A,0}-x)^2}=k_3t+C$$

定积分式：

$$\frac{1}{2}\left[\frac{1}{(c_{A,0}-x)^2}-\frac{1}{(c_{A,0})^2}\right]=k_3t \tag{7.13}$$

（4）浓度-时间直线关系式

三级反应的 $\frac{1}{(c_{A,0}-x)^2}$ 与 $t$ 呈线性关系，这是三级反应的重要特征之一。

（5）半衰期

令 $y=\frac{x}{c_{A,0}}$，$\frac{y(2-y)}{(1-y)^2}=2k_3(c_{A,0})^2t$，当 $y=\frac{1}{2}$ 时，可得三级反应的半衰期：

$$t_{1/2}=\frac{3}{2k_3(c_{A,0})^2} \tag{7.14}$$

三级反应的半衰期与反应物起始浓度的平方成反比。这是三级反应的重要特征之一。

对 $c_{A,0}=c_{B,0}=c_{C,0}$ 的三级反应，当 $y=\frac{1}{2}$、$\frac{3}{4}$、$\frac{7}{8}$ 时，$t_{1/2}:t_{3/4}:t_{7/8}=1:5:21$。

（6）速率常数的单位

定积分式为 $\frac{1}{2}\left[\frac{1}{(c_{A,0}-x)^2}-\frac{1}{(c_{A,0})^2}\right]=k_3t$，变换后为 $k_2=\frac{1}{t}\times\frac{x(x+2c_{A,0})}{(c_{A,0})^2(c_{A,0}-x)^2}$，可以看出速率常数 $k_3$ 的单位是：$[浓度]^{-2}[时间]^{-1}$。这是三级反应的重要特征之一。

① 当 $c_{A,0}=c_{B,0}\neq c_{C,0}$ 时，定积分式：

$$\frac{1}{(c-c_{A,0})^2}\left[\ln\frac{c_{C,0}(c_{A,0}-x)}{c_{A,0}(c_{C,0}-x)}+\frac{x(c_{C,0}-c_{A,0})}{c_A^0(c_{A,0}-x)}\right]=k_3t$$

② 当 $c_{A,0}\neq c_{B,0}\neq c_{C,0}$ 时，定积分式：

$$\begin{aligned}&\frac{1}{(c_{A,0}-c_{B,0})(c_{A,0}-c_{C,0})}\ln\frac{c_{A,0}}{(c_{A,0}-x)}+\frac{1}{(c_{B,0}-c_{A,0})(c_{B,0}-c_{C,0})}\\&\times\ln\frac{c_{B,0}}{(c_{B,0}-x)}+\frac{1}{(c_{C,0}-c_{A,0})(c_{C,0}-c_{B,0})}\ln\frac{c_{C,0}}{(c_{C,0}-x)}=k_3t\end{aligned} \tag{7.15}$$

以上两种情况也没有统一的半衰期表示式。可以分别讨论某一反应物的半衰期问题以及其它的动力学反应特征。

③ $2A+B \longrightarrow P+\cdots$，$r=k_2[A]^2[B]^1$ 型的三级反应，

微分式：

$$\frac{dx}{dt}=k_2(c_{A,0}-2x)^2(c_{B,0}-x)$$

定积分式：

$$\frac{1}{(2c_{B,0}-c_{A,0})^2}\left[\ln\frac{c_{B,0}(c_{A,0}-2x)}{c_{A,0}(c_{B,0}-x)}+\frac{2x(2c_{B,0}-c_{A,0})}{c_{A,0}(c_{A,0}-2x)}\right]=k_3t \tag{7.16}$$

另外一种处理方式：

$$\begin{array}{lccccc} & A & + \quad A & + \quad B & \xrightarrow{k_3} & P \\ t=0 & (c_{A,0})' & (c_{A,0})' & c_{B,0} & & 0 \\ t=t & (c_{A,0})'-x & (c_{A,0})'-x & c_{B,0}-x & & x \end{array} \quad \left[(c_{A,0})'=\frac{c_{A,0}}{2}\right]$$

该方法和结果类似 $c_{A,0}=c_{B,0}\neq c_{C,0}$ 时的结果，不再推导和叙述。另外还有如 $3A\xrightarrow{k_3}P$，可以处理成 $A+A+A\xrightarrow{k_3}P$ 等情况。

### 7.2.5 准级数反应和 *n* 级反应

（1）准级数反应

在速率方程中，若某一物质的浓度远远大于其它反应物的浓度，或是出现在速率方程中的催化剂浓度项，在反应过程中可以认为没有变化，可并入速率常数项，这时反应总级数可相应下降，下降后的级数称为准级反应。例如：

$r=k[A][B]$　　$[A]>>[B]$（比如 A 为溶剂 $H_2O$ 等）

$r=k'[B]$　　$(k'=k[A])$ 准一级反应

$r=k[H^+][A]$　　$H^+$为催化剂（酸催化反应）

$r=k'[A]$　　$(k'=k[H^+])$准一级反应

（2）*n* 级反应

仅由一种反应物 A 生成产物的反应，反应速率与 A 浓度的 *n* 次方成正比，称为 *n* 级反应。一种最简单的 *n* 级反应类型如：

$$nA \longrightarrow P \quad r=k_n[A]^n$$

当 $n\neq 1$时，从 *n* 级反应的简单形式出发，可以导出微分式、积分式和半衰期表示式等一般形式。

$$\begin{array}{lcc} & nA & \longrightarrow \quad P \\ t=0 & c_{A,0} & 0 \\ t=t & c_{A,0}-x & x \end{array}$$

*n* 级反应速率的微分式：

$$r=\frac{dx}{dt}=k_n(c_{A,0}-x)^n \tag{7.17}$$

*n* 级反应速率的定积分式（$n\neq 1$）：

$$\int_0^x \frac{dx}{(c_{A,0}-x)^n}=\int_0^t k_n dt$$

$$\frac{1}{1-n}\left[\frac{1}{(c_{A,0})^{n-1}}-\frac{1}{(c_{A,0}-x)^{n-1}}\right]=k_n t \tag{7.18}$$

*n* 级反应半衰期的一般形式（$n\neq 1$）：

$$t=t_{1/2}，\quad c_{A,0}-x=\frac{1}{2}c_{A,0}，\quad \frac{1}{1-n}\times\frac{1}{a^{n-1}}\left[1-\frac{1}{\left(\frac{1}{2}\right)^{n-1}}\right]=k_n t_{1/2}$$

$$t_{1/2}=A\frac{1}{(c_{A,0})^{n-1}} \tag{7.19}$$

$n$ 级反应速率常数 $k_n$ 的单位为[浓度]$^{1-n}$[时间]$^{-1}$。

$n$ 级反应 $\frac{1}{(c_{A,0}-x)^{n-1}}$ 与时间 $t$ 呈直线关系（$n\neq1$）。

**注意：**

① 除速率常数单位外，$n=1$ 时其它特点动力学特征有其特殊的形式。

② 浓度-时间直线关系、速率常数单位、半衰期是反应速率的动力学特征，其中直线关系的地位更加重要！实验上获取反应动力学级数和速率常数主要是通过拟合直线的方式。

简单级数的反应形式是类似于基元反应的质量作用定律，但在无特别说明的情况下，不能凭借动力学方程的形式判断一个反应是否是基元反应，通常所写的反应方程式都默认是复杂反应。

请自行整理简单级数反应的微分式（简便快速的速率常数单位的掌握方法）、不定积分式（浓度-时间直线关系）、积分式（速率常数的单位、半衰期）。

## 7.2.6 反应级数和速率常数的测定

确定速率方程，主要任务是确定反应级数和速率常数。速率方程是根据大量实验数据运算和拟合确定的。

### 7.2.6.1 实验设计

动力学实验测定方法，主要是测定反应过程中的 $c$-$t$ 关系的一种方法。测定这种 $c$-$t$ 关系，主要有两种实验方案。

方案 1：某一反应，配制一个起始浓度的样品，测定这个单一样品浓度-时间关系图，通过切线获得不同时间下的反应速率，如图 7.4。

方案 2：某一反应，配制多个起始浓度的样品，测定这个多样品浓度-时间关系图，通过切线获得不同起始浓度样品的某一时刻下的反应速率，如图 7.5。

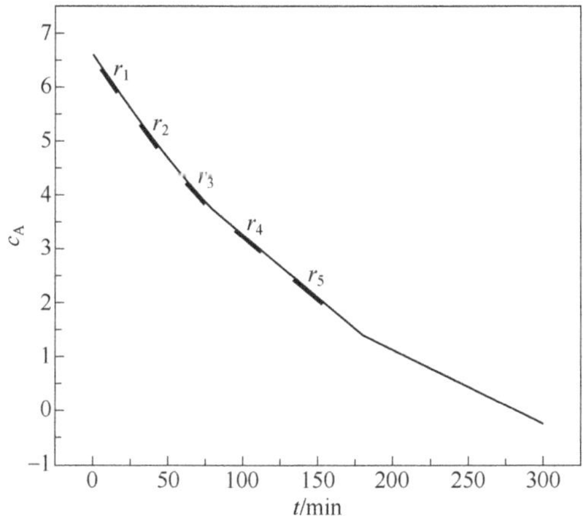


图 7.4 单一样品 $c_A$-$t$ 关系图

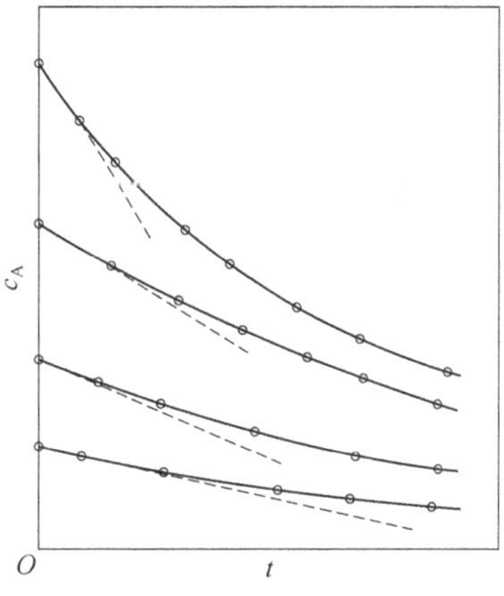


图 7.5 多样品 $c_A$-$t$ 关系图

### 7.2.6.2 数据处理（速率方程的确定）

速率方程的确定方法主要就是根据前述学习的简单级数反应的动力学特点而进行数据处理的，比如针对简单级数的微分式、积分式、浓度-时间直线关系、速率常数、半衰期等，常用的方法有积分法、微分法、半衰期法和隔离法。

（1）积分法

积分法又称尝试法。当实验测得了一系列 $c_A$-$t$ 或 $x$-$t$ 的动力学数据（即浓度-时间关系图）后，做以下两种尝试。

① $k$ 值计算法

将各组 $c_A$、$t$ 值代入具有简单级数反应的速率定积分式中（如假设 $n=0,1,2,3,\cdots$），分别计算相应的 $k$ 值。若得某一 $k$ 值基本为常数，则反应为所代入方程的级数。若求得 $k$ 不为常数，则需进一步假设。

② 浓度-时间直线关系作图法

比如可以假设反应是一级、二级或三级，然后分别作以下浓度-时间直线关系图：$\ln c_A$-$t$、$\dfrac{1}{c_A-x}$-$t$、$\dfrac{1}{(c_A-x)^2}$-$t$，如果所得图为一直线，则反应为相应的级数。可以看出：积分法适用于具有简单级数的反应。

比如气体 1, 3-丁二烯在较高温度下能进行二聚反应：

$$2C_4H_6(g) \longrightarrow C_8H_{12}(g)$$

将 1,3-丁二烯放在 326°C 的容器中，在不同时间段测系统的总压 $p$，对一组数据作图处理如图 7.6～图 7.9 所示。

容易看出，$\dfrac{1}{p_A}$ 与时间 $t$ 呈很好的直线关系，因此该反应为二级反应，速率方程为 $\dfrac{1}{p_A}-\dfrac{1}{p_{A,0}}=k_2t$。

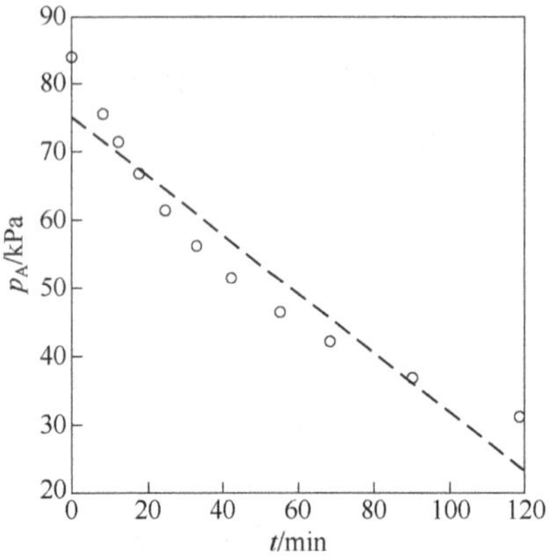


图 7.6　假设为 0 级反应

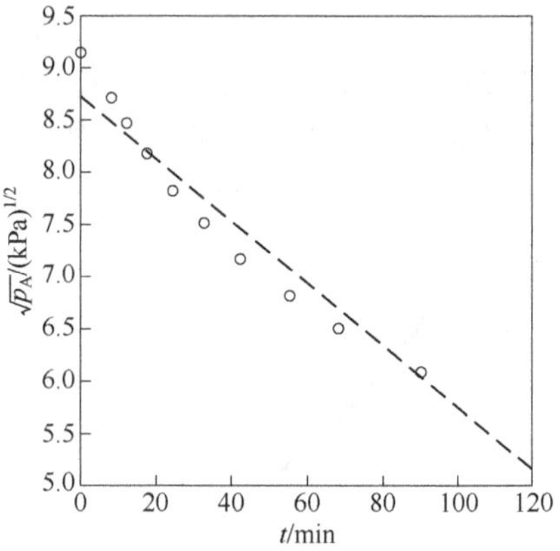


图 7.7　假设为 0.5 级反应

（2）微分法

根据动力学微分方程式：$r=-\dfrac{dc_A}{dt}=kc_A^n$

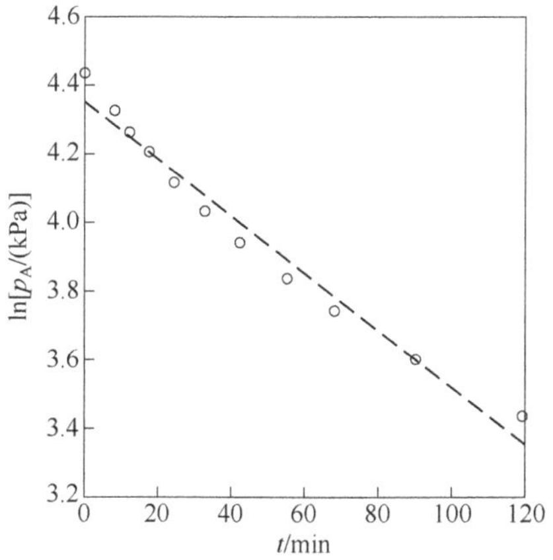


图 7.8　假设为 1 级反应

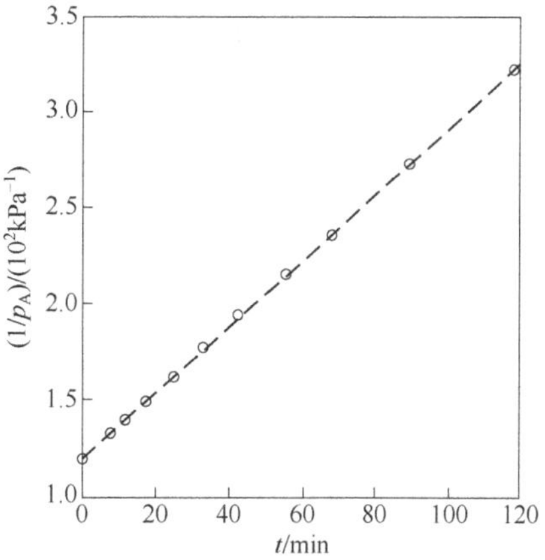


图 7.9　假设为 2 级反应

取对数：$\ln r=\ln\left(-\dfrac{\mathrm{d}c_A}{\mathrm{d}t}\right)=\ln k+n\ln c_A$

① 切线-直线作图法

以 $\ln\left(-\dfrac{\mathrm{d}c_A}{\mathrm{d}t}\right)$-$\ln c_A$ 作图，即 $\ln r$-$\ln c_A$，从直线斜率和截距分别获得反应级数 $n$ 和速率常数 $k$。速率 $r$ 的获得方法如图 7.10 所示。可以看出，这种微分法需要切线-直线两步作图，每一步都有一定的误差，而且工作量较大，应用范围不广。

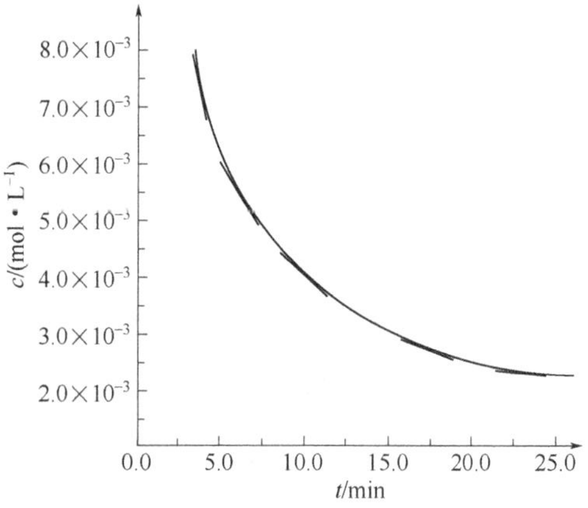


图 7.10　反应速率 $r$ 的获得方法

② 二元方程组计算法

微分法也可以进行如下的运算：

$$\ln r_1=\ln\left(-\frac{\mathrm{d}c_A}{\mathrm{d}t}\right)=\ln k+n\ln c_{A,1}$$

$$\ln r_2=\ln\left(-\frac{\mathrm{d}c_A}{\mathrm{d}t}\right)=\ln k+n\ln c_{A,2}$$

解以上方程组 $\ln\left(\dfrac{r_1}{r_2}\right)=n\ln\left(\dfrac{c_{A,1}}{c_{A,2}}\right)$，从而解得 $n=\dfrac{\ln\left(\dfrac{r_1}{r_2}\right)}{\ln\left(\dfrac{c_{A,1}}{c_{A,2}}\right)}$，把所得反应级数 $n$ 代入其中任意一个方程，求出速率常数 $k$。

（3）半衰期法

用半衰期法可以求除一级反应以外的其它反应的级数。根据 $n$ 级反应的半衰期通式：

$$t_{1/2}=A\frac{1}{(c_{A,0})^{n-1}} \tag{7.20}$$

① 二元方程组计算法

根据式（7.20），取两个不同起始浓度 $c_{A,0}$ 和 $c_{A,0}'$ 做实验，分别测定半衰期为 $t_{1/2}$ 和 $t_{1/2}'$，

因同一反应，常数 $A$ 相同，所以：

$$\frac{t_{1/2}}{t'_{1/2}}=\left(\frac{c_{\mathrm{A},0}{}'}{c_{\mathrm{A},0}}\right)^{n-1} \tag{7.21}$$

或

$$n=1+\frac{\ln(t_{1/2}/t'_{1/2})}{\ln(c_{\mathrm{A},0}{}'/c_{\mathrm{A},0})} \tag{7.22}$$

由 $n$ 值，解出 $A$ 的值，由 $A$ 解出速率常数 $k$。各 $(c_{\mathrm{A},0}, t_{1/2})$ 数据并不需要通过改变初始浓度重复进行多次实验，只需要进行一次动力学实验，在所得的 $(c_{\mathrm{A}}, t)$ 图上即可方便地得到一系列的 $(c_{\mathrm{A},0}, t_{1/2})$，比如第一组 $(c_{\mathrm{A},0}, t_{1/2})$，第二组 $(c_{\mathrm{A},0}, t_{3/4})$，即 $(c_{\mathrm{A},1/2}, t_{1/2})$。

② 直线方程作图法

对直线方程 $\ln t_{1/2}=\ln A-(n-1)\ln c_{\mathrm{A},0}$，以 $\ln t_{1/2}$-$\ln c_{\mathrm{A},0}$ 作图，根据直线斜率求 $n$ 值。从多个实验数据用作图法求出的 $n$ 值，相当于取了多个实验的平均值，结果更加准确。半衰期法适用于除一级反应外的整数级数或分数级数反应。

（4）隔离法

若某反应的速率方程可以按照质量作用定律形式描述，即：$r=k[\mathrm{A}]^{\alpha}[\mathrm{B}]^{\beta}\cdots$

先固定 A 的浓度不变，改变 B 的浓度：

$$r_1=k[\mathrm{A}_0]^{\alpha}[\mathrm{B}_1]^{\beta}\cdots \Rightarrow \ln r_1=\ln k+\alpha\ln[\mathrm{A}_0]+\beta\ln[\mathrm{B}_1]+\cdots$$

$$r_2=k[\mathrm{A}_0]^{\alpha}[\mathrm{B}_2]^{\beta}\cdots \Rightarrow \ln r_2=\ln k+\alpha\ln[\mathrm{A}_0]+\beta\ln[\mathrm{B}_2]+\cdots$$

两式联合先确定 $\beta$ 的值，再固定 B 的浓度不变，改变 A 的浓度：

$$r_3=k[\mathrm{A}_1]^{\alpha}[\mathrm{B}_0]^{\beta}\cdots \Rightarrow \ln r_3=\ln k+\alpha\ln[\mathrm{A}_1]+\beta\ln[\mathrm{B}_0]+\cdots$$

$$r_4=k[\mathrm{A}_2]^{\alpha}[\mathrm{B}_0]^{\beta}\cdots \Rightarrow \ln r_4=\ln k+\alpha\ln[\mathrm{A}_2]+\beta\ln[\mathrm{B}_0]+\cdots$$

两式联合再确定 $\alpha$ 的值。实际操作中，可以多次使用隔离法求平均值获得较为接近事实的反应级数和速率方程。

**【例 7.1】**某金属钚的同位素进行 β 放射，14d 后，同位素活性下降了 6.85%。试求该同位素的：（1）蜕变常数；（2）半衰期；（3）分解掉 90%所需时间。

**【解答】**已知放射性衰变为一级反应，代入一级反应的积分式。

（1）$k_1=\dfrac{1}{t}\ln\dfrac{c_{\mathrm{A}}^0}{c_{\mathrm{A}}^0-x}=\dfrac{1}{14\mathrm{d}}\ln\dfrac{100}{100-6.85}=0.00507\mathrm{d}^{-1}$

（2）$t_{1/2}=\dfrac{\ln 2}{k_1}=136.7\mathrm{d}$

（3）$t=\dfrac{1}{k_1}\ln\dfrac{1}{1-y}=\dfrac{1}{k_1}\ln\dfrac{1}{1-0.9}=454.2\mathrm{d}$

**【例 7.2】**400K 时，在一恒容的抽空容器中，按化学计量比引入反应物 A(g)和 B(g)，进行如下气相反应：

$$\mathrm{A(g)+2B(g)\longrightarrow Z(g)}$$

测得反应开始时，容器内总压为 3.36kPa，反应进行 1000s 后总压降至 2.12kPa。已知 A(g)、B(g) 的反应分级数分别为 0.5 和 1.5，求速率常数 $k_{p,\mathrm{A}}$、$k_p$ 及半衰期 $t_{1/2}$。

【解答】根据题意，得：$-\dfrac{dp_A}{dt}=k_{p,A}p_A^{0.5}p_B^{1.5}$

由反应计量关系得：

$$-\frac{dp_A}{dt}=k_{p,A}p_A^{0.5}(2p_A)^{1.5}=2^{1.5}k_{p,A}p_A^2=k'_{p,A}p_A^2$$

定积分式：

$$\frac{1}{p_A}-\frac{1}{p_{A,0}}=k'_{p,A}t$$

| | A(g) | + 2B(g) ⟶ | Z(g) | |
|---|---|---|---|---|
| $t=0$ | $p_{A,0}$ | $2p_{A,0}$ | 0 | $p_0=3p_{A,0}$ |
| $t=t$ | $p_A$ | $2p_A$ | $p_{A,0}-p_A$ | $p_t=2p_A+p_{A,0}$ |

$p_{A,0}=\dfrac{p_0}{3}=\dfrac{3.36\text{kPa}}{3}=1.12\text{kPa}=1.12\times10^3\text{Pa}$，$t=1000\text{s}$时：

$$p_A=\frac{p_t-p_{A,0}}{2}=\frac{2.12\text{kPa}-1.12\text{kPa}}{2}=0.5\text{kPa}=0.5\times10^3\text{Pa}$$

$$k'_{p,A}=\frac{1}{t}\left(\frac{1}{p_A}-\frac{1}{p_{A,0}}\right)=\frac{1}{1000\text{s}}\times\left(\frac{1}{0.5\times10^3\text{Pa}}-\frac{1}{1.12\times10^3\text{Pa}}\right)=1.107\times10^{-6}\text{Pa}^{-1}\cdot\text{s}^{-1}$$

根据 $2^{1.5}k_{p,A}=k'_{p,A}$，

解得 $k_{p,A}=3.914\times10^{-7}\text{Pa}^{-1}\cdot\text{s}^{-1}$

$$\begin{aligned}k_c&=k_{p,A}(RT)^n\\&=3.914\times10^{-7}\text{Pa}^{-1}\cdot\text{s}^{-1}\times8.314\text{J}\cdot\text{K}^{-1}\cdot\text{mol}^{-1}\times400\text{K}=1.302\times10^{-3}\text{m}^3\cdot\text{mol}^{-1}\cdot\text{s}^{-1}\end{aligned}$$

$$t_{1/2}=\left(\frac{1}{k'_{p,A}p_{A,0}}\right)=\frac{1}{1.107\times10^{-6}\text{Pa}^{-1}\cdot\text{s}^{-1}\times1.12\times10^3\text{Pa}}=807\text{s}$$

【例 7.3】对于一级反应，试证明转化率达到 87.5%所需时间为转化率达到 50%所需时间的 3 倍。对于二级反应又为多少？

【解答】对一级反应有 $-\ln(1-x_A)=kt$

则 $\dfrac{t_2}{t_1}=\dfrac{\ln(1-x_{A,1})}{\ln(1-x_{A,2})}=\dfrac{\ln(1-0.875)}{\ln(1-0.5)}=3$

二级反应积分式为 $\dfrac{1}{c_{A,0}}\times\dfrac{x_A}{1-x_A}=kt$

则 $\dfrac{t_2}{t_1}=\dfrac{x_{A,2}(1-x_{A,1})}{x_{A,1}(1-x_{A,2})}=\dfrac{0.875(1-0.5)}{0.5(1-0.875)}=\dfrac{0.875}{0.125}=7$

【例 7.4】某一级反应 A→产物，初始速率 $r_0$ 为 $1\times10^{-3}\text{mol}\cdot\text{dm}^{-3}\cdot\text{min}^{-1}$，1h 后速率为 $0.25\times10^{-3}\text{mol}\cdot\text{dm}^{-3}\cdot\text{min}^{-1}$。求 $k$、$t_{1/2}$ 及初始浓度 $c_{A,0}$。

【解答】

$$r_0=k_Ac_{A,0}\tag{i}$$

$$r=k_Ac_A\tag{ii}$$

$\dfrac{\text{式(ii)}}{\text{式(i)}}$得 $\dfrac{c_{A,0}}{c_A}=4$

由一级反应积分式 $\ln\left(\frac{c_{A,0}}{c_A}\right)=kt$ 知：

$$k=\frac{1}{t}\ln\left(\frac{c_{A,0}}{c_A}\right)=\frac{1}{60\text{min}}\ln 4=0.0231\text{min}^{-1}$$

$$t_{1/2}=\frac{\ln 2}{k}=30\text{min}$$

$$c_{A,0}=\frac{r_0}{k_A}=0.0433\text{mol}\cdot\text{dm}^{-3}$$

【例 7.5】恒定温度下，某化合物在溶液中分解，测得化合物的初始浓度 $c_{A,0}$ 与半衰期的关系如下：

| $\frac{c_{A,0}}{10^{-3}\text{mol}\cdot\text{dm}^{-3}}$ | 0.50 | 1.10 | 2.48 |
|---|---|---|---|
| $\frac{t_{1/2}}{\text{s}}$ | 4280 | 885 | 174 |

试求反应的级数。

【解答】因为：$n=1+\dfrac{\lg\left(\dfrac{t_{1/2}}{t_{1/2}^*}\right)}{\lg\left(\dfrac{c_{A,0}^*}{c_{A,0}}\right)}$

所以：$n=1+\dfrac{\lg\left(\dfrac{4280}{885}\right)}{\lg\left(\dfrac{1.10}{0.50}\right)}=3.00$

$$n=1+\frac{\lg\left(\frac{885}{174}\right)}{\lg\left(\frac{2.48}{1.10}\right)}=3.00$$

则 $n=3.00$

【例 7.6】在一定条件下，反应 $H_2(g)+Br_2(g) \longrightarrow 2HBr(g)$ 符合速率方程的一般形式，即：

$$v=\frac{1}{2}\times\frac{dc_{HBr}}{dt}=kc_{H_2}^{n_1}c_{Br_2}^{n_2}c_{HBr}^{n_3}$$

在某温度下，当 $c(H_2)=c(Br_2)=0.1\text{mol}\cdot\text{dm}^{-3}$ 及 $c(HBr)=2\text{mol}\cdot\text{dm}^{-3}$ 时，反应速率为 $r$，其它浓度的速率如下表所示：

| 实验序号 | $c(H_2)$ | $c(Br_2)$ | $c(HBr)$ | 反应速率 |
|---|---|---|---|---|
| 1 | 0.1 | 0.1 | 2 | $r$ |
| 2 | 0.1 | 0.4 | 2 | $8r$ |
| 3 | 0.2 | 0.4 | 2 | $16r$ |
| 4 | 0.1 | 0.2 | 3 | $1.88r$ |

求反应的分级数 $n_1$、$n_2$、$n_3$。

【解答】根据速率方程和表格数据即有：

由数据 3/2 有：$\left(\dfrac{0.2}{0.1}\right)^{n_1}=\dfrac{16r}{8r}$，即 $n_1=1$

由数据 2/1 有：$\left(\dfrac{0.4}{0.1}\right)^{n_2}=\dfrac{8r}{r}$，即 $n_2=1.5$

由数据 4/1 有：$\left(\dfrac{0.2}{0.1}\right)^{n_2}\left(\dfrac{3}{2}\right)^{n_3}=\dfrac{1.88r}{r}$，因为 $n_2=1.5$，所以 $n_3=-1$

【例 7.7】25°C 时，酸催化蔗糖转化反应

$$\underset{(蔗糖)}{C_{12}H_{22}O_{11}} + H_2O \longrightarrow \underset{(葡萄糖)}{C_6H_{12}O_6} + \underset{(果糖)}{C_6H_{12}O_6}$$

的动力学数据如下（蔗糖的初始浓度 $c_0$ 为 $1.0023mol \cdot dm^{-3}$，时刻 $t$ 的浓度为 $c$）

| $t$/min | 0 | 30 | 60 | 90 | 120 | 180 |
|---|---|---|---|---|---|---|
| $(c_0-c)/(mol \cdot dm^{-3})$ | 0 | 0.1001 | 0.1946 | 0.2770 | 0.3726 | 0.4676 |

（1）使用作图法证明此反应为一级反应，求算速率常数及半衰期；

（2）问蔗糖转化 95%需多少时间？

**解**：（1）将上述表格数据转化如下：

| $t$/min | 0 | 30 | 60 | 90 | 120 | 180 |
|---|---|---|---|---|---|---|
| $c/(mol \cdot dm^{-3})$ | 1.0023 | 0.9022 | 0.8077 | 0.7253 | 0.6297 | 0.5347 |
| $\ln(c/c_0)$ | 0 | −0.1052 | −0.2159 | −0.3235 | −0.4648 | −0.6283 |

对 $\ln\left(\dfrac{c}{c_0}\right)$-$t$ 作图，如图 7.11 所示：

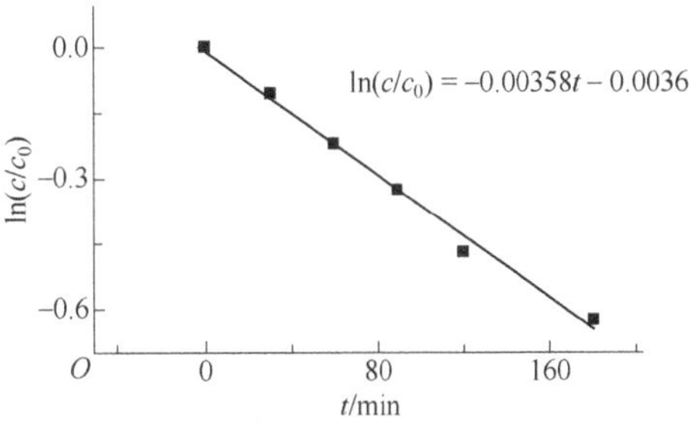


图 7.11 $\ln\left(\dfrac{c}{c_0}\right)$-$t$ 示意图

由图得：$\ln\left(\dfrac{c}{c_0}\right)=-3.58\times10^{-3}t-0.0036$

则：$k=3.58\times10^{-3}\ min^{-1}$

$$t_{1/2}=\frac{\ln 2}{k}=\frac{\ln 2}{3.58\times10^{-3}}=193.6min$$

（2）$t=\dfrac{1}{k}\ln\dfrac{1}{1-x}=\dfrac{1}{3.58\times10^{-3}}\ln\dfrac{1}{1-95\%}=836.8min$。

## 7.3 典型复合反应动力学方程

所谓复合反应是两个或两个以上基元反应的组合。复合反应机理千差万别，但机理中的基元反应通常有以下三种基本组合方式，分别被称为对峙反应、平行反应和连续反应。研究这些简单复合反应的动力学规律和特点，可以为进一步研究更加复杂的复合反应提供一些方法依据。

## 7.3.1 对峙反应

（1）对峙反应动力学方程

正、逆两个方向同时进行的反应称为对峙反应。正逆反应级数如果均为 1 级，则称为 1 级-1 级对峙反应，简称 1-1 对峙反应：

$$\mathrm{A} \underset{k_{-1}}{\overset{k_1}{\rightleftharpoons}} \mathrm{B}$$

对峙反应中，正、逆反应可以为相同级数，也可以为具有不同级数的反应；可以是基元反应，也可以是非基元反应。除 1-1 级对峙反应外，还有 1-2 对峙反应和 2-2 对峙反应：

$$\mathrm{A} \underset{k_{-2}}{\overset{k_1}{\rightleftharpoons}} \mathrm{B+C} \qquad \mathrm{A+B} \underset{k_{-2}}{\overset{k_2}{\rightleftharpoons}} \mathrm{C+D}$$

本节以 1-1 级对峙反应为例，阐述其动力学规律和特点。设有某 1-1 对峙反应，正反应反应物为 A，产物为 B，反应初始 $t=0$ 时，A 浓度为 $c_{\mathrm{A},0}$，B 的浓度为 0，反应至任意时刻 $t$ 时，A 转化了 $x$，正反应速率常数为 $k_1$，逆反应速率常数为 $k_{-1}$，反应平衡时刻 $t=t_\mathrm{e}$ 时，A 转化 $x_\mathrm{e}$，反应如下：

$$\mathrm{A} \underset{k_{-1}}{\overset{k_1}{\rightleftharpoons}} \mathrm{B}$$

| | A | B |
|---|---|---|
| $t=0$ | $c_{\mathrm{A},0}$ | 0 |
| $t=t$ | $c_{\mathrm{A},0}-x$ | $x$ |
| $t=t_\mathrm{e}$ | $c_{\mathrm{A},0}-x_\mathrm{e}$ | $x_\mathrm{e}$ |

根据质量作用定律形式，显然反应的速率方程可描述为正、逆反应速率之差：

$$r=\frac{\mathrm{d}x}{\mathrm{d}t}=r_1-r_{-1}=k_1(c_{\mathrm{A},0}-x)-k_{-1}x \tag{7.23}$$

移项后，两侧分别对 $x$（$0\to x$）和 $t$（$0\to t$）进行积分得：

$$\int_0^x \frac{\mathrm{d}x}{-\dfrac{k_1}{k_1+k_{-1}}c_{\mathrm{A},0}+x}=\int_0^t -(k_1+k_{-1})\mathrm{d}t$$

使用换元积分，解得任意 $t$ 时刻 B 的浓度为：

$$x=\frac{k_1}{k_1+k_{-1}}c_{\mathrm{A},0}\{1-\exp[-(k_1+k_{-1})t]\} \tag{7.24}$$

此时 A 的浓度，即：

$$c_{\mathrm{A},0}-x=\frac{k_1}{k_1+k_{-1}}c_{\mathrm{A},0}\exp[-(k_1+k_{-1})t]+\frac{k_1}{k_1+k_{-1}}c_{\mathrm{A},0} \tag{7.25}$$

反应达到平衡，此时各物质浓度为平衡浓度，时间 $t\to\infty$，反应物和产物的浓度变化速率为 0，在 $c$-$t$ 曲线上斜率为 0，表现为水平线，如图 7.12 所示。

平衡条件下，式（7.24）等价于：

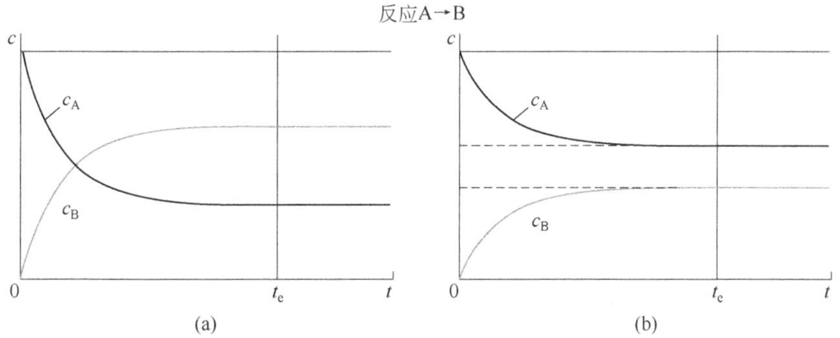


图 7.12　对峙反应物质浓度变化示意图

$$x = x_e = \frac{k_1}{k_1 + k_{-1}} c_{A,0} \tag{7.26}$$

式（7.25）等价于：

$$c_{A,0} - x_e = \frac{k_1}{k_1 + k_{-1}} c_{A,0} \tag{7.27}$$

联立式（7.26）以及式（7.27），可得：

$$\frac{k_1}{k_{-1}} = \frac{x_e}{c_{A,0} - x_e} \tag{7.28}$$

显然式（7.28）表述了 1-1 对峙反应的浓度经验平衡常数 $K$：

$$K = \frac{k_1}{k_{-1}} = \frac{x_e}{c_{A,0} - x_e}$$

由于反应达平衡时，反应速率为 0，因此可得：

$$k_1(c_{A,0} - x_e) - k_{-1}x_e = 0 \Rightarrow k_{-1} = \frac{k_1(c_{A,0} - x_e)}{x_e} \tag{7.29}$$

将式（7.29）代入式（7.23），可得：

$$\frac{dx}{dt} = k_1(c_{A,0} - x) - \frac{k_1(c_{A,0} - x_e)}{x_e} x = \frac{k_1 c_{A,0}(x_e - x)}{x_e} \tag{7.30}$$

在式（7.30）两侧分别对 $x$（$0\to x$）和 $t$（$0\to t$）进行积分，可得：

$\int_0^x \frac{x_e dx}{(x_e - x)} = k_1 c_{A,0} \int_0^t dt \Rightarrow x_e \ln\frac{x_e}{x_e - x} = k_1 c_{A,0} t$，可得 $k_1$ 和 $k_{-1}$ 的表达式：

所以

$$k_1 = \frac{x_e}{c_{A,0} t} \ln\frac{x_e}{x_e - x} \tag{7.31}$$

$$k_{-1} = \frac{c_{A,0} - x_e}{c_{A,0} t} \ln\frac{x_e}{x_e - x} \tag{7.32}$$

即测定了 $t$ 时刻的产物浓度 $x$，已知 $c_{A,0}$ 和 $x_e$，就可分别求出 $k_1$ 和 $k_{-1}$。

（2）对峙反应的特点

① 净速率等于正、逆反应速率之差；

② 达到平衡时，反应净速率等于零；

③ 正、逆速率系数之比等于平衡常数 $K=\dfrac{k_1}{k_{-1}}$；

④ 对式(7.23)直接移项积分，可得：$\int_0^x \dfrac{dx}{k_1 c_{A,0}-(k_1+k_{-1})x}=\int_0^t dt$。若 $k_1 >> k_{-1}$，即 $k_1+k_{-1}\approx k_1$，则上式积分后为：$\ln\dfrac{c_{A,0}}{c_{A,0}-x}=k_1 t$。反应退化为单向一级反应，多数无机反应如此，当正逆反应的速率系数相差悬殊时，则应按单向反应处理。

其它类型对峙反应的动力学参数测定和计算，请读者自行推导。

（3）对峙反应的半衰期

定义对峙反应的半衰期为：反应物浓度由 $c_{A,0}$ 变为平衡浓度一半，即 $\dfrac{1}{2}x_e$ 所需消耗的时间，如图 7.13 所示。按照上述定义，将 $\dfrac{1}{2}x_e=\dfrac{1}{2}\times\dfrac{k_1}{k_1+k_{-1}}l_{A,0}$ 代入方程式（7.25），并联立式（7.26），可得：

$$\frac{1}{2}\times\frac{k_1}{k_1+k_{-1}}l_{A,0}=\frac{k_1}{k_1+k_{-1}}c_{A,0}\exp[-(k_1+k_{-1})t]+\frac{k_{-1}}{k_1+k_{-1}}c_{A,0}$$

由上式可得一级对峙反应的半衰期为：

$$t_{1/2}=\frac{\ln 2}{k_1+k_{-1}} \tag{7.33}$$

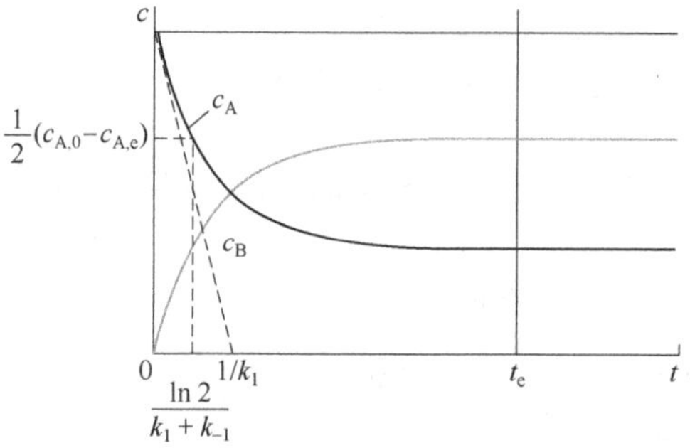


图 7.13　对峙反应半衰期示意图

注：对峙反应的正逆向反应只要对反应物浓度是如上的简单级数反应，即使单箭头方向的反应不是基元反应，上述的一些特点也同样适用。

（4）对峙反应的速率常数的测定（快速反应的测定）

弛豫法是用来测定快速反应速率的一种特殊方法。一个快速对峙反应在一定的外界条件下达成平衡，然后突然改变一个条件，给体系一个扰动，偏离原平衡，在新的条件下再达成平衡，这就是弛豫过程。对平衡体系施加扰动信号的方法可以是脉冲式、阶跃式或周期式。改变反应的条件可以是温度跃变、压力跃变、浓度跃变、电场跃变和超声吸收等多种形式。

结合实验求出弛豫时间，就可以计算出快速对峙反应的正、逆反应的两个速率常数。

仍以 1-1 对峙反应为例：

$$\mathrm{A} \underset{k_{-1}}{\overset{k_1}{\rightleftharpoons}} \mathrm{B}$$

| | | |
|---|---|---|
| $t=t_e$ | $c_{A,0}-x_e$ | $x_e$ |
| 弛豫 | $-\Delta x$ | $\Delta x$ |
| $t'=t$ | $c_{A,0}-x_e-\Delta x$ | $x_e+\Delta x$ |

$\Delta x$ 为扰动的 A 和 B 的浓度，根据对峙反应的平衡属性，当 $t=t_e$ 时，$k_1(a-x_e)=k_{-1}x_e$，弛豫过程中的速率方程为：

$$\frac{\mathrm{d}(\Delta x)}{\mathrm{d}t}=k_1(a-x)-k_{-1}x=k_1[(a-x_e)-\Delta x]-k_{-1}(\Delta x+x_e)$$

即
$$\frac{\mathrm{d}(\Delta x)}{\mathrm{d}t}=-k_1\Delta x-k_{-1}\Delta x=-(k_1+k_{-1})\Delta x$$

移项后，方程两侧分别对 $\Delta x_0 \rightarrow \Delta x$ 以及 $t'=0 \rightarrow t'=t$ 进行积分：

$$\int_{\Delta x_0}^{\Delta x}-\frac{\mathrm{d}(\Delta x)}{\Delta x}=(k_1+k_{-1})\int_0^t \mathrm{d}t$$

得定积分方程：

$$\ln\frac{\Delta x_0}{\Delta x}=(k_1+k_{-1})t \tag{7.34}$$

当 $\frac{\Delta x_0}{\Delta x}=\mathrm{e}$ 时，定义弛豫时间：

$$\tau=t'=\frac{1}{k_1+k_{-1}} \tag{7.35}$$

测定弛豫时间 $\tau$ 并联立 $K=\frac{k_1}{k_{-1}}$，可解得正、逆反应的两个速率常数。

## 7.3.2 平行反应

相同反应物同时进行若干个不同的反应称为平行反应。这种情况在有机反应中较多，通常将生成期望产物的一个反应称作主反应，其余为副反应。平行反应的级数可以相同，也可以不同，前者数学处理较为简单，平行反应的各物质浓度随时间的变化情况如图 7.14 所示。

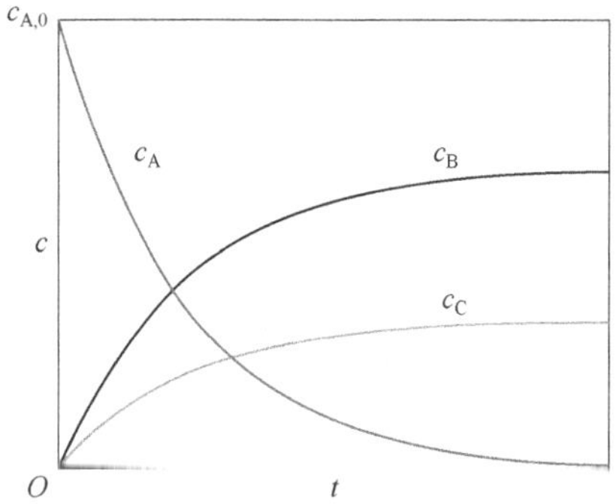


图 7.14 平行反应 $c$-$t$ 关系曲线

假设某一级平行反应为：

$$\mathrm{A} \xrightarrow{k_1} \mathrm{B}$$
$$\mathrm{A} \xrightarrow{k_2} \mathrm{C}$$

| | [A] | [B] | [C] |
|---|---|---|---|
| $t=0$ | $c_{A,0}$ | 0 | 0 |
| $t=t$ | $c_{A,0}-x_1-x_2$ | $x_1$ | $x_2$ |

令：$x = x_1 + x_2$

则：$r = \frac{dx}{dt} = \frac{dx_1}{dt} + \frac{dx_2}{dt} = k_1(c_{A,0} - x) + k_2(c_{A,0} - x) = (k_1 + k_2)(c_{A,0} - x)$

$$\int_0^x \frac{dx}{c_{A,0} - x} = (k_1 + k_2)\int_0^t dt \Rightarrow \ln\frac{c_{A,0}}{a - x} = (k_1 + k_2)t \Rightarrow c_A = c_{A,0} - x = c_{A,0}e^{-(k_1+k_2)}$$

因为：$c_A + c_B + c_C = c_{A,0}$；$r_B = \frac{dc_B}{dt} = k_1c_A$；$r_C = \frac{dc_C}{dt} = k_2c_A$

所以把 $c_A = c_{A,0}e^{-(k_1+k_2)}$ 分别代入并积分得：

$$c_B = \frac{k_1}{k_1 + k_2}c_{A,0}[1 - e^{-(k_1+k_2)}] \quad (7.36)$$

$$c_C = \frac{k_2}{k_1 + k_2}c_{A,0}[1 - e^{-(k_1+k_2)}] \quad (7.37)$$

$$\frac{c_B}{c_C} = \frac{k_1}{k_2}$$

平行反应的特点：

① 平行反应的总速率等于各平行反应速率之和；

② 速率方程的微分式和积分式与同级的简单反应的速率方程相似，只是速率常数为各个平行反应速率常数之和；

③ 当各产物的起始浓度为零时，在任一瞬间，各产物浓度之比等于速率常数之比。若各平行反应的级数不同，则无此特点；

④ 用合适的催化剂可以改变某一反应的速率，从而提高主反应产物的产量；

⑤ 用改变温度的办法，可以改变产物的相对含量。几个平行反应的活化能往往不同，温度升高有利于活化能大的反应；温度降低则有利于活化能小的反应；

⑥ 当各产物的起始浓度为零时，测定反应物起始浓度 $c_{A,0}$，任意时刻产物的浓度 $x_1$ 和 $x_2$，通过 $\ln\frac{c_{A,0}}{c_{A,0} - x} = (k_1 + k_2)t$，（$x = x_1+x_2$）求出 $k = k_1 + k_2$；然后列方程组 $k_1 + k_2$ 以及 $\frac{k_1}{k_2} = \frac{x_1}{x_2}$，即可测得平行反应的速率常数 $k_1$ 和 $k_2$。

注意，即使各支线反应不是基元反应，上述的一些特点也同样适用。

## 7.3.3 连续反应

有很多化学反应是经过连续几步才完成的，前一步生成物中的一部分或全部作为下一步反应的部分或全部反应物，依次连续进行，这种反应称为连续反应或连串反应。连续反应的数学处理极为复杂，只考虑最简单的由两个单向一级反应组成的 1-1-1 连续反应。

$$A \xrightarrow{k_1} B \xrightarrow{k_2} C$$

| | A | B | C | |
|---|---|---|---|---|
| $t = 0$ | $c_{A,0}$ | 0 | 0 | |
| $t = t$ | $x$ | $y$ | $z$ | $c_{A,0} = x + y + z$ |

① $-\frac{dx}{dt} = k_1x \Rightarrow \int_a^x -\frac{dx}{x} = \int_0^t k_1 dt$

$$\ln\frac{c_{A,0}}{x}=k_1t$$

$$x=c_{A,0}e^{-k_1t} \tag{7.38}$$

② $\frac{dy}{dt}=k_1x-k_2y=k_1c_{A,0}e^{-k_1t}-k_2y$

$$y=\frac{k_1c_{A,0}}{k_2-k_1}(e^{-k_1t}-e^{-k_2t}) \tag{7.39}$$

③ $\frac{dz}{dt}=k_2y$，$z=c_{A,0}-x-y$

$$z=c_{A,0}\left(1-\frac{k_2}{k_2-k_1}e^{-k_1t}+\frac{k_1}{k_2-k_1}e^{-k_2t}\right) \tag{7.40}$$

由于连续反应的数学处理比较复杂，一般做近似处理。当其中某一步反应的速率很慢，就将它的速率近似作为整个反应的速率，这个慢步骤称为连续反应的速率决定步骤。

① 当 $k_1>>k_2$ 时，第二步为决速步，$z=c_{A,0}(1-e^{-k_2t})$。

② 当 $k_1<<k_2$ 时，第一步为决速步，$z=c_{A,0}(1-e^{-k_1t})$。

③ 连续反应的 $c$-$t$ 关系曲线。因为中间产物既是前一步反应的生成物，又是后一步反应的反应物，它的浓度有一个先增后减的过程，中间会出现一个极大值。这个极大值的位置和高度决定于两个速率常数的相对大小，如图 7.15 所示。

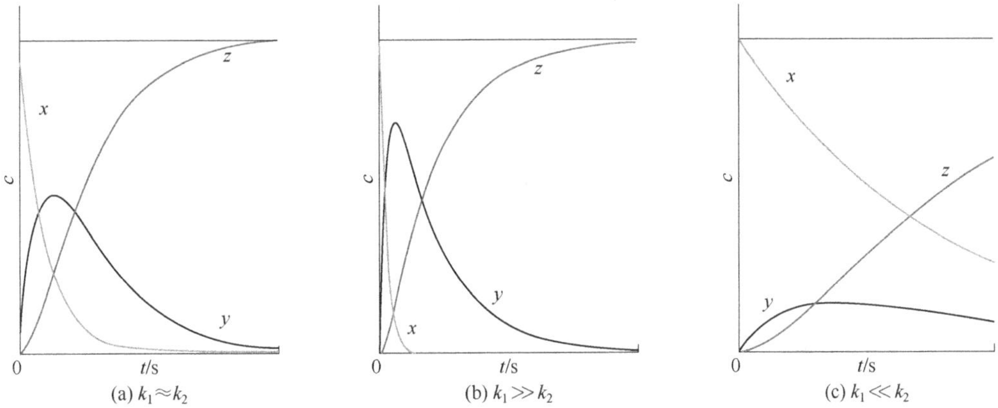


图 7.15　连续反应 $c$-$t$ 关系曲线

④ 可以根据中间产物 $y$ 的曲线变化特征，即 $\frac{dy}{dt}=\frac{k_1c_{A,0}}{k_2-k_1}(k_2e^{-k_2t}-k_1e^{-k_1t})=0$，求出 $y$ 浓度最大时的时间和浓度。

此时 $k_2e^{-k_2t}-k_1e^{-k_1t}=0$，解得：

$$t_m=\frac{\ln(k_2/k_1)}{k_2-k_1} \tag{7.41}$$

$$y_m=c_{A,0}\left(\frac{k_1}{k_2}\right)^{\frac{k_2}{k_2-k_1}} \tag{7.42}$$

注意，连续反应只要对反应物浓度是如上的简单级数反应，即使单箭头方向的反应不是基元反应，上述的一些特点也同样适用。

## 7.4 温度对反应速率的影响

### 7.4.1 范托夫近似规则

浓度和温度都可以影响反应速率，通常温度的影响更明显。为简化问题，在学习和研究过程中，通常固定其它变量的值，只研究某一变量的影响。比如上一节固定一个反应的温度，专门研究浓度对反应速率的影响，本节的讨论通常假设浓度不变，研究温度对反应速率的影响。

范托夫根据大量的实验数据总结出一条经验规律：温度每升高 10K，反应速率近似增加 2～4 倍。这个经验规律可以用来估计温度对反应速率的影响。

**【例 7.8】**某反应在 390K 时进行需 10min。若降温到 290K，达到相同的程度，需多少时间？设这个反应的速率方程为：

$$-\frac{\mathrm{d}c}{\mathrm{d}t}=kc^n$$

且在该温度区间内反应历程不变，无副反应。

**【解答】**设在温度为 $T_1$ 时的速率常数为 $k_1$： $-\int_{c_0}^{c}\frac{\mathrm{d}c}{c^n}=\int_0^{t_1}k_1\mathrm{d}t$

设在温度为 $T_2$ 时的速率常数为 $k_2$： $-\int_{c_0}^{c}\frac{\mathrm{d}c}{c^n}=\int_0^{t_2}k_2\mathrm{d}t$

两个积分式的左方相同，所以有： $k_1t_1=k_2t_2$

即： $\frac{k_{390\mathrm{K}}}{k_{290\mathrm{K}}}=\frac{t_{290\mathrm{K}}}{t_{390\mathrm{K}}}$

先取范托夫近似规则的下限：每升高 10K，速率增加 2 倍。即：

$$\frac{k_{T+10\mathrm{K}}}{k_T}=2\Rightarrow\frac{k_{390\mathrm{K}}}{k_{290\mathrm{K}}}=\frac{k_{(290+10\mathrm{K}\times10)}}{k_{290\mathrm{K}}}=2^{10}=1024$$

即： $\frac{t_{290\mathrm{K}}}{t_{390\mathrm{K}}}=\frac{t_{290\mathrm{K}}}{10\mathrm{min}}=1024$

则： $t_{290\mathrm{K}}=1024\times10\,\mathrm{min}=10240\mathrm{min}\approx7\mathrm{d}$

取 van't Hoff 近似规则的上限：每升高 10K，速率增加 4 倍。

$$\frac{k_{T+10\mathrm{K}}}{k_T}=4\Rightarrow\frac{k_{390\mathrm{K}}}{k_{290\mathrm{K}}}=\frac{k_{(290+10\mathrm{K}\times10)}}{k_{290\mathrm{K}}}=4^{10}=1048576$$

即： $\frac{t_{290\mathrm{K}}}{t_{390\mathrm{K}}}=\frac{t_{290\mathrm{K}}}{10\,\mathrm{min}}=1048576$

则： $t_{290\mathrm{K}}=1048576\times10\mathrm{min}=10485760\mathrm{min}\approx7282\mathrm{d}\approx20\mathrm{a}$ 。即：

$\Delta T=10\mathrm{K}$ ，$k$ 增大 2 ~ 4 倍；

$\Delta T=100\mathrm{K}$ ，$k$ 增大 1024 ~ $1049\times10^6$ 倍；

$\Delta T=200\mathrm{K}$ ，$k$ 增大 $1049\times10^6$ ~ $1049\times10^{12}$ 倍；

可以看出，关于温度对反应速率的影响，早期的研究成果非常粗略。

## 7.4.2 阿伦尼乌斯方程

阿伦尼乌斯（Arrhenius）研究了许多气相反应的速率，提出了活化能的概念，并揭示了反应的速率常数与温度的依赖关系，即阿伦尼乌斯方程：

$$k = A\mathrm{e}^{-\frac{E_a}{RT}} \tag{7.43}$$

式中，$k$ 为速率常数；$A$ 称作指前因子；$E_a$ 称作活化能；$R$ 是摩尔气体常数；$T$ 为反应温度。阿伦尼乌斯认为，只有那些能量足够高的分子之间的直接碰撞才能发生反应。那些能量高到能发生反应的分子称为“活化分子”，由非活化分子变成活化分子所要的能量称为（表观）活化能。阿伦尼乌斯最初认为反应的活化能和指前因子只决定于反应物质的本性而与温度无关。对指数式（7.43）取对数，得：

$$\ln k = \ln A - \frac{E_a}{RT}$$

以 $\ln k$-$\frac{1}{T}$ 作图，得一直线，从直线的斜率和截距可求活化能和指前因子。阿伦尼乌斯假定指前因子、活化能与温度无关，将对数式对温度微分，得：

$$\frac{\mathrm{d}\ln k}{\mathrm{d}T} = \frac{E_a}{RT^2} \tag{7.44}$$

若温度变化范围不大，$E_a$ 可看作常数，对阿伦尼乌斯方程积分得：

$E_a$ 可看作常数，对阿伦尼乌斯方程的定积分式得：

$$\ln\frac{k_2}{k_1} = -\frac{E_a}{R}\left(\frac{1}{T_2} - \frac{1}{T_1}\right) \tag{7.45}$$

$$\ln k = -\frac{E_a}{RT} + \ln A \tag{7.46}$$

## 7.4.3 反应速率与温度关系的几种类型

总体来说，温度对反应速率的影响通常可以归纳为如下几种类型：

① $T\to 0$，$r\to 0$，$T\to\infty$，$r$ 有定值，这是一个在全温度范围内的图形，在常温的有限温度区间中进行，所得的曲线由图 7.16（a）来表示；

② 反应速率随温度的升高而逐渐加快，它们之间呈指数关系，这类反应最为常见，可用图 7.16（b）来表示；

③ 开始时温度影响不大，到达一定极限时，反应以爆炸的形式极快进行，可用图 7.16（c）来表示；

④ 在温度不太高时，速率随温度的升高而加快，到达一定的温度时，速率反而下降。如多相催化反应和酶催化反应，可用图 7.16（d）来表示；

⑤ 速率在随温度升到某一高度时下降，再升高温度，速率又迅速增加，可能是因为发生了副反应，可用图 7.16（e）来表示；

⑥ 温度升高速率反而下降，可用图 7.16（f）来表示。这种类型很少，如一氧化氮氧化成二氧化氮。

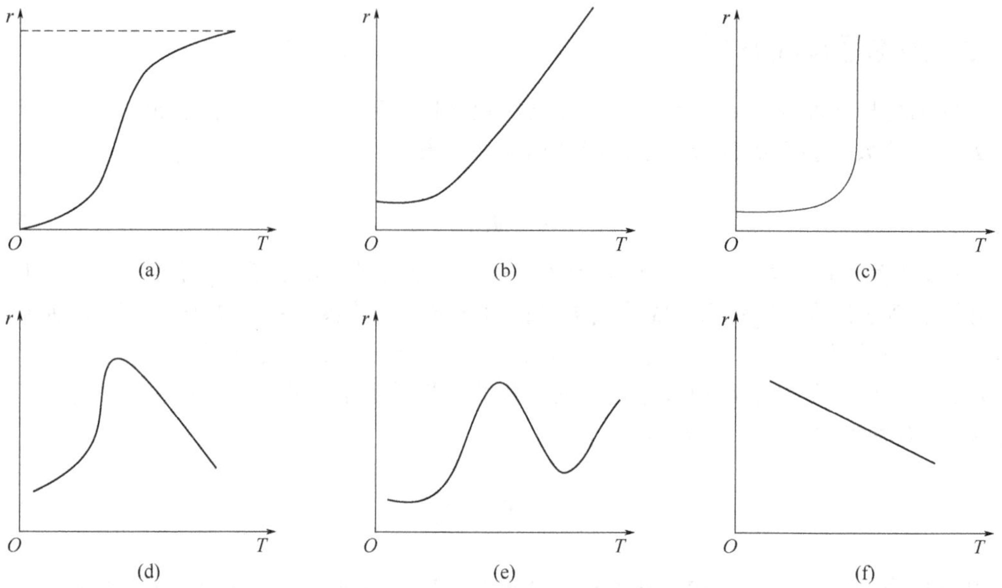


图 7.16　反应速率 $r$ 与温度的关系示意图

## 7.4.4　活化能

（1）反应速率与活化能之间的关系

对任意三个反应 1/2/3，分别以 $\ln k$ 对 $\dfrac{1}{T}$ 作图，直线斜率为 $-\dfrac{E_a}{R}$，如图 7.13 所示。从图 7.17 上可看出：

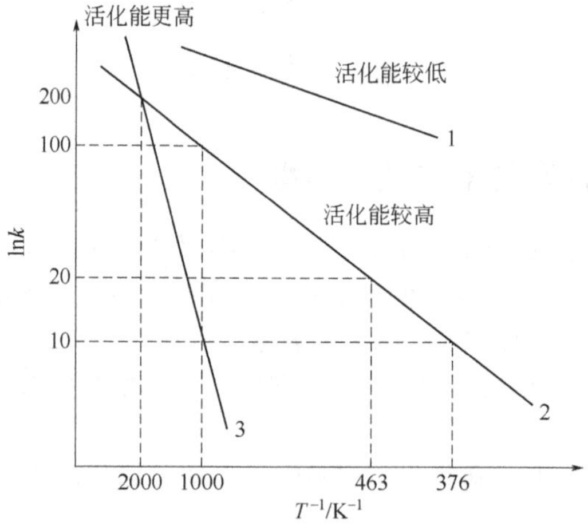


图 7.17　$\ln k$ 对 $\dfrac{1}{T}$ 关系示意图

① 显然，活化能的关系为：$E_a(3) > E_a(2) > E_a(1)$。对不同反应，$E_a$ 大，$k$ 随 $T$ 的变化也大，如 $E_a(3) > E_a(2)$，$T$ 从 1000K 增加至 2000K，对于反应 2，$\ln k$ 从 100 增加至 200，增加了 1 倍；对于反应 3，$\ln k$ 从 10 增加至 200，增加了 19 倍；

② 对同一反应，$k$ 随 $T$ 的变化在低温区较敏感，例如反应 2，在低温区 376～463K 时，

反应速率增加 1 倍，而在高温区 1000～2000K 时，反应才增加 1 倍；

③ 活化能对副反应的影响，对于平行反应：

A→B　反应 1，$E_{a,1}$，$k_1$

A→C　反应 2，$E_{a,2}$，$k_2$

由阿伦尼乌斯方程 $k = Ae^{-\frac{E_a}{RT}}$，可得：$\frac{d\ln(k_1/k_2)}{dT} = \frac{E_{a,1}-E_{a,2}}{RT^2}$

a．如果 $E_{a,1} > E_{a,2}$，升高温度，$\frac{k_1}{k_2}$ 也升高，对反应 1 有利；

b．如果 $E_{a,1} < E_{a,2}$，升高温度，$\frac{k_1}{k_2}$ 也下降，对反应 2 有利。

说明升高温度对活化能大的反应有利，如果主反应活化能大，可以采取升高温度的办法，提高主反应的产率。

c．如果有三个平行反应，主反应的活化能又处在中间，则不能简单地升高温度或降低温度，而要寻找合适的反应温度。

**【例 7.9】** 一般化学反应的活化能在 $40 \sim 400\text{kJ·mol}^{-1}$ 范围内，多数在 $50 \sim 250\text{kJ·mol}^{-1}$。

（1）若活化能为 $100\text{kJ·mol}^{-1}$，试估算温度由 300K 上升 10K 和由 400K 上升 10K 时，速率常数各增至多少倍？假设指前因子 $A$ 相同。

（2）若活化能为 $150\text{kJ·mol}^{-1}$，做同样的计算。

（3）将计算结果加以比较，并说明原因。

**【解答】** 以 $k(T_1)$和 $k(T_2)$分别代表温度 $T_1$ 和 $T_2$ 时的反应速率常数，由阿伦尼乌斯方程 $k = Ae^{-\frac{E_a}{RT}}$，可得：

$$\frac{k(T_2)}{k(T_1)} = e^{-E_a(T_1-T_2)/(RT_1T_2)}$$

（1）$E_a = 100\text{kJ}\cdot\text{mol}^{-1}$ 时：

$$\frac{k(310)}{k(300)} = e^{-100000(300-310)/(8.314\times300\times310)} = 3.64$$

$$\frac{k(410)}{k(400)} = e^{-100000(400-410)/(8.314\times400\times410)} = 2.08$$

（2）$E_a = 150\text{kJ}\cdot\text{mol}^{-1}$ 时：

$$\frac{k(310)}{k(300)} = e^{-150000(300-310)/(8.314\times300\times310)} = 6.96$$

$$\frac{k(410)}{k(400)} = e^{-150000(400-410)/(8.314\times400\times410)} = 3.00$$

（3）由上述计算结果可见，虽然活化能相同，但同是上升 10K，原始温度高的，速率常数增加得少；另外，与活化能低的反应相比，活化能高的反应，在同样的原始温度下，升高同样温度，$k$ 增加得更多。这是因为活化能高的反应对温度更敏感一些。

**【例 7.10】** 若反应 1 与反应 2 的活化能不同，而指前因子相同，在 300K 时：

（1）若 $E_{a,1}-E_{a,2}=5\mathrm{kJ\cdot mol^{-1}}$，求两反应速率常数之比 $\dfrac{k_2}{k_1}$。

（2）若 $E_{a,1}-E_{a,2}=10\mathrm{kJ\cdot mol^{-1}}$，求两反应速率常数之比 $\dfrac{k_2}{k_1}$。

（3）试估算当 $E_{a,1}-E_{a,2}=10\mathrm{kJ\cdot mol^{-1}}$，温度由 300K 上升 10K 时，两反应速率常数之比 $\left(\dfrac{k_1}{k_2}\right)_1$，和温度由 400K 上升 10K 时，两反应速率常数之比 $\left(\dfrac{k_1}{k_2}\right)_2$，比较大小并说明原因。

**【解答】**由阿伦尼乌斯方程 $k=Ae^{-\frac{E_a}{RT}}$，可得：

$$\frac{k_2}{k_1}=e^{(E_{a,1}-E_{a,2})/(RT)}$$

（1）$E_{a,1}-E_{a,2}=5\mathrm{kJ\cdot mol^{-1}}$，$\dfrac{k_2}{k_1}=7.42$。

（2）$E_{a,1}-E_{a,2}=10\mathrm{kJ\cdot mol^{-1}}$，$\dfrac{k_2}{k_1}=55.11$。

相同条件下，活化能小的反应速率大，活化能相差越大，反应速率相差也越大。

（3）由 $\dfrac{\mathrm{d}\ln(k_1/k_2)}{\mathrm{d}T}=\dfrac{E_{a,1}-E_{a,2}}{RT^2}$ 积分可得：$\ln\dfrac{k_1}{k_2}=\dfrac{E_{a,1}-E_{a,2}}{R}\left(\dfrac{1}{T_2}-\dfrac{1}{T_1}\right)$，若 $E_{a,1}-E_{a,2}=10\mathrm{kJ\cdot mol^{-1}}$，

温度由 300K 上升 10K 时：

$$\ln\frac{k_1}{k_2}=\frac{E_{a,1}-E_{a,2}}{R}\times\left(\frac{1}{T_2}-\frac{1}{T_1}\right)=\frac{10000}{8.314}\times\left(\frac{1}{310}-\frac{1}{300}\right)=-4.01,\quad \left(\frac{k_1}{k_2}\right)_1=0.018$$

温度由 400K 上升 10K 时：

$$\ln\frac{k_1}{k_2}=\frac{E_{a,1}-E_{a,2}}{R}\times\left(\frac{1}{T_2}-\frac{1}{T_1}\right)=\frac{10000}{8.314}\times\left(\frac{1}{410}-\frac{1}{400}\right)=-3.00,\quad \left(\frac{k_1}{k_2}\right)_2=0.050$$

说明升高温度对活化能大的反应有利，$\dfrac{k_1}{k_2}$ 由 0.018 升高至 0.050。

结合（1）、（2）、（3）说明：

① 无论温度高低，相同条件下活化能小的反应绝对反应速率大，而且活化能相差越大，反应速率也相差越大。

② 虽然升高温度对活化能大的反应有利，这种有利只是相对而言的，速率大的仍然是活化能小的。只是 $\dfrac{k_1}{k_2}$（$E_{a,2}>E_{a,1}$ 时）由相对更小升高至相对较大，但是仍然远小于 1。

（2）基元反应的活化能

在阿伦尼乌斯经验式中，把活化能看作是与温度无关的常数，这在一定的温度范围内与实验结果是相符的。如果实验温度范围适当放宽或对于较复杂的反应，拟合出的 $\ln k$ - $\dfrac{1}{T}$ 一般为曲线，表明活化能与温度有关，而且阿伦尼乌斯经验式对某些历程复杂的反应不适用。

因此在实验中，为了描述温度对活化能的影响，引入温度项，将活化能与温度的关系表示为：

$$k = A_0 T^m e^{-\frac{E_0}{RT}} \tag{7.47}$$

式中，$A_0$、$m$ 和 $E_0$ 都是要由实验测定的参数，与温度无关。这就称为三参量公式。三参量公式也可表示为：

$$\ln\left(\frac{k}{T^m}\right) = \ln A_0 - \frac{E_0}{RT} \tag{7.48}$$

$$\ln k = \ln A_0 + m\ln T - \frac{E_0}{RT} \tag{7.49}$$

对式（7.49）微分得：

$$\frac{d(\ln k)}{dT} = \frac{E_0}{RT^2} + \frac{m}{T} \tag{7.50}$$

对比阿伦尼乌斯原始公式$k = Ae^{-\frac{E_a}{RT}}$，有：

$$\frac{d(\ln k)}{dT} = \frac{E_a}{RT^2} \tag{7.51}$$

比较式（7.50）和式（7.51）得：

$$E_a = E_0 + mRT \tag{7.52}$$

据此，活化能与温度的关系可通过实验拟合。

（3）基元反应活化能的估算

可以用键能粗略地估算活化能，具体估算方法如下：

① 对于基元反应 A—A+B—B$\longrightarrow$2(A—B)，$E_a = (E_{A—A}+E_{B—B})\times 30\%$，是两者键能和的30%，因反应中 A—A($A_2$)和 B—B($B_2$)的键不需完全断裂后再反应，而是向生成物键过渡。

② 对于有自由基参加的基元反应，如 H·+Cl—Cl $\longrightarrow$ H—Cl+Cl·，$E_a = \varepsilon_{Cl—Cl}N_A\times 5.5\%$，$\varepsilon_{Cl—Cl}$为 Cl—Cl 键键能，$N_A$为阿伏伽德罗常数。因自由基很活泼，有自由基参加的反应，活化能较小。

③ 稳定分子裂解成两个原子或自由基，如 Cl—Cl+M $\longrightarrow$ 2Cl·+M，$E_a = \varepsilon_{Cl—Cl}N_A$。

④ 自由基的复合反应，如 Cl·+Cl·+M $\longrightarrow$ $Cl_2$+M，$E_a = 0$，自由基复合反应不必吸取能量。如果自由基处于激发态，还会放出能量，使活化能出现负值。

（4）复合反应活化能的实验测定

① 根据阿伦尼乌斯公式的定积分式（7.45），测定两个温度下的 $k$ 值，代入计算 $E_a$ 值，如果 $E_a$ 已知，也可以用该公式求另一温度下的 $k$ 值。

② 用多温度实验值作图的不定积分拟合（直线斜率法）。

$\ln k = -\frac{E_a}{RT} + B$，以 ln$k$ 对 $\frac{1}{T}$ 作图，从直线斜率 $-\frac{E_a}{R}$ 算出 $E_a$ 值，作图的过程是计算平均值的过程，比较准确。

（5）活化能与反应热的关系

对于一个正向、逆向都能进行的反应：

$$A+B \underset{k_{-1}}{\overset{k_1}{\rightleftharpoons}} Y+Z, \quad K_c=\frac{[Y][Z]}{[A][B]}=\frac{k_1}{k_{-1}}$$

根据标准浓度平衡常数的范托夫公式（6.51）得：当 $K_c^{\ominus}=K_c$ 时，$\dfrac{d\ln K_c}{dT}=\dfrac{\Delta U_m^{\ominus}}{RT^2}$

根据对峙反应理论式（7.28）：$K_c=\dfrac{k_1}{k_{-1}}$

设正、逆反应的活化能分别为 $E_{a,1}$ 和 $E_{a,-1}$，则：$\dfrac{d\ln(k_1/k_{-1})}{dT}=\dfrac{E_{a,1}-E_{a,-1}}{RT^2}$

所以，如图 7.18 所示，不做非体积功的对峙反应体系中：

$$Q_V=\Delta_r U_m^{\ominus}=E_{a,1}-E_{a,-1} \tag{7.53}$$

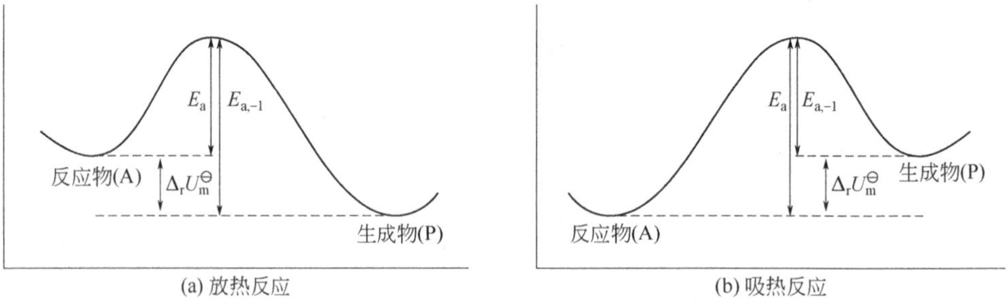


图 7.18 基元反应活化能示意图

## 7.5 反应机理的拟合

### 7.5.1 链反应

用热、光、辐射等方法使反应引发，反应便能通过活性组分相继发生一系列的连续反应，像链条一样使反应自动发展下去，这类反应被称为链反应。链反应又称连锁反应，是一种具有特殊规律的、常见的复合反应，它主要是由大量反复循环的连串反应所组成。

（1）链反应的特点

每一步均与自由基有关。自由基在反应过程中不断再生，使反应得以自动维持。链传递过程中消耗一个传递物的同时产生一个新的传递物。自由基的特征为高活性，寿命短。

（2）链反应的步骤

① 链引发（chain initiation）：处于稳定态的分子吸收了外界的能量，如加热、光照或加引发剂，使它分解成自由原子或自由基等活性传递物。活化能相当于所断键的键能。特点是产生自由基，活化能大，如下例中的（1）。

② 链传递（chain propagation）：链引发所产生的活性传递物与另一稳定分子作用，在形成产物的同时又生成新的活性传递物，使反应如链条一样不断发展下去。特点是自由基与分子反应产生新自由基。比分子间反应容易，活化能较低。如下列步骤中（2）和（3）。

③ 链终止（chain termination）：两个活性传递物相碰形成稳定分子或发生歧化，失去传递活性；或与器壁相碰，形成稳定分子，放出的能量被器壁吸收，造成反应停止。特点是造

成断链，活化能为 0，如下列步骤中（4）。

例如：已知总包（复合或复杂）反应 $H_2(g)+Cl_2(g) \longrightarrow 2HCl(g)$

链引发：（1）$Cl_2+M \longrightarrow 2Cl\cdot+M$　　$E_a=243kJ\cdot mol^{-1}$

链引发：（2）$Cl\cdot+H_2 \longrightarrow HCl+H\cdot$　　$E_a=24kJ\cdot mol^{-1}$

（3）$H\cdot+Cl_2 \longrightarrow HCl+Cl\cdot$　　$E_a=13kJ\cdot mol^{-1}$

……

链终止：（4）$2Cl\cdot+M \longrightarrow Cl_2+M$　　$E_a=0kJ\cdot mol^{-1}$

（3）链反应的分类

根据链的传递方式不同，可将链反应分为直链反应和支链反应，如图 7.19（a）、（b）所示。

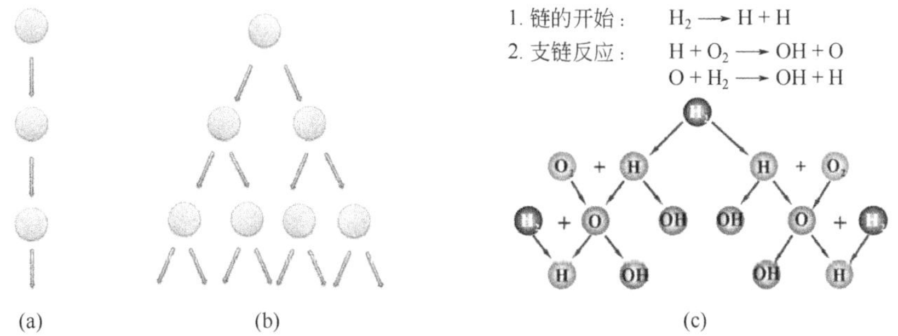


图 7.19　直链反应（a）、支链反应（b）示意图以及爆炸反应的支链反应机理示意图（c）

直链反应：整个链传递过程中自由基数目不变，容易达到稳定。

支链反应：链传递过程中自由基数目骤增，反应速率不可控制，甚至会发生爆炸。支链反应链引发过程中，所产生的活性质点会有一部分按直链方式传递下去，还有一部分每消耗一个活性质点，同时产生两个或两个以上的新活性质点，使反应像树枝状以支链的形式迅速传递下去。反应速率急剧加快，引起支链爆炸，图 7.19（c）就是氢氧反应生成水的支链爆炸反应示意图。

注意，爆炸反应通常分为支链爆炸和热爆炸。支链爆炸是由于链传递物产生的比消耗的多，一定的 $T$、$p$ 下，$V$ 猛增，导致爆炸。热爆炸是由于反应热散失不掉，使 $T$ 升高，$V$ 增大，放热更多，温升更快，使反应速率在瞬间大到无法控制，导致爆炸。

## 7.5.2　由链反应机理推导反应速率方程

化学反应的速率方程由反应机理决定，在链反应机理中，可由链反应的机理推导反应速率方程，根据反应机理推导速率方程的处理方式不同，通常分为稳态近似和平衡假设两种方法。

（1）活性中间体与稳态近似

以 $H_2$ 和 $Cl_2$ 为原料，制备 HCl 的气相反应为例（7.5.1 节中的案例），根据基元反应的质量作用定律，可以直接写出各个基元反应的速率方程，也可以从反应机理写出用 HCl 表示的速率方程：

$$\frac{d[HCl]}{dt}=k_2[Cl\cdot][H_2]+k_3[H\cdot][Cl_2] \tag{7.54}$$

但是总包反应的速率方程中涉及活性很大的自由原子（活性中间体）的浓度，由于中间产物十分活泼，因此浓度很低，寿命很短，用一般的实验方法难以测定它们的浓度，所以这个速率方程是没有实际意义的。

假定反应进行一段时间后，系统基本上处于稳态，各中间产物的浓度可认为不随时间而变化，这种近似处理的方法称为稳态近似，一般活泼的中间产物可以采用稳态近似。反应活泼中间体在反应过程中不发生积累，除了反应初期，在较长的反应阶段内可认为其浓度不变，即达到稳态。

即当反应达到稳定后，高活性中间产物的浓度不随时间而变化：

$$\frac{\mathrm{d}[\text{活性中间体}]}{\mathrm{d}t}=0 \tag{7.55}$$

即：$\frac{\mathrm{d}[\mathrm{Cl}\cdot]}{\mathrm{d}t}=0$；$\frac{\mathrm{d}[\mathrm{H}\cdot]}{\mathrm{d}t}=0$

因此，根据质量作用定律：

$$\frac{\mathrm{d}[\mathrm{Cl}\cdot]}{\mathrm{d}t}=2k_1[\mathrm{Cl_2}][\mathrm{M}]-k_2[\mathrm{Cl}\cdot][\mathrm{H_2}]+k_3[\mathrm{H}\cdot][\mathrm{Cl_2}]-2k_4[\mathrm{Cl}\cdot]^2[\mathrm{M}]=0 \tag{7.56}$$

$$\frac{\mathrm{d}[\mathrm{H}\cdot]}{\mathrm{d}t}=k_2[\mathrm{Cl}\cdot][\mathrm{H_2}]-k_3[\mathrm{H}\cdot][\mathrm{Cl_2}]=0 \tag{7.57}$$

将式（7.57）代入式（7.56）得：

$$2k_1[\mathrm{Cl_2}]=2k_4[\mathrm{Cl}\cdot]^2 \Rightarrow [\mathrm{Cl}\cdot]=\left(\frac{k_1}{k_4}[\mathrm{Cl_2}]\right)^{\frac{1}{2}} \tag{7.58}$$

再把式（7.58）的结果代入方程式（7.54）：

$$\frac{\mathrm{d}[\mathrm{HCl}]}{\mathrm{d}t}=2k_2[\mathrm{Cl}\cdot][\mathrm{H_2}]=2k_2\left(\frac{k_1}{k_4}\right)^{\frac{1}{2}}[\mathrm{Cl_2}]^{\frac{1}{2}}[\mathrm{H_2}]$$

总包反应中任何一个物质（反应物和生成物）的速率表达式都可以代表总反应的速率，计量系数不同的话只是相差倍数 $\nu_\mathrm{B}$ 的问题，可以最终统一：

$$r=-\frac{1}{e}\times\frac{\mathrm{d}[\mathrm{E}]}{\mathrm{d}t}=-\frac{1}{f}\times\frac{\mathrm{d}[\mathrm{F}]}{\mathrm{d}t}=\frac{1}{g}\times\frac{\mathrm{d}[\mathrm{G}]}{\mathrm{d}t}=\frac{1}{h}\times\frac{\mathrm{d}[\mathrm{H}]}{\mathrm{d}t}=\frac{1}{\nu_\mathrm{B}}\times\frac{\mathrm{d}c_\mathrm{B}}{\mathrm{d}t}$$

所以，观察总包反应，哪一个物质写出的方程简单，就优先选择哪个。如上例，除了用 $\frac{\mathrm{d}[\mathrm{HCl}]}{\mathrm{d}t}$ 表示总包反应的速率外，还可以用 $\frac{\mathrm{d}[\mathrm{H_2}]}{\mathrm{d}t}$ 和 $\frac{\mathrm{d}[\mathrm{Cl_2}]}{\mathrm{d}t}$ 来表示。比如：$-\frac{\mathrm{d}[\mathrm{H_2}]}{\mathrm{d}t}=k_2[\mathrm{H_2}][\mathrm{Cl}\cdot]$。

（2）速控步与平衡假设

在连续反应中，如果有某步很慢，该反应步骤的速率基本上等于整个反应的速率，则该慢步骤称为速率决定步骤，简称速控步（又称决速步）。利用决速步近似，可以使复杂反应的动力学方程推导步骤简化。慢步骤后面的快步骤可以不考虑。

例如，有总包反应：

$$\mathrm{H^+ + HNO_2 + C_6H_5NH_2 \xrightarrow{Br^-(\text{催化剂})} C_6H_5N_2^+ + 2H_2O}$$

实验得出的速率方程为$r=k[H^+][HNO_2][Br^-]$，说明$C_6H_5NH_2$对反应无影响，则推测可能的反应历程为：

$$H^+ + HNO_2 \underset{k_{-1}}{\overset{k_1}{\rightleftharpoons}} H_2NO_2^+ \quad \text{快平衡} \tag{i}$$

$$H_2NO_2^+ + Br^- \xrightarrow{k_2} ONBr + H_2O \quad \text{慢反应} \tag{ii}$$

$$ONBr + C_6H_5NH_2 \xrightarrow{k_3} C_6H_5N_2^+ + H_2O + Br^- \quad \text{快反应} \tag{iii}$$

总包反应速率可以由决速步决定，根据质量作用定律：

$$r=k_2[H_2NO_2^+][Br^-]$$

该速率方程中出现了总包反应中没有的中间产物$H_2NO_2^+$，需要通过合理的方法用总包反应中的物质代换。

因为慢步骤是决定反应速率的主要矛盾。所以不仅决速步之后的步骤不影响总速率。决速步之前的快速对峙反应步骤也有足够时间保持“平衡”：当处理决速步时可把其前面的对峙步骤视为平衡（平衡假设）。平衡假设为那些存在决速步且其前边有快速对峙步骤的反应机理中的速率推导方程提供了方便。

如中间产物$H_2NO_2^+$的浓度表达式可以从上述快平衡（i）中得到：

$$[H_2NO_2^+]=\frac{k_1}{k_{-1}}[H^+][HNO_2]=K[H^+][HNO_2]$$

代入决速步的速率方程，得：

$$r=\frac{k_1k_2}{k_{-1}}[H^+][HNO_2][Br^-]=k[H^+][HNO_2][Br^-]$$

表观速率常数为：$k=\frac{k_1k_2}{k_{-1}}$，它不包括第三个快反应的速率常数，出现在快反应中的反应物也就不出现在速率方程中。这种处理方法称为平衡假设。

（3）稳态近似与平衡假设的关系

在一个含有对峙反应的连续反应中，如果存在决速步，则总反应速率及表观速率常数仅取决于决速步及它以前的平衡过程，与决速步以后的各快反应无关。因决速步反应很慢，假定快速平衡反应不受其影响，各正、逆向反应间的平衡关系仍然存在，从而可以利用平衡常数及反应物浓度来求出中间产物的浓度，这种处理方法称为平衡假设。

例如：总包（复合或复杂）反应$H_2(g)+I_2(g) \longrightarrow 2HI(g)$

反应机理（或反应历程）即基元反应如下：

$$I_2 \underset{k_{-1}}{\overset{k_1}{\rightleftharpoons}} 2I\cdot \quad \text{快平衡} \tag{i}$$

$$2I\cdot + H_2 \xrightarrow{k_2} 2HI \quad \text{慢反应} \tag{ii}$$

① 总包反应速率可以由决速步决定：$\frac{1}{2}\times\frac{d[HI]}{dt}=k_2[H_2][I\cdot]^2$。因为存在决速步且其前边有快速对峙步骤，故可以采用平衡假设：

$$k_1[I_2] = k_{-1}[I\cdot]^2, \quad [I\cdot]^2 = \frac{k_1}{k_{-1}}[I_2]$$

把中间产物的浓度表达式代入总反应的速率方程中：

$$\frac{1}{2}\times\frac{d[HI]}{dt} = \frac{k_2k_1}{k_{-1}}[H_2][I_2] = k[H_2][I_2]$$

② 如果我们对如何得到中间产物的浓度表达式采用稳态近似，则有

$$\frac{d[I\cdot]}{dt} = 2k_1[I_2] - 2k_{-1}[I\cdot]^2 - 2k_2[I\cdot]^2[H_2] = 0$$

$$[I\cdot]^2 = \frac{k_1[I_2]}{k_{-1} + k_2[H_2]}$$

把中间产物的浓度表达式代入总反应的速率方程中得：

$$\frac{1}{2}\times\frac{d[HI]}{dt} = \frac{k_2k_1[H_2][I_2]}{k_{-1} + k_2[H_2]}$$

因为：$k_{-1}>>k_2$，即 $k_{-1}+k_2[H_2] \approx k_{-1}$

所以：$\frac{1}{2}\times\frac{d[HI]}{dt} = \frac{k_2k_1[H_2][I_2]}{k_{-1}} = k[H_2][I_2]$

由此可见：平衡假设与稳态近似统一，稳态近似是根本，平衡假设是稳态近似的特例。由机理推导速率方程时应注意：

① 当稳态近似和平衡假设均可使用时，应优先使用平衡假设，因为平衡假设的计算量和处理过程比稳态近似简单；

② 优先考虑使用在决速步出现的物质表示反应速率，并尽可能选择在机理中出现次数最少的物质。

【例 7.11】实验测得 $2NO + O_2 \xrightarrow{k} 2NO_2$ 为三级反应：

$$\frac{d[NO_2]}{dt} = 2k[NO]^2[O_2]$$

有人曾解释为三分子反应，但这种解释不太合理：一方面因为三分子碰撞的概率很小；另一方面不能很好地说明 $k$ 随 $T$ 增高而下降，即表观活化能为负值。后来有人提出如下的机理：

$$NO+NO \underset{k_{-1}}{\overset{k_1}{\rightleftharpoons}} N_2O_2 \qquad 快平衡$$

$$N_2O_2 + O_2 \xrightarrow{k_2} 2NO_2 \qquad 慢反应$$

试按此机理推导速率方程，并解释反常的负活化能。

【解答】按照平衡假设：

$$[N_2O_2]=\frac{k_1}{k_{-1}}[NO]^2$$

$$\frac{d[NO_2]}{dt}=2k_1[N_2O_2][O_2] = 2k_1\frac{k_1}{k_{-1}}[NO]^2[O_2] = 2k[NO]^2[O_2]$$

其中：$k=k_1K_c$（$K_c$为平衡常数）

$$\frac{\mathrm{d}\ln k}{\mathrm{d}T}=\frac{\mathrm{d}\ln k_1}{\mathrm{d}T}+\frac{\mathrm{d}\ln K_c}{\mathrm{d}T}\Rightarrow\frac{E_\mathrm{a}}{RT^2}=\frac{E_{\mathrm{a},1}}{RT^2}+\frac{\Delta_\mathrm{r}U_\mathrm{m}^\ominus}{RT^2}$$

$$\left(\text{化学动力学：}\frac{\mathrm{d}\ln k}{\mathrm{d}T}=\frac{E_\mathrm{a}}{RT^2}\text{；化学热力学：}\frac{\mathrm{d}\ln K_c}{\mathrm{d}T}=\frac{\Delta_\mathrm{r}U_\mathrm{m}^\ominus}{RT^2}\right)$$

即：$E_\mathrm{a}=E_{\mathrm{a},1}+\Delta_\mathrm{r}U_\mathrm{m}^\ominus$

最后一步反应的活化能$E_{\mathrm{a},1}$虽为正值，而生成$N_2O_2$为较大的放热反应，即$\Delta_\mathrm{r}U_\mathrm{m}^\ominus$为较大的负值，故表观活化能$E_\mathrm{a}$为负值。

### 7.5.3 拟定反应历程的一般方法

确定反应机理的一般过程如下：

① 写出反应的计量方程；

② 实验测定速率方程，确定反应级数和速率常数；

③ 测定反应的活化能；

④ 用顺磁共振（EPR）、核磁共振（NMR）和质谱等现代化仪器方向手段测定中间产物的化学组成；

⑤ 拟定反应历程；

⑥ 从反应历程用稳态近似、平衡假设等近似方法推导动力学方程是否与实验测定的一致；

⑦ 从动力学方程计算活化能是否与实验值相等；

⑧ 如果⑥、⑦的结果与实验一致，则所拟的反应历程基本准确，如果不一致则应做相应的修正；

⑨ 即使以上过程完整正确，当随着科学技术的发展，对反应中间体等有了新的发现和纠正，则需重新拟定反应历程和推导动力学方程。

**【例 7.12】** $N_2O_5$分解反应的历程如下：

$$N_2O_5 \rightleftharpoons NO_2+NO_3 \qquad \text{(i)}$$

$$NO_2+NO_3 \xrightarrow{k_2} NO+O_2+NO_2 \qquad \text{(ii)}$$

$$NO+NO_3 \xrightarrow{k_3} 2NO_2 \qquad \text{(iii)}$$

当用$O_2$的生成速率表示反应的速率时，试用稳态近似法证明总反应$2N_2O_5 = 4NO_2+O_2$的反应速率为：

$$r=\frac{k_1k_2}{k_{-1}+2k_2}[N_2O_5]$$

**【证明】** 用$O_2$的生成速率所表示的反应速率为：

$$r=\frac{\mathrm{d}[O_2]}{\mathrm{d}t}=k_2[NO_2][NO_3] \qquad \text{(i)}$$

对中间产物$NO_3$采用稳态近似法处理：

$$\frac{\mathrm{d}[NO_3]}{\mathrm{d}t}=k_1[N_2O_5]-k_{-1}[NO_2][NO_3]-k_2[NO_2][NO_3]-k_3[NO][NO_3]=0 \qquad \text{(ii)}$$

对中间产物NO也采用稳态近似法处理：

$$\frac{d[NO]}{dt}=k_2[NO_2][NO_3]-k_3[NO][NO_3]=0 \qquad \text{(iii)}$$

将式（iii）代入式（ii），整理得：

$$[NO_3]=\frac{k_1[N_2O_5]}{(2k_2+k_{-1})[NO_2]} \qquad \text{(iv)}$$

将式（iv）代入式（i），整理得：

$$r=\frac{k_1k_2}{2k_2+k_{-1}}[N_2O_5]$$

**【例7.13】** 乙醛的气相热分解反应为：$CH_3CHO \longrightarrow CH_4+CO$。有人认为此反应由下列几步基元反应构成：

（1）$CH_3CHO \longrightarrow CH_3\cdot+CHO\cdot \qquad k_1$

（2）$CH_3\cdot+CH_3CHO \longrightarrow CH_4+CH_3CO\cdot \qquad k_2$

（3）$CH_3CO\cdot \longrightarrow CH_3\cdot+CO \qquad k_3$

（4）$2CH_3\cdot \longrightarrow C_2H_6 \qquad k_4$

试证明此反应的速率公式为：

$$\frac{d[CH_4]}{dt}=k[CH_3CHO]^{3/2}$$

**【证明】** $\frac{d[CH_4]}{dt}=k_2[CH_3\cdot][CH_3CHO]$

反应的中间产物为活泼的自由基，故按稳态法处理：

$$\frac{d[CH_3\cdot]}{dt}=k_1[CH_3CHO]-k_2[CH_3\cdot][CH_3CHO]+k_3[CH_3CO\cdot]-2k_4[CH_3\cdot]^2=0$$

$$\frac{d[CH_3CO\cdot]}{dt}=k_2[CH_3\cdot][CH_3CHO]-k_3[CH_3CO\cdot]=0$$

两式相加得：

$$k_1[CH_3CHO]=2k_4[CH_3\cdot]^2$$

$$[CH_3\cdot]=[k_1/(2k_4)]^{1/2}[CH_3CHO]^{1/2}$$

$$\frac{d[CH_4]}{dt}=[k_1/(2k_4)]^{1/2}k_2[CH_3CHO]^{3/2}=k[CH_3CHO]^{3/2}$$

其中，$k=[k_1/(2k_4)]^{1/2}k_2$

**【例7.14】** 反应 $C_2H_6+H_2=2CH_4$ 其反应机理是：

（1）$C_2H_6 \rightleftharpoons 2CH_3\cdot \qquad k_1$

（2）$CH_3\cdot+H_2 \longrightarrow CH_4+H\cdot \qquad k_2$

（3）$H\cdot+C_2H_6 \longrightarrow CH_4+CH_3\cdot \qquad k_3$

设反应（1）为快速对峙反应，对H·可做稳态近似处理，试证明：

$$\frac{d[CH_4]}{dt}=2k_2k^{1/2}[C_2H_6]^{1/2}[H_2]$$

【证明】根据反应机理：

$$\frac{d[CH_4]}{dt}=k_2[CH_3\cdot][H_2]+k_3[H\cdot][C_2H_6]$$

由稳态近似法可得：

$$\frac{d[H\cdot]}{dt}=k_2[CH_3\cdot][H_2]-k_3[H\cdot][C_2H_6]=0$$

所以：$\frac{d[CH_4]}{dt}=2k_2[CH_3\cdot][H_2]$

又由平衡假设可得：

$$\frac{[CH_3\cdot]^2}{[C_2H_6]}=k\Rightarrow[CH_3\cdot]=k^{1/2}[C_2H_6]^{1/2}$$

代入速率方程可得：

$$\frac{d[CH_4]}{dt}=2k_2k^{1/2}[C_2H_6]^{1/2}[H_2]$$

【例 7.15】反应 $OCl^-+I^-\rightleftharpoons OI^-+Cl^-$ 的可能机理如下：

（1）$OCl^-+H_2O\underset{k_{-1}}{\overset{k_1}{\rightleftharpoons}}HOCl+OH^-$　　快速平衡（$K=k_1/k_{-1}$）

（2）$HOCl+I^-\xrightarrow{k_2}HOI+Cl^-$　　决速步

（3）$OH^-+HOI\xrightarrow{k_3}H_2O+OI^-$　　快速反应

试证明反应速率 $r=k[OCl^-][I^-][OH^-]^{-1}$。

【证明】因为 $k_1[OCl^-][H_2O]=k_{-1}[HOCl][OH^-]$

所以 $[HOCl]=\frac{k_1[OCl^-][H_2O]}{k_{-1}[OH^-]}$

$$r=k_2[HOCl][I^-]=k_2\times\frac{k_1[OCl^-][H_2O]}{k_{-1}[OH^-]}\times[I^-]$$

$$=\frac{k_1k_2[H_2O]}{k_{-1}}[OCl^-][I^-][OH^-]$$

若令 $k=\frac{k_1k_2[H_2O]}{k_{-1}}$，则：

$$r=k[OCl^-][I^-][OH^{-1}]$$

【例 7.16】实验测得气相反应 $I_2(g)+H_2(g)\xrightarrow{k}2HI(g)$ 是二级反应，试证明下面反应机理是否正确。

（1）$I_2(g)\rightleftharpoons2I(g)$，快平衡，$K=k_1/k_{-1}$

（2）$H_2(g)+2I(g)\xrightarrow{k_2}2HI(g)$，慢步骤

【证明】因为 $I_2(g)\rightleftharpoons2I(g)$ 为快平衡，

所以　$K=\frac{k_1}{k_{-1}}=\frac{p_I^2}{p_{I_2}}$

因为　$H_2(g)+2I(g) \xrightarrow{k_2} 2HI(g)$ 为慢步骤

所以　$r = k_2 p_{H_2} p_I^2 = k_2 p_{H_2} K p_{I_2} = k_2 K p_{H_2} p_{I_2} = k p_{H_2} p_{I_2}$

其中　$k = k_2 K$

由该机理推出的反应速率方程与实验结果相符，所以该机理是正确的。

# 7.6 化学反应速率理论

## 7.6.1 基元反应的微观可逆性原理和精细平衡原理

（1）基元反应的微观可逆性原理

对于化学反应，微观可逆性原理可以表述为：基元反应的逆过程必然也是基元反应，而且逆过程就按原来的路程返回。即：一个基元反应的逆反应也必是一个基元反应，而且正、逆反应通过相同的中间状态（过渡态）。

从微观的角度看，若正向反应是允许的，则其逆向反应亦应该是允许的。在复杂反应中如果有一个决速步，则它必然也是逆反应的决速步骤。微观可逆性与精细平衡原理之间的关系是因果关系。

（2）基元反应的精细平衡原理

对任一对峙反应，平衡时其基元反应的正向反应速率与逆向反应速率必须相等。这一原理称为精细平衡原理。精细平衡原理是微观可逆性对大量微观粒子构成的宏观系统相互制约的结果。

昂萨格指出它是一个独立性的原理。它表明，这种平衡是一种动态平衡，如图 7.20 所示，平衡是被每一个基元反应的正逆过程以相同速率进行所维持的。

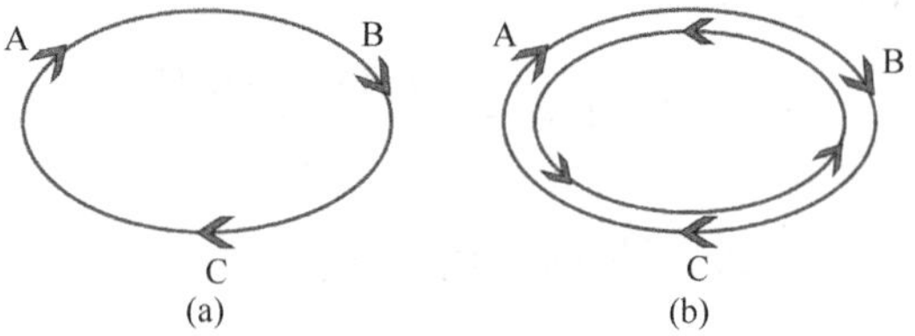


图 7.20　循环平衡中的精细平衡示意图

如图 7.20 中的两个循环，当体系达到平衡时：图 7.20（a）所表示的“循环平衡”虽然不违背热力学定律，但它违背了动力学的精细平衡原理，因此图 7.20（a）所表示的循环平衡是不存在的。正确的循环平衡应该是图 7.20（b）所示的精细平衡。因为根据精细平衡原理，体系达平衡时，每一个转化步骤都处在动态平衡，即正方向和逆方向反应的速率都需相等，也就是每个基元反应自身必须平衡。

在反应速率理论的发展过程中，对于基元反应先后形成了碰撞理论、过渡态理论和单分子反应理论等。碰撞理论建立在气体动理学理论的基础，认为发生化学反应的先决条件是反应物分子的碰撞接触，但并非每一次碰撞都能导致反应发生。碰撞理论的总体思路可以理解为：如何构建动力学方程与单位体积内分子碰撞次数的关系，获得动力学方程中速率常数的计算表达式。

## 7.6.2 简单碰撞理论

碰撞理论是以硬球碰撞为模型，导出宏观反应速率常数的计算公式，故又称为硬球碰撞理论。

碰撞理论要点：

① 分子为硬球，两球接触前无相互作用；

② 分子 A 和分子 B 要发生反应，它们之间必须发生碰撞；

③ 只有沿两碰撞分子中心连线的相对动能超过某一阈值 $\varepsilon_c$ 的碰撞才能发生反应。

分子相互之间碰撞的分类包括物理过程：弹性碰撞和非弹性碰撞；以及化学过程：反应碰撞（有效碰撞）。两个分子在相互的作用力下，先是互相接近，接近到一定距离，分子间的斥力随着距离的减小而很快增大，分子就改变原来的方向而相互远离，完成了一次碰撞过程。运动着的 A 分子和 B 分子，两者质心的投影落在半径为 $d_{AB}$ 的圆截面之内，都有可能发生碰撞，如图 7.21（a）所示。$d_{AB}$ 称为有效碰撞直径（数值上等于 A 分子和 B 分子的半径之和）。虚线圆的面积称为碰撞截面，数值上等于 $\pi d_{AB}^2$。

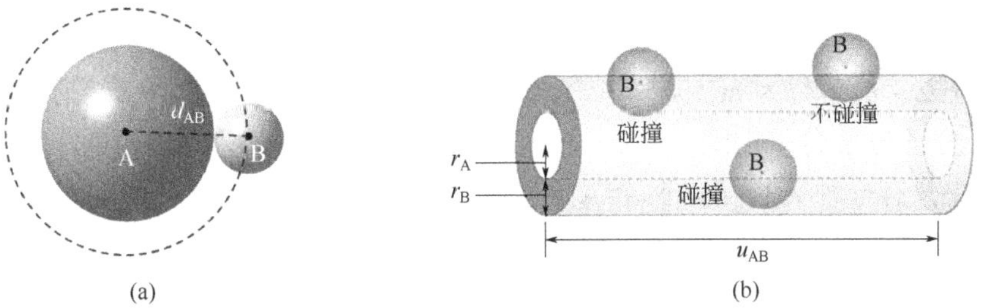


图 7.21 双分子有效碰撞直径示意图（a）与双分子硬球碰撞模型示意图（b）

A、B 分子的碰撞情况，可以用如图 7.21（b）的碰撞模型演示，设其摩尔质量分别为 $M_A$ 和 $M_B$，假设 A 分子运动，B 分子只是相对静止地均匀分布在容器内，A 分子的运动速率 $u_{AB}$ 也是相对“静止”的 B 分子的相对运动速率。$u_{AB}$ 是单位时间内 A 分子走过的距离，$\pi d_{AB}^2 u_{AB}$ 是圆柱内分布的 B 分子的个数，即为双分子 A 和 B 之间的互碰频率 $z_{AB}$。注意，对于分子的运动速率 $u_A$ 和 $u_B$，均以气体方均根速率 $v$ 为基础，使用的是气体方均根速率 $v$ 转化的平均速率 $u$：

$$u=\sqrt{\frac{8}{3\pi}}v=\sqrt{\frac{8}{3\pi}}\times\sqrt{\frac{3RT}{M}}=\sqrt{\frac{8RT}{\pi M}} \tag{7.59}$$

### 7.6.2.1 双分子碰撞的互碰频率

（1）A 分子与 B 分子互不相同

若双分子为 A、B 互不相同的分子，如图 7.21（b）的碰撞模型，A、B 分子的运动速率为：

$$u_A=\sqrt{\frac{8RT}{\pi M_A}};\ u_B=\sqrt{\frac{8RT}{\pi M_B}} \tag{7.60}$$

同时考虑碰撞模型中 A、B 两分子的运动速率，即 A 相对于 B 分子的运动速率为：

$$u_r=\sqrt{u_A^2+u_B^2}=\sqrt{\frac{8RT}{\pi\mu}} \tag{7.61}$$

式中，A、B 两个小球的约化质量 $\mu=\dfrac{M_A M_B}{M_A+M_B}$。

设体系中 A 的分子数为 $N(A)$，B 的分子数为 $N(B)$，阿伏伽德罗常数为 $N_A$，则在体系中，两分子在单位体积中的个数为 $\dfrac{N(A)}{V}$ 和 $\dfrac{N(B)}{V}$，因此，在 $\dfrac{N(A)}{V}$ 个 $\pi d_{AB}^2\sqrt{\dfrac{8RT}{\pi\mu}}$ 圆柱内分布的 B 分子的个数，即不同双分子碰撞的互碰频率为：

$$Z_{AB}=\pi d_{AB}^2\times\frac{N(A)}{V}\times\frac{N(B)}{V}\sqrt{\frac{8RT}{\pi\mu}} \tag{7.62}$$

显然，A 分子和 B 分子的浓度 $c_A$、$c_B$ 与粒子个数之间满足：

$$\frac{N(A)}{V}=c_A N_A\ ;\ \frac{N(B)}{V}=c_B N_A \tag{7.63}$$

因此式（7.62）可等价于：

$$Z_{AB}=\pi d_{AB}^2 {N_A}^2\sqrt{\frac{8RT}{\pi\mu}}c_A c_B \tag{7.64}$$

碰撞因子 $Z_{AB}$ 的单位为 $m^{-3}\cdot s^{-1}$。

（2）A 分子与 B 分子相同

当系统中只有一种 A 分子，两个 A 分子的约化质量为：

$$\mu=\frac{M_A}{2}$$

代入式（7.61），互碰的相对速度为：

$$u_r=\sqrt{2\times\frac{8RT}{\pi M_A}} \tag{7.65}$$

每次碰撞需要两个 A 分子，为避免重复计算，在式（7.62）碰撞频率的基础上除以 2，所以相同双分子互碰频率为：

$$Z_{AA}=\frac{1}{2}\pi d_{AA}^2\left[\frac{N(A)}{V}\right]^2\sqrt{2\times\frac{8RT}{\pi M_A}}=2\pi d_{AA}^2\left[\frac{N(A)}{V}\right]^2\sqrt{\frac{RT}{\pi M_A}} \tag{7.66}$$

或者使用 A 的浓度表示，代入式（7.63）得：

$$Z_{AA}=2\pi d_{AA}^2 {N_A}^2\sqrt{\frac{RT}{\pi M_A}}{c_A}^2 \tag{7.67}$$

### 7.6.2.2 碰撞理论关于双分子反应速率常数的推导

（1）A 分子与 B 分子互不相同

设有反应 A+B → P，若每次碰撞都能起反应，则反应速率为：

$$-\frac{dn_A}{dt}=Z_{AB} \tag{7.68}$$

即：反应速率用单位时间内反应的分子个数来表示。

改用物质的量浓度表示 $dn_A = N_A dc_A$，则：

$$-\frac{dc_A}{dt} = -\frac{dn_A}{dt} \times \frac{1}{N_A} = \frac{Z_{AB}}{N_A} = \pi d_{AB}^2 N_A \sqrt{\frac{8RT}{\pi\mu}} c_A c_B \tag{7.69}$$

上式即为碰撞速率换算为动力学速率。在常温常压下，碰撞频率约为$10^{35}\,m^{-3} \cdot s^{-1}$。这是一个巨大的反应速率数值，真实的反应速率远小于这个数值，因为不是每次碰撞都能发生反应，只有那些沿两碰撞分子中心连线的相对动能超过某一阈值 $E_c$（单个分子之间的碰撞阈能用 $\varepsilon_c$ 表示）的碰撞才能发生反应。由玻耳兹曼分布可知，动能大于 $E_c$ 的分子的概率正比于玻耳兹曼因子。因此，定义有效碰撞分数 $q$：

$$q = e^{-\frac{E_c}{RT}} \tag{7.70}$$

碰撞频率乘以有效碰撞分数 $q$ 才能够得到真实发生碰撞的反应速率，即基于碰撞理论的反应速率为：

$$r = -\frac{dc_A}{dt} = \frac{Z_{AB}}{N_A} q = \frac{Z_{AB}}{N_A} e^{-\frac{E_c}{RT}} = \pi d_{AB}^2 N_A \sqrt{\frac{8RT}{\pi\mu}} e^{-\frac{E_c}{RT}} c_A c_B \tag{7.71}$$

式（7.68）对比动力学的速率方程表达式 $-\frac{dc_A}{dt} = kc_A c_B$，则有简单碰撞理论导出的速率常数，用 $k_{sct}$ 表示：

$$k_{sct} = \pi d_{AB}^2 N_A \sqrt{\frac{8RT}{\pi\mu}} e^{-\frac{E_c}{RT}} \tag{7.72}$$

式（7.72）对照阿伦尼乌斯公式 $k = Ae^{-\frac{E_a}{RT}}$，则有：

$$\begin{aligned} E_a &= RT^2 \frac{d(\ln k)}{dT} = RT^2 \frac{d\left[\ln\left(\pi d_{AB}^2 N_A \sqrt{\frac{8RT}{\pi\mu}}\right) - \frac{E_c}{RT}\right]}{dT} \\ &= RT^2 \left(\frac{1}{2T} + \frac{E_c}{RT^2}\right) = E_c + \frac{1}{2}RT \end{aligned} \tag{7.73}$$

可得活化能 $E_a$ 与阈能 $E_c$ 的关系：

$$E_c = E_a - \frac{1}{2}RT \tag{7.74}$$

将式（7.74）代入式（7.72），则

$$k_{sct} = \pi d_{AB}^2 N_A \sqrt{\frac{8RT}{\pi\mu}} e^{-\frac{E_a - \frac{1}{2}RT}{RT}} = \pi d_{AB}^2 N_A \sqrt{\frac{8RT}{\pi\mu}} e^{\frac{1}{2}} e^{-\frac{E_a}{RT}} \tag{7.75}$$

对照 $k = Ae^{-\frac{E_a}{RT}}$， 阿伦尼乌斯公式中的指前因子为：

$$A = \pi d_{AB}^2 N_A \sqrt{\frac{8RTe}{\pi\mu}} \tag{7.76}$$

碰撞理论说明了经验式中的指前因子相当于碰撞频率，故又称为碰撞模型的频率因子。

根据碰撞理论，活化能并不完全来自指数项，同时存在一个校正因子 $\frac{1}{2}RT$ 。

反应阈能 $E_c$ 与温度无关，但无法测定，要从实验活化能 $E_a$ 计算。在温度不太高时，即 $\frac{1}{2}RT << E_c$，则有：$E_a = E_c$，即阈能 $E_c$ 还必须从实验活化能 $E_a$ 近似求得。即在温度不太高时，通过测定实验活化能 $E_a$，来确定阈能 $E_c$，即：$E_c = E_a$。

（2）A 分子与 B 分子相同

设有同分子的双分子反应：$2A \longrightarrow P$，考虑反应阈值 $\varepsilon_c$，并联立碰撞频率式（7.67）和有效碰撞分数式（7.69）得：

$$-\frac{dc_A}{dt} = -\frac{dn_A}{dt} \times \frac{1}{N_A} = \frac{Z_{AA}}{N_A} = 2\pi d_{AA}^2 N_A \sqrt{\frac{RT}{\pi M_A}} c_A{}^2$$

即反应的速率常数为：

$$k_{sct} = 2\pi d_{AA}^2 N_A \sqrt{\frac{RT}{\pi M_A}} e^{-\frac{E_c}{RT}} \tag{7.77}$$

此时，对比阿伦尼乌斯公式 $k = Ae^{-\frac{E_a}{RT}}$，同分子的双分子反应的阿伦尼乌斯公式中的指前因子为：

$$A = 2\pi d_{AA}^2 N_A \sqrt{\frac{RTe}{\pi M_A}} \tag{7.78}$$

阈值 $E_c$ 与阿伦尼乌斯公式中的活化能 $E_a$ 的关系同异类双分子反应式（7.74）：

$$E_a = E_c + \frac{1}{2}RT$$

### 7.6.2.3 碰撞截面与反应阈能

根据图 7.22 双分子硬球碰撞模型示意图，通过 A 球质心，画平行于 $u_r$ 的平行线，两平行线间的距离定义为碰撞参数 $b$，数值上：$b = d_{AB}\sin\theta$。$b$ 值愈小，碰撞愈激烈。迎头碰撞，$b = 0$，迎头碰撞最激烈；发生碰撞的最大 $b$ 值是 $b_{max} = d_{AB}$；若 $b_{max} > d_{AB}$，则不发生碰撞。

碰撞截面，即图 7.22 圆柱体的底面积为 $\sigma_c = \int_0^{b_{max}} 2\pi b db = \pi b_{max}^2 = \pi d_{AB}^2$，分子碰撞的相对平动能为 $\frac{1}{2}\mu u_r^2$，定义相对平动能在连心线上的分量为（即迎面相撞）$\varepsilon_r'$，则：$\varepsilon_r' = \frac{1}{2}\mu(u_r\cos\theta)^2 = \frac{1}{2}\mu u_r^2(1-\sin^2\theta) = \varepsilon_r\left(1-\frac{b^2}{d_{AB}^2}\right)$，如图 7.22。

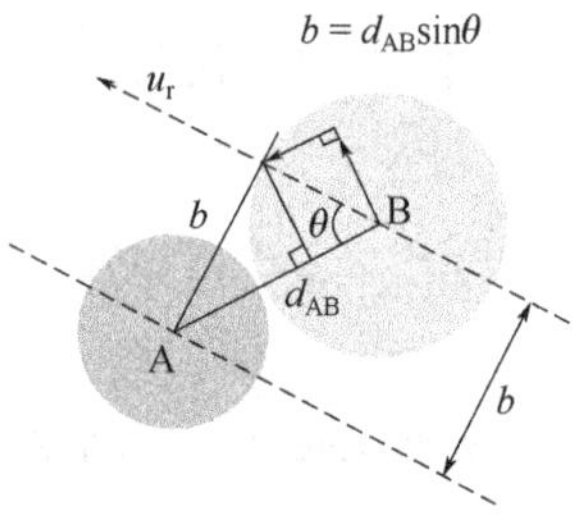

图 7.22 双分子硬球碰撞模型相对平动能在连心线上的分量示意图

只有当 $\varepsilon_r'$ 的值超过某一规定值 $\varepsilon_c$ 时，这样的碰撞才是有效的，这才是能导致发生反应的碰撞。$\varepsilon_c$ 称为能发生化学反应的临界能或阈能，这样问题就转化为控制碰撞角度$\theta$大小的问题了。$\theta=0°$迎头碰撞；$\theta=90°$擦身而过；$\theta>90°$即$b_{max}>d_{AB}$，则不发生碰撞。

发生反应的必要条件是：$\varepsilon_r\left(1-\dfrac{b^2}{d_{AB}^2}\right)\geqslant\varepsilon_c$；

设碰撞参数为某一数值时，$\varepsilon_r\left(1-\dfrac{b_r^2}{d_{AB}^2}\right)=\varepsilon_c$，即$b_r^2=d_{AB}^2\left(1-\dfrac{\varepsilon_c}{\varepsilon_r}\right)$。

凡是$b\leqslant b_r$的所有碰撞都是有效的。反应截面（请注意碰撞截面与反应截面的区别与联系）的定义为：

$$\sigma_r \xlongequal{\text{def}} \pi b_r^2=\pi d_{AB}^2\left(1-\frac{\varepsilon_c}{\varepsilon_r}\right) \tag{7.79}$$

① $\varepsilon_r\leqslant\varepsilon_c,\sigma_r=0$，碰撞能量小于阈能，不是有效碰撞，不能发生反应。

② $\varepsilon_r>\varepsilon_c$，$\varepsilon_r$的值随着$\sigma_r$的增大而增大，碰撞能量大于阈能时，$\varepsilon_r$越大，碰撞得越厉害，碰撞的能量越高，反应越易发生。

反应截面是微观反应动力学中的基本参数，反应速率常数$k$及实验活化能等是宏观反应动力学参数。利用数学处理从微观的反应截面求得宏观速率常数的计算式为：

$$k_{sct}(T)=\pi d_{AB}^2\sqrt{\frac{8k_BT}{\pi\mu}}\exp\left(-\frac{\varepsilon_c}{k_BT}\right) \tag{7.80}$$

等价于式（7.72）：$k_{sct}(T)=\pi d_{AB}^2N_A\sqrt{\dfrac{8RT}{\pi\mu}}\exp\left(-\dfrac{E_c}{RT}\right)$。

### 7.6.2.4 概率因子

由于简单碰撞理论所采用的模型过于简单，没有考虑分子的结构与性质，所以用概率因子（或叫方位因子）来校正理论计算值与实验值的偏差。定义概率因子（方位因子）如下：

$$P=\frac{k(\text{实验})}{k_{sct}(\text{理论})} \tag{7.81}$$

概率因子又称为空间因子或方位因子。则速率常数的计算式为：

$$k(T)=PA\exp\left(-\frac{E_a}{RT}\right) \tag{7.82}$$

造成理论计算值与实验值发生偏差的原因主要有：

① 从理论计算认为分子已被活化，但有的分子只有在某一方向相撞才有效；

② 有的分子从相撞到反应中间有一个能量传递过程，若这时又与另外的分子相撞而失去能量，则反应仍不会发生；

③ 有的分子在能引发反应的化学键附近有较大的原子团，由于位阻效应，减少了这个键与其它分子相撞的机会等等。

（1）碰撞理论的优点

碰撞理论描述了一幅虽然粗糙但十分明确的反应图像，在反应速率理论的发展中起了很大作用。对阿伦尼乌斯公式中的指数项、指前因子和阈能都提出了比较明确的物理意义，认为指数项相当于有效碰撞分数，指前因子$A$ 相当于碰撞频率。

它解释了一部分实验事实，理论所计算的速率常数$k$值与较简单的反应的实验值相符。

（2）碰撞理论的缺点

模型过于简单，所以要引入概率因子，且概率因子的值很难具体计算。阈能还必须从实验活化能求得，所以碰撞理论还是半经验的。

## 7.6.3 过渡态理论

过渡态理论是 1935 年由 Eyring、Evans 和 Polany 等人在统计热力学和量子力学的基础上提出来的。反应物分子变成生成物分子，中间一定要经过一个过渡态，而形成这个过渡态必须吸取一定的活化能，这个过渡态就称为活化络合物，所以又称为活化络合物理论。用该理论，只要知道分子的振动频率、质量、核间距等基本物性，就能计算反应的速率常数，所以又称为绝对反应速率理论。该理论的核心是：基元反应的过程就是某些化学键断开，同时生成新键的过程，一定伴随原子间相互作用变化，表现为原子间作用势能 $E_p$ 的变化。

所以该理论首先从分子间的势能关系入手，然后在势能关系图中找到过渡态，再根据过渡态的性质计算反应动力学的速率常数。

### 7.6.3.1 双原子分子反应势能曲线

过渡态理论认为反应物分子间相互作用的势能是分子间相对位置的函数：$E_p = E_p(r)$。莫尔斯（Morse）公式是双原子分子最常用的计算势能 $E_p$ 的经验公式：

$$E_p(r) = D_e\{\exp[-2a(r-r_0)] - 2\exp[-a(r-r_0)]\}$$

式中，$r_0$ 是分子中双原子分子间的平衡核间距；$D_e$ 是势能曲线的井深；$a$ 为与分子结构有关的常数。AB 双原子分子根据该公式画出的势能曲线如图 7.23 所示。

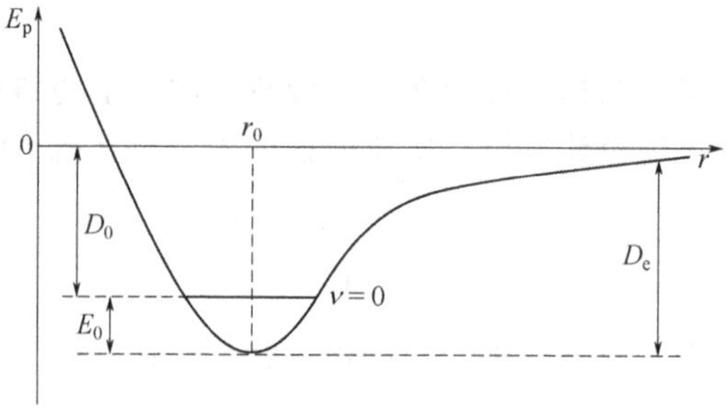


图 7.23　双原子分子的莫尔斯势能曲线

当 $r > r_0$ 时有引力，即化学键力；当 $r < r_0$ 时，有斥力；$v=0$ 时的能级为振动基态能级，$E_0$ 称为零点能（零点能的具体介绍，请参考 9.2 节）。$D_0$ 是为把基态分子解离为孤立原子所需的能量，它的值可从光谱数据得到（关于零点能等相关概念详见结构化学或统计热力学）。

### 7.6.3.2 三原子共线碰撞反应的势能面

过渡态理论讨论三原子参与反应的情况，如：

$$A + BC \rightleftharpoons [A\cdots B\cdots C]^{\neq} \longrightarrow AB + C$$

当 A 原子与双原子分子 BC 反应时，首先形成三原子分子的活化络合物，该络合物的势能是 3 个距离坐标的函数。势能 $E_p$ 可以由量子化学计算得到。

$E_p = E_p(r_{AB}, r_{BC}, r_{CA})$ 或 $E_p = E_p(r_{AB}, r_{BC}, \angle_{ABC})$，如果反应物分子之间的碰撞是如图 7.24（a）的任意角度碰撞，则势能 $E_p$ 需要用四维空间图表示，而图示最多只能给出三维的空间图。为了可以在三维空间更好地描述反应势能以及反应过程，现在令∠ABC = 180°，即如图 7.24（b）所示的 A 与 BC 发生共线碰撞，活化络合物为线型分子，即 $E_p = f(r_{AB}, r_{BC})$，就可用三维图表示（量子化学计算作图）。随着核间距 $r_{AB}$ 和 $r_{BC}$ 的变化，势能也发生变化，这些不同点在空间构成高低不平的曲面，称为势能面，即 $RDPE_pT$ 曲面，如图 7.25 所示。各点的物理意义如下：$R$ 即低点；$D$ 即高点；$P$ 即低点；$E_p$ 即高点；$T$ 即曲面中心-马鞍点。

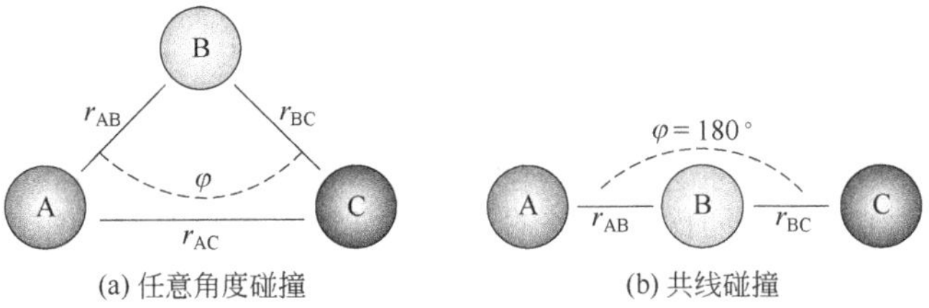


图 7.24　三原子反应的核间距示意图

（1）三原子共线碰撞反应的势能关系

三维立体图中，$z$ 轴方向代表共线三原子的势能：$E_p = f(r_{AB}, r_{BC})$，势能的大小随着核间距 $r_{AB}$（$x$ 轴方向）和 $r_{BC}$（$y$ 轴方向）的变化而变化，三维立体图的函数关系可以用数学函数表示为 $z = f(x, y)$。

势能面的曲面上凹凸不平，反应物及产物都相对稳定，都处于表面的低谷处。基元反应的过程，就是在势能面上由一个低谷（反应物）到另一个低谷（产物）的过程。图 7.25 中 $R$ 点是反应物 BC 分子的基态。随着 A 原子的靠近，势能沿着 $RT$ 线升高，到达 $T$ 点形成活化络合物 $T^{\neq}$（$[A\cdots B\cdots C]^{\neq}$）。随着 C 原子的离去，势能沿着 $TP$ 线下降，$P$ 点是生成物 AB 分子的稳态。路径 $RTP$ 是三原子共线碰撞反应的最低能量曲线，也称反应坐标曲线。

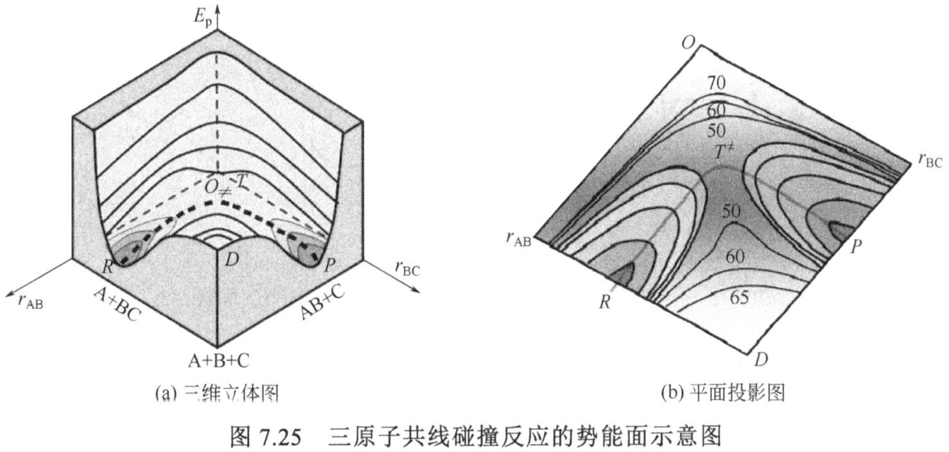


图 7.25　三原子共线碰撞反应的势能面示意图

$D$ 点是完全解离为 A、B、C 原子时的势能，三原子处于很高的势能，$OE_p$ 一侧是原子间的相斥能，势能值很高。

立体图中每一点势能值的大小，都是由 $r_{AB}$ 和 $r_{BC}$ 共同决定的，比如 $R$ 点往 $x$ 轴方向靠近的话，$r_{AB}$ 的值不变，但是 $r_{BC}$ 的值减小，BC 的排斥力增大，三原子势能增高；$R$ 点往 $x$ 轴方向远离的话，$r_{AB}$ 的值不变，但是 $r_{BC}$ 的值变大，BC 的吸引力增大，三原子势能也增高；$R$ 点的位置则是能量最低的位置。

将三维势能面投影到平面上，就得到势能面的投影图。图中曲线是相同势能的投影，称为等势能线，线上数字表示等势能线的相对值，等势能线的密集度表示势能变化的陡度。靠坐标原点（$O$ 点）一方，随着原子核间距变小，势能急剧升高，是一个陡峭的势能峰。在 $D$ 点方向，随着 $r_{AB}$ 和 $r_{BC}$ 的增大，势能逐渐升高，这种平缓上升的能量高原的顶端是三个孤立原子的势能，即 $D$ 点。反应物 R 经过马鞍点 $T$ 到生成物 P，走的是一条能量最低的通道，该通道也称反应坐标曲线。

（2）三原子共线碰撞反应的马鞍点与反应坐标

在势能面上，活化络合物所处的位置 $T$ 点称为马鞍点，见图 7.26（a），该点势能与反应物和生成物所处的稳定态能量 $R$ 点和 $P$ 点相比是最高点，但与坐标原点一侧 $O_{EP}$ 和 $D$ 点的势能相比又是最低点。如把势能面比作马鞍的话，则马鞍点处在马鞍的中心。从反应物到生成物必须越过一个能垒——马鞍中心的马鞍点。

反应坐标［见图 7.26（b）］是一个连续变化的参数，其每一个值都对应于沿反应系统中各原子的相对位置。在势能面上，反应沿着 $RT \rightarrow TP$ 的虚线进行，反应进程不同，各原子间相对位置也不同，系统的能量也不同。以势能为纵坐标，反应坐标为横坐标，画出的图可以表示反应过程中系统势能的变化，这是一条能量最低的途径。

沿势能面上 $R$-$T$-$P$ 虚线切剖面图，以 $R$-$T$-$P$ 曲线作横坐标，以势能作纵坐标，标出反应进程中每一点的势能，就得到势能面的剖面图。

从反应物 A+BC 到生成物走的是能量最低通道，但必须越过势能垒 $E_b$，$E_b$ 是活化络合物与反应物最低势能之差，可由量子力学算出，是活化能的实质，$E_0$ 是两者零点能之间的差值，这个势能垒的存在说明了实验活化能的实质。

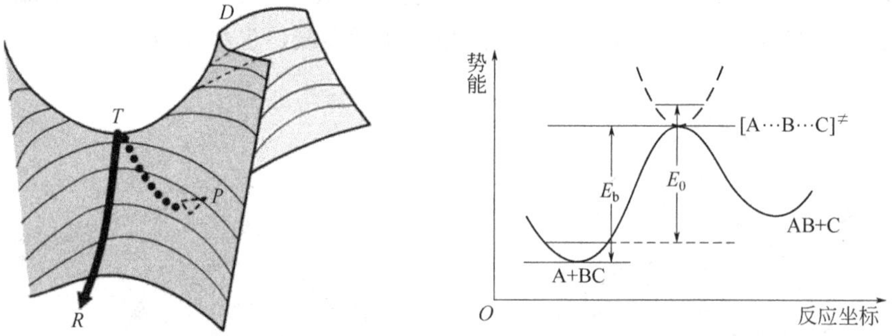


(a)　　(b)

图 7.26　三原子共线碰撞反应的马鞍面（a）和势能剖面图（b）

### 7.6.3.3　由过渡态理论推导三原子共线碰撞反应的速率常数

（1）过渡态理论假设

① 从反应物到生成物必须通过碰撞获得一定的能量，首先形成活化络合物。

② 活化络合物的浓度可从它与反应物达成热力学平衡的假设来计算。

③ 一旦形成活化络合物，就向产物转化，这一步是反应的决速步。活化络合物以频率 $\nu$（沿反应途径的振动频率）分解为产物，即 $\nu$ 决定了基元反应的速率常数。

④ $A+BC \rightleftharpoons [A\cdots B\cdots C]^{\neq} \longrightarrow AB+C$，该过程的处理方式同反应机理中的平衡假设，即决速步前存在快速平衡。

反应速率常数的推导：

设某三原子反应为 A+BC ⟶ AB+C，其共线碰撞机理（基元反应）如下：

$$A + BC \underset{}{\overset{K_c^{\neq}}{\rightleftharpoons}} [A\cdots B\cdots C]^{\neq} \longrightarrow AB + C$$

$$K_c^{\neq} = \frac{[A\cdots B\cdots C]^{\neq}}{[A][B-C]}$$

对于三原子分子的活化络合物，有 3 个平动自由度，2 个转动自由度，这些都不会导致络合物的分解，另外还有 4 个振动自由度，如图 7.27（c）、（d）是弯曲振动，（a）是对称伸缩振动，都不会导致络合物分解。

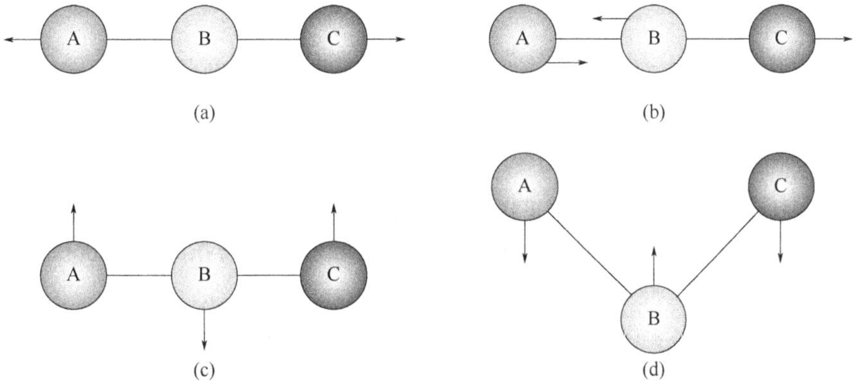


图 7.27　三原子共线碰撞过渡态系统的振动方式

但图 7.27（b）是不对称伸缩振动，无回收力，它将导致络合物分解。振动一次，导致一个络合物分子分解，所以其不对称伸缩振动的频率就相当于络合物分解的速率常数，即：

$$r = -\frac{d[A\cdots B\cdots C]^{\neq}}{dt} = \nu[A\cdots B\cdots C]^{\neq} = \nu K_c^{\neq}[A][BC]$$

另外，根据质量作用定律和决速步假设理论，反应的速率方程为：

$$r = k[A][BC]$$

对比上两式有：

$$k = \nu K_c^{\neq} \tag{7.83}$$

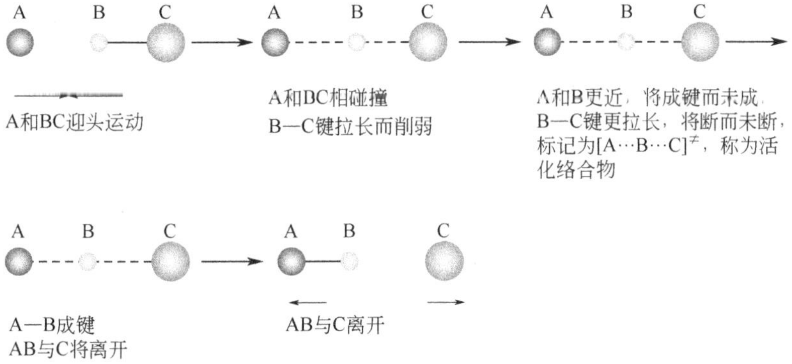


图 7.28　三原子共线碰撞基元反应本身的“详细”分解示意图

这就是过渡态理论推导速率常数的结果。图 7.28 是三原子共线碰撞基元反应过渡态机理的“详细”分解示意图。

（2）过渡态理论速率常数的统计热力学计算

根据统计热力学在化学平衡中的应用（请参考 9.4 节关于配分函数的介绍），平衡常数的计算式为：

$$K_c^{\neq}=\frac{[\mathrm{A}\cdots\mathrm{B}\cdots\mathrm{C}]^{\neq}}{[\mathrm{A}][\mathrm{BC}]}=\frac{q^{\neq}}{q_{\mathrm{A}}q_{\mathrm{BC}}} \quad (q\text{不包括体积项}) \tag{7.84}$$

其中体系的配分函数，参考第 9 章的定义式（9.62）。

所以
$$K_c^{\neq}=\frac{\sum\limits_{i=1}^{n}\mathrm{e}^{-\frac{\varepsilon_i^{\neq}}{k_{\mathrm{B}}\mathrm{T}}}}{\sum\limits_{i=1}^{n}\mathrm{e}^{-\frac{\varepsilon_{i,\mathrm{A}}}{k_{\mathrm{B}}\mathrm{T}}}\sum\limits_{i=1}^{n}\mathrm{e}^{-\frac{\varepsilon_{i,\mathrm{BC}}}{k_{\mathrm{B}}\mathrm{T}}}} \tag{7.85}$$

零点能代表振动的基态能量，在平衡态体系中，该能量是研究体系能量 $\varepsilon_i$ 变化的起点 $\varepsilon_0$，即 $\varepsilon_i=\varepsilon_i'+\varepsilon_0$，$\varepsilon_i'$ 为体系能量与零点能的差值。由于零点能不为 0，因此，可以在式（7.85）的各项中提取 $\varepsilon_0$ 项：

$$K_c^{\neq}=\frac{\mathrm{e}^{-\frac{\varepsilon_0^{\neq}}{k_{\mathrm{B}}\mathrm{T}}}\sum\limits_{i=1}^{n}\mathrm{e}^{-\frac{\varepsilon_i^{\neq}{}'}{k_{\mathrm{B}}\mathrm{T}}}}{\mathrm{e}^{-\frac{\varepsilon_{0,\mathrm{A}}}{k_{\mathrm{B}}\mathrm{T}}}\mathrm{e}^{-\frac{\varepsilon_{0,\mathrm{BC}}}{k_{\mathrm{B}}\mathrm{T}}}\sum\limits_{i=1}^{n}\mathrm{e}^{-\frac{\varepsilon_{i,\mathrm{A}}'}{k_{\mathrm{B}}\mathrm{T}}}\sum\limits_{i=1}^{n}\mathrm{e}^{-\frac{\varepsilon_{i,\mathrm{BC}}'}{k_{\mathrm{B}}\mathrm{T}}}}=\frac{\sum\limits_{i=1}^{n}\mathrm{e}^{-\frac{\varepsilon_i^{\neq}{}'}{k_{\mathrm{B}}\mathrm{T}}}}{\sum\limits_{i=1}^{n}\mathrm{e}^{-\frac{\varepsilon_{i,\mathrm{A}}'}{k_{\mathrm{B}}\mathrm{T}}}\sum\limits_{i=1}^{n}\mathrm{e}^{-\frac{\varepsilon_{i,\mathrm{BC}}'}{k_{\mathrm{B}}\mathrm{T}}}}\exp\left(-\frac{\varepsilon_0^{\neq}-\varepsilon_{0,\mathrm{A}}-\varepsilon_{0,\mathrm{BC}}}{k_{\mathrm{B}}T}\right)$$

令
$$E_0=\varepsilon_0^{\neq}-\varepsilon_{0,\mathrm{A}}-\varepsilon_{0,\mathrm{BC}} \tag{7.86}$$

则式（7.85）等价于：

$$K_c^{\neq}\frac{f^{\neq}}{f_{\mathrm{A}}f_{\mathrm{BC}}}\exp\left(-\frac{E_0}{k_{\mathrm{B}}T}\right)$$

即：

$$K_c^{\neq}=\frac{[\mathrm{A}\cdots\mathrm{B}\cdots\mathrm{C}]^{\neq}}{[\mathrm{A}][\mathrm{BC}]}=\frac{f^{\neq}}{f_{\mathrm{A}}f_{\mathrm{BC}}}\exp\left(-\frac{E_0}{RT}\right) \quad (f\text{不包括体积和零点能}) \tag{7.87}$$

从 $f^{\neq}$ 中包含一项不对称伸缩振动，如图 7.27（b）所示，该振动是过渡态向产物转变的重要步骤。按照玻耳兹曼方程的描述式（2.105），不对称伸缩振动的能级为 $\varepsilon^{\neq}_{\text{不对称伸缩振动}}{}'$，在式（7.87）的总配分函数 $f^{\neq}$ 中，定义不对称伸缩振动的配分函数为：

$$f_{\text{不对称伸缩振动}}=f^{\neq}\exp\left(-\frac{\varepsilon^{\neq}_{\text{不对称伸缩振动}}{}'}{k_{\mathrm{B}}T}\right) \tag{7.88}$$

其中，按照量子化能量的定义得：

$$\varepsilon^{\neq}_{\text{不对称伸缩振动}}{}'=h\nu^{\neq} \tag{7.89}$$

将式（7.89）代入式（7.88）可得：

$$f_{\text{不对称伸缩振动}} = f^{\neq} \exp\left(-\frac{h\nu^{\neq}}{k_B T}\right) \tag{7.90}$$

再分出不对称伸缩振动的配分函数，即从 $f^{\neq}$ 中减去不对称伸缩振动的配分函数，剩余的配分函数 $f^{\neq\prime}$ 为：

$$f^{\neq\prime} = f^{\neq} - f_{\text{不对称伸缩振动}} = f^{\neq} - f^{\neq} \exp\left(-\frac{h\nu^{\neq}}{k_B T}\right) = f^{\neq}\left[1 - \exp\left(-\frac{h\nu^{\neq}}{k_B T}\right)\right] \tag{7.91}$$

将不对称伸缩振动的频率 $\nu^{\neq}$ 记为 $\nu$，则

$$f^{\neq} = f^{\neq\prime} \frac{1}{1 - \exp\left(-\dfrac{h\nu}{k_B T}\right)} \tag{7.92}$$

对 $\exp\left(-\dfrac{h\nu}{k_B T}\right)$ 使用麦克劳林展开得：

$$\exp\left(-\frac{h\nu}{k_B T}\right) = 1 + \frac{\left(-\dfrac{h\nu}{k_B T}\right)}{1!} + \frac{\left(-\dfrac{h\nu}{k_B T}\right)^2}{2!} + \frac{\left(-\dfrac{h\nu}{k_B T}\right)^3}{3!} + \cdots + \frac{\left(-k_B - \dfrac{h\nu}{k_B T}\right)^n}{n!} \tag{7.93}$$

当 $h\nu << k_B T$ 时，有：

$$\frac{1}{1 - \exp\left(-\dfrac{h\nu}{k_B T}\right)} \approx \frac{k_B T}{h\nu}$$

则可得：

$$f^{\neq} = f^{\neq\prime} \frac{1}{1 - \exp\left(-\dfrac{h\nu^{\neq}}{k_B T}\right)} \approx f^{\neq\prime} \frac{k_B T}{h\nu} \tag{7.94}$$

所以得到如下的速率常数计算式：

$$k = \nu K_c^{\neq} = \nu \frac{k_B T}{h\nu} \times \frac{f^{\neq\prime}}{f_A f_{BC}} \exp\left(-\frac{E_0}{RT}\right) = \frac{k_B T}{h} \times \frac{f^{\neq\prime}}{f_A f_{BC}} \exp\left(-\frac{E_0}{RT}\right) \tag{7.95}$$

常温下，$\dfrac{k_B T}{h} \approx 10^{13}\,\text{s}^{-1}$，称为普适常数。

所以对于一般基元反应，速率常数的计算式为：

$$k = \frac{k_B T}{h} \times \frac{f^{\neq\prime}}{\prod_B f_B} \exp\left(-\frac{E_0}{RT}\right) \tag{7.96}$$

（3）过渡态理论速率常数的热力学计算*（选学）

对于反应机理 $A + B - C \rightleftharpoons [A \cdots B \cdots C]^{\neq} \longrightarrow A - B + C$，热力学计算速率常数与统计热力学计算速率常数的区别在于平衡常数 $K_c^{\neq} = \dfrac{[A \cdots B \cdots C]^{\neq}}{[A][B-C]}$ 计算的不同。热力学计算平衡常数

的方法如下。

根据标准浓度平衡常数的定义 $K_c^{\neq\ominus}=\dfrac{[\mathrm{A\cdots B\cdots C}]^{\neq}/c^{\ominus}}{\dfrac{[\mathrm{A}]}{c^{\ominus}}\times\dfrac{[\mathrm{BC}]}{c^{\ominus}}}=K_c^{\neq}(c^{\ominus})^{2-1}$，所以有 $K_c^{\neq\ominus}=K_c^{\neq}(c^{\ominus})^{n-1}$，其中 $n$ 为反应的分子数，定义活化吉布斯自由能 $\Delta_r^{\neq}G_m^{\ominus}$ 为 $\mathrm{A+BC} \rightleftharpoons [\mathrm{A\cdots B\cdots C}]^{\neq}$ 的反应吉布斯自由能变。根据反应平衡等温式，可得：

$$\Delta_r^{\neq}G_m^{\ominus}(c^{\ominus})=-RT\ln[K_c^{\ominus}(c^{\ominus})^{n-1}]\Rightarrow K_c^{\neq}=(c^{\ominus})^{1-n}\exp\left[-\frac{\Delta_r^{\neq}G_m^{\ominus}(c^{\ominus})}{RT}\right]$$

把 $K_c^{\ominus}=K_c^{\neq}(c^{\ominus})^{n-1}$ 代入 $k=\dfrac{k_BT}{h}K_c^{\ominus}$ 得过渡态理论的速率常数，计算式如下：

$$k=\frac{k_BT}{h}(c^{\ominus})^{1-n}\exp\left[-\frac{\Delta_r^{\neq}G_m^{\ominus}(c^{\ominus})}{RT}\right] \tag{7.97}$$

显然，活化吉布斯自由能 $\Delta_r^{\neq}G_m^{\ominus}$ 与对应的活化焓 $\Delta_r^{\neq}H_m^{\ominus}$ 与活化熵 $\Delta_r^{\neq}S_m^{\ominus}$ 之间必然满足 $\Delta_r^{\neq}G_m^{\ominus}=\Delta_r^{\neq}H_m^{\ominus}-T\Delta_r^{\neq}S_m^{\ominus}$，则：

$$k=\frac{k_BT}{h}(c^{\ominus})^{1-n}\exp\left[\frac{\Delta_r^{\neq}S_m^{\ominus}(c^{\ominus})}{R}\right]\exp\left[-\frac{\Delta_r^{\neq}H_m^{\ominus}(c^{\ominus})}{RT}\right] \tag{7.98}$$

说明反应速率还与活化熵有关（比如近来熵驱动新材料的合成）。

若用压力表示，标准态是 100kPa，则式（7.98）的速率常数表达式可等价为：

$$k=\frac{k_BT}{h}\left(\frac{p^{\ominus}}{RT}\right)^{1-n}\exp\left[-\frac{\Delta_r^{\neq}G_m^{\ominus}(p^{\ominus})}{RT}\right] \tag{7.99}$$

$$k=\frac{k_BT}{h}\left(\frac{p^{\ominus}}{RT}\right)^{1-n}\exp\left[\frac{\Delta_r^{\neq}S_m^{\ominus}(p^{\ominus})}{R}\right]\exp\left[-\frac{\Delta_r^{\neq}H_m^{\ominus}(p^{\ominus})}{RT}\right] \tag{7.100}$$

$\Delta_r^{\neq}G_m^{\ominus}(c^{\ominus})\neq\Delta_r^{\neq}G_m^{\ominus}(p^{\ominus})$、$\Delta_r^{\neq}S_m^{\ominus}(c^{\ominus})\neq\Delta_r^{\neq}S_m^{\ominus}(p^{\ominus})$ 等在热力学数据表上查到的都是压力是 100kPa 时的数值。

#### 7.6.3.4 活化络合物的活化能 $E_a$ 和指前因子 $A$ 与热力学函数间的关系

由式（7.74）已知碰撞理论中的活化能与阈能的关系为：

$$E_a=E_c+\frac{1}{2}RT$$

与过渡态理论的速率方程式（7.96）对比，式（7.96）中，$E_0$ 是活化络合物的零点能与反应物零点能之间的差值。$E_c$ 与 $E_0$ 既有区别又有联系，可以根据实验即光谱数据相互换算。

① 将式（7.96）代入活化能定义式得：

$$E_a=RT^2\frac{\mathrm{d}}{\mathrm{d}T}\left(\ln\frac{f^{\neq'}}{f_Af_{BC}}+\ln\frac{k_BT}{h}-\frac{E_0}{RT}\right)=E_0+mRT \tag{7.101}$$

式中，$m$ 包含了常数项 $\dfrac{k_BT}{h}$ 中以及配分函数 $\dfrac{f^{\neq'}}{f_Af_{BC}}$ 中所有与温度有关的因子。对于一定的反应系统，$m$ 有定值。

以上是 $E_a = E_c + \frac{1}{2}RT$ 与 $E_a = E_0 + mRT$ 的区别和联系。

② 把过渡态理论的速率常数表达式 $k = \frac{k_B T}{h} K_c^{\neq\ominus}$，代入活化能定义式得：

$$E_a = RT^2 \frac{d\ln k}{dT} = RT^2 \left[ \frac{1}{T} + \left( \frac{\partial \ln K_c^{\neq}}{\partial T} \right)_V \right] \tag{7.102}$$

将化学平衡中的范托夫公式 $\left( \frac{\partial \ln K_c^{\neq}}{\partial T} \right)_V = \frac{\Delta_r^{\neq} U_m^{\ominus}}{RT^2}$，代入上式计算得：

$$E_a = RT + \Delta_r^{\neq} U_m^{\ominus} = RT + \Delta_r^{\neq} H_m^{\ominus} - \Delta(pV)_m \tag{7.103}$$

对于凝聚相反应有 $\Delta_r^{\neq} U_m^{\ominus} \approx \Delta_r^{\neq} H_m^{\ominus}$，故活化能为：

$$E_a = \Delta_r^{\neq} H_m^{\ominus} + RT \tag{7.104}$$

对于理想气体反应：

$$\Delta(pV)_m = \sum_B \nu_B^{\neq} RT$$

$$E_a = \Delta_r^{\neq} H_m^{\ominus} + \left( 1 - \sum_B \nu_B^{\neq} \right) RT \tag{7.105}$$

将上式变换为 $\Delta_r^{\neq} H_m^{\ominus}$ 表达式代入过渡态理论速率常数计算式（7.98）得：

$$k = \frac{k_B T}{h} (c^{\ominus})^{1-n} \exp\left[ \frac{\Delta_r^{\neq} S_m^{\ominus}(c^{\ominus})}{R} \right] \exp\left[ -\frac{E_a - \left( 1 - \sum_B \nu_B^{\neq} \right) RT}{RT} \right] \tag{7.106}$$

令 $n = 1 - \sum_B \nu_B^{\neq}$，则：

$$k = \frac{k_B T}{h} e^n (c^{\ominus})^{1-n} \exp\left[ \frac{\Delta_r^{\neq} S_m^{\ominus}(c^{\ominus})}{R} \right] \exp\left( -\frac{E_a}{RT} \right) \tag{7.107}$$

对比阿伦尼乌斯公式 $k = Ae^{-\frac{E_a}{RT}}$，可得指前因子：

$$A = \frac{k_B T}{h} e^n (c^{\ominus})^{1-n} \exp\left[ \frac{\Delta_r^{\neq} S_m^{\ominus}(c^{\ominus})}{R} \right] \tag{7.108}$$

当反应中各物质以压力描述时，把 $E_a = \Delta_r^{\neq} H_m^{\ominus}(p^{\ominus}) + RT$ 代入式（7.100）得：

$$k = \frac{k_B T}{h} \left( \frac{p^{\ominus}}{RT} \right)^{1-n} e \exp\left[ \frac{\Delta_r^{\neq} S_m^{\ominus}(p^{\ominus})}{R} \right] \exp\left( \frac{-E_a}{RT} \right) \tag{7.109}$$

对应的指前因子为：

$$A = \frac{k_B T}{h}\left(\frac{p^\ominus}{RT}\right)^{1-n} \mathrm{e} \exp\left[\frac{\Delta_r^{\neq} S_m^\ominus(p^\ominus)}{R}\right] \tag{7.110}$$

#### 7.6.3.5 过渡态理论的优缺点

优点：

① 形象地描绘了基元反应进展的过程；

② 原则上可以从原子结构的光谱数据和势能面计算宏观反应的速率常数；

③ 对阿伦尼乌斯经验式的指前因子做了理论说明，认为它与反应的活化熵有关；

④ 形象地说明了反应为什么需要活化能以及反应遵循的能量最低原理。

缺点：

引进的平衡假设和决速步假设并不符合所有的实验事实；对复杂的多原子反应，绘制势能面有困难，使理论的应用受到一定的限制。

### 7.6.4 单分子反应理论

单分子反应按照定义应该是由一个分子所实现的基元反应，但是，一个孤立地处于基态的分子不能自发地进行反应（事实上它已处于平衡态）。实际上，为使这类反应发生，反应分子必须具有足够的能量，如果反应分子不是以其它方式（如获得辐射能等）获得能量，那只有通过分子间的碰撞来获得。碰撞理论认为每次碰撞至少要两个分子，因此严格讲它就不是单分子反应，而应称之为准单分子反应。例如某些分子的分解反应或异构化反应都属于这种单分子反应。

1922 年，林德曼（Lindemann）等人提出了单分子反应的碰撞理论，认为单分子反应是经过相同分子间的碰撞而达到活化状态。而获得足够能量的活化分子并不立即分解，它需要一个分子内部能量的传递过程，以便把能量集聚到要断裂的键上去。因此，在碰撞之后与进行反应之间出现一段停滞时间。此时，活化分子可能进行反应，也可能消活化而再变成普通分子。

在浓度不是很稀的情况下，这种活化与消活化之间有一个平衡存在，如果活化分子分解或转化为产物的速率比消活化缓慢，则上述平衡基本上可认为不受影响。单分子反应的机理可表示如下：

① $A + A \underset{k_{-1}}{\overset{k_1}{\rightleftharpoons}} A^* + A$

② $A^* \xrightarrow{k_2} P$

分子通过碰撞产生了活化分子 $A^*$，$A^*$有可能再经碰撞而失活，也有可能分解为产物 P。根据林德曼观点，分子必须通过碰撞才能获得能量，所以不是真正的单分子反应。

（1）时滞

活化后的分子还要经过一定时间才能解离，这段从活化到反应的时间称为时滞。在时滞中，活化分子可能通过碰撞而失活，也可能把所得能量进行内部传递，把能量集中到要破裂的键上面，然后解离为产物。对多分子的复杂反应，需要的时间要长一点。林德曼提出的单分子反应理论就是碰撞理论加上时滞假设，解释了时滞现象和为什么单分子反应在不同压力下会体现不同的反应级数等实验事实。

（2）单分子反应的级数

用稳态近似法，根据林德曼机理推导速率方程：

$$r = \frac{d[P]}{dt} = k_2[A^*]$$

$$\frac{d[A^*]}{dt}=k_1[A]^2-k_{-1}[A][A^*]-k_2[A^*]=0$$

推出 $[A^*]=\frac{k_1[A]^2}{k_{-1}[A]+k_2}$

将$[A^*]$表达式代入速率方程得：

$$\frac{d[P]}{dt}=\frac{k_1k_2[A]^2}{k_{-1}[A]+k_2}$$

① 低压时 $k_{-1}[A]<<k_2$，$\frac{d[P]}{dt}=k_1[A]^2$，此时单分子反应二级反应。

② 高压时 $k_{-1}[A]>>k_2$，$\frac{d[P]}{dt}=\frac{k_1k_2}{k_{-1}}[A]$，此时单分子反应为一级反应。

对于某些气相反应，在高压下，[A]值很大，分子的互撞机会多，消活化的速率较快，则反应表现为一级反应。同一反应，如使之在低压下进行，由于碰撞而消活化的机会较少，相对而言，活化分子分解为产物的速率大，所以反应表现为二级。这个结论已被环丙烯转化为丙烯的反应以及偶氮甲烷的分解反应证实。图 7.29 就是 603K 时偶氮甲烷的热分解反应速率常数-压力关系图。

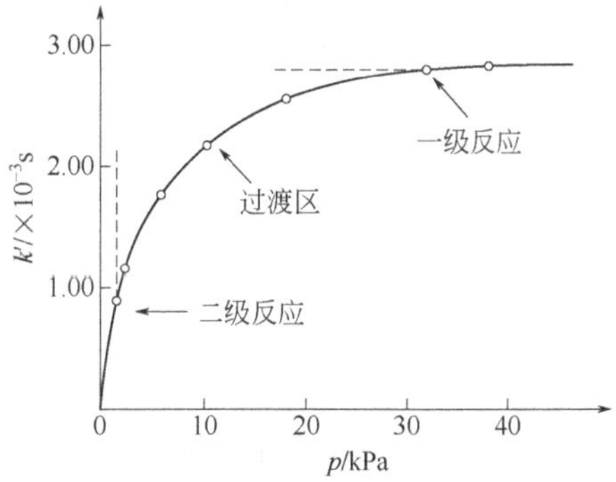

图 7.29　603K 时偶氮甲烷的热分解反应速率常数-压力关系图

林德曼的单分子反应理论在定性上是基本符合实际的，但在定量上往往和实验结果有偏差，后来经过不少学者进行修正，目前与实验符合得较好的单分子反应理论是 20 世纪 50 年代的 RRKM（Rice -Ramsperger -Kassel -Marcus）理论，这是马库斯（Marcus）把 30 年代的 RRK 理论与过渡态理论结合而提出的。

【例 7.17】某气相反应 A+C ⟶ D 的机理如下：

$$A \underset{k_{-1}}{\overset{k_1}{\rightleftharpoons}} B$$

$$B+C \xrightarrow{k_2} D$$

试用稳态近似法导出反应的速率方程（用 $\frac{dp_D}{dt}$ 表示），并证明该反应在高压下为一级反应。

【证明】因为 $\frac{dp_D}{dt}=k_2p_Bp_C$

对式中 $p_B$ 采用稳态近似法有：

$$\frac{dp_B}{dt}=k_1p_A-k_{-1}p_B-k_2p_Bp_C=0$$

则
$$p_B=\frac{k_1p_A}{k_{-1}+k_2p_C}$$

所以
$$\frac{dp_D}{dt}=\frac{k_1k_2p_Ap_C}{k_{-1}+k_2p_C}$$

又因为高压下，$k_2 p_C >> k_{-1}$，所以：

$$\frac{dp_D}{dt} = \frac{k_1 k_2 p_A p_C}{k_2 p_C} = k_1 p_A$$

即反应呈一级反应。

## 7.7 化学反应速率的其它若干影响因素

### 7.7.1 笼效应和原盐效应-溶剂对反应速率的影响

溶液中的反应与气相反应相比，最大的不同是溶剂分子的存在。同一个反应在气相中进行和在溶液中进行速率不同，甚至历程不同，产物不同，这些都是由溶剂效应引起的。在溶液中，溶剂对反应物的影响大致有解离作用、传能作用等。在电解质溶液中，还有离子与离子、离子与溶剂分子间的相互作用等的影响，这些都属于溶剂的物理效应。溶剂也可以对反应起催化作用，甚至溶剂本身也可以参加反应，这些属于溶剂的化学效应。显然溶液中的反应要比气相反应复杂得多，现在已逐渐形成专门研究在溶液中进行反应的一个分支——溶液反应动力学。本节仅对溶剂的影响中的笼效应以及原盐效应做简要的介绍。

（1）笼（cage）效应

在均相反应中，溶液中的反应远比气相反应多得多（但有 90%以上均相反应是在溶液中进行的）。研究溶液中反应的动力学要考虑溶剂分子所引起的物理或化学影响，另外在溶液中有离子参加的反应常常是瞬间完成的，这也造成了观测动力学数据的困难。最简单的情况是溶剂仅起介质作用的情况。

在溶液反应中，溶剂是大量的，溶剂分子环绕在反应物分子周围，组成一个包围反应物的笼，使同一笼中的反应物分子进行多次碰撞，其碰撞频率高于气相反应中的碰撞频率，因而发生反应的机会也较多，这种现象称为笼效应。

在溶液中起反应的分子通过扩散穿过周围的溶剂分子，彼此接近而发生反应，反应后生成物分子也要穿过周围的溶剂分子扩散离开，扩散就是分子对周围溶剂分子的反复挤撞，如图 7.30 所示。分子在笼中持续时间比气体分子互相碰撞的持续时间大 10～100 倍，可进行的有效碰撞次数显著增加。在笼中连续的反复碰撞则称为反应分子的一次遭遇。所以溶剂分子的存在虽然限制了反应分子做远距离的移动，减少了与远距离分子的碰撞机会，但却增加了近距离反应分子的重复碰撞，总的碰撞频率并未减低。据粗略估计，在水溶液中，对于一对无相互作用的分子，在一次遭遇中它们在笼中的时间为 $10^{-12}$～$10^{-11}$s。在这段时间内要进行 100～1000 次的碰撞，然后扩散到另外一个笼子中进行下一次遭遇。因此相比于气相反应，溶液反应是间断式的碰撞，且一次遭遇包含多次碰撞。而就单位时间内的总碰撞次数而论，大致相同，不会有数量级上的变化。所以溶剂的存在不会使活化分子减少，A 和 B 发生反应必须通过扩散进入同一笼中，反应物分子穿过笼所需要的活化能一般不会超过 $20kJ\cdot mol^{-1}$，而分子碰撞进行反应的活化能一般在 40～$400kJ\cdot mol^{-1}$。由于扩散作用的活化能小得多，所以扩散作用一般不会影响反应的速率。

笼效应对溶液中的反应产生两种相反作用：反应分子在溶液中活动性的降低，使两个反应分子的相遇受阻；一旦反应分子遭遇，它们将在笼子中保留相对长的时间，提高了它们之间碰撞的概率。

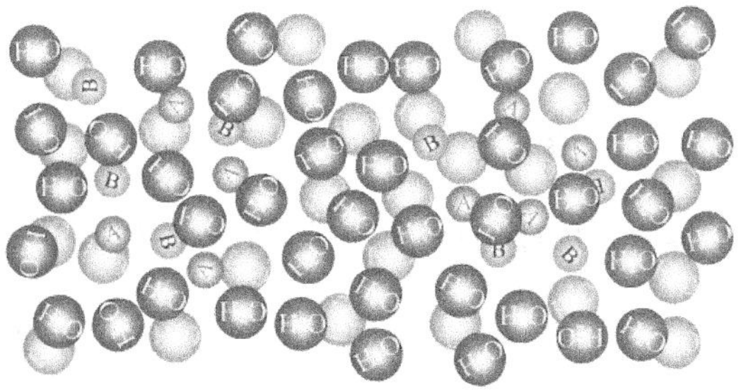

图 7.30　笼效应示意图

在溶液中，溶剂对反应速率的影响也是一个极其复杂的问题，一般说来有：①溶剂的介电常数对于有离子参加的反应有影响，介电常数大的溶剂会降低离子间的引力，不利于离子间的化合反应。②溶剂的极性对反应速率的影响，如果生成物的极性比反应物大，极性溶剂能加快反应速率，反之亦然。③溶剂化的影响，反应物分子与溶剂分子形成的化合物较稳定，会降低反应速率；若溶剂能使活化络合物的能量降低，从而降低活化能，则能使反应加快。④离子强度的影响，亦称为原盐效应（primary salt effect），在稀溶液中如果作用物都是电解质，则反应的速率与溶液的离子强度有关。

（2）原盐效应

原盐效应是讨论溶液的离了强度对溶液中的离了反应速率的影响。对丁带同种电荷的离子间的反应，反应速率随离子强度增大而增大；对于带异种电荷的离子间的反应，反应速率随离子强度增大而减小；若反应有中性分子参与，则离子强度对速率无影响。早在 20 世纪 20 年代，布耶伦（Bjerram）等人已假设溶液中反应离子在转化成生成物之前要经过一个中间体，并导出了速率常数与离子活度因子之间的关系式。这个中间体相当于过渡态，后来用过渡态理论也导出了类似的关系式。

例如有反应：

$$A^{z_A} + B^{z_B} \rightleftharpoons [(A\cdots B)^{z_A+z_B}]^{\neq} \xrightarrow{k} P$$

根据过渡态理论，已知速率常数的表达式为：

$$k = \frac{k_B T}{h} K_c^{\neq}$$

而快平衡反应的活度平衡常数如下：

$$K_a^{\neq} = \frac{a^{\neq}}{a_A a_B} = \frac{c^{\neq}/c^{\ominus}}{\frac{c_A}{c^{\ominus}} \times \frac{c_B}{c^{\ominus}}} \times \frac{\gamma^{\neq}}{\gamma_A \gamma_B} = K_c^{\neq} (c^{\ominus})^{n-1} \frac{\gamma^{\neq}}{\gamma_A \gamma_B}$$

$$K_c^{\neq} = K_a^{\neq} (c^{\ominus})^{1-n} \frac{\gamma_A \gamma_B}{\gamma^{\neq}}$$

考虑各物质的活度因子，设 $k$ 为考虑活度时的速率常数表达式，$k_0$ 为不考虑速率常数的表达式。把 $K_c^{\neq} = K_a^{\neq}(c^{\ominus})^{1-n} \frac{\gamma_A \gamma_B}{\gamma^{\neq}}$ 代入速率常数的表达式得：

$$k = \frac{k_B T}{h} (c^{\ominus})^{1-n} K_a^{\neq} \times \frac{\gamma_A \gamma_B}{\gamma^{\neq}} = k_0 \frac{\gamma_A \gamma_B}{\gamma^{\neq}}$$

上式取对数并整理得：

$$\lg\frac{k}{k_0}=\lg\gamma_{\mathrm{A}}+\lg\gamma_{\mathrm{B}}-\lg\gamma^{\neq}$$

根据电解质溶液的德拜-休克尔理论有 $\lg\gamma_i=-Az_i^2\sqrt{I}$，代入上式得：

$$\lg\frac{k}{k_0}=-A[z_{\mathrm{A}}^2+z_{\mathrm{B}}^2-(z_{\mathrm{A}}+z_{\mathrm{B}})^2]\sqrt{I}=2z_{\mathrm{A}}z_{\mathrm{B}}A\sqrt{I} \tag{7.111}$$

式中，$k_0$ 和 $k$ 分别为无电解质和有电解质时的速率常数。原盐效应的影响情况如图 7.31 所示。

① $z_{\mathrm{A}}z_{\mathrm{B}}>0$，离子强度增大，$k$ 增大，正原盐效应。

② $z_{\mathrm{A}}z_{\mathrm{B}}<0$，离子强度增大，$k$ 减小，负原盐效应。

③ $z_{\mathrm{A}}z_{\mathrm{B}}=0$，离子强度不影响 $k$ 值，无原盐效应。

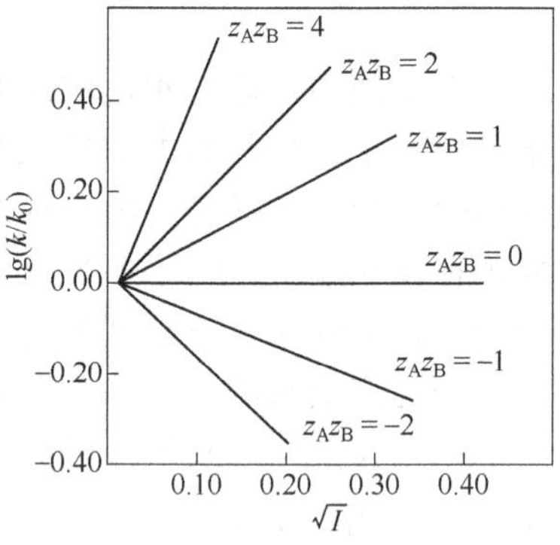


图 7.31　原盐效应示意图

## 7.7.2　光化学反应动力学简介

（1）光化学反应与热化学反应的区别

只有在光的作用下才能进行的化学反应或由于化学反应产生的激发态粒子在跃迁到基态时能放出光辐射的反应都称为光化学反应。

可见光的波长范围是 400～750nm，紫外光波长为 150～400nm，近红外光的波长为 750～$3\times10^5$nm。在光化学中，人们关注的波长在 100～1000nm 的光波（其中包括紫外、可见和红外线）。光子的能量随光的波长的增大而下降，因为一个光子的能量 $\varepsilon=h\nu$。而波长 $\lambda=\frac{c}{\nu}$，所以

$$\varepsilon=h\frac{c}{\lambda}$$

式中，$h$ 为普朗克（Planck）常数；$c$ 为光速；$\lambda$ 为波长，在光谱学习中习惯用频率，即波长的倒数（$\nu=\frac{1}{\lambda}$）来表示光子的能量。对光化学反应有效的光是可见光和紫外光，红外光由于能量较低，不足以引发化学反应（红外激光除外）。

光化学反应与热反应有许多不同的地方。例如在恒温恒压下，热反应总是向系统的吉布斯自由能降低的方向进行。但有许多光化学反应却能使系统的吉布斯自由能增加，如在光的作用下氧转变为臭氧、氨的分解，植物中 $CO_2(g)$与 $H_2O$ 合成碳水化合物并放出氧气等，都是吉布斯自由能增加的例子。但如果把辐射的光源切断，则该反应仍旧向吉布斯自由能减少的方向进行，而恢复原来的状态。但这个逆反应在寻常的温度下，有可能进行得很慢，以致觉察不出。例如碳水化合物和氧在同样的条件下生成 $CO_2(g)$和 $H_2O$ 的反应。

热反应的活化能来源于分子碰撞，而光化学反应的活化能来源于光子的能量（光化学反应的活化能通常为 $30\mathrm{kJ\cdot mol^{-1}}$ 左右，小于一般热化学反应的活化能）。热反应的反应速率受温度影响大，而光化学反应的温度系数较小。这些都是热反应与光化学反应的不同之处。但初始光化学过程的速率常数也随温度而变，且也遵从阿伦尼乌斯方程，这和普通的化学反应是一致的。

（2）光化学反应的初级过程和次级过程

光化学反应是从反应物吸收光子开始的，此过程称为光化反应的初级过程，它使反应物的分子或原子中的电子由基态跃迁到较高能量的激发态，如：

$$\mathrm{Hg(g)} \xrightarrow{h\nu} \mathrm{Hg^*(g)}; \quad \mathrm{Br_2(g)} \xrightarrow{h\nu} \mathrm{2Br^*(g)}$$

根据量子力学，激发态的分子或原子很不稳定，初级过程的产物（激发态物质）进行一系列的次级过程，如发生光猝灭、放出荧光或磷光等，再跃迁回到基态使次级反应停止。这些过程中，就包含激发态物质发生解离变为活性自由基的情况，通过活性自由基的链引发而发生链反应。比如 $H_2$ 和 $Cl_2$ 合成 HCl 的反应：

① 可以通过热化学反应引发发生如下的反应：

链引发：$\mathrm{Cl_2+M \longrightarrow 2Cl\cdot+M} \qquad E_a = 243\mathrm{kJ \cdot mol^{-1}}$

② 也可以通过光化学反应（解离）引发发生如下的反应：

链引发：$\mathrm{Cl_2} \xrightarrow{h\nu} \mathrm{2Cl\cdot}$

对与光化学反应动力学而言，如上的解离次级过程是亟待研究的重点。

（3）光化学最基本定律

① 光化学第一定律：只有被分子吸收的光才能引发光化学反应。该定律在 1818 年由格络塞斯（Grotthus）和德雷珀（Draper）提出，故又称为 Grotthus-Draper 定律。

② 光化学第二定律：在初级过程中，一个被吸收的光子只活化一个分子。该定律在 1908～1912 年由斯塔克（Stark）和爱因斯坦（Einstein）提出，故又称为 Stark-Einstein 光化学当量定律。一个光子的能量为 $h\nu$，1mol 光子的能量定义为 1 爱因斯坦（Einstein）：

$$\begin{aligned} h\nu L &= \left(h\frac{c}{\lambda}L\right)\mathrm{J \cdot mol^{-1}} \\ &= \left(6.626\times10^{-34}\times\frac{3\times10^8}{\lambda}\times6.023\times10^{23}\right)\mathrm{J \cdot mol^{-1}} \\ &= \frac{0.1196}{\lambda}\mathrm{J \cdot mol^{-1}} = 1\mathrm{Einstein} \end{aligned}$$

**注意：**光化学当量定律只能严格地适用于初级过程，在绝大多数情况下是成立的，但当所用光的强度很高，如在激光照射的情况下，则双光子或多光子吸收的可能性不能忽略。

③ 朗伯-比耳（Lambert-Beer）定律：平行的单色光通过浓度为 $c$（$\mathrm{mol \cdot L^{-1}}$），长度为 $d$（cm）的均匀介质时，未被吸收的透射光强度 $I_t$ 与入射光强度 $I_0$ 之间的关系为

$$I_t = I_0 \exp(-\kappa dc)$$

式中，$\kappa$ 是摩尔吸收系数，$\mathrm{L \cdot mol^{-1} \cdot m^{-1}}$，与入射光的波长、温度和溶剂等性质有关。

（4）量子效率和量子产率

光化学反应是从反应物吸收光子开始，所以光的吸收过程是光化学反应的初级过程。光化学第二定律只适用于初级过程，该定律也可用下式表示：

$$\mathrm{A} \xrightarrow{h\nu} \mathrm{A^*}$$

式中，$A^*$ 为 A 的电子激发态，即活化分子。活化分子有可能直接变为产物，也可能和低能分子相撞而失活，或者引发其它次级反应（如引发一个链反应等等）。为了衡量光化学反应的效率，引入量子效率和量子产率的概念。对一个指定的反应，量子效率使用反应物分子的

消耗量进行定义，用$\phi$表示：

$$\phi=\frac{\text{反应物分子消失的数目}}{\text{吸收光子的数目}}=\frac{\text{反应物消失的物质的量}}{\text{吸收光子的物质的量}} \tag{7.112}$$

当$\phi>1$，是由于初级过程活化了一个分子，而次级过程中又使若干反应物发生反应。如：$H_2+Cl_2 \longrightarrow 2HCl$的反应，1个光子引发了一个链反应，量子效率可达$10^6$。

当$\phi<1$时，由于初级过程被光子活化的分子，尚未来得及反应便发生了分子内或分子间的传能过程而失去活性。

量子产率根据产物生成的分子数目来定义，用$\phi'$表示：

$$\phi'=\frac{\text{产物分子生成的数目}}{\text{吸收光子的数目}}=\frac{\text{产物生成的物质的量}}{\text{吸收光子的物质的量}} \tag{7.113}$$

由于受化学反应式中计量系数的影响，$\phi$和$\phi'$的数值很可能是不等的，例如：

$$2HBr \xrightarrow{h\nu(\lambda=200nm)} H_2+Br_2$$

显然$\phi=2$，而对于产物$H_2$与$Br_2$，其量子产率$\phi'$均为1。但如用反应速率（$r$）和吸收光子的速率（$I_a$）来定义量子产率（$\phi'$），并令：

$$\phi'=\frac{r}{I_a} \tag{7.114}$$

则不会引起混淆，反应速率（$r$）可用任何动力学方法测量，吸收光速率（$I_a$）可用化学露光计（chemical actinometer）测量，因此量子产率可由实验测定。后文不加特别说明，都采用式（7.114）来计算量子产率。

初级反应的量子产率在理论上具有重要意义，但是当初级反应的生成物是自由基或自由原子时，它们的浓度难以测定，量子产率就难以估算。所以最常用的是求总的量子产率，因为稳定的最终生成物其浓度是可以测定的。例如HI（g）的光解反应：

初级过程（光化反应）： $HI \xrightarrow{h\nu} H\cdot+I\cdot$

次级过程（热反应）： $HI+H\cdot \longrightarrow H_2+I\cdot$

$I\cdot+I\cdot \longrightarrow I_2$

总过程： $2HI \xrightarrow{h\nu} H_2+I_2$

即一个光子可使两个HI分子分解，故$\phi=2$。若次级反应为链反应，则$\phi$可能很大。例如$H_2+Cl_2$的反应，$\phi$值可高达$10^4$～$10^6$。若次级反应中包括活化作用，则$\phi$可以小于1，例如$CH_3I$的光解反应，$\phi=0.01$。

（5）光化学反应动力学

光化学反应的速率公式较热反应复杂一些，它的初级反应与入射光的频率、强度（$I_a$）有关。因此首先要了解其初级反应，然后还要知道哪几步是次级反应。要确定反应历程，仍然要依靠实验数据，测定某些物质的生成速率或某些物质的消耗速率。各种分子光谱在确定初级反应过程是有力的实验工具。以复合反应$A_2 \xrightarrow{h\nu} 2A$为例，光化学反应动力学机理如下：

① $A_2 \xrightarrow[h\nu]{I_a} A_2^*$ (激发活化) 初级过程

② $A_2^* \xrightarrow{k_2} 2A$ (解离) 次级过程

③ $A_2^* + A_2 \xrightarrow{k_3} 2A_2$ (能量转移而失活)　　次级过程

根据光化学反应的特点，反应①中，光化学反应的初速率只与吸收光强度 $I_a$ 有关，与反应物浓度无关。

A 的生成速率为：

$$\frac{d[A]}{dt} = 2k_2[A_2^*]$$

总反应的反应速率以 A 的生成速率表示为：

$$r = \frac{1}{2} \times \frac{d[A]}{dt} = k_2[A_2^*]$$

对活性中间体采用稳态近似：

$$\frac{d[A_2^*]}{dt} = I_a - k_2[A_2^*] - k_3[A_2^*][A_2] = 0$$

则有：

$$[A_2^*] = \frac{I_a}{k_2 + k_3[A_2]}$$

代入总反应速率方程：

$$r = \frac{1}{2} \times \frac{d[A]}{dt} = \frac{k_2 I_a}{k_2 + k_3[A_2]}$$

用反应速率（$r$）和吸收光子的速率（$I_a$）来定义量子产率为：

$$\phi = \frac{r}{I_a} = \frac{k_2}{k_2 + k_3[A_2]}$$

**【例 7.18】** 有人曾测得氯仿的光氯化反应 $CHCl_3 + Cl_2 \xrightarrow{h\nu} CCl_4 + HCl$ 的速率方程为：

$$\frac{d[CCl_4]}{dt} = k\,[Cl_2]^{\frac{1}{2}} I_a^{\frac{1}{2}}$$

为解释此速率方程，曾提出如下机理：

① $Cl_2 \xrightarrow[h\nu]{k_1 I_a} 2Cl\cdot$

② $Cl\cdot + CHCl_3 \xrightarrow{k_2} Cl_3C\cdot + HCl$

③ $Cl_3C\cdot + Cl_2 \xrightarrow{k_3} CCl_4 + Cl\cdot$

④ $2Cl_3C\cdot + Cl_2 \xrightarrow{k_4} 2CCl_4$

试按此机理推导机理速率方程，从而证明它与上述经验速率方程一致。

**【解答】** 由稳态近似法：

$$\frac{d[Cl\cdot]}{dt} = 2k_1 I_a - k_2[Cl\cdot][CHCl_3] + k_3[Cl_3C\cdot][Cl_2] = 0$$

$$\frac{d[Cl_3C\cdot]}{dt} = k_2[Cl\cdot][CHCl_3] - k_3[Cl_3C\cdot][Cl_2] - 2\,k_4[Cl_3C\cdot]^2[Cl_2] = 0$$

由上两式解得：

$$[Cl_3C\cdot]=\left(\frac{k_1I_a}{k_4[Cl_2]}\right)^{\frac{1}{2}}$$

因此：

$$\frac{d[CCl_4]}{dt}=k_3[Cl_3C\cdot][Cl_2]+2k_4[Cl_3C\cdot]^2[Cl_2]$$

代入数据可得：

$$\frac{d[CCl_4]}{dt}=k_3\left(\frac{k_1I_a}{k_4}\right)^{\frac{1}{2}}[Cl_2]^{\frac{1}{2}}+2k_1I_a$$

如 $k_1$ 很小，则上式简化为：

$$\frac{d[CCl_4]}{dt}=kI_a^{\frac{1}{2}}[Cl_2]^{\frac{1}{2}}$$

与实验测得的速率方程一致。

（6）光化学反应与温度的关系

若总的速率常数中包含着某一步骤的速率常数和平衡常数，并设其关系为 $k=k_1K^{\ominus}$，取对数后对温度 $T$ 微分：

$$\frac{d\ln k}{dT}=\frac{d\ln k_1}{dT}+\frac{d\ln K^{\ominus}}{dT}=\frac{E_{a,1}}{RT^2}+\frac{\Delta_rH_m^{\ominus}}{RT^2}=\frac{E_{a,1}+\Delta_rH_m^{\ominus}}{RT^2}$$

如果反应的焓变是负值，且绝对值大于活化能，则 $\frac{d\ln k}{dT}<0$，即增加温度反应速率反而降低，有负的温度系数。

（7）光化学反应与热化学反应的区别

① 热化学反应依赖分子互相碰撞而获得活化能，而光化反应靠吸收外来光能的激发而克服能垒。

② 光化反应可以进行 $(\Delta_rG)_{T,p}\leqslant 0$ 的反应，也可以进行 $(\Delta_rG)_{T,p}>0$ 的反应，如：

$$6CO_2(g)+6H_2O\xrightarrow[\text{阳光}]{\text{叶绿素}}C_6H_{12}O_6+6O_2(g)$$

③ 热反应的反应速率受温度的影响比较明显，光化学反应速率常数的温度系数较小，有时为负值。

④ 在对峙反应中，在正、逆方向中只要有一个是光化学反应，则当正逆反应的速率相等时就建立了“光化学平衡”态。

⑤ 同一对峙反应，若既可按热反应方式又可按光化学反应进行，则两者的平衡常数及平衡组成不同。

⑥ 对于光化学反应，等式 $\Delta_rG_m^{\ominus}=-RT\ln K^{\ominus}$ 不成立。

⑦ 在光作用下的反应是激发态分子的反应，而热化学反应通常是基态分子的反应。

## 7.7.3 催化反应动力学简介

（1）催化剂与催化作用

如果把某种物质加到化学反应系统中，可以改变反应的速率而本身在反应前后没有数量上的变化，同时也没有化学性质的改变，则该种物质称为催化剂（catalyst），这种作用则称为催化作用（catalysis）。

催化剂在现代工业中的作用是毋庸赘述的。尤其是在化工、医药、染料等工业中，80%以上的产品在生产过程中都需要催化剂，熟知的工业反应如氮氢合成氨、$SO_2$（g）氧化制$SO_3$（g）、氨氧化制硝酸、尿素的合成、合成橡胶、高分子的聚合反应均需要催化剂的作用。

化学工业的发展和国民经济上的需要都推动着对催化作用的研究，生命科学的研究同样需要了解各种酶催化作用的机理。但是由于涉及的问题比较复杂，催化理论的进展远远落后于生产实际。

催化剂改变反应速率是由于改变了反应的活化能，并改变了反应历程。

可明显改变反应速率，而本身在反应前后保持数量和化学性质不变的物质称为催化剂。可加速反应速率的，称为正催化剂。可降低反应速率的，称为阻化剂或负催化剂。工业上大部分用的是正催化剂。而塑料和橡胶中的防老剂，金属防腐用的缓蚀剂和汽油燃烧中的防爆震剂等都是阻化剂。

催化剂是参与反应的，其物理性质有可能改变。催化剂与反应系统处在同一个相的称为均相催化，如用硫酸作催化剂使乙醇和乙酸生成乙酸乙酯的反应是液相均相反应。催化剂与反应系统处在不同相的称为多相催化。如用固态超强酸作催化剂使乙醇和乙酸生成乙酸乙酯的反应是多相催化反应。石油裂解、直链烷烃芳构化等反应也是多相催化反应。

固体催化剂的活性中心被反应物中的杂质占领而失去活性，这种现象称为催化剂中毒。毒物通常是具有孤对电子元素（如 S、N、P 等）的化合物，如 $H_2S$、HCN、$PH_3$ 等。

如用加热或用气体或液体冲洗，催化剂活性恢复，这称为催化剂暂时性中毒。如用上述方法都不起作用，称为催化剂永久性中毒，必须更换催化剂。为防止催化剂中毒，反应物必须预先净化。

（2）催化作用原理

设某基元反应为 $A+B \xrightarrow{k_0} AB$，活化能为 $E_0$，加入催化剂 K 后的反应机理为：

① $A+K \underset{k_2}{\overset{k_1}{\rightleftharpoons}} AK$　　快平衡

② $AK+B \xrightarrow{k_3} AB+K$　　慢反应

用平衡假设法推导速率方程：

$$r = \frac{d[AB]}{dt} = k_3[AK][B]$$

其中 $[AK] = \frac{k_1}{k_2}[A][K]$，则：

$$r = \frac{k_1 k_3}{k_2}[K][A][B] = k[A][B]$$

$$k = \frac{k_1 k_3}{k_2}[K]$$

从表观速率常数 $k$ 求得表观活化能为 $E_a = E_1 + E_3 - E_2$。从活化能与反应坐标的关系图 7.32 上可以看出 $E_a << E_0$，所以 $k >> k_0$。

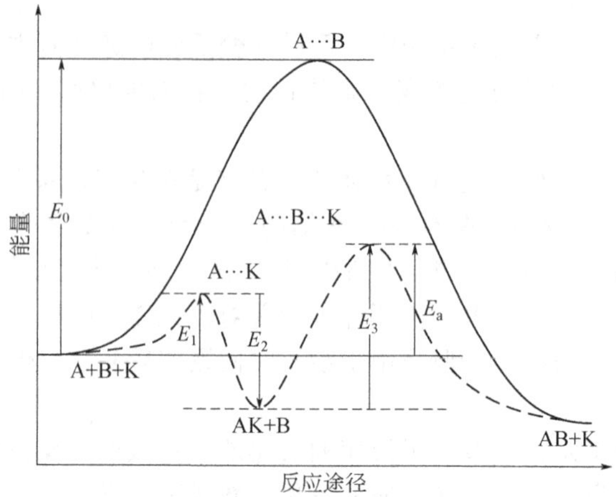


图 7.32　催化作用原理示意图

也有某些催化反应，活化能降低得不多，而反应速率却改变很大。有时也发现同一反应在不同的催化剂上反应，其活化能相差不大，而反应速率相差很大，这种情况可由活化熵的改变来解释。

$$k_{(r)} = \frac{k_B T}{h}(c^{\ominus})^{1-n} \exp\left(\frac{\Delta_r^{\neq} S_m^{\ominus}}{R}\right)\exp\left(-\frac{\Delta_r^{\neq} H_m^{\ominus}}{RT}\right) = A\exp\left(-\frac{E_a}{RT}\right)$$

如果活化熵改变很大，相当于指前因子改变很大，也可以明显地改变速率常数值。

(3) 催化反应的特点

① 催化剂加速反应速率的本质是改变了反应的历程，降低了整个反应的表观活化能。

② 催化剂在反应前后，化学性质没有改变，但物理性质可能会发生改变。

③ 催化剂不影响化学平衡，不能改变反应的方向和限度，催化剂同时加速正向和逆向反应的速率，使平衡提前到达。即不能改变热力学函数 $\Delta_r G_m$、$\Delta_r G_m^{\ominus}$ 的值。

④ 催化剂有特殊的选择性，同一催化剂在不同的反应条件下，有可能得到不同产品。

⑤ 有些反应其速率和催化剂的浓度成正比，这可能是催化剂参加了反应成为中间化合物。对于气-固相催化反应，增加催化剂的用量或增加催化剂的比表面积，都将增加反应速率。

⑥ 加入少量的杂质常可以强烈地影响催化剂的作用，这些杂质既可以成为助催化剂，也可能使催化剂中毒。

⑦ 催化剂对反应的加速作用具有选择性：

$$选择性 = \frac{转化为目标产品的原料量}{原料总的转化量} \times 100\%$$

(4) 酶催化（enzyme catalysis）

① 酶催化动力学

酶是动植物和微生物产生的具有催化能力的蛋白质。生物体内的化学反应几乎都是在酶的催化下进行的。

酶催化反应特点包括高活性以及高选择性。酶催化作用的高选择性原理如图 7.33 所示。

酶催化反应动力学的反应历程如下：

$$S+E \underset{k_{-1}}{\overset{k_1}{\rightleftharpoons}} ES \xrightarrow{k_2} E+P$$

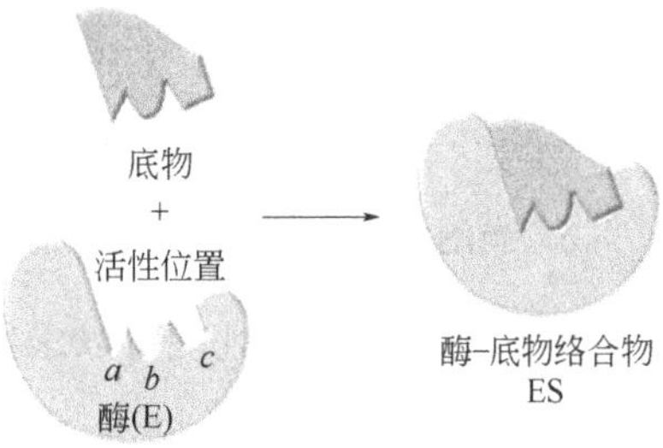

图 7.33 酶催化作用的高选择性原理示意图

研究者认为酶（E）与底物（S）先形成中间化合物 ES，中间化合物再进一步分解为产物（P），并释放出酶（E），整个反应的决速步是第二步。

$$\frac{d[P]}{dt}=k_2[ES]$$

$$\frac{d[ES]}{dt}=k_1[S][E]-k_{-1}[ES]-k_2[ES]=0$$

$$[ES]=\frac{k_1[S][E]}{k_{-1}+k_2}=\frac{[S][E]}{K_M}$$

令

$$K_M=\frac{k_{-1}+k_2}{k_1} \tag{7.115}$$

$K_M$ 称为米氏常数，则：

$$K_M=\frac{[S][E]}{[ES]}$$

$K_M$ 相当于[ES]的不稳定常数，所以有：

$$\frac{d[P]}{dt}=k_2[ES]=\frac{k_2[S][E]}{K_M}$$

酶的原始浓度为$[E]_0$，反应达稳态后，一部分变为中间化合物[ES]，余下的浓度为[E]，即 $[E]=[E]_0-[ES]$，故：

$$[ES]=\frac{[E][S]}{K_M}=\frac{([E]_0-[ES])[S]}{K_M}$$

解方程得：

$$[ES]=\frac{([E]_0-[ES])[S]}{K_M}$$

$$[ES]=\frac{[E]_0[S]}{K_M+[S]}$$

代入速率方程得：

$$r=\frac{d[P]}{dt}=k_2[ES]=\frac{k_2[E]_0[S]}{K_M+[S]}$$

以 $\frac{d[S]}{dt}$ 为纵坐标、[S]为横坐标作图，如图 7.34 所示。酶催化反应一般为零级，有时为一级。

a．当底物浓度很大时，$[S]>>K_M$，$r=k_2[E]_0$，反应只与酶的浓度有关，而与底物浓度无关，对[S]呈零级。

b．当[S]<<$K_M$时，$r=\dfrac{k_2[E]_0[S]}{K_M}$，对[S]呈一级。

c．当[S]→∞时，$r=r_m=k_2[E]_0$，$K_M=\dfrac{r_m}{2}$。

通过下面的数学处理可以求出 $K_M$ 和 $r_m$：

$$r=\frac{k_2[E_0][S]}{K_M+[S]},\quad r_m=k_2[E_0]$$

$$\frac{r}{r_m}=\frac{[S]}{K_M+[S]}$$

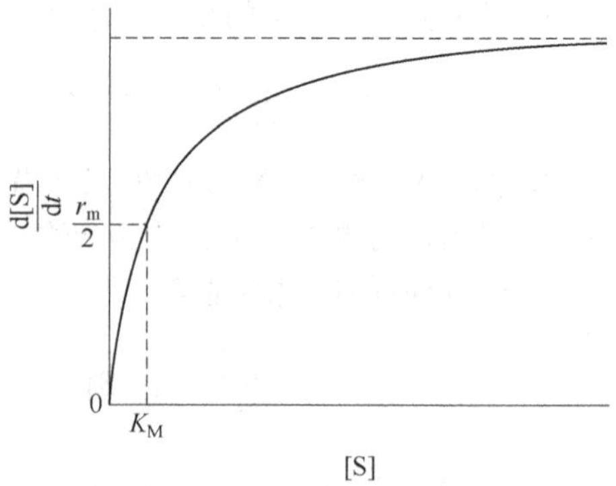

图 7.34 典型的酶催化反应速率曲线

上式重排后得：

$$\frac{1}{r}=\frac{K_M}{r_m}\times\frac{1}{[S]}+\frac{1}{r_m}$$

以$\dfrac{1}{r}$-$\dfrac{1}{[S]}$作图，得一条直线。

② 酶催化反应特点

a．高选择性：它的选择性超过了任何人造催化剂，例如脲酶它只能将尿素迅速转化成氨和二氧化碳，而对其它反应没有任何活性。

b．高效率：它比人造催化剂的效率高出 $10^8$～$10^{12}$ 倍。

c．反应条件温和：一般在常温、常压下进行。

d．兼有均相催化和多相催化的特点。

e．反应历程复杂：受 pH 值、温度、离子强度影响较大。酶本身结构复杂，活性可以进行调节。

除此之外，催化体系还包含均相酸碱催化、络合催化以及多相催化等，部分基础知识将在第 8 章 8.6 节中一并介绍。

第 7 章基本概念索引和基本公式汇总

# 习　题

## 一、问答题

1．如果某二级反应的速率常数 $k$ 值为 $1.0\text{mol}^{-1}\cdot\text{m}^3\cdot\text{s}^{-1}$，若单位用 $\text{mol}^{-1}\cdot\text{dm}^3\cdot\text{h}^{-1}$ 和 $\text{mol}^{-1}\cdot\text{dm}^3\cdot\text{s}^{-1}$ 表示，则其数值应为多少？

2．某总反应速率常数 $k$ 与各基元反应速率常数的关系为 $k=k_1\left(\dfrac{k_1}{k_3}\right)^{1/2}$，则该反应的表观活化能和指前因子的关系如何？

3. 根据简单级数反应的特征，应如何区别某简单反应是一级反应还是二级反应？
4. 原盐效应与离子所带电荷和离子强度有何关系？
5. 溶剂对反应速率的影响具体表现在哪些方面？
6. 对一级连续反应 $A \xrightarrow{k_1} B \xrightarrow{k_2} C$，欲提高产物 B 的产量，应怎样控制反应时间？
7. 对一级平行反应

$$A \begin{array}{c} \xrightarrow{(1)\ k_1} B\text{(主产物)} \\ \xrightarrow{(2)\ k_2} C\text{(副产物)} \end{array}$$

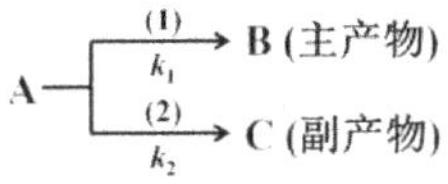

欲提高产物 B 的产量，应怎样控制反应温度？

8. 丙烯直接氧化制丙酮是一个连串反应

$$\text{丙烯} \xrightarrow{k_1} \text{丙酮} \xrightarrow{k_2} \text{醋酸} \xrightarrow{k_3} CO_2$$

（1）设为一级连串反应，画出在一定温度下各物质浓度与时间关系的示意图。
（2）在生产中若要提高丙酮的产率，用什么方法比较好？

9. 催化反应与非催化反应相比，催化反应有哪些不同之处？
10. 有一平行反应：

$$A \xrightarrow{k_1} B+C \qquad (1)$$

$$A \xrightarrow{k_2} D+E \qquad (2)$$

其中 B 和 C 为所需产物，而 D 和 E 为不需要的副产物。若此两个反应的指前因子相同，并与温度无关，但反应（1）的活化能大于反应（2）的。试以 $\ln k$-$1/T$ 对这两个平行反应作一个关联图，借以说明：改变反应温度有无使反应（1）速率超过反应（2）的可能？

11. 硝酰胺 $NO_2NH_2$ 在缓冲介质水溶液中缓慢分解

$NO_2NH_2 \longrightarrow N_2O(g) + H_2O$ 实验求得其水解速率方程 $r = \dfrac{k[NO_2NH_2]}{[H^+]}$

（1）有人提出如下反应历程：

$$NO_2NH_2 \xrightarrow{k_1} N_2O(g) + H_2O$$

$$NO_2NH_2 + H_3O^+ \underset{k_{-2}}{\overset{k_2}{\rightleftharpoons}} NO_2NH_3^+ + H_2O \text{（瞬间达平衡）}$$

$$NO_2NH_3^+ \xrightarrow{k_3} N_2O + H_3O^+ \text{（决速步）}$$

你认为上述反应历程是否与事实相符，为什么？
（2）请你提出比较合理的反应历程假设，并求其速率方程。

12. 对峙反应 $A \underset{k',E'}{\overset{k,E}{\rightleftharpoons}} B$，设 $x$ 为 A 已转化的浓度，$T_m(x)$ 为一定 $x$ 时使反应速率达最大时的温度，$T_e(x)$ 为相同 $x$ 时体系恰好处于平衡时的温度，试证：$\dfrac{1}{T_m(x)} - \dfrac{1}{T_e(x)} = \dfrac{R}{-\Delta_r H_m} \ln\left(\dfrac{E'}{E}\right)$，式中，$\Delta_r H_m$ 为反应焓变。

13．反应 A+2B $\longrightarrow$ C 的速率方程式为 $d[C]/dt = k[A][B]$。试证明当 $2[A]_0 = [B]_0$ 时，A 和 B 的半衰期相等。

14．气相反应 A $\xrightarrow{k_1}$ B，B $\xrightarrow{k_2}$ A，B+C $\xrightarrow{k_3}$ D，若[B]极微，请推导速率方程，并分别讨论在高压及低压时的反应级数，指出速控步。

15．已知反应 A+B+C $\longrightarrow$ P，其速率方程为 $-\dfrac{dc_A}{dt} = kc_Ac_Bc_C$，若反应起始浓度 $c_{A,0} = c_{B,0} = c_{C,0}$，请写出其速率方程积分式及半衰期表达式。

16．由 A 转变为 B，有两种反应途径如下：$A \underset{k_2}{\overset{k_1}{\rightleftharpoons}} B$，$A+H^+ \underset{k_4}{\overset{k_3}{\rightleftharpoons}} B+H^+$，试推导四个速率常数间的关系。

17．二甲醚气相热分解反应历程如下：

$$M + CH_3OCH_3 \xrightarrow{k_1} CH_3 + CH_3O + M$$

$$CH_3OCH_3 + CH_3OCH_3 \xrightarrow{k_2} OCH_3CH_4 + CH_2OCH_3$$

$$CH_2OCH_3 \xrightarrow{k_3} CH_2O + CH_3$$

$$M + CH_3O \xrightarrow{k_4} CH_2O + H + M$$

$$H + CH_3OCH_3 \xrightarrow{k_5} H_2 + CH_2OCH_3$$

$$CH_3 + CH_3 + M \xrightarrow{k_6} C_2H_6 + M$$

试推导其反应速率方程，假设稳态近似成立。

18．已知反应 A+B+C $\longrightarrow$ P（产物），其反应历程为：$A + B \underset{k_{-1}}{\overset{k_1}{\rightleftharpoons}} D^*$，$C + D^* \xrightarrow{k_2} P$；$D^*$为高活性中间物。求其以产物 P 表达的速率方程。并讨论在何种条件下，反应的表观活化能 $E_a = E_1+E_2-E_{-1}$。

## 二、计算题

1．现考虑组成蛋的卵白蛋白的热变作用。在与海平面同一水平处煮蛋需 10min，而在 2.213km 山顶上沸水中煮蛋需要 17min。设空气平均摩尔质量为 $28.8\times10^{-3}$kg·mol$^{-1}$，空气压力服从公式 $p = p_0\exp[-\overline{M}gh/(RT)]$，式中，$p_0$为海平面压力，气体的温度从海平面到山顶均为 293.3K，水的正常蒸发热为 2.278kJ·g$^{-1}$，求卵白蛋白热变反应的活化能。

2．某化学反应历程为 $A \underset{k_2}{\overset{k_1}{\rightleftharpoons}} M+C$，$M + B \xrightarrow{k_3} P$，中间物 M 的量不随时间变化，试写出产物 P 生成速率表达式。若 $k_2$ 反应速率远远大于 $k_3$ 反应速率，上述速率表达式又如何？并写出此时表观活化能 $E_a$ 与各元反应活化能 $E_i$ 关系。

3．今在 473.2K 时，研究反应 $A + 2B \longrightarrow 2C+D$，其速率方程可写成 $r = k[A]^x[B]^y$。实验（1）：当 A、B 的初始浓度分别为 0.01mol·dm$^{-3}$、0.02mol·dm$^{-3}$ 时，测得反应物 B 在不同时刻的浓度数据如下

| $t$/h | 0 | 90 | 217 |
|---|---|---|---|
| [B]/(mol·dm$^{-3}$) | 0.020 | 0.010 | 0.0050 |

（1）求该反应的总级数；

（2）当 A、B 的初始浓度均为 $0.02mol\cdot dm^{-3}$ 时，测得初始反应速率仅为实验（1）的 1.4 倍，求 A、B 的反应级数 $x$、$y$ 值；

（3）计算速率常数 $k$ 值（浓度以 $mol\cdot dm^{-3}$，时间用 s 表示）。

4．二甲醚的气相分解反应是一级反应：

$$CH_3OCH_3(g) \longrightarrow CH_4(g) + H_2(g) + CO(g)$$

813K 时，把二甲醚充入真空反应球内，测量球内压力的变化，数据如下：

| $t$/h | 390 | 777 | 1587 | 3155 | ∞ |
|---|---|---|---|---|---|
| $p$/kPa | 40.8 | 48.8 | 62.4 | 77.9 | 93.1 |

请计算该反应在 813K 时的平均反应速率常数 $k_{平均}$和半衰期 $t_{1/2}$。

5．已知碳的放射性同位素 $^{14}C$ 半衰期为 $5.700\times10^3$ 年，在一个山洞里发现了距今已有 891 年的燃烧后木材的灰烬，经分析，其中 $^{14}C$ 占总碳量的分数为 $9.87\times10^{-16}$，求自然界中 $^{14}C$ 在树木中的分数。

6．某抗生素在人体血液中呈现简单级数的反应，如果给病人在上午 8 点注射一针抗生素，然后在不同时刻 $t$ 测定抗生素在血液中的浓度 $c$（以 $mg/100\ cm^3$ 表示），得到如下数据：

| $t$/h | 4 | 8 | 12 | 16 |
|---|---|---|---|---|
| $c/(mg/100cm^3)$ | 0.480 | 0.326 | 0.222 | 0.151 |

（1）确定反应级数；

（2）求反应的速率常数 $k$ 和半衰期；

（3）若抗生素在血液中浓度不低于 $0.37mg/100cm^3$ 才为有效，问约何时应该注射第二针？

7．有一个涉及一种反应物种 A 的二级反应，此反应速率常数可用下式表示 $k = 4.0\times 10^{10} T^{\frac{1}{2}} e^{\frac{-145200}{RT}} dm^3\cdot mol^{-1}\cdot s^{-1}$

（1）在 600K 时，当反应物 A 初始浓度为 $0.1mol\cdot dm^{-3}$ 时，此反应的半衰期为多少？

（2）试问 300K 时，此反应之活化能 $E_a$ 为多少？

（3）如果上述反应是通过下列历程进行

$$A \underset{k_{-1}}{\overset{k_1}{\rightleftharpoons}} B，\ B+A \xrightarrow{k_2} C，\ C \xrightarrow{k_2} P$$

其中 B 和 C 是活性中间物，P 为终产物。试得出反应速率方程在什么条件下这个反应能给出二级速率方程。

8．醋酸酐的分解反应是一级反应，该反应的活化能 $E_a = 144348J\cdot mol^{-1}$，已知 284℃时，这个反应的 $k = 3.3\times10^{-2}s^{-1}$，现要控制此反应在 10min 内转化率达到 90%，试问反应温度要控制在多少？

9．373K 时，反应 $2HgCl_2 + K_2C_2O_4 \longrightarrow 2KCl + 2CO_2 + Hg_2Cl_2$ 的速率方程可表示为 $\frac{d[Hg_2Cl_2]}{dt} = k[HgCl_2]^x[K_2C_2O_4]^y$，实验中测定出各种浓度下沉淀的物质的量，列表如下：

| 反应时间/min | $[HgCl_2]/(mol\cdot dm^{-3})$ | $[K_2C_2O_4]/(mol\cdot dm^{-3})$ | $[Hg_2Cl_2]/(mol\cdot dm^{-3})$ |
| --- | --- | --- | --- |
| 65 | 0.0836 | 0.404 | 0.0068 |
| 120 | 0.0836 | 0.202 | 0.0031 |
| 60 | 0.0418 | 0.404 | 0.0032 |

请确定反应级数。

10．599K 时丁二烯聚合生成丁二烯二聚物，反应初始压力为 83.16kPa，实验测得数据如下：

| $t$/min | 0 | 6.12 | 14.30 | 29.18 | 49.50 | 68.05 | 90.05 | 119.0 |
| --- | --- | --- | --- | --- | --- | --- | --- | --- |
| $p$/kPa | 83.16 | 79.82 | 75.80 | 70.45 | 65.54 | 62.45 | 59.64 | 56.95 |

试求反应级数和反应速率常数。

11．已知对峙反应 $2NO(g)+O_2(g)\underset{k_{-1}}{\overset{k_1}{\rightleftharpoons}}2NO_2(g)$，正反应为 3 级，逆反应为 2 级，在不同温度下的 $k$ 值为：

| $T$/K | $k_1/(mol^{-3}\cdot dm^9\cdot min^{-1})$ | $k_{-1}/(mol^{-2}\cdot dm^6\cdot min^{-1})$ |
| --- | --- | --- |
| 600 | $6.63\times10^5$ | 8.39 |
| 645 | $6.52\times10^5$ | 40.4 |

试计算：（1）不同温度下反应的平衡常数值。

（2）该反应的 $\Delta_r U_m$（设该值与温度无关）和 600K 时 $\Delta_r H_m$ 的值。

12．某反应在催化剂作用下的 $\Delta^{\neq}H_m^{\ominus}(298.15K)$ 比非催化反应降低 $20kJ\cdot mol^{-1}$，$\Delta^{\neq}S_m^{\ominus}$ 降低 $50J\cdot K^{-1}\cdot mol^{-1}$，计算 298.15K 下，催化反应速率常数与非催化反应速率常数之比。

13．某双原子分子分解反应的阈能为 $83.68kJ\cdot mol^{-1}$，试分别计算 300K 及 500K 时，具有足够能量可能分解的分子占分子总数的分数为多少？

14．单分子反应（气相）A→B，已知反应物基本振动频率为 $n=1.0\times10^{11}\ s^{-1}$，活化络合物 $A^{\neq}$ 基态能量与反应物 A 基态能量之差 $E_0=166.3kJ\cdot mol^{-1}$。试求：1000K 时反应的速率常数 $k$（提示：在题给条件下可以认为 $h\nu \ll k_B T$）。

15．在一个气相双分子反应中，反应物要克服 $125kJ\cdot mol^{-1}$ 的临界能才能反应，试问在 27℃时，发生多少次双分子碰撞才有一次有效碰撞？

16．基元反应 $Cl(g)+H_2(g)\longrightarrow HCl(g)+H(g)$，已知，$M(Cl)=35.453\times10^{-3}kg\cdot mol^{-1}$，$M(H_2)=2.0159\times10^{-3}kg\cdot mol^{-1}$，Cl(g)和 $H_2$(g)的直径分别为：$\sigma(Cl)=0.200nm$，$\sigma(H_2)=0.150nm$。

（1）请根据碰撞理论计算该反应的指前因子 $A$（令 $T=350K$）；

（2）实验测得 $\lg[A/(mol^{-1}\cdot dm^{-3}\cdot s^{-1})]=10.08$（250～450K 时），求概率因子 $P$。

17．将 1.0g 氧气和 0.1g 氢气于 300K 时在 $1dm^3$ 的容器内混合，试计算每秒钟、每单位体积内分子的碰撞总数为多少？设 $O_2$ 和 $H_2$ 为硬球分子，其直径为 0.339nm 和 0.247nm。

18．乙炔热分解反应是双分子反应，其临界能为 $190.2kJ\cdot mol^{-1}$，分子直径为 $5\times10^{-8}cm$，求：

（1）800K、101325Pa 下在单位时间、单位体积内 $0.015mol\cdot L^{-1}$ 的乙炔热分解反应的分子碰撞数 $Z$；

（2）反应速率常数；

（3）初始反应速率。

19．对于同种双分子反应，可通过碰撞理论推导指前因子的计算式，式中仅含有概率因子 $P$、碰撞直径 $d$、温度 $T$ 及分子量。反应 $2NOCl \longrightarrow 2NO + Cl_2$，已知 NOCl 的分子直径 $d = 0.35nm$，实验测得 $\lg\left(\dfrac{A/T^{\frac{1}{2}}}{mol^{-1}\cdot dm^{-3}\cdot s^{-1}}\right) = 9.31$，试求概率因子 $P$。

20．反应 $Cl(g) + ICl(g) \longrightarrow Cl_2(g) + I(g)$

已知反应物的摩尔质量分别为：$M(Cl) = 35.453g\cdot mol^{-1}$，$M(ICl) = 162.357g\cdot mol^{-1}$。Cl 原子与 ICl 的半径分别为：$\sigma(Cl)=0.200nm$，$\sigma(ICl) = 0.465nm$，活化能 $E_a = 18.8kJ\cdot mol^{-1}$。

（1）计算该反应的 $k$ 及 $A$ 值（令 $T = 318K$）；

（2）实验测得 $\lg[A/(mol^{-1}\cdot dm^3\cdot s^{-1})] = 8.7$（303～333K），计算 $P$（概率因子）。

21．通过碰撞理论可导出双分子反应指前因子的计算通式，式中仅含有概率因子 $P$，碰撞分子的半径之和 $d_{12}$，分子量 $M_1$、$M_2$，以及温度 $T$。请对不同分子反应推出指前因子的计算式。

双分子反应 $NO + Cl_2 \longrightarrow NOCl + Cl$，已知 $d_{12} = 0.35nm$，$P = 0.014$，导出 $A$-$T$ 函数关系并与实验值 $1.0\times10^8 T^{\frac{1}{2}} mol^{-1}\cdot dm^{-3}\cdot s^{-1}$ 对比，判断理论结论和实验是否一致。

22．A 和 B 的混合物在 300K 时压力均为 13.33kPa，直径分别为 $d_A = 0.3nm$，$d_B = 0.4nm$，300K 时平均相对速率 $v_R = 5.00\times10^2 m\cdot s^{-1}$，$k = 1.18\times10^5 mol^{-1}\cdot m^3\cdot s^{-1}$，$E_a = 40kJ\cdot mol^{-1}$。假设所有气体均满足理想气体状态。

（1）计算 $Z_{AB}$；

（2）计算碰撞阈能 $E_C$ 和概率因子 $P$。

23．某基元反应：$A(g) + B(g) \longrightarrow P(g)$，设在 298K 时的速率常数 $k(298K) = 68.8 (mol\cdot dm^{-3})^{-1}\cdot s^{-1}$；308K 时，$k(308K) = 142.1(mol\cdot dm^{-3})^{-1}\cdot s^{-1}$。若 A(g)和 B(g)的原子半径和摩尔质量分别为 $r_A = 0.36nm$，$r_B = 0.41nm$，$M_A = 28g\cdot mol^{-1}$，$M_B = 71g\cdot mol^{-1}$。试根据经典过渡态理论，求解 298K 温度下该反应的活化焓 $\Delta_r^{\neq}H_m$、活化熵 $\Delta_r^{\neq}S_m$ 以及活化吉布斯自由能 $\Delta_r^{\neq}G_m$。

24．在 $H_2$+$Cl_2$ 光化学反应中，应用 480nm 的光照射，量子效率为 $1\times10^6$，试计算每吸收 4.18J 辐射能产生 HCl(g)的量为多少？

# 第 8 章

# 表面与胶体

**【学习意义】**

由于自由能趋向于自发减小，从而导致表面环境与体相并不一致，表面的化学活性远高于体相，很多体相不能发生的化学反应却可以在表面发生。固体表面的吸附与催化让化学家便捷地观察到反应的机理，而液体的高活性表面恰好为溶质分子的自组装行为形成胶粒或胶团提供了绝佳的环境。本章的学习将借助于热力学和动力学的基础知识，系统描述表面这一高活性系统的化学本质特征。

**【核心概念】**

表面张力与表面能；表面超量与固体表面吸附；胶体的构性关系。

**【重点问题】**

1. 描述表界面现象的物理量有哪些？分别有何意义？
2. 如何通过构建热力学模型解决弯曲液面的气液平衡问题？
3. 如何建立并描述液体和固体表面的吸附模型？
4. 如何描述胶体的结构与其物理性质之间的关系？

表面相的热力学性质不同于体相，本章的主要研究对象为两相之间的过渡区，一般称之为界面或者表面，但两者在概念上有所区分。界面（interface）是指两相接触的约几个分子厚度的过渡区，可以是单分子层，也可以是多分子层，若其中一相为气体，这种界面通常称为表面（surface）。本章首先将就表面的特征，依次讨论一般表界面（8.1 节），气-液表面（8.2 节、8.3 节）、液-液界面及表面活性剂（8.4 节）、液-固界面（8.5 节）以及气-固表面（8.6 节）的物理化学性质。几种典型的表界面模型如图 8.1 所示。除此之外，本章还将对一种常见的表面热力学系统进行简单的介绍，即胶体和胶体的理化性质（8.7 节～8.10 节）。

## 8.1 表面物理化学基本概念

根据平衡态的定义，对于整个体系而言，表面结构单元的化学势与体相内部结构单元的化学势必然相等。然而表面态是一种不同于体相的真实存在。实际上，任何结构单元都“不喜欢”位于表面。这是由于物相必定存在表界面，而表界面与体相的分子受力不同，为了保

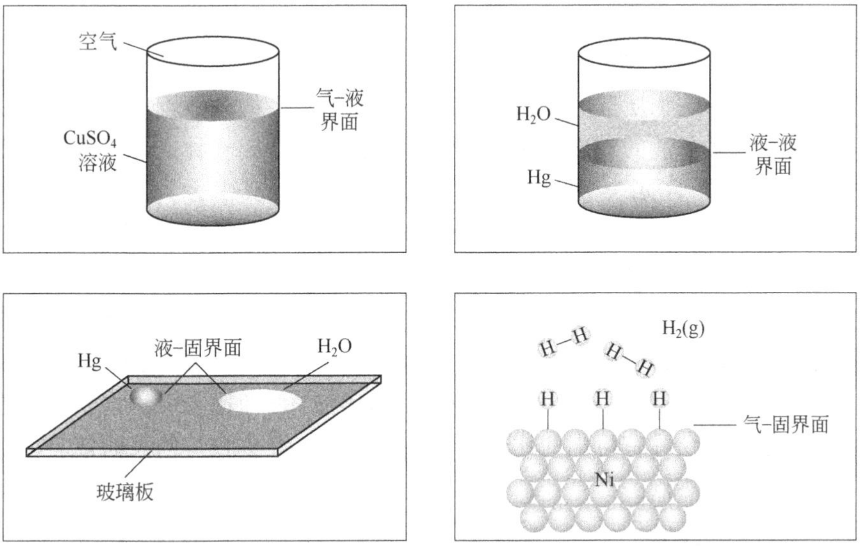


图 8.1　几种典型的表界面模型

持平衡状态，表界面必然需要重组使得结构单元在表面与体相的概率满足最概然分布。

**【例 8.1】**常温常压条件下，NaCl 晶体的晶格能大约为 $400kJ\cdot mol^{-1}$，因为每 1mol 的 NaCl 对应着 6mol 的离子-离子配位，作为粗略估计，每 1mol 的离子-离子相互作用大约为 $66.7kJ\cdot mol^{-1}$ 的能量。请计算，在无表面重组、环境为真空、温度为 300K 的条件下，一个新鲜剖开的（001）晶面上的离子如果保持和体相完全相同分布时的概率。

**【解答】**按照题意，离子在界面上的势能比体相的势能高出 66.7kJ/mol，即离子分布在表面的概率 $P_{面}$ 与分布在体相中的离子概率 $P_{体}$ 的比值，应该按照玻耳兹曼分布律去分析：

$$\frac{P_{面}}{P_{体}} = \exp\left(-\frac{\Delta E}{RT}\right) = \exp\left(-\frac{66700}{8.314\times 300}\right) = 2.4\times 10^{-12}$$

即离子保持不动的概率仅为 $2.4\times10^{-12}$，这个概率实在太小。所以热力学上可以认为不存在这样的情况发生，即任何结构单元都“不喜欢”位于表面。

究其原因，是由于位于界面层的分子与体相分子相比，它们所处的环境不同。体相内部分子所受四周邻近相同分子的作用力是对称的，各个方向的力彼此抵消；但是处在界面层的分子，一方面受到体相内相同物质分子的作用，另一方面受到性质不同的另一相中物质分子的作用，其作用力不能相互抵消。对于单组分体系，这种特性主要来自同一物质在不同相中的密度不同；对于多组分体系，则特性来自界面层的组成与任一相的组成均不相同。如图 8.2 所示的气-液表面，液体内部分子所受的力可以彼此抵消，但表面层分子受到体相分子的拉力大，受到气相分子的拉力小（因为气相密度低），所以表面分子受到被拉入体相的作用力。

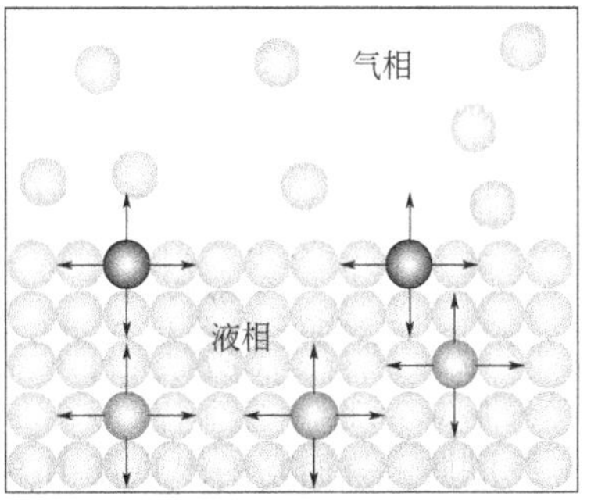


图 8.2　气-液表面层分子的受力分析示意图

这种作用力使表面有自动收缩到最小的趋势，并使表面层显示出一些独特性质，如表面吸附现象、毛细现象以及过饱和状态等。对一定体积的液体，不受外力的作用时，最稳定的状态为球状。

### 8.1.1 比表面积与分散度

物体表面特性会影响物质其它性质，而这种影响随着系统分散程度的增加而加剧。比表面积通常用来表示物质分散的程度，有两种常用的表示方法：一种是单位质量的固体所具有的表面积，用 $A_m$ 表示，且 $A_m = A/m$，国际单位为 $m^2 \cdot kg^{-1}$，其中 $A$ 为固体的表面积；$m$ 为固体的质量。另一种表示方法是单位体积固体所具有的表面积，用 $A_V$ 表示，且 $A_V = A/V$，国际单位为 $m^{-1}$，其中 $A$ 为固体的表面积；$V$ 为固体的体积。

分散度是指把物质分散成细小微粒的程度。把一定大小的物质分割得越小，则分散度越高，比表面也越大。例如将边长为 1cm，体积为 $1cm^3$ 的立方体分割成边长为 1nm（$10^{-9}$m）的小立方体时，比表面积 $A_V$ 从 $6\times10^2 m^{-1}$ 增长至 $6\times10^9 m^{-1}$，即比表面积增长了一千万倍。可见达到纳米级的超细微粒具有巨大的比表面积，因而具有许多独特的表面效应，成为新材料和多相催化方面的研究热点。

### 8.1.2 表面功与表面能

由于表面层分子的受力情况与本体中不同，因此如果要把分子从体相移到界面层，即可逆地增加体系的表面积时，需要克服体系内部分子之间的作用力。此时，环境对体系做功。

表面功是指温度、压力和组成恒定时，使表面积可逆增加 d$A$ 所需要对体系做的功，可用方程式（8.1）表示表面功 $W'$：

$$\delta W' = \gamma \times \mathrm{d}A \tag{8.1}$$

式中，$\gamma$ 为比例系数，它在数值上等于当 $T$、$p$ 及组成恒定时，增加单位表面积时所必须对体系做的可逆非膨胀功。按照吉布斯函数的物理意义，即吉布斯函数的减少量等于体系对外输出的最大非体积功，此时式（8.1）等价于：

$$(\mathrm{d}G)_{T,p,n_\mathrm{B}} = \delta W' = \gamma \times \mathrm{d}A \tag{8.2}$$

上式中的比例系数 $\gamma$ 可用方程式（8.3）表示：

$$\gamma = \left(\frac{\partial G}{\partial A}\right)_{T,p,n_\mathrm{B}} \tag{8.3}$$

因此，包含表面功的热力学体系的吉布斯函数为 $T$、$p$、组成 $n_\mathrm{B}$ 以及表面积 $A$ 的函数，可以写成方程式（8.4）：

$$G = G(T, p, n_\mathrm{B}, A) \tag{8.4}$$

对式（8.3）进行全微分展开，可得方程式（8.5）：

$$\mathrm{d}G = \left(\frac{\partial G}{\partial T}\right)_{p,n_\mathrm{B},A}\mathrm{d}T + \left(\frac{\partial G}{\partial p}\right)_{T,n_\mathrm{B},A}\mathrm{d}p + \sum_\mathrm{B}\left(\frac{\partial G}{\partial n_\mathrm{B}}\right)_{T,p,n_{\mathrm{C,B}},A}\mathrm{d}n_\mathrm{B} + \left(\frac{\partial G}{\partial A}\right)_{T,p,n_\mathrm{B}}\mathrm{d}A \tag{8.5}$$

根据无表面功的麦克斯韦方程和方程式（8.3），式（8.5）等价于

$$\mathrm{d}G = -S\mathrm{d}T + V\mathrm{d}p + \sum_\mathrm{B}\mu_\mathrm{B}\mathrm{d}n_\mathrm{B} + \gamma\mathrm{d}A \tag{8.6}$$

由于四大热力学基本方程的等价性，因此，包含表面能的任意热力学体系的其它三个 *UHF*[1]的热力学基本方程可表示为式（8.7）～式（8.9）：

$$dU = TdS - pdV + \gamma dA + \sum_{B} \mu_B dn_B \tag{8.7}$$

$$dH = TdS + Vdp + \gamma dA + \sum_{B} \mu_B dn_B \tag{8.8}$$

$$dF = -SdT - pdV + \gamma dA + \sum_{B} \mu_B dn_B \tag{8.9}$$

将表面功 $\gamma dA$ 当作一个附加的修正项，同理可证上述 *UHFG* 四个基本方程间的等价性。注意，该表面是没有厚度、无任何掺杂物的理论意义的二维表面。按照上述四个方程，均可等价地定义比例系数 $\gamma$，如方程式（8.10）所示：

$$\gamma = \left(\frac{\partial U}{\partial A}\right)_{S,V,n_B} = \left(\frac{\partial H}{\partial A}\right)_{S,p,n_B} = \left(\frac{\partial F}{\partial A}\right)_{T,V,n_B} = \left(\frac{\partial G}{\partial A}\right)_{T,p,n_B} \tag{8.10}$$

式中，$\gamma$ 为广义的表面自由能，简称表面能。其物理意义为：保持 *UHFG* 各自相应的特征变量不变，每增加单位表面积时，各热力学函数的增值。一般在化学热力学体系中，描述表面能时，$\gamma$ 默认使用方程式（8.3）的定义，即狭义的表面能，其物理意义为：保持温度、压力和组成不变，每增加单位表面积时，吉布斯自由能的增加值。

表面能用符号 $\gamma$ 表示，单位为 $J \cdot m^{-2}$。

**【思考题】**对于含表面功的热力学体系，求证热力学能 $U$ 与焓 $H$ 随单位表面积 $A$ 之间的变化关系，一定满足下列的定理：

$$\left(\frac{\partial U}{\partial A}\right)_{T,V,n_B} = \gamma + T\left(\frac{\partial S}{\partial A}\right)_{T,V,n_B} = \gamma - T\left(\frac{\partial \gamma}{\partial T}\right)_{A,V,n_B}$$

$$\left(\frac{\partial H}{\partial A}\right)_{T,p,n_B} = \gamma + T\left(\frac{\partial S}{\partial A}\right)_{T,p,n_B} = \gamma - T\left(\frac{\partial \gamma}{\partial T}\right)_{A,p,n_B}$$

## 8.1.3 表面张力

托马斯·杨（Thomas Young）和拉普拉斯（Laplace）通过观察到液体表面并非一直处于水平状态，提出一种在两相（特别是气-液）界面上可以平衡重力的力。

表面张力定义为：任意两相相邻部分之间，垂直于它们的单位长度分界线，使表面收缩相互作用的拉力，也用 $\gamma$ 表示，单位为 $N \cdot m^{-1}$。

因此，表面张力的特点是使体相表面积最小；方向是垂直于表面单位长度分界线，与表面相切，指向使表面缩小的方向。例如，图 8.3（a）中的液膜实验：如果在金属线框中间系一线圈，一起浸入肥皂液中，取出后上面形成一液膜。如果刺破线圈中央的液膜，线圈内侧张力消失，外侧表面张力立即将线圈绷成一个圆形，清楚地显示出表面张力的存在。按照定义，表面张力在线圈与皂液之间，单位长度的分界线如图中的标识所示，表面张力 $\gamma$ 垂直于该单位长度分界线，使得液膜收缩。

再比如图 8.3（b）中，液体 1、液体 2 以及上方的气体分别形成了三个表界面，分别为液体 1-气体表面、液体 2-气体表面以及液体 1-液体 2 界面，按照表面张力的定义和特征，三

---

[1] 为了与表面积符号 $A$ 进行区分，本章中亥姆霍兹自由能使用符号 $F$ 表示。

相交点 $Q$ 处的表面张力分别如图所示。需要注意的是，各表界面中，单位长度的分界线都位于 $Q$ 点，且垂直于纸面，各表面张力的方向与分界线垂直，并与表面相切。

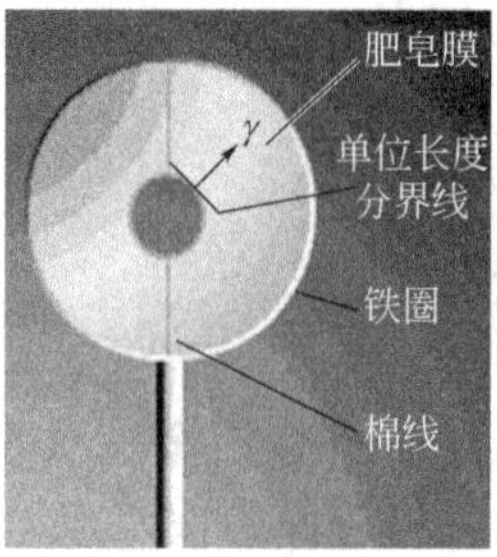

(a) 线圈上的肥皂液膜

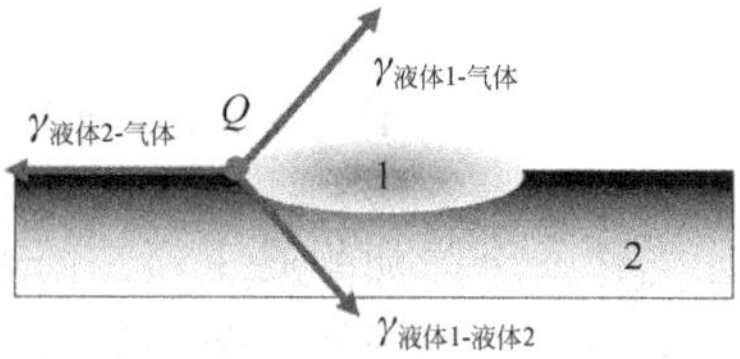

(b) 两种不同液体与气体表界面上的平衡受力

图 8.3　表面张力分析示意图

按照表面张力的定义，即单位长度表面所产生的使表面收缩的力称为表面张力。因此，在一定温度、压力和组成的条件下，表面张力 $\gamma_{T,n_B,A}$ 可使用方程式（8.11）表示。

$$\gamma_{T,n_B,A}=\frac{F}{l}=\frac{F\times \mathrm{d}r}{l\times \mathrm{d}r}=\frac{\delta W'}{\mathrm{d}A}=\left(\frac{\partial G}{\partial A}\right)_{T,p,n_B} \quad (8.11)$$

式中，$l$ 表示单位长度的表面；$F$ 为使表面收缩的力。当使用力 $F$ 使得体相中的离子移动距离 $\mathrm{d}r$ 时，所需的能量可通过表面功的方式表示，如方程式（8.1）所示。

因此，表面能和表面张力是从不同的角度描述的同一体系中的同一强度性质。前者从能量角度出发，是标量，单位为 $\mathrm{J\cdot m^{-2}}$；后者从力的角度出发，是矢量，单位为 $\mathrm{N\cdot m^{-1}}$。两者的物理意义的等价性可通过方程式（8.11）表示。

## 8.1.4　表面张力与温度的关系

根据方程式（8.1.6），根据状态函数具备全微分的性质，可得式（8.12）：

$$\left(\frac{\partial S}{\partial A}\right)_{T,p,n_B}=-\left(\frac{\partial \gamma}{\partial T}\right)_{A,p,n_B} \quad (8.12)$$

一般情况下，随着表面积增加，体系的微观状态数增大，体系的熵总是增加，因此式(8.12)左边恒正。而方程的右边，热力学温度 $T$ 恒大于 0，因此，$\gamma$ 随 $T$ 的增加而下降。拉姆齐（Ramsay）和希尔茨（Shields）提出的表面张力 $\gamma$ 与温度 $T$ 之间的经验函数，如方程式（8.13）所示：

$$\gamma V_\mathrm{m}^{2/3}=k(T_\mathrm{c}-T-6.0) \quad (8.13)$$

式中，$V_\mathrm{m}$ 为摩尔体积；$k$ 为普适常数；$T_\mathrm{c}$ 为临界温度，即气态向液态转变的最高温度。对非极性液体，$k=2.2\times10^{-7}\mathrm{J\cdot K^{-1}}$。

**【例 8.2】** 在绝热可逆条件下，若干直径为 $R'=10^{-7}\mathrm{m}$ 的小水滴形成一个 1mol 质量的球形大水滴，求大水滴的温度是多少？已知水的表面张力 $\gamma=0.073\mathrm{N\cdot m^{-1}}$，摩尔热容 $C_{V,\mathrm{m}}=75.37\mathrm{J\cdot K^{-1}\cdot mol^{-1}}$，密度 $\rho=0.958\times10^3\mathrm{kg\cdot m^{-3}}$，并设 $\gamma$、$C_V$ 和 $\rho$ 均与温度无关，初始温度为 308K。

**【解答】** 本题的题设条件是在绝热可逆的条件下，因此该过程等熵。体系热力学过程的变化量 $\Delta U=Q+W=W$；而体系在该过程中所做的功为等熵等容条件下的表面功。同时根据等容热容与热力学能变化量之间的桥梁公式：$\Delta U=nC_{V,\mathrm{m}}\Delta T$，联立即可求出目标问题。

由于热力学过程前后的体系质量守恒，因此根据质量可求得大水滴的半径为：

$$m_{水} = \frac{4}{3}\pi R^3 \rho$$

$$R = \sqrt[3]{\frac{3m_{水}}{4\pi\rho}} = \sqrt[3]{\frac{3\times0.018}{4\times3.14\times0.958\times10^3}} = 0.016\text{m}$$

再根据小水滴的半径 $R' = 10^{-7}$m，因此小水滴的表面积 $A_s$ 为：

$$A_s = n\times4\pi R'^2 = (R/R')^3\times4\pi R'^2 = 1130\text{m}^2$$

远大于大水滴的表面积，忽略大水滴的表面积，即热力学过程中的$\Delta A = -1130\text{m}^2$;

所以体系的热力学能变化为：$\Delta U = \gamma\Delta A_s = -82.5$J

且根据 $\Delta U = nC_{V,m}\Delta T$，得：

$$\Delta T = 82.5\text{J}/(1\text{mol}\times75.37\text{J}\cdot\text{K}^{-1}\cdot\text{mol}^{-1}) = -1.09\text{K}$$

故，终态时大水滴的温度为 $T = 308\text{K}+\Delta T = 309.91\text{K}$。

### 8.1.5 表面张力的其它影响因素

① 分子间相互作用力的影响　对纯液体或纯固体，表面张力取决于分子间形成的化学键能的大小，一般化学键越强，表面张力越大。两种液体间的界面张力，介于两种液体表面张力之间。不同键的表面张力关系为：$\gamma$(金属键)> $\gamma$(离子键)> $\gamma$(极性共价键)> $\gamma$(非极性共价键)。

② 压力的影响　表面张力一般随压力的增加而下降。因为压力增加，气相密度增加，表面分子受力不均匀略有好转。另外压力增加可能促使表面吸附增加，气体溶解度增加，也使表面张力下降。

## 8.2 弯曲液面的附加压力和饱和蒸气压

表面张力会导致气液表面中的液面出现弯曲，相较于水平面，弯曲液面下方液体的压力以及气液平衡时，弯曲液面上的饱和蒸气压显然会出现不同的现象。本节将基于表面张力，详细讨论弯曲液面的物理化学性质，定量化其附加压力以及饱和蒸气压。

### 8.2.1 弯曲表面下的附加压力

（1）附加压力的概念

附加压力是相较于水平液面内外所承受的压力而言的。一般情况下，水平面内外承受的均为大气压力。而附加压力指的是由于表面张力引起的在弯曲表面下的液体或气体额外的受力，即弯曲液面内外的压力差，用 $p_s$ 表示，国际单位为 Pa，数学定义式为：

$$p_s = p_{内} - p_{外} \tag{8.14}$$

① 在平面上，如图 8.4（a）所示，以 $AB$ 为直径的一个环作为边界，由于环上每点的两边都存在表面张力，大小相等，方向相反，所以为一个平面结构。设向下的大气压力为 $p^{\ominus}$，向上的反作用力也为 $p^{\ominus}$，附加压力 $p_s = p_{内} - p_{外} = 0$。

② 在凸面上，如图 8.4（b）所示，以 $AB$ 为弦长的一个球面上的环作为边界。由于环上每点两边的表面张力都与液面相切，大小相等，但不在同一平面上，所以会产生一个向下的

合力，所有的点产生的总压力为附加压力 $p_s = p_{内} - p_{外}$，即凸面上受的总压力为 $p^{\ominus} + p_s$，所以凸面 $p_{内} > p_{外}$，$p_s > 0$。

③ 在凹面上，如图 8.4（c）所示，以 $AB$ 为弦长的一个球形凹面上的环作为边界。由于环上每点两边的表面张力都与凹形的液面相切，大小相等，但不在同一平面上，所以会产生一个向上的合力，所有的点产生的总压力为附加压力 $p_s = p_{内} - p_{外}$，即凹面上受的总压力为：$p^{\ominus} - p_s$，所以凹面 $p_{内} < p_{外}$，$p_s < 0$。

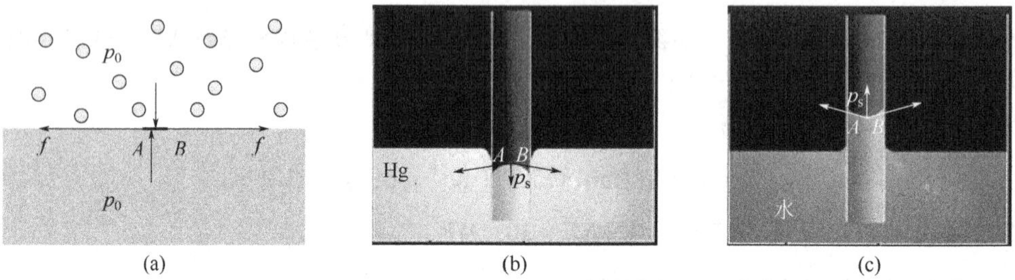


图 8.4　平面（a）、凸面（b）及凹面（c）的压力分析示意图

综上所述，由于表面张力的作用，在弯曲表面下的液体与平面不同，根据力学平衡原理，内外压强差导致的是一个垂直于膜面内外的压力，方向指向于减小该表面的方向：曲面的附加压力总是从凸面指向凹面。由于附加压力的作用，凸面上受的总压力大于平面上的压力；凹面上受的总压力小于平面上的压力。实际上，附加压力 $p_s$ 的大小与曲率半径有关，可以根据 Young-Laplace 公式进行计算。

（2）杨-拉普拉斯（Young-Laplace）公式——附加压力的计算

杨-拉普拉斯公式可以量化地分析弯曲表面的附加压力大小规律。本节内容将通过球形液滴的表面（液面上各点的曲率半径处处相同）以及一般的弯曲液面来分析计算各类表面上的附加压力。

① 球形液面上的附加压力。温度压力保持一定时，假设某球形液滴的半径为 $R$，表面张力为 $\gamma$，通过外力 $F$ 使得体相内的分子向表面移动距离 d$R$，该过程可逆地增大球形液滴的表面积 d$A$，如图 8.5（a）所示。

则其中的附加压力可用 $F$ 表示为：

$$p_s = p_{内} - p_{外} = \frac{F}{4\pi R^2} \tag{8.15}$$

该过程所涉及的非体积功 $\delta W'$既等于外力 $F$ 和对应的位移 d$R$ 的矢量积，同时又等于体系增大表面积 d$A$ 时，需要克服的表面自由能，即：

$$\delta W' = F \times \mathrm{d}R = \gamma \times \mathrm{d}A = \gamma \times [4\pi(R+\mathrm{d}R)^2 - 4\pi R^2] = \gamma \times 8\pi R\mathrm{d}R \tag{8.16}$$

上式中舍去了无穷小量$(\mathrm{d}R)^2$项，将式（8.15）代入式（8.16），得：

$$p_s \times 4\pi R^2 \times \mathrm{d}R = \gamma \times 8\pi R\mathrm{d}R$$

所以

$$p_s = p_{内} - p_{外} = \frac{2\gamma}{R} \tag{8.17}$$

该方程为适用于球形表面的杨-拉普拉斯公式。

② 任意弯曲液面上的附加压力。推导模型如图 8.5（b）所示，在任意弯曲液面上取小矩形曲面 $ABCD$，表面张力为 $\gamma$，两个边长分别为 $x$ 与 $y$，曲面边缘 $AB$ 和 $BC$ 弧的曲率半径分别为 $R_1$ 和 $R_2$，在曲率半径较大的情况下，曲面的面积 $A$ 可近似为 $xy$。

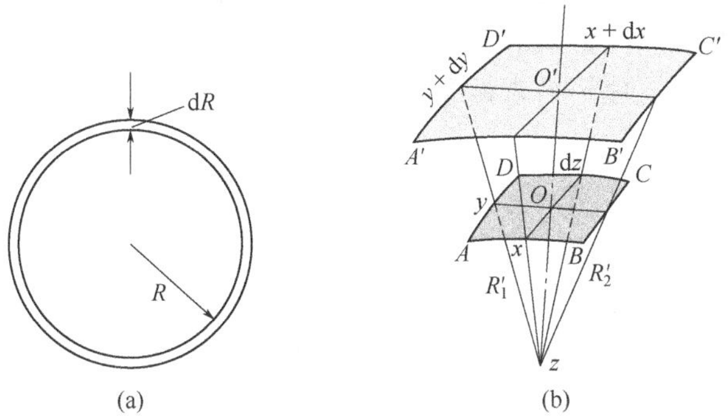


图 8.5　球形液滴的附加压力求算模型（a）和任意弯曲表面上的附加压力求算模型（b）

作曲面的两个相互垂直的正截面，交线 $OO'$为 $O$ 点的法线，令曲面沿法线方向移动 $\mathrm{d}z$，使曲面扩大到 $A'B'C'D'$，则 $x$ 与 $y$ 各增加 $\mathrm{d}x$ 和 $\mathrm{d}y$，则移动后的表面积增量 $\mathrm{d}A$ 及液体体积增量 $\mathrm{d}V$ 分别为：

$$\mathrm{d}A = (x+\mathrm{d}x)(y+\mathrm{d}y) - xy = x\mathrm{d}y + y\mathrm{d}x \tag{8.18}$$

$$\mathrm{d}V = xy\mathrm{d}z \tag{8.19}$$

在该过程中，增加液体表面积 $\mathrm{d}A$ 所做的功与克服附加压力 $P_s$ 增加 $\mathrm{d}V$ 所做的功应该相等，代入 $\mathrm{d}A$ 和 $\mathrm{d}V$，即：

$$\gamma \mathrm{d}A = p_s \mathrm{d}V \tag{8.20}$$

$$\gamma(x\mathrm{d}y + y\mathrm{d}x) = p_s xy\mathrm{d}z \tag{8.21}$$

近似为相似性原理，即：

$$(x+\mathrm{d}x)/(R_1' + \mathrm{d}z) = x/R_1' \text{ 化简得 } \mathrm{d}x = \frac{x\mathrm{d}z}{R_1'}$$

$$(y+\mathrm{d}y)/(R_2' + \mathrm{d}z) = y/R_2' \text{ 化简得 } \mathrm{d}y = \frac{y\mathrm{d}z}{R_2'}$$

将 $\mathrm{d}x$、$\mathrm{d}y$ 代入式（8.21），得：

$$\gamma\left(x\frac{y\mathrm{d}z}{R_2'} + y\frac{x\mathrm{d}z}{R_1'}\right) = p_s xy\mathrm{d}z$$

即

$$p_s = \gamma\left(\frac{1}{R_1'} + \frac{1}{R_2'}\right) \tag{8.22}$$

上式为任意弯曲表面的杨-拉普拉斯公式。显然，当弯曲液面为球面时，球面的曲率半径处处相等，$R_1' = R_2'$，与式（8.17）的形式相同。

根据数学规定，凸液面的曲率半径取正值，凹液面的曲率半径取负值。所以，凸液面的附加压力指向液体内部，凹液面的附加压力指向气体内部，即附加压力总是指向球面的球心，与图 8.4 中三种情况下附加压力的物理意义的分析一致。

【例 8.3】自由液滴或气泡为何通常都呈球形？

（1）假若液滴具有不规则的形状，则在表面上的不同部位曲面弯曲方向及其曲率不同，所具有的附加压力的方向和大小也不同，这种不平衡的力，必将迫使液滴呈现球形，只有球面的各点曲率和附加压力相同，液滴形状才能稳定；

（2）相同体积的物质，球形的表面积最小，则表面总的吉布斯自由能最低，所以变成球状最稳定。

（3）毛细管现象

将玻璃毛细管插入液体汞中，则由于玻璃对汞的憎液性，毛细管中的汞液面会下降，管内汞面呈凸形，如图 8.4（b）所示；若插入水中，水在毛细管中有上升趋势，源于玻璃的亲水性，管内水面呈凹形，如图 8.4（c）所示。上述两种现象均是附加压力直接造成的结果。

因此，由附加压力而引起的毛细管内液面与管外液面有高度差的现象称为毛细管现象。把毛细管插入液体中，如果液体能润湿毛细管，则液面下凹，使液柱上升到一定高度；如果液体不能润湿毛细管，液面会上凸，使液柱下降。实验中利用毛细管现象就可以获得不同液体的表面张力。

毛细管法测液体表面张力的原理就是通过测量毛细管内液柱上升（或下降）的高度来计算表面张力，如图 8.6 所示。在表面与管壁相交之处的夹角 $\theta$ 称为接触角，若液面恰好为半球形，则 $\theta=0$。一般情况下，$\theta$ 均不为 0。

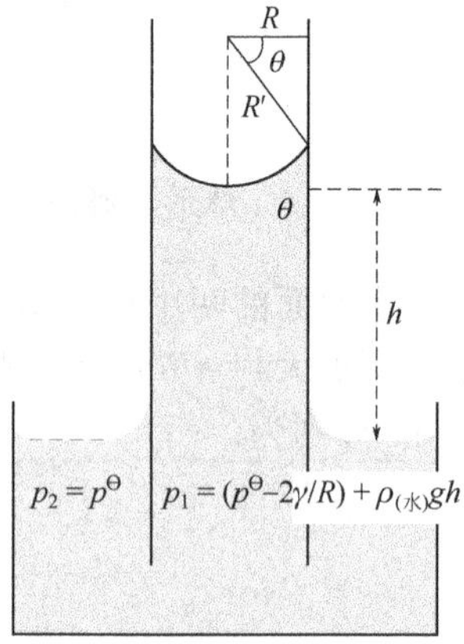

图 8.6 毛细管法测液体表面张力的原理图

假设玻璃毛细管插入水中，毛细管中的水面呈凹液面，曲率半径为 $R'$，水的表面张力为 $\gamma$，则附加压力 $p_s=\dfrac{2\gamma}{R'}$。假设液面上方的压力为标准大气压 $p^\ominus$，则液面下方的压力为 $p^\ominus-\left|\dfrac{2\gamma}{R'}\right|$。

当水上升至 $h$ 高度时，液柱向下施加的静压力为 $\rho_{(水)}gh$，其中 $\rho_{(水)}$ 为水的质量密度，$g$ 为重力加速度，因此毛细管液体底部的受压为 $p_1=\left(p^\ominus-\dfrac{2\gamma}{R'}\right)+\rho_{(水)}gh$。该压强应与毛细管外相同高度的液面受压相同，即 $p_1=p_2=p^\ominus$。

所以
$$\frac{2\gamma}{R'}=\rho_{(水)}gh \tag{8.23}$$

故水的表面张力与弯曲液面的曲率半径 $R'$ 之间的关系为：

$$\gamma=\frac{\rho_{(水)}ghR'}{2} \tag{8.24}$$

假设毛细管的半径为 $R$，接触角为 $\theta$，则曲率半径 $R'$ 与毛细管半径 $R$ 之间的关系为：

$$R'=\frac{R}{\cos\theta} \tag{8.25}$$

将式（8.25）代入式（8.24），此时水的表面张力与毛细管半径 $R$ 之间的关系可用方程式（8.26）表达：

$$\gamma = \frac{\rho_{(水)} g h R}{2\cos\theta} \tag{8.26}$$

类似的分析也可用于憎液性的固液面分析，比如玻璃毛细管插入液态汞中的液面下降的情况。

## 8.2.2 弯曲表面的饱和蒸气压（$p_r$）

对于平面液体的蒸气压的计算，在等温等压的状态下，可以通过相平衡的知识来描述气液两相的性质。此时在没有表面现象的情况下，相变过程的 $\Delta G = 0$。而当液面受表面张力的影响，发生了弯曲以后，显然存在额外的表面现象。因此，弯曲液面上的气液平衡性质应该如何描述呢？

（1）开尔文（Kelvin）方程推导

在已知平面液体所受大气压 $p^{\ominus}$ 的条件下，怎样在存在表面张力 $\gamma$ 时，准确地描述弯曲液面上的饱和蒸气压与弯曲液面的曲率半径（$R'$）的关系。

在用已知原理解决未知问题时，热力学的思路是通过借助已知体系去构建包含未知过程的热力学循环，即设计一个热力学循环过程，以“平面液体→平面液面上的气体”平衡为基础，以循环过程的吉布斯函数的总和不变为条件，将球形液面下的气液平衡问题纳入循环过程，如图 8.7 所示。

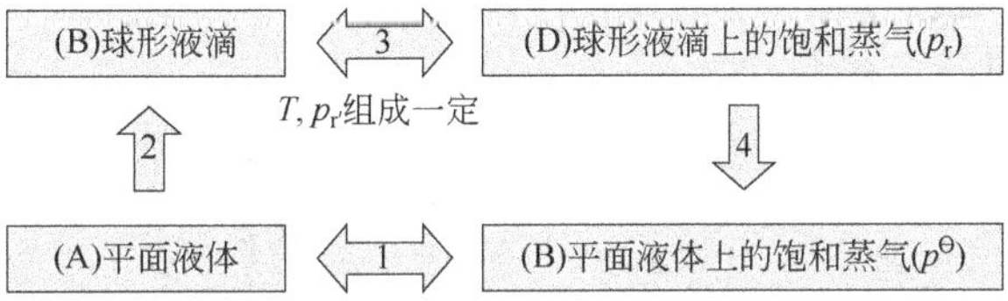


图 8.7　以“平面液体→平面液面上的气体”平衡为基础求解 $p_r$ 的热力学循环图

如图 8.7 所示，过程 1 是已知 $p^{\ominus}$ 条件下的平面液体和气体的相平衡，过程 3 是未知待求的弯曲液面的气液转化过程，对应的是 $p^{\ominus}$ 条件下的平面液体和气体的相平衡。借此循环，可以获得 $p_r$ 和曲率半径 $R'$的关系。

假设液体的物质的量为 1mol，摩尔质量为 $M$，密度为 $\rho$，温度恒定为 $T$，液滴的半径为 $R'$，表面张力为 $\gamma$，平面面积为 $A_0$，液滴面积为 $A_s$。并假设在平面液体向液滴面转化过程中的面积增大量 $A_s >> A_0$，平面液体上的饱和气压为 $p^{\ominus}$，液滴上的饱和气压为 $p_r$，气体可视为理想气体。

**途径 1:**

温度压力一定时，无非体积功的可逆相变过程：

$$\Delta G(1) - 0 \tag{8.27}$$

同时，根据盖斯定律，即能量守恒，组成不变的条件下，一个过程的热力学函数变等于其对应的各热力学途径的热力学函数变之和。在流程图 8.7 中，平面液体的相变过程实际上被分解为了 1、2、3 三个途径，按照盖斯定律，必然存在如下关系：

$$\Delta G(1) = \Delta G(2) + \Delta G(3) + \Delta G(4) = 0 \tag{8.28}$$

**途径 2:**

如图 8.8 所示，对应一个液面的变化，其中 $p_s$ 为附加压力，在考虑表面功以后，$G$ 函数的热力学基本关系如式（8.29）所示：

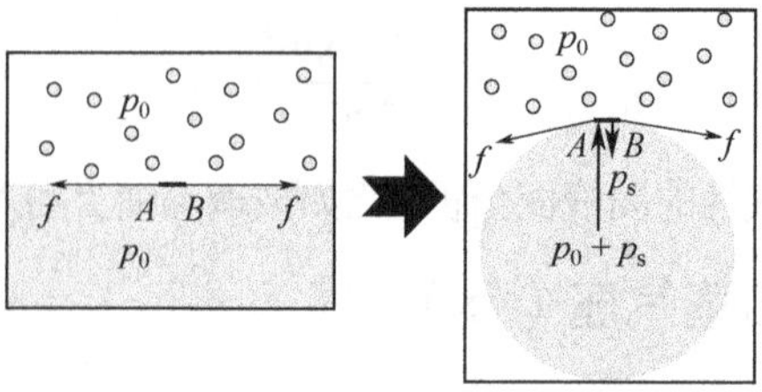


图 8.8　存在表面张力的气液平衡示意图

$$\mathrm{d}G = -S\mathrm{d}T + V\mathrm{d}p + \gamma\mathrm{d}A + \sum_{\mathrm{B}} \mu_{\mathrm{B}}\mathrm{d}n_{\mathrm{B}} \tag{8.29}$$

途径 2 中由于表面张力的影响，其压强和表面积都会对应发生变化，在等温和组成不变的条件下，式（8.29）可转变为：

$$\mathrm{d}G = V\mathrm{d}p + \gamma\mathrm{d}A \tag{8.30}$$

体积 $V$ 可以通过摩尔质量 $M$ 和密度 $\rho$ 来进行描述：$V=\dfrac{M}{\rho}$。途径 2 中液相的压强变化为附加压力 $p_{\mathrm{s}} = p_{\mathrm{r}} - p^{\ominus}$，可以直接使用杨-拉普拉斯方程进行描述：$p_{\mathrm{s}} = \dfrac{2\gamma}{R'}$。面积增大量 $\mathrm{d}A$ 按照本体系中的假设：$\mathrm{d}A = A_{\mathrm{s}}$。

因此对该式进行积分，有：

$$\Delta G(2) = \int V_{\mathrm{m}}\mathrm{d}p + \gamma(A_{\mathrm{s}} - A_0) \approx \frac{2\gamma M}{R'\rho} + \gamma A_{\mathrm{s}} \tag{8.31}$$

式中，$V_{\mathrm{m}} = \dfrac{M}{\rho}$；$p_{\mathrm{s}} = \dfrac{2\gamma}{R'}$。

**途径 3：**

对应的是液滴表面可逆消失的过程，该过程温度组成一定，压强仍然保持在弯曲液面饱和蒸气压 $p_{\mathrm{r}}$ 的压强下，唯一改变的是液态表面相的消失。此时 $\mathrm{d}G = \gamma\mathrm{d}A$，即：

$$\Delta G(3) = \gamma(0 - A_{\mathrm{s}}) = -\gamma A_{\mathrm{s}} \tag{8.32}$$

**途径 4：**

这是等温条件下，两个不同压强下的气体变化过程，其对应的吉布斯函数可以直接使用化学势等温式表示，其中 $R$ 为摩尔气体常数：

$$\Delta G(4) = \int_{p_{\mathrm{r}}}^{p^{\ominus}} V_{\mathrm{m}}\mathrm{d}p = \int_{p_{\mathrm{r}}}^{p^{\ominus}} \frac{RT}{p}\mathrm{d}p = RT\ln\frac{p^{\ominus}}{p_{\mathrm{r}}} \tag{8.33}$$

将上述三个途径式（8.29）～式（8.33）的吉布斯函数变代入式（8.28），可得关于弯曲液面蒸气压 $p_{\mathrm{r}}$ 与其表面张力 $\gamma$ 之间的重要关系式（8.34），即开尔文方程：

$$\Delta G(1) + \Delta G(2) + \Delta G(3) = \frac{2\gamma M}{R'\rho} + \gamma A_{\mathrm{s}} - \gamma A_{\mathrm{s}} + RT\ln\frac{p^{\ominus}}{p_{\mathrm{r}}} = 0$$

即

$$RT\ln\frac{p_{\mathrm{r}}}{p^{\ominus}} = \frac{2\gamma M}{R'\rho} \tag{8.34}$$

开尔文方程可以定量地描述弯曲液面上的饱和蒸气压和表面张力、曲率半径之间的关系，在使用时需要注意 $R'$曲率半径的正负。

（2）开尔文方程的其它形式

对于式（8.34），在实际使用中，常使用附加压力 $p_s$ 和曲率半径 $R'$之间的关系式（8.35），相较于开尔文方程，形式上存在一些变换，相关推导如下：

考虑附加压力 $p_s = p_r - p^\ominus$，

则：

$$\frac{p_r}{p^\ominus} = \frac{p_s + p^\ominus}{p^\ominus} = 1 + \frac{p_s}{p^\ominus}$$

$$\ln\frac{p_r}{p^\ominus} = \ln\left(1 + \frac{p_s}{p^\ominus}\right)$$

对 $\ln\left(1 + \frac{p_s}{p^\ominus}\right)$进行泰勒展开：

$$\ln\left(1 + \frac{p_s}{p^\ominus}\right) = \frac{p_s}{p^\ominus} - \frac{\left(\frac{p_s}{p^\ominus}\right)^2}{2} + \frac{\left(\frac{p_s}{p^\ominus}\right)^3}{3} - \cdots$$

当 $\frac{p_s}{p^\ominus}$ 足够小时，略去二次项及后续项，则：

$$\ln\left(1 + \frac{p_s}{p^\ominus}\right) = \frac{p_s}{p^\ominus} = \frac{2\gamma M}{R'\rho} \tag{8.35}$$

**【思考题】**证明开尔文方程的推广应用形式即式（8.36）。

两种不同曲率半径［$R_1'(p_1)$ 和 $R_2'(p_2)$］的液滴的饱和蒸气压（视为理想气体）同样满足：

$$RT\ln\frac{p_2}{p_1} = \frac{2\gamma M}{\rho}\left(\frac{1}{R_2'} - \frac{1}{R_1'}\right) \tag{8.36}$$

（3）开尔文方程的应用

其实不管是哪一种形式的开尔文方程，$\frac{p_r}{p^\ominus}$ 都是随着液面的曲率半径 $R'$的减小而增大的，$R'$越小，曲面上的饱和蒸气压越大。即物系中要产生一个新相是非常困难的。在生活或是生产实践中，根据该原理，可解决一些实际问题，比如向天空喷洒 AgI 晶核实现人工降雨，或在烧瓶中添加沸石防止暴沸，如图 8.9 所示。

(a)

(b)

图 8.9　人工降雨——飞机向云雾中喷洒 AgI 晶核（a）和沸石的多孔表面（b）

人工降雨［图 8.9（a)］的原理：水蒸气要成功形成液滴降雨，气液两相需在 $p_r$ 条件下达到两相平衡，而根据式（8.34），液滴刚开始形成时，液滴球面为凸液面，$R'$为正，此时 $R'$ 越小，$p_r$越大。由于开始凝聚时极小的 $R'$值使得其难以达到曲面的气液平衡，因此人工降雨是在云层中撒入 AgI 晶核，这些颗粒提供了液相的凝聚中心，使得水蒸气可以附着到晶核上，增大 $R'$，降低 $p_r$ 值，蒸气可以在较低的过饱和条件下凝结。

沸石防止暴沸的原理：暴沸是由于过热液体，在沸点时，即 $p^{\ominus}$ 条件下未达到气液平衡，而随着温度进一步升高，蒸汽气泡不能及时排出，最后以比较剧烈的方式排出，此时液体中形成较大半径的气泡，就产生了暴沸。暴沸在实验中是很危险的，因此要加以避免。

由于气泡中的气液表面对于液体而言为凹液面，因此，其曲率半径取负值，根据式（8.34），气泡刚开始形成时，$R'$很小，$p_r << p^{\ominus}$，为了降低气泡的形成难度，需要尽可能增大气泡形成时的半径 $R'$，从而增大凹液面的饱和蒸气压。而沸石作为多孔材料［图 8.9（b)］，为气泡初始形成提供了一个较大半径的空间，降低了沸腾时气泡的形成难度，防止了液体的暴沸。

# 8.3 溶液的表面吸附

## 8.3.1 溶液的表面吸附和表面过剩

温度、压强和组成一定时，任何过程都会趋向于达到体系的最小吉布斯自由能状态。对于包含表面能的体系而言，降低表面能的方式有两种：一是改变表面的形态，即表面张力的产生原因；二是表面吸附其它组分。这种由于趋向最低表面自由能的过程与溶液中存在的浓差扩散过程相互达到平衡以后，使溶液表面层和体相组成不同的现象称为表面吸附。

溶液表面的吸附作用导致表面浓度与内部体相浓度的差别，这种差别称为表面过剩或表面超量。

温度、压强和组成一定时，纯液体系统的吉布斯自由能的大小正比于液体的表面积。而对于溶液系统，除表面积的改变影响吉布斯函数以外，溶液会根据能量最低原理自动调节不同组分在表面层中的数量降低吉布斯自由能。

当溶质降低表面张力时，表面层中溶质浓度大于体相溶质浓度，当溶质升高表面张力时，表面层中溶质浓度小于体相溶质浓度。前者一般称为正吸附，后者称为负吸附。液体表面的吸附物质的数量显然由表面自由能来决定，可以借助于液体表面张力、浓度以及温度等可测量之间的关系进行精确的描述，即吉布斯吸附等温式。

## 8.3.2 吉布斯吸附公式的推导

如图 8.10 所示，$AA'$和 $BB'$分别是 α 和 β 相的分界，$c_B^\alpha$ 和 $c_B^\beta$ 分别代表 B 在两相中的浓度。假设 $AA'$到 $BB'$之间的浓度变化连续，均匀减小。该区域中任意一条平行于 $AA'$及 $BB'$线 $SS'$ 面称为界面相，用 σ 表示。σ 面厚度为零，表面积为 $A_s$，液体的表面张力为 $\gamma$，且浓度分布平衡。

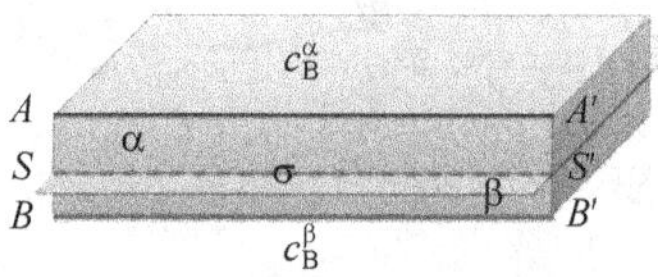

图 8.10　吉布斯吸附的推导模型

则 σ 面上 B 的物质的量为：$n_B^\sigma = n_B - n_B^\alpha - n_B^\beta$。因此，对于 σ 面而言，单位面积的 σ 面对 B 的吸附量（表面超量）用 $\Gamma_B$ 表示，定义为：

$$\Gamma_{\mathrm{B}}=\frac{n_{\mathrm{B}}^{\sigma}}{A_{\mathrm{s}}} \tag{8.37}$$

同时，σ 面的吉布斯函数必定满足热力学基本公式（8.6）：

$$\mathrm{d}G^{\sigma}=-S^{\sigma}\mathrm{d}T+V\mathrm{d}p+\gamma\mathrm{d}A_{\mathrm{s}}+\sum_{\mathrm{B}}\mu_{\mathrm{B}}\mathrm{d}n_{\mathrm{B}}^{\sigma}$$

在等温等压的条件下，σ 面的吉布斯函数为：

$$\mathrm{d}G^{\sigma}=\gamma\mathrm{d}A_{\mathrm{s}}+\sum_{\mathrm{B}}\mu_{\mathrm{B}}\mathrm{d}n_{\mathrm{B}}^{\sigma} \tag{8.38}$$

方程两侧同时积分，得：

$$G^{\sigma}=\gamma A_{\mathrm{s}}+\sum_{\mathrm{B}}\mu_{\mathrm{B}}n_{\mathrm{B}}^{\sigma} \tag{8.39}$$

方程式（8.39）意味着等温等压条件下，$G^{\sigma}$ 是 $\gamma$、$A_{\mathrm{s}}$、$\mu_{\mathrm{B}}$ 和 $n_{\mathrm{B}}$ 四个变量的函数，即：

$$G^{\sigma}=G^{\sigma}(\gamma,A_{\mathrm{s}},\mu_{\mathrm{B}},n_{\mathrm{B}}) \tag{8.40}$$

对式（8.40）进行全微分，可得：

$$\mathrm{d}G^{\sigma}=\gamma\mathrm{d}A_{\mathrm{s}}+A_{\mathrm{s}}\mathrm{d}\gamma+\sum_{\mathrm{B}}\mu_{\mathrm{B}}\mathrm{d}n_{\mathrm{B}}^{\sigma}+\sum_{\mathrm{B}}n_{\mathrm{B}}^{\sigma}\mathrm{d}\mu_{\mathrm{B}} \tag{8.41}$$

对比式（8.41）和式（8.38），可得：

$$A_{\mathrm{s}}\mathrm{d}\gamma+\sum_{\mathrm{B}}n_{\mathrm{B}}^{\sigma}\mathrm{d}\mu_{\mathrm{B}}=0 \tag{8.42}$$

移项后，方程式（8.42）两侧同时除以表面积 $A_{\mathrm{s}}$，可得 $\mathrm{d}\gamma$：

$$\mathrm{d}\gamma=-\frac{\sum_{\mathrm{B}}n_{\mathrm{B}}^{\sigma}\mathrm{d}\mu_{\mathrm{B}}}{A_{\mathrm{s}}} \tag{8.43}$$

再联立式（8.37），则：

$$\mathrm{d}\gamma=-\sum_{\mathrm{B}}\Gamma_{\mathrm{B}}\mathrm{d}\mu_{\mathrm{B}} \tag{8.44}$$

即表面张力 $\gamma$ 的变化由 B 物质在 $\sigma$ 表面上的超量及 B 物质的化学势变化共同决定。将该模型导入至二组分表面中，溶剂作为组分 A，溶质作为组分 B，则式（8.42）可展开为具体形式：

$$\mathrm{d}\gamma=-\Gamma_{\mathrm{A}}\mathrm{d}\mu_{\mathrm{A}}-\Gamma_{\mathrm{B}}\mathrm{d}\mu_{\mathrm{B}} \tag{8.45}$$

根据假设，$\sigma$ 面上下的 B 物质的浓度是由 $AA'$ 到 $BB'$ 均匀递减。为了讨论单位数量的溶剂 A 中，在表面和体相中溶解的 B 的含量，从而造成表面能的变化，有必要引入相对表面超量，即规定表面相相对于体相中的溶剂组分 A 的超量为 0，用 $\Gamma_{\mathrm{A,A}}=0$ 表示，此时，考虑 B 相对于恒定单位数量的溶剂 A 的吸附为 $\Gamma_{\mathrm{B,A}}$。

则式（8.45）中 $\mathrm{d}\gamma$ 可表示为：$\mathrm{d}\gamma=-\Gamma_{\mathrm{A,A}}\mathrm{d}\mu_{\mathrm{A}}-\Gamma_{\mathrm{B,A}}\mathrm{d}\mu_{\mathrm{B}}$

因为 $\Gamma_{\mathrm{A,A}}=0$

所以

$$\Gamma_{\mathrm{B,A}}=-\left(\frac{\partial\gamma}{\partial\mu_{\mathrm{B}}}\right)_{T} \tag{8.46}$$

根据化学势等温式：

$$\mu_B = \mu_B^{\ominus}(T) + RT\ln a_B \tag{8.47}$$

联立式（8.44）和式（8.45），得：

$$\Gamma_{B,A} = -\left(\frac{\partial\gamma}{\partial\mu_B}\right)_T = -\frac{1}{RT}\left(\frac{\partial\gamma}{\partial\ln a_B}\right)_T = -\frac{a_B}{RT}\left(\frac{\partial\gamma}{\partial a_B}\right)_T \tag{8.48}$$

式（8.48）是由吉布斯用热力学方法求得的定温下的溶液浓度、表面张力和吸附量之间的定量关系式，称为吉布斯吸附等温式。

式中，$\Gamma_{B,A}$是溶剂 A 的表面超量设置为零时，即二元体系中溶剂浓度处处相等时，溶质 B 在表面的相对吸附超量，$mol \cdot m^{-2}$。它的物理意义是：在单位面积的表面层中，所含溶质的物质的量与具有相同数量溶剂的本体溶液中所含溶质的物质的量之差。式（8.48）中，$a_B$ 是溶质 B 的活度；$\left(\frac{\partial\gamma}{\partial a_B}\right)_T$ 是在等温下，表面张力 $\gamma$ 随溶质活度 $a_B$ 的变化率。当溶液可以近似为理想溶液时，$\left(\frac{\partial\gamma}{\partial a_B}\right)_T$ 可以近似为$\left(\frac{\partial\gamma}{\partial c_B}\right)_T$，即：

$$\Gamma_{B,A} = -\frac{c_B}{RT}\times\left(\frac{\partial\gamma}{\partial c_B}\right)_T$$

式中，$\left(\frac{\partial\gamma}{\partial c_B}\right)_T$<0，增加溶质 B 的浓度使表面张力下降，$\Gamma_{B,A}$为正值，是正吸附。表面层中溶质浓度大于本体浓度，即表面活性物质；$\left(\frac{\partial\gamma}{\partial c_B}\right)_T$ >0，增加溶质 B 的浓度使表面张力升高，$\Gamma_{B,A}$为负值，是负吸附。表面层中溶质浓度低于本体浓度，即非表面活性物质。

【**例 8.4**】18°C 时，酪酸水溶液的表面张力 $\gamma$（$N \cdot m^{-1}$）与溶液浓度 $c$ 的关系为：

$$\gamma - \gamma^* = -29.83\times10^{-3}\ln(1+19.64c)$$

式中，$\gamma^*$为纯水的表面张力。试求 $c = 0.01mol \cdot L^{-1}$ 时单位表面吸附物质的量。

【**解答**】根据吉布斯吸附等温式（8.48），得：

$$\left(\frac{\partial\gamma}{\partial c}\right)_T = -29.83\times10^{-3}\times\frac{19.64}{1+19.64c}$$

$$\Gamma_{B,A} = -\frac{c}{RT}\times\left(\frac{\partial\gamma}{\partial c}\right)_T = -\frac{0.01\times10^3}{8.314\times291}\times\left(-29.83\times10^{-3}\times\frac{19.64}{1+19.64\times0.01\times10^3}\right)$$

$$=1.225\times10^{-5}\,mol\cdot m^{-2}$$

# 8.4 液-液界面

## 8.4.1 液-液界面上的铺展条件

一种液体能否在另一种不互溶的液体上铺展，取决于两种液体本身的表面张力和两种液体之间的界面张力。一般来说，铺展后表面自由能下降，则这种铺展是自发的。大多数表面自由能较低的有机物可以在表面自由能较高的水面上铺展。

设液体 1、2 和气体间的界面张力分别为 $\gamma_{1,g}$、$\gamma_{2,g}$ 和 $\gamma_{1,2}$，三相交界点的分析请参考图 8.3（b）的分析。在三相接界点处，$\gamma_{1,g}$ 和 $\gamma_{2,g}$ 两个力使得液体 1 的表面收缩，从而维持液体 1 不在液体 2 的表面上铺展，而 $\gamma_{2,g}$ 的作用是使交界点上的液体 1 的表面积增大，液体发生铺展。因此液体能否铺展，以及铺展至何种程度，依赖于平衡时上述三个力的合力（图 8.11）。

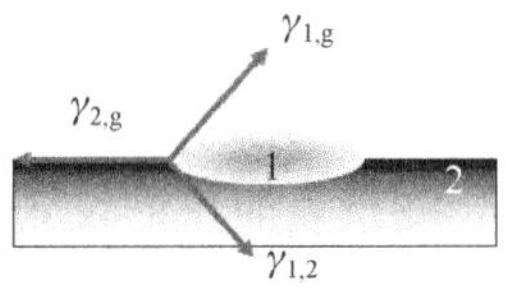


图 8.11　溶液 1 在溶液 2 液面上的铺展

显然。液体 1 在液体 2 表面上能够铺展的前提条件为：$\vec{\gamma}_{2,g} > \vec{\gamma}_{1,g} + \vec{\gamma}_{1,2}$，此处三个表面张力均使用矢量表示，即液体 2 的表面张力需要大于液体 1 的表面张力与两种液体之间的界面张力的矢量和。

## 8.4.2　单分子表面膜

单分子表面膜指难溶物质铺展在液体表面形成的只有一个分子厚度的膜。成膜分子一般为两亲分子，且携带有较大的疏水基团。两亲分子具有表面活性，溶解在水中的两亲分子可以在界面上自动相对集中而形成定向的吸附层（亲水的一端在水层）并降低水的表面张力。当两亲分子的疏水基较大，溶解度较小时，其不能直接在表面吸附产生表面定向层，但可以在液面上直接滴加铺展溶液形成铺展膜（单分子膜），如图 8.12 所示。

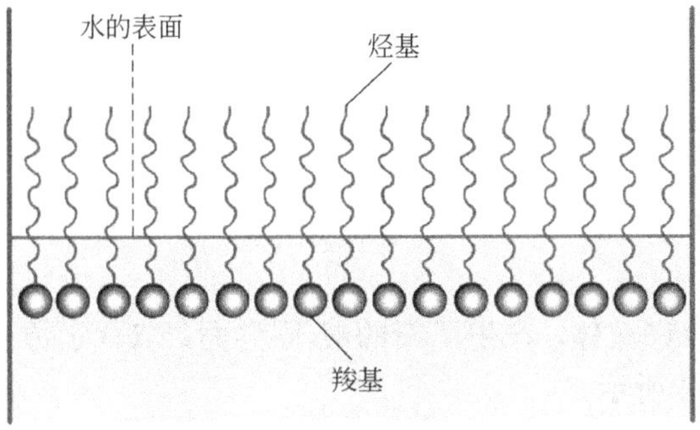


图 8.12　单分子膜的铺展示意图

## 8.4.3　表面压与朗缪尔膜天平

（1）表面压及其计算公式

成膜的两亲分子在底液液面上铺展时，使底液表面张力降低的物理量称为表面压，用 $\pi$ 表示，单位为 $N \cdot m^{-1}$。

假设在温度压强一定的条件下，在纯水表面放一个很薄的长度为 $l$ 的浮片，在浮片的一侧滴加油滴，由于油滴在水面上铺展产生单位长度的推动力 $\pi$，会推动浮片移动距离 $dx$，因此，①表面压推动浮片做功 $\pi l dx$；②表面膜面积由于浮片移动增大 $l dx$。

设 $\gamma_0$ 为纯水的表面张力，$\gamma$ 为成膜后的溶液表面张力。由于两亲分子的加入，使得溶液的表面张力小于纯水的表面张力，即 $\gamma_0 > \gamma$，所以液面上的浮片总是推向纯水一边，则随着表面膜的增大，表面自由能减少 $(\gamma_0-\gamma)l\,dx$。

所以 $\pi l dx = (\gamma_0-\gamma) l dx$，即得表面压的计算公式：

$$\pi = \gamma_0 - \gamma \tag{8.49}$$

(2) 朗缪尔（Langmuir）膜天平

测量表面压的仪器称为朗缪尔膜天平。如图 8.13 所示。

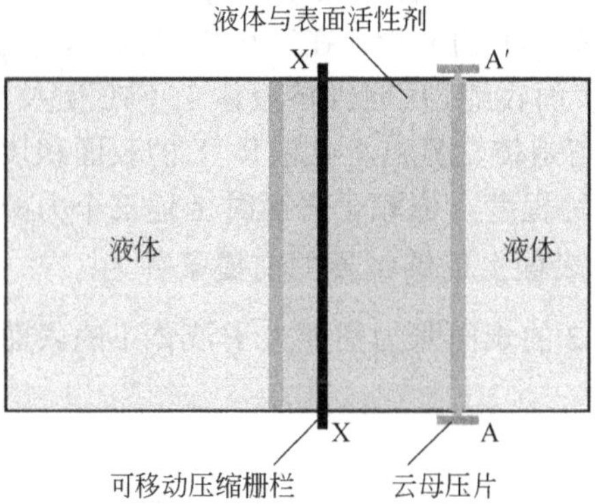


图 8.13　朗缪尔膜天平示意图

图中 AA′是云母片，悬挂在一根与扭力天平刻度盘相连的钢丝上，AA′的两端用极薄的铂箔与浅盘相连。XX′是可移动的边，用来清扫水面，或围住表面膜，使它具有一定的表面积。

测定时，在 XX′AA′液面上滴加油滴，油铺展时，由于表面压，XX′边移动 d$x$ 距离，此时做功为 $\pi l\mathrm{d}x$，用扭力天平通过扭力保证 AA′边稳定，根据表面压的定义和方程式（8.49），即可测定表面压 $\pi$。

# 8.5　液-固界面

## 8.5.1　润湿过程

滴在固体表面上的少许液体，产生了新的液-固界面，取代了原有的固体表面，这一过程称为润湿过程，如图 8.14 所示。

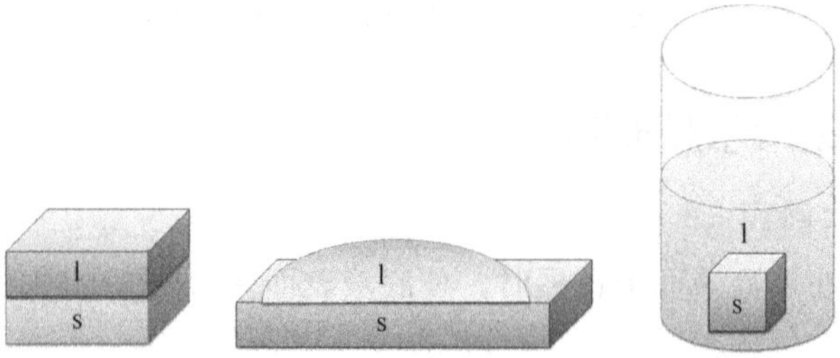


图 8.14　几种典型的润湿过程示意图

一般情况下，液固界面的润湿过程分为三类，即粘湿（adhesion）、浸湿（immersion）和铺展（spreading），上述三个过程的共同点是，热力学终态都将产生新的液-固界面。

(1) 粘湿过程与粘湿功（$W_a$）

粘湿过程是在温度压力一定的条件下，液体与固体从不接触到接触，部分液体的气-液表面和固体的气-固表面转变成新的液-固界面的过程。粘湿过程可表示为：气-液表面+气-固表面→液-固界面。其示意图如图 8.15 所示。在恒温恒压条件下发生可逆的粘湿过程，设各相界面都是单位面积 1 $m^2$，气-液表面张力为 $\gamma_{g\text{-}l}$，气-固表面表面张力为 $\gamma_{g\text{-}s}$，粘湿之后的液-固界面张力为 $\gamma_{l\text{-}s}$，该过程的吉布斯自由能变化值为：

$$\Delta G_a=(\gamma_{l\text{-}s}-\gamma_{g\text{-}l}-\gamma_{g\text{-}s})\times\Delta A=\gamma_{l\text{-}s}-\gamma_{g\text{-}l}-\gamma_{g\text{-}s} \tag{8.50}$$

定义粘湿功 $W_a=\Delta G_a$，粘湿功本质上为等温等压组成一定的表面体系的表面自由能的变化。因此，按照吉布斯自由能的意义，粘湿功 $W_a\leqslant 0$ 时，即可在热力学上自发进行粘湿过程，且粘湿功的绝对值愈大，液体愈容易粘湿固体，液-固界面粘得愈牢固。

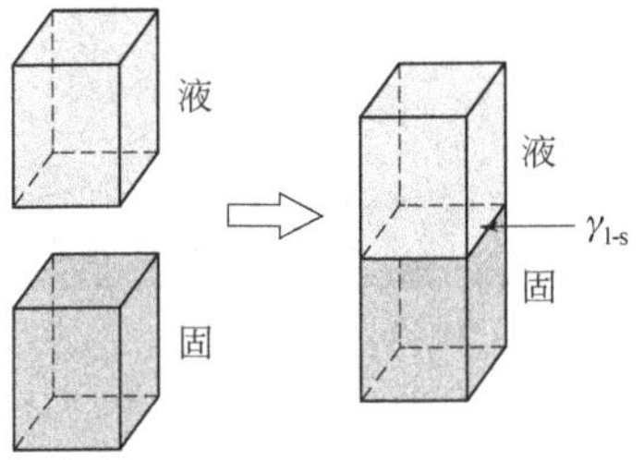


图 8.15　粘湿过程示意图

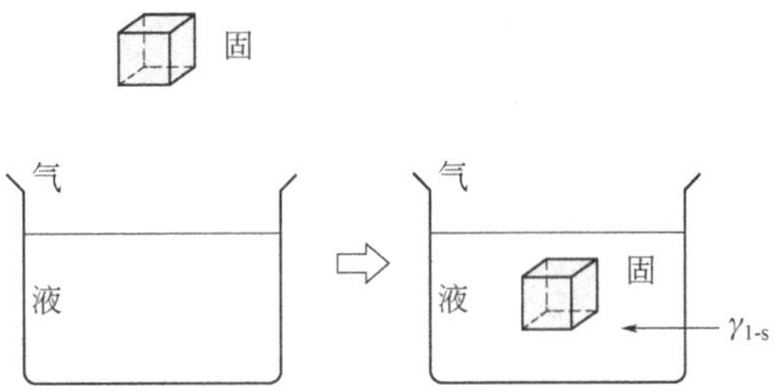


图 8.16　浸湿过程示意图

（2）浸湿过程与浸湿功（$W_i$）

浸湿过程是在温度压力一定的条件下，固体浸入液体中，气-固界面转变为液-固界面的过程称为浸湿过程，浸湿过程可表示为：气-固表面 → 液-固界面。示意图如图 8.16 所示。注意，浸湿过程并不涉及气-液表面的变化。在恒温恒压条件下发生可逆的浸湿过程，设各相界面都是单位面积 1$m^2$，气-固表面张力为 $\gamma_{g\text{-}s}$，浸湿之后的液-固界面张力为 $\gamma_{l\text{-}s}$，过程的吉布斯自由能变化值如式（8.51）所示：

$$\Delta G_i=(\gamma_{l\text{-}s}-\gamma_{g\text{-}s})\times\Delta A=\gamma_{l\text{-}s}-\gamma_{g\text{-}s} \tag{8.51}$$

根据方程式（8.51）定义浸湿功 $W_i=\Delta G_i$，它是液体在固体表面上取代气体能力的一种量度。因此，液体能浸湿固体的条件即为该温度压力条件下的浸湿功 $W_i\leqslant 0$。

（3）铺展过程与铺展系数（$S$）

温度压力一定的条件下，液-固界面取代了气-固界面并产生了新的气-液界面，这种过程称为铺展过程，铺展过程可表示为：

气-固表面→液-固界面+气-液表面

示意图如图 8.17 所示。在恒温恒压条件下发生可逆的铺展过程，设新产生的液-固界面和气-液界面为单位面积 1$m^2$，气-固表面张力为 $\gamma_{g\text{-}s}$，气-液表面张力为 $\gamma_{g\text{-}l}$，液-固界面张力为 $\gamma_{l\text{-}s}$，铺展过程的吉布斯自由能变化值 $\Delta G_s$ 以下式所示：

$$\Delta G_s=(\gamma_{l\text{-}s}+\gamma_{g\text{-}l}-\gamma_{g\text{-}s})\times\Delta A=\gamma_{l\text{-}s}+\gamma_{g\text{-}l}-\gamma_{g\text{-}s} \tag{8.52}$$

根据方程式（8.52）定义铺展系数 $S=-\Delta G_s$，它是液体在固体表面上铺展能力的一种量度。因此，液体可以在固体表面自动铺展的条件即为该温度压力条件下的铺展系数，$S\leqslant 0$。

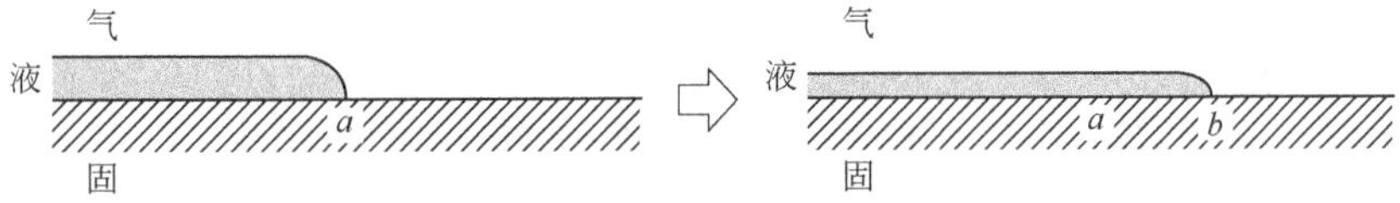


图 8.17　铺展过程示意图

## 8.5.2 接触角和杨氏润湿方程

滴在固体表面上的少许液体，存在气、液、固三相交界点，如图 8.18（a）所示，气-固表面张力为 $\gamma_{\text{g-s}}$，气-液表面张力为 $\gamma_{\text{g-l}}$，液-固界面张力为 $\gamma_{\text{l-s}}$，气-液与液-固界面张力之间的夹角称为接触角，通常用 $\theta$ 表示。

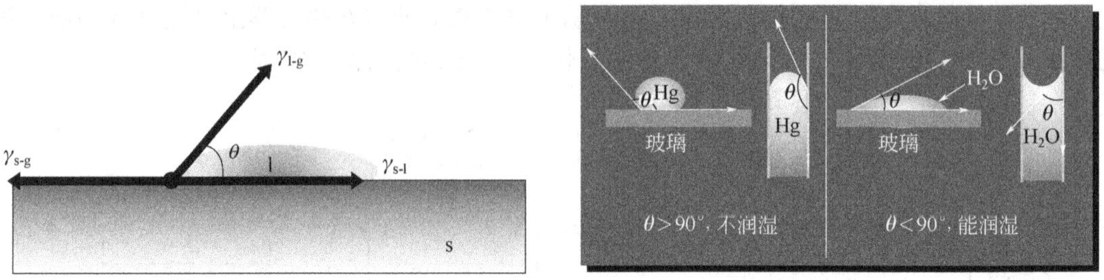


(a) (b)

图 8.18 接触角示意图

三个表面张力达到平衡时，必存在方程式（8.53）和式（8.54）：

$$\gamma_{\text{g-l}}\cos\theta=\gamma_{\text{g-s}}-\gamma_{\text{l-s}} \tag{8.53}$$

$$\cos\theta=\frac{\gamma_{\text{s-g}}-\gamma_{\text{l-s}}}{\gamma_{\text{l-g}}} \tag{8.54}$$

方程式（8.53）和式（8.54）称为接触角方程，也称为杨氏方程。

若接触角 $\theta$ 大于 90°，此时 $\cos\theta<0$，$\gamma_{\text{g-s}}<\gamma_{\text{g-l}}$，说明液体不能润湿固体，如汞在玻璃表面；若接触角 $\theta$ 小于 90°，则 $0<\cos\theta<1$，$\gamma_{\text{g-s}}-\gamma_{\text{l-s}}<\gamma_{\text{g-l}}$，此时液体能够润湿固体，如水在洁净的玻璃表面，如图 8.18（b）所示。

若接触角 $\theta$ 等于 0°，则 $\cos\theta=1$，$\gamma_{\text{s-g}}-\gamma_{\text{l-s}}=\gamma_{\text{l-g}}$，此时固体可以被完全润湿，比如毛细管中的凹型半球，若 $\theta=0°$ 仍没有达到平衡，此时溶液可在表面上形成薄膜。

能被液体所润湿的固体，称为亲液性固体，若液体是水，则极性固体皆为亲水性固体。不被液体所润湿者，称为憎液性固体。非极性固体大多为憎水性固体。可以利用实验测定的接触角和气-液界面张力 $\gamma_{\text{g-l}}$，通过杨氏方程，计算润湿过程的粘湿功 $W_{\text{a}}$、浸湿功 $W_{\text{i}}$ 和铺展系数 $S$，如方程式（8.55）～式（8.57），推导过程分别如下：

由杨氏方程 $\gamma_{\text{g-l}}\cos\theta=\gamma_{\text{g-s}}-\gamma_{\text{l-s}}$，可得粘湿功：

$$W_{\text{a}}=(\gamma_{\text{l-s}}-\gamma_{\text{g-s}})-\gamma_{\text{g-l}}=-\gamma_{\text{g-l}}\cos\theta-\gamma_{\text{g-l}}=-\gamma_{\text{g-l}}(1+\cos\theta)$$

即

$$W_{\text{a}}=-\gamma_{\text{g-l}}(1+\cos\theta) \tag{8.55}$$

可得浸湿功：

$$W_{\text{i}}=\gamma_{\text{l-s}}-\gamma_{\text{g-s}}=-\gamma_{\text{g-l}}\cos\theta$$

即

$$W_{\text{i}}=-\gamma_{\text{g-l}}\cos\theta \tag{8.56}$$

可得铺展系数：

$$S=(\gamma_{\text{g-s}}-\gamma_{\text{l-s}})-\gamma_{\text{g-l}}=\gamma_{\text{g-l}}\cos\theta-\gamma_{\text{g-l}}=\gamma_{\text{g-l}}(\cos\theta-1)$$

即

$$S=\gamma_{\text{g-l}}(\cos\theta-1) \tag{8.57}$$

# 8.6 固体表面

## 8.6.1 概述

在充有氨气的容器中放入活性炭，可以观察到容器内氨气压力下降。这表明活性炭吸附了氨分子。气体或溶液中的物质富集在固相表面上的现象称为固体表面吸附。吸附与吸收过程不同，吸收是气体或溶质渗入到固相内部的过程。这是由固体表面的特点决定的。固体表面的特点如下：

① 固体表面分子（原子）移动困难，只能靠吸附来降低表面能，这是固体吸附作用的根本原因。例如熔结现象，即固体表面在熔点以下的温度黏合的现象。

② 固体表面是不均匀的，不同类型的原子的化学行为、吸附热、催化活性和表面态能级的分布都是不均匀的。

③ 固体表面层的组成与体相内部组成不同。例如表面偏析现象——由于自由能趋向最小化，使得体相原子向表层迁移，从而表层浓度高于体相的现象称为表层偏析。

固体表面的气体或液体的浓度高于其本体浓度的现象称为固体的表面吸附。吸附气体的固相物质称为吸附剂，被吸附的气体称为吸附质。常用的吸附剂有：硅胶、分子筛、活性炭等。为了测定固体的比表面积，常用的吸附质有氮气、水蒸气、苯或环己烷的蒸气等。

## 8.6.2 吸附量

（1）吸附量的概念

吸附量是指单位质量吸附剂所吸附的气体的体积或物质的量，用符号 $q$ 表示，数学表达式如式（8.58）或式（8.59）所示：

① 单位质量的吸附剂所吸附气体的体积，用符号 $q_V$ 表示，单位为 $m^3 \cdot g^{-1}$：

$$q_V = \frac{V}{m} \tag{8.58}$$

② 单位质量的吸附剂所吸附气体物质的量，用符号 $q_n$ 表示，单位为 $mol \cdot g^{-1}$：

$$q_n = \frac{n}{m} \tag{8.59}$$

（2）吸附量与温度、压力的关系

对于组成一定的吸附剂与吸附质系统，通常考虑温度、吸附质压力与吸附量之间的关系，并由此界定吸附过程的热力学平衡，即构建吸附量函数：

$$q = f(T, p) \tag{8.60}$$

表面吸附包括吸附过程与脱附过程，在讨论表面吸附的热力学性质时，通常对函数式（8.60）中的三个量，固定一个变量，分别分析另外两个变量之间的关系，例如：

① 固定体系温度时，即 $q = f(p)$，此时 $q$ 与 $p$ 的关系称为吸附等温式，这种讨论方式也是讨论固体表面吸附热力学性质最为广泛的方式之一。

② 固定体系压力时，即 $q = f(T)$，此时 $q$ 与 $T$ 的关系称为吸附等压式。

③ 固定体系的吸附量时，即 $p = f(T)$，此时 $p$ 与 $T$ 的关系称为吸附等量式。

（3）吸附等温线的类型

将吸附等温式 $q=f(p)$ 图像化，即可得到吸附等温线。习惯上将吸附等温线横坐标设置为比压，即任意时刻吸附质的压力与该温度下饱和蒸气压的比值，用 $p/p_s$ 表示；纵坐标为吸附质的体积，如图 8.19 所示，常见的吸附等温线有 5 种类型。从吸附等温线可以反映出吸附剂的表面性质、孔分布以及吸附剂与吸附质之间的相互作用等有关信息。

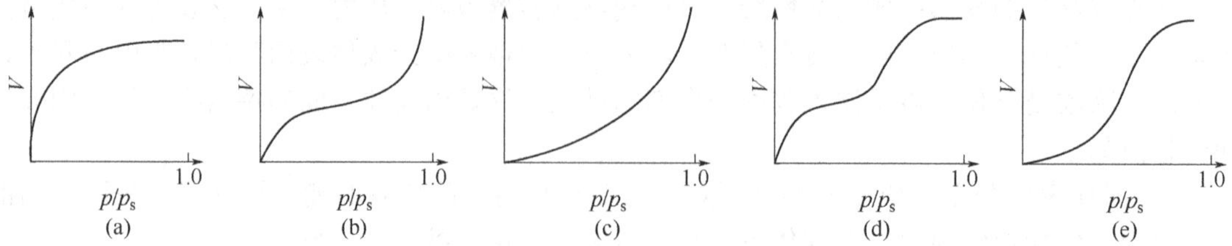


图 8.19　五种典型的吸附等温线

常见的吸附等温线有如下 5 种类型：

① 典型的单分子层吸附——吸附量随比压先升高后持平，吸附剂表面吸附只吸附一层分子，空穴饱和后不再继续吸附气体。

② S 型吸附等温线——低压时为单分子层吸附，随着压力的增加呈现多分子层吸附。

③ 多分子层吸附——低压下即发生多层吸附，当吸附剂和吸附质相互作用很弱时会出现这种等温线，其中吸附质的吸附热与汽化热近似相等。如 352K 时，$Br_2$ 在硅胶上的吸附。

④ 阶梯式吸附等温线——在比压较高时，多孔吸附剂发生多次单分子层吸附，一般伴随毛细凝聚现象，即毛细孔直径较小时，可在较低的比压下，在孔中形成凝聚液的现象。吸附剂在毛细凝聚后，吸附剂表面释放出孔隙，又可继续发生单分子层吸附。例如在 323K 时，苯在氧化铁凝胶上的吸附。

⑤ 伴随毛细凝聚的多分子层吸附。例如 373K 时，水蒸气在活性炭上的吸附。

（4）重量法测定气体的等温吸附量

实验测试吸附等温线的示意图如图 8.20 所示。将吸附剂放在样品盘 3 中，吸附质放在样品管 4 中。首先加热恒温箱 6，关闭 4 和 5 使体系与真空装置相接。到达预定温度和真空度

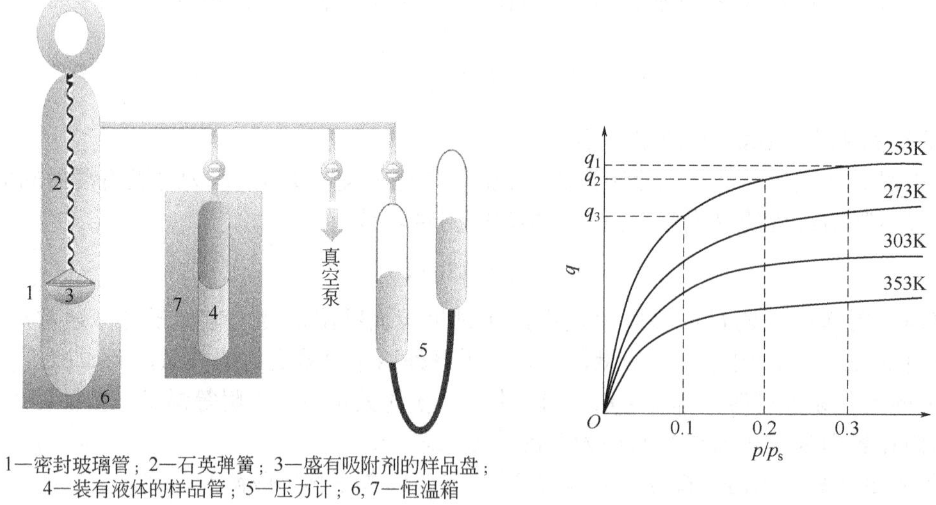


图 8.20　重量法测定气体的等温吸附量

后，保持 2h，确定 3 脱附完毕，记下石英弹簧 2 下面某一端点的读数。获得脱附后净样品的质量。样品脱附后，6 和 7 设定一个温度，如 253K，通过 5 控制吸附质不同压力，根据石英弹簧的伸长可以计算出质量变化，获得相应的吸附量，就可以画出一条 253K 的吸附等温线。相同的方法，改变吸附恒温箱 6 的温度，可以测出一组不同温度下的吸附等温线。

### 8.6.3 朗缪尔吸附模型

（1）朗缪尔吸附模型的基本假设

朗缪尔（Langmuir）吸附模型是早期最为系统的吸附模型。该模型尽管研究的是表面现象，但不受表面张力概念的影响，完全建立在平衡动力学基础上，又称为单分子层吸附理论：认为气体在固体表面吸附时，气体在吸附剂表面的吸附与解吸附的两种相反过程的动态平衡。因此朗缪尔吸附模型中的动力学基础包括：①质量作用定律，即反应速率与反应分子数成正比，详见 7.1.6 小节；②平衡常数 $K$ 与对峙反应速率常数 $k_+$ 与 $k_-$ 之间的关系为 $K=\dfrac{k_+}{k_-}$，详见 7.4.1 小节。

朗缪尔吸附模型的基本假设和参数设置如下。

① 给定吸附剂表面的吸附位点数一定，总数设为 $N_m$，令 $N_m=N+N'$，其中 $N$ 代表吸附了吸附质的位点数，$N'$ 代表未被吸附的自由位点数。固体表面均匀，自由表面的空穴位点对所有分子的吸附机会相等。

② 吸附和脱附过程都是动力学基元反应步骤，每一个自由位点均可均匀吸附一个吸附质分子。假设吸附质不发生分解，则吸附过程的模型可简化为：

$$\text{自由位点+吸附质} \longrightarrow \text{吸附产物} \tag{8.61}$$

假设吸附速率为 $r_a$，速率常数为 $k_a$，吸附质的压力为 $p$，自由位点数为 $N'$。根据质量作用定律，吸附速率为：

$$r_a = k_a \times N' \times p \tag{8.62}$$

对于脱附过程的模型则简化为：

$$\text{吸附产物} \longrightarrow \text{自由位点+吸附质} \tag{8.63}$$

假设脱附速率为 $r_d$，速率常数为 $k_d$，吸附产物的浓度为表面所占据的位点数，每一个占据位点均可解离为一个自由位点和一个吸附质分子（假设吸附质不发生分解），根据质量作用定律，脱附反应速率 $r_d$ 只与吸附产物的个数 $N$ 有关：

$$r_d = k_d \times N \tag{8.64}$$

③ 吸附和脱附在等温条件下进行，反应速率常数为常量。

（2）无分解现象的单吸附质朗缪尔吸附模型

若吸附体系中只有一种吸附质，且吸附过程吸附质分子不发生分解，则基于上述假设，在单分子层吸附过程中，吸附剂表面刚与吸附质接触时，吸附过程式（8.61）为优势过程，$r_a>r_d$，随着吸附过程的进行，直至吸附和脱附两者平衡时，$r_a=r_d$，联立式（8.63）和式（8.64）可得：

$$k_d \times N = k_a \times N' \times p = k_a \times (N_m - N') \times p \tag{8.65}$$

定义吸附系数为吸附速率和脱附速率的比值，用 $a$ 表示：

$$a = \frac{k_a}{k_d} \tag{8.66}$$

因此吸附系数本质为吸附-脱附对峙过程的平衡常数，吸附系数越大，意味着吸附速率越快于脱附速率。吸附速率与温度和吸附热之间有密切联系，温度升高时，吸附释放热量越高，吸附量越少。

定义吸附率为表面吸附位点被占据的比例，即表面覆盖度，用符号 $\theta$ 表示，$\theta$ 的数学表达式为：

$$\theta=\frac{N}{N_{\mathrm{m}}} \tag{8.67}$$

等价于

$$\theta=\frac{V}{V_{\mathrm{m}}} \tag{8.68}$$

式中，$V$ 为吸附质的体积；$V_{\mathrm{m}}$ 为饱和吸附时吸附质的总体积。注意，在单分子层吸附中，当覆盖率 $q=1$ 时，固体表面吸附位点被占满，此时的吸附量称为饱和吸附量。

对于固体表面的液体吸附，则 $\theta$ 也可以使用表面超量来表示，其中 $\Gamma_{\mathrm{m}}$ 为饱和吸附时的表面超量：

$$\theta=\frac{\Gamma}{\Gamma_{\mathrm{m}}} \tag{8.69}$$

将式（8.66）及式（8.67）代入式（8.65），得：

$$k_{\mathrm{d}}\times\frac{N}{N_{\mathrm{m}}}=k_{\mathrm{a}}\times\frac{N_{\mathrm{m}}-N'}{N_{\mathrm{m}}}\times p$$

$$\theta=a\times(1-\theta)\times p$$

移项可得

$$\theta=\frac{ap}{1+ap} \tag{8.70}$$

上式即为单吸附质且吸附过程吸附质不分解时的朗缪尔等温式，可以通过吸附系数 $a$ 确定吸附剂的吸附率 $\theta$，也可通过测定吸附质的吸附率求得吸附系数 $a$。例如，实验测得一系列浓度下的吸附率 $\theta$，对压强 $p$ 作图，再通过式（8.70）拟合，可以给出一个合理的 $a$ 值，同时检验了吸附-脱附过程是否满足朗缪尔模型。

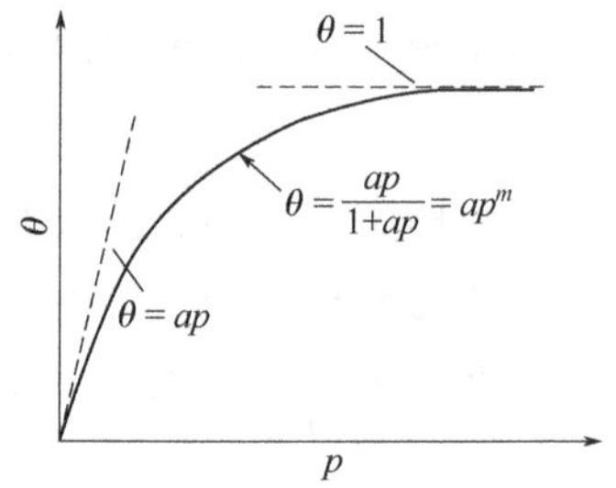

图 8.21　朗缪尔模型中的吸附率

如图 8.21 所示，当吸附质的压强 $p$ 很小，或吸附作用很弱时，此时 $ap \ll 1$，按照式（8.70），吸附率 $\theta=ap$，此时 $\theta$ 与 $p$ 呈线性关系。

当吸附质的压强 $p$ 很大或吸附很强时，$ap \gg 1$，此时吸附率 $\theta=1$，$\theta$ 与 $p$ 无关，意味着吸附质已铺满单分子层，吸附已达饱和；

当吸附质压力适中时，$\theta$ 正比于 $p^m$，$m$ 介于 0 与 1 之间。

联立式（8.68）和式（8.70），可得：$\theta=\dfrac{V}{V_{\mathrm{m}}}=\dfrac{ap}{1+ap}$

重排后可得

$$\frac{p}{V}=\frac{1}{V_{\mathrm{m}}a}+\frac{p}{V_{\mathrm{m}}} \tag{8.71}$$

式（8.71）是朗缪尔吸附公式的又一表示形式。用实验数据，以 $p/V$-$p$ 作图得到一个直线，从斜率和截距求出吸附系数 $a$ 和铺满单分子层的气体体积 $V_m$。

（3）有分解现象的单吸附质朗缪尔吸附模型

若吸附质分子发生吸附，在吸附界面上发生分解，例如一个吸附质分子分解为两个产物，从而在表面吸附时需要占据两个自由位，吸附过程的模型可简化为：

$$\text{自由位点}+\text{自由位点}+\text{吸附质} \longrightarrow \text{吸附产物} \tag{8.72}$$

仍然假设吸附速率为 $r_a$，速率常数为 $k_a$，吸附质的压力为 $p$，自由位点数为 $N'$，因此根据质量作用定律，吸附速率 $r_a$ 为：

$$r_a = k_a \times N'^2 \times p \tag{8.73}$$

而对应的脱附过程中，两个产物粒子脱附后形成吸附质分子，反应模型可简化为：

$$\text{吸附产物}+\text{吸附产物} \longrightarrow \text{自由位点}+\text{吸附质} \tag{8.74}$$

按照质量作用定律：

$$r_d = k_d \times N^2 \tag{8.75}$$

吸附和脱附过程两者平衡时，$r_a = r_d$，联立式（8.73）和式（8.75）可得：

$$k_a \times N'^2 \times p = k_a \times (N_m - N')^2 \times p \tag{8.76}$$

联立式（8.66）及式（8.67），解得吸附率：

$$\theta = \frac{(ap)^{\frac{1}{2}}}{1+(ap)^{\frac{1}{2}}} \tag{8.77}$$

上式为有分解现象的单吸附质朗缪尔吸附等温式。当吸附质压力较小时，$(ap)^{\frac{1}{2}} \ll 1$，吸附率 $\theta = (ap)^{\frac{1}{2}}$；当吸附质的压强 $p$ 很大或吸附很强时，$ap \gg 1$，此时吸附率 $\theta = 1$，$\theta$ 与 $p$ 无关，意味着吸附质已铺满单分子层，吸附已达饱和。有分解现象的单吸附质朗缪尔吸附模型，其吸附等温线仍然对应于图 8.21。

（4）无分解现象的多吸附质朗缪尔吸附模型

上述单分子吸附模型中，吸附质均只为一种反应物，吸附时，相互之间不存在竞争作用。当吸附质为多种物质时，例如吸附质为 A 和 B 两种物质，假设吸附过程无分解现象，A 和 B 的压强为 $p_A$ 和 $p_B$，每一个吸附质分子均只占据一个自由位点，仍然假设位点总数为 $N_m$，未被吸附的自由位点数为 $N'$，A 分子占据的位点数为 $N_A$，B 分子占据的位点数为 $N_B$，则按照基元反应模型，吸附过程为

$$\text{自由位点}+\text{吸附质 A} \longrightarrow \text{吸附产物 A} \tag{8.78}$$

$$\text{自由位点}+\text{吸附质 B} \longrightarrow \text{吸附产物 B} \tag{8.79}$$

则根据质量作用定律，A 的吸附速率为：

$$r_{a,A} = k_{a,A} \times N' \times p_A \tag{8.80}$$

B 的吸附速率为：

$$r_{a,B} = k_{a,B} \times N' \times p_B \tag{8.81}$$

而脱附过程按照基元反应的概念，需要按照吸附质 A 和 B 分开讨论：

$$\text{吸附产物 A} \longrightarrow \text{自由位点+吸附质 A} \quad (8.82)$$

$$\text{吸附产物 B} \longrightarrow \text{自由位点+吸附质 B} \quad (8.83)$$

则 A 分子和 B 分子的脱附速率分别为：

$$r_{d,A} = k_{d,A} \times N_A \quad (8.84)$$

$$r_{d,B} = k_{d,B} \times N_B \quad (8.85)$$

对于 A 分子，吸附与脱附达平衡时，联立式（8.80）和式（8.84）：

$$k_{a,A} \times N' \times p_A = k_{d,A} \times N_A \quad (8.86)$$

方程两边同时除以位点总数 $N_m$，则：

$$k_{a,A} \times \frac{N_m - N_A - N_B}{N_m} \times p_A = k_{d,A} \times \frac{N_A}{N_m} \quad (8.87)$$

令 A 和 B 的吸附率分别为：

$$\theta_A = \frac{N_A}{N_m};\ \theta_B = \frac{N_B}{N_m} \quad (8.88)$$

则方程式（8.87）等价于：

$$k_{a,A} \times p_A \times (1 - \theta_A - \theta_B) = k_{d,A} \times \theta_A \quad (8.89)$$

代入 A 吸附质的吸附系数：

$$a_A = \frac{k_{a,A}}{k_{d,A}} \quad (8.90)$$

则吸附质 A 的朗缪尔吸附等温式为：

$$a_A p_A = \frac{\theta_A}{1 - \theta_A - \theta_B} \quad (8.91)$$

同理，吸附质 B 的吸附等温式为：

$$a_B p_B = \frac{\theta_B}{1 - \theta_A - \theta_B} \quad (8.92)$$

其中，$a_B$ 为吸附质的吸附系数：

$$a_B = \frac{k_{a,B}}{k_{d,B}} \quad (8.93)$$

联立式（8.91）和式（8.92），吸附质 A 和 B 的吸附率为：

$$\theta_A = \frac{a_A p_A}{1 + a_A p_A + a_B p_B} \quad (8.94)$$

$$\theta_B = \frac{a_B p_B}{1 + a_A p_A + a_B p_B} \quad (8.95)$$

显然，在本例中，两种吸附质粒子存在相互竞争关系，气体 B 的存在可使气体 A 的吸附受到阻碍，反之亦然。

【思考题】证明在某温度条件下，多种气体混合吸附时，假设吸附时各吸附质均不发生分解，每一个吸附质分子只占据一个表面自由位点，则任意压强为 $p_B$ 的 B 组分的朗缪尔吸附等温式为：

$$\theta_B = \frac{a_B p_B}{1+\sum_B a_B p_B} \tag{8.96}$$

朗缪尔吸附等温式在吸附理论中起了一定的作用，是一种理想的吸附情况，使用的条件是在均匀表面上吸附分子不发生相互作用，且单分子层吸附的情况下的吸附平衡，为后期的修正理论提供了理论基础。

需要注意的是，尽管朗缪尔吸附是基于单分子层吸附提出的模型，但满足朗缪尔吸附的并不完全是单分子层吸附，如 2～3 nm 孔径的多层吸附，也满足朗缪尔吸附。

（5）弗罗因德利希（Freundlich）等温式

由于朗缪尔模型过于理想化，多数吸附系统无法在更大吸附量范围满足单分子吸附理论，例如 CO 在低压范围内在碳表面压力与吸附量成正比，压力升高，则曲线逐渐弯曲。因此，基于朗缪尔模型和实验数据，弗罗因德利希提出经验式即费罗因德利希吸附等温式，从而可以描述中压范围内单位质量的吸附剂所吸附气体的体积 $q_V$ 与吸附质压强的关系：

$$q_V = kp^{1/n} \tag{8.97}$$

式中，$k$ 是单位压力时的吸附量，随温度升高而降低；$n$ 在 0～1 之间，描述压力对吸附量大小的影响。弗罗因德利希经验等温式中没有饱和吸附量，应用范围广，但经验式中 $k$ 与 $n$ 没有明确意义，不能说明吸附机理。式（8.97）也可以写成对数形式（8.98），以便于作图，其中 $\lg k$ 为截距，$1/n$ 为斜率，如图 8.22 所示。

$$\lg q_V = \lg k + \frac{1}{n}\lg p \tag{8.98}$$

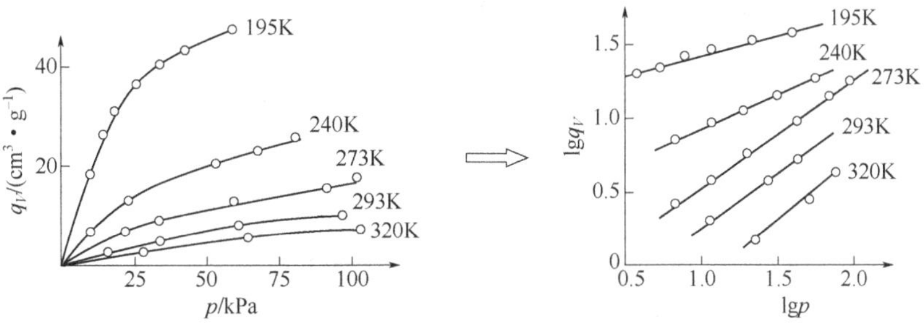


图 8.22　基于弗罗因德利希经验等温式的吸附量测定

## 8.6.4　多分子层吸附模型——BET 模型

（1）吸附热

吸附热是指在吸附过程中的热效应。吸附热是区分物理吸附和化学吸附的重要标志。物理吸附过程的热效应相当于气体凝聚热，其数值较小；化学吸附过程的热效应相当于化学键能，数值较大。

若固体在等温、等压下吸附气体是一个自发过程，则吸附过程的 $\Delta G<0$，气体从三维运动变成吸附态的二维运动，熵减少，$\Delta S<0$，$\Delta H = \Delta G+T\Delta S$，$\Delta H<0$，所以通常吸附热是放热的。在筛选各类表面催化剂时，人们希望吸附质与吸附剂之间的吸附偏向于热中性，即吸附和脱附过程容易对峙进行。

吸附热一般分为积分吸附热和微分吸附热。

其中积分吸附热为等温条件下，一定量的固体表面吸附一定量的气体所放出的热，用 $Q$ 表示。积分吸附热本质上是各种不同表面吸附率下吸附热的平均值。由于固体表面不均匀，因此积分吸附热随着吸附率的不同而不同，显然吸附率低时，吸附热大。

微分吸附热是指微分吸附热吸附剂表面吸附一定量气体后，再吸附少量气体 $\delta q$ 时放出的热 $\delta Q$，等温条件下的微分吸附热可表示为 $\left(\frac{\delta Q}{\delta q}\right)_T$。

（2）BET 吸附模型的假设

多数吸附都不是单分子层的，而是在吸附剂表面吸附层上还有相继的多层吸附，Brunauer、Emmett 和 Teller 在朗缪尔理论基础以及吸附-脱附的平衡假设基础上，提出多分子层吸附公式，简称 BET 公式。

BET 吸附模型的理论假设为：

① 认同朗缪尔理论中关于固体表面均匀的观点，自由表面对所有分子的吸附机会相等，但吸附是多分子层的。

② 固体表面第一层吸附是固体表面与吸附质直接作用，与第二层吸附的吸附热不同。第二层及以后各层之间的吸附热接近于吸附质分子本身的凝聚热，因而相同。

③ 认同朗缪尔理论中吸附过程中吸附与解吸附是平衡的，且吸附与脱附均为相邻层之间的交换，即第 1 层上的吸附对应第 2 层的脱附，各吸附过程可视为基元反应过程，以此类推。

④ 吸附达到平衡后，气体的吸附量等于各层吸附量之和。

（3）无限层吸附的 BET 吸附等温式的推导

如图 8.23 所示，设 $S_0$、$S_1$、$S_2$……$S_i$ 为 0、1、2……$i$ 层占据分子的表面积，且均为常量。当各层的吸附量为一个动态平衡，在表面层，即第 0 层上的吸附速率等于第 1 层上的脱附速率，以此类推，当吸附体系达平衡时，任意第 $i$−1 与第 $i$ 层之间的交换是平衡的。

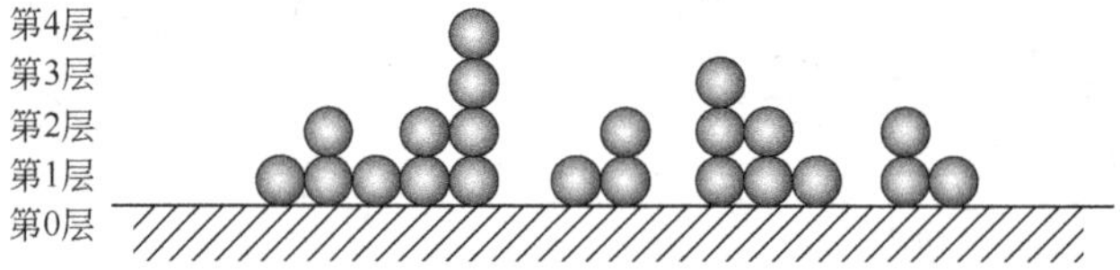

图 8.23　BET 吸附模型示意图

对于第 0 层，其吸附速率 $r_{a1}$ 与吸附质的压力 $p$ 以及表面积 $S_0$ 成正比，可参考方程式（8.62），基于质量作用定律，即：

$$r_{a1} = a_1 p S_0 \tag{8.99}$$

式中，$a_1$ 为第 0 层吸附过程的比例系数。由于第 0 层和第 1 层之间的吸附存在吸附热，设吸附热为 $Q_1$，初始态吸附质的粒子数目为 $N_0$，则根据玻耳兹曼分布，第 1 层吸附的粒子数 $N_1$ 与 $N_0$ 的关系为：

$$N_1 = N_0 \exp\left(-\frac{Q_1}{RT}\right) \tag{8.100}$$

对于第 1 层，其脱附速率 $r_{d1}$ 与表面积 $S_1$ 成正比，且与其开始吸附的粒子数目 $N_1$ 成正比，所以第 1 层的脱附速率为：

$$r_{d1} = bN_1S_1 = b_1S_1 \exp\left(-\frac{Q_1}{RT}\right)(b_1 = bN_0) \tag{8.101}$$

式中，$b_1$ 为第 1 层脱附过程的比例系数。

BET 假设①中所有的粒子吸附脱附均局限于相邻层之间，因此对于第 1 层和第 0 层之间的吸附脱附平衡，通过联立式（8.99）和式（8.101）可得：

$$a_1pS_0 = b_1S_1 \exp\left(-\frac{Q_1}{RT}\right) \tag{8.102}$$

对于其它相邻层之间的吸附脱附平衡，除了吸附热不同，其它分析完全类似。由于 BET 模型除第一层的吸附热之外，其它各层的吸附主要为气体的凝聚热，因此假设第 $i-1$ 与第 $i$ 层之间的吸附热为 $Q_i$（$i>1$），以此类推，第 $i-1$ 与第 $i$ 层之间的平衡一定有：

$$a_ipS_{i-1} = b_iS_i \exp\left(-\frac{Q_i}{RT}\right) \tag{8.103}$$

式中，$a_i$ 为第 $i-1$ 层吸附过程的比例系数；$b_i$ 为第 $i$ 层脱附过程的比例系数。

根据图 8.23 的参数假定，假设吸附过程可以无限层地吸附，则单位质量的吸附剂总面积为：

$$S = \sum_{i=0}^{\infty} S_i \tag{8.104}$$

设每个吸附质粒子的体积为 $V_0$，若吸附达到第 $i$ 层时，被吸附的气体总体积为：

$$V = V_0 \sum_{i=0}^{\infty} iS_i \tag{8.105}$$

且第 $i$ 层可吸附气体的饱和体积，即铺满单分子层所需气体的体积为：

$$V_m = V_0 \sum_{i=0}^{\infty} S_i \tag{8.106}$$

根据上述假设，吸附达到第 $i$ 层时的吸附率为：

$$\theta = \frac{V}{V_m} = \frac{V_0 \sum_{i=0}^{\infty} iS_i}{V_0 \sum_{i=0}^{\infty} S_i} = \frac{\sum_{i=0}^{\infty} iS_i}{\sum_{i=0}^{\infty} S_i} \tag{8.107}$$

显然，多层吸附的 $\theta$ 可以比 1 大。根据式（8.102）和式（8.103），令：

$$y = \left(\frac{pa_1}{b_1}\right) \exp\left(\frac{Q_1}{RT}\right) \tag{8.108}$$

$$x = \left(\frac{pa_i}{b_i}\right) \exp\left(\frac{Q_i}{RT}\right) \quad (i > 1) \tag{8.109}$$

则式（8.102）等价于：

$$S_1 = yS_0 \tag{8.110}$$

其它相邻两层之间的关系为：$S_2 = xS_1$，$S_3 = xS_2 = x^2S_1,\cdots$，联立式（8.110），可得任意层吸附表面积与 $S_0$ 之间的关系：

$$S_i = xS_{i-1} = x^{i-1}S_1 = x^{i-1}yS_0 \tag{8.111}$$

令
$$c = \frac{y}{x} = \frac{a_1b_i}{b_1a_i}\exp\left(\frac{Q_1 - Q_i}{RT}\right) \tag{8.112}$$

则式（8.111）等价于：

$$S_i = cx^iS_0 \tag{8.113}$$

将式（8.113）代入式（8.114），可得上述 BET 模型中，总的吸附面积为：

$$S = \sum_{i=0}^{\infty}S_i = S_0 + \sum_{i=1}^{\infty}cx^iS_0 = S_0\left(1 + c\sum_{i=1}^{\infty}x^i\right) \tag{8.114}$$

将式（8.113）代入式（8.105），可得上述 BET 模型中，吸附的气体总体积为：

$$V = V_0\sum_{i=0}^{\infty}iS_i = V_0\sum_{i=0}^{\infty}icx^iS_0 = V_0cS_0\sum_{i=1}^{\infty}ix^i \tag{8.115}$$

将式（8.113）代入式（8.106），可得吸附达到第 $i$ 层时可吸附气体的饱和体积为：

$$V_{\mathrm{m}} = V_0\sum_{i=0}^{\infty}S_i = V_0\sum_{i=0}^{\infty}cx^iS_0 = V_0S_0(1 + c\sum_{i=1}^{\infty}x^i) \tag{8.116}$$

将式（8.115）、式（8.116）代入式（8.107），可得无限层 BET 模型的吸附率为：

$$\theta = \frac{V}{V_{\mathrm{m}}} = \frac{c\sum_{i=1}^{\infty}ix^i}{1 + c\sum_{i=1}^{\infty}x^i} \tag{8.117}$$

根据幂级数的定义式：

$$\sum_{i=1}^{\infty}x^i = x + x^2 + \cdots = \frac{x}{1-x} \tag{8.118}$$

$$\sum_{i=1}^{\infty}ix^i = x\frac{\mathrm{d}}{\mathrm{d}x}\sum_{i=1}^{\infty}x^i = \frac{x}{(1-x)^2} \tag{8.119}$$

将式（8.118）、式（8.119）代入式（8.117），可得：

$$\theta = \frac{V}{V_{\mathrm{m}}} = \frac{c\sum_{i=1}^{\infty}ix^i}{1 + c\sum_{i=1}^{\infty}x^i} = \frac{c\dfrac{x}{(1-x)^2}}{1 + c\dfrac{x}{1-x}} = \frac{cx}{(1-x)(1-x+cx)} \tag{8.120}$$

假设表面吸附量可以无限大，即在吸附质压强为饱和蒸气压（$p_{\mathrm{s}}$）条件下，$V \to \infty$。根据式（8.115），显然当 $x = 1$ 时，$V \to \infty$。

当 $p = p_s$ 时，根据式（8.119）：

$$x = \left(\frac{p_s a_i}{b_i}\right)\exp\left(\frac{Q_i}{RT}\right) = 1 \tag{8.121}$$

即

$$p_s = \left(\frac{b_i}{a_i}\right)\exp\left(-\frac{Q_i}{RT}\right) \tag{8.122}$$

根据式（8.119）可得当吸附质压力为任意压力 $p$ 时：

$$p = x\left(\frac{b_i}{a_i}\right)\exp\left(-\frac{Q_i}{RT}\right)$$

因此，将上式与式（8.122）联立可得，BET 吸附模型的比压：

$$\frac{p}{p_s} = x \tag{8.123}$$

将式（8.123）代入式（8.120），可得无限层吸附的吸附质总体积：

$$V = \frac{cV_m x}{(1-x)(1-x+cx)} = \frac{cV_m\left(\dfrac{p}{p_s}\right)}{\left(1-\dfrac{p}{p_s}\right)\left(1-\dfrac{p}{p_s}+c\dfrac{p}{p_s}\right)}$$

整理可得：

$$V = \frac{cV_m p}{(p_s - p)\left[1+(c-1)\dfrac{p}{p_s}\right]} \tag{8.124}$$

上式即为无限吸附层的 BET 吸附方程，也称为 $c$-$p$ 两参数 BET 方程。式中，参数 $c$ 满足其定义式（8.112）。$c$ 是与吸附热有关的常数，$V_m$ 为铺满单分子层所需气体的体积，和朗缪尔吸附的定义 $V_m$ 一致。$p$ 和 $V$ 分别为平衡吸附时的压力和吸附量，$p_s$ 是实验温度下吸附质的饱和蒸气压，$\dfrac{p}{p_s}$ 一般称为吸附比压。

BET 公式主要应用于测定固体催化剂的比表面积，在实验中，对方程式（8.124）变形可得：

$$\frac{p}{V(p_s - p)} = \frac{1}{V_m c} + \frac{c-1}{V_m c} \times \frac{p}{p_s} \tag{8.125}$$

用实验数据 $\dfrac{p}{V(p_s - p)}$ 对 $\dfrac{p}{p_s}$ 作图，得一条直线。从直线的斜率和截距可计算两个常数值 $c$ 和 $V_m$，从 $V_m$ 可以计算铺满单分子层时所需的分子个数 $n$。若已知每个分子截面积 $A$，即可求出吸附剂的总表面积 $S$ 和比表面积 $A_V$。

在 BET 吸附模型的讨论中，比压 $\dfrac{p}{p_s}$ 一般控制在 0.05～0.35 之间。当比压过低（小于 0.05）时，无法发生多分子层物理吸附，甚至无法完成饱和的单分子层吸附；当比压过高（大于 0.35）时，容易发生毛细凝聚，多层吸附被破坏。

比压值在 0.35～0.6 之间，吸附层数一般不再是无限层，例如吸附层数为有限的 $n$ 层，两参数 BET 公式（8.124）则需改为 $c$-$p$-$n$ 三参数公式。

（4）有限层吸附的 BET 吸附等温式的推导

若吸附层数并非无限，假设吸附层数为 $n$ 层，则根据幂级数的定义：

$$\sum_{i=1}^{n} x^i = x + x^2 + \cdots = \frac{x(1-x^n)}{1-x} \tag{8.126}$$

$$\sum_{i=1}^{\infty} ix^i = x\frac{\mathrm{d}}{\mathrm{d}x}\sum_{i=1}^{\infty} x^i = x\frac{\mathrm{d}}{\mathrm{d}x}\left[\frac{x(1-x^n)}{1-x}\right] = \frac{1-x^n(1+n-nx)}{(1-x)^2} \tag{8.127}$$

将式（8.126）、式（8.127）代入式（8.117），可得吸附层数为 $n$ 层的 BET 模型的吸附总体积为：

$$V = \frac{cV_{\mathrm{m}}[1-(n+1)x^n + nx^{n+1}]}{(1-x)[1+(c-1)x-cx^{n+1}]}$$

再代入式（8.123）可得：

$$V = \frac{cV_{\mathrm{m}}\left[1-(n+1)\left(\frac{p}{p_{\mathrm{s}}}\right)^n + n\left(\frac{p}{p_{\mathrm{s}}}\right)^{n+1}\right]}{\left[1-\frac{p}{p_{\mathrm{s}}}\right]\left[1+(c-1)\times\frac{p}{p_{\mathrm{s}}} - c\left(\frac{p}{p_{\mathrm{s}}}\right)^{n+1}\right]} \tag{8.128}$$

上式为有限层吸附的 BET 吸附等温式。

（5）两类典型吸附模型的总结

朗缪尔吸附模型和 BET 吸附模型是等温条件下，关于两类典型的表面吸附现象的总结和描述。两者的区别和联系见表 8.1。

**表 8.1　朗缪尔模型和 BET 模型对比**

| 序号 | 朗缪尔吸附 | BET 吸附 |
|---|---|---|
| 1 | 单分子层吸附。吸附质分子只有碰撞到固体空白表面上，进入吸附力场作用范围的分子才可能被吸附 | 多分子层吸附。被吸附的分子可以吸附碰撞在它上方的分子，不一定等待第一层吸附满再吸附第二层，而是一开始就表现出多层吸附 |
| 2 | 固体表面均匀，各空位吸附能力相同，每个空位吸附一个分子，吸附热为常数，与覆盖率无关 | 固体表面均匀，空位吸附能力相同，固体表面和吸附质之间（第一层）的吸附热与吸附质分子之间的吸附热不同，而第二层以上的各层吸附热相等，为吸附气体的凝结热 |
| 3 | 被吸附在固体表面上的分子之间无相互作用力 | 被吸附在固体表面上的分子横向相互之间无作用力 |
| 4 | 吸附脱附平衡是动态平衡，吸附脱附速率相等时达到吸附平衡 | 只考虑上下两层相邻的吸附与脱附，吸附脱附平衡是动态平衡，相邻的上下层吸附脱附速率相等 |

## 8.6.5　物理吸附与化学吸附

（1）物理吸附和化学吸附的特征

了解气体分子在金属表面上的吸附和脱附是表面科学最重要的目标之一，了解吸附机理在诸如环保、能源、催化、材料等领域具有很高的应用价值。吸附过程包括物理吸附和化学吸附。其中，物理吸附仅仅是一种物理作用，没有电子转移，没有化学键的生成与破坏，也没有原子重排等。化学吸附相当于吸附剂表面分子与吸附质分子发生了化学反应，在红外吸收光谱、紫外-可见吸收光谱中会出现新的特征吸收带。

两种吸附方式特征的对比见表 8.2。在实际表面催化过程中，物理吸附往往是化学吸附的前提。

**表 8.2　物理吸附和化学吸附特征对比**

| 项目 | 物理吸附 | 化学吸附 |
|---|---|---|
| 吸附力 | 由固体和气体分子之间的范德华引力产生的，一般比较弱 | 由吸附剂与吸附质分子之间产生的化学键，较强 |
| 吸附热 | 吸附热较小，接近于气体的凝聚热，一般在几个千焦每摩尔以下 | 吸附热较高，接近于化学反应热，一般在 $42kJ \cdot mol^{-1}$ 以上 |
| 选择性 | 吸附无选择性，任何固体可以吸附任何气体，各吸附量不同 | 吸附有选择性，固体表面的活性位只吸附与之可发生反应的气体分子，如酸位吸附碱性分子，反之亦然 |
| 稳定性 | 吸附稳定性不高，吸附与解吸速率都很快 | 稳定 |
| 吸附层数 | 吸附可以是单分子层的和多分子层 | 吸附是单分子层的 |
| 吸附速率与温度的关系 | 吸附不需要活化能，吸附速率并不完全因温度的升高而变快 | 吸附需要活化能，温度升高，吸附和解吸速率加快 |

例如，图 8.24 描述了 $X_2$ 双原子气体分子在金属 M 表面上吸附并解离为两个 X 原子的势能曲线。在该表面催化中，物理吸附和化学吸附可以相伴发生，所以常需要同时考虑两种吸附在整个吸附过程中的作用。若只发生化学吸附，其活化能（$CC'$）等于 $X_2$ 的解离能 $D$，但若先发生物理吸附，则将沿着能量低的途径（$PP'$）接近固体表面，然后在曲线 $PP'$和曲线 $CC'$的交叉点 $O$ 上由物理吸附转为化学吸附，发生化学反应 $2M+X_2 \longrightarrow 2M+X+X$。交叉点 $O$ 的高度是化学吸附的活化能 $E_a$。显然先发生物理吸附，再转为化学吸附的 $E_a$ 比 $X_2$ 直接分解的解离能 $D$ 低。若化学吸附的活化能 $E_a$ 较高，则低温时化学吸附速率很慢，以致不能发生，实际上只能观察到物理吸附。所以说，物理吸附是化学吸附的前段过程。

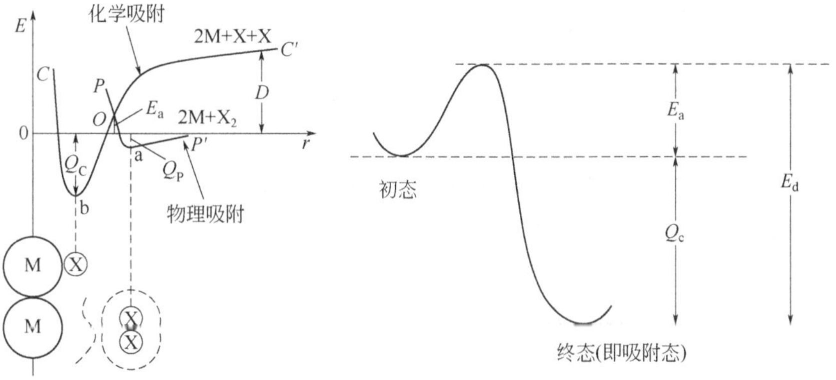


图 8.24　固体表面吸附机理

（2）固体在溶液中的吸附

温度一定时，将定量的吸附剂与固定浓度的溶液混合，平衡后，通过吸附剂前后的浓度改变获得单位质量溶质的吸附量 $a$：

$$a = \frac{x}{m_a} = \frac{m_s(w_0 - w)}{m_a} \tag{8.129}$$

式中，$m_a$是吸附剂的质量；$m_s$是溶液的质量；$w_0$ 和 $w$ 为溶质起始和终态的质量分数。该吸附量称为表观吸附量，由于式（8.129）没有考虑溶液中溶剂的吸附，因此式中的数值上低于溶质的实际吸附量。只有在稀溶液中，可不考虑溶剂的吸附。

除了式（8.129），弗罗因德利希公式在溶液中吸附的应用通常比在气相中吸附的应用更为广泛。此时该式可表示为对数形式

$$\lg a = \lg k + \frac{1}{n}\lg w \tag{8.130}$$

（3）化学吸附与固体表面催化

固体表面上的原子或离子与内部不同，它们还有空余的成键能力或存在着剩余的价力，可以与吸附物分子形成化学键。在吸附过程中，比表面积的大小直接影响反应的速率，增加催化剂的比表面积可以提高反应速率。因此固体催化剂多为比表面积大的多孔性物质。

气-固相多相反应机理可用"活性中心理论"解释：只有反应物被吸附到活性中心才能形成化学键，完成化学吸附，进而进行后续反应。在该理论中：催化剂表面只有活性成分才能够进行化学吸附，吸附中心也称为活性中心，只占整个表面的一小部分。化学吸附是催化反应进行的前提，但非充要条件，吸附产物可能发生解吸附，也可能不发生后续反应。在催化过程中，催化剂的活性与反应物在催化剂表面的吸附强度有关，只有当化学吸附具有适当强度时，催化活性才能达到最大。同时吸附力也不能太强，太强会导致反应物不易脱附。吸附质始终占领催化剂活性位会导致催化剂中毒，使催化剂失活。吸附和脱附的活化能垒均应当较小，吸附过程以热中性最佳，以保证吸附和脱附的热力学可逆性。由于化学吸附形成化学键，从而可以通过测定吸附活化能和吸附热来判别分析吸附态的性质（离子、共价或者配位等）。

综上所述，气-固相多相催化在固体催化剂表面上实现一般包括如下 5 个步骤：

① 物理扩散——反应物从气体本体扩散到固体催化剂表面；
② 化学吸附——反应物被催化剂表面所吸附；
③ 表面反应——反应物在催化剂表面上进行化学反应；
④ 脱附——生成物从催化剂表面上脱附；
⑤ 物理扩散——生成物从催化剂表面扩散到气体体相中。

（4）催化机理举例

显然，按照上述的反应机理，固体表面催化可视为一个连续反应模型。若假设其中的表面反应步骤为整个连续反应的决速步，结合朗缪尔吸附模型，本节将对两种典型的表面催化机理进行详细分析。

① 表面催化单分子反应（A→B）

单分子反应是指假定反应是由反应物的气相单分子，在表面上通过吸附-反应-脱附的步骤来完成反应生成产物，如图 8.25 所示。假设 A 为反应物，B 为产物，S 为活性中心。按照假设，决速步为表面上发生的化学反应，即 A 吸附到 S 表面上，再通过反应生成产物 B。反应前后的扩散、吸附和脱附步骤均为快反应。

$$A + \mathrm{-S-} \underset{k_{-1}(\text{脱附})}{\overset{k_1(\text{吸附})}{\rightleftharpoons}} \overset{A}{\underset{}{\mathrm{-S-}}} \xrightarrow{k_2(\text{反应})} \overset{B}{\underset{}{\mathrm{-S-}}} \underset{k_{-3}(\text{脱附})}{\overset{k_3(\text{吸附})}{\rightleftharpoons}} B + \mathrm{-S-}$$

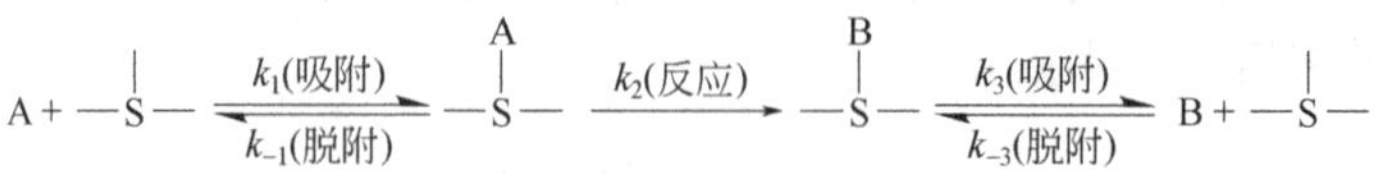

图 8.25 表面催化单分子反应机理示意图

按照决速步近似，反应速率由表面反应速率决定，即与 S-A 的浓度成正比，S-A 的浓度即 S 表面的吸附率 $\theta$，根据朗缪尔吸附式（8.70）得：

$$\theta = \frac{ap_A}{1+ap_A}$$

当表面反应的速率系数为 $k_2$ 时，反应速率 $r$ 为：

$$r = k_2 \frac{ap_A}{1+ap_A} \tag{8.131}$$

式中，$k_2$ 和 $a$ 均为常数；$p_A$ 为 A 的分压，可测量，所以通过实验可以获得表面反应速控的反应速率。

对于该反应的图象仍可参考图 8.21，关于速率方程式（8.131）的讨论完全类似于不发生分解的单分子层吸附模型：

a. 若 $a_A p_A \ll 1$，则 $r = k_2 \dfrac{a_A p_A}{1+a_A p_A} = k_2 a_A p_A$，此时反应为表观一级反应；

b. 若 $a_A p_A \gg 1$，则 $r = k_2 \dfrac{a_A p_A}{1+a_A p_A}$，即 $k_2 t = p_{A,0} - p_A$，此时反应为零级反应；

c. 若 $0 < a_A p_A < 1$，则 $r = k_2 \dfrac{a_A p_A}{1+a_A p_A}$，此时反应为分数级反应。

如果除反应物 A 能够被 S 吸附外，同时产物 B 也能被 S 吸附，这时产物所起的作用相当于干扰剂，可引起催化剂中毒。此时的速率方程可按照多吸附质朗缪尔吸附模型式（8.94）来考虑：

$$r = k_2 \theta_A = k_2 \frac{a_A p_A}{1+a_A p_A + a_B p_B} \tag{8.132}$$

式中，$p_A$ 和 $p_B$ 分别为 A 和 B 的分压。根据方程式（8.132），分母中 B 的分压越大，反应速率越低，意味着产物 B 的吸附会降低反应的催化效率。

② 表面催化双分子反应（A+B ⟶ C+D）

a. 朗缪尔-欣谢尔伍德（Langmuir-Hinshelwood）机理：吸附质 A 与 B 吸附在 S 表面上发生反应，生成产物 C 和 D。表面反应发生在邻近位置，两种被吸附粒子之间的反应，如图 8.26 所示。由于表面反应为决速步，故反应速率由第一步的吸附产物浓度决定，即表面吸附率，可按照多吸附质朗缪尔模型进行描述。

$$A + B + \underset{}{-S-S-} \underset{k_{-1}(脱附)}{\overset{k_1(吸附)}{\rightleftharpoons}} \underset{}{-\overset{A}{S}-\overset{B}{S}-} \overset{k_2(反应)}{\longrightarrow} \underset{}{-\overset{C}{S}-\overset{D}{S}-} \underset{k_{-3}(脱附)}{\overset{k_3(吸附)}{\rightleftharpoons}} C + D + \underset{}{-S-S-}$$

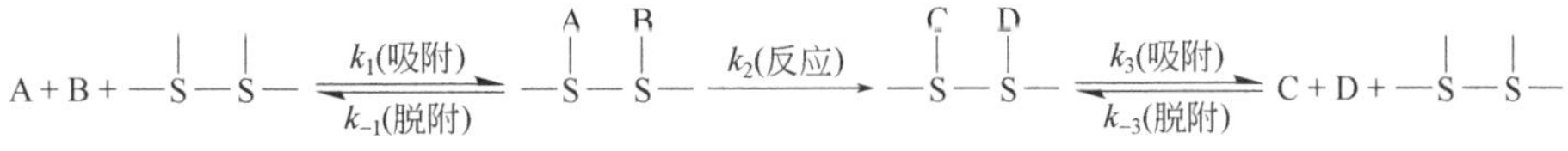

图 8.26 表面催化双分子反应朗缪尔-欣谢尔伍德机理示意图

因为

$$\theta_A = k_2 \frac{a_A p_A}{1+a_A p_A + a_B p_B}; \quad \theta_B = k_2 \frac{a_B p_B}{1+a_A p_A + a_B p_B}$$

所以

$$r = k_2 \theta_A \theta_B = k_2 \frac{a_A p_A a_B p_B}{(1+a_A p_A + a_B p_B)^2} \tag{8.133}$$

如果吸附过程中，保持 $p_A$（或 $p_B$）恒定，改变 $p_B$（或 $p_A$），显然速率随压力 $p_A$（或 $p_B$）的变化图上会出现一个极大值，如图 8.27 所示。

b. 里迪尔（Rideal）机理：吸附质 A 首先在 S 表面上完成吸附，完成吸附的 A 再与气态分子 B 反应，生成产物 C 和 D。反应模型如图 8.28 所示。

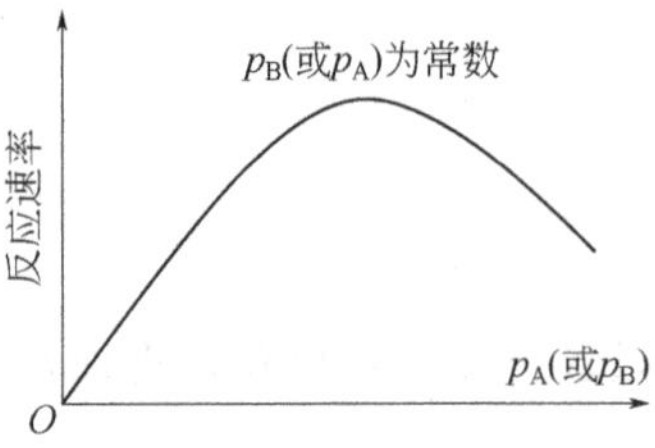


图 8.27 朗缪尔-欣谢尔伍德机理中反应速率与吸附质分压关系图

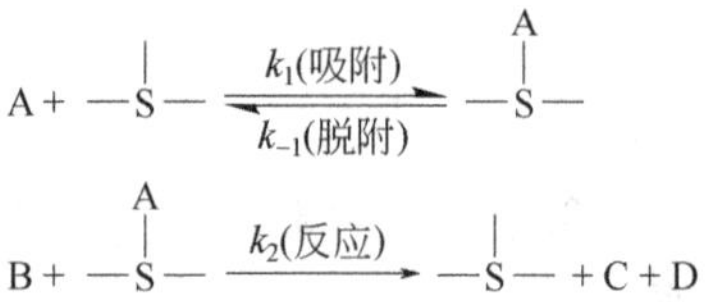


图 8.28 表面催化双分子反应里迪尔机理示意图

显然，按照速控步近似，反应速率 $r$ 与 A 的吸附率和气态分子 B 的分压成正比，联立吸附质 A 的朗缪尔模型，速率方程为：

$$r = k_2\theta_A p_B = k_2 \frac{a_A p_A p_B}{1 + a_A p_A} \tag{8.134}$$

如果 B 也可以被 S 表面吸附，则上式可调整为：

$$r = k_2 \frac{a_A p_A p_B}{1 + a_A p_A + a_B p_B} \tag{8.135}$$

如果保持 B 的压力不变，而只改变 A 的压力，按照方程式（8.134）所描述，反应速率将趋向于一个极限值，如图 8.29 所示。

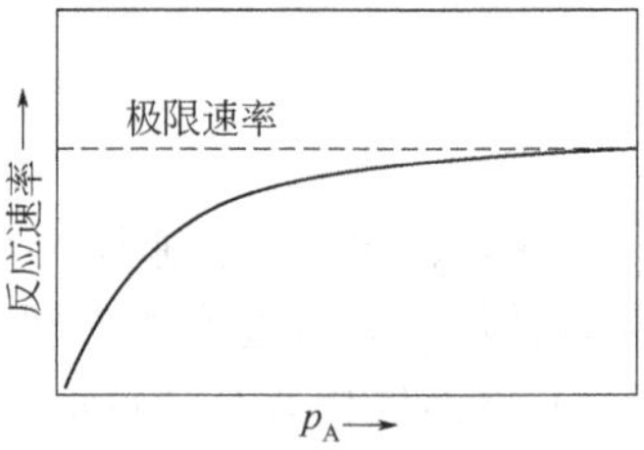


图 8.29 里迪尔机理中反应速率与吸附质分压关系图

如果 A 的吸附很强：$a_A p_A >> 1$，则 $r = k_2 p_B$。

如果 A 的吸附很弱：$a_A p_A << 1$，则 $r = k_2 a_A p_A p_B$。

对于固相催化的双分子反应，通过分析反应速率与气体压力的关系即可大致判断其对应的反应模型，从而确定其反应速率方程。如果在速率与某一反应物分压的曲线中有极大值出现，基本上可以确定该双分子反应是朗缪尔-欣谢尔伍德反应历程而不是里迪尔历程。因此根据速率与分压的曲线形状，可以作为判别双分子反应历程的一种依据。

# 8.7 胶体简介

## 8.7.1 概述

将一把泥土放入水中，土中的盐类溶解在水中形成真溶液，泥沙以及浑浊的小土粒沉淀在底部，而那些既不下沉、也不溶解的极微小的土壤颗粒称为胶体颗粒，含胶体颗粒的体系称为胶体体系。胶体是一类既不同于沉淀也不同于溶液的分散体系，具有巨大的比表面积，具有很强的催化能力。

将一种或几种物质分散在另一种物质中就构成分散体系，其中，以颗粒分散状态存在的不连续相称为分散相；而连续相称为分散介质，如图 8.30 所示。

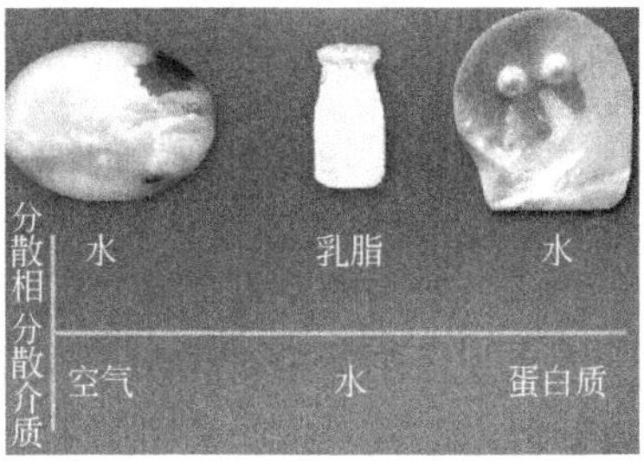


图 8.30　分散体系中的分散相与分散介质

## 8.7.2　分散体系的分类

（1）按照分散相粒径分类

分散体系可以按照分散相粒径分成粗分散系、胶体分散系以及小分子分散系三大类，如表 8.3 所示。1915 年，奥斯特瓦尔德（Ostwald）根据分散相粒径定义胶体：胶体是一种尺寸在 1～100nm 以至 1000nm 的分散体。

**表 8.3　按分散相粒径分类的分散系**

| 项目 | | 粗分散系 | 胶体分散系 | | 小分子或离子分散系 |
|---|---|---|---|---|---|
| | | | 溶胶 | 高分子溶液 | |
| 分散相 | 类别 | 分子大集合体 | 分子小集合体 | 高分子 | 小分子或离子 |
| | 粒径/nm | > 100 | 1～100 | | < 1 |
| 稳定性 | | 不稳定 | 较稳定 | 稳定 | |
| 扩散及透过性 | | 扩散很慢，颗粒不能透过滤纸 | 扩散慢，颗粒不能透过半透膜 | | 扩散快，颗粒能透过半透膜 |
| 相态 | | 多相体系 | | 均相体系 | |
| 常见实例 | | 泥浆 | 碘化银溶胶 | 蛋白质水溶液 | $CuSO_4$ 溶液 |

分散相与分散介质以分子或离子形式彼此混溶，没有界面，是均匀的单相，分子半径大小在 $10^{-9}$m 以下。通常把这种体系称为真溶液，如 $CuSO_4$ 溶液。

当分散相粒子大于 100nm，目测是混浊不均匀体系，放置后会沉淀或分层，如黄河水。分散相粒子的半径在 1～100nm 之间的体系。目测是均匀的，但实际是多相不均匀体系。

（2）按照分散相和分散质的聚集状态分类

分散体系可以按照组成的聚集状态，分成固、液、气相互组合的分散系，命名时，分散相的聚集状态在前，分散介质的聚集状态在后。例如雾，作为气溶胶，分散相为液体，分散介质为气体，因此命名为液气分散系。具体的分类、命名和举例可参考表 8.4。

**表 8.4　按聚集状态分类的分散系**

| 分散介质 | 分散相 | 名称 | 实例 |
|---|---|---|---|
| 气体 | 气体 | 气气分散系 | 空气、天然气、焦炉气 |
| | 液体 | 液气分散系、气溶胶 | 云、雾 |
| | 固体 | 固气分散系、气溶胶 | 烟、灰尘 |
| 液体 | 气体 | 气液分散系、泡沫 | 碳酸饮料、泡沫 |
| | 液体 | 液液分散系、乳状液 | 白酒、牛奶 |
| | 固体 | 固液分散系、溶胶、凝胶 | 盐水、泥浆、油漆 |
| 固体 | 气体 | 气固分散系、固体泡沫 | 泡沫塑料、木炭 |
| | 液体 | 液固分散系、凝胶 | 豆腐、硅胶、琼脂 |
| | 固体 | 固固分散系 | 合金、有色玻璃 |

## 8.7.3 胶体粒子的结构

溶胶粒子为减小其表面能，会选择性吸附体系中的带电离子，导致其表面带电，带电表面又会通过静电引力与体系中带相反电荷的离子发生作用，形成双电层结构。因此，胶体粒子实际为胶团的结构，注意胶团是电中性的。

在胶团的形成过程中，首先有一定量的难溶物分子聚结形成胶粒的中心，粒径大小为胶体分散系的粒径大小，称为胶核，胶核是不带电的；其次，胶核选择性地吸附溶液中的一种离子，形成胶壳。胶核吸附离子是有选择性的，称为电位离子。判断胶核优先吸附离子的规律有两个：①水化能力弱的离子易被优先吸附——水化能力强的留在溶液中，通常阳离子的水化能力比阴离子强，所以胶粒带负电的可能性比较大。②法扬斯（Fajans）规则——能与胶粒组成离子形成不溶物的离子将优先被吸附。

胶核优先吸附的电位离子形成胶壳，也称为内壳，胶壳是带电的。由于正、负电荷相吸，胶壳进一步吸引反号离子包覆在胶壳外部，称为紧密吸附层。紧密吸附层与胶壳带相反电荷。胶核、胶壳以及紧密吸附层共同组成胶粒。需要注意的是紧密吸附层不一定能够平衡胶壳的电量，因此胶粒并非电中性的，而是保持与胶壳相同的电性。一般也用胶粒的电性表示溶胶所带的电性，例如胶粒带正电的溶胶，称为正溶胶。

胶团的紧密吸附层之外，还存在扩散层，以平衡胶核的多余电量，扩散层中离子电性与紧密吸附层的电性一致。胶粒与扩散层共同组成电中性的胶团。

为了更简约地表示胶团的结构，若各离子以基本电荷量为基本单元，通常可以按以下方式描述，即：

$$[(\text{胶核})_m \cdot n\,\text{电位离子} \cdot (n-x)\text{反离子}]^{x+(-)} \cdot x\,\text{反离子}$$

**【例 8.5】** KI 作稳定剂（即溶液中存在过量 KI）时，使用 $AgNO_3$ 和 KI 制备新鲜的 AgI 溶胶，分析 AgI 胶团结构。

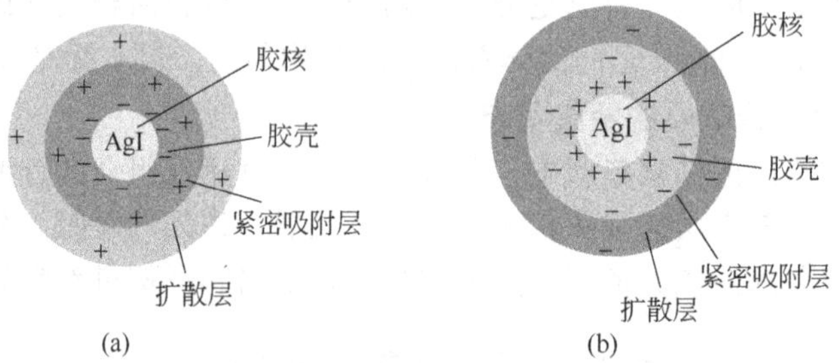


图 8.31 两种典型 AgI 胶团结构示意图

**【解答】** 首先，根据题意，制备 AgI 的反应方程式为：$AgNO_3 + KI \longrightarrow KNO_3 + AgI\downarrow$，根据反应，不溶物 AgI 首先凝聚形成电中性的胶核；其次，AgI 胶核优先吸附形成不溶物的离子，KI 做稳定剂时，优先吸附的离子为 $I^-$ 形成胶壳；最后，胶壳吸引反离子 $K^+$ 组成紧密吸附层。AgI 胶核、$I^-$ 以及 $K^+$ 共同组成胶粒，胶粒带负电；最后扩散层中进一步吸附 $K^+$ 以平衡胶粒的电荷。

此时，制备的 AgI 溶胶的胶团结构为：$[(AgI)_m \cdot nI^- \cdot (n-x)K^+]^{x-} \cdot xK^+$，此时胶粒带负电如图 8.31（a）所示。

与之类似的，若以 $AgNO_3$ 为稳定剂，制备的 AgI 胶团的结构为：$[(AgI)_m \cdot nAg^+ \cdot (n-x)NO_3^-]^{x+} \cdot xNO_3^-$，此时胶粒带正电，如图 8.31（b）所示。

# 8.8 溶胶的动力学性质

## 8.8.1 布朗运动

（1）布朗运动的现象与定义

1827 年，植物学家布朗（Brown）用显微镜观察到悬浮在液面上的花粉粉末不断地做不规则的运动。后来又发现许多其它物质如煤、化石、金属等的粉末也都有类似的现象。人们称微粒的这种运动为布朗运动。

在很长的一段时间里，这种现象的本质没有得到阐明。1903 年发明了超显微镜，为研究布朗运动提供了物质条件。用超显微镜可以观察到溶胶粒子不断地做不规则“之”字形的运动，溶胶的布朗运动轨迹如图 8.32 所示。通过大量观察，得出结论：

① 粒子越小，布朗运动越激烈；

② 布朗运动激烈的程度不随时间而改变，但随温度的升高而增加。当半径大于 5μm，布朗运动现象消失。

根据实验现象，定义直径小于 4μm 的粒子在分散介质中呈现出连续不断的无规则运动为布朗运动。

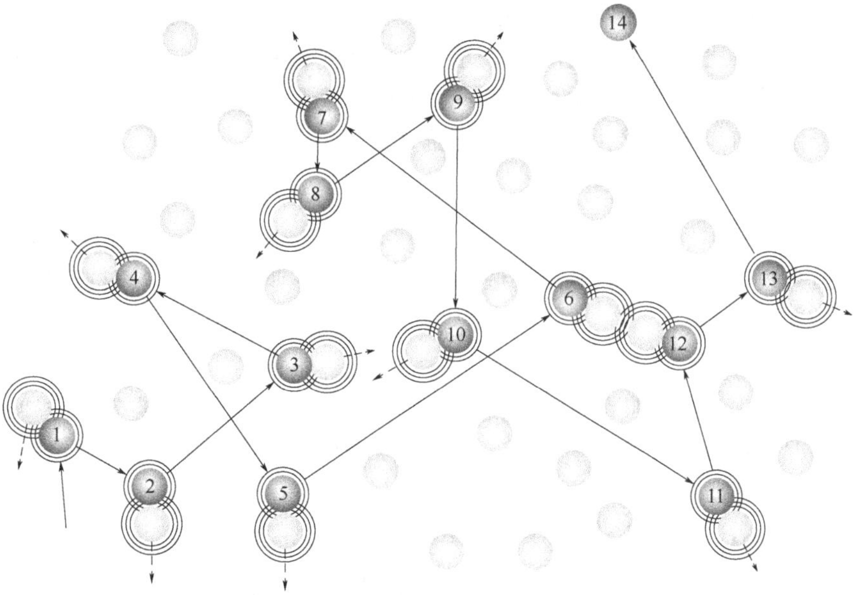


图 8.32 溶胶粒子的布朗运动示意图

（2）布朗运动的本质——分子热运动

布朗运动是分散介质分子以不同大小和不同方向的力对胶体粒子不断撞击而产生的，由于受到的力不平衡，所以连续以不同方向、不同速度做不规则运动。随着粒子增大，撞击的次数增多，而作用力抵消的可能性亦大。

爱因斯坦（Einstein）认为，溶胶粒子的布朗运动与分子运动类似，平均动能为 $\frac{3}{2}kT$ 。布朗运动是不断热运动的液体分子对微粒冲击的结果。由于不断受到不同方向和速度的分子的冲击，受到的力并不平衡。尽管布朗运动看起来复杂无规则，但在一定时间内微粒所移动的平均位移具有一定的数值，爱因斯坦假设粒子是球形的，运用分子运动论的一些基本概念和公式，得到布朗运动的公式。经过后期实验的验证，成功地使用分子运动理论说明了布朗运动本质为质点的热运动。因此溶胶和稀溶液相比，除了溶胶粒子的粒径范围大于真溶液的粒径，其热运动并无本质上的不同，稀溶液的性质在溶胶中也有表现，只是存在程度上的差异。

## 8.8.2 胶粒的扩散

（1）胶粒的扩散作用

胶粒的热运动，导致其具有扩散和渗透压的性质。只是溶胶的浓度较稀，这种现象很不显著。如图 8.33 所示，在 *ABCD* 的桶内盛溶胶，在某一截面 *EF* 的两侧溶胶的浓度不同，$c_1 > c_2$。由于分子的热运动和胶粒的布朗运动，可以观察到胶粒从 $c_1$ 区向 $c_2$ 区迁移的现象，这就是胶粒的扩散作用。

（2）菲克（Fick）第一定律

菲克第一定律描述物质从高浓度向低浓度部分扩散的现象：在单位时间内通过垂直于扩散方向的单位截面积的扩散物质流量（扩散通量）与该截面处的浓度梯度成正比。浓度梯度越大，扩散通量越大。

如图 8.33 所示，设任一平行于 *EF* 面的截面上浓度是均匀的，但水平方向自左至右浓度减小，设通过 *EF* 面的扩散量为 *m*，单位为 mol，则扩散速度为 $\mathrm{d}m/\mathrm{d}t$，它与浓度梯度 $\mathrm{d}c/\mathrm{d}x$ 和 *AB* 截面积 *A* 成正比，比例常数用 *D* 表示，*D* 称为扩散系数或扩散通量，单位为 $\mathrm{m^2 \cdot s^{-1}}$，其物理意义为：单位浓度梯度、单位时间内通过单位截面积的质量。

菲克第一定律可用方程式（8.136）进行描述。

$$\frac{\mathrm{d}m}{\mathrm{d}t} = -DA\frac{\mathrm{d}c}{\mathrm{d}x} \tag{8.136}$$

式中，负号表示扩散发生在浓度降低的方向。注意，菲克第一定律只适用于浓度梯度不变且 *EF* 厚度为 0 的情况。

（3）菲克第二定律

实际扩散过程中，分隔膜厚度并非为 0，浓度梯度并不恒定。菲克第二定律适用于浓度梯度变化的情况：在第一定律的基础上，非恒定浓度梯度的扩散过程中，浓度随时间的变化率为该处扩散通量随距离变化率的负值。

如图 8.34 所示，假设分隔膜的厚度为 $\Delta x$，根据菲克第一定律，进入 *AB* 面的扩散量为 $\mathrm{d}m_1 = -DA\frac{\mathrm{d}c}{\mathrm{d}x}\mathrm{d}t$；离开 *CD* 面的扩散量为 $\mathrm{d}m_2 = -DA\left[\frac{\mathrm{d}c}{\mathrm{d}x} + \frac{\mathrm{d}}{\mathrm{d}x}\left(\frac{\mathrm{d}c}{\mathrm{d}x}\right)\mathrm{d}x\right]\mathrm{d}t$，则在体积元 ABCD 中，粒子的增长速率为：

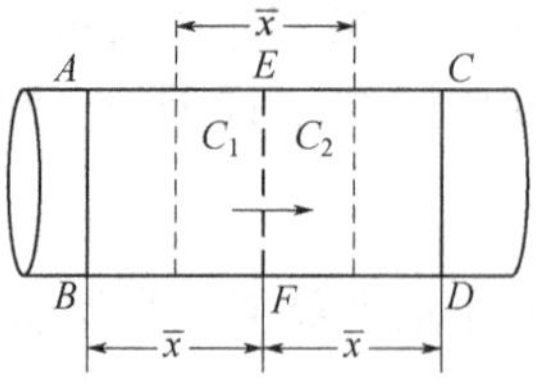


图 8.33　胶粒扩散模型示意图

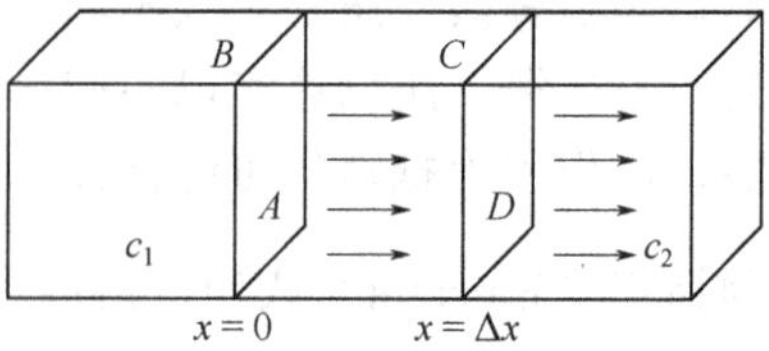


图 8.34　浓度梯度不唯一时的粒子扩散示意图

$$\frac{dm}{dt}=-DA\frac{dc}{dx}+DA\left[\frac{dc}{dx}+\frac{d}{dx}\left(\frac{dc}{dx}\right)dx\right]=DA\left[\frac{d}{dx}\left(\frac{dc}{dx}\right)dx\right] \tag{8.137}$$

由于体积元内的物质的量为相应浓度与体积的乘积——$dm = dc\times(Adx)$，代入式（8.137），可得：

$$\frac{dc}{dt}=\frac{DA\left[\frac{d}{dx}\left(\frac{dc}{dx}\right)dx\right]}{Adx}=D\left[\frac{d}{dx}\left(\frac{dc}{dx}\right)\right]=D\left(\frac{d^2c}{dx^2}\right) \tag{8.138}$$

即菲克第二定律数学表达式为：

$$\frac{dc}{dt}=D\left(\frac{d^2c}{dx^2}\right) \tag{8.139}$$

上式是扩散的理想公式，适用于分隔膜厚度为 dx 的情况。其中假设 $D$ 不随浓度而改变，实际上对于多数体系，特别是线型高分子溶液，$D$ 是浓度函数，故实际上扩散的通用公式可表示为：

$$\frac{dc}{dt}=\frac{d}{dx}\left(D\frac{dc}{dx}\right) \tag{8.140}$$

综上所述，菲克第一定律描述物质从高浓度向低浓度均匀扩散的现象。菲克第二定律适用于浓度梯度变化的情况。通过扩散实验，并应用菲克定律，可求出溶胶粒子的扩散系数 $D$，从 $D$ 又可求出粒子的大小和形状，这是扩散现象的基本用途之一。一般情况下，扩散系数 $D$ 与 $r$ 成反比。对于液体小分子，粒子扩散系数约为 $10^{-5}cm^2\cdot s^{-1}$，对于胶体粒子的粒子扩散系数约为 $10^{-7}cm^2\cdot s^{-1}$。

（4）布朗位移公式

所谓布朗位移，是指溶液中某粒子在所测时间间隔 $t$ 内在指定方向上的位移 $\bar{x}$。$\bar{x}$ 与粒子在这段时间内所走过路程的总长或者说轨迹不同。实际上，介质分子对分散相分子的碰撞频率数量级为 $10^{20}\ s^{-1}$，因此实验人员无法跟踪粒子的所有运动轨迹，而只能测定在时间间隔 $t$ 的位移移动的距离即位移 $\bar{x}$。

以图 8.33 的胶粒扩散模型示意图为例，假设：

① 圆柱容器中有一平面 $EF$，截面积为 $A$，将两个粒子浓度为 $c_1$ 和 $c_2$ 区域分隔开来；

② $c_1>c_2$，经 $t$ s 后达到平衡，此时粒子沿 $x$ 轴通过截面 $EF$ 的平均位移为 $\bar{x}$；假设只有一半粒子通过 $EF$ 平面。

因此，向右扩散通过单位面积（$A = 1$）的质点总数为 $\frac{1}{2}c_1\bar{x}$，于是在 $t$ 时间内通过单位面积的净得粒子移入量 $m$ 为式（8.141）所示：

$$m=\frac{1}{2}\bar{x}(c_1-c_2)=\frac{1}{2\bar{x}}(c_1-c_2)\bar{x}^2 \tag{8.141}$$

当 $\bar{x}$ 为无穷小时，则根据浓度梯度的定义 $\frac{dc}{dx}=\frac{c_2-c_1}{\bar{x}}$，式（8.141）可表示为：

$$m=-\frac{1}{2}\times\frac{dc}{dx}\bar{x}^2 \tag{8.142}$$

联立菲克第一定律，在 $t$ 时间内通过单位面积扩散进入低浓度区的净迁入量可描述为 $m=-D\dfrac{dc}{dx}t$，$D$ 为扩散系数，单位为 $m^2 \cdot s^{-1}$；$dc$ 与 $dx$ 方向相反，故取负号，得方程：

$$-D\frac{dc}{dx}t=-\frac{1}{2}\frac{dc}{dx}\overline{x}^2 \tag{8.143}$$

按照图 8.32 模型描述的粒子在 $t$ 时间内沿 $x$ 轴方向的平均位移可用式（8.144）描述：

$$\overline{x}=\sqrt{2Dt} \tag{8.144}$$

该方程即为布朗位移公式。

根据方程式（8.144），粒子的平均布朗位移 $\overline{x}$（单位为 m）由 $D$ 和 $t$ 决定，因此在体系固定后（即 $D$ 固定后），布朗位移 $\overline{x}$ 与扩散的内在联系，说明扩散是布朗运动的宏观表现，而布朗运动是扩散的基础。

若将位移方程整理即得：

$$D=\frac{\overline{x}^2}{2t} \quad 或者 \quad \frac{2D}{\overline{x}}=\frac{\overline{x}}{t} \tag{8.145}$$

布朗运动的平均速率反比于平均位移，即平均位移越大，则平均位移速率越低；相反平均位移越小，则平均位移速率越高。

对于理想溶液，扩散系数 $D$ 与质点运动的阻力系数 $f$ 之间满足爱因斯坦扩散方程：

$$D=\frac{k_B T}{f} \tag{8.146}$$

式中，$k_B$ 为玻耳兹曼常数；$f$ 为质点的阻力系数，即以单位速度运动时受到的阻力值，$N\cdot(m\cdot s^{-1})^{-1}$。

对于球形质点的阻力系数，由斯托克斯（Stokes）定律式（8.147）求得。

$$f=6\pi\eta r \tag{8.147}$$

式中，$\eta$ 为介质的黏度❶，$1kg\cdot m^{-1}\cdot s^{-1}$；$r$ 为球形质点的半径。扩散属于物质在无外力场时的传质过程，在胶体体系中，质点的大小和形状是可以通过扩散性质进行研究的。根据爱因斯坦扩散方程式（8.146），在固定温度的条件下，扩散的快慢取决于质点运动的阻力系数 $f$。

斯托克斯定律需要满足的基本条件为：

① 质点的运动速率很慢；

② 质点为刚性球；

③ 质点间无相互作用；

④ 液体可以看作连续介质。

因此，联立爱因斯坦扩散方程［式（8.146）］、斯托克斯定律［式（8.147）］以及阿伏伽

❶ 黏度来源于线性动量的通量。例如图 8.38 容器中的流体，靠近容器壁的层面流体运动静止，其它层面的速度随着与器壁的距离线性变化。缓慢运动层面的分子导致面层运动减速，快速运动层面的分子导致层面运动加速，因此净减速效应被定义为流体黏度。由于减速效应决定于层面运动方向（设为 $x$ 方向）中 $x$ 方向的速度 $v_x$ 在 $z$ 方向的通量，动量 $x$ 方向的通量 $J_x$ 与 $dv_x/dz$ 成正比：$J_x=\eta(dv_x/dz)$，式中，$\eta$ 称为黏度系数，简称黏度，$kg\cdot m^{-1}\cdot s^{-1}$，也可以用单位泊来表示，符号为 P，$1P=1kg\cdot m^{-1}\cdot s^{-1}$。

德罗定律与玻耳兹曼常数的关系，球形粒子的扩散系数 $D$ 为：

$$D=\frac{RT}{N_A}\times\frac{1}{6\pi\eta r} \tag{8.148}$$

上式称为爱因斯坦-斯托克斯方程，代入方程式（8.144），得爱因斯坦-布朗运动公式：

$$\bar{x}=\sqrt{\frac{RT}{N_A}\times\frac{t}{3\pi\eta r}} \tag{8.149}$$

布朗位移公式［式（8.149）］描述了半径为 $r$ 的球形粒子，在 $t$ 时间内沿 $x$ 轴方向的平均位移，该位移与介质的黏度 $\eta$、粒子半径 $r$ 成反比，与介质温度 $T$、运动时间 $t$ 成正比。

**【例 8.6】** 计算 25°C 下，分散在水中的半径为 $10^{-7}$m 的球形粒子在 1 分钟内沿指定方向布朗运动的平均位移距离。已知在该温度下水的黏度为 $8.9\times10^{-4}$Pa·s。

**【解答】** 因为是球形粒子，故选用式（8.140）布朗位移公式进行计算，取 $R=8.314\text{J}\cdot\text{K}^{-1}\cdot\text{mol}^{-1}$，$T=298\text{K}$，$N_A=6.02\times10^{23}\text{mol}^{-1}$，$\eta=8.9\times10^{-4}\text{Pa}\cdot\text{s}$，$r=1\times10^{-7}\text{m}$ 以及 $T=60$ s，将上述数据代入式（8.140）中可得：

$$\bar{x}=\sqrt{\frac{RT}{N_A}\times\frac{t}{3\pi\eta r}}=\sqrt{\frac{8.314\times298\times60}{6.023\times10^{23}\times3\times3.14\times8.9\times10^{-4}\times1\times10^{-7}}}=1.7\times10^{-5}$$

即该粒子布朗运动的平均位移距离为 $1.7\times10^{-5}$m。

## 8.8.3 胶粒的沉降

（1）在重力场中的沉降

以球形胶粒为例，假设其半径为 $r$，密度为 $\rho_2$ 的胶粒，处于密度为 $\rho_1$ 的分散介质中，胶粒下沉受到的重力为 $F_N=(\rho_2-\rho_1)Vg$。粒子运动时将受到流体摩擦产生的阻力，若粒子以速度 $v$ 下沉，设阻力系数为 $f$，黏度为 $\eta$，则按照斯托克斯定律，阻力为 $F_V=fv=6\pi\eta r$。当球形胶粒匀速下降时，沉降重力与阻力平衡，此时 $F_N=F_V$，即 $(\rho_2-\rho_1)Vg=6\pi\eta r$，如图 8.35 所示。一般情况下，质点保持该恒稳态用时约几毫秒。

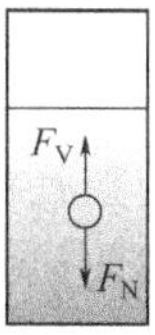

图 8.35　球形胶粒匀速下降时的受力分析

代入相关数据，可得重力场中的球形粒子沉降公式（8.150）：

$$\frac{4}{3}\pi r^3(\rho_2-\rho_1)g=6\pi\eta rv \tag{8.150}$$

移项可得斯托克斯球形粒子沉降速率方程：

$$v=\frac{2r^2(\rho_2-\rho_1)}{9\eta}g \tag{8.151}$$

因此只要通过实验测得溶胶的粒径 $r$、胶粒密度 $\rho_2$、分散介质密度 $\rho_1$、黏度 $\eta$、沉降速率 $v$ 五个变量中的 4 个，即可通过式（8.151）确定剩下的物理量。

根据式（8.151），显然存在以下结论：首先，沉降速率与胶粒的粒径有显著的依赖关系；其次，调节分散相和介质的密度差可以适当地控制沉降速率；最后，可以通过改变介质黏度改变沉降速率，根据球形质点的下降速度确定介质的黏度。需要注意的是，若粒子是不对称形状，根据式（8.151）计算的粒径为胶粒的等当半径。按照使用斯托克斯定律式（8.147）

的 4 个基本条件，使用重力场沉降公式只适用于微粒不超过 100 μm 的球形质点的稀悬浮液。

（2）分散体系的沉降-扩散平衡

在分散体系中，沉降与扩散是两个相反的过程。溶胶是高度分散体系，胶粒一方面受到重力吸引而下降，另一方面由于布朗运动促使浓度趋于均一。

如图 8.36 所示，将均匀分散的溶胶放入量筒中静置（a），粒子将发生沉降（b），由上到下粒子浓度逐渐增大。随着粒子在量筒中浓度梯度的形成，也必定发生由高浓度向低浓度扩散的反过程，即粒子趋于由下向上运动。但沉降速率大于扩散速率，表现为粒子向下迁移。

随着时间的推移及扩散速率不断提高，最终形成了如图所示的平衡状态，即粒子不再运动，实际上是粒子上下运动趋势相等的结果。当这两种效应相反的力相等时，粒子的分布达到平衡，粒子的浓度随高度不同有一定的梯度。这种平衡称为沉降平衡，如图 8.37 所示。

注意，沉降与沉降平衡是两个概念，沉降是指在重力或离心场中，粒子沉降力与黏滞阻力达到平衡，此时粒子以恒定速度 $v$ 下沉的现象；而沉降平衡是指当沉降与扩散达到平衡时，粒子表观运动速度为 0 的现象。在多分散体系中，对于大粒子，以沉降为主；极小的粒子，以扩散为主。因此，只有适中尺寸的粒子才存在明显的沉降平衡问题。

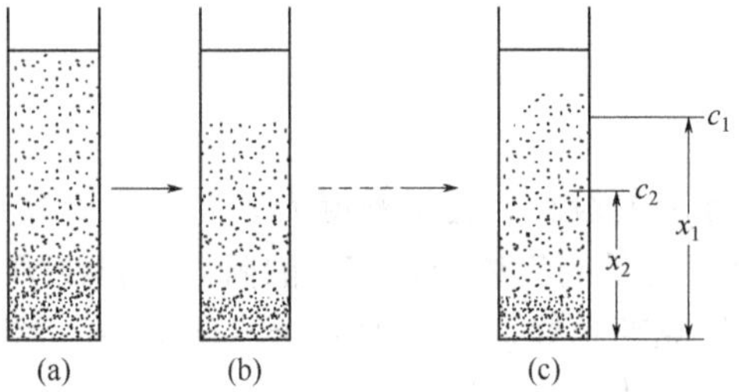


图 8.36　均匀分散体系的沉降与扩散

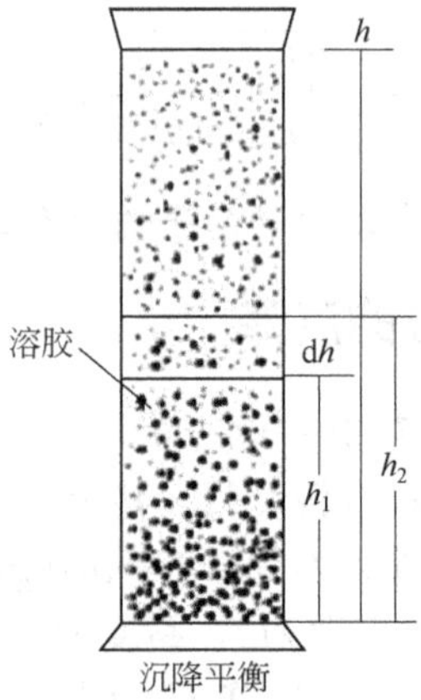


图 8.37　溶液的沉降-扩散平衡

不同直径的银溶胶，通过显微镜观察到如表 8.5 所示的结果。$r < 0.1\mu m$ 的微小银粒子，布朗作用明显强于沉降作用，以扩散为主，粒子在体系中可均匀分布。$r > 10\mu m$ 的银粒子，布朗作用明显弱于沉降作用，以沉降为主，粒子基本沉于容器底部。

**表 8.5　银粒子在 1s 内的运动距离**

| 粒子直径/μm | 0.1 | 1 | 10 |
|---|---|---|---|
| 布朗位移/μm | 10.0 | 3.1 | 4.0 |
| 沉降距离/μm | 0.0676 | 6.76 | 676.0 |

如图 8.36 所示，设容器截面积为 $A$，半径为 $r$ 的球形粒子，$\rho$ 和 $\rho_0$ 分别为粒子与介质的密度，在 $h_1$ 和 $h_2$ 处单位体积的粒子数分别 $N_1$、$N_2$，$g$ 为重力加速度。粒子的高度分布仍然满足玻耳兹曼分布律，即：$\dfrac{N_2}{N_1}=\exp\left[-\dfrac{E_2-E_1}{k_B T}\right]$，其中 $E_2$ 和 $E_1$ 均为不同高度的胶粒的重力势能，对于图 8.25 模型中的胶粒，质量为 $\dfrac{4}{3}\pi r^3(\rho-\rho_0)$，则分布在 $h_2$ 和 $h_1$ 处胶粒的重力势能为

$\frac{4}{3}\pi r^3(\rho-\rho_0)gh_2$ 以及 $\frac{4}{3}\pi r^3(\rho-\rho_0)gh_1$。因此联立玻耳兹曼分布律，可得溶胶沉降平衡时的高度分布公式：

$$\frac{N_2}{N_1}=\exp\left[-\frac{4}{3}\pi r^3(\rho-\rho_0)g(h_2-h_1)\frac{N_A}{RT}\right] \tag{8.152}$$

当高度为 $h_2$ 和 $h_1$ 处胶粒浓度为 $c_2$ 和 $c_1$ 时，沉降平衡时的高度分布公式（8.152）可等价转化为：

$$\frac{c_2}{c_1}=\exp\left[-\frac{4}{3}\pi r^3(\rho-\rho_0)g(h_2-h_1)\frac{N_A}{RT}\right] \tag{8.153}$$

它与气体随高度分布公式完全相同，表明气体分子的热运动与胶体粒子的布朗运动本质上是相同的。粒子质量愈大，其平衡浓度随高度的降低亦愈大。粒子较大的体系通常沉降较快，较快达到平衡。而高分散系统中的粒子沉降缓慢，往往需要较长时间（半径为 10nm 的金溶胶沉降 0.01m 需 29 天）。且温度、机械振动等的影响将不可避免地破坏沉淀平衡的建立。

小粒子的胶体能够自动扩散，并使整个体系均匀分布，这种性质成为溶胶的动力学稳定性。

## 8.8.4 唐南平衡

（1）唐南（Donnan）平衡

对于含不挥发性溶质且溶质不发生解离的稀溶液性质，在第 4 章中已经有所讨论。稀溶液的依数性包括蒸气压降低、沸点升高、凝固点下降和产生渗透压。

由于胶粒不能透过半透膜，而介质分子或外加的电解质离子可以透过半透膜，所以具备从化学势高的一方向化学势低的一方自发渗透的趋势。溶胶的渗透压可以借用稀溶液渗透压公式（范托夫渗透压方程）计算，即 $\pi=cRT$，此处的 $c$ 为胶粒的浓度。范托夫渗透压方程亦可以应用于膜两边均为稀溶液的情况。只要半透膜两边溶液浓度不等，两边溶剂的化学势就不等。若两边浓度分别为 $c_1$ 和 $c_2$，则渗透压为 $\pi=(c_2-c_1)RT$。

对于溶胶体系，在大分子电解质中通常含有少量电解质杂质，即使杂质含量很低，但按离子数目计还是具有统计意义的。在半透膜两边，一边放大分子电解质，一边放纯水。大分子离子不能透过半透膜，而解离出的小离子和杂质电解质离子可以透过。

如果在半透膜的一侧既有可透过半透膜的小离子，也有不能透过半透膜的大离子，在达到渗透平衡时，由于大体积离子的存在，小离子在膜两侧的浓度不相等。这一现象称为唐南平衡或唐南效应。

（2）膜平衡的三种情况

渗透压和膜平衡原理的最大应用价值在于测定大分子的摩尔质量。但是，由于离子分布的不平衡会造成额外的渗透压，影响大分子摩尔质量的测定，因此在依据渗透压法测分子量时要设法消除唐南效应。对于不同情况下的膜平衡时，膜两侧的浓度分析如下。

膜平衡一般存在以下三种情况。

① 不电离的大分子溶液。如图 8.38 始态 1 或者始态 2 所示，由于大分子 P 不能透过半透膜，而 $H_2O$ 分子可以，所以在膜两边会产生渗透压。

如图 8.38 所示，温度、压强一定时，膜外放入浓度为 $b$ 的盐溶液，膜内放入浓度为 $c$ 的大分子水溶液，两边的体积相等。由于半透膜只能透过小分子，因此，平衡后膜两边的小分

子盐浓度均为 $\frac{b}{2}$，而大分子物质仍然停留在膜内。

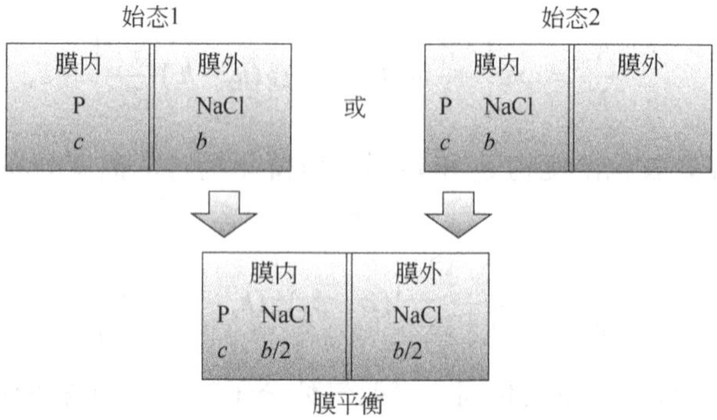


图 8.38　不电离的大分子与盐溶液之间的膜平衡

根据范托夫渗透压方程，此时膜两边所展示的渗透压值为：

$$\pi = \left[\left(c + \frac{b}{2}\right) - \frac{b}{2}\right]RT = cRT \tag{8.154}$$

为了不发生凝聚，大分子溶液的浓度较低，所以产生的渗透压较小，用这种方法测定大分子的摩尔质量误差较大。

② 电离的大分子溶液。温度、压强一定时，以浓度为 $c$ 的蛋白质的钠盐为例，如图 8.39 所示，它在水中发生如下解离：

$$Na_zP \longrightarrow zNa^+ + P^{z-}$$

蛋白质分子 $P^{z-}$ 不能透过半透膜，而 $Na^+$ 可以，但为了保持溶液的电中性，$Na^+$ 也必须留在 $P^{z-}$ 同一侧。这种 $Na^+$ 在膜两边浓度不等的状态就是唐南平衡。因为渗透压只与粒子的数量有关，所以，此时的渗透压为：

$$\pi = (z+1)cRT \tag{8.155}$$

但是，由于大分子电离的电荷量 $z$ 的数值不确定，因此，这种情况下的膜平衡无法正确地计算大分子的摩尔质量，但可以通过外加电解质，借助唐南平衡原理解决该问题。

③ 外加电解质时的大分子溶液。温度、压强一定时，在摩尔浓度为 $c_2$ 的蛋白质钠盐的另一侧，即膜外，加入摩尔浓度为 $c_1$ 的小分子电解质，如图 8.40 所示达到膜平衡时，为了保持电中性，有相同数量 $x$ 的 $Na^+$ 和 $Cl^-$ 扩散到了膜内。虽然膜两边 NaCl 的浓度不等，但达到膜平衡时 NaCl 在两边的化学势应该相等，膜平衡前后的分析如图 8.40 所示。

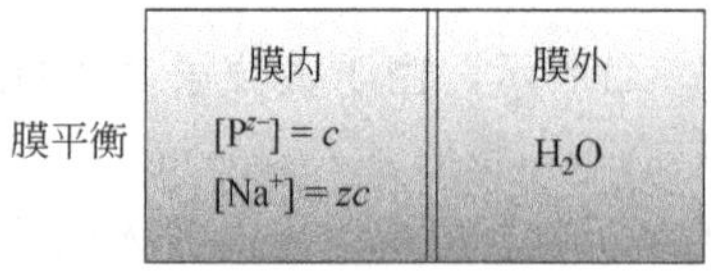


图 8.39　电离的大分子与盐溶液之间的膜平衡

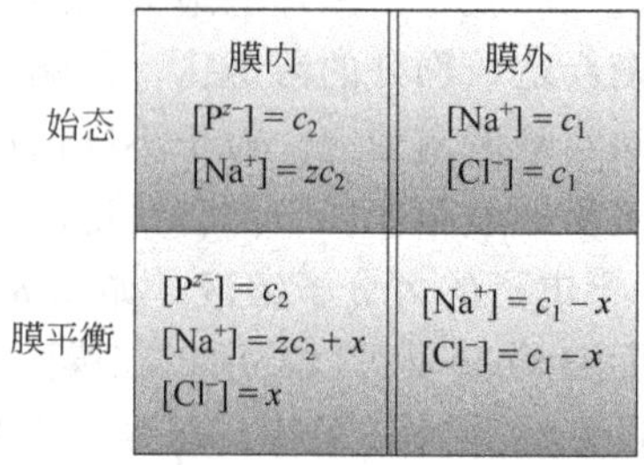


图 8.40　外加电解质时的大分子溶液的膜平衡

根据膜内外的 NaCl 的化学势平衡详细分析如下：

$$\mu(\mathrm{NaCl},内) = \mu(\mathrm{NaCl},外) \tag{8.156}$$

$$\mu^{\ominus}(\mathrm{NaCl}) + RT\ln a(\mathrm{NaCl},内) = \mu^{\ominus}(\mathrm{NaCl}) + RT\ln a(\mathrm{NaCl},外)$$

即：

$$a(\mathrm{NaCl},内) = a(\mathrm{NaCl},外)$$

$$(a_{\mathrm{Na^+}}a_{\mathrm{Cl^-}})_{内} = (a_{\mathrm{Na^+}}a_{\mathrm{Cl^-}})_{外}$$

假设所有离子活度均为 1，则：

$$[\mathrm{Na^+}]_{内}[\mathrm{Cl^-}]_{内} = [\mathrm{Na^+}]_{外}[\mathrm{Cl^-}]_{外} \tag{8.157}$$

代入图 8.40 的数据，根据唐南平衡，可得：

$$(zc_2 + x)x = (c_1 - x)^2$$

则转移的 $Na^+$和 $Cl^-$的量为：

$$x = \frac{c_1^{\ 2}}{zc_2 + 2c_1} \tag{8.158}$$

根据式（8.158），若电解质浓度极低，即 $c_1 << c_2$ 时，$x = \dfrac{c_1^{\ 2}}{zc_2}$，此时的电解质迁移量可以忽略；若电解质浓度极高，即 $c_1 >> c_2$ 时，$x = \dfrac{c_1}{2}$，此时电解质在膜内外平均分布。在一般电解质浓度下，其平衡迁移量为 $0 \leqslant x \leqslant c_1/2$。

在图 8.39 建立的模型中，由于渗透压是因膜两边的粒子数不同而引起的，所以，根据范托夫渗透压方程，此时膜两边所展示的渗透压值为：

$$\pi = [(c_2 + zc_2 + 2x) - 2(c_1 - x)]RT \tag{8.159}$$

联立式（8.158）和式（8.159），可得在外加电解质时，构建的唐南平衡的渗透压值为：

$$\pi = \frac{zc_2^{\ 2} + 2c_1c_2 + z^2c_2^{\ 2}}{zc_2 + 2c_1}RT \tag{8.160}$$

根据上式，当加入电解质太少，即 $c_1 << zc_2$ 时，方程等价于式（8.155），此时与图 8.27 描述的不电离的大分子与盐溶液之间的膜平衡情况类似；当加入的电解质足够多，即 $c_1 >> zc_2$ 时，方程等价于式（8.154），与图 8.26 描述的不电离的大分了与盐溶液之间的膜平衡情况类似。在一般情况下，$\pi$ 处于 $(z+1)cRT$ 和 $cRT$ 之间。

## 8.9 溶胶的光学性质

溶胶具有丰富多彩的光学性质，这与其对光的散射和吸收有关，也是溶胶的高度分散性及多相不均匀性特点的反映。本节着重讨论胶体的光散射，可以得到质点的分子量、体积大小、扩散系数等信息。光散射方法已成为研究胶体与大分子溶液的有力工具。

## 8.9.1 丁达尔现象

（1）丁达尔现象

1869 年，丁达尔（Tyndall）发现一束光线通过胶体溶液，在与光束前进方向相垂直的侧向上观察，可以看到一个浑浊发亮的光柱，这种乳光现象就称作丁达尔现象，如图 8.41（a）所示。

如图 8.41（b），对于真溶液或纯液体，肉眼观察不到丁达尔现象，或者说丁达尔现象很不明显。丁达尔现象是判别溶胶与真溶液最简便的方法。

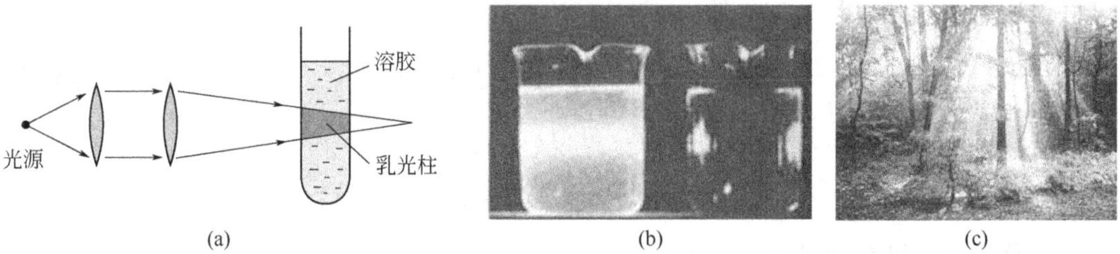


图 8.41 丁达尔现象示意图（a）与丁达尔现象（b）、（c）照片

（2）丁达尔现象的本质

光束通过分散体时，一部分自由通过；另一部分被散射、吸收或反射。胶体有颜色，主要与选择性地吸收一定波长范围的光波有关，取决于化学组成。

在光的传播过程中，光线照射到粒子时，如果粒子大于入射光波长很多倍，则发生光的反射；如果粒子小于入射光波长，则发生光的散射，散射是指一束光线通过介质时在入射光方向以外的各个方向上都能观察到光强的现象。也就是每个小粒子都成了一个小的光源。这时观察到的是光波环绕微粒而向其四周放射的光，称为散射光或乳光。

溶胶粒子的粒径一般在 1～100nm 的范围，小于可见光波长 400～700nm，因此，丁达尔效应就是光的散射现象或称乳光现象。丁达尔现象实质上是胶体粒子强烈散射光的结果。

有的胶体溶液因其粒子很小，外观是清澈透亮的，似乎没有乳光现象。其实只是散射光弱得多，靠肉眼分辨不出来。

## 8.9.2 瑞利散射

（1）瑞利散射公式

瑞利（Rayleigh）散射是指线度小于光波长的溶胶粒子对入射光的散射。

溶胶粒子之所以会发生光散射是因为作为余弦波动的入射光，会使分子诱导而成偶极子，处于交变电场中的偶极子如同一根发射天线，会向各个方向发射诱导电磁波，而且这个诱导电磁波的频率与入射光的频率是一致的，诱导电磁波就是散射光波，如图 8.42 所示。

1871 年，瑞利最早从理论上研究了光散射，导出溶胶的光散射公式，称为瑞利公式。对于单位体积的球形非导体小质点构成的稀溶胶，在不考虑溶胶粒子对光的吸收时，散射光强度 $I$ 由瑞利公式（8.161）表达：

$$I = \frac{24\pi^2 A^2 N V^2}{\lambda^4} \times \left( \frac{n_1^2 - n_2^2}{n_1^2 + 2n_2^2} \right)^2 \tag{8.161}$$

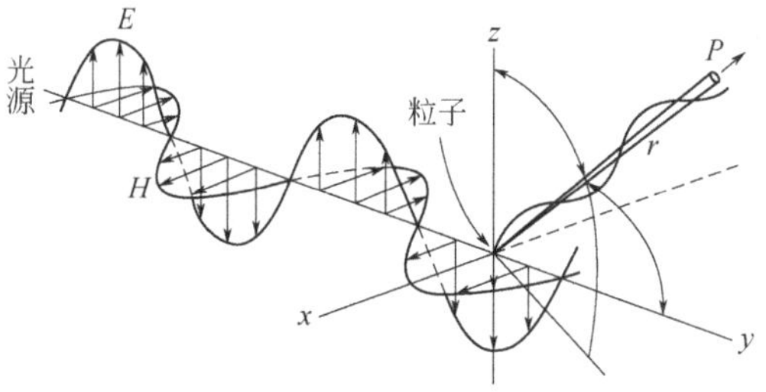


图 8.42 瑞利散射原理示意图

式中，$A$ 为入射光振幅；$A^2$ 表示入射光强度；$N$ 为单位体积的粒子数；$V$ 为每个粒子的体积；$\lambda$为入射光的波长；$n_1$ 为分散相的折射率；$n_2$ 为分散介质的折射率。

光的强度又定义为单位时间落在单位面积上的辐射量，即光强度之比等于光的能量之比，故在分子的散射光强度中，短波长的光的散射比长波长的光强得多。

在此不做瑞利散射的详细推导，只说明推导中用到的几点假设，即该公式的适用条件如下：

① 忽略溶胶粒子对光的反射，散射质点的半径为光的入射波长的 1/15 至 1/20，即 $r<\left(\dfrac{\lambda}{20}\sim\dfrac{\lambda}{15}\right)$；

② 忽略散射光的内干涉，因此时粒子处在匀强电场中，各散射单元的散射光可以近似看作相同相位，同一散射单元的散射光之间的干涉可以忽略；

③ 忽略散射光的外干涉，由于体系为稀溶胶，每个胶粒均可视为独立的散射单元，各散射单元之间的相互作用可忽略。

（2）瑞利散射公式的几点说明

① $I\propto\dfrac{1}{\lambda^4}$ 根据瑞利公式（8.161），散射光的强度与入射光波长的四次方成反比，入射光波长越短，散射越强，波长越长，透射越强。因此，对于有些粒子很细的无色溶胶，在侧面看时呈蓝、紫色（散射强），而从正面看时则呈红、橙色（透射强）。在进行散射测量时，一般采用短波长光线光源（如 436nm 汞线），以增强散射效果。

② $I\propto V^2$ 散射光强适用于粒径为 2.5～47nm 范围的胶粒，溶胶中，大质点的散射远超过小质点，因此光散射测量中体系除尘清洁十分必要。粒径大于 47nm 时，散射光强很弱，主要是反射、折射，粒径过小（$<2.5$nm）时，光的散射现象依然存在，只是丁达尔现象不明显。需要注意的是，散射并非溶胶特有性质，但溶胶的散射最强，即丁达尔现象。所以说丁达尔现象是溶胶的特性。

③ $I\propto\left(\dfrac{n_1^2-n_2^2}{n_1^2+2n_2^2}\right)^2$ 分散相的折射率 $n_1$ 与分散介质的折射率 $n_2$ 相差越大，散射光强越强，这是光学不均匀性的必然结果。

④ $I\propto NV^2$ 散射光强 $I$ 与溶胶质量浓度 $c$（$\text{kg}\cdot\text{L}^{-1}$）之间的关系：

根据瑞利公式（8.161），定义常数 $K$ 为

$$K=\frac{24\pi^2A^2}{\lambda^4}\left(\frac{n_1^2-n_2^2}{n_1^2+2n_2^2}\right)^2$$

则式（8.161）转化为：

$$I = KNV^2 \tag{8.162}$$

设分散相粒子的密度为$\rho$，浓度为 $c$（$kg \cdot L^{-1}$），单位体积中：

$$c = N\rho V$$

$$N = \frac{c}{\rho V}$$

假定粒子为球形，则：

$$V = \frac{4}{3}\pi r^3$$

代入式（8.162），可得：

$$I = KNV^2 = K\frac{c}{\rho V}V^2 = \frac{Kc}{\rho}\times\frac{4}{3}\pi r^3 = K'cr^3 \tag{8.163}$$

$$K' = \frac{K}{\rho}\times\frac{4}{3}\pi = \frac{24\pi^2 A^2}{\rho\lambda^4}\times\left(\frac{n_1^2 - n_2^2}{n_1^2 + 2n_2^2}\right)^2\frac{4}{3}\pi$$

根据式（8.163）可知，对于相同物质（材料）的溶胶，在瑞利公式范围内（$r \leqslant 47$nm），同波长光的光散射强度正比于胶粒半径的三次方。在已知浓度和散射光强的条件下，即可计算胶粒的大小；或者在两份溶胶中，若胶粒的质量浓度相同，则散射光强之比与粒径的三次方之比相等，如方程式（8.164）。

$$\frac{I_1}{I_2} = \frac{r_1^3}{r_2^3} \tag{8.164}$$

## 8.10 溶胶的电学性质

### 8.10.1 溶胶电学性质的基本概念

① 电动现象是指在外电场作用下使分散相-分散介质两相发生相对运动，或在外力作用下使两相发生相对运动而产生电场的现象。

② 电泳指在外加电场作用下，分散相胶粒相对于静止介质做定向移动的电动现象。

③ 电渗指在外加电场作用下，分散介质相对于静止的带电固体表面做定向移动的现象。固体可以是毛细管或多孔性滤板。

④ 流动电势是指在外力作用下，流体流过毛细管或多孔塞时，两端产生的电势差。

当电解质溶液在一个带电荷的绝缘表面流动时，表面的双电层的自由带电荷粒子将沿着溶液流动方向运动。这些带电荷粒子的运动导致下游积累电荷，在上下游之间产生电位差，即流动电位。与此相应，带电荷粒子的运动产生的电流叫流动电流。

⑤ 沉降电势指在外力作用下（主要是重力）分散相粒子在分散介质中迅速沉降，则在液体介质的表面层与其内层之间会产生电势差，被称为沉降电势，它是电泳作用的伴随现象。

## 8.10.2 胶体表面电荷的来源

8.9.1 节中的电动现象表明胶粒在液体中是带电的。电荷的来源主要包括以下 5 个方面。

（1）电离作用

有些胶粒带有可电离的基团，则在分散介质中电离而带电，如图 8.43 所示结构。丙烯酸酯乳液粒子（A）带负电；阴离子水分散聚丙烯酰胺胶粒（B）带负电；阳离子淀粉胶粒（C）带正电，如图 8.43 所示。

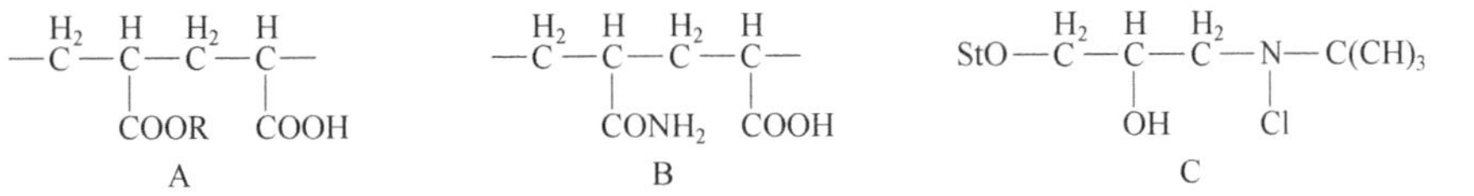

图 8.43 丙烯酸酯乳液粒子（A）、聚丙烯酰胺胶粒（B）和淀粉胶粒（C）结构式

（2）离子吸附作用

在 8.7.3 节中介绍胶团结构时，已经简介了粒子的吸附作用：胶粒可通过对介质中阴、阳离子的不等量吸附而带电。如金属氢氧化物通过吸附 $H^+$或 $OH^-$而带正电荷或负电荷。

被吸附离子是胶粒表面电荷的来源，其溶液中的浓度，直接影响胶粒的表面电势。当胶粒表面净电荷为零时，电势决定离子的浓度。

（3）离子的溶解作用

离子型胶粒含有两种电荷相反的离子，如果这两种离子的溶解是不等量的，则胶粒表面上也可以带上电荷。比如直接将 AgI 分散于蒸馏水中时，胶粒表面将带负电，水化能力较大的 $Ag^+$易溶解，而 $I^-$易滞留于胶粒表面。

（4）晶格取代

例如黏土是由铝氧八面体和硅氧四面体的晶格组成。晶格中的 $Al^{3+}$、$Si^{4+}$往往有一部分被低价的 $Mg^{2+}$或 $Ca^{2+}$取代（称之为同晶置换），使黏土晶格带负电。为保持体系的电中性，黏土胶粒表面吸附一些正离子。

（5）摩擦带电

在非水介质或非极性介质中，胶粒的电荷来源于分散相，即胶粒与分散介质的运动摩擦。固体与液体两相接触摩擦时，由于介电常数小的相对电子，亲和力较强，一般介电常数大的物质带正电。

## 8.10.3 扩散双电层理论

胶粒表面带电时，由于整个分散体系是电中性的，为了维持体系的电中性，在分散介质中必然存在与胶粒表面电荷数量相等而符号相反的离子。与之相对的，与胶粒表面带电符号相同的离子称为同离子。

反离子两种运动趋势为：①静电吸附作用，向胶粒表面靠近；②热扩散作用，使反离子向液相本体扩散均匀分布。造成的结果为：达成平衡分布。越靠近胶粒表面的反离子浓度越高，越远离界面的浓度越低，直到某一距离处反离子与胶粒的同号离子浓度相等。

因此，胶粒表面的电荷与周围介质中的反离子电荷就构成双电层。此时，带电粒子表面与液体内部的电势差称为粒子的表面电势，用 $\varphi$ 表示，单位为 V。表面电势的机理与电极电势的机理非常类似，依然满足斯特恩（Stern）双电层模型，如图 8.44 所示。

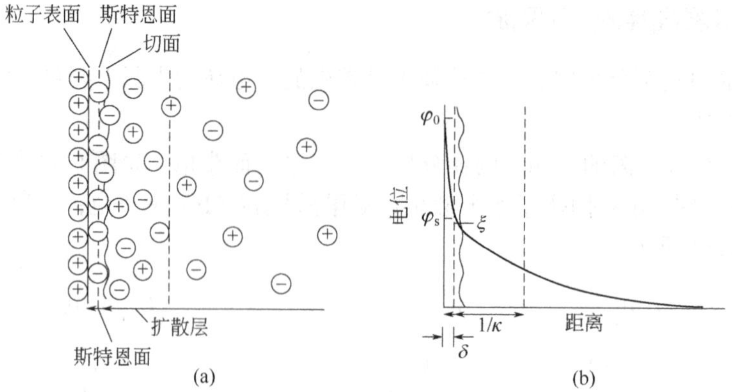

图 8.44　斯特恩双电层模型

在斯特恩双电层模型中，斯特恩层是指在胶体表面因静电引力和范德华引力而吸附的一层反离子，紧贴在胶体表面形成一个紧密固定的吸附层。斯特恩层的厚度由反离子的大小而定。与之对应，斯特恩面即为吸附反离子的中心构成的面。

斯特恩电势是指斯特恩平面与液体内部的电势差，记作 $\varphi_\delta$。在斯特恩层内，电势由胶体表面电势 $\varphi_0$ 直线下降到 $\varphi_\delta$ 。

扩散层指斯特恩层以外，反离子呈扩散态分布层。扩散层中的电势呈曲线下降。

在胶粒的固体表面中有一定数量的溶剂分子与它紧密结合。在电动现象中，这些溶剂分子及其内部的反离子与粒子将作为一个紧密的整体运动，由此固-液两相产生相对运动时存在一个界面，称为“滑动面”。

滑动面确切位置不详，但一般认为它在斯特恩层之外，并深入到扩散层中。滑动面上的电势称为电动电势或者 $\zeta$ 电势。电动电势可以通过电泳和电渗进行测定，如图 8.45 所示。

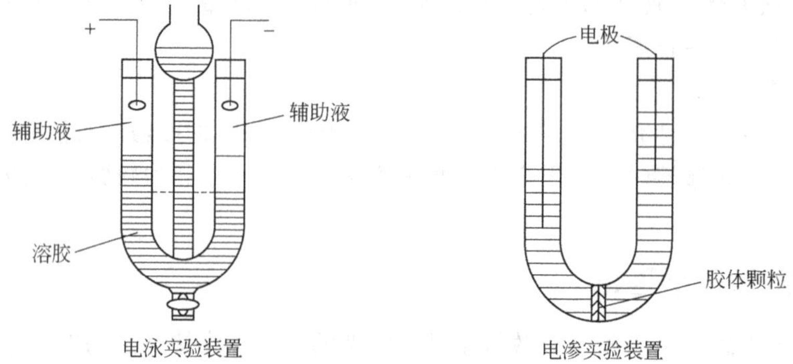

图 8.45　电泳与电渗实验模型

## 8.10.4　电泳和电渗测定 $\zeta$ 电势

1808 年俄国科学家列斯（Pence）发现了湿黏土块中的电泳与电渗现象，证明了胶体粒子带电，同时证明了在许多多孔性物质（棉花、素瓷片等）的两侧通电时均有电动现象。

联立斯托克斯（Stokes）定律［式（8.147）］，考虑溶液黏度，胶粒在电场作用下匀速迁移速率可用式（8.165）表示：

$$v = \frac{qE}{f} = \frac{qE}{6\pi\eta r} \tag{8.165}$$

式中，$q$ 为胶体所带电荷；$f$ 为阻力摩擦系数；$\eta$ 为分散介质黏度；$r$ 为胶粒半径；$E$ 为电场强度。

定义电场淌度 $\mu$ 为单位电场强度（$E=1$）下的胶粒迁移速率，即：

$$\mu = \frac{q}{6\pi\eta r} \tag{8.166}$$

通过测量胶粒的电泳速率 $v$，可以计算 $\zeta$ 电势。胶粒的电泳速率正比于 $\zeta$ 电势、电场强度 $E$ 和分散介质的介电常数 $\varepsilon$，反比于分散介质的黏度 $\eta$，满足式（8.167）或者式（8.168）。

$$v = \frac{\zeta\varepsilon E}{k\eta} \tag{8.167}$$

$$\zeta = \frac{k\eta v}{\varepsilon E} \tag{8.168}$$

式中，$k$ 是与胶粒形状及尺寸有关的常数。对于球形的胶粒，半径较大时，$k=1$；半径较小时，$k=1.5$。

除了电泳方法，利用电渗原理也可测定电动电势。如图 8.33 所示，将胶体颗粒固定在 U 形管的中间，管中灌满分散介质，在电场的作用下，分散介质向阴极或阳极移动，使管中液体高度发生变化。电渗速率 $v$ 与分散介质的电导率 $\kappa$、介电常数 $\varepsilon$、分散介质的黏度 $\eta$ 及电场强度 $E$ 之间的关系如式（8.169）：

$$v = \frac{\zeta\varepsilon E}{\kappa\eta} \tag{8.169}$$

测量电渗速率可计算 $\zeta$ 电势，并由电渗方向判断胶粒带电性质。

### 8.10.5 胶体的稳定性和聚沉

（1）胶体的稳定性

溶胶是高度分散的多相体系，具有很大的比表面积，表面能较高，这些粒子有自动聚结以降低体系自由能的趋势。这种粒子间相互聚结（或聚集）而降低其界面能的趋势，被称为聚结不稳定性。

另一方面，由于粒子很小，强烈的布朗运动可以阻止其在重力场中的沉降，所以溶胶具有动力学稳定性。

稳定的溶胶必须同时具备聚结稳定性和动力学稳定性。一旦失去聚结稳定性，粒子相互聚结变大，最终将导致失去动力学稳定性，包括聚沉作用和絮凝作用。

聚沉作用是指无机电解质使溶胶沉淀的作用。

絮凝作用是指高分子使溶胶沉淀的作用。

（2）聚沉作用

当胶粒带有电荷时，从双电层模型结构可知，胶粒周围是离子氛（反离子氛围），当胶粒相互靠近时，反离子氛围之间首先发生重叠，同性电荷相斥，静电斥力将阻止胶粒的聚集，所以会具有一定的聚结稳定性。

在很稀的电解质溶液中，由于反离子浓度较小，双电层厚度较大，滑动面上的 $\zeta$ 电位和

斯特恩电势 $\varphi_\delta$ 都较大。尤其是 $\zeta$ 电位代表了胶体颗粒及周围离子氛整体运动时的粒子与滑动面之间的电势差。此时 $\zeta$ 电位较大，说明胶粒的电性较强，静电斥力较大，静电稳定性较高，聚结稳定性较高。

但是，当向胶体体系中加入无机电解质时，“反号”离子浓度增大，相应的扩散层厚度减小，进而使得双电层厚度减小，滑动面上的 $\zeta$ 电位降低，电性减弱，导致胶体颗粒之间的静电斥力减小，最终将使胶体体系失去聚结稳定性，发生聚沉作用。

① 舒尔策-哈代（Schulze-Hardy）规则。起聚沉作用的主要是反离子，反离子价数越高，聚沉效率也越高。电解质中的负离子对正溶胶起聚沉作用，正离子对负溶胶起凝结作用。聚沉能力随凝结价数的升高而显著增大，这一规律称为舒尔策-哈代规则。该规则只适用于惰性电解质，即电解液中不参与电极反应的电解质。

这类电解质聚沉能力的大小主要取决于与胶粒带相反电荷的离子的价数：反离子价数越高，聚沉能力越强。而对于同价离子而言，聚沉能力随离子半径减小而减小。

对于聚沉能力，可以使用聚沉值进行量化表达。聚沉值是指在一定时间内使一定量的溶胶完全聚沉所需要的电解质的最低浓度，以 $mmol\cdot L^{-1}$ 为单位。聚沉值越小，聚沉能力越强。例如，对负电性的 $As_2S_3$ 溶胶，电解质中起凝结作用的主要是正离子，且正离子价数越高，电解质的凝结越强。

例如 $AlCl_3$、$MgCl_2$、NaCl 三者的聚沉值之比为 1∶8∶548，即 3 价离子的凝结能力是 1 价离子的数百倍，2 价离子是 1 价离子的数十倍。

对于同价离子的聚沉能力，一般使用感胶离子序进行描述，感胶离子序又称霍夫曼序列，指带相同电荷的离子对溶胶聚沉能力大小的顺序。

需要注意的是，一价离子的聚沉能力相差较大。所以对于一价正离子，感胶离子序大致为：$H^+>Cs^+>Rb^+>NH_4^+>K^+>Na^+>Li^+$；对于一价负离子，感胶离子序大致为：$F^->IO_3^->H_2PO_4^->BrO_3^->Cl^->ClO_3^->Br^->I^->CNS^-$。除此之外，对于二价正离子，感胶离子序大致为：$Ba^{2+}>Sr^{2+}>Ca^{2+}>Mg^{2+}$。其它离子也有类似结果，对于高价离子，价数的影响更为显著。

② 温度。升高温度能减弱胶体对粒子的吸附，破坏胶团的水化膜,使胶粒运动加快，增加胶粒间的碰撞机会，从而使胶粒聚沉，也就是破坏它的稳定性。

③ 胶体体系的相互作用。两种带有相反电荷的胶粒相互混合使溶胶发生互聚。聚沉的程度与两种胶体的性质和比例有关，在等电点（两性离子所带电荷因溶液的 pH 值不同而改变，当两性离子正负电荷数值相等时，溶液的 pH 值即其等电点）附近聚沉最完全，比例相差很大时，部分聚沉或不发生聚沉。

相互聚沉的原因可能有两种：一是异性电荷相互中和；二是两种胶体的稳定剂相互作用形成沉淀，从而破坏体系的稳定性，因此溶胶聚沉。

例如，土壤中的 $Fe(OH)_3$、$Al(OH)_3$ 等正电溶胶和黏土、腐殖质等负电溶胶互相聚沉，对土壤胶粒的结构有重要影响。

明矾的净水作用也是利用了胶体的互聚。明矾溶于水，水解形成 $Al(OH)_3$ 溶胶，结构为 $\{[Al(OH)_3]_m\cdot nAl^{3+}\cdot(n-x)SO_4^{2-}\}^{(2x+n)+}\cdot(x+n/2)SO_4^{2-}$。由于胶粒带正电，而天然水中的悬浮粒子一般带负电荷，所以可以吸附一些水中的悬浮粒子沉淀达到净水目的。

（3）絮凝作用

带有高分子吸附层的胶粒相互接近时，吸附层重叠会产生一种新的排斥作用，这种斥力势能可以阻止胶粒的聚集，从而使胶体体系稳定，这种稳定作用称为空间稳定作用。

空间稳定作用机理包括以下 2 点：①体积限制效应，两粒子的高分子吸附层相互接触时被压缩，压缩后高分子链可能采取的构型数减少，构型熵降低。熵的降低引起自由能增加，从而产生斥力势能。②渗透压效应，当两高分子吸附层重叠时可以相互穿透。重叠区高分子浓度增高，当溶剂为良溶剂时，因有渗透压而产生斥力势能。当溶剂为不良溶剂时，可产生引力势能。

当胶体溶液中加入极少量的可溶性高分子化合物时，可导致溶胶迅速沉淀，沉淀呈疏松的棉絮状，这种作用称为絮凝作用。除此之外，长期放置的溶胶系统可自发沉降（称为陈化作用），剧烈搅拌也可促使溶胶系统发生聚结沉降。

第 8 章基本概念索引和基本公式汇总

# 习　题

## 一、问答题与证明题

1．为提高钢的质量，炼钢厂盛装钢液的容器底部装有多孔透气砖，以供吹氩气净化钢液用。解释为什么不吹氩时，钢液不会从孔隙中漏出？

2．已知反应 $A \rightleftharpoons B$ 的平衡常数 $K=2$，A 和 B 在催化剂上的吸附系数 $a_A=2a_B$，总反应速率由 B 的脱附控制，A、B 的压力分别为 $p_A$、$p_B$，若催化剂表面是均匀的，试导出反应的速率方程式。

3．什么叫表面活性剂的临界胶束浓度（CMC）？什么叫胶束？

4．当超过临界胶束浓度时，界面活性剂水溶液的表面张力为一定值，即 $\frac{d\gamma}{d\ln a}=0$。吸附量与 $\frac{d\gamma}{d\ln a}$ 成比例，此时若用吉布斯吸附等温式求得溶液表面上的表面活性剂的吸附量必然为 0，此结论是否正确？

5．在多相催化反应中，若表面反应为速率控制步骤，试由朗缪尔吸附等温式导出单分子反应 $A \longrightarrow B$ 的速率方程式（设产物为弱吸附）。并讨论其反应级数。

6．由曲率半径的正、负号，比较在一定温度下，凸的弯月面，凹的弯月面的蒸气压 $p$ 与平面液体的饱和蒸气压 $p^*$ 的相对大小。

7．$N_2$ 在一个催化剂上发生解离吸附，写出吸附速率、脱附速率及净吸附速率方程式。

8．用同一支滴管分别滴出下列液体 1mL，所用滴数如下表：

| 物质 | 纯水 | 纯苯 | 正丁醇溶液/($0.3mol \cdot kg^{-1}$) | 洗液（$K_2CrO_7$+浓 $H_2SO_4$） |
|---|---|---|---|---|
| 滴数 | 17 | 40 | 24 | 31 |

试定性解释后三种液体与水产生滴数不同的原因。

9．水与油相互不溶，为何加入洗衣粉即生成乳状液？这种乳状液能稳定存在的原因是什么？

10．若一固体溶于某溶剂形成理想稀溶液，试导出半径为 $r$ 的固体饱和浓度 $c_r$ 与颗粒大小有如下关系：

$$RT\ln\frac{c_r}{c_0}=\frac{2\gamma M}{\rho r}$$

式中，$c_0$ 为大块固体的饱和浓度；$\gamma$ 为固–液界面张力；$M$ 为固体的摩尔质量；$\rho$为固体的密度。

11．证明单组分系统的表面焓为：

$$H^{\gamma}=G^{\gamma}+TS^{\gamma}=\gamma-T(\partial\gamma/\partial T)_{p,A}$$

12．什么叫吸附作用？物理吸附和化学吸附的根本区别是什么？

13．由热力学基本关系式，证明下式成立：

$$\left(\frac{\partial S}{\partial A}\right)_{T,p,n}=-\left(\frac{\partial\gamma}{\partial T}\right)_{A,p,n}$$

14．何谓聚沉值？

15．请指出瑞利（Rayleigh）公式 $I=\frac{24\pi^2A^2NV^2}{\lambda^4}\times\left(\frac{n_1^{\ 2}-n_2^{\ 2}}{n_1^{\ 2}+2n_2^{\ 2}}\right)^2$ 中各量的符号所代表何量？

该公式适用的条件是什么？从该式可得到什么结论（简要回答）？

16．什么是凝胶的膨胀作用？

17．当达到 Donnan 平衡时，对系统任一电解质（如 NaCl）来说，其组成离子在膜内部的浓度乘积等于膜外部的浓度乘积，即 $[Na^+]_{内}[Cl^-]_{内}=[Na^+]_{外}[Cl^-]_{外}$，这是为什么？

18．推导沉降速度法测定摩尔质量的基本公式 $M=\frac{RTS}{D(1-v\rho_0)}$。

19．将 $10cm^3$、$0.02mol\cdot dm^{-3}$ 的 $AgNO_3$ 溶液和 $100cm^3$、$0.005mol\cdot dm^{-3}$ 的 KCl 溶液混合，以制备 AgCl 溶胶。写出该溶胶的胶团结构式，并指出胶粒的电泳方向。

20．胶体是热力学的不稳定系统，但它能在相当长的时间里稳定存在，试解释原因。

## 二、计算题

1．在 293 K 及标准压力 $p^{\ominus}$ 条件下，将半径为 $10^{-4}$m 的小水滴分散成半径为 $10^{-7}$m 的小雾滴，需要对它做多少功？已知水的表面张力（293K）$\gamma=0.0728N\cdot m^{-1}$。

2．已知水的表面张力 $\gamma=(75.64-0.0495T/K)\times10^{-3}N\cdot m^{-1}$，试计算在 283 K，标准压力 $p^{\ominus}$ 下可逆地使一定量的水的表面积增加 $10^{-4}m^2$（设体积不变）时，系统的 $\Delta U$、$\Delta H$、$\Delta S$、$\Delta G$、$Q$ 及 $W$。

3．液体汞的 $\gamma$ 在 288K 时为 $0.487N\cdot m^{-1}$，在 273 K 时为 $0.470N\cdot m^{-1}$ 计算汞在 280K 时的表面热力学函数 $G^{\gamma}$、$H^{\gamma}$ 和 $S^{\gamma}$（设 $S^{\gamma}$ 不随温度变化）的值。

4．298K，101.325kPa 下，将直径为 1μm 的毛细管插入水中，问需要加多大压力才能防止水面上升？（已知 298K 时水的表面张力为 $71.97\times10^{-3}N\cdot m^{-1}$）

5．在 293K，将纯水装入 U 形管，管的两臂内半径分别为 0.10mm 和 0.15mm，如果要使两臂液面相同，问在较细的管内需外加多少压力？已知 293K 时，纯水的表面张力为 $7.275\times10^{-2}N\cdot m^{-1}$，设接触角为 0°。

6. 有一金属圆柱体，其底端有一平滑、直径为 $4\times10^{-5}$m 的圆形针孔，试问当盛入多高的水时，水才会从针孔中流出。已知 298K 时，$\rho = 0.9970\times10^3\,kg\cdot m^{-3}$，$\gamma = 71.97\times10^{-3}\,N\cdot m^{-1}$。

7. 将两支半径分别为 0.10mm 和 0.2mm 的毛细管插入 $H_2O_2$ 液中，在 298 K 时，$H_2O_2$ 在两支毛细管中上升达平衡时液面的高度差为 5.50cm，求 $H_2O_2$ 的表面张力？已知这时 $H_2O_2$ 的密度为 $1410kg\cdot m^{-3}$。

8. 已知甲苯在 293K 时的表面张力为 $0.0284N\cdot m^{-1}$，密度为 $0.866g\cdot cm^{-3}$。要使甲苯在该温度下在毛细管中上升 2cm，问毛细管的最大半径应为多少？（设接触角为 0°）

9. $CHCl_3(g)$在活性炭上的吸附服从朗缪尔吸附等温式，在 298 K 时当 $CHCl_3(g)$的压力为 5.2kPa 及 13.5kPa 时，平衡吸附量分别为 $0.0692m^3\cdot kg^{-1}$ 及 $0.0826m^3\cdot kg^{-1}$（已换算成标准状态），求：

（1）$CHCl_3$ 在活性炭上的吸附系数 $a$；

（2）活性炭的饱和容量 $\Gamma_\infty$；

（3）若 $CHCl_3$ 分子的截面积 $A_c = 32\times10^{-20}\,m^2$，求活性炭的比表面积。

10. 某不溶于水的化合物，在水面上可形成理想二维吸附膜。298K 时，为使表面张力降低 $0.01N\cdot m^{-1}$，求所要求的表面超量为多少？

11. 25°C 时，某表面活性剂水溶液的表面张力为 $0.065N\cdot m^{-1}$，水的表面张力为 $0.072N\cdot m^{-1}$，求此溶液的表面吸附量。

12. 在 293K 时，苯酚水溶液的质量摩尔浓度分别为 $0.05mol\cdot kg^{-1}$ 和 $0.127mol\cdot kg^{-1}$ 时，其对应的表面张力分别为 $67.7mN\cdot m^{-1}$ 和 $60.1mN\cdot m^{-1}$。请分别计算浓度区间在 0～$0.05mol\cdot kg^{-1}$ 和 0.05～$0.127mol\cdot kg^{-1}$ 的平均表面超额 $\Gamma$。设苯酚水溶液的浓度可按活度处理，水在该温度下的表面张力为 $72.7mN\cdot m^{-1}$。

13. 为了证实吉布斯吸附公式，有人做了如下实验：25°C 时配制了浓度为 $2.67\times10^{-5}mol\cdot g^{-1}$(水)的苯基丙酸溶液，然后用特制的刮片机在 0.0310 $m^2$ 的溶液表面上刮下 2.3 g 溶液，经分析表面层与本体溶液浓度差为 $8.6\times10^{-8}mol\cdot g^{-1}$(水)，试计算表面吸附量 $\Gamma$。又知不同浓度下该溶液的表面张力 $\gamma$ 为：

| $c/(mol\cdot g^{-1})$ | $2.33\times10^{-5}$ | $2.667\times10^{-5}$ | $3.0\times10^{-5}$ |
|---|---|---|---|
| $\gamma/(N\cdot m^{-1})$ | 0.056 | 0.054 | 0.052 |

试用 Gibbs 公式计算吸附量。比较二者的结果。

14. 某有机物溶于水，溶液的表面张力 $\gamma$ 与活度的关系为 $\gamma = \gamma_0 - ba$，$\gamma_0$ 为水的表面张力，在 298.15K 时为 $0.07197N\cdot m^{-1}$，实验测得当溶液浓度为 $0.3mol\cdot m^{-3}$ 时，表面超额为 $1.0\times10^{-5}mol\cdot m^{-2}$，求此溶液的表面张力 $\gamma$。

15. 已知 $CHBr_3$ 与 $H_2O$ 之间的界面张力为 $4.085\times10^{-2}N\cdot m^{-1}$，$CHCl_3$ 与 $H_2O$ 的界面张力为 $3.28\times10^{-2}N\cdot m^{-1}$，$CHBr_3$、$CHCl_3$ 和 $H_2O$ 的表面张力分别为 $4.153\times10^{-2}N\cdot m^{-1}$、$2.713\times10^{-2}N\cdot m^{-1}$ 和 $7.275\times10^{-2}N\cdot m^{-1}$，当 $CHBr_3$ 和 $CHCl_3$ 分别滴到 $H_2O$ 面上时，用计算方法说明能否铺展？

16. 某棕榈酸（$M_r = 256$)的苯溶液，$1dm^3$ 溶液含酸 4.24g。当把该溶液液滴滴到水的表面，等苯蒸发以后，棕榈酸在水面形成固相的单分子层。如果希望覆盖 $500cm^2$ 的水面，仍以单分子层的形式，需用多少体积的溶液？设每个棕榈酸分子所占面积为 $21\times10^{-20}m^2$。

17．77.2 K 时测得 $N_2$ 在 $TiO_2$ 上的吸附数据如下：

| $p/p_0$ | 0.01 | 0.04 | 0.1 | 0.2 | 0.4 | 0.6 | 0.8 |
|---|---|---|---|---|---|---|---|
| $V/cm^3$ | 1.0 | 2.0 | 2.5 | 2.9 | 3.6 | 4.3 | 5.0 |

$p_0$ 为液态 $N_2$ 在 77.2K 时的饱和蒸气压；$p$ 为吸附达到平衡时 $N_2$ 气的压力；$V$ 为 $TiO_2$ 所吸附的 $N_2$ 体积(标准体积)。已知 $N_2$ 分子的截面积为 $6.2\times10^{-20}m^2$，试用 BET 公式计算 $TiO_2$ 固体的表面积。

18．在 351.3K 时，用焦炭吸附氨气获得如下数据：

| $p/\times10^{-2}Pa$ | 7.13 | 12.9 | 17.0 | 28.6 | 38.8 | 74.3 | 99.7 |
|---|---|---|---|---|---|---|---|
| $\Gamma/(dm^3\cdot kg^{-1})$ | 10.2 | 14.7 | 17.3 | 23.7 | 28.4 | 41.9 | 50.1 |

试利用图解法求弗罗因德利希公式中的常数，$n$ 和 $k$ 值。

19．在 273K 时用钨粉末吸附正丁烷分子，压力为 11kPa 和 23kPa 时，对应的吸附体积(标准体积)分别为 $1.12dm^3\cdot kg^{-1}$ 和 $1.46dm^3\cdot kg^{-1}$，假设吸附服从 Langmuir 等温方程。

（1）计算吸附系数 $b$ 和饱和吸附体积 $V_\infty$。

（2）若知钨粉末的比表面积为 $1.55\times10^4m^2\cdot kg^{-1}$，计算在分子层覆盖下吸附的正丁烷分子的截面积。已知 $N_A = 6.022\times10^{23}mol^{-1}$。

20．在 273K 时，每克活性炭上在不同压力下吸附氮气的体积(已核算到标准状态)如下表所示，画出朗缪尔吸附等温线，并计算吸附系数 $a$（$a = k_1/k_{-1}$）。

| $p/Pa$ | 524 | 1731 | 3058 | 4534 | 7497 |
|---|---|---|---|---|---|
| $V/(cm^3\cdot g^{-1})$ | 0.987 | 3.04 | 5.08 | 7.04 | 10.31 |

21．某一胶态铋，在 20°C 时的电动电位为 0.016V，求它在电位梯度等于 $1V\cdot m^{-1}$ 时的电泳速度，已知水的相对介电常数 $\varepsilon_r = 81$，$\varepsilon_0 = 8.854\times10^{-12}F\cdot m^{-1}$，$\eta = 0.0011Pa\cdot s$。

22．在三个烧瓶中分别盛 $0.02dm^3$ 的 $Fe(OH)_3$ 溶胶，分别加入 NaCl、$NaSO_4$ 和 $Na_3PO_4$ 使其聚沉，至少需要加入电解质的数量为（1）$1mol\cdot dm^{-3}$ 的 NaCl $0.021dm^3$，（2）$0.005mol\cdot dm^{-3}$ 的 $Na_2SO_4$ $0.125dm^3$，（3）$0.0033mol\cdot dm^{-3}$ 的 $Na_3PO_4$ $7.4\times10^{-3}dm^3$。试计算各电解质的聚沉值和它们的聚沉能力之比，并判断胶粒带什么电荷。

23．水中直径为 1μm 的石英粒子在电场强度 $E$ 为 $100V\cdot m^{-1}$ 的电场中，运动速率为 $3.0\times10^{-5}m\cdot s^{-1}$。试计算石英-水界面上 $\zeta$ 电位的数值。设溶液黏度 $\eta = 0.001Pa\cdot s$，介电常数 $\varepsilon = 8.89\times10^{-9}F\cdot m^{-1}$。

24．羰基血红朊溶液 $100cm^3$ 中含有 1g 溶质，在离心机中沉降达到平衡，其数据如下：

| $x/cm$ | 4.61 | 4.56 | 4.51 | 4.46 | 4.41 | 4.36 | 4.31 |
|---|---|---|---|---|---|---|---|
| $c$ | 1.220 | 1.061 | 0.930 | 0.832 | 0.732 | 0.639 | 0.564 |

表中 $x$ 是粒子到离心机轴心之距离，$c$ 为溶液浓度。若在 293.2K 时，离心机每分钟转 8708r，溶液密度为 $0.9988\times10^3kg\cdot m^{-3}$，溶质比容 $V = 0.749\times10^{-3}m^3\cdot kg^{-1}$，试计算溶质的分子量。

25．已知聚丁二烯为线性分子，其横截面积为 $2.0\times10^{-19}m^2$，摩尔质量为 $100kg\cdot mol^{-1}$，密度为 $920kg\cdot m^{-3}$。试计算当聚丁二烯分子充分伸展时，分子的长度为多少？

26. 在 293.15K 时，肌红蛋白的比容（密度的倒数）$V = 0.749\text{dm}^3 \cdot \text{kg}^{-1}$，在水中的扩散系数 $D = 1.24\times10^{-11}\text{m}^2 \cdot \text{s}^{-1}$，水的黏度系数 $\eta = 0.001005\text{Pa} \cdot \text{s}$，计算肌红蛋白的平均分子量。

27. 含 2%（质量分数）的蛋白质水溶液，由电泳实验发现其中有两种蛋白质，一种分子量是 $1\times10^5\text{g}\cdot\text{mol}^{-1}$，另一种是 $6\times10^4\text{g}\cdot\text{mol}^{-1}$，两者物质的量浓度相等，密度相同，设蛋白质分子为球形，温度为 298K，计算：

（1）两种分子的扩散系数之比；

（2）沉降系数之比；

（3）若将 $1\text{cm}^3$ 蛋白质溶液（密度为 $1\text{g}\cdot\text{cm}^{-3}$）铺展成 $10000\text{cm}^2$ 的单分子膜，膜压力为多少？

28. 实验中利用丁达尔现象，测得两份硫溶胶的散射光强度之比 $I_1 / I_2 = 10$。已知它们分散介质和分散相的折射率、胶粒体积以及入射光的频率、强度皆相同，第一份硫溶胶的浓度 $c_1 = 0.10\text{mol}\cdot\text{dm}^{-3}$，试求第二份硫溶胶的浓度 $c_2$ 是多少？

29. 已知在 25°C 时，某金溶胶的黏度为 $\eta = 0.010\text{Pa}\cdot\text{s}$。在 1s 时间内由于布朗运动，粒子沿 $x$ 轴方向的平均位移是 $1.833\times10^{-3}\text{cm}$。金的密度为 $19.3\text{g}\cdot\text{cm}^{-3}$。试计算此溶胶的平均摩尔质量。

# 第 9 章
# 统计热力学

【学习意义】

大量粒子的无规则运动，不具有确定性，不能确定是否是终态时某个粒子的具体微观态，但是系统的宏观条件可以支配微观运动可能出现的状态情况，即宏观热力学性质决定微观可能出现的状态。统计热力学就是依据微观运动的统计规律性构建微观运动（力学）与宏观热力学性质之间的"桥梁"，它提供了一种由光谱数据和结构来计算热力学性质的方法。

【核心概念】

最概然分布；配分函数；系综；分子能量；状态函数的统计表达。

【重点问题】

1. 统计热力学如何构建热力学数据和分子性质（光谱数据和结构信息）之间的联系？
2. 系统平均能量的含义是什么？
3. 如何通过结构数据计算分子的配分函数？
4. 通过配分函数如何构建起热力学的状态函数？

## 9.1 引言

### 9.1.1 统计热力学的研究方法和目的

热力学是以大量分子的集合体作为研究对象，以实验归纳出来的热力学第一定律和第二定律为基础，进而讨论平衡系统的宏观性质。传统的唯象热力学所得的规律对于大量分子组成的系统具有高度的可靠性和普遍性，这对推动生产和科学研究起了很大的作用。但是，物质的宏观性质归根结底是微观粒子运动的客观反映，但唯象热力学却不能给出微观性质与宏观性质之间的联系，而统计热力学正好在这里补充了唯象热力学的不足。

统计热力学的研究对象也是大量粒子的集合体。它根据物质结构的知识用统计的方法求出微观性质与宏观性质之间的联系。从大量微观粒子的集合体中，找出了单个粒子没有的统计规律性，将系统的微观性质与宏观性质联系起来，这就是统计热力学的研究方法。统计热力学是依据微观运动的统计规律性构建微观运动与宏观热力学性质之间的“桥梁”——各种微观态出现的概率。有了微观态的力学量和概率，宏观热力学量是相应微观量的统计平均。

根据对物质结构的某些基本假定，以及从实验所得到的光谱数据，可以求出物质的一些基本常数，如分子中原子之间的核间距离、键角、振动频率等。利用这些数据可以算出配分函数，然后再求出物质的热力学性质，这就是统计热力学的基本任务。统计热力学主要研究对象仍然是平衡系统，根据前面热力学和动力学的学习基础，显然统计的结果也可以用于化学动力学以及对趋近于平衡的速率的研究。

统计热力学方法的优点是：利用统计热力学的方法，不需要进行低温下的量热实验（低温实验设备复杂，要求极高），就能求得熵函数 $S$，其结果甚至比热力学第三定律所求得的熵值更为准确。对于简单分子使用统计热力学的方法进行运算，其结果常是令人满意的。

当然统计热力学也有其局限性，由于人们对于物质结构的认识，不断地深化，所研究的物质结构趋于复杂，同时模型本身也有近似性，所以由此得到的结论也具有近似性。例如对复杂分子的结构常常要做出一些假设，对于大的游离分子或凝聚系统，应用统计热力学的结果也还存在着很大的困难，因为复杂分子的振动频率、分子内旋转以及非谐性振动等问题都还解决得不够完备，所以计算这些分子的配分函数时，还存在着很大的近似性。

对于大量粒子的统计方法主要包括三种。一种是麦克斯韦-玻耳兹曼（Maxwell-Boltzmann）统计，通常称为玻耳兹曼统计。另外两种分别是玻色-爱因斯坦（Bose-Einstein）统计和费米-狄拉克（Fermi-Dirac）统计。上述三种统计方式将分别在 9.2 节和 9.3 节中进行介绍。

### 9.1.2 统计系统的分类

按照统计单位（粒子）是否可以分辨（或区分）把系统分为定域子系统和离域子系统，也可分别称为定位系统和非定位系统。前者的粒子可以彼此分辨，而后者的粒子不能彼此分辨。例如，气体分子处于混乱运动之中，彼此无法区别，因此是离域子系统；而晶体，由于粒子是在固定的晶格位置上做振动运动，每个位置可以想象给予编号而加以区别，所以晶体是定域子系统。两者的示意图如图 9.1 所示。

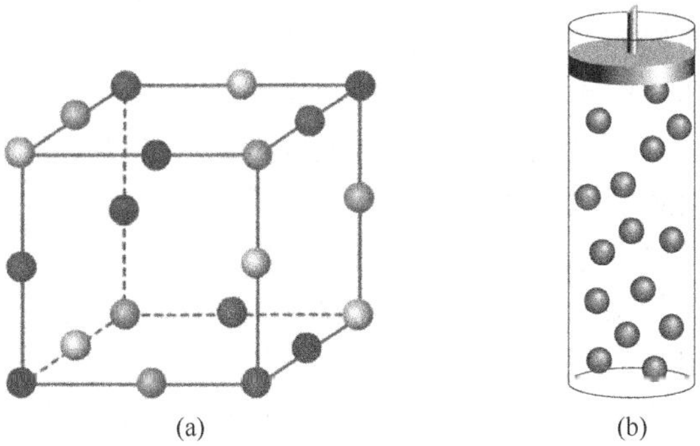

图 9.1　定域子系统（a）和离域子系统（b）示意图

当粒子数目相同时，定域子系统与离域子系统的微观状态数是不同的。由于前者的粒子可以区分，因此定域子系统的微观状态数要比离域子系统多得多。例如，三个不同颜色的球，其排列方式有 $3! = 6$ 种；而三个颜色相同的球，其排列方式只有一种。

按照统计单位之间有无相互作用，又可把系统分为近独立粒子系统（简称为独立子系统）和非独立粒子系统（简称为非独立子系统，或称为相依粒子系统）。独立子系统的相互作用非常微弱，可以忽略不计，系统的总能量，即内能 $U$ 等于各个粒子能量 $E_i$ 之和，如方程式（9.1）所示。

$$U = \sum_i N_i E_i \tag{9.1}$$

非独立子系统中粒子之间的作用能不能忽略，如方程式（9.2）所示。总能量中应包含粒子间相互作用的位能项 $U_1(x_1, y_1, z_1, \cdots, x_N, y_N, z_N)$，该项为各粒子坐标的函数，即：

$$U = \sum_i N_i E_i + U_1\left(x_1, y_1, z_1, \cdots, x_N, y_N, z_N\right) \tag{9.2}$$

例如，非理想气体就是非独立的粒子系统，理想气体就是独立粒子系统。本章默认讨论独立子系统的热力学性质。

## 9.1.3 宏观系统的统计规律

统计热力学认为：所有宏观上可观测的物理量都是相应微观量的统计平均值。这句话在数学上可以表述成若一个系统有 $n$ 个微观状态，每个微观状态出现的概率是 $P_i$，其对应的微观物理量为 $u_i$，则该系统的宏观物理量 $U$ 的统计平均值为：

$$\bar{U} = \sum_{i=1}^{n} P_i U_i \tag{9.3}$$

$\bar{U}$ 即宏观上所测量到的值。例如，某微观态的内能为 $U_i$，概率是 $P_i$，则该系统的内能的统计平均值 $\bar{U} = \sum_{i=1}^{n} P_i U_i$。所谓的微观状态是指某宏观态下粒子的某种确定的能级分布方式，即微观电子态。

统计热力学的一个基本任务就是确定任何依赖于热力学系统微观状态的物理量取不同值的概率，或称为统计权重（见 2.7.1 小节）。如 2.7.1 节所述，在计算物理量的统计平均值时，常引入粒子群系统，它们有着相同的宏观条件，但处在不同的微观状态。所有这样的系统所组成的集合称为统计系综，简称系综。可见，系综是系统的集合，系综中每一个系统都是相同的。例如，如果研究的系统是某一宏观条件下的气体，例如粒子数为 $N$，体积为 $V$，温度为 $T$，那么系综中的每个系统就都是这同一宏观条件下的气体；如果研究的系统是某条件下两种气体的混合物，那么系综中每个系统就都是同样条件下两种气体的混合物。不同的是，系综中各个系统的微观状态不同。由此可见，式（9.3）所表述的一切可能的微观状态的平均值也可以理解为系综中各微观量的平均值。所以式（9.3）中的统计平均值 $\bar{u}$ 就是它的系综平均值，而系统按微观状态的分布函数，即概率 $P$，就是系综的分布函数。

由于统计物理学给出的只是表征宏观物体性质的物理量的平均值，因此，在某一个时刻观测到的值与平均值之间有可能存在偏差，该偏差被称为涨落或起伏。可以证明，物理量的相对涨落随着其所表征的宏观物体的尺寸增加而迅速减小。例如，对 1mol 物质而言，粒子数的相对涨落值是极其微小的。这就是在充分长的时间间隔内，实验上观察到的任何一个表征宏观物体的物理量实际上都是常数(等于它的平均值)，而极少表现出任何明显偏差的原因。所以，统计物理学给出的规律是完全可靠的。

在对一个物理量求平均时，通常有两种方法，分别为时间平均法和系综平均法。时间平均法是在一个相当长的时间间隔内观测宏观物体，追踪表征它的物理量随时间的变化。系综平均法就是在某一时刻同时考虑由大量构造相同的系统组成的集合，例如方程式（9.3）。

总而言之，系统的宏观性质是大量微观粒子运动的集体表现；宏观物理量是相应微观物理量的统计平均值。确定各微观状态出现的概率就能用统计的方法求出微观量的统计平均值，从而求出相应宏观物理量，因此确定各微观状态出现的概率是统计热力学的基本问题。

### 9.1.4 统计热力学的逻辑体系

统计热力学的学习思路是：先了解微观粒子的运动，例如平动、振动、转动、电子和核运动等情况，特别是研究一下在一定的宏观平衡态时，微观粒子可能有的各种运动形式。所谓微观粒子的运动，即微观粒子的运动能级和能级的简并度，以及各能级上粒子的分布情况（即各能级上的粒子数目）。由于微粒数目巨大，不可能考查到具体的每个粒子微观运动，只能是根据一定的规律考查各能级的统计分布情况。有了各能级的统计分布情况，即微观运动的各种可能状态的出现次数——微观状态数，再根据热力学假设，通过玻耳兹曼公式把微观状态数与宏观热力学函数联系起来。

## 9.2 玻耳兹曼统计

### 9.2.1 排列组合的数学基础

（1）排列组合的统计表述

对 $N$ 粒子系统排列组合的讨论，完全类似于 $N$ 个物体的排列组合，包含以下六种情况。

① $N$ 个不同的物体，其所有的排列方式满足式（9.4）：

$$A_N^N = N! \tag{9.4}$$

② $N$ 个不同的物体，从中取 $r$ 个进行排列，其排列方式满足式（9.5）：

$$A_N^r = \frac{N!}{(N-r)!} \tag{9.5}$$

③ $N$ 个物体全排列，其中 $s$ 个彼此相同，$t$ 个彼此相同，其余的物体各不相同，此时的排列方式满足式（9.6）：

$$A_N^N = \frac{N!}{s!t!} \tag{9.6}$$

④ 将 $N$ 个相同的物体放入 $M$ 个不同容器中（每个容器的容量不限），如图 9.2 所示，则放置方式数可视为，共有 $M$−1+$N$ 个物体全排列，其中 $M$−1 个相同，$N$ 个相同，则放置方式数 $A$ 满足式（9.7）：

$$A = \frac{(M-1+N)!}{(M-1)!N!} \tag{9.7}$$

⑤ 如图 9.2 所示，将 $N$ 个不同的物体放入 $M$ 个不同容器中，每个容器的容量不限，则：第一个物体有 $M$ 种放法，第二个物体有 $M$ 种放法，…，第 $N$ 个物体有 $M$ 种放法，则放置方式数 $A$ 满足式（9.8）：

$$A=M^N \tag{9.8}$$

⑥ 将 $N$ 个不同的物体分成 $k$ 份，要保证第一份 $n_1$ 个，第二份 $n_2$ 个，第 $k$ 份 $n_k$ 个，则组

合数满足式（9.9）：

$$\frac{N!}{n_1!n_2!\cdots n_k!}=\frac{N!}{\prod_{i=1}^{k} n_i!} \tag{9.9}$$

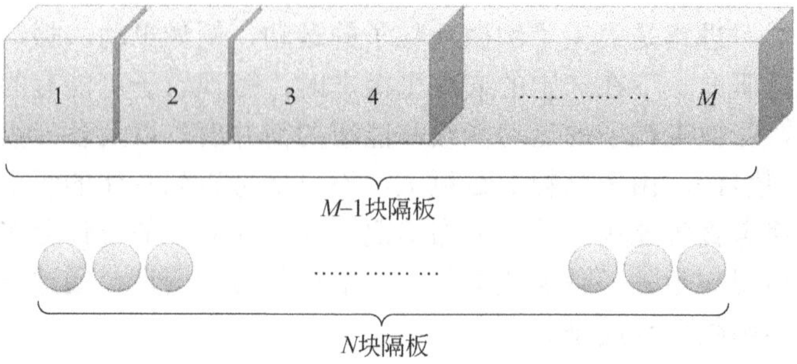


图 9.2　N 个相同的物体放入 M 个不同容器的排列示意图

（2）斯特林（Stirling）公式

当 $N$ 值很大，用 $N$ 的自然对数比 $N$ 处理起来更方便，则有：

$$\ln N!=\ln[N(N-1)(N-2)\cdots\times 1]=\ln 1+\ln 2+\cdots+\ln N \tag{9.10}$$

上式可视为横坐标间距为 1，纵坐标高度为 ln1、ln2、ln3 的一系列矩形的面积之和，当 $N$ 很大时，横坐标间距可近似视为连续变化，即间距为 d$x$，纵坐标高度为 ln$x$ 时，式（9.10）可写为积分式：

$$\ln N!=\int_1^N \ln x\mathrm{d}x \tag{9.11}$$

根据分部积分法规则 $\int u\mathrm{d}v=uv-\int v\mathrm{d}u+C$，式（9.11）可表示为：

$$\int_1^N \ln x\mathrm{d}x=x\ln x|_1^N-\int_1^N x\mathrm{d}\ln x=x\ln x|_1^N-\int_1^N x\times\frac{1}{x}\mathrm{d}x=N\ln N-N+1$$

$N$ 足够大时，式（9.11）等价于式（9.12）：

$$\ln N!\approx N\ln N-N \tag{9.12}$$

上式称为斯特林公式。

## 9.2.2　粒子各运动形式的能级及能级的简并度

统计热力学是宏观与微观的桥梁。通过 2.7 节中熵的统计表述，微观性质与宏观性质之间的联系可以通过玻耳兹曼方程［式（2.105）］描述。除此之外，微观性质即粒子的微观运动及微观运动状态数，宏观性质即熵、焓、自由能等宏观热力学函数，用于判断反应的方向和限度。所以要先讨论一下粒子的微观运动。

（1）粒子运动形式

粒子（比如气体分子）运动形式有：粒子的整体外部运动——平动；粒子本身的内部运动——转动、振动、电子运动与核运动。上述各种运动所对应的能量及约定符号分别为平动能 $\varepsilon_\mathrm{t}$、转动能 $\varepsilon_\mathrm{r}$、振动能 $\varepsilon_\mathrm{v}$、电子动能 $\varepsilon_\mathrm{e}$ 及核动能 $\varepsilon_\mathrm{n}$。

基于量子力学的计算结果和光谱实验结果可以很好地与这一事实吻合，可以认为，分子内的各种能级是量子化的，各种运动形式的能级在一定条件下是可以独立考虑的，即分子各种运动具有独立性。若某 $i$ 粒子的各种运动形式可近似认为彼此独立，如独立子系统，则粒子能量 $U$ 等于各独立的运动形式具有的能量 $\varepsilon_i$ 之和，这个结论可以用方程式（9.13）表示：

$$U=\sum_{i=1}^{N}\varepsilon_i=\sum_{i=1}^{N}(\varepsilon_{\mathrm{t},i}+\varepsilon_{\mathrm{r},i}+\varepsilon_{\mathrm{v},i}+\varepsilon_{\mathrm{e},i}+\varepsilon_{\mathrm{n},i}) \tag{9.13}$$

通常，原子核总是处于基态，电子在温度不高时一般也近似认为处于基态。因此对于方程式（9.13），在描述平衡态热力学系统时，忽略电子动能 $\varepsilon_\mathrm{e}$ 及核动能 $\varepsilon_\mathrm{n}$，主要考虑分子的平动、转动和振动。

（2）平动

平动是运动的基本类型之一，满足量子化特征，其最小的能量子称为平动子。本节将简单介绍做自由运动的一维平动子和三维平动子。

① 一维平动子指做直线运动的微观量子化的微粒子。平动子的能量满足薛定谔方程：

$$\hat{H}\Psi=E\Psi \tag{9.14}$$

等价于 $\hat{H}\Psi_\mathrm{t}=\varepsilon_\mathrm{t}\Psi_\mathrm{t}$

其中哈密顿算符中包含动能算符和势能算符，$\Psi_\mathrm{t}$ 为粒子的平动波函数。对于自由运动的一维平动子，其势能在一维方向上处处为零［$V(x)=0$］，因此，式（9.14）中系统的哈密顿量[❶]只包括动能算符，可表示为：

$$\hat{H}=-\frac{h^2}{4\pi^2}\times\frac{1}{2m}\times\frac{\mathrm{d}^2}{\mathrm{d}x^2}+V(x)=-\frac{h^2}{8m\pi^2}\times\frac{\mathrm{d}^2}{\mathrm{d}x^2} \tag{9.15}$$

将式（9.15）代入式（9.14）时，可得一维平动子的薛定谔方程：

$$-\frac{h^2}{8m\pi^2}\times\frac{\mathrm{d}^2}{\mathrm{d}x^2}\Psi_\mathrm{t}=\varepsilon_\mathrm{t}\Psi_\mathrm{t} \tag{9.16}$$

求解该薛定谔方程，可得平动能的解为：

$$\varepsilon_\mathrm{t}=\frac{h^2}{8ma^2}n_x^2 \tag{9.17}$$

式中，$m$ 是粒子的质量；$h$ 是普朗克常数（$h=6.626\times10^{-34}\,\mathrm{J\cdot s}$）；$n_x$ 是平动量子数（$n_x=1$、2、3…）；$a$ 是在 $x$ 维度平动的范围长度。当 $n_x=1$ 时，说明粒子处于基态，此时的平动能称为零点能，记为 $\varepsilon_{\mathrm{t,min}}$ 或者 $\varepsilon_{\mathrm{t,0}}$。

② 三维平动子是指质量为 $m$ 的粒子在长度为 $a$、$b$、$c$ 的矩形箱中自由运动时的最小平动能，自由运动的粒子在箱中的势能处处为零［$V(x)=0$］，类似于式（9.16），三维平动子的薛定谔方程为：

$$-\frac{h^2}{8m\pi^2}\left(\frac{\partial^2}{\partial x^2}+\frac{\partial^2}{\partial y^2}+\frac{\partial^2}{\partial z^2}\right)\Psi_\mathrm{t}=\varepsilon_\mathrm{t}\Psi_\mathrm{t} \tag{9.18}$$

---

❶ 一种能量算符，包括体系的动能算符和势能算符，作用在波函数上时，可以描述微观体系的动能和势能。关于算符，可参考任意一本量子化学教材的介绍。此处作为简介，不再赘述。

解方程式（9.18），可得薛定谔方程的本征值，即三维平动子的平动能为：

$$\varepsilon_t = \frac{h^2}{8m}\left(\frac{n_x^2}{a^2}+\frac{n_y^2}{b^2}+\frac{n_z^2}{c^2}\right) \tag{9.19}$$

式中，$n_x$、$n_y$、$n_z$是平动量子数。设容器的体积为 $V$，并进一步假设 $a=b=c$，则 $a^2=V^{\frac{2}{3}}$，可得边长为 $a$ 的势箱中自由运动的三维平动子势能为：

$$\varepsilon_t = \frac{h^2}{8mV^{\frac{2}{3}}}(n_x^2+n_y^2+n_z^2) \tag{9.20}$$

（3）能级与简并度

① 能级：不连续的量子化的能量称为能级。其中基态能级为各运动形式能量最低的那个能级。

确定粒子的运动状态需要确定一组量子数（比如平动量子数：$n_x$、$n_y$、$n_z$），它们由运动方程得到。这组量子数就构成一个量子状态。每个量子状态均有确定的能量（即能级），每一个能级上可能有若干个不同的量子状态存在。

② 简并度或统计权重 $g$：同一能级所对应的所有不同的量子状态的数目称为该能级的简并度，以符号 $g$ 表示。简并度反映了该能级上分布的微观状态数。例如原子轨道中的 p 轨道是三重简并，分别对应三种不同的磁量子数。每一个能级中有若干个不同的量子状态存在。

非简并能级：每一个能级只与一个量子状态相对应，即 $g=1$。

不同的量子状态即一组量子数取不完全相同的数值，比如平动量子数 $n_x$、$n_y$、$n_z$ 分别取 122、212、221 等数值，即为不同的量子状态。

③ 能级及简并度的关系：一个能级相当于一个楼层，简并度相当于该楼层的房间数目（不同的量子状态数目），一个粒子只要处于同一楼层，无论哪个房间（一组量子数），能量都相等，但由于处于不同房间，因此处于不同的量子状态。

（4）平动能级

平动能 $\varepsilon_t$ 是量子化的。量子态的平动自由度为 3，对应于空间三个方向 $x$、$y$、$z$。因此对应方程式（9.20），令：$A=\frac{h^2}{8mV^{\frac{2}{3}}}$，当 $n_x$、$n_y$、$n_z$ 取不同的量子数 $g$ 时，三维平动子的简并度 $g$ 与能级之间的关系如图 9.3 所示。

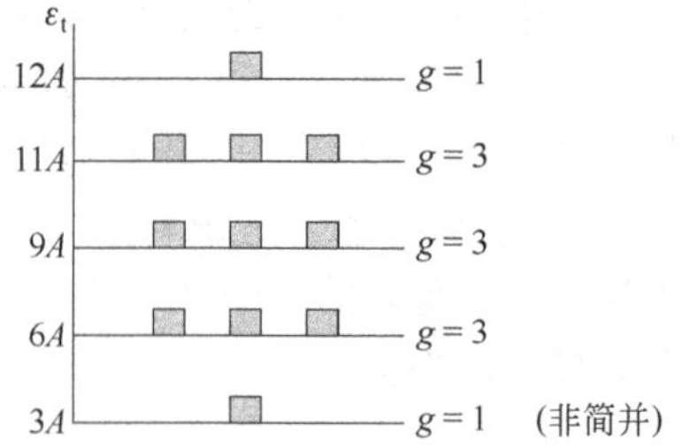


图 9.3 三维平动子简并度 $g$ 与能级之间的关系示意图

上图能级、简并度和量子数的具体取值如下：

$\varepsilon_t=3A$，$g=1$（$n_x=n_y=n_z=1$）

$\varepsilon_t=6A$，$g=3$（$n_x$、$n_y$、$n_z$ 分别取 112、121、211）

$\varepsilon_t=9A$，$g=3$（$n_x$、$n_y$、$n_z$ 分别取 122、221、212）

$\varepsilon_t=11A$，$g=3$（$n_x$、$n_y$、$n_z$ 分别取 113、131、311）

$\varepsilon_t=12A$，$g=1$（$n_x=n_y=n_z=2$）

**【例 9.1】**在 300K，101.325kPa 条件下，将 1mol $H_2$ 置于立方形容器中，试求其平动运动的基态能级的能量值 $\varepsilon_{t,0}$，以及第一激发态与基态的能量差 $\Delta\varepsilon$。

**【解答】**300K，101.325kPa 条件下的 $H_2$ 可看成理想气体，其体积为：

$$V=\frac{nRT}{p}=\frac{1\text{mol}\times 8.314\text{J}\cdot\text{mol}^{-1}\cdot\text{K}^{-1}\times 300\text{ K}}{101325\text{Pa}}=0.02462\text{m}^3$$

$H_2$的摩尔质量$M$=2.0158×10$^{-3}$kg·mol$^{-1}$，$H_2$分子的质量为

$$m=\frac{M}{L}=\frac{2.0158\times 10^{-3}\text{kg}\cdot\text{mol}^{-1}}{6.02\times 10^{23}\text{mol}^{-1}}=3.347\times 10^{-27}\text{kg}$$

根据方程式（9.20），代入有关数据，其中基态能级对应的一套量子数为（1,1,1），所以得基态能：

$$\varepsilon_{t,0}=\frac{h^2}{8mV^{\frac{2}{3}}}(n_x^2+n_y^2+n_z^2)=\frac{3\times(6.626\times 10^{-34})^2}{8\times 3.347\times 10^{-27}\times(0.02462)^{\frac{2}{3}}}=5.811\times 10^{-40}\text{J}$$

第一激发态的一组量子数对应于（$n_x$、$n_y$、$n_z$分别取112、121、211）即：$n_x^2+n_y^2+n_z^2=6$，所以得第一激发态的能量为：

$$\varepsilon_{t,1}=\frac{h^2}{8mV^{\frac{2}{3}}}(n_x^2+n_y^2+n_z^2)=\frac{6\times(6.626\times 10^{-34})^2}{8\times 3.347\times 10^{-27}\times(0.02462)^{\frac{2}{3}}}=11.622\times 10^{-40}\text{J}$$

第一激发态与基态能量差为：

$$\Delta\varepsilon=\varepsilon_{t,1}-\varepsilon_{t,0}=5.811\times 10^{-40}\text{J}$$

由例题可知，相邻平动能级能量差$\Delta\varepsilon$很小，所以分子的平动运动很容易激发，而处于各个能级上（即平动能各能级都有分子分布）。

相邻平动能级能量差$\Delta\varepsilon_t$很小，约为$10^{-19}k_BT$。所以当$n_x$、$n_y$、$n_z$取值很大时，平动能级可认为是连续变化，量子化效应不突出。此外，平动能$\varepsilon_t$的大小与体积$V$有关，比如气体的绝热膨胀后温度下降，内能减小。

（5）双原子分子的转动与振动能级

① 刚性转子的转动能级。双原子分子除了质心的整体平动以外，在内部运动中还有原子核绕质心的转动以及沿核间连线方向的振动。其中，若将转动看作是刚性转子绕质心的转动，则可求得刚性转子的转动能级。

转子转动时也没有势能，转动波函数为$\Psi_r$，转动能级为$\varepsilon_r$，若考虑在双原子分子AB中，A、B视为刚性转子，质量分别为$m_1$和$m_2$，则两个原子的折合质量为$\mu$，且$\mu=\frac{m_1m_2}{m_1+m_2}$，则描述AB的转动的薛定谔方程为：

$$\hat{H}\Psi_r=\varepsilon_r\Psi_r \tag{9.21}$$

代入系统的哈密顿量，则式（9.21）等价于：

$$-\frac{h^2}{8\mu\pi^2}\left(\frac{\partial^2}{\partial x^2}+\frac{\partial^2}{\partial y^2}+\frac{\partial^2}{\partial z^2}\right)\Psi_r=\varepsilon_r\Psi_r \tag{9.22}$$

将式（9.22）中的坐标转化为极坐标时，即可求得转动波函数$\Psi_r$的转动能级$\varepsilon_r$为：

$$\varepsilon_r=\frac{h^2}{8\pi^2 I}J(J+1) \tag{9.23}$$

式中，$J$ 为转动量子数，取值为 $J=0,1,2,3,\cdots$；$I$ 为转动惯量，当 A、B 间的平衡键长为 $d$ 时，转动惯量 $I$ 为：

$$I=\mu d^2 \tag{9.24}$$

显然，转动能级与转动惯量 $I$ 有关，原子间距 $d$ 越小，$I$ 越小，转动能级就越大。当 $J=0$ 时，$\varepsilon_{\mathrm{r}}=0$，注意转动能级无零点能。

注意转动能级的简并度为 $g_{\mathrm{r}}=2J+1$。这是由转动角动量的空间量子化效应导致的。对应于一个 $J$ 值，在空间 $z$ 方向存在 $2J+1$ 个角动量分量，对应 $2J+1$ 个磁量子数 $m$ 的值。对于每个转动量子数，磁量子数 $m=-J,-J+1,\cdots,0,1,2,\cdots,J-1,J$。因此转动的量子态需要由 $J$ 和 $m$ 两个值同时确定，所以刚性转子的自由度为 2。根据式（9.23），转动基态能级、激发态能级及简并度如表 9.1 所示。

**表 9.1　转动基态能级、激发态能级及简并度**

| 能级 | $J$ | $J(J+1)$ | $g_{\mathrm{r}i}=2J+1$ |
|---|---|---|---|
| $\varepsilon_{\mathrm{r},1}$ | 3 | 12 | 7 |
| $\varepsilon_{\mathrm{r},2}$ | 2 | 6 | 5 |
| $\varepsilon_{\mathrm{r},3}$ | 1 | 2 | 3 |
| $\varepsilon_{\mathrm{r},4}$ | 0 | 0 | 1 |

相邻转动能级 $\Delta\varepsilon\approx 10^{-2}kT$，所以转动能级也为近似连续变化。

② 双原子分子的振动能级（一维简谐振子）

把双原子分子中的原子振动看作沿化学键方向振动的一维线性谐振子，即振动满足胡克定律弹性振动对应的最小能量，此时系统的能量既包含动能又包含势能，且势能为 $2\pi^2\nu\mu x^2$。用 $\Psi_{\mathrm{v}}$ 表示描述振动波函数，则一维谐振子的薛定谔方程为：

$$-\frac{h^2}{8\mu\pi^2}\times\frac{\mathrm{d}^2}{\mathrm{d}x^2}\Psi_{\mathrm{v}}+2\pi^2\nu\mu x^2\Psi_{\mathrm{v}}=\varepsilon_{\mathrm{v}}\Psi_{\mathrm{v}} \tag{9.25}$$

解得振动能级公式：

$$\varepsilon_{\mathrm{v}}=\left(\frac{1}{2}+\upsilon\right)h\nu,\quad \upsilon=0,1,2,3\cdots \tag{9.26}$$

式中，$\nu$ 是振动频率；$\upsilon$ 是振动量子数，其值可以是 0、1、2……。当 $\upsilon=0$ 时，意味着振动处在基态时，分子仍存在振动能 $\varepsilon_{\mathrm{v},0}=\frac{1}{2}h\nu$，该能量也称为零点振动能。因为每个一维谐振子的振动都限定在一个轴的方向上，所以各能级只有一种量子状态，任何振动能级的简并度 $g_{\mathrm{v}}$ 均为 1。

振动能级与振动频率有关，振动频率越小，能级间隔越小。相邻振动能级 $\Delta\varepsilon\approx 10k_{\mathrm{B}}T$，所以振动能级量子效应明显，不能按连续化处理。

（6）电子与原子核

电子运动与核运动能级间隔一般都很大。原子核能级的间隔很大，从基态到第一激发态，约有数十个电子伏特或更大。因此除了核反应外，在通常的化学和物理过程中，原子核总是处于基态而没有变化。原子核处于基态时的简并度 $g_{\mathrm{n},0}$ 一般为 1。

电子能级的间隔也很大，从基态到第一激发态的跃迁能量约为 $400\mathrm{kJ\cdot mol^{-1}}$ 或更大。所以除非在相当高的温度，否则一般来说，电子总是处于基态，而且当增加温度时常常是在电子未被激发分子就分解了。

电子处于基态时的简并度 $g_{e,0}$ 一般为 1。

（7）粒子运动小结

① 粒子运动的能量（或者可以称一个分子的能量） $\varepsilon_{t,i}$、$\varepsilon_{r,i}$、$\varepsilon_{\upsilon,i}$、$\varepsilon_{e,i}$、$\varepsilon_{n,i}$ 等均是量子化的，所以分子的总能量 $\varepsilon_i$ 必定也是量子化的。

② 分子总是处在一定的能级上，除基态外各能级的简并度 $g$ 值很大。

③ 宏观静止的系统，微观瞬息万变。即分子不停地在能级间跃迁，也在同一能级中不停地改变状态。

④ 关于系统中的某一分子 $i$ 的各种运动能级间隔及数学处理需要注意以下几个要点：

a．五种运动的能级间隔相对大小满足： $\Delta\varepsilon_{t,i} < \Delta\varepsilon_{r,i} < \Delta\varepsilon_{\upsilon,i} < \Delta\varepsilon_{e,i} < \Delta\varepsilon_{n,i}$；

b．平动能级 $\varepsilon_{t,i}$ 和转动能级 $\varepsilon_{r,i}$ 能级间隔很小，可以近似看作连续；

c．振动能级 $\varepsilon_{v,i}$、电子能级 $\varepsilon_{e,i}$ 及核能级 $\varepsilon_{n,i}$ 的能级间隔较大，不可看作近似连续；

d．电子能级 $\varepsilon_{e,i}$ 一般处于基态；

e．核能级 $\varepsilon_{n,i}$ 总是处于基态。

## 9.2.3 能级分布的微观状态数及系统的总微观状态数

（1）能级分布

粒子的微观运动瞬息万变，微观运动总能量 $\varepsilon_i$ 是量子化的，每个量子化能级上的分子数不停地变化。在确定时刻，每个分子都处在一个确定的能级上，因而各能级上的分子数确定——也称粒子的能级分布。对于宏观平衡态，系统的能级分布情况会随时改变。

在一定条件下的平衡系统，$U$、$V$、$N$ 均有确定值，粒子各能级的能量值也完全确定。即统计系统的宏观限制条件：$U$、$V$、$N$ 确定时，$N$ 个粒子在各个能级上的分布情况，称为能级分布——这需要一套各能级上的粒子分布数 $n_i$，如图 9.4 所示。

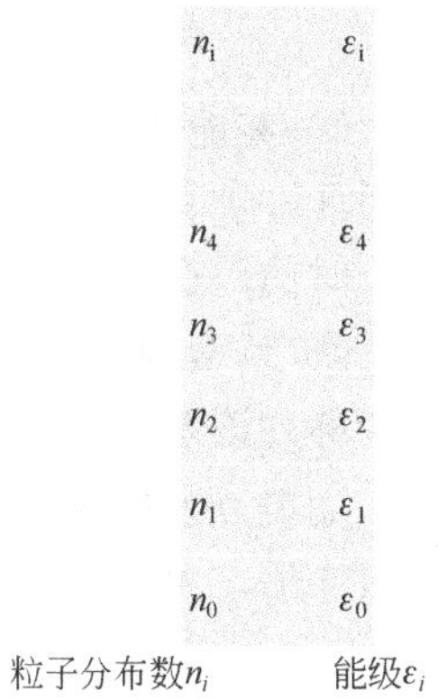


图 9.4 粒子分布示意图

例如将 3 个粒子分布在 4 个振动能级上，在保证系统的振动总能量为 $\frac{9}{2}h\nu$ 时，能级分布的微观状态数及总微观状态数如表 9.2 及图 9.4 所示，其中振动总能量满足式（9.26）。

表 9.2 能级分布的微观状态数及总微观状态数

| 能级分布 | 能级分布数 | $\sum_i n_i$ | $\varepsilon_v = \sum_i n_i \varepsilon_{v,i} = \frac{9}{2}h\nu$ |
|---|---|---|---|
| Ⅰ | 0 3 0 0 | 3 | $3\times\frac{3}{2}h\nu$ |
| Ⅱ | 2 0 0 1 | 3 | $2\times\frac{1}{2}h\nu+\frac{7}{2}h\nu$ |
| Ⅲ | 1 1 1 0 | 3 | $\frac{1}{2}h\nu+\frac{3}{2}h\nu+\frac{5}{2}h\nu$ |

① 能级分布与能级分布数：在一定宏观约束条件下，如上面的例子中的约束条件系统的振动总能量为$\frac{9}{2}h\nu$，在某一时刻，组成系统的$N$粒子在许可能级上的分布称为能级分布。给定一种能级分布，则对应一套能级分布数，如表 9.2 中的第一栏和第二栏。

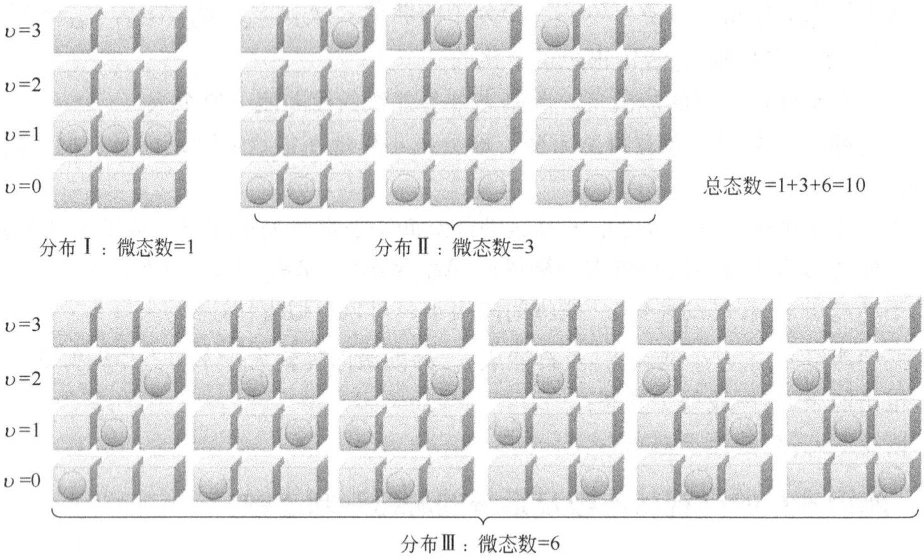


图 9.5　能级分布的微观状态数及总微观状态数示意图（各振动量子数为 $v$）

② 某能级分布的微观状态数 $\Omega_i$：在某能级分布和分布数确定的条件下，粒子在各量子上的具体分布方式的数量称为某能级分布的微观状态数，用 $\Omega_i$ 表示。如图 9.5 中各分布（Ⅰ/Ⅱ/Ⅲ）时的微观状态数 $\Omega_i$ 分别为 1、3、6。

③ 总微观状态数 $\Omega$：在给定的约束条件下，上述各确定能级分布条件下的微观状态数之和称为该系统的总微观状态数，用 $\Omega$ 表示，$\Omega = \sum \Omega_i$，如图 9.5 中，$\Omega = 1+3+6=10$。

如表 9.2 和图 9.5 所示，在给定的约束条件下，把 3 个粒子全部分配至各能级，既需粒子数守恒，$N = \sum_i n_i$，如表 9.2 中的第三列，总粒子数为 3；又满足总能量守恒，即能量守恒，$\varepsilon_{\mathrm{v}} = \sum_i n_i \varepsilon_{\mathrm{v},i} = \frac{9}{2}h\nu$。其中的能级分布有 3 种情况，即存在 3 种能级分布数，其中第一种能级分布对应微观状态数 $\Omega_1$ 为 1，第二种对应微观状态数 $\Omega_2$ 为 3，第三种对应微观状态数 $\Omega_3$ 为 6，因此总微观状态数为 10。

类似于这样的所有满足粒子数守恒和能量守恒分布的总和是系统的总分布情况。

当粒子数目很大时，例如物质的量为 1mol 时，粒子数目将是巨大的，会有一种类似于图 9.5 中Ⅲ的能级分布，其微观状态数足够大，大到该分布的微观状态数 $\Omega_i$ 可以代表系统的稳定状态并可联系相应的平衡态热力学宏观性质，即 Boltzmann 最概然分布（见 2.7.1 小节）。

（2）定域子系统能级分布微观状态数的计算

对 $U$、$V$、$N$ 确定的定域子系统，关于定域子系统的介绍请参见 9.1.2 小节，在满足粒子数守恒和能量守恒的条件下$\begin{cases} N = \sum_i n_i \\ U = \sum_i n_i \varepsilon_i \end{cases}$，其中的一种能级分布的能级分布如下，其对应的微观状态数为$\Omega_i$：

$$\varepsilon_0, \varepsilon_1, \varepsilon_2, \varepsilon_3, \varepsilon_4, \cdots, \varepsilon_k$$
$$g_0, g_1, g_2, g_3, g_4, \cdots, g_k$$
$$n_0, n_1, n_2, n_3, n_4, \cdots, n_k$$

因系统中$N$个粒子可分辨，根据排列组合原理式（9.4），$N$个粒子全排列时的分布微观状态数为：$\Omega = N!$。假设某能级$\varepsilon_i$是非简并的，即能级简并度为1。将$N$个粒子排布至各能级时，由于同一能级上各粒子的量子态相同，所以能级$\varepsilon_i$上$n_i$个粒子进行排列时系统不会产生新的微态，即$n_i$个粒子的总排列数$n_i!$只对应系统的同一微态，则如上的一种能级分布微观状态数满足排列组合式（9.6），即：

$$\Omega_i = C_N^{n_1} C_{N-n_1}^{n_2} \cdots = \frac{N!}{n_1!(N-n_1)!} \times \frac{(N-n_1)!}{n_2!(N-n_1-n_2)!} \cdots = \frac{N!}{n_1!n_2!\cdots} = \frac{N!}{\prod_i n_i!}$$

$$\Omega_i = \frac{N!}{\prod_i n_i!} \tag{9.27}$$

以图9.5为例：

$\Omega_1 = \dfrac{N!}{\prod_i n_i!} = \dfrac{3!}{3!} = 1$，$\varepsilon_1$能级上有3个粒子，其它能级上粒子数为0；

$\Omega_2 = \dfrac{N!}{\prod_i n_i!} = \dfrac{3!}{2!1!} = 3$，$\varepsilon_0$能级上有2个粒子，$\varepsilon_3$能级上粒子数为1；

$\Omega_3 = \dfrac{N!}{\prod_i n_i!} = \dfrac{3!}{1!1!1!} = 6$，$\varepsilon_0$能级上有2个粒子，$\varepsilon_1$能级上粒子数为1，$\varepsilon_2$能级上粒子数为1。

考虑到各种微态分布的情况，则系统的总微观状态数为：

$$\Omega = \sum_{\substack{\sum_i n_i = N \\ \sum_i n_i \varepsilon_i = U}} \Omega_i = \sum_{\substack{\sum_i n_i = N \\ \sum_i n_i \varepsilon_i = U}} \frac{N!}{\prod_i n_i!} \tag{9.28}$$

当每一能级上不止一个量子态，每个量子态上粒子数不限时，即每个能级上,每个粒子有$g_i$种选择，该能级上$n_i$个粒子对应的微观状态数为$\underbrace{g_i g_i g_i \cdots}_{n_i} = g_i^{n_i}$，则每个能级上的微观状态数为$g_i^{n_i}$。

对能级$\varepsilon_i$上$n_i$个粒子进行排列时，若考虑简并的情况，总的微观状态数为：

$$\prod_{i=0}^{k} g_i^{n_i} \tag{9.29}$$

所以总的一种分布的微观状态数为式（9.27）和式（9.29）的乘积：

$$\Omega_i = \frac{N!}{\prod_i n_i!} \prod g_i^{n_i} = N! \prod_{i=0}^{k} \frac{g_i^{n_i}}{n_i!} \tag{9.30}$$

考虑到各种微态分布的情况，则定域子系统的总微观状态数为：

$$\Omega = N!\sum\prod_{i=0}^{k}\frac{g_i^{n_i}}{n_i!} \tag{9.31}$$

（3）离域子系统能级分布微观状态数的计算

对$U$、$V$、$N$确定的离域子系统，关于离域子系统的介绍请参见 9.1.2 小节。在满足 $\begin{cases}N=\sum\limits_i n_i\\ U=\sum\limits_i n_i\varepsilon_i\end{cases}$ 的条件下，其中的一种分布如下：

$$\begin{aligned}&\varepsilon_0,\varepsilon_1,\varepsilon_2,\varepsilon_3,\varepsilon_4,\cdots,\varepsilon_k\\&g_0,g_1,g_2,g_3,g_4,\cdots,g_k\\&n_0,n_1,n_2,n_3,n_4,\cdots,n_k\end{aligned}$$

假设任意 $\varepsilon_i$ 是非简并的，其能级简并度为 $g_i=1$，由于粒子不可分辨，在任意能级上 $n_i$ 个粒子的分布只有一种，所以对每一种能级分布，$\Omega_i=1$。即实现这种分布的可能性只有 1 种。

类似于定域子系统，任一能级 $\varepsilon_i$ 是简并的，其能级简并度为 $g_i\neq 1$，$n_i$ 个粒子在该能级 $g_i$ 个不同量子态上的分布方式，就像 $n_i$ 个相同的球分在 $g_i$ 个盒子中一样，这就是 $n_i$ 个球与隔开它们的 $g_i-1$ 个盒子壁的排列问题，对应排列组合原理式（9.7）。

上述的一种微态分布中各能级的分布数如下：

能级为 $\varepsilon_0$，微观状态数为 $\Omega_0=\dfrac{(n_0-1+g_0)!}{(g_0-1)!n_0!}$；

能级为 $\varepsilon_1$，微观状态数为 $\Omega_1=\dfrac{(n_1-1+g_1)!}{(g_1-1)!n_1!}$；

……

能级为 $\varepsilon_k$，微观状态数为 $\Omega_k=\dfrac{(n_k-1+g_k)!}{(g_k-1)!n_k!}$。

所以一种微态分布中的总微观状态数为上述各项相加：

$$\Omega_i=\prod_{i=0}^{k}\frac{(n_i+g_i-1)!}{n_i!(g_i-1)!} \tag{9.32}$$

展开可得：

$$\begin{aligned}\Omega_i&=\prod_{i=0}^{k}\frac{(n_i+g_i-1)!(n_i+g_i-2)!\cdots(n_i+g_i-n_i)!(g_i-1)!}{n_i!(g_i-1)!}\\&=\prod_{i=0}^{k}\frac{(n_i+g_i-1)!(n_i+g_i-2)!\cdots g_i!}{n_i!}\end{aligned}$$

因为通常情况下 $g_i>>n_i$，当室温时 $\dfrac{g_i}{n_i}\approx 10^5$，所以：

$$\Omega_i\approx\prod_{i=0}^{k}\frac{g_i^{n_i}}{n_i!} \tag{9.33}$$

离域子系统的总微观状态数为：

$$\Omega = \sum \prod_{i=0}^{k} \frac{g_i^{n_i}}{n_i!} \tag{9.34}$$

综上所述，系统总微观状态数 $\Omega$，系统的 $U$、$V$、$N$ 确定时，定域子系统的总微观状态数 $\Omega = N!\sum \prod_{i=0}^{k} \frac{g_i^{n_i}}{n_i!}$，离域子系统总微观状态数 $\Omega = \sum \prod_{i=0}^{k} \frac{g_i^{n_i}}{n_i!}$。

## 9.2.4 热力学概率

热力学概率在本书 2.7 节中已经有所介绍，化学热力学所涉及的熵、焓、自由能等状态函数是宏观唯象的状态函数，一定物质在一定状态下（比如确定了$U$、$V$、$N$后的某气体）的这些宏观状态函数归根结底是由组成它的大量的微观粒子的运动状态所决定的，对微观粒子的运动状态进行描述就要用到所谓的物质结构的知识。

根据结构化学知识，一定物质在一定的宏观状态下（比如确定了$U$、$V$、$N$后的某气体），组成这个宏观系统的各个微粒在满足这些宏观条件的前提下（数学上称满足一定的边界条件），具有数量巨大的不同运动状态（即具有合理存在的很多套量子数或称有很多种微观运动状态），这些数目巨大的不同的微观运动状态，也称作微观状态数目。

某一宏观状态所对应的微观状态数目称为该宏观状态所对应该分布的热力学概率，用 $\Omega_i$ 表示，系统的总微观状态数叫作该系统的热力学概率，用 $\Omega$ 表示。对于有固定体积、能量和组成的宏观热力学平衡状态，组成其分子的能量分布和构型分布还可以有不同的方式而不影响宏观平衡态（即满足数学上称为的边界条件）。

每一种分布都满足$U$、$V$、$N$确定的限制条件，即每一种分布都与某一种宏观态对应，该种分布下有各自不同的微观状态数 $\Omega_i$；而满足$U$、$V$、$N$确定限制条件的分布有多种，系统总的微观状态数 $\Omega$ 等于所有分布中所有微观状态数的总和，即 $\Omega = \sum \Omega_i$。

每一种排列方式就是系统的一个微观状态，某一具体的分布拥有的微观状态数，就是该分布的热力学概率。如图 9.5 中的微观状态数 1、3、6。

定态热力学系统的大量微粒既在空间分布又在运动能级或量子态上分布，系统的热力学概率就是所有分布的热力学概率之和。如图 9.5 中的总态数 10。

因此，热力学概率是一个数目巨大的数学意义上的纯数字。

知道了系统热力学概率 $\Omega$ 的具体数值后，就可以通过著名的 Boltzmann 方程式（2.105）求取系统的熵（$S = k_B \ln \Omega$），进而求取其它宏观热力学函数。

## 9.2.5 等概率原理——统计热力学的基本假定

（1）统计热力学基本假定

对于一个给定系统，满足边界条件的所有可能宏观状态（比如确定了$U$、$V$、$N$后的某气体）的所有微观结构出现概率相等，即等概率假设。

相比于宏观测量时间，微观结构之间变化非常快，可假设在任何宏观可分辨的时间范围内，一个系统可以多次得到所有不同的可能微观结构。对于一个宏观可观测量，如果该可观测量有对应的微观量子参数，那么，这个普适性假定能够从系统可能的微观结构来计算宏观状态该可观测量的平均值。也就是说，宏观可测量的实验值，可能只是其所有可能微观结构中某个相应量子参数的统计平均值。

所以在统计热力学中有一个基本假定：对于（$U,V,N$）确定的系统（宏观状态一定的系统）来说，任何一个可能出现的微观状态都具有相同的数学概率。

即：若系统的总微观状态数为 $\Omega$（即热力学概率数），则其中每一个微观状态出现的概率（$P$）都是 $P=\dfrac{1}{\Omega}$。

若某种分布的微观状态数是 $\Omega_i$，则这种分布的概率（$P_x$）为：$P_x=\dfrac{\Omega_i}{\Omega}$。例如 2.7.1 小节中的举例，以 4 个不同的球在两个盒子中的分布为例，共有 16 种排列组合方式，每一种方式都代表一种微观状态。每种方式出现的数学概率都一样，都等于 1/16，但是就不同的分布来说，它们出现的数学概率却不同，其中均匀分布的概率为 6/16。

等概率的基本假定显然是合理的。没有理由认为在相同的（$U,V,N$）情况下，某一个微观状态出现的机会与其他微观状态不同。当然，科学上的任何假定，其正确与否都要受到实践的检验。而大量的实践已经证明，根据这个热力学假定所导出的结论与实际情况是一致的。

（2）热力学概率与数学概率的关系

本部分内容在 2.7 节中【例 2.4】已经有所体现，热力学概率与数学概率的关系一般有如下几种情况：

① 热力学概率的数学概率定义为系统中某一微观状态与系统的总微观状态数之比，即：$P=\dfrac{1}{\Omega}$，$\sum P=1$。等概率原理是假设每一微观状态出现的概率相等，没有理由认为某一微观状态出现的概率更大，这一假设经过实践验证是完全正确的。

② 统计热力学中更常用的数学概率是，某一分布的热力学概率与系统的热力学概率之比，即：$P_i=\dfrac{\Omega_i}{\Omega}$，$\sum P_i=1$。

③ 前述例子中已经说明各种分布的热力学概率中，有一种分布的热力学概率最大，该分布的热力学概率记为 $\Omega_{\max}$，被称为最概然分布的热力学概率。最概然分布的微观状态数最多，可以用它来表示宏观平衡态的物理性质，进行宏观热力学性质的计算。非严格的表述是：最概然分布实质上可以代表一切分布，最概然分布实际上也就是平衡分布。

下面将从系统的微观运动状态描述出发，根据不同系统运用不同的统计方法，求算热力学概率，进而求算热力学宏观状态函数。

### 9.2.6 玻耳兹曼分布公式

（1）玻耳兹曼分布的推导

在 2.7.3 节已经简单介绍了玻耳兹曼因子的相关推导。本部分将以最概然分布时的微观状态数为基础，结合玻耳兹曼方程式（2.105）介绍玻耳兹曼分布。由 9.2.3 节可知，定域子系统的微观状态数为 $\Omega_i=N!\prod\limits_{i=0}^{k}\dfrac{g_i^{n_i}}{n_i!}$；离域子的某一分布的微观状态数为 $\Omega_i=\prod\limits_{i=0}^{k}\dfrac{g_i^{n_i}}{n_i!}$。

又根据 9.2.3 节可知，对（$U,V,N$）确定的宏观平衡系统，并且 $N$ 足够大时（比如 $N\geqslant10^{24}$），平衡系统中存在最概然分布，且 $\dfrac{\ln\Omega_{\max}}{\ln\Omega}\approx1$。根据玻耳兹曼式（2.105），宏观系统与微观系统的联系桥梁是：$S=\ln\Omega$。从而有：$S=\ln\Omega\approx\ln\Omega_{\max}$，当 $N$ 很大时，用 $S=\ln\Omega_{\max}$ 实际取代

$S=\ln\Omega$，称为撷取最大项法。

问题就转变为：在限定条件下（$U,V,N$ 确定的宏观平衡系统，并且 $N$ 足够大），如何求最概然分布 $\Omega_{max}$。

以定域子系统为例，$n_i$ 为各能级上的粒子分布数，$\varepsilon_i$ 为各能级的能量，$N$ 为系统总粒子数，$U$ 为系统的总能，即内能，根据粒子数守恒和能量守恒的条件：

$$N=\sum_i n_i\text{；}\quad U=\sum_i n_i\varepsilon_i \tag{9.35}$$

以及方程式（9.31），求得某一能级分布的粒子分布数 $n_i$ 为多少时，对应微观状态数 $\Omega_i$ 为最大微观状态数 $\Omega_{max}$。

对方程式（9.31）取对数，并对 $\ln n_i!$ 应用斯特林公式（9.12）：

$$\ln n_i!\approx n_i\ln n_i-n_i$$

$$\ln\Omega_i=\ln N!+\sum_i n_i\ln g_i-\sum_i(n_i\ln n_i-n_i)$$

并对 $\ln N!$ 再次应用斯特林公式，得：

$$\begin{aligned}\ln\Omega_i&=N\ln N-N+\sum_i n_i\ln g_i-\sum_i(n_i\ln n_i-n_i)\\&=N\ln N+\sum_i n_i\ln g_i-\sum_i n_i\ln n_i\end{aligned} \tag{9.36}$$

当 $\Omega_i$ 取最大值 $\Omega_{max}$ 时，$\ln\Omega_i$ 也会相应地取最大值 $\ln\Omega_{max}$，即：

$$\ln\Omega_i=N\ln N+\sum_i n_i\ln g_i-\sum_i n_i\ln n_i \tag{9.37}$$

由方程式（9.35）可得，满足最概然分布的系统中必须遵守下列条件：

$$\sum n_i-N=0 \tag{9.38}$$

$$\sum n_i\varepsilon_i-U=0 \tag{9.39}$$

因此，需要在附加条件式（9.38）和式（9.39）限制下，求得方程式（9.37）中 $\ln\Omega_i$ 的极值。这种方法在数学上称为“拉格朗日（Lagrange）乘因子法”。其主要做法是：首先，将每个限制条件乘以一个常数，再加入主变量方程中；其次，将所有变量当作独立变量进行处理；最后确定第一步所乘的常数。

因此，对于主变量方程式（9.37）利用拉格朗日乘因子法，结合限制条件式（9.38）和式（9.39）构造新函数 $F$：

$$F=N\ln N+\sum_i n_i\ln g_i-\sum_i n_i\ln n_i+\gamma\left(\sum n_i\right)+\beta\left(\sum n_i\varepsilon_i\right)$$

合并后，可得：

$$F=N\ln N+\sum_i n_i\left(1+\ln\frac{g_i}{n_i}\right)+\gamma\left(\sum n_i\right)+\beta\left(\sum n_i\varepsilon_i\right) \tag{9.40}$$

显然，当 $\dfrac{\partial F}{\partial n_i}=0$，$\ln\Omega_i$ 取最大值 $\ln\Omega_{max}$，对于式（9.40）中第一项：

$$\frac{\partial(N\ln N)}{\partial n_i}=\frac{\partial N}{\partial n_i}\ln N+N\frac{\partial(\ln N)}{\partial n_i} \tag{9.41}$$

且 $\dfrac{\partial N}{\partial n_i}=\dfrac{\partial(\sum\limits_i n_i)}{\partial n_i}$，因为无论 $i$ 的值如何，$n_i$ 只是 $\sum\limits_i n_i$ 其中的一项，

所以
$$\frac{\partial N}{\partial n_i}=\frac{\partial(\sum\limits_i n_i)}{\partial n_i}=1 \tag{9.42}$$

而式（9.41）中的第二项：

$$\frac{\partial(\ln N)}{\partial n_i}=\frac{1}{N}\times\frac{\partial N}{\partial n_i} \tag{9.43}$$

联立式（9.42）、式（9.43）等价于 $\dfrac{\partial(\ln N)}{\partial n_i}=\dfrac{1}{N}$

故式（9.41）等价于：

$$\frac{\partial(N\ln N)}{\partial n_i}=\ln N+1 \tag{9.44}$$

对式（9.40）中第二项进行微分得：

$$\frac{\partial\left[\sum\limits_i n_i\left(1+\ln\dfrac{g_i}{n_i}\right)\right]}{\partial n_i}=\frac{\partial\left[\sum\limits_i n_i\ln\dfrac{g_i}{n_i}\right]}{\partial n_i}$$

$$=\sum_i\left[\frac{\partial n_i}{\partial n_i}\ln\frac{g_i}{n_i}+n_i\frac{\partial\left(\ln\dfrac{g_i}{n_i}\right)}{\partial n_i}\right]=\sum_i\left[\ln\frac{g_i}{n_i}+\frac{n_i^{\ 2}}{g_i}\frac{\partial\left(\dfrac{g_i}{n_i}\right)}{\partial n_i}\right]$$

即
$$\frac{\partial\left[\sum\limits_i n_i\left(1+\ln\dfrac{g_i}{n_i}\right)\right]}{\partial n_i}=\sum_i\left[\ln\frac{g_i}{n_i}-\frac{n_i^{\ 2}}{g_i}\left(\frac{g_i}{n_i^{\ 2}}\right)\right]=\sum_i\left(\ln\frac{g_i}{n_i}-1\right) \tag{9.45}$$

对于式（9.40）中第三、四项进行微分得：

$$\frac{\partial\left[\gamma(\sum n_i)+\beta(\sum n_i\varepsilon_i)\right]}{\partial n_i}=\gamma+\beta\varepsilon_i \tag{9.46}$$

联立式（9.44）～式（9.46）得：

$$\frac{\partial F}{\partial n_i}=\ln N+1+\sum_i\left(\ln\frac{g_i}{n_i}-1\right)+\gamma+\beta\varepsilon_i=0 \tag{9.47}$$

由于所有变量均可视为独立变量，因此式（9.47）对于任意能级 $i$ 均成立，可等价为：

$$\frac{\mathrm{d}F}{\mathrm{d}n_i}=(\ln N+1+\gamma)+\ln\frac{g_i}{n_i}-1+\beta\varepsilon_i=0 \tag{9.48}$$

令：$\alpha=\ln N+1+\gamma$

则 $$\frac{\partial F}{\partial n_i} = \ln\frac{g_i}{n_i} + \alpha + \beta\varepsilon_i = 0 \tag{9.49}$$

即 $\frac{g_i}{n_i} = \mathrm{e}^{-\alpha-\beta\varepsilon_i}$，则：

$$n_i = g_i \mathrm{e}^{\alpha+\beta\varepsilon_i} \tag{9.50}$$

此时的分布为最概然分布，对应的微观状态数 $\Omega_i$ 为最大微观状态数 $\Omega_{\max}$，记最概然分布的粒子分布数 $n_i$ 为 $n_i^*$，即：

$$n_i^* = g_i \mathrm{e}^{\alpha+\beta\varepsilon_i} \tag{9.51}$$

按照拉格朗日（Lagrange）乘因子法，需要进一步确定式（9.51）中的常数，因此首先求解$\alpha$:

$$\sum n_i^* = \sum g_i \mathrm{e}^{\alpha+\beta\varepsilon_i} = \mathrm{e}^{\alpha}\sum g_i \mathrm{e}^{\beta\varepsilon_i} = N$$

所以 $$\mathrm{e}^{\alpha} = \frac{N}{\sum g_i \mathrm{e}^{\beta\varepsilon_i}} \tag{9.52}$$

对式（9.50）两侧取对数，得$\alpha$的值：

$$\alpha = \ln N - \sum \ln g_i \mathrm{e}^{\beta\varepsilon_i} \tag{9.53}$$

代入式（9.51）得：

$$n_i^* = g_i \mathrm{e}^{\alpha+\beta\varepsilon_i} = g_i \frac{N\mathrm{e}^{\beta\varepsilon_i}}{\sum g_i \mathrm{e}^{\beta\varepsilon_i}} = \frac{N\mathrm{e}^{\beta\varepsilon_i}}{\sum \mathrm{e}^{\beta\varepsilon_i}} \tag{9.54}$$

继续求解$\beta$:

已知玻耳兹曼关系式：

$$S = k_{\mathrm{B}} \ln \Omega = k_{\mathrm{B}} \ln \Omega_{\max}$$

根据式（9.31）可得定域子系统的最概然分布下的微观状态数满足：

$$\Omega_{\max} = N!\prod_{i=0}^{k} \frac{g_i^{n_i}}{n_i^*!}$$

即 $$\ln \Omega_{\max} = N\ln N + \sum_i n_i^* \ln g_i - \sum_i n_i^* \ln n_i^*$$

以及最概然粒子分布数式：

$$n_i^* = g_i \mathrm{e}^{\alpha+\beta\varepsilon_i}$$

联合以上公式解得：

$$\begin{aligned} S &= k_{\mathrm{B}} \ln \Omega_{\max} = k_{\mathrm{B}}[N\ln N + \sum n_i^*(\ln g_i - \ln n_i^*)] \\ &= k_{\mathrm{B}}[N\ln N + \sum n_i^*(\ln g_i - \ln g_i \mathrm{e}^{\alpha+\beta\varepsilon_i})] \\ &= k_{\mathrm{B}}[N\ln N - \sum n_i^*(\alpha + \beta\varepsilon_i)] = k_{\mathrm{B}}[N\ln N - \sum \alpha n_i^* - \sum \beta n_i^* \varepsilon_i] \end{aligned} \tag{9.55}$$

同时需满足粒子数守恒和能量守恒的条件：$\sum n_i^* = N$，$\sum n_i^* \varepsilon_i = U$。代入式（9.55）解得：

$$S = k_{\mathrm{B}}(N\ln N - \alpha N - \beta U) \tag{9.56}$$

把式（9.53）代入式（9.56）解得：

$$S = k_{\mathrm{B}} N \ln \sum g_i \mathrm{e}^{\beta\varepsilon_i} - k_{\mathrm{B}}\beta U \tag{9.57}$$

因此 $S$ 可视为 $N$、$U$、$\beta$ 的函数：$S = S(N,U,\beta)$

根据前文假设的限定条件 $U$、$V$、$N$ 一定的宏观系统：

$$S = S(N,U,V)$$

根据不同条件下的相同响应关系式（1.87），可求得 $\left(\dfrac{\partial S}{\partial U}\right)_{V,N}$ 与 $\left(\dfrac{\partial S}{\partial U}\right)_{\beta,N}$ 之间的关系：

$$\left(\frac{\partial S}{\partial U}\right)_{V,N} = \left(\frac{\partial S}{\partial U}\right)_{\beta,N} + \left(\frac{\partial S}{\partial \beta}\right)_{U,N}\left(\frac{\partial \beta}{\partial U}\right)_{V,N}$$

联立式（9.57）得：

$$\left(\frac{\partial S}{\partial U}\right)_{V,N} = -k_{\mathrm{B}}\beta + k_{\mathrm{B}}\left[\frac{\partial}{\partial\beta}\left(N\ln\sum g_i \mathrm{e}^{\beta\varepsilon_i}\right) - \beta U\right]_{U,N}\left(\frac{\partial \beta}{\partial U}\right)_{V,N} \tag{9.58}$$

可以证明上式中方括号内值等于零，故而得：

$$\left(\frac{\partial S}{\partial U}\right)_{V,N} = -k_{\mathrm{B}}\beta \tag{9.59}$$

由热力学基本方程 $\mathrm{d}U = T\mathrm{d}S - p\mathrm{d}V$ 得，给定系统中 $\left(\dfrac{\partial S}{\partial U}\right)_{V,N} = \dfrac{1}{T}$，所以求得乘因子 $\beta$ 的值：

$$\beta = -\frac{1}{k_{\mathrm{B}}T} \tag{9.60}$$

将 $\alpha$ 和 $\beta$ 的值代入最概然分布式（9.51），并联立式（9.52），可得最概然分布为：

$$n_i^* = g_i \mathrm{e}^{\alpha+\beta\varepsilon_i} = g_i \frac{N}{\sum g_i \mathrm{e}^{\beta\varepsilon_i}} \mathrm{e}^{-\frac{\varepsilon_i}{k_{\mathrm{B}}T}} = g_i \frac{N}{\sum g_i \mathrm{e}^{-\frac{\varepsilon_i}{k_{\mathrm{B}}T}}} \mathrm{e}^{-\frac{\varepsilon_i}{k_{\mathrm{B}}T}} = N g_i \frac{\mathrm{e}^{-\frac{\varepsilon_i}{k_{\mathrm{B}}T}}}{\sum g_i \mathrm{e}^{-\frac{\varepsilon_i}{k_{\mathrm{B}}T}}}$$

该分布式即玻耳兹曼分布：

$$n_i^* = N g_i \frac{\mathrm{e}^{-\frac{\varepsilon_i}{k_{\mathrm{B}}T}}}{\sum g_i \mathrm{e}^{-\frac{\varepsilon_i}{k_{\mathrm{B}}T}}} \tag{9.61}$$

式中，$n_i$ 为各能级上的粒子分布数；$\varepsilon_i$ 为各能级的能量，$g_i$ 为各能级的简并度。

（2）配分函数

根据式（9.61），令：

$$q = \sum g_i \mathrm{e}^{-\frac{\varepsilon_i}{k_{\mathrm{B}}T}}$$

$q$ 定义为配分函数，配分函数是量纲为一的量；$e^{-\frac{\varepsilon_i}{k_B T}}$ 称作玻耳兹曼因子。

将配分函数的定义代入式（9.61），最概然分布可表示为：

$$n_i^* = \frac{N}{q} g_i e^{-\frac{\varepsilon_i}{k_B T}}$$

上式即为有简并度时定域子系统的玻耳兹曼分布公式，可以证明定域子系统与离域子系统，最概然的分布公式是相同的。

无简并度时，式（9.61）～式（9.63）中少了简并度 $g_i$，此时配分函数 $q^{\#}$为：

$$q^{\#} = \sum e^{-\frac{\varepsilon_i}{k_B T}} \tag{9.62}$$

玻耳兹曼分布为：

$$n_i^* = \frac{N}{q^{\#}} e^{-\frac{\varepsilon_i}{k_B T}} \tag{9.63}$$

玻耳兹曼分布公式的其它形式：

$$\frac{N_i^*}{N_j^*} = \frac{g_i e^{-\frac{\varepsilon_i}{k_B T}}}{g_j e^{-\frac{\varepsilon_j}{k_B T}}}, \quad \frac{N_i^*}{N} = \frac{g_i e^{-\frac{\varepsilon_i}{k_B T}}}{q} \tag{9.64}$$

① 根据定义，配分函数 $q$ 的物理意义是：一个微观粒子的有效量子态之和。式（9.64）中，$\frac{N_i^*}{N_j^*}$ 表示最概然分布时，任意两个能级上的粒子数之比；$\frac{N_i^*}{N}$ 表示最概然分布时，某一能级上的粒子数与所有能级上粒子数总和之比。

② $q$ 是无量纲的微观量，可由分子性质算出。对（$U,V,N$）确定的系统有定值，通常记作：$q = q(T,V,N)$。

③ $q$ 的重要作用是联系微观性质与宏观热力学函数性质的真正桥梁，即 $q$ 作为微观量，对应最概然分布的微观状态数 $\Omega_{\max}$，从“最概然分布的微观状态数最多，可以用它来表示宏观平衡态的物理性质”的角度而言，借助玻耳兹曼方程式（2.105），配分函数在微观和宏观之间架起了一座桥梁：

$$q(\text{微观}) \sim \Omega_{\max} \sim \ln\Omega_{\max} \sim \ln\Omega \Leftrightarrow S = k_B \ln\Omega\,(\text{宏观}) \tag{9.65}$$

## 9.3 玻色-爱因斯坦统计和费米-狄拉克统计

在推导 Boltzmann 统计时，曾假设在能级的任一量子状态上可以容纳任意个数的粒子，而根据量子力学的原理说明这一假设是不完全正确的。已知基本粒子如电子、质子、中子和由奇数个基本粒子（如夸克等）组成的原子和分子，它们必须遵守泡利（Pauli）不相容原理，即每一个量子状态最多只能容纳一个粒子。

自旋为整数的粒子，波函数是对称的，这种粒子叫作玻色子，比如光子；自旋为半整数的粒子，波函数是反对称的，这种粒子叫作费米子，比如电子。其中，波函数反对称性是泡利不相容原理的要求，即：不可能有两个（或更多个）粒子同时处在同一量子态。由此可见，费米子遵守泡利不相容原理，而玻色子则不然。作为对比，把三种统计粒子的主要性质总结如下：

玻耳兹曼统计由可分辨的全同近独立粒子组成，且处在一个个体量子态上的粒子数不受限制的系统。

玻耳兹曼统计按粒子运动情况不同，可分为：

① 定域子系统，或称为可辨粒子系统。定域子系统粒子是可以区分的（固体），例如，在晶体中，粒子在固定的晶格位置上做振动，每个位置可以想象给予编号而加以区分，所以定位系统的微观态数是很大的。

② 离域子系统，或称为等同粒子系统。离域子系统粒子是不可区分的（气体、液体）。例如，气体的分子，总是处于混乱运动之中，彼此无法分辨，所以气体是非定位系统，它的微观状态数在粒子数相同的情况下要比定位系统少得多。

玻耳兹曼统计按粒子间相互作用情况不同，可分为：

① 独立子系统：粒子之间除弹性碰撞之外，无其它相互作用（如理想气体）。

② 非独立子系统：也称为相依（倚）子系统。即粒子之间存在相互作用（实际气体、液体、固体）。

本章只讨论独立子系统。9.2 节已经分别讨论了独立定域子系统和独立离域子系统的玻耳兹曼统计。

对于不同的粒子，当由它们组成离域子系统时，便产生了三种不同的量子统计法。由费米子所组成的离域子系统服从费米-狄拉克统计，而由玻色子所组成的离域子系统，则服从玻色-爱因斯坦统计，它们与玻耳兹曼统计略有差异。本节将简单讨论一下独立子系统费米子的费米-狄拉克（Fermi-Dirac）统计和玻色子的玻色-爱因斯坦（Bose-Einstein）统计。

### 9.3.1 玻色-爱因斯坦统计和费米-狄拉克统计的热力学概率

费米-狄拉克统计粒子不可分辨，每个个体量子态上最多能容纳一个粒子（费米子遵从泡利原理）。

玻色-爱因斯坦统计玻色子系统粒子不可分辨，每个量子态上的粒子数不限（即不受泡利原理限制）。

为了讨论费米-狄拉克统计和玻色-爱因斯坦统计，在玻耳兹曼统计的基础上，举例说明三种统计的关系。

为了更加清楚明白三种统计的关系，首先明确几个概念。

① 全同粒子系统：就是由具有完全相同属性（相同的质量、自旋、电荷等）的同类粒子所组成的系统，如自由电子气体。在经典力学中，对同类粒子，即使其物理性质相同，也能根据粒子的轨迹来追踪、辨认它们。但在量子力学中，由于物质的量子属性，依靠跟踪其轨迹的办法来辨认同类粒子已经不可能。全同粒子的这种完全不可分辨性在研究由同类粒子组成的系统（全同粒子系统）时有着重要的意义。

② 粒子的全同性：全同粒子的不可区分性，在量子力学中称为全同性原理。在经典力学中，即使是全同粒子，也总是可以区分的。因为我们总可以从粒子运动的不同轨道来区分不同的粒子。比如说给粒子编号，根据粒子的编号来追踪各个粒子的运动情况。

而在量子力学中由于波粒二象性，和每个粒子相联系的总有一个波。随着时间的变化，波在传播过程中总会出现重叠，在两个波重叠在一起的区域，无法区分哪一个是第一个粒子的波，哪一个是第二个粒子的波。因此全同粒子在量子力学中是不可区分的。我们不能说哪个是第一个粒子，哪个是第二个粒子。

全同粒子系统的全同性导致交换任意两个粒子所得到的量子态都是相同的，但全同粒子系统的哈密顿算符具有交换对称性[1]，全同粒子组成的系统的状态只能用交换对称或交换反对称的波函数描述。这种性质称为全同粒子系统波函数的交换对称性。即在全同粒子系统中，交换两个粒子的运动状态，则系统的力学运动状态不同。

③ 独立粒子系统：粒子之间的相互作用很弱，相互作用的平均能量远小于单个粒子的平均能量，因而可以忽略粒子之间的相互作用。将整个系统的能量表达为单个粒子的能量之和。即满足 $\sum n_i = N$，$\sum n_i \varepsilon_i = U$ 的限制条件。

④ 粒子状态是分离的。粒子所处的状态叫量子态（单粒子态）。量子态是用一组量子数表征（如自由粒子 $n_x$、$n_y$、$n_z$）的，同量子态的量子数取值不同。量子力学描述单粒子的状态指的是确定单粒子的量子态，对于 $N$ 个粒子的系统，就是确定各个量子态上的粒子数。

独立粒子系统定位于玻耳兹曼统计，指的是由可分辨的全同近独立粒子组成，且处在某一个具体的个体量子态上的粒子数是不受限制的系统。对于满足玻耳兹曼分布的粒子，确定了每个粒子所处的量子态，就确定了系统的一个微观状态。对于由不可分辨的费米子和玻色子组成的全同粒子系统，必须考虑全同性原理。对于费米子和玻色子，确定了每个量子态上的粒子数就确定了系统的微观状态。

【例 9.2】设系统由 A、B 两个粒子组成（定域子系统）。粒子的个体量子态有 3 个，讨论系统有哪些可能的微观状态？

**表 9.3 独立粒子定位玻耳兹曼统计**

| 量子态 | 1 | 2 | 3 | 4 | 5 | 6 | 7 | 8 | 9 |
|---|---|---|---|---|---|---|---|---|---|
| 量子态 1 | AB | | | A | B | A | B | | |
| 量子态 2 | | AB | | B | A | | | A | B |
| 量子态 3 | | | AB | | | B | A | B | A |

根据表 9.3，对于独立粒子定域系统的玻耳兹曼统计，两个玻耳兹曼粒子占据 3 个量子态可有 9 种不同的微观状态。

对于费米子和玻色子，该例子中的粒子将变为（A＝B），粒子不可分辨。玻色子的情况如表 9.4 所示。

**表 9.4 独立粒子的玻色子统计**

| 量子态 | 1 | 2 | 3 | 4 | 5 | 6 |
|---|---|---|---|---|---|---|
| 量子态 1 | AA | | | A | A | |
| 量子态 2 | | AA | | A | | A |
| 量子态 3 | | | AA | | A | A |

所以，两个玻色子占据 3 个量子态有 6 种方式。

费米子的情况则如表 9.5 所示。

---

[1] 实验表明，全同粒子体系波函数的交换对称性与粒子的自旋有确定关系。若记 $\Psi(q_1,\cdots,q_i,\cdots,q_j,\cdots,q_N)$ 为 $N$ 个全同粒子所组成系统的波函数，交换第 $i$ 个和第 $j$ 个粒子后波函数为 $\Psi(q_1,\cdots,q_j,\cdots,q_i,\cdots,q_N)$，根据实验的结果，应有式中 $\lambda$ 为一常数，再将它们交换一次又有：$\Psi(q_1,\cdots,q_j,\cdots,q_i,\cdots,q_N)=\pm\Psi(q_1,\cdots,q_i,\cdots,q_j,\cdots,q_N)$。

**表 9.5　独粒子的费米子统计**

| 量子态 | 1 | 2 | 3 |
|---|---|---|---|
| 量子态 1 | A | A | |
| 量子态 2 | A | | A |
| 量子态 3 | | A | A |

所以，两个费米子占据 3 个量子态有 3 种方式。

从以上例子可以看出，对于不同统计性质的系统，即使它们有相同的粒子数、相同的量子态，系统包含的微观状态数也是不同的。

上例仅为两个粒子组成的系统、三个量子态。对于大量微观粒子组成的实际系统，其微观状态数目是大量的。

分属玻耳兹曼系统、玻色系统和费米系统的两个粒子占据三个量子态给出的微观状态。

设有在（$U$、$V$、$N$）一定的条件下所构成的系统，其中每个粒子可能具有的能级是 $\varepsilon_0,\varepsilon_1,\varepsilon_2,\varepsilon_3,\varepsilon_4,\cdots,\varepsilon_k$；各能级的简并度相应为 $g_0,g_1,g_2,g_3,g_4,\cdots,g_k$；一种分布在各能级的粒子数为 $n_0,n_1,n_2,n_3,n_4,\cdots,n_k$；即：

$$\varepsilon_0,\varepsilon_1,\varepsilon_2,\varepsilon_3,\varepsilon_4,\cdots,\varepsilon_k$$
$$g_0,g_1,g_2,g_3,g_4,\cdots,g_k$$
$$n_0,n_1,n_2,n_3,n_4,\cdots,n_k$$

① 在 9.2.3 小节已经分析过：

如上分布的定域子玻耳兹曼系统的总微观状态数为 $\Omega = N!\sum\prod_{i=0}^{k}\frac{g_i^{n_i}}{n_i!}$；

如上分布的离域子玻耳兹曼系统的总微观状态数为 $\Omega = \sum\prod_{i=0}^{k}\frac{g_i^{n_i}}{n_i!}$。

② 对于玻色子系统，粒子不可分辨（若是定域玻色子或费米子，则人为地变为可分辨，本节讨论的是离域玻色子或费米子的情况），交换任意一对粒子不改变系统的微观态。每个量子态上的粒子数不受限制。首先考虑其中任一能级 $\varepsilon_i$ 的情况。可将 $n_i$ 个粒子看成 $n_i$ 个不可区分的球，把简并度 $g_i$ 看成是 $g_i$ 个房间，于是分布问题就成为把球往房间里放的问题。$g_i$ 个房间有 $g_i-1$ 个隔板。现在把 $n_i$ 个球和 $g_i-1$ 个隔板合在一起，看成是 $n_i+g_i-1$ 种不同的球做全排列，又由于 $n_i$ 个球互调和 $g_i-1$ 个隔板互调不产生新的微观状态数，所以把 $\varepsilon_i$ 能级上的 $n_i$ 个球分布在 $g_i$ 个简并度上的方式数为 $\frac{(n_i+g_i-1)!}{n_i!(g_i-1)!}$，所以某种离域玻色子系统的微态分布中的微观状态数为：

$$\Omega_i = \prod_{i=0}^{k}\frac{(n_i+g_i-1)!}{n_i!(g_i-1)!} \tag{9.66}$$

系统的总微观状态数：

$$\Omega = \sum\prod_{i=0}^{k}\frac{(n_i+g_i-1)!}{n_i!(g_i-1)!} \tag{9.67}$$

式（9.66）和式（9.67）为离域玻色子系统的玻色-爱因斯坦统计方式。

③ 费米-狄拉克统计。费米-狄拉克统计和玻色-爱因斯坦统计不同之处在于每一个量子

态上最多只能容纳一个粒子。对于能级 $\varepsilon_i$ 上的 $n_i$ 个粒子在其简并度 $g_i$ 上的分布问题，就相当于从 $g_i$ 个盒子中取出 $n_i$ 个盒子，然后在取出的盒子中每一个盒子放一个粒子，而没有被取出的盒子则空着没有粒子。根据排列组合的公式：$A_{g_i}^{n_i}=\dfrac{g_i!}{n_i!(g_i-n_i)!}$，于是对于离域费米子系统的一种分布方式来说，其微观状态数为：

$$\Omega_i=\prod_{i=0}^{k}\frac{g_i!}{n_i!(g_i-n_i)!} \tag{9.68}$$

系统的总微观状态数：

$$\Omega=\sum\prod_{i=0}^{k}\frac{g_i!}{n_i!(g_i-n_i)!} \tag{9.69}$$

式（9.68）和式（9.69）为离域费米子系统的费米-狄拉克统计方式。

为了便于比较，把三种不同统计方式的分布情况如表 9.6 所示。

表 9.6　三种分布的热力学概率

| 统计方式 | | 一种分布的微观状态数（分布的热力学概率 $W$） | 总微观状态数（系统的热力学概率 $\Omega$） |
|---|---|---|---|
| 玻耳兹曼统计 | 定域子 | $N!\prod_{i=0}^{k}\frac{g_i^{n_i}}{n_i!}$ | $N!\sum\prod_{i=0}^{k}\frac{g_i^{n_i}}{n_i!}$ |
| | 离域子（$g_i>>n_i$） | $\prod_{i=0}^{k}\frac{g_i^{n_i}}{n_i!}$ | $\sum\prod_{i=0}^{k}\frac{g_i^{n_i}}{n_i!}$ |
| 离域玻色子<br>玻色-爱因斯坦统计 | | $\prod_{i=0}^{k}\frac{(n_i+g_i-1)!}{n_i!(g_i-1)!}$ | $\sum\prod_{i=0}^{k}\frac{(n_i+g_i-1)!}{n_i!(g_i-1)!}$ |
| 离域费米子<br>费米-狄拉克统计 | | $\prod_{i=0}^{k}\frac{g_i!}{n_i!(g_i-n_i)!}$ | $\sum\prod_{i=0}^{k}\frac{g_i!}{n_i!(g_i-n_i)!}$ |

三种系统的分布情况的相互关系分析如下：

统计热力学中，把① $g_i>>n_i$，即 $\dfrac{g_i}{n_i}>>1$；② $g_i>>1$；③ $n_i>>1$ 等称为热力学极限条件或经典极限条件。这是概率法在数学上的严重缺点，但是统计热力学中最后推导的分布公式是正确的。

应用以上极限条件离域子玻色-爱因斯坦统计：

$$\prod_{i=0}^{k}\frac{(n_i+g_i-1)!}{n_i!(g_i-1)!}=\prod_{i=0}^{k}\frac{g_i^{n_i}}{n_i!}$$

记为：$\Omega_{i,\text{B-E}}=\prod_{i=0}^{k}\dfrac{g_i^{n_i}}{n_i!}$，$\Omega_{\text{B-E}}=\sum\prod_{i=0}^{k}\dfrac{g_i^{n_i}}{n_i!}$。

对于离域子费米-狄拉克统计：

$$\prod_{i=0}^{k}\frac{g_i!}{n_i!(g_i-n_i)!}=\prod_{i=0}^{k}\frac{g_i(g_i-1)(g_i-2)\cdots(g_i-n_i+1)(g_i-n_i)}{n_i!(g_i-n_i)!}=\prod_{i=0}^{k}\frac{g_i^{n_i}}{n_i!}$$

记为：$\Omega_{i,\text{F-D}}=\prod_{i=0}^{k}\dfrac{g_i^{n_i}}{n_i!}$，$\Omega_{\text{F-D}}=\sum\prod_{i=0}^{k}\dfrac{g_i^{n_i}}{n_i!}$。

从以上分析可以看出，热力学极限条件下，定域子系统的三种分布公式相同。

### 9.3.2 玻色-爱因斯坦统计和费米-狄拉克统计的最概然分布

包含微观状态数目最大的分布出现的概率最大，是系统的最概然分布。类似玻耳兹曼分布的推导方法，使用拉格朗日乘因子法求极值。推导过程中，利用条件：$n_i+g_i-1>>1$；$g_i-1>>1$；$n_i+g_i-1\approx n_i+g_i$；$(g_i-1)\approx g_i$；但是没有提前使用热力学极限条件 $g_i>>n_i$。详细推导过程可以参照玻耳兹曼最概然分布的推导或相关专著，所得结果如下：

离域子系统的费米-狄拉克统计：

$$n_i^*=\frac{g_i}{e^{-\alpha-\beta\varepsilon_i}+1} \tag{9.70}$$

离域子系统的玻色-爱因斯坦统计：

$$n_i^*=\frac{g_i}{e^{-\alpha-\beta\varepsilon_i}-1} \tag{9.71}$$

对比离域子系统的玻耳兹曼统计式（9.27）：$n_i^*=g_i e^{\alpha+\beta\varepsilon_i}=\dfrac{g_i}{e^{-\alpha-\beta\varepsilon_i}}$，可以证明，应用热力学极限条件 $g_i>>n_i$ 后，$e^{-\alpha-\beta\varepsilon_i}-1\approx e^{-\alpha-\beta\varepsilon_i}+1\approx e^{-\alpha-\beta\varepsilon_i}$，玻色-爱因斯坦统计和费米-狄拉克统计就还原为经典的玻耳兹曼统计了。实验事实也表明当温度不太低或压力不太高时，上述条件容易满足。因此，在实验观测的范围内，一般采用玻耳兹曼统计就能解决问题。只有在特殊情况下才考虑其他两种统计（例如，金属和半导体中的电子分布遵守费米-狄拉克统计，空腔辐射的频率分布问题遵守玻色-爱因斯坦统计等），故在本章后续内容中只讨论玻耳兹曼统计。

## 9.4 配分函数的计算

### 9.4.1 配分函数的析因子性质

9.2 节已经证明，对于玻耳兹曼分布，最概然分布的粒子分布公式为：$n_i^*=\dfrac{N}{q}g_i e^{-\frac{\varepsilon_i}{k_B T}}$，其中，$q=\sum g_i e^{-\frac{\varepsilon_i}{k_B T}}$，为考虑简并时按能级求和的配分函数；不考虑能级简并时，$q=\sum e^{-\frac{\varepsilon_i}{k_B T}}$，为按量子态（粒子态）求和的配分函数，都是粒子具体微观运动状态的求和，统称为状态和。玻耳兹曼分布用以描述经典粒子的最概然分布。配分函数 $q$ 是对系统中一个粒子的所有可能状态的玻耳兹曼因子求和，因此又称为状态和。由于是独立粒子系统，任何粒子不受其他粒子存在的影响，所以 $q$ 这个量是属于一个粒子的，与其余粒子无关，故称之为粒子的配分函数，简称为配分函数。

一个分子的能量可以认为是由分子的外部整体运动的能量即平均能（$\varepsilon_t$）以及分子内部运动的能量之和。分子内部的能量包括转动能（$\varepsilon_r$）、振动能（$\varepsilon_v$）、电子的能量（$\varepsilon_e$）以及核运动的能量（$\varepsilon_n$），各能量可看作独立无关。分子处于某能级的总能量等于各种能量之和，即：

$$\varepsilon_i=\varepsilon_{i,外}+\varepsilon_{i,内}=\varepsilon_{t,i}+\varepsilon_{r,i}+\varepsilon_{v,i}+\varepsilon_{e,i}+\varepsilon_{n,i}$$

这几个能级的大小次序是：$\varepsilon_{t,i}<\varepsilon_{r,i}<\varepsilon_{v,i}<<\varepsilon_{e,i}<<\varepsilon_{n,i}$。

平动能的能级为：$\varepsilon_{\mathrm{t}} \approx 4.2\times10^{-21}\ \mathrm{J\cdot mol^{-1}}$。

转动能的能级为：$\varepsilon_{\mathrm{r}} \approx 42\sim420\mathrm{J\cdot mol^{-1}}$。

振动能的能级为：$\varepsilon_{\mathrm{v}} \approx 4.2\sim42\mathrm{kJ\cdot mol^{-1}}$。

电子的能量（$\varepsilon_{\mathrm{e}}$）以及核运动的能量（$\varepsilon_{\mathrm{n}}$）则更高。分子的总能量等于各种能量之和，不同的能量还具有不同的简并度，即：

$$g_{i,\mathrm{t}},\ g_{i,\mathrm{r}},\ g_{i,\mathrm{v}},\ g_{i,\mathrm{e}},\ g_{i,\mathrm{n}}$$

当总能量为 $\varepsilon_i$ 时，总简并度等于各种能量简并度的乘积，即：

$$g_i = g_{i,\text{外}} g_{i,\text{内}} = g_{i,\mathrm{t}} g_{i,\mathrm{r}} g_{i,\mathrm{v}} g_{i,\mathrm{e}} g_{i,\mathrm{n}}$$

根据配分函数的定义将 $\varepsilon_i$ 和 $g_i$ 的表达式代入，得：

$$q = \sum_i g_i \exp\left(-\frac{\varepsilon_i}{k_{\mathrm{B}}T}\right) = \sum_i g_{i,\mathrm{t}} g_{i,\mathrm{r}} g_{i,\mathrm{v}} g_{i,\mathrm{e}} g_{i,\mathrm{n}} \exp\left(-\frac{\varepsilon_{i,\mathrm{t}} + \varepsilon_{i,\mathrm{r}} + \varepsilon_{i,\mathrm{v}} + \varepsilon_{i,\mathrm{e}} + \varepsilon_{i,\mathrm{n}}}{k_{\mathrm{B}}T}\right)$$

从数学上可以证明，几个独立变数乘积之和等于各自求和的乘积，于是上式可写作：

$$q = \left[\sum_i g_{i,\mathrm{t}} \exp\left(\frac{-\varepsilon_{i,\mathrm{t}}}{k_{\mathrm{B}}T}\right)\right]\left[\sum_i g_{i,\mathrm{r}} \exp\left(-\frac{\varepsilon_{i,\mathrm{r}}}{k_{\mathrm{B}}T}\right)\right]\left[\sum_i g_{i,\mathrm{v}} \exp\left(\frac{-\varepsilon_{i,\mathrm{v}}}{k_{\mathrm{B}}T}\right)\right]\left[\sum_i g_{i,\mathrm{e}} \exp\left(-\frac{\varepsilon_{i,\mathrm{e}}}{k_{\mathrm{B}}T}\right)\right]$$
$$\left[\sum_i g_{i,\mathrm{n}} \exp\left(\frac{-\varepsilon_{i,\mathrm{n}}}{k_{\mathrm{B}}T}\right)\right] = q_{\mathrm{t}} q_{\mathrm{r}} q_{\mathrm{v}} q_{\mathrm{e}} q_{\mathrm{n}}$$

即

$$q = q_{\mathrm{t}} q_{\mathrm{r}} q_{\mathrm{v}} q_{\mathrm{e}} q_{\mathrm{n}} \tag{9.72}$$

式（9.72）称作配分函数的析因子性质。

析因子性质的数学说明为：对于相互正交的函数 $x$、$y$，满足 $\sum_{y=y_1}^{y_3}\sum_{x=x_1}^{x_2} xy = \sum_{y=y_1}^{y_3} y \sum_{x=x_1}^{x_2} x$。证明如下：

$$\begin{aligned}\sum_{y=y_1}^{y_3}\sum_{x=x_1}^{x_2} xy &= \sum_{y=y_1}^{y_3}(x_1 y + x_2 y) = (x_1 y_1 + x_2 y_1) + (x_1 y_2 + x_2 y_2) + (x_1 y_3 + x_2 y_3)\\ &= y_1(x_1 + x_2) + y_2(x_1 + x_2) + y_3(x_1 + x_2)\\ &= (y_1 + y_2 + y_3)(x_1 + x_2)\\ &= \sum_{y=y_1}^{y_3} y \sum_{x=x_1}^{x_2} x\end{aligned}$$

## 9.4.2 平动的配分函数计算

设质量为 $m$ 的粒子在体积为 $abc$ 的立方体内运动，根据波动方程解得平动能表示式（参见 9.2.2 小节）为：

$$\varepsilon_{\mathrm{t}} = \frac{h^2}{8m}\left(\frac{n_x^2}{a^2} + \frac{n_y^2}{b^2} + \frac{n_z^2}{c^2}\right)$$

式中，$h$ 是普朗克常数；$n_x, n_y, n_z$ 分别是 $x, y, z$ 轴上的平动量子数，其数值为 $1,2,\cdots,\infty$ 的正整数。所以：

$$q_{\mathrm{t}}=\sum_{j}\mathrm{e}^{-\frac{\varepsilon_{i,t}}{kT}}=\sum_{n_x,n_y,n_z}\exp\left[\frac{-\frac{h^2}{8m}\left(\frac{n_x^2}{a^2}+\frac{n_y^2}{b^2}+\frac{n_z^2}{c^2}\right)}{k_{\mathrm{B}}T}\right]$$

$$=\sum_{n_x=1}^{\infty}\exp\left(\frac{-\frac{h^2}{8m}\times\frac{n_x^2}{a^2}}{k_{\mathrm{B}}T}\right)\sum_{n_y=1}^{\infty}\exp\left(\frac{-\frac{h^2}{8m}\times\frac{n_y^2}{b^2}}{k_{\mathrm{B}}T}\right)\sum_{n_z=1}^{\infty}\exp\left(\frac{-\frac{h^2}{8m}\times\frac{n_z^2}{c^2}}{k_{\mathrm{B}}T}\right)$$

$$=q_{\mathrm{t},x}q_{\mathrm{t},y}q_{\mathrm{t},z}$$

因为对所有量子数从 $0\to\infty$ 求和，包括了所有状态，所以公式中不出现 $g_{i,\mathrm{t}}$ 项，在三个轴上的平动配分函数是类似的，只解其中一个 $g_{i,\mathrm{t}}$，其余类推。

$$q_{\mathrm{t},x}=\sum_{n_x=1}^{\infty}\exp\left[\left(-\frac{h^2}{8ma^2k_{\mathrm{B}}T}\right)n_x^2\right]=\sum_{n_x=1}^{\infty}\mathrm{e}^{-A^2n_x^2}$$

令：$A^2=\dfrac{h^2}{8ma^2k_{\mathrm{B}}T}$

又因为 $A^2<<1$，平动能的能量量子化可以看作能量连续，上述求和可以采用积分：

$$q_{\mathrm{t},x}\approx\int_1^{\infty}\mathrm{e}^{-A^2n_x^2}\mathrm{d}n_x\approx\int_0^{\infty}\mathrm{e}^{-A^2n_x^2}\mathrm{d}n_x$$

引用积分公式 $\int_0^{\infty}\mathrm{e}^{-ax^2}\mathrm{d}x=\dfrac{1}{2}\sqrt{\dfrac{\pi}{a}}$，则得：

$$q_{\mathrm{t},x}=\frac{1}{2A}\sqrt{\pi}=\left(\frac{2\pi mk_{\mathrm{B}}T}{h^2}\right)^{\frac{1}{2}}a$$

即

$$q_{\mathrm{t},x}=\left(\frac{2\pi mk_{\mathrm{B}}T}{h^2}\right)^{\frac{1}{2}}a$$

同理

$$q_{\mathrm{t},y}=\left(\frac{2\pi mk_{\mathrm{B}}T}{h^2}\right)^{\frac{1}{2}}b$$

$$q_{\mathrm{t},z}=\left(\frac{2\pi mk_{\mathrm{B}}T}{h^2}\right)^{\frac{1}{2}}c$$

所以

$$q_{\mathrm{t}}=\int_0^{\infty}\exp\left(-\frac{h^2}{8mk_{\mathrm{B}}Ta^2}\times n_x^2\right)\mathrm{d}n_x\times\int_0^{\infty}\exp\left(-\frac{h^2}{8mk_{\mathrm{B}}Tb^2}\times n_y^2\right)\mathrm{d}n_y\times\int_0^{\infty}\exp\left(-\frac{h^2}{8mk_{\mathrm{B}}Tc^2}\times n_z^2\right)\mathrm{d}n_z$$

可得平动配分函数：

$$q_{\mathrm{t}}=\left(\frac{2\pi mk_{\mathrm{B}}T}{h^2}\right)^{\frac{3}{2}}abc=\left(\frac{2\pi mk_{\mathrm{B}}T}{h^2}\right)^{\frac{3}{2}}V \tag{9.73}$$

即平动配分函数与系统的体积有关。

【例 9.3】求 $T=300\text{K}$，$V=1.0\times10^{-6}\text{m}^3=1.0\text{mL}$ 时氩气分子的平动配分函数 $q_\text{t}$。

【解答】Ar 的原子量为 39.948，故 Ar 分子的质量为：

$$m=\frac{M}{L}=\frac{39.948\times10^{-3}\text{kg}\cdot\text{mol}^{-1}}{6.022\times10^{23}\text{mol}^{-1}}=6.634\times10^{-26}\text{kg}$$

将此值及 $T=300\text{K}$、$V=1.0\times10^{-6}\text{m}^3=1.0\text{mL}$ 代入平动配分函数表达式（9.73），得：

$$q_\text{t}=\left(\frac{2\pi mk_\text{B}T}{h^2}\right)^{\frac{3}{2}}V=2.467\times10^{26}\text{。}$$

## 9.4.3 转动的配分函数计算

单原子分子的转动配分函数等于零，异核双原子分子、同核双原子分子和线性多原子分子的 $q_\text{r}$ 有类似的形式，而非线性多原子分子的 $q_\text{r}$ 需要考虑分子不同方向的转动。

对于双原子分子的 $q_\text{r}$，设其为刚性转子绕质心转动，能级公式为：

$$\varepsilon_\text{r}=J(J+1)\frac{h^2}{8\pi^2 I}\qquad J=0,1,2,\cdots$$

式中，$J$ 是转动能级量子数；$I$ 是转动惯量，K。对于线性刚性转子，设双原子质量分别为 $m_1$、$m_2$，$r$ 为核间距，则转动惯量为：

$$I=\left(\frac{m_1m_2}{m_1+m_2}\right)r^2$$

转动角动量在空间取向也是量子化的，所以能级简并度为：

$$g_{i,\text{r}}=2J+1$$

在不考虑分子对称性时，转动配分函数为：

$$q_\text{r}=\sum_i g_{i,\text{r}}\exp\left(-\frac{\varepsilon_{i,\text{r}}}{k_\text{B}T}\right)=\sum_{J=0}^{\infty}(2J+1)\exp\left[-\frac{J(J+1)h^2}{8\pi^2 Ik_\text{B}T}\right]$$

令

$$\Theta_\text{r}=\frac{h^2}{8\pi^2 Ik}\tag{9.74}$$

$\Theta_\text{r}$ 称为转动特征温度，因等式右边项具有温度的量纲，所以单位为 K。将 $\Theta_\text{r}$ 代入 $q_\text{r}$ 表达式，得：

$$q_\text{r}=\sum_{J=0}^{\infty}(2J+1)\exp\left[-\frac{J(J+1)\Theta_\text{r}}{T}\right]\tag{9.75}$$

从转动惯量 $I$ 求得 $\Theta_\text{r}$，除 $H_2$ 外，大多数分子的 $\Theta_\text{r}$ 很小，在常温下，因为 $\frac{\Theta_\text{r}}{T}<<1$，所以此用积分号代替式（9.74）中的求和号。

$$q_\text{r}=\int_0^{\infty}(2J+1)\exp\left[-\frac{J(J+1)\Theta_\text{r}}{T}\right]\text{d}J$$

令 $x=J(J+1)$，则 $\text{d}x=(2J+1)\text{d}J$

代入上式后，得：

$$q_r = \int_0^{\infty} \exp\left(-\frac{x\Theta_r}{T}\right)dx = -\frac{T}{\Theta_r}\exp\left(-\frac{\Theta_r x}{T}\right)\Bigg|_0^{\infty} = \frac{T}{\Theta_r}$$

即不考虑对称性的刚性转子的转动配分函数为：

$$q_r = \frac{8\pi^2 I k_B T}{h^2}$$

对于转动特征温度较高的分子，应该使用下式：

$$q_r = \frac{T}{\Theta_r}\left(1+\frac{\Theta_r}{3T}+\cdots\right)$$

对于双原子和线性多原子分子，还要除以对称数$\sigma$，$\sigma$为分子绕主轴旋转360°时分子恢复原状的次数，如CO、HBr等对称数$\sigma = 1$，$Br_2$、$Cl_2$、$O_2$等分子的对称数$\sigma = 2$。综上所述，对于任意双原子分子和线性多原子分子，其转动配分函数为：

$$q_r = \frac{8\pi^2 I k_B T}{\sigma h^2} = \frac{T}{\Theta_r \sigma} \tag{9.76}$$

对于非线性多原子分子，转动配分函数为：

$$q_r = \frac{8\pi^2 (2\pi k_B T)^{\frac{3}{2}}}{\sigma h^3}(I_x I_y I_z)^{\frac{1}{2}} \tag{9.77}$$

式中，$I_x$、$I_y$和$I_z$分别为三个轴上的转动惯量。

【例 9.4】已知$N_2$分子的转动惯量$I = 1.394\times10^{-46}\text{kg}\cdot\text{m}^2$，试求$N_2$的转动特征温度$\Theta_r$及298.15K时$N_2$分子的转动配分函数$q_r$。

【解答】根据转动特征温度的定义

$$\Theta_r = \frac{h^2}{8\pi^2 I k_B} = \frac{(6.626\times10^{-34})^2}{8\times3.1416^2\times1.394\times10^{-46}\times1.381\times10^{-23}}\text{K} = 2.89\text{K}$$

$$q_r = \frac{T}{\Theta_r\sigma} = \frac{298.15\text{K}}{2.89\text{K}\times2} = 51.58$$

### 9.4.4 振动的配分函数计算

设分子做只有一种频率$\nu$的简谐振动，振动是非简并的，$g_{i,v} = 1$，其振动能为：

$$\varepsilon_v = \left(\upsilon+\frac{1}{2}\right)h\nu \qquad \upsilon = 0,1,2,\cdots$$

式中，$\upsilon$为振动量子数，当$\upsilon = 0$时，称为零点振动能。$\varepsilon_{v,0} = \frac{1}{2}h\nu$，所以：

$$q_v = \sum_i g_{i,v}\exp\left(-\frac{\varepsilon_{i,v}}{k_B T}\right) = \sum_{\upsilon=0}^{\infty}\exp\left[-\frac{\left(\upsilon+\frac{1}{2}\right)h\nu}{k_B T}\right]$$

$$= \exp\left(-\frac{1}{2}\frac{h\nu}{k_B T}\right) + \exp\left(-\frac{3}{2}\frac{h\nu}{k_B T}\right) + \exp\left(-\frac{5}{2}\frac{h\nu}{k_B T}\right) + \cdots$$

$$= \exp\left(-\frac{1}{2}\frac{h\nu}{k_B T}\right)\left[1 + \exp\left(-\frac{h\nu}{k_B T}\right) + \exp\left(-\frac{2h\nu}{k_B T}\right) + \cdots\right]$$

令

$$\Theta_v = \frac{h\nu}{k} \tag{9.78}$$

$\Theta_v$ 称为振动特征温度，也具有温度量纲，则上式变为：

$$q_v = \exp\left(-\frac{\Theta_v}{2T}\right) + \exp\left(-\frac{3\Theta_v}{2T}\right) + \exp\left(-\frac{5\Theta_v}{2T}\right) + \cdots$$

$$= \exp\left(-\frac{\Theta_v}{2T}\right)\left[1 + \exp\left(-\frac{\Theta_v}{T}\right) + \exp\left(-\frac{2\Theta_v}{T}\right) + \cdots\right]$$

因为对于系统的温度而言，$\Theta_v = \dfrac{h\nu}{k} >> T$，量子化效应明显，故不能积分。

**表 9.7　一些双原子分子的 $\Theta_v$ 和 $\Theta_r$**

| 分子 | $\Theta_v$ /K | $\Theta_r$ /K |
|---|---|---|
| $H_2$ | 5983 | 85.4000 |
| $N_2$ | 3352 | 2.8630 |
| $O_2$ | 2239 | 2.0690 |
| CO | 3084 | 2.7660 |
| NO | 2699 | 2.3930 |
| HCl | 4151 | 15.0200 |
| HBr | 3681 | 12.0110 |
| HI | 3208 | 9.1250 |
| $Cl_2$ | 798 | 0.3500 |
| $Br_2$ | 465 | 0.1180 |
| $I_2$ | 307 | 0.0537 |

从表 9.7 中可以看出：$\Theta_v >> T$，$\Theta_r << T$。

振动特征温度是物质的重要性质之一，$\Theta_v$ 越高，处于激发态的百分数越小，$q_v$ 表示式中第二项及其以后项可略去不计。

也有的分子 $\Theta_v$ 较低，如碘的 $\Theta_v = 310\text{K}$，则第一激发态项就不能忽略。

在低温时，$\dfrac{\Theta_v}{T} >> 1$，则 $\exp\left(-\dfrac{\Theta_v}{T}\right) << 1$，引用数学上的近似公式：

$x << 1$ 时，$1 + x + x^2 + \cdots \approx \dfrac{1}{1-x}$

则 $q_v$ 的表示式变为：

$$q_v = \exp\left(-\frac{1}{2}\times\frac{h\nu}{k_B T}\right)\times\frac{1}{1-e^{-h\nu/(kT)}} = \frac{e^{-\Theta_v/(2T)}}{1-e^{-\Theta_v/T}} = \frac{1}{e^{\Theta_v/(2T)} - e^{-\Theta_v/(2T)}} = \frac{1}{e^{h\nu/(2kT)} - e^{-h\nu/(2kT)}}$$

将零点振动能视为零，即 $\varepsilon_{\mathrm{v},0}=\dfrac{1}{2}h\nu\approx 0$，则 0K 时的振动配分函数为：

$$q_{\mathrm{v}}^{0}=\sum_{\upsilon=0,1,2,\cdots}\exp\left(-\frac{\upsilon h\nu}{k_{\mathrm{B}}T}\right)=(1+\mathrm{e}^{-\frac{h\nu}{k_{\mathrm{B}}T}}+\mathrm{e}^{-\frac{2h\nu}{k_{\mathrm{B}}T}}+\cdots)=\frac{1}{1-\mathrm{e}^{-\frac{h\nu}{k_{\mathrm{B}}T}}}=\frac{1}{1-\mathrm{e}^{-\frac{\Theta_{\mathrm{v}}}{T}}}$$

$$q_{\mathrm{v}}^{0}=\frac{1}{1-\mathrm{e}^{-\frac{\Theta_{\mathrm{v}}}{T}}}$$

多原子分子的 $q_{\mathrm{v}}$，多原子分子振动自由度 $f_{\mathrm{v}}$ 满足：

$$f_{\mathrm{v}}=3n-f_{\mathrm{t}}-f_{\mathrm{r}} \tag{9.79}$$

式中，$f_{\mathrm{t}}$ 为平动自由度；$f_{\mathrm{r}}$ 为转动自由度；$n$ 为分子中原子总数。因此，线型多原子分子的振动自由度为 $3n-5$ 个，此时振动配分函数 $q_{\mathrm{v}}$ 为：

$$q_{\mathrm{v}}(线型)=\prod_{i=1}^{3n-5}\frac{\mathrm{e}^{-\frac{h\nu_i}{2k_{\mathrm{B}}T}}}{1-\mathrm{e}^{-\frac{h\nu_i}{k_{\mathrm{B}}T}}} \tag{9.80}$$

非线型多原子分子的 $q_{\mathrm{v}}$ 为：

$$q_{\mathrm{v}}(非线型)=\prod_{i=1}^{3n-6}\frac{\mathrm{e}^{-\frac{h\nu_i}{2k_{\mathrm{B}}T}}}{1-\mathrm{e}^{-\frac{h\nu_i}{k_{\mathrm{B}}T}}} \tag{9.81}$$

**【例 9.5】** 已知 NO 分子的振动特征温度 $\Theta_{\mathrm{v}}=2699\mathrm{K}$，试求 300K 时 NO 分子的振动配分函数 $q_{\mathrm{v}}$ 及 $q_{\mathrm{v}}^{0}$。

**【解答】** 将 $\Theta_{\mathrm{v}}=2699\mathrm{K}$ 及 $T=300\mathrm{K}$ 代入振动配分函数表达式，得到：

$$\begin{aligned}q_{\mathrm{v}}&=[\mathrm{e}^{\Theta_{\mathrm{v}}/(2T)}-\mathrm{e}^{-\Theta_{\mathrm{v}}/(2T)}]^{-1}\\&=[\mathrm{e}^{2699\mathrm{K}/(2\times300\mathrm{K})}-\mathrm{e}^{-2699\mathrm{K}/(2\times300\mathrm{K})}]^{-1}=(89.87-0.01)^{-1}\\&=0.011\end{aligned}$$

$$q_{\mathrm{v}}^{0}=(1-\mathrm{e}^{-\Theta_{\mathrm{v}}/T})^{-1}=(1-\mathrm{e}^{-2699\mathrm{K}/300\mathrm{K}})^{-1}=1.0001\approx1$$

### 9.4.5 电子运动的配分函数计算

电子能级间隔与核运动能级一样也很大：

$$\begin{aligned}q_{\mathrm{e}}&=g_{\mathrm{e},0}\exp\left(-\frac{\varepsilon_{\mathrm{e},0}}{k_{\mathrm{B}}T}\right)+g_{\mathrm{e},1}\exp\left(-\frac{\varepsilon_{\mathrm{e},1}}{k_{\mathrm{B}}T}\right)+\cdots\\&=g_{\mathrm{e},0}\exp\left(-\frac{\varepsilon_{\mathrm{e},0}}{k_{\mathrm{B}}T}\right)\left[1+\frac{g_{\mathrm{e},1}}{g_{\mathrm{e},0}}\exp\left(-\frac{\varepsilon_{\mathrm{e},1}-\varepsilon_{\mathrm{e},0}}{k_{\mathrm{B}}T}\right)+\cdots\right]\end{aligned}$$

式中，$\varepsilon_{\mathrm{e},1}-\varepsilon_{\mathrm{e},0}=400\mathrm{kJ\cdot mol^{-1}}$，除 F、Cl 少数元素外，方括号中第二项也可略去。虽然温度很高时，电子也可能被激发，但往往电子尚未激发，分子就分解了。所以通常电子总是处于基态，则：

$$q_e = g_{e,0} \exp\left(-\frac{\varepsilon_{e,0}}{k_B T}\right) \tag{9.82}$$

若将 $\varepsilon_{e,0}$ 视为零，则：$q_e = g_{e,0} = 2j+1$，式中，$j$ 是电子总的角动量量子数。电子绕核运动总动量矩也是量子化的，沿某一选定轴上的分量可能有 $2j+1$ 个取向。某些自由原子和稳定离子的 $j=0$，$g_{e,0}=1$，是非简并的。如有一个未配对电子，可能有两种不同的自旋，如 Na，它的 $j=\frac{1}{2}$、$g_{e,0}=2$。

电子配分函数对热力学函数的贡献为：

$$U_e = H_e = C_{V,e} = 0\text{；}\quad A_e = -Nk_B T\ln q_e\text{；}\quad G_e = -Nk_B T\ln q_e\text{；}\quad S_e = Nk_B \ln q_e$$

若粒子的电子运动全部处于基态，求和项中从第二项起均可忽略，即：

$$q_e = g_{e,0} e^{-\varepsilon_{e,0}/(k_B T)}$$

则：

$$q_e^0 = q_e e^{\varepsilon_{e,0}/(k_B T)} = g_{e,0} e^{-\varepsilon_{e,0}/(k_B T)} e^{\varepsilon_{e,0}/(k_B T)} = g_{e,0}$$

电子一般处于基态能级，所以 $g_{e,0}$ 一般情况为 1，即电子配分函数的值一般为 1。

$$q_e^0 = g_{e,0} = 1 \tag{9.83}$$

## 9.4.6 核运动的配分函数计算

$$\begin{aligned} q_n &= g_{n,0} \exp\left(-\frac{\varepsilon_{n,0}}{k_B T}\right) + g_{n,1} \exp\left(-\frac{\varepsilon_{n,1}}{k_B T}\right) + \cdots \\ &= g_{n,0} \exp\left(-\frac{\varepsilon_{n,0}}{k_B T}\right)\left[1 + \frac{g_{n,1}}{g_{n,0}} \exp\left(-\frac{\varepsilon_{n,1}-\varepsilon_{n,0}}{k_B T}\right) + \cdots\right] \end{aligned}$$

式中，$\varepsilon_{n,0}, \varepsilon_{n,1}, \cdots$ 分别代表原子核在基态和第一激发态的能量等；$g_{n,0}, g_{n,1}, \cdots$ 分别代表相应能级的简并度。

由于化学反应中，核总是处于基态，另外基态与第一激发态之间的能级间隔很大，所以一般方括号中第二项及以后的所有项都忽略不计，则核运动的配分函数为：

$$q_n = g_{n,0} \exp\left(-\frac{\varepsilon_{n,0}}{k_B T}\right) \tag{9.84}$$

如将核基态能级能量选为零，则上式可简化为：

$$q_n = g_{n,0} = 2s_n + 1$$

即原子核的配分函数等于基态的简并度，它来源于核的自旋作用。式中，$s_n$ 是核的自旋量子数。

对于多原子分子，核的总配分函数等于各原子的核配分函数的乘积：

$$q_{n,\text{总}} = (2s_n + 1)(2s_n' + 1)(2s_n'' + 1)\cdots = \prod_i (2s_n + 1)_i \tag{9.85}$$

由于核自旋配分函数与温度、体积无关，所以对内能、焓和等容热容没有贡献。

但对熵、亥姆霍兹自由能和吉布斯自由能有相应的贡献。

从化学反应的角度看，一般忽略核自旋配分函数的贡献，仅在计算规定熵时会计算它的贡献。核一般处于基态能级，所以 $g_{n,0}$ 一般情况为 1，若只考虑核运动全部处于基态的情况，即原子核配分函数为：

$$q_n^0 = g_{n,0} = 1 \tag{9.86}$$

粒子各运动形式配分函数小结请参考表 9.8。

**表 9.8 粒子各运动形式配分函数小结**

| 运动形式 | 配分函数 | 说明 |
|---|---|---|
| 平动 | $q_t^0 \approx q_t = \left(\frac{2\pi m k_B T}{h^2}\right)^{3/2} V$ | 仅平动时为分子的外部运动，故与 $V$ 有关 |
| 转动 | $q_r^0 = q_r = \frac{T}{\Theta_r \sigma}$ | 转动特征温度：$\Theta_r = \frac{h^2}{8\pi^2 I k_B}$ |
| 振动 | $q_v = \frac{1}{e^{\Theta_v/(2T)} - e^{-\Theta_v/(2T)}}$<br>$q_v^0 = \frac{1}{1-e^{-\Theta_v/T}}$ | 振动特征温度：<br>$\Theta_v = \frac{h\nu}{k_B}$ |
| 电子运动 | $q_e^0 = g_{e,0} =$ 常数 | 电子运动通常全部处于基态，且基态能级非简并时：$q_e^0 = g_{e,0} = 1$ |
| 核运动 | $q_n^0 = g_{n,0} =$ 常数 | 核运动通常全部处于基态，且基态能级非简并时：$q_n^0 = g_{n,0} = 1$ |

## 9.4.7 粒子（分子）的全配分函数

根据配分函数的定义及可分离的性质，分子的全配分函数应该由 5 个部分组成，根据式（9.72），$q_{总} = q_n q_e q_t q_r q_v$ 可得：

$$\begin{aligned} q_{总} &= \sum_i g_i \exp\left(-\frac{\varepsilon_i}{k_B T}\right) \\ &= \sum g_{n,i} g_{e,i} g_{t,i} g_{r,i} g_{v,i} \exp\left(-\frac{\varepsilon_{n,i} + \varepsilon_{e,i} + \varepsilon_{t,i} + \varepsilon_{r,i} + \varepsilon_{v,i}}{k_B T}\right) \\ &= \sum g_{n,i} \exp\left(-\frac{\varepsilon_{n,i}}{k_B T}\right) \sum g_{e,i} \exp\left(-\frac{\varepsilon_{e,i}}{k_B T}\right) \sum g_{t,i} \exp\left(-\frac{\varepsilon_{t,i}}{k_B T}\right) \\ &\quad \sum g_{r,i} \exp\left(-\frac{\varepsilon_{r,i}}{k_B T}\right) \sum g_{v,i} \exp\left(-\frac{\varepsilon_{v,i}}{k_B T}\right) \end{aligned}$$

（1）对于单原子分子

$$q_{总} = \left[g_{n,0} \exp\left(-\frac{\varepsilon_{n,0}}{k_B T}\right)\right]\left[g_{e,0} \exp\left(-\frac{\varepsilon_{e,0}}{k_B T}\right)\right]\left[\frac{(2\pi m k_B T)^{3/2}}{h^3} V\right] \tag{9.87}$$

单原子分子无转动和振动，若考虑 $q_e^0 = g_{e,0} = 1$ 和 $q_n^0 = g_{n,0} = 1$，则：

$$q_{总} = \left[\frac{(2\pi m k T)^{3/2}}{h^3} V\right] = q_t \tag{9.88}$$

（2）对于双原子分子

$$q_{总}=\left[g_{n,0}\exp\left(-\frac{\varepsilon_{n,0}}{k_BT}\right)\right]\left[g_{e,0}\exp\left(-\frac{\varepsilon_{e,0}}{k_BT}\right)\right]\left[\frac{(2\pi mk_BT)^{3/2}}{h^3}V\right]\left(\frac{8\pi^2Ik_BT}{\sigma h^2}\right)\left[\frac{\exp\left(-\frac{1}{2}\times\frac{h\nu}{k_BT}\right)}{1-\exp\left(-\frac{h\nu}{k_BT}\right)}\right] \tag{9.89}$$

对于线性双原子分子，若考虑 $q_e^0=g_{e,0}=1$ 和 $q_n^0=g_{n,0}=1$；设分子做只有一种频率 $\nu$ 的简谐振动，振动是非简并的，$g_{i,v}=1$，$q_v^0=g_{v,0}=1$，则：

$$q_{总}=\left[\frac{(2\pi mk_BT)^{3/2}}{h^3}V\right]\times\frac{8\pi^2Ik_BT}{\sigma h^2}=q_tq_r \tag{9.90}$$

（3）对于线型多原子分子

$$q_{总}=\left[g_{n,0}\exp\left(-\frac{\varepsilon_{n,0}}{k_BT}\right)\right]\left[g_{e,0}\exp\left(-\frac{\varepsilon_{e,0}}{k_BT}\right)\right]\left[\frac{(2\pi mk_BT)^{3/2}}{h^2}V\right]\left(\frac{8\pi^2Ik_BT}{\sigma h^2}\right)\prod_{i=1}^{3n-5}\frac{\exp\left(-\frac{1}{2}\times\frac{h\nu_i}{k_BT}\right)}{1-\exp\left(-\frac{h\nu_i}{k_BT}\right)} \tag{9.91}$$

（4）对于非线型多原子分子

$$q_{总}=\left[g_{n,0}\exp\left(-\frac{\varepsilon_{n,0}}{k_BT}\right)\right]\left[g_{e,0}\exp\left(-\frac{\varepsilon_{e,0}}{k_BT}\right)\right]\left[\frac{(2\pi mk_BT)^{3/2}}{h^3}V\right]\left[\frac{8\pi^2(2\pi k_BT)^{3/2}}{\sigma h^3}\times(I_xI_yI_z)^{1/2}\right]\prod_{i=1}^{3n-6}\frac{\exp\left(-\frac{1}{2}\times\frac{h\nu_i}{k_BT}\right)}{1-\exp\left(-\frac{h\nu_i}{k_BT}\right)} \tag{9.92}$$

# 9.5 系统的热力学函数计算

## 9.5.1 配分函数与热力学函数的关系

（1）独立定域子系统的热力学函数

① 内能

$$U=\sum_i n_i^*\varepsilon_i=\sum_i\frac{N}{q}g_i\mathrm{e}^{-\frac{\varepsilon_i}{k_BT}}\varepsilon_i=\frac{N}{q}\sum_i g_i\mathrm{e}^{-\frac{\varepsilon_i}{k_BT}}\varepsilon_i$$

因为 $q=q(T,V,N)$，所以：

$$\left(\frac{\partial q}{\partial T}\right)_{V,N}=\left[\frac{\partial}{\partial T}\left(\sum g_i e^{-\frac{\varepsilon_i}{k_B T}}\right)\right]_{V,N}=\sum g_i e^{-\frac{\varepsilon_i}{k_B T}}\frac{\varepsilon_i}{kT^2}=\frac{1}{kT^2}\sum g_i e^{-\frac{\varepsilon_i}{k_B T}}\varepsilon_i$$

则 $\sum g_i e^{-\frac{\varepsilon_i}{k_B T}}\varepsilon_i=\left(\frac{\partial q}{\partial T}\right)_{V,N}k_B T^2$，代入内能计算公式得：

$$U=\frac{N}{q}\sum_i g_i e^{-\frac{\varepsilon_i}{k_B T}}\varepsilon_i=\frac{N}{q}\left(\frac{\partial q}{\partial T}\right)_{V,N}k_B T^2=Nk_B T^2\left(\frac{\partial \ln q}{\partial T}\right)_{V,N}$$

$$U=Nk_B T^2\left(\frac{\partial \ln q}{\partial T}\right)_{V,N} \tag{9.93}$$

② 熵

前已证明：$S=k_B\ln\Omega=k_B\ln\Omega_{max}=k_B N\ln\sum\ln g_i e^{\beta\varepsilon_i}-k_B\beta U$

把 $\beta=-\frac{1}{k_B T}$ 代入得：

$$S=k_B N\ln\sum g_i e^{-\frac{\varepsilon_i}{k_B T}}+\frac{U}{T}$$

再把 $q=\sum g_i e^{-\frac{\varepsilon_i}{k_B T}}$ 和 $U=Nk_B T^2\left(\frac{\partial \ln q}{\partial T}\right)_{V,N}$ 代入得：

$$S=k_B N\ln q+Nk_B T\left(\frac{\partial \ln q}{\partial T}\right)_{V,N} \tag{9.94}$$

③ 亥姆霍兹函数

因为 $A=U-TS$，所以：

$$A=Nk_B T^2\left(\frac{\partial \ln q}{\partial T}\right)_{V,N}-T\left[k_B N\ln q+Nk_B T\left(\frac{\partial \ln q}{\partial T}\right)_{V,N}\right]=-k_B NT\ln q$$

$$A=-k_B NT\ln q \tag{9.95}$$

④ 压力

$$p=-\left(\frac{\partial A}{\partial V}\right)_{T,N}=-\left[\frac{\partial}{\partial V}(-k_B NT\ln q)\right]_{T,N}=k_B NT\left(\frac{\partial \ln q}{\partial V}\right)_{T,N}$$

$$p=k_B NT\left(\frac{\partial \ln q}{\partial V}\right)_{T,N} \tag{9.96}$$

⑤ 焓

因为 $H=U+pV$，所以：

$$H=Nk_B T^2\left(\frac{\partial \ln q}{\partial T}\right)_{V,N}+k_B NTV\left(\frac{\partial \ln q}{\partial V}\right)_{T,N} \tag{9.97}$$

⑥ 吉布斯函数

因为 $G=A+PV$，所以：

$$G=-k_BNT\ln q+k_BNTV\left(\frac{\partial\ln q}{\partial V}\right)_{T,N} \tag{9.98}$$

⑦ 定容热容 $C_V$

$$C_V=\left(\frac{\partial U}{\partial T}\right)_V=\frac{\partial}{\partial T}\left[Nk_BT^2\left(\frac{\partial\ln q}{\partial T}\right)_{V,N}\right]_V \tag{9.99}$$

（2）独立离域子系统的热力学函数

同理可以证明，用配分函数 $q$ 表达的 $(U,V,N)$ 确定的离域子系统的热力学函数如下：

$$U=Nk_BT^2\left(\frac{\partial\ln q}{\partial T}\right)_{V,N} \tag{9.100}$$

$$H=Nk_BT^2\left(\frac{\partial\ln q}{\partial T}\right)_{V,N}+k_BNTV\left(\frac{\partial\ln q}{\partial V}\right)_{T,N} \tag{9.101}$$

$$p=k_BNT\left(\frac{\partial\ln q}{\partial V}\right)_{T,N} \tag{9.102}$$

$$S=k_B\ln\frac{q^N}{N!}+Nk_BT\left(\frac{\partial\ln q}{\partial T}\right)_{V,N} \tag{9.103}$$

$$A=-k_BT\ln\frac{q^N}{N!} \tag{9.104}$$

$$G=-k_BT\ln\frac{q^N}{N!}+k_BNTV\left(\frac{\partial\ln q}{\partial V}\right)_{T,N} \tag{9.105}$$

$$C_V=\left(\frac{\partial U}{\partial T}\right)_V=\frac{\partial}{\partial T}\left[Nk_BT^2\left(\frac{\partial\ln q}{\partial T}\right)_{V,N}\right]_V \tag{9.106}$$

与定域子系统公式（9.93）～式（9.99）比较：$U$、$H$、$p$、$C_V$ 的表达式相同，$S$、$A$、$G$ 多了常数项 $kT\ln\frac{1}{N!}$。

## 9.5.2 能量零点选择对配分函数 $q$ 等的影响

能量值是相对的，统计力学中习惯于将各种运动的零点能规定为零（即 0K 时的能量为 0），于是应对不符合这一习惯的能级（如振动）进行改写。

（1）零点能的选择对能量标度的影响

零点能的选择直接影响各能级的能量标度，例如振动能级：

原能级标度：$\varepsilon_0=\frac{1}{2}h\nu$，$\varepsilon_1=\frac{3}{2}h\nu$，$\varepsilon_2=\frac{5}{2}h\nu$，$\varepsilon_3=\frac{7}{2}h\nu$；

新能级标度：$\varepsilon_0'=0$，$\varepsilon_1'=1h\nu$，$\varepsilon_2'=2h\nu$，$\varepsilon_3'=3h\nu$。

对比发现：$\varepsilon_i\neq\varepsilon_i'$，$\varepsilon_i'=\varepsilon_i-\varepsilon_0$。

（2）零点能的选择对配分函数 $q$ 和最概然分布 $n_i$ 的影响

因为：$\varepsilon_i\neq\varepsilon_i'$，选基态能级能值为零时的能量，对 $q$ 有影响，对 $n_i$ 分布无影响。令

$q' = \sum g_i e^{-\frac{\varepsilon_i^0}{k_B T}}$，表示以基态能量为 0 时的配分函数。

因为 $\varepsilon_i = \varepsilon_i' + \varepsilon_0$，所以：

$$n_i^* = \frac{N}{q} g_i e^{-\frac{\varepsilon_i}{k_B T}} = \frac{N}{q} g_i e^{-\frac{(\varepsilon_i'+\varepsilon_0)}{k_B T}} = \frac{N}{q' e^{\frac{-\varepsilon_0}{k_B T}}} g_i e^{-\frac{(\varepsilon_i'+\varepsilon_0)}{k_B T}} = \frac{N}{q'} g_i e^{-\frac{\varepsilon_i'}{k_B T}} \tag{9.107}$$

从上式可以看出，选基态能级能值为零时的能量，对 $n_i$ 分布无影响。

因为 $\varepsilon_i' = \varepsilon_i - \varepsilon_0$，$\varepsilon_i = \varepsilon_i' + \varepsilon_0$；所以：

$$q' = \sum g_i e^{-\frac{\varepsilon_i'}{k_B T}} \neq q = \sum g_i e^{-\frac{\varepsilon_i}{k_B T}};$$

$q' = \sum g_i e^{\frac{-(\varepsilon_i - \varepsilon_0)}{k_B T}} = e^{\frac{\varepsilon_0}{k_B T}} \sum g_i e^{\frac{-\varepsilon_i}{k_B T}} = e^{\frac{\varepsilon_0}{k_B T}} q$，则：

$$q = q' e^{\frac{-\varepsilon_0}{kT}} \tag{9.108}$$

从上式可以看出，选基态能级能值为零时的能量，对配分函数 $q$ 值有影响，且 $q' > q$。该式适用于任何运动。比如对于振动：

因为 $q_v = q_v' e^{\frac{-\varepsilon_0}{k_B T}}$，所以 $q_v' = q_v e^{\frac{\varepsilon_0}{k_B T}} = \frac{e^{\frac{-h\nu}{2k_B T}}}{1 - e^{\frac{-h\nu}{k_B T}}} e^{\frac{h\nu}{2k_B T}} = \frac{1}{1 - e^{\frac{-h\nu}{k_B T}}}$

统计热力学对于振动能级多用式（9.109）表示：

$$q_v' = \frac{1}{1 - e^{\frac{-h\nu}{k_B T}}} \tag{9.109}$$

（3）零点能的选择对状态函数的影响（独立离域子系统）

独立子离域系统的内能，因为 $q = q' e^{\frac{-\varepsilon_0}{k_B T}}$，所以：

$$U = N k_B T^2 \left(\frac{\partial \ln q}{\partial T}\right)_{V,N} = N k_B T^2 \left(\frac{\partial \ln q' e^{\frac{-\varepsilon_0}{k_B T}}}{\partial T}\right)_{V,N}$$

$$= N k_B T^2 \left(\frac{\partial \ln q'}{\partial T}\right)_{V,N} + N k_B T^2 \frac{\varepsilon_0}{k_B T^2}$$

$$= N k_B T^2 \left(\frac{\partial \ln q'}{\partial T}\right)_{V,N} + U_0$$

式中，$U_0 = N\varepsilon_0$，是 $U_0$ 的物理意义。

根据配分函数的析因子性质，可以先分别计算粒子各种微观运动的配分函数。

$U = N k_B T^2 \left(\frac{\partial \ln q}{\partial T}\right)_V$，将 $q = q_n q_e q_t q_r q_v$ 代入：

$$U = Nk_B T^2 \left[ \frac{\partial \ln(q_n q_e q_t q_r q_v)}{\partial T} \right]_V$$

$$= Nk_B T^2 \left( \frac{\partial \ln q_t}{\partial T} \right)_V + Nk_B T^2 \frac{d \ln q_r}{dT} + Nk_B T^2 \frac{d \ln q_v}{dT} + Nk_B T^2 \frac{d \ln q_e}{dT} + Nk_B T^2 \frac{d \ln q_n}{dT}$$

$$= U_t + U_r + U_v + U_e + U_n$$

$$U = U_t + U_r + U_v + U_e + U_n \tag{9.110}$$

（因为 $q = q_n q_e q_t q_r q_v$ 中，只有 $q_t$ 与 $V$ 有关，所以必须写成偏微分，其它均可写成全微分。）

若将各运动形式基态能值规定为零，基态系统内能为：

$$U^0 = Nk_B T^2 \left( \frac{\partial \ln q^0}{\partial T} \right)_V \tag{9.111}$$

将 $q^0 = q e^{\varepsilon_0/(k_B T)}$， $U = Nk_B T^2 \left( \frac{\partial \ln q}{\partial T} \right)_V$ ，代入式（9.111），得：

$$U^0 = Nk_B T^2 \left( \frac{\partial \ln q^0}{\partial T} \right)_V = Nk_B T^2 \left[ \frac{\partial \ln q e^{\varepsilon_0/(kT)}}{\partial T} \right]_V$$

$$= Nk_B T^2 \left( \frac{\partial \ln q}{\partial T} \right)_V + Nk_B T^2 \left\{ \frac{\partial [\varepsilon_0 / (k_B T)]}{\partial T} \right\}_V = U - N\varepsilon_0 \tag{9.112}$$

说明内能与零点选择有关。$N\varepsilon_0$ 可认为是全部粒子处于基态的内能 $U_0$，故有 $U^0 = U - U_0$。即：

$$U^0 = U_t^0 + U_r^0 + U_v^0 + U_e^0 + U_n^0 \tag{9.113}$$

处于基态时，对于电子与核：

$$U_e^0 = U_e - U_{e,0}, \quad U_n^0 = U_n - U_{n,0}$$

$q_e^0 = g_{e,0} =$ 常数， $U_e^0 = Nk_B T^2 \left( \frac{\partial \ln q_e^0}{\partial T} \right)_V = 0$；

$q_n^0 = g_{n,0} =$ 常数， $U_n^0 = Nk_B T^2 \left( \frac{\partial \ln q_n^0}{\partial T} \right)_V = 0$。

因此，式（9.113）中，只需要计算 $U^0 = U_t^0 + U_r^0 + U_v^0$ 即可。

同理可以获得独立子离域系统的其它热力学函数，如式（9.114）～式（9.119）：

$$S = k_B \ln \frac{q^N}{N!} + Nk_B T \left( \frac{\partial \ln q}{\partial T} \right)_{V,N} \tag{9.114}$$

$$P = k_B NT \left( \frac{\partial \ln q'}{\partial V} \right)_{T,N} \tag{9.115}$$

$$S = k_B \ln \frac{(q')^N}{N!} + Nk_B T \left( \frac{\partial \ln q'}{\partial T} \right)_{V,N};$$

$$H = Nk_B T^2 \left( \frac{\partial \ln q'}{\partial T} \right)_{V,N} + k_B NTV \left( \frac{\partial \ln q'}{\partial V} \right)_{T,N} + U_0 \tag{9.116}$$

$$A=-k_BT\ln\frac{(q')^N}{N!}+U_0 \tag{9.117}$$

$$G=-k_BT\ln\frac{(q')^N}{N!}+k_BNTV\left(\frac{\partial\ln q'}{\partial V}\right)_{T,N}+U_0 \tag{9.118}$$

$$C_V=\left(\frac{\partial U}{\partial T}\right)_V=\frac{\partial}{\partial T}\left[Nk_BT^2\left(\frac{\partial\ln q'}{\partial T}\right)_{V,N}\right]_V \tag{9.119}$$

## 9.5.3 单原子理想气体（独立子离域系统）热力学函数计算

由于单原子分子内部运动没有转动和振动方式，因此单原子体系的热力学函数只考虑内部的原子核、电子运动贡献和外部的平动贡献。理想气体是离域子系统，所以它的一系列热力学函数用配分函数的计算式分列如下。

（1）内能

在热力学第一定律的学习中，通过焦耳（Joule）实验，可以获得对理想气体而言，$U=U(T)$的结论；在热力学第二定律的学习中，学习了麦克斯韦关系式后，可以证明$U=U(T)$，而统计热力学则可以从微观说明$U=U(T)$。

对单原子理想气体的内能只考虑平动能的贡献$U_t$，所以：

$$U_t^0\approx U_t=Nk_BT^2\left(\frac{\partial\ln q_t}{\partial T}\right)_V=Nk_BT^2\left[\frac{\partial\ln\left(\frac{2\pi mk_BT}{h^2}\right)^{3/2}V}{\partial T}\right]_V$$

$$=Nk_BT^2\left[\frac{\frac{3}{2}\partial\ln\left(\frac{2\pi mk_BT}{h^2}\right)}{\partial T}\right]_V+0=\frac{3}{2}Nk_BT^2\times\frac{h^2}{2\pi mk_BT}\times\frac{2\pi mk_B}{h^2}$$

$$=\frac{3}{2}Nk_BT^2\frac{1}{T}=\frac{3}{2}Nk_BT$$

$$U_t^0=\frac{3}{2}Nk_BT \tag{9.120}$$

所以对于 1mol 单原子理想气体分子而言：$U_{t,m}^0=\frac{3}{2}Nk_BT=\frac{3}{2}N_Ak_BT=\frac{3}{2}RT$（$N_A$为阿伏伽德罗常数）。此结果与普通物理中能量按自由度均分定律相符，说明平动能级的量子化效应不明显。

1mol 单原子理想气体分子的内能：$U_m=U_{t,m}^0+U_{0,m}=\frac{3}{2}RT+U_{0,m}$，证明了$U=U(T)$。

（2）定容热容

$C_V=C_{V,t}=\left(\frac{\partial U_t}{\partial T}\right)_{V,N}=\frac{3}{2}Nk_B$，这个结论与经典的能量均分原理的结果是一致的，单原子分子只有三个平动自由度，每个自由度贡献$\frac{1}{2}k_B$，则$N$个粒子共$\frac{3}{2}Nk_B$。

$$C_{V,\mathrm{m}} = \frac{3}{2}N_{\mathrm{A}}k_{\mathrm{B}} = \frac{3}{2}R \tag{9.121}$$

式（9.116）的结论在热力学第一定律的学习中被直接应用。$C_V$ 值与能量零点选择无关。

（3）亥姆霍兹自由能 $A$

因为：$A = A_{\mathrm{n}} + A_{\mathrm{e}} + A_{\mathrm{t}} = -Nk_{\mathrm{B}}T\ln q_{\mathrm{n}} - Nk_{\mathrm{B}}T\ln q_{\mathrm{e}} - k_{\mathrm{B}}T\ln\frac{q_{\mathrm{t}}^N}{N!}$

所以：

$$A = -k_{\mathrm{B}}T\left[g_{\mathrm{n},0}\exp\left(-\frac{\varepsilon_{\mathrm{n},0}}{kT}\right)\right]^N - k_{\mathrm{B}}T\left[g_{\mathrm{e},0}\exp\left(-\frac{\varepsilon_{\mathrm{e},0}}{kT}\right)\right]^N - Nk_{\mathrm{B}}T\ln\frac{(2\pi mkT)^{3/2}}{h^3}$$
$$-Nk_{\mathrm{B}}T\ln V + Nk_{\mathrm{B}}T\ln N - Nk_{\mathrm{B}}T$$

即：

$$A = (N\varepsilon_{\mathrm{n},0} + N\varepsilon_{\mathrm{e},0}) - Nk_{\mathrm{B}}T\ln g_{\mathrm{n},0}g_{\mathrm{e},0} - Nk_{\mathrm{B}}T\ln\frac{(2\pi mk_{\mathrm{B}}T)^{3/2}}{h^3} - Nk_{\mathrm{B}}T\ln V$$
$$+Nk_{\mathrm{B}}T\ln N - Nk_{\mathrm{B}}T \tag{9.122}$$

第一项是核和电子处于基态时的能量，第二项是与简并度有关的项。在计算热力学函数变量时，这些都可以消去。

（4）压强

将 $A$ 的表示式代入，由于其它项均与体积无关，只有平动项中有一项与 $V$ 有关，代入即得理想气体状态方程。

$$p = -\left(\frac{\partial A}{\partial V}\right)_{T,N} = k_{\mathrm{B}}NT\left(\frac{\partial \ln q}{\partial V}\right)_{T,N} \tag{9.123}$$

$$p = k_{\mathrm{B}}NT\left(\frac{\partial \ln q}{\partial V}\right)_{T,N} = \frac{Nk_{\mathrm{B}}T}{V} = \frac{nN_{\mathrm{A}}k_{\mathrm{B}}T}{V} = \frac{nRT}{V}$$

只有利用统计热力学的方法可以导出理想气体状态方程，这是经典热力学无法办到的。

（5）化学势 $\mu$

$$\mu = \left(\frac{\partial G}{\partial N}\right)_{T,p} = \left(\frac{\partial A}{\partial N}\right)_{T,V}$$

对于理想气体，将 $V = \dfrac{Nk_{\mathrm{B}}T}{p}$ 代入 $A$ 的表示式，得：

$$\mu = (\varepsilon_{\mathrm{n},0} + \varepsilon_{\mathrm{e},0}) - k_{\mathrm{B}}T\ln g_{\mathrm{n},0}g_{\mathrm{e},0} - k_{\mathrm{B}}T\ln\frac{(2\pi mk_{\mathrm{B}}T)^{\frac{3}{2}}}{h^3} - k_{\mathrm{B}}T\ln k_{\mathrm{B}}T + k_{\mathrm{B}}T\ln p$$

对 1mol 气体分子而言，各项均乘以阿伏伽德罗常数 $N_{\mathrm{A}}$，则 1mol 气体的化学势为：

$$\mu = N_{\mathrm{A}}(\varepsilon_{\mathrm{n},0} + \varepsilon_{\mathrm{e},0}) - RT\ln g_{\mathrm{n},0}g_{\mathrm{e},0} - RT\ln\frac{(2\pi mk_{\mathrm{B}}T)^{\frac{3}{2}}}{h^3} - RT\ln k_{\mathrm{B}}T + RT\ln p \tag{9.124}$$

当处于标准态时，即 $p = p^{\ominus}$，则：

$$\mu^{\ominus} = N_{\mathrm{A}}(\varepsilon_{\mathrm{n},0} + \varepsilon_{\mathrm{e},0}) - RT\ln g_{\mathrm{n},0}g_{\mathrm{e},0} - RT\ln\frac{(2\pi mk_{\mathrm{B}}T)^{\frac{3}{2}}}{h^3} - RT\ln k_{\mathrm{B}}T + RT\ln p^{\ominus}$$

从该式可看出，$p^{\ominus}$ 一定时，$\mu^{\ominus}$ 只是 $T$ 的函数。两式相减得：

$$\mu(T,p) = \mu^{\ominus}(T) + RT\ln(p/p^{\ominus})$$

与热力学获得的结果一致。

（6）焓

$$H_{\mathrm{t}}^0 = Nk_{\mathrm{B}}T^2\left(\frac{\partial \ln q}{\partial T}\right)_{V,N} + k_{\mathrm{B}}NTV\left(\frac{\partial \ln q}{\partial V}\right)_{T,N}$$

即

$$H_{\mathrm{t}}^0 = U_{\mathrm{t}}^0 + pV = \frac{3}{2}Nk_{\mathrm{B}}T + Nk_{\mathrm{B}}T = \frac{5}{2}Nk_{\mathrm{B}}T$$

1mol 单原子理想气体分子的焓：

$$H_{\mathrm{m}} = H_{\mathrm{t,m}}^0 + U_{0,\mathrm{m}} = \frac{5}{2}RT + U_{0,\mathrm{m}} \tag{9.125}$$

（7）定容热容 $C_p$

$C_p = C_{p,\mathrm{t}} = \left(\frac{\partial H_{\mathrm{t}}}{\partial T}\right)_{V,N} = \frac{5}{2}Nk_{\mathrm{B}}$，所以：

$$C_{p,\mathrm{m}} = \frac{5}{2}N_{\mathrm{A}}k_{\mathrm{B}} = \frac{5}{2}R \tag{9.126}$$

$C_p$ 值与能量零点选择无关。

（8）吉布斯函数 $G$

$$G = -k_{\mathrm{B}}NT\ln q + k_{\mathrm{B}}NTV\left(\frac{\partial \ln q}{\partial V}\right)_{T,N} = A_{\mathrm{t}} + pV$$

$$= Nk_{\mathrm{B}}T\ln\frac{(2\pi mkT)^{3/2}}{h^3} - Nk_{\mathrm{B}}T\ln V + Nk_{\mathrm{B}}T\ln N - Nk_{\mathrm{B}}T + Nk_{\mathrm{B}}T$$

$$G = Nk_{\mathrm{B}}T\ln\frac{(2\pi mkT)^{3/2}}{h^3} - Nk_{\mathrm{B}}T\ln V + Nk_{\mathrm{B}}T\ln N \tag{9.127}$$

（9）熵函数 $S$

熵分为量热熵和统计熵。量热熵如 2.9.3 小节所述，$S$（0K）到 $S$（任意状态），通过实验获得；统计熵满足 $S = k_{\mathrm{B}}\ln\frac{(q')^N}{N!} + Nk_{\mathrm{B}}T\left(\frac{\partial \ln q'}{\partial T}\right)_{V,N}$，通过统计热力学计算获得。因为常温下，电子运动与核运动均处于基态，一般物理化学过程只涉及平动、转动及振动。通常，将由统计热力学方法计算出的 $S_{\mathrm{t}}$、$S_{\mathrm{r}}$、$S_{\mathrm{v}}$ 之和称为统计熵。因为计算它时要用到光谱数据，故又称光谱熵。

而热力学中以第三定律为基础，由量热实验测得热数据求出的规定熵被称作量热熵。

$$
\begin{aligned}
S &= k_B \ln \frac{(q_t)^N (q_r)^N (q'_v)^N (q'_e)^N (q'_n)^N}{N!} + Nk_B T\left(\frac{\partial \ln q_t q_r q'_v q'_e q'_n}{\partial T}\right)_{V,N} \\
&= k_B \ln \frac{(q_t)^N}{N!} + Nk_B T\left(\frac{\partial \ln q_t}{\partial T}\right)_{V,N} \quad (\text{平动熵}S_t) \\
&\quad + k_B \ln \frac{(q_r)^N}{N!} + Nk_B T\left(\frac{\partial \ln q_r}{\partial T}\right)_{V,N} \quad (\text{转动熵}S_r) \\
&\quad + k_B \ln \frac{(q'_v)^N}{N!} + Nk_B T\left(\frac{\partial \ln q'_v}{\partial T}\right)_{V,N} \quad (\text{振动熵}S_v) \\
&\quad + k_B \ln \frac{(q'_e)^N}{N!} + Nk_B T\left(\frac{\partial \ln q'_e}{\partial T}\right)_{V,N} \quad (\text{电子熵}S_e) \\
&\quad + k_B \ln \frac{(q'_n)^N}{N!} + Nk_B T\left(\frac{\partial \ln q'_n}{\partial T}\right)_{V,N} \quad (\text{核熵}S_n)
\end{aligned}
\tag{9.128}
$$

所以

$$
S = S_t + S_r + S_v + S_e + S_n \tag{9.129}
$$

$S_{计算熵} = S - S$（0K），此时电子运动和核运动状态相同，所以对 $S_{计算熵}$ 无贡献。$S_{统计熵}$ 中只需计算 $S = S_t + S_r + S_v$，单原子理想气体没有转动和振动，所以：

$$
\begin{aligned}
S_t &= k_B \ln \frac{(q_t)^N}{N!} + Nk_B T\left(\frac{\partial \ln q_t}{\partial T}\right)_{V,N} \\
&= k_B(\mathrm{N}\ln q_t - N\ln N + N) + Nk_B T\left[\frac{\partial}{\partial T}\left(\frac{(2\pi m k_B T)^{\frac{3}{2}}}{h^3}V\right)\right]_{V,N} \\
&= Nk_B \ln \frac{q_t}{N} + Nk_B + Nk_B T \times \frac{3}{2} \times \frac{1}{T}
\end{aligned}
$$

即

$$
S_t = Nk_B\left(\ln \frac{q_t}{N} + \frac{5}{2}\right) \tag{9.130}
$$

所以：

$$
S_t = Nk_B\left[\ln \frac{(2\pi m k_B T)^{\frac{3}{2}}}{Nh^3}V + \frac{5}{2}\right] \tag{9.131}
$$

此式说明了在热力学学习中，定性判断熵增加的规律，即：①物质的量或粒子数 $N$ 增大，熵增大；②系统温度升高，熵增大；③系统体积增大，熵增大；④系统质量 $m$ 增大，熵增大。

单原子理想气体的熵也可以用下式计算：

$$
S = -\left(\frac{\partial A}{\partial T}\right)_{V,N} = Nk_B\left[\ln g_{n,0} g_{e,0} + \ln\left(\frac{2\pi mk}{h^2}\right)^{\frac{3}{2}} + \ln V - \ln N + \frac{3}{2}\ln T + \frac{5}{2}\right] \tag{9.132}
$$

上式也称为萨克尔-泰特洛德（Sackur-Tetrode）方程，可用来计算单原子理想气体的熵，基态时 $g_{n,0} = g_{e,0} = 1$。

理想气体，$N = 1\text{mol}$ 时，$m = M/L$，$V = nRT/p$，有：

$$S_{m,t}=R\left[\frac{3}{2}\ln m+\frac{5}{2}\ln T-\ln p+20.723\right] \tag{9.133}$$

系统的熵值说明其总微观状态数的多少，这就是熵的统计意义。$\Omega$是系统的热力学概率，$\Omega$越大，能量分布的微观方式越多，系统的无序度越大，熵也越大。$N$很大时，$\ln\Omega_{max}\approx\ln\Omega$。

0K时，各种运动形式均处于基态。

完美晶体：粒子排列只一种方式，$\Omega=1$，$S_0=\ln\Omega=\ln 1=0$。

异核分子晶体：如果粒子取向不一致，则$\Omega>1$，$S_0>0$。

热力学指出，隔离系统中一切自发过程趋于熵增大，从统计角度来看，即自发过程趋于$\Omega$增大，趋于达到一个热力学概率最大的状态，这个状态也即是平衡状态。

因为只有对大量粒子，概率及其有关性质才适用，所以，从统计角度来看，熵及其热力学定理仅适用于含有大量粒子的宏观系统。对粒子数很少的系统，是不适用的。

【例 9.6】计算单原子理想气体：1mol, $He(T_1,V_1)\longrightarrow He(T_2,V_2)$过程中的熵变$\Delta S$。

【解答】

$$\begin{aligned}\Delta S&=\Delta S_t=\Delta S_{t,2}-\Delta S_{t,1}\\&=R\left[\ln(T_2^{\frac{3}{2}}V_2)-\ln(T_1^{\frac{3}{2}}V_1)\right]=\frac{3}{2}R\ln\frac{T_2}{T_1}+R\ln\frac{V_2}{V_1}\end{aligned}$$

对比可知，此解法与热力学的解法完全相同。

【例 9.7】试求298.15K时氖气的标准统计熵，并与量热法得出的标准量热熵$146.6J\cdot K^{-1}\cdot mol^{-1}$进行比较。

【解答】Ne是单原子气体，其摩尔平动熵即其摩尔熵。故可用萨克尔-泰特洛德方程计算。

将氖的摩尔质量$M=20.1797\times10^{-3}kg\cdot mol^{-1}$，温度$T=298.15K$及标准压力代入萨克尔-泰特洛德方程，得：

$$S_m^{\ominus}=R\left(\frac{3}{2}\ln M+\frac{5}{2}\ln T-\ln p+20.723\right)$$

代入数据，可得：

$$\begin{aligned}S_m^{\ominus}&=R\left[\frac{3}{2}\ln(20.1797\times10^{-3})+\frac{5}{2}\ln 298.15-\ln(1\times10^5)+20.723\right]\\&=146.33J\cdot mol^{-1}\cdot K^{-1}\end{aligned}$$

与其量热熵相比，相对误差仅为0.2%。

### 9.5.4 双原子理想气体（独立子离域系统）热力学函数计算

（1）内能

① 转动能的计算

转动能的计算（对线型分子）

$$U_r^0=U_r=Nk_BT^2\frac{d\ln q_r}{dT}=Nk_BT^2\left(\frac{d\ln\frac{T}{\Theta_r\sigma}}{dT}\right)=Nk_BT \tag{9.134}$$

对于 1mol 线型分子而言 $U_{r,m}^0 = Nk_BT = N_Ak_BT = RT$，此结果也与普通物理中能量按自由度均分定律相符，说明转动能级的量子化效应不明显。

② 振动能的计算

$$U_v^0 = Nk_BT^2\frac{\mathrm{d}\ln q_v^0}{\mathrm{d}T} = Nk_BT^2\frac{\mathrm{d}\ln\left(\dfrac{1}{1-e^{-\Theta_v/T}}\right)}{\mathrm{d}T} = Nk_B\Theta_v\frac{1}{e^{\Theta_v/T}-1} \tag{9.135}$$

通常情况下，$\Theta_v >> T$，量子化效应较突出。

因为 $\dfrac{\Theta_v}{T}>>1,\ q_v^0\approx 1,\ U_v^0\approx 0$，所以振动基本都处于基态，对 $U_v^0$ 无贡献。

若 $\Theta_v << T$（高温或者 $\Theta_v$ 比较小），$e^{\Theta_v/T}\approx 1+\dfrac{\Theta_v}{T}$

$$U_v^0 = Nk_B\Theta_v\frac{1}{e^{\Theta_v/T}-1} = Nk_BT \tag{9.136}$$

对于 1mol 理想气体：

$$U_{v,m}^0 = Nk_BT = N_Ak_BT = RT$$

振动虽只有一个自由度，但能量由动能和位能两部分组成，故有 2 个 $\frac{1}{2}RT$，此结果也与普通物理中能量按自由度均分定律相符，说明高温时振动能级的量子化效应不明显。

电子与核运动均处于基态时。

单原子分子：

$$U_m = U_{t,m}^0 + U_{0,m} = \frac{3}{2}RT + U_{0,m} \tag{9.137}$$

双原子分子：

低温：
$$U_m = U_{t,m}^0 + U_{r,m}^0 + U_{v,m}^0 = \frac{5}{2}RT + U_{0,m}\ (U_{v,m}^0\approx 0) \tag{9.138}$$

高温 $\Theta_v$ 比较小：
$$U_m = \frac{7}{2}RT + U_{0,m}\ (U_{v,m}^0\approx RT) \tag{9.139}$$

（2）熵

① 转动熵的计算

因为：$q_r^0 = q_r = \dfrac{T}{\Theta_r\sigma}$，$U_r^0 = Nk_BT$

所以：

$$S_r = Nk_B\ln q^0 + \frac{U_r^0}{T} = Nk_B\ln\left(\frac{T}{\Theta_r\sigma}\right) + Nk_B \tag{9.140}$$

② 振动熵的计算

因为：$q_v^0 = (1-e^{-\Theta_v/T})^{-1}$，$U_v^0 = \dfrac{Nk_B\Theta_v}{e^{\Theta_v/T}-1}$

所以：

$$S_v = Nk_B \ln q_v^0 + U_v^0 / T = Nk_B \ln(1-e^{-\Theta_v/T})^{-1} + Nk_B\Theta_v T^{-1}(e^{\Theta_v/T}-1)^{-1} \quad (9.141)$$

$$\begin{aligned} S &= S_t + S_r + S_v \\ &= Nk\left[\ln\frac{(2\pi m k_B T)^{\frac{3}{2}}}{Nh^3}V + \frac{5}{2}\right] + Nk_B\ln\left(\frac{T}{\Theta_r\sigma}\right) + Nk_B \\ &\quad + Nk_B\ln(1-e^{-\Theta_v/T})^{-1} + Nk_B\Theta_v T^{-1}(e^{\Theta_v/T}-1)^{-1} \end{aligned} \quad (9.142)$$

【例 9.8】已知 $N_2$ 分子的 $\Theta_r = 2.863\text{K}$，$\Theta_v = 3352\text{K}$，试求 298.15K 时 $N_2$ 分子的标准摩尔统计熵，并与标准摩尔量热熵 $S_m^\ominus = 191.61\text{J}\cdot\text{K}^{-1}\cdot\text{mol}^{-1}$ 比较。

【解答】$N_2$ 为双原子分子，其标准摩尔统计熵为：

$$S_m^\ominus = S_{t,m}^\ominus + S_{r,m} + S_{v,m}$$

将已知数据分别代入平动、转动和振动熵的计算的公式：

$$S_{m,r} = R\ln[T/(\Theta_r\sigma)] + R = R\ln[298.15/(2.863\times 2)] + R = 41.18\text{J}\cdot\text{mol}^{-1}\cdot\text{K}^{-1}$$

$$\begin{aligned} S_{m,t}^\ominus &= R\left[\frac{3}{2}\ln M + \frac{5}{2}\ln T - \ln p + 20.723\right] \\ &= R\left[\frac{3}{2}\ln(28.0134\times10^{-3}) + \frac{5}{2}\ln 298.15 - \ln(1\times10^5) + 20.723\right] \\ &= 150.41\text{J}\cdot\text{mol}^{-1}\cdot\text{K}^{-1} \end{aligned}$$

$$\begin{aligned} S_{m,v} &= R\ln(1-e^{-\Theta_v/T})^{-1} + RQ_v T^{-1}(e^{\Theta_v/T}-1)^{-1} \\ &= R\ln(1-e^{-3352/298.15})^{-1} + R(3352/298.15)(e^{3352/298.15}-1)^{-1} \\ &= 0.00133\text{J}\cdot\text{mol}^{-1}\cdot\text{K}^{-1} \end{aligned}$$

$$\begin{aligned} S_m^\ominus &= S_{m,t}^\ominus + S_{m,r} + S_{m,v} \\ &= (150.42 + 41.18 + 0.00133)\text{J}\cdot\text{mol}^{-1}\cdot\text{K}^{-1} = 191.59\text{J}\cdot\text{mol}^{-1}\cdot\text{K}^{-1} \end{aligned}$$

与其标准摩量热熵 $S_m^\ominus = 191.61\text{J}\cdot\text{K}^{-1}\cdot\text{mol}^{-1}$ 吻合得非常好。

③ 统计熵与量热熵的简单比较

在 298.15K 下，大部分物质的 $S_{m,统计}^\ominus$ 与 $S_{m,量热}^\ominus$ 基本相同，但有一些例外，例如表 9.9 中的 $H_2$ 与 CO。将它们的差值 $(S_{m,统计}^\ominus - S_{m,量热}^\ominus)$ 称为残余熵。残余熵的产生原因可归结为低温下量热实验中系统未能达到真正的平衡态。

**表 9.9　$H_2$ 与 CO 的 $S_{m,统计}^\ominus$ 与 $S_{m,量热}^\ominus$ 的比较**

| 物质 | $S_{m,统计}^\ominus/(\text{J}\cdot\text{K}^{-1}\cdot\text{mol}^{-1})$ | $S_{m,量热}^\ominus/(\text{J}\cdot\text{K}^{-1}\cdot\text{mol}^{-1})$ | $(S_{m,统计}^\ominus - S_{m,量热}^\ominus)/(\text{J}\cdot\text{K}^{-1}\cdot\text{mol}^{-1})$ |
|---|---|---|---|
| $H_2$ | 130.66 | 124.43 | 6.23 |
| CO | 197.95 | 193.30 | 4.65 |

（3）热容

因为：$C_{V,m} = \left(\frac{\partial U_m^0}{\partial T}\right)_V = \left[\frac{\partial(U_t^0 + U_r^0 + U_v^0)}{\partial T}\right]_V$

所以：$C_{V,\mathrm{m}} = C_{V,\mathrm{m(t)}} + C_{V,\mathrm{m(r)}} + C_{V,\mathrm{m(v)}}$

已知：$C_{V,\mathrm{m(t)}} = \dfrac{3}{2}R$；$C_{V,\mathrm{m(r)}} = R$

当 $\Theta_{\mathrm{v}} >> T$ 时，$U_{V,\mathrm{m}}^{0} = 0$，$C_{V,\mathrm{m(v)}} = 0$；当$\Theta_{\mathrm{v}} \ll T$ 时，$U_{V,\mathrm{m}}^{0} = RT$，$C_{V,\mathrm{m(v)}} = R$，所以，常温时：

$$C_{V,\mathrm{m}} = C_{V,\mathrm{m(t)}} + C_{V,\mathrm{m(r)}} + C_{V,\mathrm{m(v)}} = \frac{5}{2}R \tag{9.143}$$

高温时：

$$C_{V,\mathrm{m}} = C_{V,\mathrm{m(t)}} + C_{V,\mathrm{m(r)}} + C_{V,\mathrm{m(v)}} = \frac{7}{2}R \tag{9.144}$$

## 9.6 理想气体反应标准平衡常数的统计热力学计算

### 9.6.1 理想气体的摩尔吉布斯自由能函数

由热力学定律可知：$\Delta_{\mathrm{r}}G_{\mathrm{m}}^{\ominus} = -RT\ln K^{\ominus}$，如用统计方法可计算出反应前后的 $G_{\mathrm{m},T}^{\ominus}$，即可求出 $K^{\ominus}$。设反应为理想气体，用独立离域子系统公式：

$$G = -k_{\mathrm{B}}NT\ln\left(\frac{q}{N}\right) - Nk_{\mathrm{B}}T + k_{\mathrm{B}}NTV\left(\frac{\partial \ln q}{\partial V}\right)_{T,N}$$

因为 $q_{\mathrm{r}}$、$q_{\mathrm{v}}$、$q_{\mathrm{e}}$、$q_{\mathrm{n}}$ 均与系统体积无关，仅 $q_{\mathrm{t}}$ 含有体积项。上式中：

$$\left(\frac{\partial \ln q}{\partial V}\right)_{T,N} = \left(\frac{\partial \ln q_{\mathrm{t}}}{\partial V}\right)_{T,N} = \left(\frac{\partial \ln\left[\left(\dfrac{2\pi mk_{\mathrm{B}}T}{h^2}\right)^{\frac{3}{2}}V\right]}{\partial V}\right)_{T,N}$$

$$= \left[\frac{\partial \ln\left(\dfrac{2\pi mk_{\mathrm{B}}T}{h^2}\right)^{\frac{3}{2}}}{\partial V}\right]_{T,N} + \left(\frac{\partial \ln V}{\partial V}\right)_{T,N} = \frac{1}{V}$$

将此关系代入得：

$$G_T = -k_{\mathrm{B}}NT\ln\left(\frac{q}{N}\right) - Nk_{\mathrm{B}}T + k_{\mathrm{B}}NTV\left(\frac{\partial \ln q}{\partial V}\right)_{T,N}$$

$$= -k_{\mathrm{B}}NT\ln\left(\frac{q}{N}\right) - Nk_{\mathrm{B}}T + k_{\mathrm{B}}NTV \times \frac{1}{V} = -k_{\mathrm{B}}NT\ln\left(\frac{q}{N}\right)$$

对一摩尔物质在标准态时则有：

$$G_{\mathrm{m},T}^{\ominus} = -k_{\mathrm{B}}NT\ln\left(\frac{q}{N_{\mathrm{A}}}\right) \tag{9.145}$$

若 $q$ 以基态能级规定为零时的 $q^0$ 表示，则：

$$G_{\mathrm{m},T}^{\ominus} = -RT\ln\left(\frac{q^0}{N_{\mathrm{A}}}\right) + U_{0,\mathrm{m}} \tag{9.146}$$

$U_{0,m}$为 1mol 纯理想气体在 0K 时的内能，但具体数值无法求得。将上式移项，得标准摩尔吉布斯自由能函数：

$$\frac{G_{m,T}^{\ominus}-U_{0,m}}{T}=-R\ln\left(\frac{q^0}{N_A}\right) \tag{9.147}$$

等式左端称为标准摩尔吉布斯自由能函数，其值可由温度 $T$、压力 100kPa 时物质的 $q^0$ 求出。因 0K 时 $U_{0,m}\approx H_{0,m}$，所以上式也可表示为：

$$\frac{G_{m,T}^{\ominus}-H_{0,m}}{T}=-R\ln\left(\frac{q^0}{N_A}\right) \tag{9.148}$$

根据式（9.147）及式（9.148），标准摩尔吉布斯自由能函数可查表 9.10。

**表 9.10 某些气体物质的** $-\left(\frac{G_{m,T}^{\ominus}-H_{0,m}}{T}\right)$ 单位：$J\cdot mol^{-1}\cdot K^{-1}$

| 物质 | 298K | 500K | 1000K | 1500K |
|---|---|---|---|---|
| $H_2$ | 102.28 | 117.24 | 137.09 | 149.02 |
| $O_2$ | 176.09 | 191.24 | 212.24 | 225.25 |
| CO | 168.52 | 183.62 | 204.17 | 216.77 |
| $CO_2$ | 182.37 | 199.56 | 226.51 | 244.79 |
| $CH_4$ | 152.66 | 170.61 | 199.48 | 221.49 |
| $H_2O$ | 155.67 | 172.91 | 196.85 | 211.87 |

## 9.6.2 理想气体的标准摩尔焓函数

由热力学有：$U=H-pV$。

1mol 理想气体，在温度 $T$ 时的标准摩尔焓为：

$$H_{m,T}^{\ominus}=RT^2\left(\frac{\partial\ln q}{\partial T}\right)_V+RT=RT^2\left(\frac{\partial\ln q^0}{\partial T}\right)_V+U_{0,m}+RT$$

移项得：

$$\frac{H_{m,T}^{\ominus}-U_{0,m}}{T}=RT\left(\frac{\partial\ln q^0}{\partial T}\right)_V+R \tag{9.149}$$

等式左边称为理想气体的标准摩尔焓函数。

因 0K 时，$U_{0,m}\approx H_{0,m}$，所以上式也可表示为：$\frac{H_{m,T}^{\ominus}-H_{0,m}}{T}$，焓函数也是计算理想气体化学平衡时的基础数据。常用物质 298K 时的 $H_{m,T}^{\ominus}-H_{0,m}$ 可查表得到。

总结如下：

$G_{离}=-Nk_BT\ln\frac{q}{N}-Nk_BT+Nk_BTV\left(\frac{\partial\ln q}{\partial V}\right)_T$；

$\left(\frac{\partial\ln q}{\partial V}\right)_T=\left(\frac{\partial\ln q_t}{\partial V}\right)_T=\frac{1}{V}$；

$$G_{m,T}^{\ominus} = -RT\ln\left(\frac{q}{N_A}\right) = -RT\ln\left(\frac{q^0}{N_A}\right) + U_{0,m}\text{;}$$

$$\frac{G_{m,T}^{\ominus} - U_{0,m}}{T} = -R\ln\left(\frac{q^0}{N_A}\right)\text{;}$$

$$H = Nk_BT^2\left(\frac{\partial \ln q}{\partial T}\right)_V + Nk_BTV\left(\frac{\partial \ln q}{\partial V}\right)_T\text{;}$$

$$H_{m,T}^{\ominus} = RT^2\left(\frac{\partial \ln q}{\partial T}\right)_V + RT = RT^2\left(\frac{\partial \ln q^0}{\partial T}\right)_V + U_{0,m} + RT\text{;}$$

$$\frac{H_{m,T}^{\ominus} - U_{0,m}}{T} = RT\left(\frac{\partial \ln q^0}{\partial T}\right)_V + R\text{。}$$

## 9.6.3 理想气体反应标准平衡常数的统计热力学计算

理想气体的任一个化学反应：

$$\sum_B \nu_B B = 0$$

$$\Delta_r G_{m,T}^{\ominus} = -RT\ln K^{\ominus}$$

$$-\ln K^{\ominus} = \frac{\Delta_r G_m^{\ominus} - \Delta_r U_{0,m} + \Delta_r U_{0,m}}{RT} = \frac{1}{R}\Delta_r\left(\frac{G_m^{\ominus} - U_{0,m}}{T}\right) + \frac{1}{RT}\Delta_r U_{0,m}$$

$$\Delta_r U_{0,m} = \Delta_r H_{m,298K}^{\ominus} - \Delta_r(H_{m,298K}^{\ominus} - U_{0,m})$$

【例 9.9】查表，计算 1000 K 时下列反应的标准平衡常数：

$$CO(g) + H_2O \rightleftharpoons CO_2(g) + H_2(g)$$

【解答】查表得到以下数据：

| 物质 | $-\dfrac{\frac{G_m^{\ominus}-U_{0,m}}{T}(1000K)}{J\cdot mol^{-1}\cdot K^{-1}}$ | $-\dfrac{(H_m^{\ominus}-U_{0,m})(298K)}{kJ\cdot mol^{-1}}$ | $-\dfrac{\Delta_f H_m^{\ominus}(298K)}{kJ\cdot mol^{-1}}$ |
|---|---|---|---|
| $CO_2$ | 226.51 | 9.364 | −393.15 |
| $H_2$ | 137.09 | 8.468 | 0 |
| CO | 204.17 | 8.673 | −110.52 |
| $H_2O$ | 196.85 | 9.910 | −241.82 |

标准摩尔吉布斯自由能函数及标准摩尔焓数对应的温度分别为 1000K 及 298K，$U_{0,m} \approx H_{0,m}$。

$$\begin{aligned}\Delta_r H_m^{\ominus}(298K) &= \sum_B \nu_B H_{m,B}^{\ominus}(298K)\\ &= [-(-110.52)-(-241.82)+(-393.15)+0]kJ\cdot mol^{-1}\\ &= -40.81kJ\cdot mol^{-1}\end{aligned}$$

$$\begin{aligned}\Delta_r[H_m^{\ominus}(298K) - U_{0,m}] &= \sum_B \nu_B[H_{m,B}^{\ominus}(298K) - U_{0,m,B}]\\ &= (-8.673-9.910+9.364+8.468)kJ\cdot mol^{-1}\\ &= -0.751kJ\cdot mol^{-1}\end{aligned}$$

$$\Delta_r U_{0,m} = \Delta_r H_m^{\ominus}(298K) - \Delta_r[H_m^{\ominus}(298K) - U_{0,m}]$$

$$= [-40.81-(-0.751)]kJ \cdot mol^{-1} = -40.059kJ \cdot mol^{-1}$$

$$\Delta_r \left( \frac{G_m^{\ominus} - U_{0,m}}{T} \right)(1000K) = \sum_B \nu_B \left( \frac{G_{m,T,B}^{\ominus} - U_{0,m,B}}{T} \right)(1000K)$$

$$= [-(-204.16)-(-196.85)+(-226.51)+(-137.09)]J \cdot mol^{-1} \cdot K^{-1}$$

$$= 37.41J \cdot mol^{-1} \cdot K^{-1}$$

$$-\ln K^{\ominus} = \frac{1}{R}\Delta_r \left( \frac{G_m^{\ominus} - U_{0,m}}{T} \right)(1000K) + \frac{1}{RT}\Delta_r U_{0,m}$$

$$= \frac{37.41}{8.314} - \frac{40420}{8.314 \times 1000} = -0.3620$$

$$K^{\ominus} = 1.436$$

第 9 章基本概念索引和基本公式汇总

# 习 题

## 一、问答题与证明题

1. 对 1mol 单原子分子理想气体，用统计力学方法证明恒压变温过程的熵变是恒容变温过程熵变的 5/3 倍。（电子运动处于基态）
2. 室温下，氧气的热容随温度升高而增加，这种说法对吗？
3. 室温下双原子分子气体在转动量子数为 $J$ 的转动能级上出现的概率最大时，其 $J$ 值为 $\frac{1}{2}\left[\left(\frac{2T}{\Theta_r}\right)^{1/2} - 1\right]$ 成立吗？
4. 试分别计算 300K 和 101325Pa 下气体氩、氢分子平动运动的 $e^{\alpha}$ 值，以说明离域子系统通常能够符合 $n_i \ll g_i$。
5. 若用 $N! = (N/2)$ 来代替 Stiring 公式，则玻耳兹曼分布的最概然分布公式是否有改变？
6. 理想气体的分配分函数的形式为 $q = Vf(T)$，试导出理想气体的状态方程。
7. 证明：对热力学系统，亥姆霍兹自由能 $A$ 与内能 $U$ 之间必然满足

$$A = U^2 \frac{\frac{\partial}{\partial U}\left(\frac{\ln \Omega}{U}\right)_{N,V}}{\left(\frac{\partial \ln \Omega}{\partial U}\right)_{N,V}}$$

8. 三维简谐振子的能级公式为：

$$\varepsilon_{\rm v}=\left(\upsilon_x+\upsilon_y+\upsilon_z+\frac{3}{2}\right)h\nu=\left(S+\frac{3}{2}\right)h\nu$$

式中，$S$ 为振动量子数，$S=\upsilon_x+\upsilon_y+\upsilon_z=0,1,2,\cdots$

试证明 $\varepsilon_{\rm v}(S)$ 能级的简并度为：$g(S)=\dfrac{1}{2}(S+2)(S+1)S$

9．$N_2$ 与 CO 的分子量相等，转动惯量的差别也极小，在 298.15K 时，振动与电子均不激发。但是 $N_2$ 的标准摩尔熵为 $191.5\text{J}\cdot\text{K}^{-1}\cdot\text{mol}^{-1}$，而 CO 为 $197.56\text{J}\cdot\text{K}^{-1}\cdot\text{mol}^{-1}$。试分析其原因。

10．已知 $N$ 个分子理想气体系统的亥姆霍兹自由能 $F=-kT\ln(q^N/N!)$，最概然分布公式为 $N_i=\exp(a+\beta\varepsilon_i)$，其中 $\beta=1/(kT)$。请证明：$\alpha=\mu/(RT)$，式中 $\mu$ 为化学势，因此最概然分布公式可写为 $N_i=\exp[(\mu-\varepsilon_i N_0)/(RT)]$

11．对一个二维简谐振子，$\varepsilon=(n+1)h\nu$，$g=n+1$。证明：二维简谐振动的配分函数是一维简谐振动配分函数的平方。

12．若取双原子分子的转动惯量 $I=10\times10^{-47}\,\text{kg}\cdot\text{m}^2$，则其第三和第四转动能级的能量间 $\Delta\varepsilon_{\rm r}$ 等于多少？

**二、计算题**

1．HCl 分子的质量 $m=60.54\times10^{-27}\,\text{kg}$，$\Theta_{\rm r}=15.24\text{K}$，$\Theta_{\rm v}=4302\text{K}$。对于 $T=298\text{K}$，$V=24\,\text{dm}^3$ 的 HCl 理想气体，请分别求算分子占据平动、转动、振动基态及第一激发能级上的概率。（$k_{\rm B}=1.38\times10^{-23}\,\text{J}\cdot\text{K}^{-1}$，$h=6.626\times10^{-34}\,\text{J}\cdot\text{s}$）

2．当热力学系统的熵函数增加一个熵单位（$4.184\text{J}\cdot\text{K}^{-1}$）时，系统的微观状态数将增加多少倍？（$k_{\rm B}=1.38\times10^{-23}\,\text{J}\cdot\text{K}^{-1}$）

3．由 $N$ 个粒子组成的热力学系统，其粒子的两个能级为 $\varepsilon_1=0$ 和 $\varepsilon_2=\varepsilon$，相应的简并度为 $g_1$ 和 $g_2$。试写出：

（1）该粒子的配分函数；

（2）假设 $g_1=g_2=1$ 和 $\dfrac{1}{\lambda}=1\times10^{-4}\text{m}^{-1}$，该系统在 A(0K)、B(100K)和 C（温度为无穷大）时，$N_2/N_1$ 比值各为多少？

4．求在 298.15K 下，$NH_3$(g)的转动对内能 $U$、熵 $S$ 的贡献。已知：氨分子为三角锥形，三个主轴的转动特征温度为 14.303K，14.303K 和 9.080K。

5．求 298.15K 时，$O_2$(g)的平动运动对热力学函数 $C_{p,\rm m}^{\ominus}$、$S_{\rm m}^{\ominus}$、$H_{\rm m}^{\ominus}$ 和 $G_{\rm m}^{\ominus}$ 的贡献。

6．单原子钠蒸气（理想气体）在 298K，101325Pa 下的标准摩尔熵为 $153.35\text{J}\cdot\text{K}\cdot\text{mol}^{-1}$（不包括核自旋的熵），而标准摩尔平动熵为 $147.84\text{J}\cdot\text{K}\cdot\text{mol}^{-1}$。又知电子处于基态能级，试求 Na 基态电子能级的简并度为多少？

7．某理想气体 300K 和 $p^{\ominus}$ 时，$q_{\rm t}=10^{30}$，$q_{\rm r}=10^2$，$q_{\rm v}=1.10$，问：

（1）具有平动能 $6.0\times10^{-21}\text{J}$，$g_{\rm t}=10^5$ 分子占的百分数？

（2）具有转动能 $4.0\times10^{-21}\text{J}$，$g_{\rm r}=30$ 分子占的百分数？

（3）具有振动能 $1.0\times10^{-21}\text{J}$，$g_{\rm v}=1$ 分子占的百分数？

8．求 298.15K，$p^{\ominus}$ 时 Na(g)的统计熵。已知 $M(\text{Na})=22.99\,\text{g}\cdot\text{mol}^{-1}$，Na 原子有一未成对电子。

9．$I_2$ 分子的振动基态能量选为零，在激发态的振动波数为：$213.30\text{cm}^{-1}$、$425.39\text{cm}^{-1}$、$636.27\text{cm}^{-1}$、$845.93\text{cm}^{-1}$ 和 $1054.38\text{cm}^{-1}$。试求：

（1）用直接求和的方法计算 298K 时的振动配分函数；

（2）在 298K 时，基态和第一激发态 $I_2$ 分子占总分子数的比例是多少？

（3）在 298K 时，$I_2$ 的平均振动能。

10．假设只考虑分子的电子基态及最低的电子激发态，而且两态均是非简并的。已知分子的电子特征温度为 50000K，试求该分子在 300K 时出现在这一激发态的概率为多少？

11．$N_2$ 分子的转动特征温度 $\Theta_r = 2.86\text{K}$。

（1）计算 298K 的转动配分函数值；

（2）计算 298K 时 1mol $N_2$ 理想气体中占据 $J = 3$ 能级上的最概然分子数；

（3）计算 298K 的 $N_2$ 气的摩尔转动熵 $S_m$。

12．系统中若有 2%的 $Cl_2$ 分子由振动基态到第一振动激发态，$Cl_2$ 分子的振动波数为 $5569\text{cm}^{-1}$，试估算系统的温度。

13．HD 的转动惯量 $I = 6.29\times10^{-48}\text{kg}\cdot\text{m}^2$，用两种方法求 HD 在 298.15K 时的配分函数值。

（1）经典统计。

（2）直接加和。

14．某分子的第一电子激发态比基态高 $2\times10^{-19}\text{J}$，问常温下电子运动对内能等状态函数有无贡献？温度要达到多高之后，电子运动对热力学量才有明显的贡献？

15．被吸附在固体表面上的气体分子可以看作二维气体，写出这种二维气体的平动配分函数。若气体分子的摩尔吸附熵可用下式计算：$S_m = 2R + R\ln(q_t / L)$，则 298.15K 下，$10^{10}$ 个氩气分子被吸附在 $1\times10^{-4}\text{m}^2$ 表面上的熵值是多少？（Ar的$m = [(39.948\times10^{-3})\text{kg}\cdot\text{mol}^{-1}]/[(6.022\times10^{23})\text{mol}^{-1}] = 6.634\times10^{-26}\text{kg}\cdot\text{mol}^{-1}$）

16．对异核双原子分子，试确定分子能量处于振动能级 $\upsilon = 0$ 及转动能级 $J = 2$ 时的概率，用 $\Theta_v$、$\Theta_r$ 表示。（以振动基态为能量零点）

17．在相同温度和压力下比较 $H_2O(g)$和 HOD(g)的平动熵和转动熵的大小。

18．在体积 $V$ 中含有 $N_A$ 个 A 和 $N_B$ 个 B 分子，打开阀门后有 $M$ 个分子流出去，在 $M$ 个分子中有 $M_A$ 个 A 和 $M_B$ 个 B 分子的概率是多少？

19．对 $N$ 个单原子氟理想气体，在 1000K 下实验测得它在电子基态、第一激发态和第二激发态的简并度和能谱分别为：$g_0 = 4$，$g_1 = 2$，$g_2 = 6$，$\upsilon = 0$，$\nu_1 = 4.04\times10^4\text{m}^{-1}$，$\nu_2 = 1.024\times10^7\text{m}^{-1}$，略去其它更高的能级，计算电子在这三个能级上的分布数。

20．$I_2$ 分子的振动基态能量选为零，在激发态的振动波数依次为 $213.30\text{cm}^{-1}$、$425.39\text{cm}^{-1}$、$636.27\text{cm}^{-1}$、$845.93\text{cm}^{-1}$ 和 $1054.38\text{cm}^{-1}$，试求：

（1）用直接求和的方法计算在 298 K 时的振动配分函数；

（2）在 298K 时，基态和第一激发态的 $I_2$ 分子占总分子数的比例分别是多少？

（3）在 298K 时，$I_2$ 的平均振动能是多少？

（$k_B = 1.38\times10^{-23}\text{J}\cdot\text{K}^{-1}$，$h = 6.626\times10^{-34}\text{J}\cdot\text{s}$）

# 附 录

## 附录Ⅰ 元素与基本单位

附表 1 国际原子量表

| 原子序数 | 名称 | 符号 | 原子量 | 原子序数 | 名称 | 符号 | 原子量 |
|---|---|---|---|---|---|---|---|
| 1 | 氢 | H | 1.0079 | 30 | 锌 | Zn | 65.38 |
| 2 | 氦 | He | 4.00260 | 31 | 镓 | Ga | 69.72 |
| 3 | 锂 | Li | 6.941 | 32 | 锗 | Ge | 72.59 |
| 4 | 铍 | Be | 9.01218 | 33 | 砷 | As | 74.9216 |
| 5 | 硼 | B | 10.81 | 34 | 硒 | Se | 78.96 |
| 6 | 碳 | C | 12.011 | 35 | 溴 | Br | 79.904 |
| 7 | 氮 | N | 14.0067 | 36 | 氪 | Kr | 83.80 |
| 8 | 氧 | O | 15.9994 | 37 | 铷 | Rb | 85.4678 |
| 9 | 氟 | F | 18.99840 | 38 | 锶 | Sr | 87.62 |
| 10 | 氖 | Ne | 20.179 | 39 | 钇 | Y | 88.9059 |
| 11 | 钠 | Na | 22.98977 | 40 | 锆 | Zr | 91.22 |
| 12 | 镁 | Mg | 24.305 | 41 | 铌 | Nb | 92.9064 |
| 13 | 铝 | Al | 26.98154 | 42 | 钼 | Mo | 95.94 |
| 14 | 硅 | Si | 28.0855 | 43 | 锝 | Tc | [98] |
| 15 | 磷 | P | 30.97376 | 44 | 钌 | Ru | 101.07 |
| 16 | 硫 | S | 32.06 | 45 | 铑 | Rh | 102.9055 |
| 17 | 氯 | Cl | 35.453 | 46 | 钯 | Pd | 106.4 |
| 18 | 氩 | Ar | 39.948 | 47 | 银 | Ag | 107.868 |
| 19 | 钾 | K | 39.098 | 48 | 镉 | Cd | 112.41 |
| 20 | 钙 | Ca | 40.08 | 49 | 铟 | In | 114.82 |
| 21 | 钪 | Sc | 44.9559 | 50 | 锡 | Sn | 118.69 |
| 22 | 钛 | Ti | 47.90 | 51 | 锑 | Sb | 121.75 |
| 23 | 钒 | V | 50.9415 | 52 | 碲 | Te | 127.60 |
| 24 | 铬 | Cr | 51.996 | 53 | 碘 | I | 126.9045 |
| 25 | 锰 | Mn | 54.9380 | 54 | 氙 | Xe | 131.30 |
| 26 | 铁 | Fe | 55.847 | 55 | 铯 | Cs | 132.9054 |
| 27 | 钴 | Co | 58.9332 | 56 | 钡 | Ba | 137.33 |
| 28 | 镍 | Ni | 58.70 | 57 | 镧 | La | 138.9055 |
| 29 | 铜 | Cu | 63.546 | 58 | 铈 | Ce | 140.12 |

续表

| 原子序数 | 名称 | 符号 | 原子量 | 原子序数 | 名称 | 符号 | 原子量 |
|---|---|---|---|---|---|---|---|
| 59 | 镨 | Pr | 140.9077 | 89 | 锕 | Ac | 227.0278 |
| 60 | 钕 | Nd | 144.24 | 90 | 钍 | Th | 232.0381 |
| 61 | 钷 | Pm | [145] | 91 | 镤 | Pa | 231.0359 |
| 62 | 钐 | Sm | 150.4 | 92 | 铀 | U | 238.029 |
| 63 | 铕 | Eu | 151.96 | 93 | 镎 | Np | 237.0482 |
| 64 | 钆 | Gd | 157.25 | 94 | 钚 | Pu | [239][244] |
| 65 | 铽 | Tb | 158.9254 | 95 | 镅 | Am | [243] |
| 66 | 镝 | Dy | 162.50 | 96 | 锔 | Cm | [247] |
| 67 | 钬 | Ho | 164.9304 | 97 | 锫 | Bk | [247] |
| 68 | 铒 | Er | 167.26 | 98 | 锎 | Cf | [251] |
| 69 | 铥 | Tm | 168.9342 | 99 | 锿 | Es | [252] |
| 70 | 镱 | Yb | 173.04 | 100 | 镄 | Fm | [257] |
| 71 | 镥 | Lu | 174.967 | 101 | 钔 | Md | [258] |
| 72 | 铪 | Hf | 178.49 | 102 | 锘 | No | [259] |
| 73 | 钽 | Ta | 180.9479 | 103 | 铹 | Lr | [262] |
| 74 | 钨 | W | 183.85 | 104 | 𬬻 | Rf | [261] |
| 75 | 铼 | Re | 186.207 | 105 | 𬭊 | Db | [262] |
| 76 | 锇 | Os | 190.2 | 106 | 𬭳 | Sg | [263] |
| 77 | 铱 | Ir | 192.22 | 107 | 𬭛 | Bh | [264] |
| 78 | 铂 | Pt | 195.09 | 108 | 𬭶 | Hs | [265] |
| 79 | 金 | Au | 196.9665 | 109 | 鿏 | Mt | [266] |
| 80 | 汞 | Hg | 200.59 | 110 | 𫟼 | Ds | [269] |
| 81 | 铊 | Tl | 204.37 | 111 | 𬬭 | Rg | [272] |
| 82 | 铅 | Pb | 207.2 | 112 | 鎶 | Cn | [277] |
| 83 | 铋 | Bi | 208.9804 | 113 | 鉨 | Nh | [285] |
| 84 | 钋 | Po | [209] | 114 | 𫓧 | Fl | [289] |
| 85 | 砹 | At | [210] | 115 | 镆 | Mc | [289] |
| 86 | 氡 | Rn | [222] | 116 | 𫟷 | Lv | [289] |
| 87 | 钫 | Fr | [223] | 117 | 鿬 | Ts | [294] |
| 88 | 镭 | Ra | 226.0254 | 118 | 鿫 | Og | [289] |

**附表 2　国际单位制的基本单位**

| 量 | 单位名称 | 单位符号 |
|---|---|---|
| 长度 | 米 | m |
| 质量 | 千克（公斤） | kg |
| 时间 | 秒 | s |
| 电流 | 安［培］ | A |
| 热力学温度 | 开［尔文］ | K |
| 物质的量 | 摩［尔］ | mol |
| 发光强度 | 坎［德拉］ | cd |

## 附表 3 压力单位换算

| 帕斯卡<br>Pa | 工程大气压<br>$kgf/cm^2$ | 毫米水柱<br>$mmH_2O$ | 标准大气压<br>atm | 毫米汞柱<br>mmHg |
|---|---|---|---|---|
| 1 | $1.02\times10^{-5}$ | 0.102 | $0.99\times10^{-5}$ | 0.0075 |
| 98067 | 1 | $10^4$ | 0.9678 | 735.6 |
| 9.807 | 0.0001 | 1 | $0.9678\times10^{-4}$ | 0.0736 |
| 101325 | 1.033 | 10332 | 1 | 760 |
| 133.32 | 0.00036 | 13.6 | 0.00132 | 1 |

注：$1Pa = 1N\cdot m^{-2}$，1mmHg = 1Torr，$1bar = 10^5Pa$。

## 附表 4 能量单位换算

| 尔格<br>erg | 焦耳<br>J | 千克力米<br>kgf·m | 千瓦时<br>kW·h | 千卡<br>kcal | 升大气压<br>L·atm |
|---|---|---|---|---|---|
| 1 | $10^{-7}$ | $0.102\times10^{-7}$ | $27.78\times10^{-15}$ | $23.9\times10^{-12}$ | $9.869\times10^{-10}$ |
| $10^7$ | 1 | 0.102 | $277.8\times10^{-9}$ | $239\times10^{-6}$ | $9.869\times10^{-3}$ |
| $9.807\times10^7$ | 9.807 | 1 | $2.724\times10^{-6}$ | $2.342\times10^{-3}$ | $9.679\times10^{-2}$ |
| $36\times10^{12}$ | $3.6\times10^6$ | $367.1\times10^3$ | 1 | 859.845 | $3.553\times10^4$ |
| $41.87\times10^9$ | 4186.8 | 426.935 | $1.163\times10^{-3}$ | 1 | 41.29 |
| $1.013\times10^9$ | 101.3 | 10.33 | $2.814\times10^{-5}$ | 0.024218 | 1 |

注：1erg = 1dyn·cm，1J = 1N·m = 1W·s，$1eV = 1.602\times10^{-19}J$；1 国际蒸汽表卡 = 1.00067 热化学卡。

## 附表 5 国际单位制中具有专用名称导出单位

| 量的名称 | 单位名称 | 单位符号 | 其他表示示例 |
|---|---|---|---|
| 频率 | 赫［兹］ | Hz | $s^{-1}$ |
| 力 | 牛［顿］ | N | $kg\cdot m\cdot s^{-2}$ |
| 压力、应力 | 帕［斯卡］ | Pa | $N\cdot m^{-2}$ |
| 能、功、热量 | 焦［耳］ | J | N·m |
| 电量、电荷 | 库［仑］ | C | A·s |
| 功率 | 瓦［特］ | W | $J\cdot s^{-1}$ |
| 电位、电压、电动势 | 伏［特］ | V | $W\cdot A^{-1}$ |
| 电容 | 法［拉］ | F | $C\cdot V^{-1}$ |
| 电阻 | 欧［姆］ | Ω | $V\cdot A^{-1}$ |
| 电导 | 西［门子］ | S | $A\cdot V^{-1}$ |
| 磁通量 | 韦［伯］ | Wb | V·s |
| 磁感应强度 | 特［斯拉］ | T | $Wb\cdot m^{-2}$ |
| 电感 | 亨［利］ | H | $Wb\cdot A^{-1}$ |
| 摄氏温度 | 摄氏度 | °C | |

## 附表 6 用于构成十进倍数和分数单位的词头

| 因数 | 词头名称 | 词头符号 | 因数 | 词头名称 | 词头符号 |
|---|---|---|---|---|---|
| $10^{18}$ | 艾［可萨］(exa) | E | $10^{-1}$ | 分（deci） | d |
| $10^{15}$ | 拍［它］(peta) | P | $10^{-2}$ | 厘（centi） | c |
| $10^{12}$ | 太［拉］(tera) | T | $10^{-3}$ | 毫（milli） | m |
| $10^9$ | 吉［咖］(giga) | G | $10^{-6}$ | 微（micro） | μ |
| $10^6$ | 兆（mega） | M | $10^{-9}$ | 纳［诺］(nano) | n |
| $10^3$ | 千（kilo） | k | $10^{-12}$ | 皮［可］(pico) | p |
| $10^2$ | 百（hecto） | h | $10^{-15}$ | 飞［母托］(femto) | f |
| $10^1$ | 十（deca） | da | $10^{-18}$ | 阿［托］(atto) | a |

# 附录Ⅱ　若干种热力学数据表

## 附表 7　单质和无机物热力学数据表

| 物质 | $\frac{\Delta_f H_m^\ominus(298.15K)}{kJ\cdot mol^{-1}}$ | $\frac{\Delta_f G_m^\ominus(298.15K)}{kJ\cdot mol^{-1}}$ | $\frac{S_m^\ominus(298.15K)}{J\cdot K^{-1}\cdot mol^{-1}}$ | $\frac{C_{p,m}^\ominus(298.15K)}{J\cdot K^{-1}\cdot mol^{-1}}$ | $C_{p,m}^\ominus=a+bT+cT^2$ 或 $C_{p,m}^\ominus=a+bT+c'T^{-2}$ | | | | |
|---|---|---|---|---|---|---|---|---|---|
| | | | | | $\frac{a}{J\cdot K^{-1}\cdot mol^{-1}}$ | $\frac{b\times10^3}{J\cdot K^{-1}\cdot mol^{-1}}$ | $\frac{c\times10^3}{J\cdot K^{-1}\cdot mol^{-2}}$ | $\frac{c'\times10^{-5}}{J\cdot K^{-1}\cdot mol^{-3}}$ | 适用温度范围/K |
| Ag | 0 | 0 | 42.712 | 25.48 | 23.97 | 5.284 | | −0.25 | 293～1234 |
| $Ag_2CO_3$ | −506.14 | −437.09 | 167.36 | | | | | | |
| $Ag_2O$ | −30.56 | −10.82 | 121.71 | 65.57 | | | | | |
| Al (s) | 0 | 0 | 28.315 | 24.35 | 20.67 | 12.38 | | | 273～931.7 |
| Al (g) | 313.80 | 273.2 | 164.553 | | | | | | |
| α-$Al_2O_3$ | −1669.8 | −2213.16 | 0.986 | 79.0 | 92.38 | 37.535 | | −26.861 | 27～1937 |
| $Al_2(SO_4)_3$ (s) | −3434.98 | −3728.53 | 239.3 | 259.4 | 368.57 | 61.92 | | −113.47 | 298～1100 |
| $Br_2$ (g) | 30.71 | 3.109 | 245.455 | 35.99 | 37.20 | 0.690 | | −1.188 | 300～1500 |
| $Br_2$ (l) | 0 | 0 | 152.3 | 35.6 | | | | | |
| C (g) | 718.384 | 672.942 | 158.101 | | | | | | |
| C (金刚石) | 1.896 | 2.866 | 2.439 | 6.07 | 9.12 | 13.22 | | −6.19 | 298～1200 |
| C (石墨) | 0 | 0 | 5.694 | 8.66 | 17.15 | 4.27 | | −8.79 | 298～2300 |
| CO (g) | −110.525 | −137.285 | 198.016 | 29.142 | 27.6 | 5.0 | | | 290～2500 |
| $CO_2$ (g) | −393.511 | −394.38 | 213.76 | 37.120 | 44.14 | 9.04 | | −8.54 | 298～2500 |
| Ca (s) | 0 | 0 | 41.63 | 26.27 | 21.92 | 14.64 | | | 273～673 |
| $CaC_2$ (g) | −62.8 | −67.8 | 70.2 | 62.34 | 68.6 | 11.88 | | −8.66 | 298～720 |
| $CaCO_3$ (方解石) | −1206.87 | −1128.70 | 92.8 | 81.83 | 104.52 | 21.92 | | −25.94 | 298～1200 |
| $CaCl_2$ (s) | −795.0 | −750.2 | 113.8 | 72.63 | 71.88 | 12.72 | | −2.51 | 298～1055 |
| CaO (s) | −635.6 | −604.2 | 39.7 | 48.53 | 43.83 | 4.52 | | −6.52 | 298～1800 |
| $Ca(OH)_2$ (s) | −986.5 | −896.89 | 76.1 | 84.5 | | | | | |

续表

| 物质 | $\Delta_f H_m^\ominus(298.15K)$ / $kJ \cdot mol^{-1}$ | $\Delta_f G_m^\ominus(298.15K)$ / $kJ \cdot mol^{-1}$ | $S_m^\ominus(298.15K)$ / $J \cdot K^{-1} \cdot mol^{-1}$ | $C_{p,m}^\ominus(298.15K)$ / $J \cdot K^{-1} \cdot mol^{-1}$ | $C_{p,m}^\ominus=a+bT+cT^2$ 或 $C_{p,m}^\ominus=a+bT+c'T^{-2}$ | | | | |
|---|---|---|---|---|---|---|---|---|---|
| | | | | | $a$ / $J \cdot K^{-1} \cdot mol^{-1}$ | $b \times 10^3$ / $J \cdot K^{-1} \cdot mol^{-1}$ | $c \times 10^3$ / $J \cdot K^{-1} \cdot mol^{-2}$ | $c' \times 10^{-5}$ / $J \cdot K^{-1} \cdot mol^{-3}$ | 适用温度范围/K |
| $CaSO_4$ (硬石膏) | −1432.68 | −1320.24 | 106.7 | 97.65 | 77.49 | 91.92 | | −6.561 | 273～1373 |
| $Cl^-$ (aq) | −167.456 | −131.168 | 55.10 | | | | | | |
| $Cl_2$ (g) | 0 | 0 | 222.948 | 33.9 | 36.69 | 1.05 | | −2.523 | 273～1500 |
| Cu (s) | 0 | 0 | 33.32 | 24.47 | 24.56 | 4.18 | | −1.201 | 273～1357 |
| CuO (s) | −155.2 | −127.1 | 43.51 | 44.4 | 38.79 | 20.08 | | | 298～1250 |
| α-$Cu_2O$ | −166.69 | −146.33 | 100.8 | 69.8 | 62.34 | 23.85 | | | 298～1200 |
| $F_2$ (g) | 0 | 0 | 203.5 | 31.46 | 34.69 | 1.84 | | −3.35 | 273～200 |
| α-Fe | 0 | 0 | 27.15 | 25.23 | 17.28 | 26.69 | | | 273～1041 |
| $FeCO_3$ | −747.68 | −673.84 | 92.8 | 82.13 | 48.66 | 112.1 | | | 298～885 |
| FeO (s) | −266.52 | −244.3 | 54.0 | 51.1 | 52.80 | 6.242 | | −3.188 | 273～1173 |
| $Fe_2O_3$ (s) | −822.1 | −741.0 | 90.0 | 104.6 | 97.74 | 17.13 | | −12.887 | 298～1100 |
| $Fe_3O_4$ (s) | −117.1 | −1014.1 | 146.4 | 143.42 | 167.03 | 78.91 | | −14.88 | 298～1100 |
| H (g) | 217.4 | 203.122 | 114.724 | 20.80 | | | | | |
| $H_2$ (g) | 0 | 0 | 130.695 | 28.83 | 29.08 | −0.84 | 2.00 | | 300～1500 |
| $D_2$ (g) | 0 | 0 | 144.884 | 29.20 | 28.577 | 0.879 | 1.958 | | 298～1500 |
| HBr (g) | −36.24 | −53.22 | 198.60 | 29.12 | 26.15 | 5.86 | | 1.09 | 298～1600 |
| HBr (aq) | −120.92 | −102.80 | 80.71 | | | | | | |
| HCl (g) | −92.311 | −95.265 | 186.786 | 29.12 | 26.53 | 4.60 | | 1.90 | 298～2000 |
| HCl (aq) | −167.44 | −131.17 | 55.10 | | | | | | |
| $H_2CO_3$ (aq) | −698.7 | −623.37 | 191.2 | | | | | | |
| HI (g) | −25.94 | −1.32 | 206.42 | 29.12 | 26.32 | 5.94 | | 0.92 | 298～1000 |
| $H_2O$ (g) | −241.825 | −228.577 | 188.823 | 33.571 | 30.12 | 11.30 | | | 273～2000 |
| $H_2O$ (l) | −285.838 | −237.142 | 69.940 | 75.296 | | | | | |
| $H_2O$ (s) | −291.850 | −234.03 | (39.4) | | | | | | |

续表

| 物质 | $\frac{\Delta_f H_m^\ominus(298.15K)}{kJ \cdot mol^{-1}}$ | $\frac{\Delta_f G_m^\ominus(298.15K)}{kJ \cdot mol^{-1}}$ | $\frac{S_m^\ominus(298.15K)}{J \cdot K^{-1} \cdot mol^{-1}}$ | $\frac{C_{p,m}^\ominus(298.15K)}{J \cdot K^{-1} \cdot mol^{-1}}$ | $C_{p,m}^\ominus=a+bT+cT^2$ 或 $C_{p,m}^\ominus=a+bT+c'T^{-2}$ | | | | |
|---|---|---|---|---|---|---|---|---|---|
| | | | | | $\frac{a}{J \cdot K^{-1} \cdot mol^{-1}}$ | $\frac{b \times 10^3}{J \cdot K^{-1} \cdot mol^{-1}}$ | $\frac{c \times 10^3}{J \cdot K^{-1} \cdot mol^{-2}}$ | $\frac{c' \times 10^{-5}}{J \cdot K^{-1} \cdot mol^{-3}}$ | 适用温度范围/K |
| $H_2O_2$ (l) | −187.61 | −118.04 | 102.26 | 82.29 | | | | | |
| $H_2S$ (g) | −20.146 | −33.040 | 205.75 | 33.97 | 29.29 | 15.69 | | | 273～1300 |
| $H_2SO_4$ (l) | −811.35 | −866.4 | 156.85 | 137.57 | | | | | |
| $H_2SO_4$ (aq) | −885.75 | −752.99 | 126.86 | | | | | | |
| $I_2$ (s) | 0 | 0 | 116.7 | 55.97 | 40.12 | 49.79 | | | 298～386.8 |
| $I_2$ (g) | 62.242 | 19.34 | 260.60 | 36.87 | | | | | |
| $N_2$ (g) | 0 | 0 | 191.598 | 29.12 | 26.87 | 4.27 | | | 273～2500 |
| $NH_3$ (g) | −46.19 | −16.603 | 192.61 | 35.65 | 29.79 | 25.48 | | −1.665 | 273～1400 |
| NO (g) | 89.860 | 90.37 | 210.309 | 29.861 | 29.58 | 3.85 | | −0.59 | 273～1500 |
| $NO_2$ (g) | 33.85 | 51.86 | 240.57 | 37.90 | 42.93 | 8.54 | | −6.74 | |
| $N_2O$ (g) | 81.55 | 103.62 | 220.10 | 38.70 | 45.69 | 8.62 | | −8.54 | 273～500 |
| $N_2O_4$ (g) | 9.660 | 98.39 | 304.42 | 79.0 | 83.89 | 30.75 | | 14.90 | |
| $N_2O_5$ (g) | 2.51 | 110.5 | 342.4 | 108.0 | | | | | |
| O (g) | 247.521 | 230.095 | 161.063 | 21.93 | | | | | |
| $O_2$ (g) | 0 | 0 | 205.138 | 29.37 | 31.46 | 3.39 | | −3.77 | 273～2000 |
| $O_3$ (g) | 142.3 | 163.45 | 237.7 | 38.15 | | | | | |
| $OH^-$ (aq) | −229.940 | −157.297 | −10.539 | | | | | | |
| S (单斜) | 0.29 | 0.096 | 32.55 | 23.64 | 14.90 | 29.08 | | | 368.6～392 |
| S (斜方) | 0 | 0 | 31.9 | 22.60 | 14.98 | 26.11 | | | 273～368.6 |
| S (g) | 124.94 | 76.08 | 227.76 | 32.55 | 36.11 | 1.09 | | | 273～2000 |
| $S_2$ (g) | 222.80 | 182.27 | 167.825 | | | | | −3.51 | |
| $SO_2$ (g) | −296.90 | −300.37 | 248.64 | 39.79 | 47.70 | 7.171 | | −8.54 | 298～1800 |
| $SO_3$ (g) | −395.18 | −370.40 | 256.34 | 50.70 | 57.32 | 26.86 | | −13.05 | 273～900 |
| $SO_4^{2-}$ (g) | −907.51 | −741.90 | 17.2 | | | | | | |

## 附表 8 有机化合物热力学数据表

在指定温度范围内恒压热容可用该式计算：$C_{p,m}^{\ominus}=a+bT+cT^2+dT^3$。

| 物质 | $\frac{\Delta_f H_m^{\ominus}(298.15K)}{kJ \cdot mol^{-1}}$ | $\frac{\Delta_f G_m^{\ominus}(298.15K)}{kJ \cdot mol^{-1}}$ | $\frac{S_m^{\ominus}(298.15K)}{J \cdot K^{-1} \cdot mol^{-1}}$ | $\frac{C_{p,m}^{\ominus}(298.15K)}{J \cdot K^{-1} \cdot mol^{-1}}$ | $C_{p,m}^{\ominus}=a+bT+cT^2$ 或 $C_{p,m}^{\ominus}=a+bT+c'T^{-2}$ | | | | |
|---|---|---|---|---|---|---|---|---|---|
| | | | | | $\frac{a}{J \cdot K^{-1} \cdot mol^{-1}}$ | $\frac{b \times 10^3}{J \cdot K^{-1} \cdot mol^{-1}}$ | $\frac{c \times 10^3}{J \cdot K^{-1} \cdot mol^{-2}}$ | $\frac{d \times 10^6}{J \cdot K^{-1} \cdot mol^{-3}}$ | 适用温度范围/K |
| 烃类 | | | | | | | | | |
| $CH_4$ (g)<br>甲烷 | −74.847 | 50.827 | 186.30 | 35.715 | 17.451 | 60.46 | 1.117 | −7.205 | 298～1500 |
| $C_2H_2$ (g)<br>乙炔 | 226.748 | 209.200 | 200.928 | 43.928 | 23.460 | 85.768 | −58.342 | 15.870 | 298～1500 |
| $C_2H_4$ (g)<br>乙烯 | 52.283 | 68.157 | 219.56 | 43.56 | 4.197 | 154.590 | −81.090 | 16.815 | 298～1500 |
| $C_2H_6$ (g)<br>乙烷 | −84.667 | −32.821 | 229.60 | 52.650 | 4.936 | 182.259 | −74.856 | 10.799 | 298～1500 |
| $C_3H_6$ (g)<br>丙烯 | 20.414 | 62.783 | 267.05 | 63.89 | 3.305 | 235.860 | −117.600 | 22.677 | 298～1500 |
| $C_3H_8$ (g)<br>丙烷 | −103.847 | −23.391 | 270.02 | 73.51 | −4.799 | 307.311 | −160.159 | 32.748 | 298～1500 |
| $C_4H_6$ (g)<br>1,3-丁二烯 | 110.16 | 150.74 | 278.85 | 79.54 | −2.958 | 340.084 | −223.689 | 56.530 | 298～150 |
| $C_4H_8$ (g)<br>1-丁烯 | −0.13 | 71.60 | 305.71 | 85.65 | 2.540 | 344.929 | −191.284 | 41.664 | 298～1500 |
| $C_4H_8$ (g)<br>顺-2-丁烯 | −6.99 | 65.96 | 300.94 | 78.91 | 8.774 | 342.448 | −197.322 | 34.271 | 298～1500 |
| $C_4H_8$ (g)<br>反-2-丁烯 | −11.17 | 63.07 | 296.59 | 87.82 | 8.381 | 307.541 | −148.256 | 27.284 | 298～1500 |
| $C_4H_8$ (g)<br>2-甲基丙烯 | −16.90 | 58.17 | 293.70 | 89.12 | 7.084 | 321.632 | −166.071 | 33.497 | 298～1500 |
| $C_4H_{10}$ (g)<br>正丁烷 | −126.15 | −17.02 | 310.23 | 97.45 | 0.469 | 385.376 | −198.882 | 39.996 | 298～1500 |
| $C_4H_{10}$ (g)<br>异丁烷 | −134.52 | −20.79 | 294.75 | 96.82 | −6.841 | 409.643 | −220.547 | 45.739 | 298～1500 |

续表

| 物质 | $\Delta_f H_m^\ominus(298.15K)$ / $kJ \cdot mol^{-1}$ | $\Delta_f G_m^\ominus(298.15K)$ / $kJ \cdot mol^{-1}$ | $S_m^\ominus(298.15K)$ / $J \cdot K^{-1} \cdot mol^{-1}$ | $C_{p,m}^\ominus(298.15K)$ / $J \cdot K^{-1} \cdot mol^{-1}$ | $C_{p,m}^\ominus=a+bT+cT^2$ 或 $C_{p,m}^\ominus=a+bT+c'T^{-2}$ | | | | |
|---|---|---|---|---|---|---|---|---|---|
| | | | | | $a$ / $J \cdot K^{-1} \cdot mol^{-1}$ | $b\times10^3$ / $J \cdot K^{-1} \cdot mol^{-1}$ | $c\times10^3$ / $J \cdot K^{-1} \cdot mol^{-2}$ | $d\times10^6$ / $J \cdot K^{-1} \cdot mol^{-3}$ | 适用温度范围/K |
| $C_6H_6$ (g) 苯 | 82.927 | 129.723 | 269.31 | 81.67 | −33.899 | 471.872 | −298.344 | 70.835 | 298～1500 |
| $C_6H_6$ (l) 苯 | 49.028 | 124.597 | 172.35 | 135.77 | 59.50 | 255.01 | | | 281～353 |
| $C_6H_{12}$ (g) 环己烷 | −123.14 | 31.92 | 298.51 | 106.27 | −67.664 | 679.452 | −380.761 | 78.006 | 298～1500 |
| $C_6H_{14}$ (g) 正己烷 | −167.19 | −0.09 | 388.85 | 143.09 | 3.084 | 565.786 | −300.369 | 62.061 | 298～1500 |
| $C_6H_{14}$ (l) 正己烷 | −198.82 | −4.08 | 295.89 | 194.93 | | | | | |
| $C_6H_5CH_3$ (g) 甲苯 | 49.999 | 122.388 | 319.86 | 103.76 | −33.882 | 557.045 | −342.373 | 79.873 | 298～1500 |
| $C_6H_5CH_3$ (l) 甲苯 | 11.995 | 114.299 | 219.58 | 157.11 | 59.62 | 326.98 | | | 281～382 |
| $C_6H_4(CH_3)_2$ (g) 邻二甲苯 | 18.995 | 122.207 | 352.86 | 133.26 | −14.811 | 591.136 | −339.590 | 74.697 | 298～1500 |
| $C_6H_4(CH_3)_2$ (l) 邻二甲苯 | −24.439 | 110.495 | 246.48 | 187.9 | | | | | |
| $C_6H_4(CH_3)_2$ (g) 间二甲苯 | 17.238 | 118.977 | 357.80 | 127.57 | −27.384 | 620.870 | −363.895 | 81.379 | 298～1500 |
| $C_6H_4(CH_3)_2$ (l) 间二甲苯 | −25.418 | 107.817 | 252.17 | 183.3 | | | | | |
| $C_6H_4(CH_3)_2$ (l) 对二甲苯 | 17.949 | 121.266 | 352.53 | 126.86 | −25.924 | 60.670 | −350.561 | 76.877 | 298～1500 |
| $C_6H_4(CH_3)_2$ (l) 对二甲苯 | −24.426 | 110.244 | 247.36 | 183.7 | | | | | |

续表

| 物质 | $\frac{\Delta_f H_m^\ominus(298.15K)}{kJ \cdot mol^{-1}}$ | $\frac{\Delta_f G_m^\ominus(298.15K)}{kJ \cdot mol^{-1}}$ | $\frac{S_m^\ominus(298.15K)}{J \cdot K^{-1} \cdot mol^{-1}}$ | $\frac{C_{p,m}^\ominus(298.15K)}{J \cdot K^{-1} \cdot mol^{-1}}$ | $C_{p,m}^\ominus = a + bT + cT^2$ 或 $C_{p,m}^\ominus = a + bT + c'T^{-2}$ | | | | |
|---|---|---|---|---|---|---|---|---|---|
| | | | | | $\frac{a}{J \cdot K^{-1} \cdot mol^{-1}}$ | $\frac{b \times 10^3}{J \cdot K^{-1} \cdot mol^{-1}}$ | $\frac{c \times 10^3}{J \cdot K^{-1} \cdot mol^{-2}}$ | $\frac{d \times 10^6}{J \cdot K^{-1} \cdot mol^{-3}}$ | 适用温度范围/K |
| 含氧化合物 | | | | | | | | | |
| HCOH (g) 甲醛 | −115.90 | −110.0 | 220.2 | 35.36 | 18.820 | 58.379 | −15.606 | | 291～1500 |
| HCOOH (g) 甲酸 | −362.63 | −335.69 | 251.1 | 54.4 | 30.67 | 89.20 | −34.539 | | 300～700 |
| HCOOH (l) 甲酸 | −409.20 | −345.9 | 128.95 | 99.04 | | | | | |
| $CH_3OH$ (g) 甲醇 | −201.17 | −161.83 | 237.8 | 49.4 | 20.42 | 103.68 | −24.640 | | 300～700 |
| $CH_3OH$ (l) 甲醇 | −238.57 | −166.15 | 126.8 | 81.6 | | | | | |
| $CH_2COH$ (g) 乙醛 | −166.36 | −133.67 | 265.8 | 62.8 | 31.054 | 121.457 | −36.577 | | 298～1500 |
| $CH_3COOH$ (l) 乙酸 | −487.0 | −392.4 | 159.8 | 123.4 | 54.81 | 230 | | | |
| $CH_3COOH$ (g) 乙酸 | −436.4 | −381.5 | 293.4 | 72.4 | 21.76 | 193.09 | −76.78 | | 300～700 |
| $C_2H_5OH$ (l) 乙醇 | −277.63 | −174.36 | 160.7 | 111.46 | 106.52 | 165.7 | 575.3 | | 283～348 |
| $C_2H_5OH$ (g) 乙醇 | −235.31 | −168.54 | 282.1 | 71.1 | 20.694 | −205.38 | −99.809 | | 300～1500 |
| $CH_3COCH_3$ (l) 丙酮 | −248.283 | −155.33 | 200.0 | 124.73 | 55.61 | 232.2 | | | 298～320 |
| $CH_3COCH_3$ (l) 丙酮 | −216.69 | −152.2 | 296.00 | 75.3 | 22.472 | 201.78 | −63.521 | | 298～1500 |
| $C_2H_5CO\ C_2H_5$ (l) 乙醚 | −273.2 | −116.47 | 253.1 | | 170.7 | | | | 290 |

续表

| 物质 | $\frac{\Delta_f H_m^\ominus(298.15K)}{kJ \cdot mol^{-1}}$ | $\frac{\Delta_f G_m^\ominus(298.15K)}{kJ \cdot mol^{-1}}$ | $\frac{S_m^\ominus(298.15K)}{J \cdot K^{-1} \cdot mol^{-1}}$ | $\frac{C_{p,m}^\ominus(298.15K)}{J \cdot K^{-1} \cdot mol^{-1}}$ | $C_{p,m}^\ominus=a+bT+cT^2$ 或 $C_{p,m}^\ominus=a+bT+c'T^{-2}$ | | | | |
|---|---|---|---|---|---|---|---|---|---|
| | | | | | $\frac{a}{J \cdot K^{-1} \cdot mol^{-1}}$ | $\frac{b \times 10^3}{J \cdot K^{-1} \cdot mol^{-1}}$ | $\frac{c \times 10^3}{J \cdot K^{-1} \cdot mol^{-2}}$ | $\frac{d \times 10^6}{J \cdot K^{-1} \cdot mol^{-3}}$ | 适用温度范围/K |
| $C_2H_5COO\ C_2H_5$ (l) 乙酸乙酯 | −463.2 | −315.3 | 259 | | 169.0 | | | | 293 |
| $C_6H_5COOH$ (s) 苯甲酸 | −384.55 | −245.5 | 170.7 | 155.2 | | | | | |
| $NH(CH_3)_2$ (g) 二甲胺 | −27.6 | 59.1 | 273.2 | 69.37 | | | | | |
| $C_5H_5N$ (l) 吡啶 | 78.87 | 159.9 | 179.1 | | 140.2 | | | | 293 |
| $C_6H_5NH_2$ (l) 苯胺 | 35.31 | 153.35 | 191.6 | 199.6 | 338.28 | −1068.6 | 2022.1 | | 278～348 |
| $C_6H_5NO_2$ (l) 硝基苯 | 15.90 | 146.36 | 244.3 | | 185.4 | | | | 293 |

资料来源：本附录数据主要取自 Handbook of Chemistry and Physics, 7th Ed., 1990。

注：原书标准压力 $p^\ominus = 101.325kPa$，本附录已换算成标准压力为 100kPa 下的数据。两种不同标准压力下的 $\Delta_f H_m^\ominus(298.15K)$ 、$\Delta_f G_m^\ominus(298.15K)$ 及气态 $S_m^\ominus(298.15K)$ 的差别按下式计算：

$$S_m^\ominus(298.15K)(p^\ominus = 100kPa)$$
$$= S_m^\ominus(298.15K)(p^\ominus = 101.325kPa) + R\ln\frac{101.325 \times 10^3}{100 \times 10^3}$$
$$= S_m^\ominus(298.15K)(p^\ominus = 101.325kPa) + 0.1094 J \cdot K^{-1} \cdot mol^{-1}$$
$$\Delta_f G_m^\ominus(298.15K)(p^\ominus = 100kPa)$$
$$= \Delta_f G_m^\ominus(298.15K)(p^\ominus = 101.325kPa) - 0.0326 kJ \cdot mol^{-1} \sum \nu_B(g)$$

式中，$\nu_B(g)$ 为生成反应式中气态组分的化学计量数。读者需要时，可查阅 NBS 化学热力学性质表，刘天和，赵梦月，译，北京：中国标准出版社，1998。

# 附录Ⅲ　标准还原电极电势表（298K）

**附表 9　在酸性溶液中的电对以及标准还原电极电势（298K）**

| 电对 | 方程式 | $E$/V |
|---|---|---|
| Li(Ⅰ)-(0) | $Li^{+}+e^{-} = Li$ | −3.0401 |
| Cs(Ⅰ)-(0) | $Cs^{+}+e^{-} = Cs$ | −3.026 |
| Rb(Ⅰ)-(0) | $Rb^{+}+e^{-} = Rb$ | −2.98 |
| K(Ⅰ)-(0) | $K^{+}+e^{-} = K$ | −2.931 |
| Ba(Ⅱ)-(0) | $Ba^{2+}+2e^{-} = Ba$ | −2.912 |
| Sr(Ⅱ)-(0) | $Sr^{2+}+2e^{-} = Sr$ | −2.89 |
| Ca(Ⅱ)-(0) | $Ca^{2+}+2e^{-} = Ca$ | −2.868 |
| Na(Ⅰ)-(0) | $Na^{+}+e^{-} = Na$ | −2.71 |
| La(Ⅲ)-(0) | $La^{3+}+3e^{-} = La$ | −2.379 |
| Mg(Ⅱ)-(0) | $Mg^{2+}+2e^{-} = Mg$ | −2.372 |
| Ce(Ⅲ)-(0) | $Ce^{3+}+3e^{-} = Ce$ | −2.336 |
| H(0)-(−Ⅰ) | $H_2(g)+2e^{-} = 2H^{-}$ | −2.23 |
| Al(Ⅲ)-(0) | $AlF_6^{3-}+3e^{-} = Al+6F^{-}$ | −2.069 |
| Th(Ⅳ)-(0) | $Th^{4+}+4e^{-} = Th$ | −1.899 |
| Be(Ⅱ)-(0) | $Be^{2+}+2e^{-} = Be$ | −1.847 |
| U(Ⅲ)-(0) | $U^{3+}+3e^{-} = U$ | −1.798 |
| Hf(Ⅳ)-(0) | $HfO^{2+}+2H^{+}+4e^{-} = Hf+H_2O$ | −1.724 |
| Al(Ⅲ)-(0) | $Al^{3+}+3e^{-} = Al$ | −1.662 |
| Ti(Ⅱ)-(0) | $Ti^{2+}+2e^{-} = Ti$ | −1.630 |
| Zr(Ⅳ)-(0) | $ZrO_2+4H^{+}+4e^{-} = Zr+2H_2O$ | −1.553 |
| Si(Ⅳ)-(0) | $[SiF_6]^{2-}+4e^{-} = Si+6F^{-}$ | −1.24 |
| Mn(Ⅱ)-(0) | $Mn^{2+}+2e^{-} = Mn$ | −1.185 |
| Cr(Ⅱ)-(0) | $Cr^{2+}+2e^{-} = Cr$ | −0.913 |
| Ti(Ⅲ)-(Ⅱ) | $Ti^{3+}+e^{-} = Ti^{2+}$ | −0.9 |
| B(Ⅲ)-(0) | $H_3BO_3+3H^{+}+3e^{-} = B+3H_2O$ | −0.8698 |
| *Ti(Ⅳ)-(0) | $TiO_2+4H^{+}+4e^{-} = Ti+2H_2O$ | −0.86 |
| Te(0)-(−Ⅱ) | $Te+2H^{+}+2e^{-} = H_2Te$ | −0.793 |
| Zn(Ⅱ)-(0) | $Zn^{2+}+2e^{-} = Zn$ | −0.7618 |
| Ta(Ⅴ)-(0) | $Ta_2O_5+10H^{+}+10e^{-} = 2Ta+5H_2O$ | −0.750 |
| Cr(Ⅲ)-(0) | $Cr^{3+}+3e^{-} = Cr$ | −0.744 |
| Nb(Ⅴ)-(0) | $Nb_2O_5+10H^{+}+10e^{-} = 2Nb+5H_2O$ | −0.644 |
| As(0)-(−Ⅲ) | $As+3H^{+}+3e^{-} = AsH_3$ | −0.608 |
| U(Ⅳ)-(Ⅲ) | $U^{4+}+e^{-} = U^{3+}$ | −0.607 |
| Ga(Ⅲ)-(0) | $Ga^{3+}+3e^{-} = Ga$ | −0.549 |
| P(Ⅰ)-(0) | $H_3PO_2+H^{+}+e^{-} = P+2H_2O$ | −0.508 |
| P(Ⅲ)-(Ⅰ) | $H_3PO_3+2H^{+}+2e^{-} = H_3PO_2+H_2O$ | −0.499 |
| *C(Ⅳ)-(Ⅲ) | $2CO_2+2H^{+}+2e^{-} = H_2C_2O_4$ | −0.49 |
| Fe(Ⅱ)-(0) | $Fe^{2+}+2e^{-} = Fe$ | −0.447 |
| Cr(Ⅲ)-(Ⅱ) | $Cr^{3+}+e^{-} = Cr^{2+}$ | −0.407 |

续表

| 电对 | 方程式 | $E$/V |
|---|---|---|
| Cd(Ⅱ)-(0) | $Cd^{2+}+2e^- = Cd$ | −0.4030 |
| Se(0)-(−Ⅱ) | $Se+2H^++2e^- = H_2Se(aq)$ | −0.399 |
| Pb(Ⅱ)-(0) | $PbI_2+2e^- = Pb+2I^-$ | −0.365 |
| Eu(Ⅲ)-(Ⅱ) | $Eu^{3+}+e^- = Eu^{2+}$ | −0.36 |
| Pb(Ⅱ)-(0) | $PbSO_4+2e^- = Pb+SO_4^{2-}$ | −0.3588 |
| In(Ⅲ)-(0) | $In^{3+}+3e^- = In$ | −0.3382 |
| Tl(Ⅰ)-(0) | $Tl^++e^- = Tl$ | −0.336 |
| Co(Ⅱ)-(0) | $Co^{2+}+2e^- = Co$ | −0.28 |
| P(Ⅴ)-(Ⅲ) | $H_3PO_4+2H^++2e^- = H_3PO_3+H_2O$ | −0.276 |
| Pb(Ⅱ)-(0) | $PbCl_2+2e^- = Pb+2Cl^-$ | −0.2675 |
| Ni(Ⅱ)-(0) | $Ni^{2+}+2e^- = Ni$ | −0.257 |
| V(Ⅲ)-(Ⅱ) | $V^{3+}+e^- = V^{2+}$ | −0.255 |
| Ge(Ⅳ)-(0) | $H_2GeO_3+4H^++4e^- = Ge+3H_2O$ | −0.182 |
| Ag(Ⅰ)-(0) | $AgI+e^- = Ag+I^-$ | −0.15224 |
| Sn(Ⅱ)-(0) | $Sn^{2+}+2e^- = Sn$ | −0.1375 |
| Pb(Ⅱ)-(0) | $Pb^{2+}+2e^- = Pb$ | −0.1262 |
| *C(Ⅳ)-(Ⅱ) | $CO_2(g)+2H^++2e^- = CO+H_2O$ | −0.12 |
| P(0)-(−Ⅲ) | $P(white)+3H^++3e^- = PH_3(g)$ | −0.063 |
| Hg(Ⅰ)-(0) | $Hg_2I_2+2e^- = 2Hg+2I^-$ | −0.0405 |
| Fe(Ⅲ)-(0) | $Fe^{3+}+3e^- = Fe$ | −0.037 |
| H(Ⅰ)-(0) | $2H^++2e^- = H_2$ | 0.0000 |
| Ag(Ⅰ)-(0) | $AgBr+e^- = Ag+Br^-$ | 0.07133 |
| S(Ⅱ.Ⅴ)-(Ⅱ) | $S_4O_6^{2-}+2e^- = 2S_2O_3^{2-}$ | 0.08 |
| *Ti(Ⅳ)-(Ⅲ) | $TiO^{2+}+2H^++e^- = Ti^{3+}+H_2O$ | 0.1 |
| S(0)-(−Ⅱ) | $S+2H^++2e^- = H_2S(aq)$ | 0.142 |
| Sn(Ⅳ)-(Ⅱ) | $Sn^{4+}+2e^- = Sn^{2+}$ | 0.151 |
| Sb(Ⅲ)-(0) | $Sb_2O_3+6H^++6e^- = 2Sb+3H_2O$ | 0.152 |
| Cu(Ⅱ)-(Ⅰ) | $Cu^{2+}+e^- = Cu^+$ | 0.153 |
| Bi(Ⅲ)-(0) | $BiOCl+2H^++3e^- = Bi+Cl^-+H_2O$ | 0.1583 |
| S(Ⅵ)-(Ⅳ) | $SO_4^{2-}+4H^++2e^- = H_2SO_3+H_2O$ | 0.172 |
| Sb(Ⅲ)-(0) | $SbO^++2H^++3e^- = Sb+H_2O$ | 0.212 |
| Ag(Ⅰ)-(0) | $AgCl+e^- = Ag+Cl^-$ | 0.22233 |
| As(Ⅲ)-(0) | $HAsO_2+3H^++3e^- = As+2H_2O$ | 0.248 |
| Hg(Ⅰ)-(0) | $Hg_2Cl_2+2e^- = 2Hg+2Cl^-$(饱和 KCl) | 0.26808 |
| Bi(Ⅲ)-(0) | $BiO^++2H^++3e^- = Bi+H_2O$ | 0.320 |
| U(Ⅵ)-(Ⅳ) | $UO_2^{2+}+4H^++2e^- = U^{4+}+2H_2O$ | 0.327 |
| C(Ⅳ)-(Ⅲ) | $2HCNO+2H^++2e^- = (CN)_2+2H_2O$ | 0.330 |
| V(Ⅳ)-(Ⅲ) | $VO^{2+}+2H^++e^- = V^{3+}+H_2O$ | 0.337 |
| Cu(Ⅱ)-(0) | $Cu^{2+}+2e^- = Cu$ | 0.3419 |
| Re(Ⅶ)-(0) | $ReO_4^-+8H^++7e^- = Re+4H_2O$ | 0.368 |
| Ag(Ⅰ)-(0) | $Ag_2CrO_4+2e^- = 2Ag+CrO_4^{2-}$ | 0.4470 |
| S(Ⅳ)-(0) | $H_2SO_3+4H^++4e^- = S+3H_2O$ | 0.449 |

| 电对 | 方程式 | $E$/V |
|---|---|---|
| Cu(Ⅰ)-(0) | $Cu^{+}+e^{-} \longrightarrow Cu$ | 0.521 |
| I(0)-(-Ⅰ) | $I_2+2e^{-} \longrightarrow 2I^{-}$ | 0.5355 |
| I(0)-(-Ⅰ) | $I_3^{-}+2e^{-} \longrightarrow 3I^{-}$ | 0.536 |
| As(Ⅴ)-(Ⅲ) | $H_3AsO_4+2H^{+}+2e^{-} \longrightarrow HAsO_2+2H_2O$ | 0.560 |
| Sb(Ⅴ)-(Ⅲ) | $Sb_2O_5+6H^{+}+4e^{-} \longrightarrow 2SbO^{+}+3H_2O$ | 0.581 |
| Te(Ⅳ)-(0) | $TeO_2+4H^{+}+4e^{-} \longrightarrow Te+2H_2O$ | 0.593 |
| U(Ⅴ)-(Ⅳ) | $UO_2^{+}+4H^{+}+e^{-} \longrightarrow U^{4+}+2H_2O$ | 0.612 |
| **Hg(Ⅱ)-(Ⅰ) | $2HgCl_2+2e^{-} \longrightarrow Hg_2Cl_2+2Cl^{-}$ | 0.63 |
| Pt(Ⅳ)-(Ⅱ) | $[PtCl_6]^{2-}+2e^{-} \longrightarrow [PtCl_4]^{2-}+2Cl^{-}$ | 0.68 |
| O(0)-(-Ⅰ) | $O_2+2H^{+}+2e^{-} \longrightarrow H_2O_2$ | 0.695 |
| Pt(Ⅱ)-(0) | $[PtCl_4]^{2-}+2e^{-} \longrightarrow Pt+4Cl^{-}$ | 0.755 |
| *Se(Ⅳ)-(0) | $H_2SeO_3+4H^{+}+4e^{-} \longrightarrow Se+3H_2O$ | 0.74 |
| Fe(Ⅲ)-(Ⅱ) | $Fe^{3+}+e^{-} \longrightarrow Fe^{2+}$ | 0.771 |
| Hg(Ⅰ)-(0) | $Hg_2^{2+}+2e^{-} \longrightarrow 2Hg$ | 0.7973 |
| Ag(Ⅰ)-(0) | $Ag^{+}+e^{-} \longrightarrow Ag$ | 0.7996 |
| Os(Ⅷ)-(0) | $OsO_4+8H^{+}+8e^{-} \longrightarrow Os+4H_2O$ | 0.8 |
| N(Ⅴ)-(Ⅳ) | $2NO_3^{-}+4H^{+}+2e^{-} \longrightarrow N_2O_4+2H_2O$ | 0.803 |
| Hg(Ⅱ)-(0) | $Hg^{2+}+2e^{-} \longrightarrow Hg$ | 0.851 |
| Si(Ⅳ)-(0) | $(quartz)SiO_2+4H^{+}+4e^{-} \longrightarrow Si+2H_2O$ | 0.857 |
| Cu(Ⅱ)-(Ⅰ) | $Cu^{2+}+I^{-}+e^{-} \longrightarrow CuI$ | 0.86 |
| N(Ⅲ)-(Ⅰ) | $2HNO_2+4H^{+}+4e^{-} \longrightarrow H_2N_2O_2+2H_2O$ | 0.86 |
| Hg(Ⅱ)-(Ⅰ) | $2Hg^{2+}+2e^{-} \longrightarrow Hg_2^{2+}$ | 0.920 |
| N(Ⅴ)-(Ⅲ) | $NO_3^{-}+3H^{+}+2e^{-} \longrightarrow HNO_2+H_2O$ | 0.934 |
| Pd(Ⅱ)-(0) | $Pd^{2+}+2e^{-} \longrightarrow Pd$ | 0.951 |
| N(Ⅴ)-(Ⅱ) | $NO_3^{-}+4H^{+}+3e^{-} \longrightarrow NO+2H_2O$ | 0.957 |
| N(Ⅲ)-(Ⅱ) | $HNO_2+H^{+}+e^{-} \longrightarrow NO+H_2O$ | 0.983 |
| I(Ⅰ)-(-Ⅰ) | $HIO+H^{+}+2e^{-} \longrightarrow I^{-}+H_2O$ | 0.987 |
| V(Ⅴ)-(Ⅳ) | $VO_2^{+}+2H^{+}+e^{-} \longrightarrow VO^{2+}+H_2O$ | 0.991 |
| V(Ⅴ)-(Ⅳ) | $V(OH)_4^{+}+2H^{+}+e^{-} \longrightarrow VO^{2+}+3H_2O$ | 1.00 |
| Au(Ⅲ)-(0) | $[AuCl_4]^{-}+3e^{-} \longrightarrow Au+4Cl^{-}$ | 1.002 |
| Te(Ⅵ)-(Ⅳ) | $H_6TeO_6+2H^{+}+2e^{-} \longrightarrow TeO_2+4H_2O$ | 1.02 |
| N(Ⅳ)-(Ⅱ) | $N_2O_4+4H^{+}+4e^{-} \longrightarrow 2NO+2H_2O$ | 1.035 |
| N(Ⅳ)-(Ⅲ) | $N_2O_4+2H^{+}+2e^{-} \longrightarrow 2HNO_2$ | 1.065 |
| I(Ⅴ)-(-Ⅰ) | $IO_3^{-}+6H^{+}+6e^{-} \longrightarrow I^{-}+3H_2O$ | 1.085 |
| Br(0)-(-Ⅰ) | $Br_2(aq)+2e^{-} \longrightarrow 2Br^{-}$ | 1.0873 |
| Se(Ⅵ)-(Ⅳ) | $SeO_4^{2-}+4H^{+}+2e^{-} \longrightarrow H_2SeO_3+H_2O$ | 1.151 |
| Cl(Ⅴ)-(Ⅳ) | $ClO_3^{-}+2H^{+}+e^{-} \longrightarrow ClO_2+H_2O$ | 1.152 |
| Pt(Ⅱ)-(0) | $Pt^{2+}+2e^{-} \longrightarrow Pt$ | 1.18 |
| Cl(Ⅶ)-(Ⅴ) | $ClO_4^{-}+2H^{+}+2e^{-} \longrightarrow ClO_3^{-}+H_2O$ | 1.189 |
| I(Ⅴ)-(0) | $2IO_3^{-}+12H^{+}+10e^{-} \longrightarrow I_2+6H_2O$ | 1.195 |
| Cl(Ⅴ)-(Ⅲ) | $ClO_3^{-}+3H^{+}+2e^{-} \longrightarrow HClO_2+H_2O$ | 1.214 |
| Mn(Ⅳ)-(Ⅱ) | $MnO_2+4H^{+}+2e^{-} \longrightarrow Mn^{2+}+2H_2O$ | 1.224 |

续表

| 电对 | 方程式 | $E$/V |
|---|---|---|
| O(0)-(−Ⅱ) | $O_2+4H^++4e^-$ ══ $2H_2O$ | 1.229 |
| Tl(Ⅲ)-(Ⅰ) | $Tl^{3+}+2e^-$ ══ $Tl^+$ | 1.252 |
| Cl(Ⅳ)-(Ⅲ) | $ClO_2+H^++e^-$ ══ $HClO_2$ | 1.277 |
| N(Ⅲ)-(Ⅰ) | $2HNO_2+4H^++4e^-$ ══ $N_2O+3H_2O$ | 1.297 |
| **Cr(Ⅵ)-(Ⅲ) | $Cr_2O_7^{2-}+14H^++6e^-$ ══ $2Cr^{3+}+7H_2O$ | 1.33 |
| Br(Ⅰ)-(−Ⅰ) | $HBrO+H^++2e^-$ ══ $Br^-+H_2O$ | 1.331 |
| Cr(Ⅵ)-(Ⅲ) | $HCrO_4^-+7H^++3e^-$ ══ $Cr^{3+}+4H_2O$ | 1.350 |
| Cl(0)-(−Ⅰ) | $Cl_2(g)+2e^-$ ══ $2Cl^-$ | 1.35827 |
| Cl(Ⅶ)-(−Ⅰ) | $ClO_4^-+8H^++8e^-$ ══ $Cl^-+4H_2O$ | 1.389 |
| Cl(Ⅶ)-(0) | $ClO_4^-+8H^++7e^-$ ══ $1/2Cl_2+4H_2O$ | 1.39 |
| Au(Ⅲ)-(Ⅰ) | $Au^{3+}+2e^-$ ══ $Au^+$ | 1.401 |
| Br(Ⅴ)-(−Ⅰ) | $BrO_3^-+6H^++6e^-$ ══ $Br^-+3H_2O$ | 1.423 |
| I(Ⅰ)-(0) | $2HIO+2H^++2e^-$ ══ $I_2+2H_2O$ | 1.439 |
| Cl(Ⅴ)-(−Ⅰ) | $ClO_3^-+6H^++6e^-$ ══ $Cl^-+3H_2O$ | 1.451 |
| Pb(Ⅳ)-(Ⅱ) | $PbO_2+4H^++2e^-$ ══ $Pb^{2+}+2H_2O$ | 1.455 |
| Cl(Ⅴ)-(0) | $ClO_3^-+6H^++5e^-$ ══ $1/2Cl_2+3H_2O$ | 1.47 |
| Cl(Ⅰ)-(−Ⅰ) | $HClO+H^++2e^-$ ══ $Cl^-+H_2O$ | 1.482 |
| Br(Ⅴ)-(0) | $BrO_3^-+6H^++5e^-$ ══ $1/2Br_2+3H_2O$ | 1.482 |
| Au(Ⅲ)-(0) | $Au^{3+}+3e^-$ ══ $Au$ | 1.498 |
| Mn(Ⅶ)-(Ⅱ) | $MnO_4^-+8H^++5e^-$ ══ $Mn^{2+}+4H_2O$ | 1.507 |
| Mn(Ⅲ)-(Ⅱ) | $Mn^{3+}+e^-$ ══ $Mn^{2+}$ | 1.5415 |
| Cl(Ⅲ)-(−Ⅰ) | $HClO_2+3H^++4e^-$ ══ $Cl^-+2H_2O$ | 1.570 |
| Br(Ⅰ)-(0) | $HBrO+H^++e^-$ ══ $1/2Br_2(aq)+H_2O$ | 1.574 |
| N(Ⅱ)-(Ⅰ) | $2NO+2H^++2e^-$ ══ $N_2O+H_2O$ | 1.591 |
| I(Ⅶ)-(Ⅴ) | $H_5IO_6+H^++2e^-$ ══ $IO_3^-+3H_2O$ | 1.601 |
| Cl(Ⅰ)-(0) | $HClO+H^++e^-$ ══ $1/2Cl_2+H_2O$ | 1.611 |
| Cl(Ⅲ)-(Ⅰ) | $HClO_2+2H^++2e^-$ ══ $HClO+H_2O$ | 1.645 |
| Ni(Ⅳ)-(Ⅱ) | $NiO_2+4H^++2e^-$ ══ $Ni^{2+}+2H_2O$ | 1.678 |
| Mn(Ⅶ)-(Ⅳ) | $MnO_4^-+4H^++3e^-$ ══ $MnO_2+2H_2O$ | 1.679 |
| Pb(Ⅳ)-(Ⅱ) | $PbO_2+SO_4^{2-}+4H^++2e^-$ ══ $PbSO_4+2H_2O$ | 1.6913 |
| Au(Ⅰ)-(0) | $Au^++e^-$ ══ $Au$ | 1.692 |
| Ce(Ⅳ)-(Ⅲ) | $Ce^{4+}+e^-$ ══ $Ce^{3+}$ | 1.72 |
| N(Ⅰ)-(0) | $N_2O+2H^++2e^-$ ══ $N_2+H_2O$ | 1.766 |
| O(−Ⅰ)-(−Ⅱ) | $H_2O_2+2H^++2e^-$ ══ $2H_2O$ | 1.776 |
| Co(Ⅲ)-(Ⅱ) | $Co^{3+}+e^-$ ══ $Co^{2+}(2mol\cdot L^{-1}\ H_2SO_4)$ | 1.83 |
| Ag(Ⅱ)-(Ⅰ) | $Ag^{2+}+e^-$ ══ $Ag^+$ | 1.980 |
| S(Ⅶ)-(Ⅵ) | $S_2O_8^{2-}+2e^-$ ══ $2SO_4^{2-}$ | 2.010 |
| O(0)-(−Ⅱ) | $O_3+2H^++2e^-$ ══ $O_2+H_2O$ | 2.076 |
| O(Ⅱ)-(−Ⅱ) | $F_2O+2H^++4e^-$ ══ $H_2O+2F^-$ | 2.153 |
| Fe(Ⅵ)-(Ⅲ) | $FeO_4^{2-}+8H^++3e^-$ ══ $Fe^{3+}+4H_2O$ | 2.20 |
| O(0)-(−Ⅱ) | $O(g)+2H^++2e^-$ ══ $H_2O$ | 2.421 |
| F(0)-(−Ⅰ) | $F_2+2e^-$ ══ $2F^-$ | 2.866 |
|  | $F_2+2H^++2e^-$ ══ $2HF$ | 3.053 |

## 附表 10 在碱性溶液中的电对以及标准还原电极电势（298K）

| 电对 | 方程式 | $E$/V |
|---|---|---|
| Ca(Ⅱ)-(0) | $Ca(OH)_2+2e^- = Ca+2OH^-$ | −3.02 |
| Ba(Ⅱ)-(0) | $Ba(OH)_2+2e^- = Ba+2OH^-$ | −2.99 |
| La(Ⅲ)-(0) | $La(OH)_3+3e^- = La+3OH^-$ | −2.90 |
| Sr(Ⅱ)-(0) | $Sr(OH)_2 \cdot 8H_2O+2e^- = Sr+2OH^-+8H_2O$ | −2.88 |
| Mg(Ⅱ)-(0) | $Mg(OH)_2+2e^- = Mg+2OH^-$ | −2.690 |
| Be(Ⅱ)-(0) | $Be_2O_3^{2-}+3H_2O+4e^- = 2Be+6OH^-$ | −2.63 |
| Hf(Ⅳ)-(0) | $HfO(OH)_2+H_2O+4e^- = Hf+4OH^-$ | −2.50 |
| Zr(Ⅳ)-(0) | $H_2ZrO_3+H_2O+4e^- = Zr+4OH^-$ | −2.36 |
| Al(Ⅲ)-(0) | $H_2AlO_3^-+H_2O+3e^- = Al+OH^-$ | −2.33 |
| P(Ⅰ)-(0) | $H_2PO_2^-+e^- = P+2OH^-$ | −1.82 |
| B(Ⅲ)-(0) | $H_2BO_3^-+H_2O+3e^- = B+4OH^-$ | −1.79 |
| P(Ⅲ)-(0) | $HPO_3^{2-}+2H_2O+3e^- = P+5OH^-$ | −1.71 |
| Si(Ⅳ)-(0) | $SiO_3^{2-}+3H_2O+4e^- = Si+6OH^-$ | −1.697 |
| P(Ⅲ)-(Ⅰ) | $HPO_3^{2-}+2H_2O+2e^- = H_2PO_2^-+3OH^-$ | −1.65 |
| Mn(Ⅱ)-(0) | $Mn(OH)_2+2e^- = Mn+2OH^-$ | −1.56 |
| Cr(Ⅲ)-(0) | $Cr(OH)_3+3e^- = Cr+3OH^-$ | −1.48 |
| *Zn(Ⅱ)-(0) | $[Zn(CN)_4]^{2-}+2e^- = Zn+4CN^-$ | −1.26 |
| Zn(Ⅱ)-(0) | $Zn(OH)_2+2e^- = Zn+2OH^-$ | −1.249 |
| Ga(Ⅲ)-(0) | $H_2GaO_3^{2-}+H_2O+2e^- = Ga+4OH^-$ | −1.219 |
| Zn(Ⅱ)-(0) | $ZnO_2^{2-}+2H_2O+2e^- = Zn+4OH^-$ | −1.215 |
| Cr(Ⅲ)-(0) | $CrO_2^-+2H_2O+3e^- = Cr+4OH^-$ | −1.2 |
| Te(0)-(−Ⅰ) | $Te+2e^- = Te^{2-}$ | −1.143 |
| P(Ⅴ)-(Ⅲ) | $PO_4^{3-}+2H_2O+2e^- = HPO_3^{2-}+3OH^-$ | −1.05 |
| *Zn(Ⅱ)-(0) | $[Zn(NH_3)_4]^{2+}+2e^- = Zn+4NH_3$ | −1.04 |
| *W(Ⅵ)-(0) | $WO_4^{2-}+4H_2O+6e^- = W+8OH^-$ | −1.01 |
| *Ge(Ⅳ)-(0) | $HGeO_3^-+2H_2O+4e^- = Ge+5OH^-$ | −1.0 |
| Sn(Ⅳ)-(Ⅱ) | $[Sn(OH)_6]^{2-}+2e^- = HSnO_2^-+H_2O+3OH^-$ | −0.93 |
| S(Ⅵ)-(Ⅳ) | $SO_4^{2-}+H_2O+2e^- = SO_3^{2-}+2OH^-$ | −0.93 |
| Se(0)-(−Ⅱ) | $Se+2e^- = Se^{2-}$ | −0.924 |
| Sn(Ⅱ)-(0) | $HSnO_2^-+H_2O+2e^- = Sn+3OH^-$ | −0.909 |
| P(0)-(−Ⅲ) | $P+3H_2O+3e^- = PH_3(g)+3OH^-$ | −0.87 |
| N(Ⅴ)-(Ⅳ) | $2NO_3^-+2H_2O+2e^- = N_2O_4+4OH^-$ | −0.85 |
| H(Ⅰ)-(0) | $2H_2O+2e^- = H_2+2OH^-$ | −0.8277 |
| Cd(Ⅱ)-(0) | $Cd(OH)_2+2e^- = Cd(Hg)+2OH^-$ | −0.809 |
| Co(Ⅱ)-(0) | $Co(OH)_2+2e^- = Co+2OH^-$ | −0.73 |
| Ni(Ⅱ)-(0) | $Ni(OH)_2+2e^- = Ni+2OH^-$ | −0.72 |
| As(Ⅴ)-(Ⅲ) | $AsO_4^{3-}+2H_2O+2e^- = AsO_2^-+4OH^-$ | −0.71 |
| Ag(Ⅰ)-(0) | $Ag_2S+2e^- = 2Ag+S^{2-}$ | −0.691 |
| As(Ⅲ)-(0) | $AsO_2^-+2H_2O+3e^- = As+4OH^-$ | −0.68 |
| Sb(Ⅲ)-(0) | $SbO_2^-+2H_2O+3e^- = Sb+4OH^-$ | −0.66 |
| *Re(Ⅶ)-(Ⅳ) | $ReO_4^-+2H_2O+3e^- = ReO_2+4OH^-$ | −0.59 |

续表

| 电对 | 方程式 | $E$/V |
|---|---|---|
| *Sb(Ⅴ)-(Ⅲ) | $SbO_3^- + H_2O + 2e^- \rightleftharpoons SbO_2^- + 2OH^-$ | −0.59 |
| Re(Ⅶ)-(0) | $ReO_4^- + 4H_2O + 7e^- \rightleftharpoons Re + 8OH^-$ | −0.584 |
| *S(Ⅳ)-(Ⅱ) | $2SO_3^{2-} + 3H_2O + 4e^- \rightleftharpoons S_2O_3^{2-} + 6OH^-$ | −0.58 |
| Te(Ⅳ)-(0) | $TeO_3^{2-} + 3H_2O + 4e^- \rightleftharpoons Te + 6OH^-$ | −0.57 |
| Fe(Ⅲ)-(Ⅱ) | $Fe(OH)_3 + e^- \rightleftharpoons Fe(OH)_2 + OH^-$ | −0.56 |
| S(0)-(−Ⅱ) | $S + 2e^- \rightleftharpoons S^{2-}$ | −0.47627 |
| Bi(Ⅲ)-(0) | $Bi_2O_3 + 3H_2O + 6e^- \rightleftharpoons 2Bi + 6OH^-$ | −0.46 |
| N(Ⅲ)-(Ⅱ) | $NO_2^- + H_2O + e^- \rightleftharpoons NO + 2OH^-$ | −0.46 |
| *Co(Ⅱ)-C(0) | $[Co(NH_3)_6]^{2+} + 2e^- \rightleftharpoons Co + 6NH_3$ | −0.422 |
| Se(Ⅳ)-(0) | $SeO_3^{2-} + 3H_2O + 4e^- \rightleftharpoons Se + 6OH^-$ | −0.366 |
| Cu(Ⅰ)-(0) | $Cu_2O + H_2O + 2e^- \rightleftharpoons 2Cu + 2OH^-$ | −0.360 |
| Tl(Ⅰ)-(0) | $Tl(OH) + e^- \rightleftharpoons Tl + OH^-$ | −0.34 |
| *Ag(Ⅰ)-(0) | $[Ag(CN)_2]^- + e^- \rightleftharpoons Ag + 2CN^-$ | −0.31 |
| Cu(Ⅱ)-(0) | $Cu(OH)_2 + 2e^- \rightleftharpoons Cu + 2OH^-$ | −0.222 |
| Cr(Ⅵ)-(Ⅲ) | $CrO_4^{2-} + 4H_2O + 3e^- \rightleftharpoons Cr(OH)_3 + 5OH^-$ | −0.13 |
| *Cu(Ⅰ)-(0) | $[Cu(NH_3)_2]^+ + e^- \rightleftharpoons Cu + 2NH_3$ | −0.12 |
| O(0)-(−Ⅰ) | $O_2 + H_2O + 2e^- \rightleftharpoons HO_2^- + OH^-$ | −0.076 |
| Ag(Ⅰ)-(0) | $AgCN + e^- \rightleftharpoons Ag + CN^-$ | −0.017 |
| N(Ⅴ)-(Ⅲ) | $NO_3^- + H_2O + 2e^- \rightleftharpoons NO_2^- + 2OH^-$ | 0.01 |
| Se(Ⅵ)-(Ⅳ) | $SeO_4^{2-} + H_2O + 2e^- \rightleftharpoons SeO_3^{2-} + 2OH^-$ | 0.05 |
| Pd(Ⅱ)-(0) | $Pd(OH)_2 + 2e^- \rightleftharpoons Pd + 2OH^-$ | 0.07 |
| S(Ⅱ,Ⅴ)-(Ⅱ) | $S_4O_6^{2-} + 2e^- \rightleftharpoons 2S_2O_3^{2-}$ | 0.08 |
| Hg(Ⅱ)-(0) | $HgO + H_2O + 2e^- \rightleftharpoons Hg + 2OH^-$ | 0.0977 |
| Co(Ⅲ)-(Ⅱ) | $[Co(NH_3)_6]^{3+} + e^- \rightleftharpoons [Co(NH_3)_6]^{2+}$ | 0.108 |
| Pt(Ⅱ)-(0) | $Pt(OH)_2 + 2e^- \rightleftharpoons Pt + 2OH^-$ | 0.14 |
| Co(Ⅲ)-(Ⅱ) | $Co(OH)_3 + e^- \rightleftharpoons Co(OH)_2 + OH^-$ | 0.17 |
| Pb(Ⅳ)-(Ⅱ) | $PbO_2 + H_2O + 2e^- \rightleftharpoons PbO + 2OH^-$ | 0.247 |
| I(Ⅴ)-(−Ⅰ) | $IO_3^- + 3H_2O + 6e^- \rightleftharpoons I^- + 6OH^-$ | 0.26 |
| Cl(Ⅴ)-(Ⅲ) | $ClO_3^- + H_2O + 2e^- \rightleftharpoons ClO_2^- + 2OH^-$ | 0.33 |
| Ag(Ⅰ)-(0) | $Ag_2O + H_2O + 2e^- \rightleftharpoons 2Ag + 2OH^-$ | 0.342 |
| Fe(Ⅲ)-(Ⅱ) | $[Fe(CN)_6]^{3-} + e^- \rightleftharpoons [Fe(CN)_6]^{4-}$ | 0.358 |
| Cl(Ⅶ)-(Ⅴ) | $ClO_4^- + H_2O + 2e^- \rightleftharpoons ClO_3^- + 2OH^-$ | 0.36 |
| *Ag(Ⅰ)-(0) | $[Ag(NH_3)_2]^+ + e^- \rightleftharpoons Ag + 2NH_3$ | 0.373 |
| O(0)-(−Ⅱ) | $O_2 + 2H_2O + 4e^- \rightleftharpoons 4OH^-$ | 0.401 |
| I(Ⅰ)-(−Ⅰ) | $IO^- + H_2O + 2e^- \rightleftharpoons I^- + 2OH^-$ | 0.485 |
| *Ni(Ⅳ)-(Ⅱ) | $NiO_2 + 2H_2O + 2e^- \rightleftharpoons Ni(OH)_2 + 2OH^-$ | 0.490 |
| Mn(Ⅶ)-(Ⅵ) | $MnO_4^- + e^- \rightleftharpoons MnO_4^{2-}$ | 0.558 |
| Mn(Ⅶ)-(Ⅳ) | $MnO_4^- + 2H_2O + 3e^- \rightleftharpoons MnO_2 + 4OH^-$ | 0.595 |
| Mn(Ⅵ)-(Ⅳ) | $MnO_4^{2-} + 2H_2O + 2e^- \rightleftharpoons MnO_2 + 4OH^-$ | 0.60 |
| Ag(Ⅱ)-(Ⅰ) | $2AgO + H_2O + 2e^- \rightleftharpoons Ag_2O + 2OH^-$ | 0.607 |
| Br(Ⅴ)-(−Ⅰ) | $BrO_3^- + 3H_2O + 6e^- \rightleftharpoons Br^- + 6OH^-$ | 0.61 |

续表

| 电对 | 方程式 | $E$/V |
|---|---|---|
| Cl(Ⅴ)-(-Ⅰ) | $ClO_3^- + 3H_2O + 6e^- = Cl^- + 6OH^-$ | 0.62 |
| Cl(Ⅲ)-(Ⅰ) | $ClO_2^- + H_2O + 2e^- = ClO^- + 2OH^-$ | 0.66 |
| I(Ⅶ)-(Ⅴ) | $H_3IO_6^{2-} + 2e^- = IO_3^- + 3OH^-$ | 0.7 |
| Cl(Ⅲ)-(-Ⅰ) | $ClO_2^- + 2H_2O + 4e^- = Cl^- + 4OH^-$ | 0.76 |
| Br(Ⅰ)-(-Ⅰ) | $BrO^- + H_2O + 2e^- = Br^- + 2OH^-$ | 0.761 |
| Cl(Ⅰ)-(-Ⅰ) | $ClO^- + H_2O + 2e^- = Cl^- + 2OH^-$ | 0.841 |
| *Cl(Ⅳ)-(Ⅲ) | $ClO_2(g) + e^- = ClO_2^-$ | 0.95 |
| O(0)-(-Ⅱ) | $O_3 + H_2O + 2e^- = O_2 + 2OH^-$ | 1.24 |

# 参考文献


[1] 傅献彩. 物理化学[M]. 5 版. 北京. 高等教育出版社, 2006.
[2] 刘俊吉. 物理化学[M]. 6 版. 北京. 高等教育出版社, 2017.
[3] 朱文涛. 基础物理化学[M]. 北京: 清华大学出版社, 2011.
[4] 彭笑刚. 物理化学讲义[M]. 北京: 高等教育出版社, 2012.
[5] 范康年. 物理化学[M]. 3 版. 北京: 高等教育出版社, 2021.
[6] 胡英. 物理化学[M]. 7 版. 北京: 高等教育出版社, 2021.
[7] Thomas E, Philip R. Physical chemistry[M]. 3rd ed. Chicago: Pearson Education, Inc, 2011.
[8] Peter A, Paula J D. Physical chemistry[M]. 9th ed. New York: W. H. Freeman and Company, 2010.
[9] 孙德坤. 物理化学学习指导[M]. 北京. 高等教育出版社, 2006.
[10] 朱自强, 徐汛. 化工热力学[M]. 2 版. 北京: 化学工业出版社, 1991.
[11] 郭润生. 化学热力学[M]. 北京: 高等教育出版社, 1988.
[12] 王竹溪. 热力学[M]. 2 版. 北京: 北京大学出版社, 2005.
[13] 傅鹰. 化学热力学导论[M]. 北京: 科学出版社, 1963.
[14] 韩德刚, 高执棣. 化学热力学[M]. 北京: 高等教育出版社, 1997.
[15] 袁一, 胡德生. 化工过程热力学分析法[M]. 北京: 化学工业出版社, 1985.
[16] 胡英. 流体的分子热力学[M]. 北京: 高等教育出版社, 1983.
[17] 傅鹰. 化学热力学导论[M]. 北京: 科学出版社, 1963.
[18] 郭润生, 何福城. 逸度及活度[M]. 北京: 高等教育出版社, 1965.
[19] 黄子卿. 非电解质溶液理论导论[M]. 北京: 科学出版社, 1973.
[20] Guggenheim E A. Thermodynamics[M]. 4th ed. Amsterdam: North-Holland Publishing Company, 1959.
[21] 郭志琴. 水盐系统相平衡[M]. 成都: 成都科技大学出版社, 1995.
[22] 千禄, 郝柏林. 相变和临界现象[M]. 北京: 科学出版社, 1984.
[23] 朱自强, 姚善泾, 金彰礼. 流体相平衡原理及其应用[M]. 杭州: 浙江大学出版社, 1990.
[24] 唐有祺. 相平衡、化学平衡和热力学[M]. 北京: 科学出版社, 1984.
[25] Denbigh K G. 化学平衡原理[M]. 4 版. 戴冈夫, 叩曾振, 韩德刚, 译. 北京: 化学工业出版社, 1985.
[26] 王琪. 化学动力学导论[M]. 长春: 吉林人民出版社, 1982.
[27] 唐有祺. 化学动力学和反应原理[M]. 北京: 科学出版社, 1974.
[28] Nicholas J. 化学动力学: 气体反应的近代综述[J]. 吴树森, 译. 北京: 高等教育出版社, 1987.
[29] 刘慕仁. 三维无限深方势阱的能量简并度[J]. 大学物理, 1993, 12(2): 22-23.
[30] Mayer J E. Statistical mechanics[M]. Nebraska: Furnas Press, 2008.
[31] 沈惠川, 沈励. 统计力学题谱[M]. 合肥: 中国科学技术大学出版社, 2012.
[32] 王竹溪. 统计物理导论[M]. 北京: 高等教育出版社, 1956.
[33] 唐有祺. 统计力学及其在物理化学中的应用[M]. 北京: 科学出版社, 1979.
[34] 高执棣. 化学热力学基础[M]. 北京: 北京大学出版社, 2006.
[35] 李锦瑜, 曾道刚. 瑞利散射公式讨论[J]. 大学化学, 1992, 7(1): 58-60.
[36] 吴振玉, 谢安建, 李村, 等. 稀溶液的渗透压、化学势、外压与蒸气压关系[J]. 大学化学, 2009, 24(2): 63-65.
[37] 吴振玉, 朱伟菊, 裘灵光, 等. 熵教学中的几点体会[J]. 大学化学, 2010, 25(3): 21-22, 69.
[38] 吴振玉, 裘灵光, 宋继梅, 等. 大学化学中若干平衡问题的理解和思考[J]. 大学化学, 2010, 25(4): 67-71.
[39] 吴振玉, 杨玲玲, 肖丽, 等. 反应速率常数、反应级数与半衰期[J]. 安庆师范学院学报(自然科学版), 2014, 20(1): 104-106, 114.